EUROPA-FACHBUCHREIHE
für Metallberufe

Tabellenbuch Metall

Tabellen · Formeln · Übersichten · Normen

für Mathematik · Naturwissenschaftliche Grundlagen · Technische Kommunikation · Werkstofftechnik · Normteile · Fertigungstechnik · Steuerungs- und Regelungstechnik · Informationstechnik

40. überarbeitete Auflage

Bearbeitet von Lehrern und Ingenieuren an beruflichen Schulen

Max Heinzler	Friedrich Näher	Werner Röhrer
Roland Kilgus	Heinz Paetzold	Karl Schilling

Lektorat: Ulrich Fischer

Europa-Nr.: 10609 mit Formelsammlung
Europa-Nr.: 1060X ohne Formelsammlung

VERLAG EUROPA-LEHRMITTEL · Nourney, Vollmer GmbH & Co.
Düsselberger Straße 23 · 42781 Haan-Gruiten

Autoren des Tabellenbuchs Metall

Heinzler, Max	Dipl.-Ing. (FH), Studiendirektor	Wangen i. Allgäu
Kilgus, Roland	Dipl.-Gwl., Oberstudiendirektor	Metzingen
Näher, Friedrich	Ing. (grad.), Oberstudiendirektor	Balingen
Paetzold, Heinz	Dipl.-Ing. (FH), Gewerbeschulrat	Mühlacker
Röhrer, Werner	Dipl.-Ing. (FH), Oberstudiendirektor	Balingen
Schilling, Karl	Studiendirektor	Augsburg

Lektorat und Leitung des Arbeitskreises:
Ulrich Fischer, Ing. (grad.), Studiendirektor, Reutlingen

Bildbearbeitung:
Zeichenbüro des Verlags Europa-Lehrmittel, Leinfelden-Echterdingen

Dem Tabellenbuch wurden die neuesten Ausgaben der Normblätter und sonstiger Regelwerke zugrunde gelegt. Verbindlich sind jedoch nur die Normblätter mit dem neuesten Ausgabedatum des DIN (Deutsches Institut für Normung e. V.) selbst. Sie können unter Angabe der DIN-Blatt-Nummern durch die Beuth Verlag GmbH, Burggrafenstraße 6, 10787 Berlin, bezogen werden.

40. Auflage 1997
Druck 5
Alle Drucke derselben Auflage sind parallel einsetzbar, da sie bis auf die Behebung von Druckfehlern untereinander unverändert sind.

ISBN 3-8085-1110-9   mit Formelsammlung
ISBN 3-8085-1120-6   ohne Formelsammlung

Alle Rechte vorbehalten. Das Werk ist urheberrechtlich geschützt. Jede Verwertung außerhalb der gesetzlich geregelten Fälle muß vom Verlag schriftlich genehmigt werden.

© 1997 by Verlag Europa-Lehrmittel, Nourney, Vollmer GmbH & Co., 42781 Haan-Gruiten
Satz und Druck: IMO-Großdruckerei, 42279 Wuppertal

Vorwort

Das Tabellenbuch Metall wird vor allem in der schulischen und betrieblichen Ausbildung in allen Lernbereichen und fächerübergreifend eingesetzt. Wegen seiner Praxisbezogenheit wird es aber auch an Meister-, Techniker- und Ingenieurschulen sowie in der Fertigung als wertvolles Hilfsmittel verwendet. Diesem breiten Anwendungsbereich entspricht der Aufbau des Buches, der regelmäßig dem Stand der Technik angepaßt wird. Darüber hinaus hilft es dem Leser, die großen Veränderungen in der deutschen und europäischen Normung zu bewältigen. So werden sowohl DIN-Normen als auch die sie ersetzenden DIN ISO- und DIN EN-Normen aufgeführt, weil noch einige Jahre neue und alte Normen nebeneinander bestehen werden. Im Normenverzeichnis werden deshalb auch die neuen Normen den alten Normen gegenübergestellt.

Die Übersichtlichkeit des Tabellenbuchs wird besonders durch die vor jedem Hauptkapitel eingefügten Teilinhaltsverzeichnisse weiter verbessert. Dort sind die Themen in Sachgebiete zusammengefaßt und durch Zeichnungen aus diesem Bereich grafisch hervorgehoben. Auch das Sachwortverzeichnis wurde wesentlich erweitert.

Mehr Information wird durch neue Inhalte und durch mehr Abmessungen bei den dargestellten Fertigerzeugnissen und Maschinenelementen erreicht. Neu aufgenommen oder wesentlich erweitert wurden Übersichten über Stahlprofile, Schrauben, Muttern, Schraubensicherungen, Verbindungsnormteile, Keile und Wälzlager. Kapitel über Gleitlagerwerkstoffe, Entsorgung von Stoffen, Einteilung und Kurznamen der Stähle nach DIN EN, Rollenlager, Wellenenden und Wellensicherungen kamen hinzu. Bei den Toleranzen und Passungen wurden die Lage der Grundabmaße und die Grenzabmaße der Toleranzklassen von Normteilen aufgenommen, die in den Auswahlreihen der ISO-Toleranztabellen nicht enthalten sind. Auch das Kapitel „Schweißen" wurde neu bearbeitet und erweitert, damit vor allem die Einstell- und Verbrauchswerte einfacher bestimmt werden können.

Trotz der umfangreichen Überarbeitung blieb aber der Charakter des Buches erhalten. Einige Kapitel werden jedoch nach wie vor je nach der Interessenlage des Benutzers unterschiedlich beurteilt werden. Viele Auszubildende werden neben dem Taschenrechner noch gerne die Zahlentabellen und die Tabellen mit den Winkelfunktionswerten nützen und auch für einführende Darstellungen, z. B. in die Programmiersprachen, dankbar sein. Fortgeschrittene Leser könnten darauf natürlich zugunsten anderer Inhalte verzichten.

In diese Überarbeitung sind viele Anregungen der bisherigen Benutzer des Tabellenbuchs Metall eingeflossen, die den Arbeitskreis entweder direkt oder über die Mitarbeiter im Außendienst erreicht haben. Manches davon mußte unberücksichtigt bleiben, sei es aus Platzgründen oder weil wir die Priorität anders setzen wollten. Wir sind jedoch nach wie vor für Anregungen und Kritik dankbar.

Der Lektor und die Autoren des Tabellenbuchs Metall

Vorwort zur 40. Auflage

Änderungen wichtiger Normen, z. B. der Schaltzeichen der Fluidik, der Stabelektroden, der Sinnbilder für Schweißen und Löten, über die Härteprüfung, für verschiedene Stahlsorten usw. und die Abstimmung mit der gleichzeitig erscheinenden Ausgabe des Tabellenbuches auf CD-ROM erforderten die Überarbeitung der 39. zur 40. Auflage. Dabei wurde darauf geachtet, daß die einzelnen Kapitel in beiden Auflagen auf den gleichen Seiten zu finden sind. Die 39. und die 40. Auflage können damit parallel im Unterricht verwendet werden.

Inhaltsverzeichnis

Verzeichnis der zitierten Normen ... 6

M Mathematische Grundlagen 9

Zahlentabellen 10
Winkelfunktionen 12
Grundrechnungsarten
   Brüche, Vorzeichen, Klammern 18
   Klammerrechnung, Potenzen, Wurzeln ... 18
   Gleichungen, Zehnerpotenzen 20
   Prozentrechnung, Zinsrechnung 20
   Schlußrechnung, Mischungsrechnung ... 21
Formelzeichen, Mathematische Zeichen 22
Längen, Flächen, Volumen, Masse
   Längen 26
   Flächen 27
   Lehrsatz des Pythagoras 30
   Volumen 31
   Masse 33
Schwerpunkte 34

G Naturwissenschaftliche Grundlagen

Mechanik 35
   Kräfte 36
   Bewegungslehre 37
   Hebel, Drehmoment, Fliehkraft 38
   Arbeit, Leistung, Wirkungsgrad 39
   Reibung, Auftrieb 41
   Druck in Flüssigkeiten und Gasen 42
Festigkeitslehre 43
Wärmetechnik 50
Elektrotechnik 52
Chemie 54
Gefährliche Stoffe 56

K Technische Kommunikation 57

Grundlagen
   Geometrie 58
   Schriftzeichen 62
   Normzahlen, Maßstäbe 63
Zeichnungsnormen
   Linienarten 64
   Projektionen 65
   Darstellung in Zeichnungen 68
   Maßeintragung in Zeichnungen 73
   Zeichnungsvereinfachung 79
   Zeichenblätter 80
   Zahnräder 81
   Wälzlager und Dichtungen 82
   Werkstückkanten 83
   Gewinde und Schraubenverbindungen ... 84
   Zentrierbohrungen, Rändel 85
   Freistiche 86
   Sinnbilder für Schweißen und Löten ... 87
   Federn 89
   Zeichnungen im Metallbau 90
Oberflächen, Härteangaben 91
Toleranzen und Passungen
   Grundlagen 94
   ISO-Passungen 96
   Form- und Lagetolerierung 102
   Allgemeintoleranzen 104

W Technologie der Werkstoffe 105

Stoffwerte und Werkstoffnormung
   Stoffwerte 106
   Werkstoffnummern 108
   Einteilung der Stähle nach DIN EN 109
   Stahlnormung (neu) 110
   Stahlnormung (alt) 112
Gußeisenwerkstoffe
   Gießereitechnik 113
   Gußeisen 114
   Temperguß, Stahlguß 115
Stähle
   Baustähle 116
   Vergütungsstähle 118
   Einsatz- und Automatenstähle 119
   Stähle für Flammhärtung, Nitrierstähle .. 120
   Feinkornbaustähle 120
   Werkzeugstähle 121
   Nichtrostende Stähle, Federstähle 122
   Stähle für Drähte, Rohre, Druckbehälter . 123
Sonstige metallische Werkstoffe
   NE-Metalle 125
Eisen-Kohlenstoff-Diagramm (Farbeinlage) 128 A
Glüh- und Anlaßfarben (Farbeinlage) .... 128 B
Sicherheitskennzeichnung (Farbeinlage) .. 128 C
Gefährliche Arbeitsstoffe (Farbeinlage) .. 128 D
   Verbundwerkstoffe,
   keramische Werkstoffe 130
   Sintermetalle 131
   Gleitlagerwerkstoffe 132
   Schneidstoffe 134
Fertigerzeugnisse
   Blech, Band, Draht 135
   Stabstahl 137
   Rohre 139
   Profile 142
Kunststoffe 149
Kühlschmierstoffe 154
Schmierstoffe 155
Wärmebehandlung 157
Werkstoffprüfung 160
Korrosion, Korrosionsschutz 167
Entsorgung 168

N Normteile 169

Gewinde, Schrauben, Muttern, Zubehör
   Gewinde 170
   Schrauben 175
   Gewindeausläufe, Gewindefreistiche ... 184
   Senkungen 185
   Muttern 186
   Scheiben, Schraubensicherungen 190
   Schlüsselweiten, Werkzeugvierkante ... 193

Inhaltsverzeichnis

Stifte, Bolzen, Niete,
Mitnehmerverbindungen
- Stifte und Bolzen, Übersicht 194
- Stifte 195
- Kerbstifte, Bolzen 196
- Keile und Federn 197
- Keilwellenverbindungen, Blindniete 199
- Werkzeugkegel 200

Normteile für Vorrichtungen und
Stanzwerkzeuge
- Normteile für Vorrichtungen 201
- T-Nuten, Kugelscheiben 204
- Normteile für Stanzwerkzeuge 205
- Federn 207

Antriebstechnik
- Riementriebe 209
- Gleitlagerbuchsen 211
- Wälzlager 212
- Nutmuttern, Sicherungen 215
- Paß-, Stützscheiben, Wellenenden 217
- Wellen- und Runddichtringe 218

F Fertigungstechnik 219

Fertigungsplanung
- Zeitermittlung nach REFA 220
- Kalkulation 222

Bewegungen an Maschinen
- Zahnradberechnungen 224
- Übersetzungen 227
- Geschwindigkeiten an Maschinen 228
- Lastdrehzahlen 229
- Drehzahldiagramm 230

Spanende Bearbeitung
- Hauptnutzungszeit beim Zerspanen 231
-                    beim Erodieren 236
- Kräfte und Leistungen 237
- Werkzeug-Anwendungsgruppen 240
- Bohren 241
- Reiben und Gewindebohren 242
- Wendeschneidplatten 243
- Klemmhalter 244
- Kegeldrehen 245
- Drehen 246
- Fräsen 248
- Teilen mit dem Teilkopf 250
- Wendelnutenfräsen 251
- Schleifen 252
- Honen 255
- Spanen von Kunststoffen 256

Spanloses Formen
- Schneidkraft, Schneidarbeit 257
- Scherschneiden 258
- Biegeumformen 260
- Tiefziehen 262
- Spritzgießen von Kunststoffen 264

Schweißen, Löten, Kleben
- Schweißverfahren und -positionen 265
- Nahtvorbereitung 266
- Druckgasflaschen, Gasverbrauch 267
- Gasschweißen, Schweißstäbe 268
- Schutzgasschweißen 269
- Thermisches Trennen 271
- Lichtbogenschweißen 272
- Kleben 275
- Lote und Flußmittel 276
- Schall und Lärm 278

S Steuern und Regeln 279

Grundbegriffe der Steuerungs- und
Regelungstechnik
- Grundbegriffe 280
- Kennbuchstaben 280
- Bildzeichen 281
- Regler 282
- Binäre Verknüpfungen, Kippglieder 284
- Schaltalgebra 285

Elektrotechnische Schaltungsunterlagen
- Elektrotechnische Schaltzeichen 286
- Kennzeichnung von Betriebsmitteln,
  Leitern und Anschlüssen 288
- Sicherungen und Leitungsquerschnitte .. 288
- Schaltpläne 289
- Stern-Dreieck-Schaltung 290
- Schutzmaßnahmen 291

Funktionspläne 292
Funktionsdiagramme 294

Pneumatik und Hydraulik
- Schaltzeichen 296
- Schaltpläne 298
- Elektropneumatische Steuerungen 299
- Elektrohydraulische Steuerungen 300
- Druckflüssigkeiten 301
- Berechnungen 302

Speicherprogrammierte Steuerungen
- Kontaktplan 305
- Anweisungsliste 306
- Operationen zur Signalverarbeitung 306

NC-Technik
- Koordinatensysteme 309
- Bildzeichen für den Maschinenbau 310
- Bildzeichen für NC-Maschinen 311
- Koordinatenberechnung 312
- Programmaufbau 313
- Bearbeitungszyklen 316

I Informationstechnik 317

Grundlagen
- Zahlensysteme 320
- ASCII-Zeichensatz 321
- Sinnbilder für Informationsverarbeitung . 322

Programmiersprachen
- BASIC 324
- PASCAL 327

Betriebssystem MS-DOS 330

Sachwortverzeichnis 331

Verzeichnis der zitierten Normen und anderer Regelwerke

DIN	Seite	DIN	Seite	DIN	Seite	DIN	Seite
1[1]	195	580	189	1027	142	1795	141
5	66	582	189	1028	144	1804	189
6	65…72	609	179	1029	143	1836	240
7[1]	195	623	212	1301	23	1850	211
10	193	625	213	1302	22	1910	265
13	172	628	213	1304	22	1912	87…89, 265
15	64, 65	650	204	1412	241	1913[1]	272
30	79	668	138	1414	241	2080	200
37	81	711	213	1440	191	2093	208
74	185	720	214	1441	191	2098	207
76	184	748	217	1443[1]	196	2211	209
82	85	780	225	1444[1]	196	2391	139
84	180[1]	787	204	1445	196	2394	129
103	174	804	229	1448	217	2440	139
125	190	824	80	1471[1]	196	2448	139
126	191	835	181	1472[1]	196	2458	139
128	192	912	179	1473[1]	196	2999	173
172	201	913	181	1474[1]	196	3141	93
173	201	914	181	1475[1]	196	3760	218
174	138	915	181	1476[1]	196	3770[1]	218
175	138	916	181	1477[1]	196	3771	218
176	138	929	189	1481	194, 195	4766	91
177	135	931[1]	177	1511	113	4844	128B, 128C
178	138	933[1]	177	1541[1]	135	4983	244
179	201	934[1]	188	1587	188	4987	243
199	66	935	189	1616[1]	124	4990[1]	134
202	170, 171	938	181	1623[1]	124, 135	5406	215
228	200	939	181	1630	123	5412	214
250	63	960[1]	177	1651	119, 159	5425	101
315	202	961[1]	177	1681	115	6303	202
319	202	962	175, 186	1686	113	6311	202
323	63	963[1]	180	1691	114	6319	204
332	84, 85	964[1]	180	1692	115	6321	203
406	73…79	965[1]	180	1693	114	6323	204
417[1]	181	966[1]	180	1694	114	6325[1]	195
433	190	971[1]	188	1700	125	6332	202
434	191	974	185	1705	129	6335	203
435	191	979	189	1707[1]	277	6336	203
438[1]	181	981	215	1709	129	6771	80
439[1]	188	982	188	1714	129	6773	93
462	189	985	188	1725	129	6776	62
471	216	988	217	1729	129	6784	83
472	216	997	142	1732	271	6796	192
475	193	1013	137	1743	127	6797	192
476	80	1014	137	1747	128	6798	192
508	204	1017	137	1751	135	6799	216
509	86	1022	147	1754	141	6885	197, 198
513	174	1024[1]	147	1755	141	6886	197
551[1]	181	1025	145	1771	148	6887	197
553[1]	181	1026	142	1783	135	6888	197, 198

[1] Diese Normen wurden durch DIN EN-, DIN EN ISO- oder DIN ISO-Normen ersetzt (Seite 8).

Verzeichnis der zitierten Normen und anderer Regelwerke

DIN	Seite	DIN	Seite	DIN	Seite	DIN EN	Seite
6914	178	17182	115	51517	155	439	269
6915	188	17200[1]	118, 158	51524	301	440	269
6923	188	17210	119, 157	53455	166	499	272
6935	260, 261	17211	120, 159	53456[1]	166	10002	160
7157	101	17212	120, 158	55003	311	10020	109
7168	104	17221	122	59051	147	10025	117
7337	199	17223	123	59410	140	10027	108, 110, 111
7500	178	17245	115	59411	140	10028	123
7504	182	17350	121, 157	66000	285	10029	135
7708	153	17440[1]	122	66001	322	10045	162
7721	210	17445	115	66003	321	10055	147
7728	149	17660	126	66025	313	10083	118, 158
7728 T2[1]	149	17662	126	66217	309	10088	122
7735	153	17663	127	66256	327	10113	120
7753	209	17672	126, 127	66261	322	10130	124
7981[1]	182	17851	127	66284	324	10131	135
7982[1]	182	19225	282, 283	69100	253	10203	124
7983[1]	182	19226	280	69101	253	10205	124
7984	179	19227	280, 281			20273	175
7989	191	19239	305	**DIN ISO**	**Seite**	20544	272
7991	179	24900	310	14	199	20898	175
7999	178	30910	131	228	173	22338	194, 195
8062	141	32526[1]	269	272	172	22339	194, 195
8074	141	40008	128 D	286	94…100	22340	194, 196
8511[1]	277	40705	288	513	134	22341	194, 196
8513	276	40719	288, 289, 292	898[1]	186	22553	87…89
8551	266	40900	286, 287	1043	149	24014	177
8554	268	42400[1]	288	1101	102	24015	178
8559[1]	269	46420	135	1219	296, 297	24017	177
8570[1]	265	46431	135	1302	92	24032	188
8659	155	49515	288	2009	180[1]	24033	188
9713	148	50100	161	2010	180[1]	24035	188
9714	148	50101	162	2039	166	24766	181
9715	127	50102	162	2162	89	27434	181
9812	206	50103[1]	164	2203	81	27435	181
9816	206	50106	161	2768	104	27436	181
9819	206	50111	162	3040	245	28673	188
9859	205	50115[1]	162	4381	132	28674	188
9861	205	50125	160	4382	132	28675	188
9873	205	50133	164	4383	133	28676	177
16774	152	50141	161	5261	90	28734	194, 195
16776	152	50145[1]	160	5455	63	28740	194, 196
16901	264	50150	165	6410	76, 79, 84	28741	194, 196
17006[1]	108	50351[1]	163	6691	133	28742	194, 196
17007	108, 125	51385	154, 155	7046	180[1]	28743	194
17007[1]	110	51501	155	7047	180[1]	28744	194, 196
17100[1]	117	51502	155, 156	7049	182	28745	194, 196
17102[1]	120	51503	155	7050	182	28746	194, 196
17120	123	51513	155	7051	182	28747	194, 196
17155[1]	123	51515	155	8826	82	28752	194, 195
				9222	82		

[1] Diese Normen wurden durch DIN EN-, DIN EN ISO- oder DIN ISO-Normen ersetzt (Seite 8).

Verzeichnis der zitierten Normen und anderer Regelwerke

DIN EN	Seite
28765	177
29453	277
29454	277
60445	288

DIN EN ISO	Seite
13920	265

DIN VDE	Seite
0100	288, 291

VDI	Seite
2003	256
2229	275
3226	298
3367	258
3368	258
3389	261

EURO-NORM	Seite
20–74 [1]	109

DIN-Normenheft	Seite
3 [1]	112

ISO	Seite
6947	265

AWF	Seite
5975	260

DSA	Seite
00101	252

TRGS	Seite
00900	56

Durch DIN EN, DIN EN ISO oder DIN ISO ersetzte Normen

DIN	ersetzt durch	Seite
1	DIN EN 22339	195
7	DIN EN 22338	195
84	DIN EN ISO 1207	180
417	DIN EN 27435	181
438	DIN EN 27436	181
439	DIN EN 24035	188
439	DIN EN 28675	188
551	DIN EN 24766	181
553	DIN EN 27434	181
931	DIN EN 24014	177
933	DIN EN 24017	177
934	DIN EN 24032	188
934	DIN EN 28673	188
960	DIN EN 28765	177
961	DIN EN 28676	177
963	DIN EN ISO 2009	180
964	DIN EN ISO 2010	180
965	DIN EN ISO 7046-1	180
966	DIN EN ISO 7047	180
971	DIN EN 28674	188
1024	DIN EN 10055	147
1443	DIN EN 22340	196
1444	DIN EN 22341	196
1471	DIN EN 28744	196
1472	DIN EN 28745	196
1473	DIN EN 28740	196
1474	DIN EN 28741	196
1475	DIN EN 28742	196
1476	DIN EN 28746	196
1477	DIN EN 28747	196
1481	DIN EN 28752	195
1541	DIN EN 10131	135
1623 T1	DIN EN 10130	124
1623 T2	DIN EN 10029	135
1616	DIN EN 10203	124
1616	DIN EN 10205	124
1707	DIN EN 29453	277
1912 T5	DIN EN 22553	87...89
1913	DIN EN 499	272
3770	DIN 3771	218
4990	DIN ISO 513	134
6325	DIN EN 28734	195
7728 T2	DIN ISO 1043 T2	149
7981	DIN ISO 7049	182
7982	DIN ISO 7050	182

DIN	ersetzt durch	Seite
7983	DIN ISO 7051	182
8511	DIN EN 29454	277
8559	DIN EN 440	269
8570	DIN EN ISO 13920	265
17006	DIN EN 10027	108
17007	DIN EN 10027	108, 110
17100	DIN EN 10025	117
17102	DIN EN 10113	120
17155	DIN EN 10028	123
17200	DIN EN 10083	118
17440	DIN EN 10088	122
32526	DIN EN 439	269
50103	DIN EN 10109	164
50115	DIN EN 10045	162
50145	DIN EN 10002	160
50351	DIN EN 10003	163
53456	DIN ISO 2039	166

DIN ISO	ersetzt durch	Seite
273	DIN EN 20273	175
898	DIN EN 20898	175

EURO-NORM	ersetzt durch	Seite
20–74	DIN EN 10020	109

DIN-Normenheft	ersetzt durch	Seite
3	DIN EN 10027	110

[1] Diese Normen wurden durch DIN EN-, DIN EN ISO- oder DIN ISO-Normen ersetzt (oben Mitte und rechts).

Mathematische Grundlagen

Zahlentabellen und Winkelfunktionen

Zahlentabellen	10
Winkelfunktionen	12
Winkelarten	13
Winkelsumme im Dreieck	13
Strahlensatz	13
Winkelfunktions-Tabellen	14

Grundrechnungsarten

Bruchrechnung, Vorzeichenregeln	18
Klammerrechnung	18
Potenzieren, Radizieren	19
Gleichungen	20
Zehnerpotenzen	20
Prozentrechnung, Zinsrechnung	20
Schlußrechnung	21
Mischungsrechnung	21

Formelzeichen und Einheiten

Formelzeichen	22
Mathematische Zeichen	22
Basisgrößen und Einheiten	23
Vorsätze für dezimale Vielfache	23
Größen und Einheiten	23

Längen

Gestreckte Längen	26
Rohlängen von Schmiedeteilen	26
Teilung von Längen	26

Flächen

Eckige Flächen	27
Vielecke	28
Runde Flächen	29
Lehrsatz des Pythagoras	30
Lehrsatz des Euklid	30
Höhensatz	30

Volumen und Masse

Gleichdicke und spitze Körper	31
Abgestumpfte Körper	32
Kugel	32
Zusammengesetzte Körper	33
Berechnung der Masse	33

Schwerpunkt

Linienschwerpunkt	34
Flächenschwerpunkt	34

Quadratwurzel, Kubikwurzel, Kreisfläche, Faktoren

$n = d$	$\sqrt{n}$	$\sqrt[3]{n}$	$\dfrac{\pi \cdot d^2}{4}$	Faktoren von n	$n = d$	$\sqrt{n}$	$\sqrt[3]{n}$	$\dfrac{\pi \cdot d^2}{4}$	Faktoren von n
1	1,0000	1,0000	0,7854	—	51	7,1414	3,7084	2042,82	$3 \cdot 17$
2	1,4142	1,2599	3,1416	Primzahl	52	7,2111	3,7325	2123,72	$2^2 \cdot 13$
3	1,7321	1,4422	7,0686	Primzahl	53	7,2801	3,7563	2206,18	Primzahl
4	2,0000	1,5874	12,5664	2^2	54	7,3485	3,7798	2290,22	$2 \cdot 3^3$
5	2,2361	1,7100	19,6350	Primzahl	55	7,4162	3,8030	2375,83	$5 \cdot 11$
6	2,4495	1,8171	28,2743	$2 \cdot 3$	56	7,4833	3,8259	2463,01	$2^3 \cdot 7$
7	2,6458	1,9129	38,4845	Primzahl	57	7,5498	3,8485	2551,76	$3 \cdot 19$
8	2,8284	2,0000	50,2655	2^3	58	7,6158	3,8709	2642,08	$2 \cdot 29$
9	3,0000	2,0801	63,6173	3^2	59	7,6811	3,8930	2733,97	Primzahl
10	3,1623	2,1544	78,5398	$2 \cdot 5$	60	7,7460	3,9149	2827,43	$2^2 \cdot 3 \cdot 5$
11	3,3166	2,2240	95,0332	Primzahl	61	7,8102	3,9365	2922,47	Primzahl
12	3,4641	2,2894	113,097	$2^2 \cdot 3$	62	7,8740	3,9579	3019,07	$2 \cdot 31$
13	3,6056	2,3513	132,732	Primzahl	63	7,9373	3,9791	3117,25	$3^2 \cdot 7$
14	3,7417	2,4101	153,938	$2 \cdot 7$	64	8,0000	4,0000	3216,99	2^6
15	3,8730	2,4662	176,715	$3 \cdot 5$	65	8,0623	4,0207	3318,31	$5 \cdot 13$
16	4,0000	2,5198	201,062	2^4	66	8,1240	4,0412	3421,19	$2 \cdot 3 \cdot 11$
17	4,1231	2,5713	226,980	Primzahl	67	8,1854	4,0615	3525,65	Primzahl
18	4,2426	2,6207	254,469	$2 \cdot 3^2$	68	8,2462	4,0817	3631,68	$2^2 \cdot 17$
19	4,3589	2,6684	283,529	Primzahl	69	8,3066	4,1016	3739,28	$3 \cdot 23$
20	4,4721	2,7144	314,159	$2^2 \cdot 5$	70	8,3666	4,1213	3848,45	$2 \cdot 5 \cdot 7$
21	4,5826	2,7589	346,361	$3 \cdot 7$	71	8,4261	4,1408	3959,19	Primzahl
22	4,6904	2,8020	380,133	$2 \cdot 11$	72	8,4853	4,1602	4071,50	$2^3 \cdot 3^2$
23	4,7958	2,8439	415,476	Primzahl	73	8,5440	4,1793	4185,39	Primzahl
24	4,8990	2,8845	452,389	$2^3 \cdot 3$	74	8,6023	4,1983	4300,84	$2 \cdot 37$
25	5,0000	2,9240	490,874	5^2	75	8,6603	4,2172	4417,86	$3 \cdot 5^2$
26	5,0990	2,9625	530,929	$2 \cdot 13$	76	8,7178	4,2358	4536,46	$2^2 \cdot 19$
27	5,1962	3,0000	572,555	3^3	77	8,7750	4,2543	4656,63	$7 \cdot 11$
28	5,2915	3,0366	615,752	$2^2 \cdot 7$	78	8,8318	4,2727	4778,36	$2 \cdot 3 \cdot 13$
29	5,3852	3,0723	660,520	Primzahl	79	8,8882	4,2908	4901,67	Primzahl
30	5,4772	3,1072	706,858	$2 \cdot 3 \cdot 5$	80	8,9443	4,3089	5026,55	$2^4 \cdot 5$
31	5,5678	3,1414	754,768	Primzahl	81	9,0000	4,3267	5153,00	3^4
32	5,6569	3,1748	804,248	2^5	82	9,0554	4,3445	5281,02	$2 \cdot 41$
33	5,7446	3,2075	855,299	$3 \cdot 11$	83	9,1104	4,3621	5410,61	Primzahl
34	5,8310	3,2396	907,920	$2 \cdot 17$	84	9,1652	4,3795	5541,77	$2^2 \cdot 3 \cdot 7$
35	5,9161	3,2711	962,113	$5 \cdot 7$	85	9,2195	4,3968	5674,50	$5 \cdot 17$
36	6,0000	3,3019	1017,88	$2^2 \cdot 3^2$	86	9,2736	4,4140	5808,80	$2 \cdot 43$
37	6,0828	3,3322	1075,21	Primzahl	87	9,3274	4,4310	5944,68	$3 \cdot 29$
38	6,1644	3,3620	1134,11	$2 \cdot 19$	88	9,3808	4,4480	6082,12	$2^3 \cdot 11$
39	6,2450	3,3912	1194,59	$3 \cdot 13$	89	9,4340	4,4647	6221,14	Primzahl
40	6,3246	3,4200	1256,64	$2^3 \cdot 5$	90	9,4868	4,4814	6361,73	$2 \cdot 3^2 \cdot 5$
41	6,4031	3,4482	1320,25	Primzahl	91	9,5394	4,4979	6503,88	$7 \cdot 13$
42	6,4807	3,4760	1385,44	$2 \cdot 3 \cdot 7$	92	9,5917	4,5144	6647,61	$2^2 \cdot 23$
43	6,5574	3,5034	1452,20	Primzahl	93	9,6437	4,5307	6792,91	$3 \cdot 31$
44	6,6332	3,5303	1520,53	$2^2 \cdot 11$	94	9,6954	4,5468	6939,78	$2 \cdot 47$
45	6,7082	3,5569	1590,43	$3^2 \cdot 5$	95	9,7468	4,5629	7088,22	$5 \cdot 19$
46	6,7823	3,5830	1661,90	$2 \cdot 23$	96	9,7980	4,5789	7238,23	$2^5 \cdot 3$
47	6,8557	3,6088	1734,94	Primzahl	97	9,8489	4,5947	7389,81	Primzahl
48	6,9282	3,6342	1809,56	$2^4 \cdot 3$	98	9,8995	4,6104	7542,96	$2 \cdot 7^2$
49	7,0000	3,6593	1885,74	7^2	99	9,9499	4,6261	7697,69	$3^2 \cdot 11$
50	7,0711	3,6840	1963,50	$2 \cdot 5^2$	100	10,0000	4,6416	7853,98	$2^2 \cdot 5^2$

Quadratwurzel, Kubikwurzel, Kreisfläche, Faktoren

$n = d$	$\sqrt{n}$	$\sqrt[3]{n}$	$\dfrac{\pi \cdot d^2}{4}$	Faktoren von n	$n = d$	$\sqrt{n}$	$\sqrt[3]{n}$	$\dfrac{\pi \cdot d^2}{4}$	Faktoren von n
101	10,0499	4,6570	8011,85	Primzahl	151	12,2882	5,3251	17907,9	Primzahl
102	10,0995	4,6723	8171,28	$2 \cdot 3 \cdot 17$	152	12,3288	5,3368	18145,8	$2^3 \cdot 19$
103	10,1489	4,6875	8332,29	Primzahl	153	12,3693	5,3485	18385,4	$3^2 \cdot 17$
104	10,1980	4,7027	8494,87	$2^3 \cdot 13$	154	12,4097	5,3601	18626,5	$2 \cdot 7 \cdot 11$
105	10,2470	4,7177	8659,01	$3 \cdot 5 \cdot 7$	155	12,4499	5,3717	18869,2	$5 \cdot 31$
106	10,2956	4,7326	8824,73	$2 \cdot 53$	156	12,4900	5,3832	19113,4	$2^2 \cdot 3 \cdot 13$
107	10,3441	4,7475	8992,02	Primzahl	157	12,5300	5,3947	19359,3	Primzahl
108	10,3923	4,7622	9160,88	$2^2 \cdot 3^3$	158	12,5698	5,4061	19606,7	$2 \cdot 79$
109	10,4403	4,7769	9331,32	Primzahl	159	12,6095	5,4175	19855,7	$3 \cdot 53$
110	10,4881	4,7914	9503,32	$2 \cdot 5 \cdot 11$	160	12,6491	5,4288	20106,2	$2^5 \cdot 5$
111	10,5357	4,8059	9676,89	$3 \cdot 37$	161	12,6886	5,4401	20358,3	$7 \cdot 23$
112	10,5830	4,8203	9852,03	$2^4 \cdot 7$	162	12,7279	5,4514	20612,0	$2 \cdot 3^4$
113	10,6301	4,8346	10028,7	Primzahl	163	12,7671	5,4626	20867,2	Primzahl
114	10,6771	4,8488	10207,0	$2 \cdot 3 \cdot 19$	164	12,8062	5,4737	21124,1	$2^2 \cdot 41$
115	10,7238	4,8629	10386,9	$5 \cdot 23$	165	12,8452	5,4848	21382,5	$3 \cdot 5 \cdot 11$
116	10,7703	4,8770	10568,3	$2^2 \cdot 29$	166	12,8841	5,4959	21642,4	$2 \cdot 83$
117	10,8167	4,8910	10751,3	$3^2 \cdot 13$	167	12,9228	5,5069	21904,0	Primzahl
118	10,8628	4,9049	10935,9	$2 \cdot 59$	168	12,9615	5,5178	22167,1	$2^3 \cdot 3 \cdot 7$
119	10,9087	4,9187	11122,0	$7 \cdot 17$	169	13,0000	5,5288	22431,8	13^2
120	10,9545	4,9324	11309,7	$2^3 \cdot 3 \cdot 5$	170	13,0384	5,5397	22698,0	$2 \cdot 5 \cdot 17$
121	11,0000	4,9461	11499,0	11^2	171	13,0767	5,5505	22965,8	$3^2 \cdot 19$
122	11,0454	4,9597	11689,9	$2 \cdot 61$	172	13,1149	5,5613	23235,2	$2^2 \cdot 43$
123	11,0905	4,9732	11882,3	$3 \cdot 41$	173	13,1529	5,5721	23506,2	Primzahl
124	11,1355	4,9866	12076,3	$2^2 \cdot 31$	174	13,1909	5,5828	23778,7	$2 \cdot 3 \cdot 29$
125	11,1803	5,0000	12271,8	5^3	175	13,2288	5,5934	24052,8	$5^2 \cdot 7$
126	11,2250	5,0133	12469,0	$2 \cdot 3^2 \cdot 7$	176	13,2665	5,6041	24328,5	$2^4 \cdot 11$
127	11,2694	5,0265	12667,7	Primzahl	177	13,3041	5,6147	24605,7	$3 \cdot 59$
128	11,3137	5,0397	12868,0	2^7	178	13,3417	5,6252	24884,6	$2 \cdot 89$
129	11,3578	5,0528	13069,8	$3 \cdot 43$	179	13,3791	5,6357	25164,9	Primzahl
130	11,4018	5,0658	13273,2	$2 \cdot 5 \cdot 13$	180	13,4164	5,6462	25446,9	$2^2 \cdot 3^2 \cdot 5$
131	11,4455	5,0788	13478,2	Primzahl	181	13,4536	5,6567	25730,4	Primzahl
132	11,4891	5,0916	13684,8	$2^2 \cdot 3 \cdot 11$	182	13,4907	5,6671	26015,5	$2 \cdot 7 \cdot 13$
133	11,5326	5,1045	13892,9	$7 \cdot 19$	183	13,5277	5,6774	26302,2	$3 \cdot 61$
134	11,5758	5,1172	14102,6	$2 \cdot 67$	184	13,5647	5,6877	26590,4	$2^3 \cdot 23$
135	11,6190	5,1299	14313,9	$3^3 \cdot 5$	185	13,6015	5,6980	26880,3	$5 \cdot 37$
136	11,6619	5,1426	14526,7	$2^3 \cdot 17$	186	13,6382	5,7083	27171,6	$2 \cdot 3 \cdot 31$
137	11,7047	5,1551	14741,1	Primzahl	187	13,6748	5,7185	27464,6	$11 \cdot 17$
138	11,7473	5,1676	14957,1	$2 \cdot 3 \cdot 23$	188	13,7113	5,7287	27759,1	$2^2 \cdot 47$
139	11,7898	5,1801	15174,3	Primzahl	189	13,7477	5,7388	28055,2	$3^3 \cdot 7$
140	11,8322	5,1925	15393,8	$2^2 \cdot 5 \cdot 7$	190	13,7840	5,7489	28352,9	$2 \cdot 5 \cdot 19$
141	11,8743	5,2048	15614,5	$3 \cdot 47$	191	13,8203	5,7590	28652,1	Primzahl
142	11,9164	5,2171	15836,8	$2 \cdot 71$	192	13,8564	5,7690	28952,9	$2^6 \cdot 3$
143	11,9583	5,2293	16060,6	$11 \cdot 13$	193	13,8924	5,7790	29255,3	Primzahl
144	12,0000	5,2415	16286,0	$2^4 \cdot 3^2$	194	13,9284	5,7890	29559,2	$2 \cdot 97$
145	12,0416	5,2536	16513,0	$5 \cdot 29$	195	13,9642	5,7989	29864,8	$3 \cdot 5 \cdot 13$
146	12,0830	5,2656	16741,5	$2 \cdot 73$	196	14,0000	5,8088	30171,9	$2^2 \cdot 7^2$
147	12,1244	5,2776	16971,7	$3 \cdot 7^2$	197	14,0357	5,8186	30480,5	Primzahl
148	12,1655	5,2896	17203,4	$2^2 \cdot 37$	198	14,0712	5,8285	30790,7	$2 \cdot 3^2 \cdot 11$
149	12,2066	5,3015	17436,6	Primzahl	199	14,1067	5,8383	31102,6	Primzahl
150	12,2474	5,3133	17671,5	$2 \cdot 3 \cdot 5^2$	200	14,1421	5,8480	31415,9	$2^3 \cdot 5^2$

Winkelfunktionen

Winkelfunktionen im rechtwinkligen Dreieck

Bezeichnungen im rechtwinkligen Dreieck	Bezeichnung der Seitenverhältnisse	Anwendung	Beispiele für $a = 30$ mm, $b = 40$ mm, $c = 50$ mm
c Hypotenuse, a Gegenkathete von α, b Ankathete von α	**Sinus** $= \dfrac{\text{Gegenkathete}}{\text{Hypotenuse}}$	$\sin \alpha = \dfrac{a}{c}$	$\sin \alpha = \dfrac{30 \text{ mm}}{50 \text{ mm}} = 0{,}600$ $\alpha = 36{,}87°$
	Cosinus $= \dfrac{\text{Ankathete}}{\text{Hypotenuse}}$	$\cos \alpha = \dfrac{b}{c}$	$\cos \alpha = \dfrac{40 \text{ mm}}{50 \text{ mm}} = 0{,}800$ $\alpha = 36{,}87°$
c Hypotenuse, a Ankathete von β, b Gegenkathete von β	**Tangens** $= \dfrac{\text{Gegenkathete}}{\text{Ankathete}}$	$\tan \alpha = \dfrac{a}{b}$	$\tan \alpha = \dfrac{30 \text{ mm}}{40 \text{ mm}} = 0{,}750$ $\alpha = 36{,}87°$
	Cotangens $= \dfrac{\text{Ankathete}}{\text{Gegenkathete}}$	$\cot \alpha = \dfrac{b}{a}$	$\cot \alpha = \dfrac{40 \text{ mm}}{30 \text{ mm}} = 1{,}333$ $\alpha = 36{,}87°$

Zu jedem Winkel können die Funktionswerte den Tabellen Seite 14 bis 17, von 10′ zu 10′ gestuft, entnommen werden. Zwischenwerte müssen durch Interpolation bestimmt werden. Taschenrechner geben Winkelwerte meist als Dezimalbruch an.

Verlauf der Winkelfunktionen am Einheitskreis

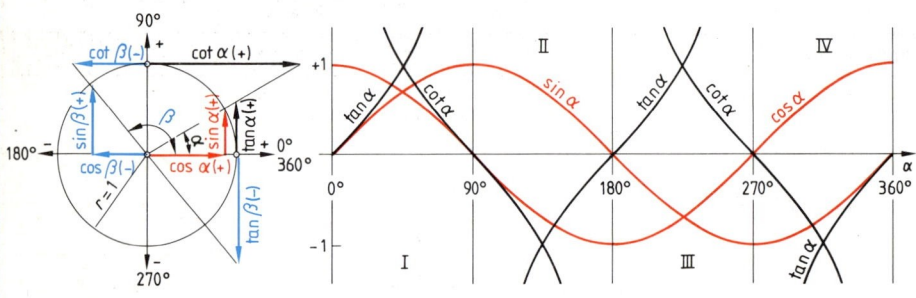

Die Funktionswerte für Winkel über 90° können so ermittelt werden, daß sie den Werten für Winkel unter 90° entsprechen und Winkeltabellen entnommen werden können.

Beispiele: $\sin 120° = \sin (180° - 120°) = \sin 60°$; $\tan 320° = -\tan (360° - 320°) = -\tan 40°$

Funktionswerte für ausgewählte Winkel

	0°	30°	45°	60°	90°	180°	270°	360°
sin	0	$\dfrac{1}{2} = 0{,}5000$	$\dfrac{1}{2} \cdot \sqrt{2} = 0{,}7071$	$\dfrac{1}{2} \cdot \sqrt{3} = 0{,}8660$	1	0	-1	0
cos	1	$\dfrac{1}{2} \cdot \sqrt{3} = 0{,}8660$	$\dfrac{1}{2} \cdot \sqrt{2} = 0{,}7071$	$\dfrac{1}{2} = 0{,}5000$	0	-1	0	1
tan	0	$\dfrac{1}{3} \cdot \sqrt{3} = 0{,}5774$	1	$\sqrt{3} = 1{,}7321$	∞	0	∞	0
cot	∞	$\sqrt{3} = 1{,}7321$	1	$\dfrac{1}{3} \cdot \sqrt{3} = 0{,}5771$	0	∞	0	∞

Winkelfunktionen, Winkel, Strahlensatz

Beziehungen zwischen den Funktionen eines Winkels

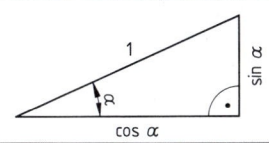

$\sin^2 \alpha + \cos^2 \alpha = 1$	$\tan \alpha \cdot \cot \alpha = 1$
$\tan \alpha = \dfrac{\sin \alpha}{\cos \alpha}$	$\cot \alpha = \dfrac{\cos \alpha}{\sin \alpha}$

Winkelfunktionen im schiefwinkligen Dreieck

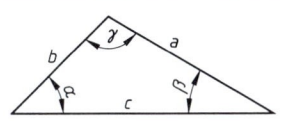

	Sinussatz	Cosinussatz
	$a : b : c = \sin \alpha : \sin \beta : \sin \gamma$	$a^2 = b^2 + c^2 - 2 \cdot b \cdot c \cdot \cos \alpha$
	$\dfrac{a}{\sin \alpha} = \dfrac{b}{\sin \beta} = \dfrac{c}{\sin \gamma}$	$b^2 = a^2 + c^2 - 2 \cdot a \cdot c \cdot \cos \beta$
		$c^2 = a^2 + b^2 - 2 \cdot a \cdot b \cdot \cos \gamma$

Anwendung von Sinus- und Cosinussatz

Seitenberechnung	Winkelberechnung	Flächenberechnung
$a = \dfrac{b \cdot \sin \alpha}{\sin \beta} = \dfrac{c \cdot \sin \alpha}{\sin \gamma}$	$\sin \alpha = \dfrac{a \cdot \sin \beta}{b} = \dfrac{a \cdot \sin \gamma}{c}$	$\cos \alpha = \dfrac{b^2 + c^2 - a^2}{2 \cdot b \cdot c}$	$A = \dfrac{a \cdot b \cdot \sin \gamma}{2}$
$b = \dfrac{a \cdot \sin \beta}{\sin \alpha} = \dfrac{c \cdot \sin \beta}{\sin \gamma}$	$\sin \beta = \dfrac{b \cdot \sin \alpha}{a} = \dfrac{b \cdot \sin \gamma}{c}$	$\cos \beta = \dfrac{a^2 + c^2 - b^2}{2 \cdot a \cdot c}$	$A = \dfrac{b \cdot c \cdot \sin \alpha}{2}$
$c = \dfrac{a \cdot \sin \gamma}{\sin \alpha} = \dfrac{b \cdot \sin \gamma}{\sin \beta}$	$\sin \gamma = \dfrac{c \cdot \sin \alpha}{a} = \dfrac{c \cdot \sin \beta}{b}$	$\cos \gamma = \dfrac{a^2 + b^2 - c^2}{2 \cdot a \cdot b}$	$A = \dfrac{a \cdot c \cdot \sin \beta}{2}$

Winkelarten

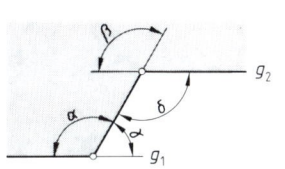

Werden zwei Parallelen durch eine Gerade geschnitten, so bestehen für die dabei gebildeten Winkel geometrische Zusammenhänge.

Stufenwinkel sind gleich groß.	$\alpha = \beta$
Scheitelwinkel sind gleich groß.	$\beta = \delta$
Wechselwinkel sind gleich groß.	$\alpha = \delta$
Nebenwinkel ergänzen sich zu 180°.	$\alpha + \gamma = 180°$

Winkelsumme im Dreieck

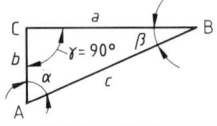

In jedem Dreieck ist die Summe der Innenwinkel gleich 180°.

$\alpha + \beta + \gamma = 180°$

Im rechtwinkligen Dreieck ist $\gamma = 90°$, die Winkel α und β ergänzen sich zu 90°.

$\alpha + \beta = 90°$

Strahlensatz

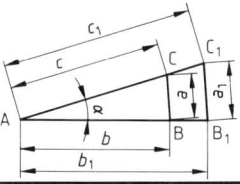

Werden zwei von einem Punkt ausgehende Strahlen von zwei Parallelen geschnitten, bilden die Abschnitte der Parallelen und die zugehörigen Strahlenabschnitte gleiche Verhältnisse.

$$\dfrac{a}{a_1} = \dfrac{b}{b_1} = \dfrac{c}{c_1}$$

$$\dfrac{a}{b} = \dfrac{a_1}{b_1} \qquad \dfrac{b}{c} = \dfrac{b_1}{c_1}$$

Winkelfunktionen

Sinus 0°...45°

Grad	0′	10′	20′	30′	40′	50′	60′	
0	0,0000	0,0029	0,0058	0,0087	0,0116	0,0145	0,0175	89
1	0,0175	0,0204	0,0233	0,0262	0,0291	0,0320	0,0349	88
2	0,0349	0,0378	0,0407	0,0436	0,0465	0,0494	0,0523	87
3	0,0523	0,0552	0,0581	0,0610	0,0640	0,0669	0,0698	86
4	0,0698	0,0727	0,0756	0,0785	0,0814	0,0843	0,0872	85
5	0,0872	0,0901	0,0929	0,0958	0,0987	0,1016	0,1045	84
6	0,1045	0,1074	0,1103	0,1132	0,1161	0,1190	0,1219	83
7	0,1219	0,1248	0,1276	0,1305	0,1334	0,1363	0,1392	82
8	0,1392	0,1421	0,1449	0,1478	0,1507	0,1536	0,1564	81
9	0,1564	0,1593	0,1622	0,1650	0,1679	0,1708	0,1736	80
10	0,1736	0,1765	0,1794	0,1822	0,1851	0,1880	0,1908	79
11	0,1908	0,1937	0,1965	0,1994	0,2022	0,2051	0,2079	78
12	0,2079	0,2108	0,2136	0,2164	0,2193	0,2221	0,2250	77
13	0,2250	0,2278	0,2306	0,2334	0,2363	0,2391	0,2419	76
14	0,2419	0,2447	0,2476	0,2504	0,2532	0,2560	0,2588	75
15	0,2588	0,2616	0,2644	0,2672	0,2700	0,2728	0,2756	74
16	0,2756	0,2784	0,2812	0,2840	0,2868	0,2896	0,2924	73
17	0,2924	0,2952	0,2979	0,3007	0,3035	0,3062	0,3090	72
18	0,3090	0,3118	0,3145	0,3173	0,3201	0,3228	0,3256	71
19	0,3256	0,3283	0,3311	0,3338	0,3365	0,3393	0,3420	70
20	0,3420	0,3448	0,3475	0,3502	0,3529	0,3557	0,3584	69
21	0,3584	0,3611	0,3638	0,3665	0,3692	0,3719	0,3746	68
22	0,3746	0,3773	0,3800	0,3827	0,3854	0,3881	0,3907	67
23	0,3907	0,3934	0,3961	0,3987	0,4014	0,4041	0,4067	66
24	0,4067	0,4094	0,4120	0,4147	0,4173	0,4200	0,4226	65
25	0,4226	0,4253	0,4279	0,4305	0,4331	0,4358	0,4384	64
26	0,4384	0,4410	0,4436	0,4462	0,4488	0,4514	0,4540	63
27	0,4540	0,4566	0,4592	0,4617	0,4643	0,4669	0,4695	62
28	0,4695	0,4720	0,4746	0,4772	0,4797	0,4823	0,4848	61
29	0,4848	0,4874	0,4899	0,4924	0,4950	0,4975	0,5000	60
30	0,5000	0,5025	0,5050	0,5075	0,5100	0,5125	0,5150	59
31	0,5150	0,5175	0,5200	0,5225	0,5250	0,5275	0,5299	58
32	0,5299	0,5324	0,5348	0,5373	0,5398	0,5422	0,5446	57
33	0,5446	0,5471	0,5495	0,5519	0,5544	0,5568	0,5592	56
34	0,5592	0,5616	0,5640	0,5664	0,5688	0,5712	0,5736	55
35	0,5736	0,5760	0,5783	0,5807	0,5831	0,5854	0,5878	54
36	0,5878	0,5901	0,5925	0,5948	0,5972	0,5995	0,6018	53
37	0,6018	0,6041	0,6065	0,6088	0,6111	0,6134	0,6157	52
38	0,6157	0,6180	0,6202	0,6225	0,6248	0,6271	0,6293	51
39	0,6293	0,6316	0,6338	0,6361	0,6383	0,6406	0,6428	50
40	0,6428	0,6450	0,6472	0,6494	0,6517	0,6539	0,6561	49
41	0,6561	0,6583	0,6604	0,6626	0,6648	0,6670	0,6691	48
42	0,6691	0,6713	0,6734	0,6756	0,6777	0,6799	0,6820	47
43	0,6820	0,6841	0,6862	0,6884	0,6905	0,6926	0,6947	46
44	0,6947	0,6967	0,6988	0,7009	0,7030	0,7050	0,7071	45
	60′	50′	40′	30′	20′	10′	0′	Grad

Cosinus 45°...90°

Winkelfunktionen

Sinus 45°...90°

Grad	0′	10′	20′	30′	40′	50′	60′	
45	0,7071	0,7092	0,7112	0,7133	0,7153	0,7173	0,7193	44
46	0,7193	0,7214	0,7234	0,7254	0,7274	0,7294	0,7314	43
47	0,7314	0,7333	0,7353	0,7373	0,7392	0,7412	0,7431	42
48	0,7431	0,7451	0,7470	0,7490	0,7509	0,7528	0,7547	41
49	0,7547	0,7566	0,7585	0,7604	0,7623	0,7642	0,7660	**40**
50	0,7660	0,7679	0,7698	0,7716	0,7735	0,7753	0,7771	39
51	0,7771	0,7790	0,7808	0,7826	0,7844	0,7862	0,7880	38
52	0,7880	0,7898	0,7916	0,7934	0,7951	0,7969	0,7986	37
53	0,7986	0,8004	0,8021	0,8039	0,8056	0,8073	0,8090	36
54	0,8090	0,8107	0,8124	0,8141	0,8158	0,8175	0,8192	35
55	0,8192	0,8208	0,8225	0,8241	0,8258	0,8274	0,8290	34
56	0,8290	0,8307	0,8323	0,8339	0,8355	0,8371	0,8387	33
57	0,8387	0,8403	0,8418	0,8434	0,8450	0,8465	0,8480	32
58	0,8480	0,8496	0,8511	0,8526	0,8542	0,8557	0,8572	31
59	0,8572	0,8587	0,8601	0,8616	0,8631	0,8646	0,8660	**30**
60	0,8660	0,8675	0,8689	0,8704	0,8718	0,8732	0,8746	29
61	0,8746	0,8760	0,8774	0,8788	0,8802	0,8816	0,8829	28
62	0,8829	0,8843	0,8857	0,8870	0,8884	0,8897	0,8910	27
63	0,8910	0,8923	0,8936	0,8949	0,8962	0,8975	0,8988	26
64	0,8988	0,9001	0,9013	0,9026	0,9038	0,9051	0,9063	25
65	0,9063	0,9075	0,9088	0,9100	0,9112	0,9124	0,9135	24
66	0,9135	0,9147	0,9159	0,9171	0,9182	0,9194	0,9205	23
67	0,9205	0,9216	0,9228	0,9239	0,9250	0,9261	0,9272	22
68	0,9272	0,9283	0,9293	0,9304	0,9315	0,9325	0,9336	21
69	0,9336	0,9346	0,9356	0,9367	0,9377	0,9387	0,9397	**20**
70	0,9397	0,9407	0,9417	0,9426	0,9436	0,9446	0,9455	19
71	0,9455	0,9465	0,9474	0,9483	0,9492	0,9502	0,9511	18
72	0,9511	0,9520	0,9528	0,9537	0,9546	0,9555	0,9563	17
73	0,9563	0,9572	0,9580	0,9588	0,9596	0,9605	0,9613	16
74	0,9613	0,9621	0,9628	0,9636	0,9644	0,9652	0,9659	15
75	0,9659	0,9667	0,9674	0,9681	0,9689	0,9696	0,9703	14
76	0,9703	0,9710	0,9717	0,9724	0,9730	0,9737	0,9744	13
77	0,9744	0,9750	0,9757	0,9763	0,9769	0,9775	0,9781	12
78	0,9781	0,9787	0,9793	0,9799	0,9805	0,9811	0,9816	11
79	0,9816	0,9822	0,9827	0,9833	0,9838	0,9843	0,9848	**10**
80	0,9848	0,9853	0,9858	0,9863	0,9868	0,9872	0,9877	9
81	0,9877	0,9881	0,9886	0,9890	0,9894	0,9899	0,9903	8
82	0,9903	0,9907	0,9911	0,9914	0,9918	0,9922	0,9925	7
83	0,9925	0,9929	0,9932	0,9936	0,9939	0,9942	0,9945	6
84	0,9945	0,9948	0,9951	0,9954	0,9957	0,9959	0,9962	5
85	0,9962	0,9964	0,9967	0,9969	0,9971	0,9974	0,9976	4
86	0,9976	0,9978	0,9980	0,9981	0,9983	0,9985	0,9986	3
87	0,9986	0,9988	0,9989	0,9990	0,9992	0,9993	0,9994	2
88	0,9994	0,9995	0,9996	0,9997	0,9997	0,9998	0,99985	1
89	0,99985	0,99989	0,99993	0,99996	0,99998	0,99999	1,0000	0
	60′	50′	40′	30′	20′	10′	0′	Grad

Cosinus 0°...45°

Winkelfunktionen

Tangens 0°...45°

Grad	0'	10'	20'	30'	40'	50'	60'	
0	0,0000	0,0029	0,0058	0,0087	0,0116	0,0145	0,0175	89
1	0,0175	0,0204	0,0233	0,0262	0,0291	0,0320	0,0349	88
2	0,0349	0,0378	0,0407	0,0437	0,0466	0,0495	0,0524	87
3	0,0524	0,0553	0,0582	0,0612	0,0641	0,0670	0,0699	86
4	0,0699	0,0729	0,0758	0,0787	0,0816	0,0846	0,0875	85
5	0,0875	0,0904	0,0934	0,0963	0,0992	0,1022	0,1051	84
6	0,1051	0,1080	0,1110	0,1139	0,1169	0,1198	0,1228	83
7	0,1228	0,1257	0,1287	0,1317	0,1346	0,1376	0,1405	82
8	0,1405	0,1435	0,1465	0,1495	0,1524	0,1554	0,1584	81
9	0,1584	0,1614	0,1644	0,1673	0,1703	0,1733	0,1763	80
10	0,1763	0,1793	0,1823	0,1853	0,1883	0,1914	0,1944	79
11	0,1944	0,1974	0,2004	0,2035	0,2065	0,2095	0,2126	78
12	0,2126	0,2156	0,2186	0,2217	0,2247	0,2278	0,2309	77
13	0,2309	0,2339	0,2370	0,2401	0,2432	0,2462	0,2493	76
14	0,2493	0,2524	0,2555	0,2586	0,2617	0,2648	0,2679	75
15	0,2679	0,2711	0,2742	0,2773	0,2805	0,2836	0,2867	74
16	0,2867	0,2899	0,2931	0,2962	0,2994	0,3026	0,3057	73
17	0,3057	0,3089	0,3121	0,3153	0,3185	0,3217	0,3249	72
18	0,3249	0,3281	0,3314	0,3346	0,3378	0,3411	0,3443	71
19	0,3443	0,3476	0,3508	0,3541	0,3574	0,3607	0,3640	70
20	0,3640	0,3673	0,3706	0,3739	0,3772	0,3805	0,3839	69
21	0,3839	0,3872	0,3906	0,3939	0,3973	0,4006	0,4040	68
22	0,4040	0,4074	0,4108	0,4142	0,4176	0,4210	0,4245	67
23	0,4245	0,4279	0,4314	0,4348	0,4383	0,4417	0,4452	66
24	0,4452	0,4487	0,4522	0,4557	0,4592	0,4628	0,4663	65
25	0,4663	0,4699	0,4734	0,4770	0,4806	0,4841	0,4877	64
26	0,4877	0,4913	0,4950	0,4986	0,5022	0,5059	0,5095	63
27	0,5095	0,5132	0,5169	0,5206	0,5243	0,5280	0,5317	62
28	0,5317	0,5354	0,5392	0,5430	0,5467	0,5505	0,5543	61
29	0,5543	0,5581	0,5619	0,5658	0,5696	0,5735	0,5774	60
30	0,5774	0,5812	0,5851	0,5890	0,5930	0,5969	0,6009	59
31	0,6009	0,6048	0,6088	0,6128	0,6168	0,6208	0,6249	58
32	0,6249	0,6289	0,6330	0,6371	0,6412	0,6453	0,6494	57
33	0,6494	0,6536	0,6577	0,6619	0,6661	0,6703	0,6745	56
34	0,6745	0,6787	0,6830	0,6873	0,6916	0,6959	0,7002	55
35	0,7002	0,7046	0,7089	0,7133	0,7177	0,7221	0,7265	54
36	0,7265	0,7310	0,7355	0,7400	0,7445	0,7490	0,7536	53
37	0,7536	0,7581	0,7627	0,7673	0,7720	0,7766	0,7813	52
38	0,7813	0,7860	0,7907	0,7954	0,8002	0,8050	0,8098	51
39	0,8098	0,8146	0,8195	0,8243	0,8292	0,8342	0,8391	50
40	0,8391	0,8441	0,8491	0,8541	0,8591	0,8642	0,8693	49
41	0,8693	0,8744	0,8796	0,8847	0,8899	0,8952	0,9004	48
42	0,9004	0,9057	0,9110	0,9163	0,9217	0,9271	0,9325	47
43	0,9325	0,9380	0,9435	0,9490	0,9545	0,9601	0,9657	46
44	0,9657	0,9713	0,9770	0,9827	0,9884	0,9942	1,0000	45
	60'	50'	40'	30'	20'	10'	0'	Grad

Cotangens 45°...90°

Winkelfunktionen

Tangens 45°...90°

Grad	0′	10′	20′	30′	40′	50′	60′	
45	1,0000	1,0058	1,0117	1,0176	1,0235	1,0295	1,0355	44
46	1,0355	1,0416	1,0477	1,0538	1,0599	1,0661	1,0724	43
47	1,0724	1,0786	1,0850	1,0913	1,0977	1,1041	1,1106	42
48	1,1106	1,1171	1,1237	1,1303	1,1369	1,1436	1,1504	41
49	1,1504	1,1571	1,1640	1,1708	1,1778	1,1847	1,1918	40
50	1,1918	1,1988	1,2059	1,2131	1,2203	1,2276	1,2349	39
51	1,2349	1,2423	1,2497	1,2572	1,2647	1,2723	1,2799	38
52	1,2799	1,2876	1,2954	1,3032	1,3111	1,3190	1,3270	37
53	1,3270	1,3351	1,3432	1,3514	1,3597	1,3680	1,3764	36
54	1,3764	1,3848	1,3934	1,4019	1,4106	1,4193	1,4281	35
55	1,4281	1,4370	1,4460	1,4550	1,4641	1,4733	1,4826	34
56	1,4826	1,4919	1,5013	1,5108	1,5204	1,5301	1,5399	33
57	1,5399	1,5497	1,5597	1,5697	1,5798	1,5900	1,6003	32
58	1,6003	1,6107	1,6213	1,6318	1,6426	1,6534	1,6643	31
59	1,6643	1,6753	1,6864	1,6977	1,7090	1,7205	1,7321	30
60	1,7321	1,7438	1,7556	1,7675	1,7796	1,7917	1,8041	29
61	1,8041	1,8165	1,8291	1,8418	1,8546	1,8676	1,8807	28
62	1,8807	1,8940	1,9074	1,9210	1,9347	1,9486	1,9626	27
63	1,9626	1,9768	1,9912	2,0057	2,0204	2,0353	2,0503	26
64	2,0503	2,0655	2,0809	2,0965	2,1123	2,1283	2,1445	25
65	2,1445	2,1609	2,1775	2,1943	2,2113	2,2286	2,2460	24
66	2,2460	2,2637	2,2817	2,2998	2,3183	2,3369	2,3559	23
67	2,3559	2,3750	2,3945	2,4142	2,4342	2,4545	2,4751	22
68	2,4751	2,4960	2,5172	2,5387	2,5605	2,5826	2,6051	21
69	2,6051	2,6279	2,6511	2,6746	2,6985	2,7228	2,7475	20
70	2,7475	2,7725	2,7980	2,8239	2,8502	2,8770	2,9042	19
71	2,9042	2,9319	2,9600	2,9887	3,0178	3,0475	3,0777	18
72	3,0777	3,1084	3,1397	3,1716	3,2041	3,2371	3,2709	17
73	3,2709	3,3052	3,3402	3,3759	3,4124	3,4495	3,4874	16
74	3,4874	3,5261	3,5656	3,6059	3,6470	3,6891	3,7321	15
75	3,7321	3,7760	3,8208	3,8667	3,9136	3,9617	4,0108	14
76	4,0108	4,0611	4,1126	4,1653	4,2193	4,2747	4,3315	13
77	4,3315	4,3897	4,4494	4,5107	4,5736	4,6383	4,7046	12
78	4,7046	4,7729	4,8430	4,9152	4,9894	5,0658	5,1446	11
79	5,1446	5,2257	5,3093	5,3955	5,4845	5,5764	5,6713	10
80	5,6713	5,7694	5,8708	5,9758	6,0844	6,1970	6,3138	9
81	6,3138	6,4348	6,5605	6,6912	6,8269	6,9682	7,1154	8
82	7,1154	7,2687	7,4287	7,5958	7,7704	7,9530	8,1444	7
83	8,1444	8,3450	8,5556	8,7769	9,0098	9,2553	9,5144	6
84	9,5144	9,7882	10,0780	10,3854	10,7119	11,0594	11,4301	5
85	11,4301	11,8262	12,2505	12,7062	13,1969	13,7267	14,3007	4
86	14,3007	14,9244	15,6048	16,3499	17,1693	18,0750	19,0811	3
87	19,0811	20,2056	21,4704	22,9038	24,5418	26,4316	28,6363	2
88	28,6363	31,2416	34,3678	38,1885	42,9641	49,1039	57,2900	1
89	57,2900	68,7501	85,9398	114,5887	171,8854	343,7737	∞	0
	60′	50′	40′	30′	20′	10′	0′	Grad

Cotangens 0°...45°

Mathematische Grundlagen

Bruchrechnung

Regel	Zahlenbeispiel	Algebraisches Beispiel
Gleichnamige Brüche werden addiert oder subtrahiert, indem man die Zähler addiert oder subtrahiert und die Nenner unverändert läßt.	$\frac{5}{8} + \frac{2}{8} - \frac{1}{8} = \frac{5+2-1}{8}$ $= \frac{6}{8} = \frac{3}{4}$	$\frac{5}{a} - \frac{3}{a} + \frac{7}{a} = \frac{5-3+7}{a}$ $= \frac{9}{a}$
Bei **ungleichnamigen Brüchen** muß zuerst der Hauptnenner gebildet werden, um sie addieren bzw. subtrahieren zu können. Der Hauptnenner ist der kleinste gemeinsame Nenner, in dem die Nenner aller Brüche ganzzahlig enthalten sind. Die Brüche werden durch Erweitern auf den Hauptnenner gebracht.	$\frac{1}{2} + \frac{2}{3} - \frac{3}{4} =$ Hauptnenner = 12 $= \frac{1 \cdot 6}{2 \cdot 6} + \frac{2 \cdot 4}{3 \cdot 4} - \frac{3 \cdot 3}{4 \cdot 3}$ $= \frac{6}{12} + \frac{8}{12} - \frac{9}{12}$ $= \frac{6+8-9}{12} = \frac{5}{12}$	$\frac{a}{b} + \frac{c}{d} =$ Hauptnenner = $b \cdot d$ $= \frac{a \cdot d}{b \cdot d} + \frac{c \cdot b}{b \cdot d}$ $= \frac{a \cdot d + c \cdot b}{b \cdot d}$
Ein Bruch wird mit einem anderen Bruch multipliziert, indem man Zähler mit Zähler und Nenner mit Nenner multipliziert.	$\frac{3}{5} \cdot \frac{2}{7} = \frac{3 \cdot 2}{5 \cdot 7} = \frac{6}{35}$	$\frac{a}{b} \cdot \frac{c}{d} = \frac{a \cdot c}{b \cdot d}$
Ein Bruch wird durch einen anderen Bruch dividiert, indem man den Dividenden (Bruch im Zähler) mit dem Kehrwert des Divisors (Bruch im Nenner) multipliziert.	$\frac{3}{4} : \frac{3}{5} = \frac{\frac{3}{4}}{\frac{3}{5}} = \frac{3 \cdot 5}{4 \cdot 3}$ $= \frac{5}{4} = 1\frac{1}{4}$	$\frac{a}{b} : \frac{c}{d} = \frac{\frac{a}{b}}{\frac{c}{d}} = \frac{a \cdot d}{b \cdot c}$

Vorzeichenregeln

Regel	Zahlenbeispiel	Algebraisches Beispiel
Haben zwei Faktoren **gleiche** Vorzeichen, so wird das Produkt **positiv**.	$2 \cdot 5 = 10$ $(-2) \cdot (-5) = 10$	$a \cdot x = ax$ $(-a) \cdot (-x) = ax$
Haben zwei Faktoren **unterschiedliche** Vorzeichen, so wird das Produkt **negativ**.	$3 \cdot (-8) = -24$ $(-3) \cdot 8 = -24$	$a \cdot (-x) = -ax$ $(-a) \cdot x = -ax$
Haben Zähler und Nenner bzw. Dividend und Divisor **gleiche** Vorzeichen; so ist der Bruch bzw. der Quotient **positiv**.	$\frac{15}{3} = 15 : 3 = 5$ $\frac{-15}{-3} = (-15) : (-3) = 5$	$\frac{a}{b} = \frac{a}{b}$ $\frac{-a}{-b} = \frac{a}{b}$
Haben Zähler und Nenner bzw. Dividend und Divisor **unterschiedliche** Vorzeichen; so ist der Bruch bzw. der Quotient **negativ**.	$\frac{15}{-3} = 15 : (-3) = -5$ $\frac{-15}{3} = (-15) : 3 = -5$	$\frac{a}{-b} = -\frac{a}{b}$ $\frac{-a}{b} = -\frac{a}{b}$
Punktrechnungen ($\cdot$ und :) müssen **vor Strichrechnungen** (+ und −) ausgeführt werden.	$8 \cdot 4 - 18 \cdot 3 = 32 - 54$ $= -22$ $\frac{16}{4} + \frac{20}{5} - \frac{18}{3} = 4 + 4 - 6$ $= 2$	$4a \cdot b - c \cdot 3d$ $= 4ab - 3cd$

Klammerrechnung

Regel	Zahlenbeispiel	Algebraisches Beispiel
Klammern, vor denen ein Pluszeichen steht, können weggelassen werden. Die Vorzeichen der Glieder bleiben dann unverändert.	$16 + (9 - 5)$ $= 16 + 9 - 5$ $= 20$	$a + (b - c)$ $= a + b - c$
Klammern, vor denen ein Minuszeichen steht, können nur aufgelöst (weggelassen) werden, wenn alle Summanden (Glieder in der Klammer) entgegengesetzte Vorzeichen erhalten.	$16 - (9 - 5)$ $= 16 - 9 + 5$ $= 12$	$a - (b - c)$ $= a - b + c$

Mathematische Grundlagen

Klammerrechnung

Regel	Zahlenbeispiel	Algebraisches Beispiel
Ein Klammerausdruck wird mit einem Faktor multipliziert, indem man jedes Glied der Klammer mit dem Faktor multipliziert.	$7 \cdot (4 + 5)$ $= 7 \cdot 4 + 7 \cdot 5 = 63$	$a \cdot (b + c)$ $= ab + ac$
Ein Klammerausdruck wird mit einem Klammerausdruck multipliziert, indem man jedes Glied der einen Klammer mit jedem Glied der anderen Klammer multipliziert.	$(3 + 5) \cdot (10 - 7)$ $= 3 \cdot 10 + 3 \cdot (-7) + 5 \cdot 10 + 5 \cdot (-7)$ $= 30 - 21 + 50 - 35 = 24$	$(a + b) \cdot (c - d)$ $= ac - ad + bc - bd$
Ein Klammerausdruck wird durch einen Wert (Zahl, Buchstabe, Klammerausdruck) dividiert, indem man jedes Glied in der Klammer durch diesen Wert dividiert.	$(16 - 4) : 4$ $= 16 : 4 - 4 : 4$ $= 4 - 1 = 3$	$(a + b) : c = a : c + b : c$ $\frac{a - b}{b} = \frac{a}{b} - 1$
Ein Bruchstrich faßt Ausdrücke in gleicher Weise zusammen wie eine Klammer.	$\frac{3 + 4}{2} = (3 + 4) : 2$	$\frac{a + b}{2} \cdot h = (a + b) \cdot \frac{h}{2}$
Bei gemischten Punkt- und Strichrechnungen mit Klammerausdrücken müssen zuerst die Klammern aufgelöst und danach die Punkt- und dann die Strichrechnung ausgeführt werden.	$8 \cdot (3 - 2) + 4 \cdot (16 - 5)$ $= 8 \cdot 1 + 4 \cdot 11$ $= 8 + 44 = 52$	$a \cdot (3x - 5x) - b \cdot (12y - 2y)$ $= a \cdot (-2x) - b \cdot 10y$ $= -2ax - 10by$

Potenzieren

Regel	Zahlenbeispiel	Algebraisches Beispiel
Potenzen mit gleicher Basis werden multipliziert, indem man die Exponenten addiert und die Basis beibehält.	$3^2 \cdot 3^3 = 3 \cdot 3 \cdot 3 \cdot 3 \cdot 3$ $= 3^5$ oder $3^2 \cdot 3^3 = 3^{(2+3)} = 3^5$	$x^4 \cdot x^2 = x \cdot x \cdot x \cdot x \cdot x \cdot x$ $= x^6$ oder $x^4 \cdot x^2 = x^{(4+2)} = x^6$
Potenzen mit gleicher Basis werden dividiert, indem man ihre Exponenten subtrahiert und die Basis beibehält.	$\frac{4^3}{4^2} = \frac{4 \cdot 4 \cdot 4}{4 \cdot 4} = 4$ oder $4^3 : 4^2 = 4^{(3-2)} = 4^1 = 4$	$\frac{m^2}{m^3} = \frac{m \cdot m}{m \cdot m \cdot m} = \frac{1}{m} = m^{-1}$ oder $m^2 : m^3 = m^{(2-3)} = m^{-1}$
Werden Potenzen mit einem Faktor multipliziert, so muß zuerst die Potenz berechnet werden. Potenzrechnung geht vor Punktrechnung.	$6 \cdot 10^3 = 6 \cdot 1000$ $= 6000$ $7 \cdot 10^{-2} = 7 \cdot \frac{1}{100} = 0{,}07$	$a \cdot 10^2 = a \cdot 100 = 100a$ $b \cdot 10^{-1} = b \cdot \frac{1}{10} = 0{,}1b$
Jede Potenz mit dem Exponenten Null hat den Wert 1.	$\frac{10^4}{10^4} = 10^{(4-4)} = 10^0 = 1$	$(m + n)^0 = 1$

Radizieren

Regel	Zahlenbeispiel	Algebraisches Beispiel
Ist der Radikand ein Produkt, so kann die Wurzel entweder aus dem Produkt oder aus jedem einzelnen Faktor gezogen werden.	$\sqrt{9 \cdot 16} = \sqrt{144} = 12$ oder $\sqrt{9 \cdot 16} = \sqrt{9} \cdot \sqrt{16} = 3 \cdot 4 = 12$	$\sqrt[3]{a \cdot b} = \sqrt[3]{a} \cdot \sqrt[3]{b}$
Ist der Radikand eine Summe oder eine Differenz, so kann nur aus dem Ergebnis die Wurzel gezogen werden.	$\sqrt{9 + 16} = \sqrt{25} = 5$ $\sqrt{5^2 - 4^2} = \sqrt{25 - 16} = \sqrt{9} = 3$	$\sqrt[3]{a - b} = \sqrt[3]{(a - b)}$
Eine Wurzel kann als Potenz geschrieben werden.	$\sqrt[3]{27} = 27^{\frac{1}{3}} = 3^{3 \cdot \frac{1}{3}} = 3$	$\sqrt{a} = a^{\frac{1}{2}}$

Mathematische Grundlagen

Umformen von Gleichungen

Regel	Zahlenbeispiel	Algebraisches Beispiel
Durch **Addition** der gleichen Zahl auf beiden Seiten steht die gesuchte Zahl allein auf der linken Seite. Aus + wird −.	$y - 5 = 9$ $y - 5 + 5 = 9 + 5$ $y = 14$	$y - c = d$ $y - c + c = d + c$ $y = d + c$
Durch **Subtraktion** der gleichen Zahl auf beiden Seiten steht die gesuchte Zahl allein auf der linken Seite. Aus − wird +.	$x + 7 = 18$ $x + 7 - 7 = 18 - 7$ $x = 11$	$x + a = b$ $x + a - a = b - a$ $x = b - a$
Durch **Division** der gleichen Zahl auf beiden Seiten steht die gesuchte Zahl allein auf der linken Seite. Aus · wird :.	$6 \cdot x = 23$ $\frac{6 \cdot x}{6} = \frac{23}{6}$ $x = \frac{23}{6} = 3\frac{5}{6}$	$a \cdot x = b$ $\frac{a \cdot x}{a} = \frac{b}{a}$ $x = \frac{b}{a}$
Durch **Multiplikation** der gleichen Zahl auf beiden Seiten steht die gesuchte Zahl allein auf der linken Seite. Aus : wird ·.	$\frac{y}{3} = 7$ $\frac{y \cdot 3}{3} = 7 \cdot 3$ $y = 21$	$\frac{y}{c} = d$ $\frac{y \cdot c}{c} = d \cdot c$ $y = d \cdot c$
Durch **Potenzieren** auf beiden Seiten steht die gesuchte Zahl allein auf der linken Seite. Aus $\sqrt{\ }$ wird $(\ )^2$.	$\sqrt{x} = 4$ $(\sqrt{x})^2 = 4^2$ $x = 16$	$\sqrt{x} = a + b$ $(\sqrt{x})^2 = (a + b)^2$ $x = a^2 + 2ab + b^2$
Durch **Radizieren** auf beiden Seiten steht die gesuchte Zahl allein auf der linken Seite. Aus $(\ )^2$ wird $\sqrt{\ }$.	$x^2 = 36$ $\sqrt{x^2} = \sqrt{36}$ $x = \pm 6$	$x^2 = a + b$ $\sqrt{x^2} = \sqrt{a + b}$ $x = \pm \sqrt{a + b}$

Zehnerpotenzen

Werte über 1 können übersichtlich als Vielfaches von Zehnerpotenzen mit **positiven** Exponenten dargestellt werden. Werte unter 1 können als Vielfaches von Zehnerpotenzen mit **negativen** Exponenten dargestellt werden.

Wert	0,001	0,01	0,1	1	10	100	1 000	10 000	100 000	1 000 000
Zehnerpotenz	10^{-3}	10^{-2}	10^{-1}	10^0	10^1	10^2	10^3	10^4	10^5	10^6

Beispiele: Umwandlung von Zahlen in Produkte mit Zehnerpotenzen

$4300 = 4{,}3 \cdot 1000 = 4{,}3 \cdot 10^3$; $\quad 14\,638 = 1{,}4638 \cdot 10\,000 = 1{,}4638 \cdot 10^4$; $\quad 0{,}07 = \frac{7}{100} = 7 \cdot 10^{-2}$

Prozentrechnung

Der **Prozentsatz** gibt an, wieviel Prozent gerechnet werden sollen.
Der **Grundwert** ist der Wert, von dem die Prozente zu rechnen sind.
Der **Prozentwert** ist der Betrag, den die Prozente des Grundwertes ergeben.

P_s Prozentsatz, Prozent $\quad P_w$ Prozentwert $\quad G_w$ Grundwert $\qquad$ Prozentwert $\quad \boxed{P_w = \frac{G_w \cdot P_s}{100\%}}$

Beispiel: Werkstückrohling 250 kg (Grundwert); Abbrand 2% (Prozentsatz)
Abbrand in kg = ? (Prozentwert)

$P_w = \frac{G_w \cdot P_s}{100\%} = \frac{250 \text{ kg} \cdot 2\%}{100\%} = \mathbf{5\ kg}$

Zinsrechnung

z	Zinswert	k	Kapital	1 Zinsjahr (1 a) ≙ 360 Tage (360 d) ≙ 12 Monate
p	Zinssatz pro Jahr	t	Zeit in Jahren	1 Zinsmonat ≙ 30 Tage

Beispiel: Kapital = 2800,00 DM; Zinssatz = $6\frac{\%}{a}$; Zeit = $^1/_2$ a $\qquad$ Zinswert $\quad \boxed{z = \frac{k \cdot p \cdot t}{100\%}}$
Zinswert = ?

$z = \frac{k \cdot p \cdot t}{100\%} = \frac{2800{,}00 \text{ DM} \cdot 6\frac{\%}{a} \cdot 0{,}5\ a}{100\%} = \mathbf{84{,}00\ DM}$

Schlußrechnung, Mischungsrechnung

Schlußrechnung

Dreisatz für direkt proportionale Verhältnisse

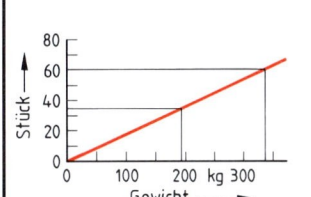

Beispiel: 60 Rohrkrümmer wiegen 330 kg. Wie groß ist das Gewicht von 35 Rohrkrümmern?

1. Satz: Behauptung — 60 Rohrkrümmer wiegen 330 kg

2. Satz: Berechnung der Einheit: Durch Dividieren

1 Rohrkrümmer wiegt $\dfrac{330 \text{ kg}}{60}$

3. Satz: Berechnung der Mehrheit: Durch Multiplizieren

35 Rohrkrümmer wiegen $\dfrac{330 \text{ kg} \cdot 35}{60}$ = **192,5 kg**

Dreisatz für indirekt proportionale Verhältnisse

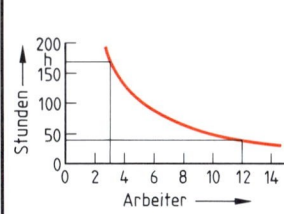

Beispiel: 3 Arbeiter benötigen für einen Auftrag 170 Stunden. Wieviel Stunden benötigen 12 Arbeiter für den gleichen Auftrag?

1. Satz: Behauptung — 3 Arbeiter benötigen 170 Stunden

2. Satz: Berechnung der Einheit: Durch Multiplizieren

1 Arbeiter benötigt $3 \cdot 170$ h

3. Satz: Berechnung der Mehrheit: Durch Dividieren

12 Arbeiter benötigen $\dfrac{3 \cdot 170 \text{ h}}{12}$ = **42,5 h**

Dreisatz mit mehrgliedrigen Verhältnissen

Beispiel: 660 Werkstücke werden durch 5 Maschinen in 24 Tagen hergestellt. In welcher Zeit können 312 Werkstücke gleicher Art von 9 Maschinen angefertigt werden?

1. Dreisatz: 5 Maschinen fertigen 660 Werkstücke in 24 Tagen
1 Maschine fertigt 660 Werkstücke in $24 \cdot 5$ Tagen
9 Maschinen fertigen 660 Werkstücke in $\dfrac{24 \cdot 5}{9}$ Tagen

2. Dreisatz: 9 Maschinen fertigen 660 Werkstücke in $\dfrac{24 \cdot 5}{9}$ Tagen
9 Maschinen fertigen 1 Werkstück in $\dfrac{24 \cdot 5}{9 \cdot 660}$ Tagen
9 Maschinen fertigen 312 Werkstücke in $\dfrac{24 \cdot 5 \cdot 312}{9 \cdot 660}$ = **6,3 Tagen**

Mischungsrechnung

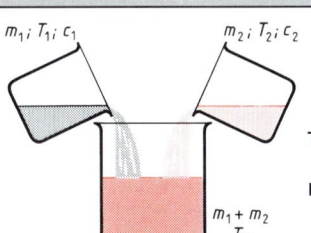

m_1, m_2 — Teilmassen
T_1, T_2 — Temperaturen der Teilmassen in K
c_1, c_2 — spez. Wärmekapazitäten[1] der Teilmassen
T_M — Temperatur der Mischung

Temperatur der Mischung
$$T_M = \frac{c_1 \cdot m_1 \cdot T_1 + c_2 \cdot m_2 \cdot T_2}{c_1 \cdot m_1 + c_2 \cdot m_2}$$

Beispiel: Ein Stahlbehälter mit m_1 = 6 kg und T_1 = 293 K wird mit m_2 = 24 l Wasser von T_2 = 318 K vollständig gefüllt. Welche Temperatur T_M stellt sich ein?

$$T_M = \frac{c_1 \cdot m_1 \cdot T_1 + c_2 \cdot m_2 \cdot T_2}{c_1 \cdot m_1 + c_2 \cdot m_2} = \frac{0{,}49\,\frac{\text{kJ}}{\text{kg} \cdot \text{K}} \cdot 6\text{ kg} \cdot 293\text{ K} + 4{,}18\,\frac{\text{kJ}}{\text{kg} \cdot \text{K}} \cdot 24\text{ kg} \cdot 318\text{ K}}{0{,}49\,\frac{\text{kJ}}{\text{kg} \cdot \text{K}} \cdot 6\text{ kg} + 4{,}18\,\frac{\text{kJ}}{\text{kg} \cdot \text{K}} \cdot 24\text{ kg}} = \mathbf{317{,}29\text{ K} \cong 44{,}29\,°\text{C}}$$

[1] spez. Wärmekapazität Seite 106 und Seite 107

Formelzeichen, mathematische Zeichen

Formelzeichen
vgl. DIN 1304 T1 (03.94)

Formelzeichen	Bedeutung
Länge, Fläche, Volumen, Winkel	
l	Länge
b	Breite
h	Höhe, Tiefe
r, R	Radius, Halbmesser
d, D	Durchmesser
s	Weglänge, Kurvenlänge
λ	Wellenlänge
A, S	Fläche, Querschnittsfläche
V	Volumen
α, β, γ	ebener Winkel
Ω	Raumwinkel
Zeit	
t	Zeit, Dauer
T	Periodendauer
f, ν	Frequenz
n	Drehzahl
ω	Winkelgeschwindigkeit
v, u	Geschwindigkeit
a	Beschleunigung
g	örtliche Fallbeschleunigung
α	Winkelbeschleunigung
$Q, \dot{V}$	Volumenstrom
Akustik	
p	Schalldruck
c	Schallgeschwindigkeit
L_p	Schalldruckpegel
ϱ	Schallreflexionsgrad
α	Schallabsorptionsgrad
R	Schalldämm-Maß
L_N	Lautstärkepegel

Formelzeichen	Bedeutung
Mechanik	
m	Masse
m'	längenbezogene Masse
m''	flächenbezogene Masse
ϱ	Dichte, volumenbezogene Masse
J	Trägheitsmoment, Massenmoment 2. Grades
F	Kraft
G, F_G	Gewichtskraft
M	Drehmoment
T	Torsionsmoment
M_b	Biegemoment
p	Druck
p_{abs}	absoluter Druck
p_{amb}	Atmosphärendruck
p_e	Überdruck
σ	Normalspannung
τ	Schubspannung
A	Bruchdehnung
ε	Dehnung, relative Längenänderung
E	Elastizitätsmodul
G	Schubmodul
μ, f	Reibungszahl
W	Widerstandsmoment
I	Flächenmoment 2. Grades
W, E	Arbeit, Energie
W_p, E_p	potentielle Energie
W_k, E_k	kinetische Energie
P	Leistung
η	Wirkungsgrad
Licht, elektromagnet. Strahlung	
E_v	Beleuchtungsstärke
f	Brennweite
n	Brechzahl
I_e	Strahlstärke
Q_e, W	Strahlungsenergie

Formelzeichen	Bedeutung
Wärme	
T, Θ	thermodynamische Temperatur
$\Delta T, \Delta t, \Delta \vartheta$	Temperaturdifferenz
t, ϑ	Celsius-Temperatur
α, α_l	Längenausdehnungskoeffizient
γ, α_v	Volumenausdehnungskoeffizient
Q	Wärme, Wärmemenge
λ	Wärmeleitfähigkeit
α	Wärmeübergangskoeffizient
k	Wärmedurchgangskoeffizient
Φ	Wärmestrom
a	Temperaturleitfähigkeit
C	Wärmekapazität
c	spez. Wärmekapazität
H, H_u	spezifischer Heizwert
Elektrizität	
Q	Ladung, Elektrizitätsmenge
U	Spannung
C	Kapazität
ε	Permittivität
I	Stromstärke
L	Induktivität
μ	Permeabilität
R	Widerstand
ϱ	spezifischer Widerstand
$\gamma, \varkappa$	elektrische Leitfähigkeit
X	Blindwiderstand
Z	Scheinwiderstand
φ	Phasenverschiebungswinkel
N	Windungszahl

Mathematische Zeichen
vgl. DIN 1302 (04.94)

Math. Zeichen	Sprechweise
$\approx$	ungefähr gleich, rund, etwa
$\triangleq$	entspricht
...	und so weiter bis
$=$	gleich
$\neq$	ungleich
$=_{def}$	ist definitionsgemäß gleich
$<$	kleiner als
$\leq$	kleiner oder gleich
$>$	größer als
$\geq$	größer oder gleich
$+$	plus
$-$	minus
$\times, \cdot$	mal, multipliziert mit
$-, /, :$	durch, geteilt durch, zu
Σ	Summe
$\sim$	proportional
π	pi (Kreiszahl = 3,14159...)
a^x	a hoch x

Math. Zeichen	Sprechweise
$\sqrt{}$	Quadratwurzel aus
$\sqrt[n]{}$	n-te Wurzel aus
$\lvert x \rvert$	Betrag von x
∞	unendlich
Arc z	Arcus z, Bogenmaß z
Arc sin	Arcus sinus
$\perp$	senkrecht auf
$\parallel$	ist parallel zu
$\uparrow\uparrow$	gleichsinnig parallel
$\downarrow\uparrow$	gegensinnig parallel
$\sphericalangle$	Winkel
$\triangle$	Dreieck
$\odot$	Kreis
$\cong$	kongruent zu
Δx	Delta x (Differenz zweier Werte)

Math. Zeichen	Sprechweise
ln	natürlicher Logarithmus
log	Logarithmus (allgemein)
lg	dekadischer Logarithmus
sin	Sinus
cos	Cosinus
tan	Tangens
cot	Cotangens
%	Prozent, vom Hundert
‰	Promille, vom Tausend
(), [], { }	runde, eckige, geschweifte Klammer auf und zu
$\overline{AB}$	Strecke AB
$\overset{\frown}{AB}$	Bogen AB
a', a''	a Strich, a zwei Strich
a_1, a_2	a eins, a zwei

Einheiten im Meßwesen

vgl. DIN 1301 T1 (12.93), T2 (02.78), T3 (10.79)

Die Einheiten im Meßwesen sind im Internatonalen Einheitensystem (SI = **S**ysteme **I**nternational) festgelegt. Es baut auf den sieben *Basiseinheiten* (Grundeinheiten) auf, von denen weitere Einheiten abgeleitet sind.

Basisgrößen und Basiseinheiten

Basisgröße	Länge	Masse	Zeit	Elektrische Stromstärke	Thermodynamische Temperatur	Stoffmenge	Lichtstärke
Basiseinheit	Meter	Kilogramm	Sekunde	Ampere	Kelvin	Mol	Candela
Einheitenzeichen	m	kg	s	A	K	mol	cd
Kohärente (abgeleitete) Einheiten	\multicolumn{7}{l}{Das sind Einheiten, die aus den Basiseinheiten des SI-Systems (m, kg, s, A, K, mol, cd) mit dem Zahlenfaktor 1 gebildet werden. Dazu gehören auch Potenzen und Potenzprodukte. **Beispiele:** $1\,N = 1\,\frac{kg \cdot m}{s^2}$; $1\,Hz = \frac{1}{s}$; $1\,m^2 = 1\,m \cdot 1\,m$}						
Nicht-kohärente Einheiten	\multicolumn{7}{l}{Das sind Einheiten, die durch einen anderen Zahlenfaktor als 1 an die Einheiten des SI-Systems angeschlossen sind. **Beispiele:** $1\,h = 3600\,s$; $1\,Kt = 0{,}2\,g$}						

Vorsätze zur Bezeichnung von dezimalen Vielfachen der Einheiten

Vorsatz	Piko	Nano	Mikro	Milli	Zenti	Dezi	Deka	Hekto	Kilo	Mega	Giga	Tera
Vorsatzzeichen	p	n	µ	m	c	d	da	h	k	M	G	T
Faktor	10^{-12}	10^{-9}	10^{-6}	10^{-3}	10^{-2}	10^{-1}	10^1	10^2	10^3	10^6	10^9	10^{12}

Größen und Einheiten

Größe	Formelzeichen DIN 1304	Einheit Name	Einheit Zeichen	Beziehung	Bemerkung
Länge, Fläche, Volumen, Winkel					
Länge	l	Meter	m	$1\,m = 10\,dm = 100\,cm$ $ = 1000\,mm$ $1\,mm = 1000\,µm$ $1\,km = 1000\,m$	1 inch = 1 Zoll = 25,4 mm In der Luft- und Seefahrt gilt: 1 internationale Seemeile = 1852 m
Fläche	A, S	Quadratmeter Ar Hektar	m^2 a ha	$1\,m^2 = 10\,000\,cm^2$ $ = 1\,000\,000\,mm^2$ $1\,a = 100\,m^2$ $1\,ha = 100\,a = 10\,000\,m^2$ $100\,ha = 1\,km^2$	Zeichen S nur für Querschnittsflächen Ar und Hektar nur für Flächen von Grundstücken
Volumen	V	Kubikmeter Liter	m^3 l, L	$1\,m^3 = 1000\,dm^3$ $ = 1\,000\,000\,cm^3$ $1\,l = 1\,L = 1\,dm^3 =$ $ = 10\,dl = 0{,}001\,m^3$ $1\,ml = 1\,cm^3$	Meist für Flüssigkeiten und Gase
ebener Winkel (Winkel)	$\alpha, \beta, \gamma\ldots$	Radiant Grad Minute Sekunde	rad ° ' "	$1\,rad = 1\,m/m = 57{,}2957\ldots°$ $ = 180°/\pi$ $1° = \frac{\pi}{180}\,rad = 60'$ $1' = 1°/60 = 60''$ $1'' = 1'/60 = 1°/3600$	1 rad ist der Winkel, der aus einem um den Scheitelpunkt geschlagenen Kreis mit 1 m Radius einen Bogen von 1 m Länge schneidet. Bei techn. Berechnungen z.B. nicht $\alpha = 33°\,17'\,27{,}6''$, sondern besser $\alpha = 33{,}291°$ verwenden.
Raumwinkel	Ω	Steradiant	sr	$1\,sr = 1\,m^2/m^2$	
Zeit					
Zeit, Zeitspanne, Dauer	t	**Sekunde** Minute Stunde Tag	s min h d	$1\,min = 60\,s$ $1\,h = 60\,min = 3600\,s$ $1\,d = 24\,h$	3 h bedeutet eine Zeitspanne (3 Std.) 3^h bedeutet einen Zeitpunkt (3 Uhr). Werden Zeitpunkte in gemischter Form, z.B. $3^h24^m10^s$ geschrieben, so kann das Zeichen min auf m verkürzt werden.
Frequenz	f, ν	Hertz	Hz	$1\,Hz = 1/s$	$1\,Hz \triangleq 1$ Schwingung in 1 Sekunde

Einheiten im Meßwesen

vgl. DIN 1301 T1(12.93), T2(02.78), T3(10.79)

Größen und Einheiten

Größe	Formelzeichen DIN 1304	Einheit Name	Einheit Zeichen	Beziehung	Bemerkung
Zeit					
Drehzahl (Umdrehungsfrequenz)	n	1 durch Sekunde 1 durch Minute	1/s 1/min	$1/s = 60/min = 60\ min^{-1}$ $1/min = 1\ min^{-1} = \dfrac{1}{60\ s}$	
Geschwindigkeit	v	Meter durch Sekunde	m/s	$1\ m/s = 60\ m/min$ $= 3{,}6\ km/h$	
		Meter durch Minute	m/min	$1\ m/min = \dfrac{1\ m}{60\ s}$	
		Kilometer durch Stunde	km/h	$1\ km/h = \dfrac{1\ m}{3{,}6\ s}$	
Winkelgeschwindigkeit	ω	1 durch Sekunde	1/s		
		Radiant durch Sekunde	rad/s		
Beschleunigung	a, g	Meter durch Sekunde hoch zwei	m/s²	$1\ m/s^2 = \dfrac{1\ m/s}{1\ s}$	Formelzeichen g nur für Fallbeschleunigung. $g = 9{,}81\ m/s^2 \approx 10\ m/s^2$
Mechanik					
Masse	m	**Kilogramm**	kg	$1\ kg = 1000\ g$	Gewicht im Sinne eines Wägeergebnisses oder eines Wägestückes ist eine Größe von der Art der Masse (Einheit kg).
		Gramm	g	$1\ g = 1000\ mg$	
		Megagramm Tonne	Mg t	$1\ t = 1000\ kg = 1\ Mg$ $0{,}2\ g = 1\ Kt$	Masse für Edelsteine in Karat (Kt).
längenbezogene Masse	m'	Kilogramm durch Meter	kg/m	$1\ kg/m = 1\ g/mm$	Die längenbezogene Masse wird z. B. zur Berechnung der Masse (Gewicht) von Stabwerkstoffen, Profilen und Rohren verwendet.
flächenbezogene Masse	m''	Kilogramm durch Meter hoch zwei	kg/m²	$1\ kg/m^2 = 0{,}1\ g/cm^2$	Die flächenbezogene Masse wird z. B. zur Berechnung der Masse von Blechen und Tafelwerkstoffen verwendet.
Dichte	ϱ	Kilogramm durch Meter hoch drei	kg/m³	$1000\ kg/m^3 = 1\ t/m^3$ $= 1\ kg/dm^3$ $= 1\ g/cm^3$ $= 1\ g/ml$ $= 1\ mg/mm^3$	Die Dichte ist eine vom Ort unabhängige Größe.
Trägheitsmoment, Massenmoment 2. Grades	J	Kilogramm mal Meter hoch zwei	kg·m²		früher: Massenträgheitsmoment
Kraft	F	Newton	N	$1\ N = 1\ \dfrac{kg \cdot m}{s^2} = 1\ \dfrac{J}{m}$ $1\ MN = 10^3\ kN = 1\,000\,000\ N$	Die Kraft 1 N bewirkt bei der Masse 1 kg in 1 s eine Geschwindigkeitsänderung von 1 m/s.
Gewichtskraft	G, F_G				
Drehmoment	M	Newton mal Meter	N·m		
Biegemoment	M_b				
Torsionsmoment	T				
Impuls	p	Kilogramm mal Meter durch Sekunde	kg·m/s	$1\ kg \cdot m/s = 1\ N \cdot s$	
Druck	p	Pascal	Pa	$1\ Pa = 1\ N/m^2 = 0{,}01\ mbar$ $1\ bar = 100\,000\ N/m^2$ $= 10\ N/cm^2 = 10^5\ Pa$ $1\ mbar = 1\ hPa$	Unter Druck versteht man die Kraft je Flächeneinheit. Für Überdruck wird das Formelzeichen p_e verwendet (DIN 1314, 2.77).
mechanische Spannung	σ, τ	Newton durch Meter hoch zwei	N/m²	$1\ N/mm^2 = 10\ bar = 1\ MN/m^2$ $= 1\ MPa$ $1\ daN/cm^2 = 0{,}1\ N/mm^2$	

Einheiten im Meßwesen

vgl. DIN 1301 T1(12.93), T2(02.78), T3(10.79)

Größen und Einheiten

Größe	Formelzeichen DIN 1304	Einheit Name	Zeichen	Beziehung	Bemerkung
Mechanik					
Flächenmoment 2. Grades	I	Meter hoch vier Zentimeter hoch vier	m^4 cm^4	$1\ m^4 = 10\,000\ cm^4$	früher: Flächenträgheitsmoment
Energie, Arbeit Wärmemenge	E, W	Joule	J	$1\ J = 1\ N \cdot m = 1\ W \cdot s$ $= 1\ kg \cdot m^2/s^2$	Joule für jede Energieart, kW · h bevorzugt für elektrische Energie.
Leistung Wärmestrom	P, Φ	Watt	W	$1\ W = 1\ J/s = 1\ N \cdot m/s$ $= 1\ V \cdot A = 1\ m^2 \cdot kg/s^3$	
Elektrizität und Magnetismus					
Elektrische Stromstärke	I	**Ampere**	A		
Elektr. Spannung	U	Volt	V	$1\ V = 1\ W/1\ A = 1\ J/C$	
Elektr. Widerstand	R	Ohm	Ω	$1\ \Omega = 1\ V/1\ A$	
Elektr. Leitwert	G	Siemens	S	$1\ S = 1\ A/1\ V = 1/\Omega$	
spez. Widerstand	ϱ	Ohm mal Meter	Ω · m	$10^{-6}\ \Omega \cdot m = 1\ \Omega \cdot mm^2/m$	$\varrho = \dfrac{1}{\varkappa}$ in $\dfrac{\Omega \cdot mm^2}{m}$
Leitfähigkeit	$\gamma, \varkappa$	Siemens durch Meter	S/m		$\varkappa = \dfrac{1}{\varrho}$ in $\dfrac{m}{\Omega \cdot mm^2}$
Frequenz	f	Hertz	Hz	$1\ Hz = \dfrac{1}{s}$; $1000\ Hz = 1\ kHz$	
Elektr. Arbeit	W	Joule	J	$1\ J = 1\ W \cdot s = 1\ N \cdot m$ $1\ kW \cdot h = 3,6\ MJ$ $1\ W \cdot h = 3,6\ kJ$	
Phasenverschiebungswinkel	φ	—	—		Winkel zwischen Strom und Spannung bei induktiver oder kapazitiver Belastung.
Elektr. Feldstärke Elektr. Ladung Elektr. Kapazität Induktivität	E ϱ C L	Volt durch Meter Coulomb Farad Henry	V/m C F H	$1\ C = 1\ A \cdot$; $1\ A \cdot h = 3,6\ kC$ $1\ F = 1\ C/V$ $1\ H = 1\ V \cdot s/A$	
Leistung	P	Watt	W	$1\ W = 1\ J/s = 1\ N \cdot m/s$ $= 1\ V \cdot A$	In der elektrischen Energietechnik: Scheinleistung in V · A
Thermodynamik und Wärmeübertragung					
thermodynamische Temperatur Celsius-Temperatur	T, Θ t, ϑ	Kelvin Grad Celsius	K °C	$0\ K = -273\ °C$ $0\ °C = 273\ K$	Kelvin (K) und Grad Celsius (°C) werden für Temperaturen und Temperaturdifferenzen verwendet. $t = T - T_o$; $T_o = 273,15\ K$
Wärmemenge	Q	Joule	J	$1\ J = 1\ W \cdot s = 1\ N \cdot m$ $1\ kW \cdot h = 3\,600\,000\ J = 3,6\ MJ$	
spez. Heizwert	H	Joule durch Kilogramm Joule durch Meter hoch drei	J/kg J/m³	$1\ MJ/kg = 1\,000\,000\ J/kg$	Freiwerdende Wärmeenergie je kg Brennstoff abzüglich der Verdampfungswärme des in den Abgasen enthaltenen Wasserdampfes.
Molekularphysik und Licht					
Stoffmenge (Teilchenmenge)	n	**Mol**	mol	1 mol entspricht $\approx 6 \cdot 10^{23}$ Teilchen	1 mol Sauerstoff (O_2) wiegt 32 g, relative Molekülmasse $M_r = 32$.
Lichtstärke	I_v	Candela	cd		
Aktivität	A	Becquerel	Bq	$1\ Bq = \dfrac{1}{s}$	Aktivität einer radioaktiven Substanz.

Längen

Gestreckte Längen (siehe auch Seite 260 und Seite 261)

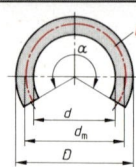

D   Außendurchmesser
d   Innendurchmesser
d_m mittlerer Durchmesser
l gestreckte Länge
l_1, l_2 Teillänge

Kreisring $l = \pi \cdot d_m$

Kreisring-
ausschnitt $l = \dfrac{\pi \cdot d_m \cdot \alpha}{360°}$

Beispiel: $D = 180$ mm; $d = 160$ mm; $\alpha = 220°$
$d_m = ?$; $l = ?$

$d_m = \dfrac{D + d}{2} = \dfrac{180 \text{ mm} + 160 \text{ mm}}{2} = \textbf{170 mm}$

$l = \dfrac{\pi \cdot d_m \cdot \alpha}{360°} = \dfrac{\pi \cdot 170 \text{ mm} \cdot 220°}{360°}$
$= \textbf{326,4 mm}$

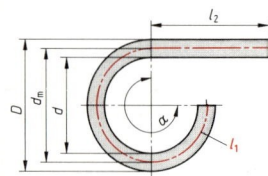

Zusammengesetzte Längen $l = l_1 + l_2 + \ldots$

Beispiel: $D = 360$ mm; $d = 350$ mm; $l_2 = 70$ mm
$\alpha = 270°$; $l = ?$

$d_m = \dfrac{D + d}{2} = \dfrac{360 \text{ mm} + 350 \text{ mm}}{2} = \textbf{355 mm}$

$l = l_1 + l_2 = \dfrac{\pi \cdot d_m \cdot \alpha}{360°} + l_2 = \dfrac{\pi \cdot 355 \text{ mm} \cdot 270°}{360°} + 70 \text{ mm} = \textbf{906,45 mm}$

Rohlänge von Schmiede- und Preßstücken

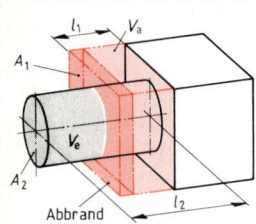

Beim Umformen ist das Volumen des Rohteiles gleich dem Volumen des Fertigteiles. Tritt ein Abbrand auf oder wird das Werkstück mit einem Grat hergestellt, dann muß der Verlust durch einen Zuschlag zum Volumen des Fertigteiles berücksichtigt werden.

V_a Volumen des Rohteiles
V_e Volumen des Fertigteiles
q Zuschlagsfaktor für Abbrand oder Gratverluste
l_1 Ausgangslänge der Zugabe
l_2 Länge des angeschmiedeten Teiles

$V_a = V_e$

$V_a = V_e + q \cdot V_e$
$V_a = V_e \cdot (1 + q)$
$A_1 \cdot l_1 = A_2 \cdot l_2 \cdot (1 + q)$

Beispiel: Wie groß muß die Ausgangslänge l_1 der Schmiedezugabe sein, wenn an einem Flachstahl 50×35 mm ein zylindrischer Zapfen mit $d = 24$ mm und $l_2 = 60$ mm abgesetzt werden soll?
Der Verlust durch Abbrand beträgt 10%.

$V_a = V_e \cdot (1 + q)$
$A_1 \cdot l_1 = A_2 \cdot l_2 \cdot (1 + q)$

$l_1 = \dfrac{A_2 \cdot l_2 \cdot (1 + q)}{A_1} = \dfrac{\pi \cdot (24 \text{ mm})^2 \cdot 60 \text{ mm} \cdot (1 + 0{,}1)}{4 \cdot 50 \text{ mm} \cdot 35 \text{ mm}} = \textbf{17 mm}$

Teilung von Längen

Randabstand ≠ Teilung

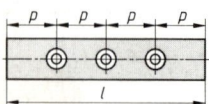

l Gesamtlänge n Anzahl der Bohrungen, Sägeschnitte, …
p Teilung a, b Randabstand

$p = \dfrac{l - (a + b)}{n - 1}$

Beispiel: $l = 1950$ mm; $a = 100$ mm; $b = 50$ mm
$n = 25$ Bohrungen; $p = ?$

$p = \dfrac{l - (a + b)}{n - 1} = \dfrac{1950 \text{ mm} - 150 \text{ mm}}{25 - 1} = \textbf{75 mm}$

Randabstand = Teilung

l Teilungslänge n Anzahl der Bohrungen, Sägeschnitte, …
p Teilung z Anzahl der Teile

$p = \dfrac{l}{n + 1}$

Beispiel: $l = 2$ m; $n = 24$ Bohrungen; $p = ?$

$p = \dfrac{l}{n + 1} = \dfrac{200 \text{ cm}}{24 + 1} = \textbf{8 cm}$

$z = n + 1$

Flächen

Quadrat

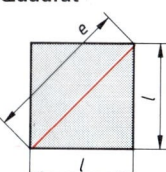

- A Fläche
- l Seitenlänge
- e Eckenmaß

$e = \sqrt{2} \cdot l$

$$A = l^2$$

Beispiel: $l = 14$ mm; $A = ?$; $e = ?$
$A = l^2 = (14 \text{ mm})^2 = \mathbf{196 \text{ mm}^2}$
$e = \sqrt{2} \cdot l = \sqrt{2} \cdot 14 \text{ mm} = \mathbf{19{,}8 \text{ mm}}$

Rhombus (Raute)

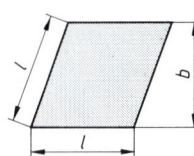

- A Fläche
- l Seitenlänge
- b Breite

$$A = l \cdot b$$

Beispiel: $l = 9$ mm; $b = 8{,}5$ mm; $A = ?$
$A = l \cdot b = 9 \text{ mm} \cdot 8{,}5 \text{ mm} = \mathbf{76{,}5 \text{ mm}^2}$

Rechteck

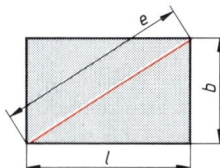

- A Fläche
- l Länge
- b Breite
- e Eckenmaß

$e = \sqrt{l^2 + b^2}$

$$A = l \cdot b$$

Beispiel: $l = 12$ mm; $b = 11$ mm; $A = ?$; $e = ?$
$A = l \cdot b = 12 \text{ mm} \cdot 11 \text{ mm} = \mathbf{132 \text{ mm}^2}$
$e = \sqrt{l^2 + b^2} = \sqrt{(12 \text{ mm})^2 + (11 \text{ mm})^2} = \sqrt{265 \text{ mm}^2}$
$= \mathbf{16{,}28 \text{ mm}}$

Rhomboid (Parallelogramm)

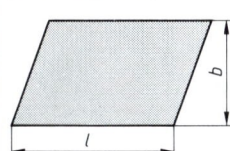

- A Fläche
- l Länge
- b Breite

$$A = l \cdot b$$

Beispiel: $l = 36$ mm; $b = 15$ mm; $A = ?$;
$A = l \cdot b = 36 \text{ mm} \cdot 15 \text{ mm} = \mathbf{540 \text{ mm}^2}$

Trapez

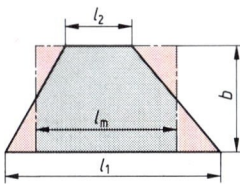

- A Fläche
- l_1 große Länge
- l_2 kleine Länge
- l_m mittlere Länge
- b Breite

$l_m = \dfrac{l_1 + l_2}{2}$

$$A = \dfrac{l_1 + l_2}{2} \cdot b$$

Beispiel: $l_1 = 23$ mm; $l_2 = 20$ mm; $b = 17$ mm
$A = ?$
$A = \dfrac{l_1 + l_2}{2} \cdot b = \dfrac{23 \text{ mm} + 20 \text{ mm}}{2} \cdot 17 \text{ mm}$
$= \mathbf{365{,}5 \text{ mm}^2}$

Dreieck

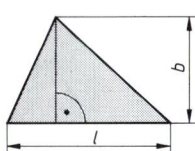

- A Fläche
- l Seitenlänge
- b Breite

$$A = \dfrac{l \cdot b}{2}$$

Beispiel: $l = 62$ mm; $b = 29$ mm; $A = ?$
$A = \dfrac{l \cdot b}{2} = \dfrac{62 \text{ mm} \cdot 29 \text{ mm}}{2} = \mathbf{899 \text{ mm}^2}$

Flächen

Dreieck

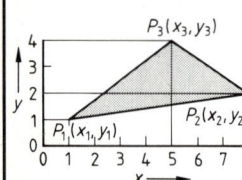

Koordinatenabstände
$P_1(x_1, y_1)$; $P_3(x_3, y_3)$
$P_2(x_2, y_2)$

$$A = \frac{1}{2} \cdot \left[x_1 \cdot (y_2 - y_3) + x_2 \cdot (y_3 - y_1) + x_3 \cdot (y_1 - y_2) \right]$$

Beispiel: $P_1(x_1 = 1, y_1 = 1)$; $P_2(x_2 = 8, y_2 = 2)$; $P_3(x_3 = 5, y_3 = 4)$; $A = ?$

$$A = \frac{1}{2} \cdot \left[1 \cdot (2-4) + 8 \cdot (4-1) + 5 \cdot (1-2) \right]$$

$$= \frac{1}{2} \cdot \left[-2 + 24 - 5 \right] = \frac{17}{2} = 8{,}5$$

Unregelmäßiges Vieleck

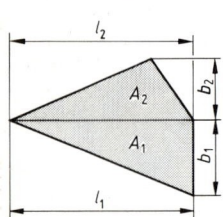

A Gesamtfläche l_1, l_2 Länge
A_1, A_2 Teilfläche b_1, b_2 Breite

$$A = A_1 + A_2 + \ldots$$

Beispiel: $l_1 = 80$ mm; $l_2 = 80$ mm; $b_1 = 40$ mm;
$b_2 = 30$ mm
$A_1 = ?$; $A_2 = ?$; $A = ?$

$$A_1 = \frac{l_1 \cdot b_1}{2} = \frac{80 \text{ mm} \cdot 40 \text{ mm}}{2} = 1600 \text{ mm}^2$$

$$A_2 = \frac{l_2 \cdot b_2}{2} = \frac{80 \text{ mm} \cdot 30 \text{ mm}}{2} = 1200 \text{ mm}^2$$

$$A = A_1 + A_2 = 1600 \text{ mm}^2 + 1200 \text{ mm}^2 = 2800 \text{ mm}^2$$

Regelmäßiges Vieleck

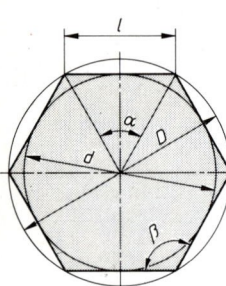

A Fläche n Eckenzahl
l Seitenlänge α Mittelpunktswinkel
D Umkreisdurchmesser β Eckenwinkel
d Inkreisdurchmesser

$$A = \frac{n \cdot l \cdot d}{4}$$

$$l = D \cdot \sin\left(\frac{180°}{n}\right)$$

$$d = \sqrt{D^2 - l^2}$$

Beispiel: Sechseck mit $D = 80$ mm
$l = ?$; $d = ?$; $A = ?$

$$l = D \cdot \sin\left(\frac{180°}{n}\right) = 80 \text{ mm} \cdot \sin\left(\frac{180°}{6}\right)$$
$$= 40 \text{ mm}$$

$$\alpha = \frac{360°}{n}$$

$$\beta = 180° - \alpha$$

$$d = \sqrt{D^2 - l^2} = \sqrt{6400 \text{ mm}^2 - 1600 \text{ mm}^2}$$
$$= 69{,}282 \text{ mm}$$

$$A = \frac{n \cdot l \cdot d}{4} = \frac{6 \cdot 40 \text{ mm} \cdot 69{,}282 \text{ mm}}{4}$$
$$= 4156{,}92 \text{ mm}^2$$

Berechnung regelmäßiger Vielecke mit Hilfe der Tabelle

Ecken-zahl	Fläche $A \approx$			Umkreisdurchmesser $D \approx$		Inkreisdurchmesser $d \approx$		Seitenlänge $l \approx$	
n	D^2 mal	d^2 mal	l^2 mal	l mal	d mal	l mal	D mal	D mal	d mal
3	0,325	1,299	0,433	1,154	2,000	0,578	0,500	0,867	1,732
4	0,500	1,000	1,000	1,414	1,414	1,000	0,707	0,707	1,000
5	0,595	0,908	1,721	1,702	1,236	1,376	0,809	0,588	0,727
6	0,649	0,866	2,598	2,000	1,155	1,732	0,866	0,500	0,577
8	0,707	0,829	4,828	2,614	1,082	2,414	0,924	0,383	0,414
10	0,735	0,812	7,694	3,236	1,052	3,078	0,951	0,309	0,325
12	0,750	0,804	11,196	3,864	1,035	3,732	0,966	0,259	0,268

Beispiel: Achteck mit $l = 20$ mm $A = ?$; $D = ?$

$A \approx 4{,}828 \cdot l^2 = 4{,}828 \cdot (20 \text{ mm})^2 = \mathbf{1931{,}2 \text{ mm}^2}$; $D \approx 2{,}614 \cdot l = 2{,}614 \cdot 20 \text{ mm} = \mathbf{52{,}28 \text{ mm}}$

Flächen

Kreis
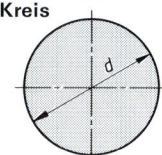

A Fläche U Umfang
d Durchmesser

$$U = \pi \cdot d$$

Beispiel: $d = 60$ mm; $A = ?$; $U = ?$

$$A = \frac{\pi \cdot d^2}{4} = \frac{\pi \cdot (60 \text{ mm})^2}{4} = 2827 \text{ mm}^2$$

$$A = \frac{\pi \cdot d^2}{4}$$

$$U = \pi \cdot d = \pi \cdot 60 \text{ mm} = 188{,}5 \text{ mm}$$

Kreisausschnitt
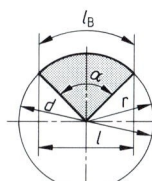

A Fläche l Sehnenlänge
d Durchmesser r Radius
l_B Bogenlänge α Mittelpunktswinkel

$$A = \frac{\pi \cdot d^2}{4} \cdot \frac{\alpha}{360°}$$

Beispiel: $d = 48$ mm; $\alpha = 110°$; $l_B = ?$; $A = ?$

$$l_B = \frac{\pi \cdot r \cdot \alpha}{180°} = \frac{\pi \cdot 24 \text{ mm} \cdot 110°}{180°} = 46{,}1 \text{ mm}$$

$$A = \frac{l_B \cdot r}{2}$$

$$A = \frac{l_B \cdot r}{2} = \frac{46{,}1 \text{ mm} \cdot 24 \text{ mm}}{2} = 553 \text{ mm}^2$$

$$l = 2 \cdot r \cdot \sin\frac{\alpha}{2}$$

$$l_B = \frac{\pi \cdot r \cdot \alpha}{180°}$$

Kreisabschnitt
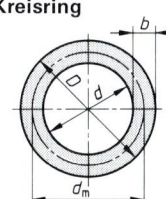

A Fläche b Breite
d Durchmesser r Radius
l_B Bogenlänge α Mittelpunktswinkel
l Sehnenlänge

$$A = \frac{\pi \cdot d^2}{4} \cdot \frac{\alpha}{360°} - \frac{l \cdot (r-b)}{2}$$

$$A = \frac{l_B \cdot r - l \cdot (r-b)}{2}$$

Beispiel: $b = 15{,}1$ mm; $l = 52$ mm
$l_B = 62{,}83$ mm; $d = 60$ mm
$A = ?$

$l = 2 \cdot r \cdot \sin\frac{\alpha}{2}$

$l = 2 \cdot \sqrt{b \cdot (2 \cdot r - b)}$

$b = \frac{l}{2} \cdot \tan\frac{\alpha}{4}$; $b = r - \sqrt{r^2 - \frac{l^2}{4}}$

$l_B = \frac{\pi \cdot r \cdot \alpha}{180°}$; $r = \frac{b}{2} + \frac{l^2}{8 \cdot b}$

$$A = \frac{l_B \cdot r - l \cdot (r-b)}{2}$$

$$= \frac{(62{,}83 \cdot 30) \text{ mm}^2 - 52 \cdot (30 - 15{,}1) \text{ mm}^2}{2} = 555{,}1 \text{ mm}^2$$

Kreisring
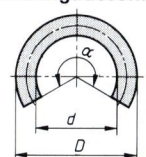

A Fläche d_m mittlerer Durchmesser
D Durchmesser b Breite

$$A = \pi \cdot d_m \cdot b$$

Beispiel: $D = 160$ mm; $d = 125$ mm; $A = ?$

$$A = \frac{\pi}{4} \cdot (D^2 - d^2)$$

$$= \frac{\pi}{4} \cdot (160^2 \text{ mm}^2 - 125^2 \text{ mm}^2)$$

$$= 7834 \text{ mm}^2$$

$$A = \frac{\pi}{4} \cdot (D^2 - d^2)$$

Kreisringausschnitt
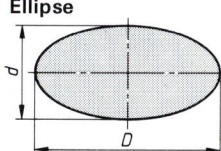

A Fläche α Mittelpunktswinkel
D Durchmesser

$$A = \frac{\pi \cdot \alpha}{4 \cdot 360°} \cdot (D^2 - d^2)$$

Ellipse

A Fläche d kleine Achse
D große Achse U Umfang

$$U \approx \frac{\pi}{2} \cdot (D + d)$$

$$A = \frac{\pi \cdot D \cdot d}{4}$$

Berechnungen am rechtwinkligen Dreieck

Lehrsatz des Pythagoras

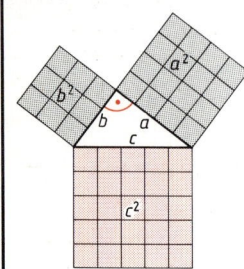

Im **rechtwinkligen Dreieck** ist das Hypotenusenquadrat flächengleich der Summe der beiden Kathetenquadrate.

a Kathete   c Hypotenuse
b Kathete

$$c^2 = a^2 + b^2$$

1. Beispiel: $a = 9$ mm; $b = 12$ mm; $c = ?$
$c = \sqrt{a^2 + b^2} = \sqrt{(9\text{ mm})^2 + (12\text{ mm})^2} = $ **15 mm**

2. Beispiel: $c = 35$ mm; $a = 21$ mm; $b = ?$
$b = \sqrt{c^2 - a^2} = \sqrt{(35\text{ mm})^2 - (21\text{ mm})^2} = $ **28 mm**

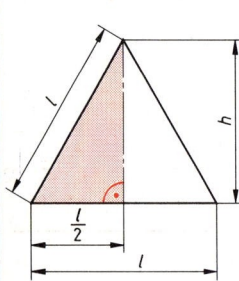

Im **gleichseitigen Dreieck** ergibt sich für die Höhe nach dem Lehrsatz des Pythagoras:

h Höhe   A Fläche
l Seitenlänge

$$h = \frac{1}{2} \cdot \sqrt{3} \cdot l$$

$$A = \frac{1}{4} \cdot \sqrt{3} \cdot l^2$$

Beispiel: Gleichseitiges Dreieck
$l = 50$ mm; $A = ?$; $h = ?$

$A = \frac{1}{4} \cdot \sqrt{3} \cdot l^2 = \frac{1}{4} \cdot \sqrt{3} \cdot (50\text{ mm})^2 = $ **1 082,5 mm²**

$h = \frac{1}{2} \cdot \sqrt{3} \cdot l = \frac{1}{2} \cdot \sqrt{3} \cdot 50\text{ mm} = $ **43,3 mm**

Lehrsatz des Euklid (Kathetensatz)

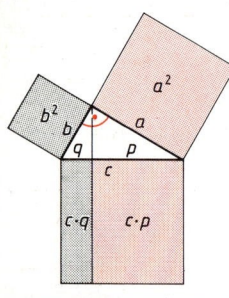

Das Quadrat über einer Kathete ist flächengleich einem Rechteck aus der Hypotenuse und dem anliegenden Hypotenusenabschnitt.

a, b Kathete   p, q Hypotenusen-
c Hypotenuse   abschnitt

$$a^2 = c \cdot p$$

$$b^2 = c \cdot q$$

Beispiel: Ein Rechteck mit $c = 6$ cm und $p = 3$ cm soll in ein flächengleiches Quadrat verwandelt werden.

Wie groß ist die Quadratseite a?

$a^2 = c \cdot p$; $a = \sqrt{c \cdot p} = \sqrt{6\text{ cm} \cdot 3\text{ cm}}$
$\qquad = $ **4,24 cm**

Höhensatz

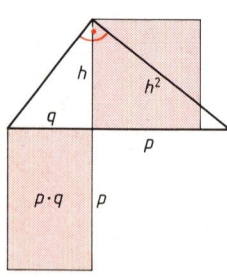

Das Quadrat über der Höhe h ist flächengleich dem Rechteck aus den Hypotenusenabschnitten p und q.

h Höhe   p, q Hypotenusen-
                 abschnitt

$$h^2 = p \cdot q$$

Beispiel: Rechtwinkliges Dreieck
$p = 6$ cm; $q = 2$ cm; $h = ?$
$h^2 = p \cdot q$
$h = \sqrt{p \cdot q} = \sqrt{6\text{ cm} \cdot 2\text{ cm}} = \sqrt{12\text{ cm}^2} = $ **3,46 cm**

Volumen

Würfel

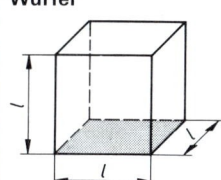

V Volumen l Seitenlänge
A_o Oberfläche

$$A_o = 6 \cdot l^2$$

$$\boxed{V = l^3}$$

Beispiel: $l = 20$ mm; $V = ?$;
$V = l^3 = (20 \text{ mm})^3 = \mathbf{8\,000 \text{ mm}^3}$

Vierkantprisma

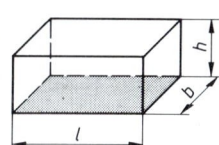

V Volumen h Höhe
A_o Oberfläche b Breite
l Seitenlänge

$$A_o = 2 \cdot (l \cdot b + l \cdot h + b \cdot h)$$

$$\boxed{V = l \cdot b \cdot h}$$

Beispiel: $l = 6$ cm; $b = 3$ cm; $h = 2$ cm; $V = ?$;
$V = l \cdot b \cdot h = 6 \text{ cm} \cdot 3 \text{ cm} \cdot 2 \text{ cm} = \mathbf{36 \text{ cm}^3}$

Zylinder

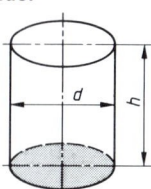

V Volumen d Durchmesser
A_o Oberfläche h Höhe
A_M Mantelfläche

$$A_o = \pi \cdot d \cdot h + 2 \cdot \frac{\pi \cdot d^2}{4}$$
$$A_M = \pi \cdot d \cdot h$$

$$\boxed{V = \frac{\pi \cdot d^2}{4} \cdot h}$$

Beispiel: $d = 14$ mm; $h = 25$ mm; $V = ?$
$V = \frac{\pi \cdot d^2}{4} \cdot h = \frac{\pi \cdot (14 \text{ mm})^2}{4} \cdot 25 \text{ mm}$
$= \mathbf{3\,848 \text{ mm}^3}$

Hohlzylinder

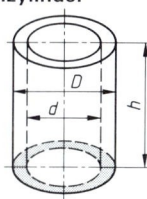

V Volumen D, d Durchmesser
A_o Oberfläche h Höhe

$$A_o = \pi \cdot (D + d) \cdot \left[\frac{1}{2} \cdot (D - d) + h\right]$$

$$\boxed{V = \frac{\pi \cdot h}{4} \cdot (D^2 - d^2)}$$

Beispiel: $D = 42$ mm; $d = 20$ mm; $h = 80$ mm; $V = ?$
$V = \frac{\pi \cdot h}{4} \cdot (D^2 - d^2) = \frac{\pi \cdot 80 \text{ mm}}{4} \cdot (42^2 \text{ mm}^2 - 20^2 \text{ mm}^2)$
$= \mathbf{85\,703 \text{ mm}^3}$

Pyramide

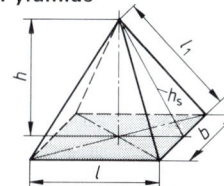

V Volumen l Seitenlänge
h Höhe l_1 Kantenlänge
h_s Mantelhöhe b Breite

$$l_1 = \sqrt{h_s^2 + \frac{b^2}{4}}; \quad h_s = \sqrt{h^2 + \frac{l^2}{4}}$$

$$\boxed{V = \frac{l \cdot b \cdot h}{3}}$$

Beispiel: $l = 16$ mm; $b = 21$ mm; $h = 45$ mm
$V = ?$
$V = \frac{l \cdot b \cdot h}{3} = \frac{16 \text{ mm} \cdot 21 \text{ mm} \cdot 45 \text{ mm}}{3}$
$= \mathbf{5\,040 \text{ mm}^3}$

Kegel

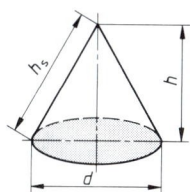

V Volumen h Höhe
A_M Mantelfläche h_s Mantelhöhe
d Durchmesser

$$A_M = \frac{\pi \cdot d \cdot h_s}{2}; \quad h_s = \sqrt{\frac{d^2}{4} + h^2}$$

$$\boxed{V = \frac{\pi \cdot d^2}{4} \cdot \frac{h}{3}}$$

Beispiel: $d = 52$ mm; $h = 110$ mm; $V = ?$
$V = \frac{\pi \cdot d^2}{4} \cdot \frac{h}{3} = \frac{\pi \cdot (52 \text{ mm})^2}{4} \cdot \frac{110 \text{ mm}}{3}$
$= \mathbf{77\,870 \text{ mm}^3}$

Volumen

Pyramidenstumpf

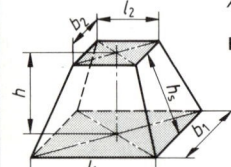

V Volumen h Höhe b_1, b_2 Breite
A_1 Grundfläche h_s Mantelhöhe
A_2 Deckfläche l_1, l_2 Seitenlänge

$$h_s = \sqrt{h^2 + \left(\frac{l_1 - l_2}{2}\right)^2}$$

Beispiel: $l_1 = 40$ mm; $l_2 = 22$ mm; $b_1 = 28$ mm
$b_2 = 15$ mm; $h = 50$ mm; $V = ?$
$A_1 = 1\,120$ mm^2; $A_2 = 330$ mm^2

$$V = \frac{h}{3} \cdot (A_1 + A_2 + \sqrt{A_1 \cdot A_2})$$

$V = \frac{h}{3} \cdot (A_1 + A_2 + \sqrt{A_1 \cdot A_2})$

$= \frac{50\text{ mm}}{3} \cdot (1\,120\text{ mm}^2 + 330\text{ mm}^2 + \sqrt{1\,120\text{ mm}^2 \cdot 330\text{ mm}^2})$

$= \mathbf{34\,299}$ **mm**^{3}

Kegelstumpf

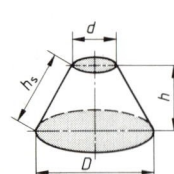

V Volumen d kleiner
A_M Mantelfläche   Durchmesser
D großer h Höhe
  Durchmesser h_s Mantelhöhe

$$h_s = \sqrt{h^2 + \left(\frac{D-d}{2}\right)^2}$$

$$A_M = \frac{\pi \cdot h_s}{2} \cdot (D + d)$$

Beispiel: $D = 100$ mm; $d = 62$ mm; $h = 80$ mm
$V = ?$

$V = \frac{\pi \cdot h}{12} \cdot (D^2 + d^2 + D \cdot d)$

$$V = \frac{\pi \cdot h}{12} \cdot (D^2 + d^2 + D \cdot d)$$

$= \frac{\pi \cdot 80\text{ mm}}{12} \cdot (100^2 + 62^2 + 100 \cdot 62)\text{ mm}^2$

$= \mathbf{419\,800}$ **mm**^{3}

Kugel

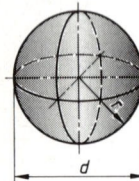

V Volumen d Kugeldurch-
A_o Oberfläche   messer

$$A_o = \pi \cdot d^2$$

$$V = \frac{\pi \cdot d^3}{6}$$

Beispiel: $d = 9$ mm; $V = ?$

$V = \frac{\pi \cdot d^3}{6} = \frac{\pi \cdot (9\text{ mm})^3}{6} = \mathbf{382}$ **mm**^{3}

Kugelabschnitt

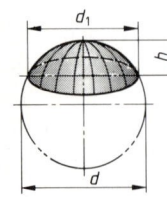

V Volumen d Kugeldurchmesser
A_M Mantelfläche d_1 kleiner Durchmesser
A_o Oberfläche h Höhe

$$A_M = \pi \cdot d \cdot h$$
$$A_o = \pi \cdot h \,(2 \cdot d - h)$$

Beispiel: $d = 8$ mm; $h = 6$ mm; $V = ?$

$$V = \pi \cdot h^2 \cdot \left(\frac{d}{2} - \frac{h}{3}\right)$$

$V = \pi \cdot h^2 \cdot \left(\frac{d}{2} - \frac{h}{3}\right) =$

$= \pi \cdot 6^2\text{ mm}^2 \cdot \left(\frac{8\text{ mm}}{2} - \frac{6\text{ mm}}{3}\right) =$

$= \mathbf{226}$ **mm**^{3}

Kugelausschnitt

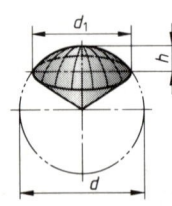

V Volumen d Kugeldurchmesser
A_M Mantelfläche d_1 kleiner Durchmesser
A_o Oberfläche h Höhe

$$A_o = \frac{\pi \cdot d}{4} \cdot (4 \cdot h + d_1)$$

$$V = \frac{\pi \cdot d^2 \cdot h}{6}$$

Beispiel: $d = 36$ mm; $h = 15$ mm; $V = ?$

$V = \frac{\pi \cdot d^2 \cdot h}{6} = \frac{\pi \cdot (36\text{ mm})^2 \cdot 15\text{ mm}}{6} =$

$= \mathbf{10\,179}$ **mm**^{3}

Volumen, Masse

Volumen zusammengesetzter Körper

Zusammengesetzte Körper werden zur Berechnung ihres Volumens in Teilkörper zerlegt.

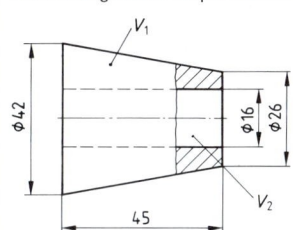

V Gesamtvolumen
$V_1, V_2, V_3 \ldots$ Teilvolumen

$$V = V_1 - V_2$$

Beispiel: Kegelhülse; $V = ?$
$V = V_1 - V_2$
$ = 41\,610\text{ mm}^3 - 9\,048\text{ mm}^3$
$ = \mathbf{32\,562\text{ mm}^3}$

Berechnung der Masse

Die Masse eines Körpers wird aus seinem Volumen und seiner Dichte berechnet.

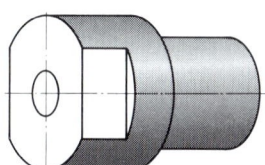

m Masse ϱ Dichte $1000\text{ kg/m}^3 = 1\text{ kg/dm}^3$
V Volumen $1\text{ kg/dm}^3 = 1\text{ g/cm}^3$

Beispiel: Werkstück aus Aluminium,
$V = 6{,}4\text{ dm}^3$; $\varrho = 2{,}7\text{ kg/dm}^3$; $m = ?$

$$m = V \cdot \varrho$$

$m = V \cdot \varrho = 6{,}4\text{ dm}^3 \cdot 2{,}7\,\dfrac{\text{kg}}{\text{dm}^3}$
$ = \mathbf{17{,}28\text{ kg}}$

Bei festen und flüssigen Stoffen wird die Dichte meist in kg/dm³, bei gasförmigen Stoffen in kg/m³ angegeben (Seite 106 und Seite 107).

Längenbezogene Masse

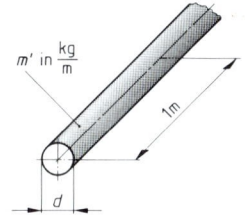

m Masse l Länge
m' längenbezogene Masse

$$m = m' \cdot l$$

Beispiel: Rundstahl
$m' = 1{,}21\text{ kg/m}$; $l = 3{,}86\text{ m}$; $m = ?$
$m = m' \cdot l = 1{,}21\,\dfrac{\text{kg}}{\text{m}} \cdot 3{,}86\text{ m}$
$ = \mathbf{4{,}67\text{ kg}}$

Flächenbezogene Masse

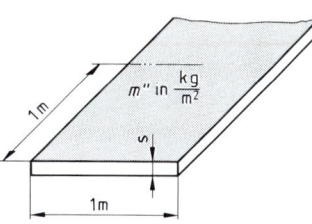

m Masse A Fläche
m'' flächenbezogene Masse

$$m = m'' \cdot A$$

Beispiel: Stahlblech
$s = 1{,}5\text{ mm}$; $m'' = 11{,}8\text{ kg/m}^2$;
$A = 7{,}5\text{ m}^2$; $m = ?$

$m = m'' \cdot A = 11{,}8\,\dfrac{\text{kg}}{\text{m}^2} \cdot 7{,}5\text{ m}^2$
$ = \mathbf{88{,}5\text{ kg}}$

Die Masse von Halbzeugen wird häufig mit Hilfe von Tabellen berechnet, welche die längenbezogene Masse m' für 1 m bei Profilstäben, Rohren, Drähten oder die flächenbezogene Masse m' für 1 m², z.B. bei Blechen oder Belägen, enthalten (Seite 135 bis Seite 148).

Schwerpunkt

Linienschwerpunkt

Strecke
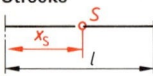

$$x_s = \frac{l}{2}$$

Kreisbogen
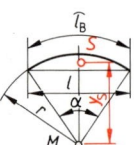

$l = 2 \cdot r \cdot \sin\frac{\alpha}{2}; \quad l_B = \frac{\pi \cdot r \cdot \alpha}{180°}$

$$y_s = \frac{r \cdot l}{l_B}$$

$$y_s = \frac{l \cdot 180°}{\pi \cdot \alpha}$$

Halbkreisbogen
$$y_s = \frac{2 \cdot r}{\pi} = 0{,}6366 \cdot r$$

Viertelkreisbogen
$$y_s = \frac{\sqrt{2} \cdot 2 \cdot r}{\pi} = 0{,}9003 \cdot r$$

Sechstelkreisbogen
$$y_s = \frac{3 \cdot r}{\pi} = 0{,}9549 \cdot r$$

Zusammengesetzter Linienzug
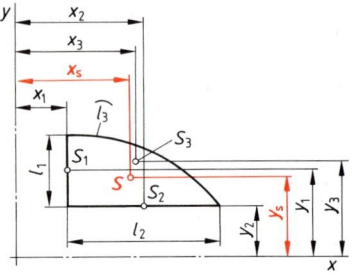

Beispiel: 3 Einzellinien

$$x_s = \frac{l_1 \cdot x_1 + l_2 \cdot x_2 + l_3 \cdot x_3}{l_1 + l_2 + l_3}$$

$$y_s = \frac{l_1 \cdot y_1 + l_2 \cdot y_2 + l_3 \cdot y_3}{l_1 + l_2 + l_3}$$

Flächenschwerpunkt

Dreieck
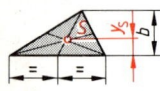

$$y_s = \frac{b}{3}$$

Parallelogramm
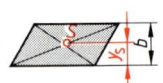

$$y_s = \frac{b}{2}$$

Trapez
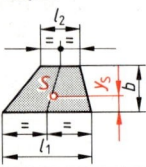

$$y_s = \frac{b}{3} \cdot \frac{l_1 + 2 \cdot l_2}{l_1 + l_2}$$

Kreisabschnitt
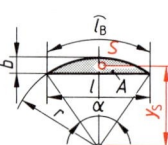

$l = 2 \cdot r \cdot \sin\frac{\alpha}{2}; \quad l_B = \frac{\pi \cdot r \cdot \alpha}{180°}$

$$A = \frac{l_B \cdot r - l \cdot (r-b)}{2}$$

$$y_s = \frac{l^3}{12 \cdot A}$$

Kreisausschnitt
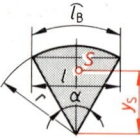

$$l_B = \frac{\pi \cdot r \cdot \alpha}{180°}$$
$$l = 2 \cdot r \cdot \sin\frac{\alpha}{2}$$

$$y_s = \frac{2 \cdot r \cdot l}{3 \cdot l_B}$$

Halbkreisfläche
$$y_s = \frac{4 \cdot r}{3 \cdot \pi} = 0{,}4244 \cdot r$$

Viertelkreisfläche
$$y_s = \frac{\sqrt{2} \cdot 4 \cdot r}{3 \cdot \pi} = 0{,}6002 \cdot r$$

Sechstelkreisfläche
$$y_s = \frac{2 \cdot r}{\pi} = 0{,}6366 \cdot r$$

Zusammengesetzte Fläche
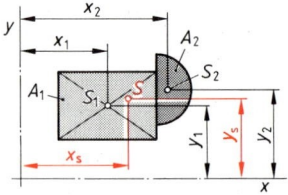

Beispiel: 2 Teilflächen

$$x_s = \frac{A_1 \cdot x_1 + A_2 \cdot x_2}{A_1 + A_2}$$

$$y_s = \frac{A_1 \cdot y_1 + A_2 \cdot y_2}{A_1 + A_2}$$

Naturwissenschaftliche Grundlagen

Mechanik

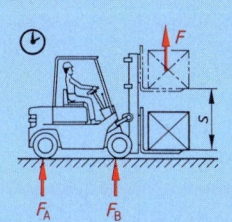

Kräfte, Zusammensetzen und Zerlegen	36
Beschleunigungs-, Gewichts- und Federkräfte	36
Geradlinige und kreisförmige Bewegung	37
Hebel und Drehmoment	38
Auflagerkräfte	38
Drehmoment bei Zahnradtrieben	38
Fliehkraft	38
Mechanische Arbeit und Energie	39
Mechanische Leistung, Wirkungsgrad	39
Anwendungsbeispiele mechanischer Arbeit	40
Reibung	41
Auftrieb	41
Druck, Überdruck, hydrostatischer Druck	42
Zustandsänderung bei Gasen	42

Festigkeitslehre

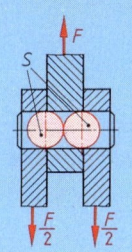

Belastungsfälle, Beanspruchungsarten	43
Zulässige Spannungen, Sicherheitszahlen	44
Festigkeitswerte	44
Beanspruchung auf Zug, Druck	45
Flächenpressung	45
Abscherung	46
Schneiden von Werkstoffen	46
Beanspruchung auf Knickung	46
Biegung, Torsion	47
Flächenmoment, Widerstandsmomente	48
Kerbwirkung	49

Wärmetechnik

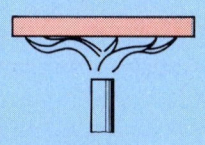

Temperatur, Längenänderung	50
Volumenänderung, Schwindung	50
Wärmemenge bei Temperaturänderung	50
Schmelzen und Verdampfen	51
Wärmestrom	51
Wärme durch Verbrennung	51

Elektrotechnik

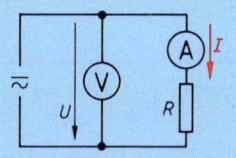

Ohmsches Gesetz	52
Leiterwiderstand	52
Reihenschaltung von Widerständen	52
Parallelschaltung von Widerständen	52
Transformator	53
Elektrische Leistung und Arbeit	53

Chemie

Periodisches System der Elemente	54
pH-Wert, Wasserhärte	54
Chemikalien der Metalltechnik	55
Molekülgruppen	55
Gefährliche Stoffe	56

Kräfte

Zusammensetzen und Zerlegen von Kräften

Für die folgenden Beispiele gewählt: $M_k = 10 \, \frac{N}{mm}$

F_1, F_2 Teilkräfte l Pfeillänge
F_r Resultierende M_k Kräftemaßstab

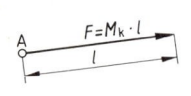

Darstellen von Kräften   Pfeillänge
Kräfte werden durch Pfeile dargestellt.
Die Länge l des Pfeils ist ein Maß für die Kraft F.

$$l = \frac{F}{M_k}$$

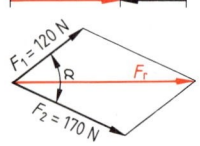

Addieren von Kräften gleicher Wirkungslinie
Beispiel: $F_1 = 80$ N; $F_2 = 160$ N; $F_r = ?$
$F_r = F_1 + F_2 = 80\,N + 160\,N =$ **240 N**

$$F_r = F_1 + F_2$$

Subtrahieren von Kräften gleicher Wirkungslinie
Beispiel: $F_1 = 240$ N; $F_2 = 90$ N; $F_r = ?$
$F_r = F_1 - F_2 = 240\,N - 90\,N =$ **150 N**

$$F_r = F_1 - F_2$$

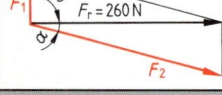

Zusammensetzen von Teilkräften ungleicher Wirkungslinie zu einer Resultierenden
Beispiel: $F_1 = 120$ N; $F_2 = 170$ N; $\alpha = 60°$; $F_r = ?$
Gemessen: $l = 25$ mm
$F_r = l \cdot M_k = 25\,mm \cdot 10\,\frac{N}{mm} =$ **250 N**

Zerlegen einer Kraft in Teilkräfte ungleicher Wirkungslinie
Beispiel: $F_r = 260$ N; $\alpha = 15°$; $\beta = 90°$; $F_1 = ?$; $F_2 = ?$
Gemessen: $l_1 = 7$ mm; ergibt $F_1 =$ **70 N**
$l_2 = 27$ mm; ergibt $F_2 =$ **270 N**

Kräfte bei Beschleunigung und Verzögerung

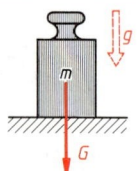

Für die Beschleunigung und Verzögerung von Massen ist eine Kraft erforderlich.

F Beschleunigungskraft
m Masse   **Beschleunigungskraft**
a Beschleunigung

$$F = m \cdot a$$

Beispiel: $m = 50$ kg; $a = 3\,\frac{m}{s^2}$; $F = ?$
$F = m \cdot a = 50\,kg \cdot 3\,\frac{m}{s^2} = 150\,kg \cdot \frac{m}{s^2} =$ **150 N**

Gewichtskraft

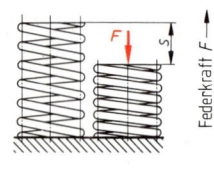

Die Erdanziehung bewirkt bei Massen eine Gewichtskraft.

$g = 9{,}81\,\frac{m}{s^2} \approx 10\,\frac{m}{s^2}$

F_G, G Gewichtskraft
m Masse
g Fallbeschleunigung   **Gewichtskraft**

$$G = m \cdot g$$

Beispiel: Stahlträger, $m = 1200$ kg; $G = ?$
$G = m \cdot g = 1200\,kg \cdot 9{,}81\,\frac{m}{s^2} =$ **11 772 N**

Federkraft (Hookesches Gesetz)

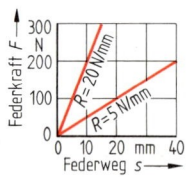

Innerhalb des elastischen Bereiches sind die Kraft und die zugehörige Längenänderung proportional.

F Federkraft
R Federrate   **Federkraft**
s Federweg

$$F = R \cdot s$$

Beispiel: Druckfeder, $R = 8\,N/mm$;
$s = 12$ mm; $F = ?$
$F = R \cdot s = 8\,\frac{N}{mm} \cdot 12\,mm =$ **96 N**

Gleichförmige und beschleunigte Bewegung

Geradlinige Bewegung

Gleichförmige geradlinige Bewegung

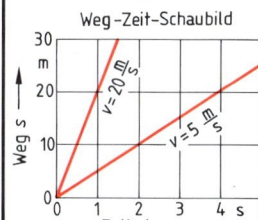

Weg-Zeit-Schaubild

v Geschwindigkeit
s Weg
t Zeit

Geschwindigkeit

$$v = \frac{s}{t}$$

Beispiel: $v = 48$ km/h; $s = 12$ m; $t = ?$

Umrechnung: $48 \frac{km}{h} = \frac{48\,000\,m}{3600\,s} = 13{,}33 \frac{m}{s}$

$t = \frac{s}{v} = \frac{12\,m}{13{,}33 \frac{m}{s}} = 0{,}9$ s

Gleichförmig beschleunigte Bewegung

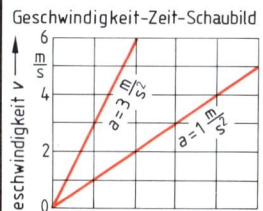

Geschwindigkeit-Zeit-Schaubild

Die Zunahme einer Geschwindigkeit in 1 Sekunde heißt **Beschleunigung**, die Abnahme **Verzögerung**. Der freie Fall ist eine gleichförmig beschleunigte Bewegung, bei der die Fallbeschleunigung g wirksam ist.

v Endgeschwindigkeit s Weg
a Beschleunigung g Fallbeschleunigung
t Zeit

$g = 9{,}81 \frac{m}{s^2} \approx 10 \frac{m}{s^2}$

Bei einer Beschleunigung aus dem Stillstand gilt:

Endgeschwindigkeit

$$v = a \cdot t$$

$$v = \sqrt{2 \cdot a \cdot s}$$

Die gleichen Formeln gelten für die Verzögerung a bis zum Stillstand, wobei v die Anfangsgeschwindigkeit ist.

Beschleunigungsweg

$$s = \frac{1}{2} \cdot v \cdot t$$

$$s = \frac{1}{2} \cdot a \cdot t^2$$

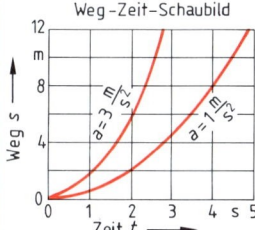

Weg-Zeit-Schaubild

1. Beispiel: Fallhammer, $s = 3$ m; $g = 9{,}81 \frac{m}{s^2}$; $v = ?$

   $v = \sqrt{2 \cdot g \cdot s} = \sqrt{2 \cdot 9{,}81 \text{ m/s}^2 \cdot 3\,m} = \mathbf{7{,}7 \frac{m}{s}}$

2. Beispiel: Kraftfahrzeug, $v = 80$ km/h; Verzögerung $a = 7$ m/s²
   Bremsweg $s = ?$
   Umrechnung $v = 80 \frac{km}{h} = \frac{80\,000\,m}{3600\,s} = 22{,}22 \frac{m}{s}$

   $v = \sqrt{2 \cdot a \cdot s}$

   $s = \frac{v^2}{2 \cdot a} = \frac{(22{,}22 \text{ m/s})^2}{2 \cdot 7 \text{ m/s}^2} = \mathbf{35{,}3\,m}$

Kreisförmige Bewegung

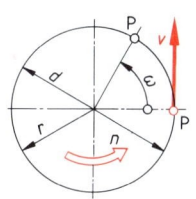

v Umfangsgeschwindigkeit, Schnittgeschwindigkeit
ω Winkelgeschwindigkeit
n Drehzahl
r Radius
d Durchmesser

$1 \frac{m}{s} = 60 \frac{m}{min}$

$\frac{1}{min} = 1$ min^{-1}

Umfangsgeschwindigkeit

$$v = \pi \cdot d \cdot n$$

$$v = r \cdot \omega$$

Winkelgeschwindigkeit

$$\omega = 2\,\pi \cdot n$$

Beispiel: Riemenscheibe, $d = 250$ mm; $n = 1400$ min^{-1}; $v = ?$; $\omega = ?$

Umrechnung: $n = 1400$ min$^{-1} = \frac{1400}{60\,s} = 23{,}33$ s^{-1}

$v = \pi \cdot d \cdot n = \pi \cdot 0{,}25\,m \cdot 23{,}33$ s$^{-1} = \mathbf{18{,}3 \frac{m}{s}}$

$\omega = 2\,\pi \cdot n = 2\,\pi \cdot 23{,}33$ s$^{-1} = \mathbf{146{,}6}$ s^{-1}

Hebel, Drehmoment, Fliehkraft

Hebel und Drehmoment

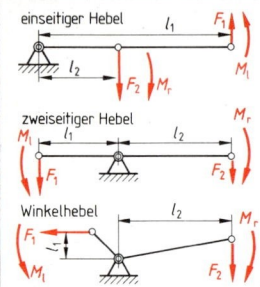

Die **wirksame Hebellänge** ist der rechtwinklige Abstand zwischen Drehpunkt und Wirkungslinie.

M Drehmoment
F Kraft
l wirksame Hebellänge
ΣM_l Summe aller linksdrehenden Momente
ΣM_r Summe aller rechtsdrehenden Momente

Drehmoment
$$M = F \cdot l$$

Hebelgesetz
$$\Sigma M_l = \Sigma M_r$$

Sind nur 2 Kräfte wirksam, so gilt:
$$F_1 \cdot l_1 = F_2 \cdot l_2$$

Beispiel: Winkelhebel, $F_1 = 30$ N; $l_1 = 0{,}15$ m; $l_2 = 0{,}45$ m; $F_2 = ?$

$$F_2 = \frac{F_1 \cdot l_1}{l_2} = \frac{30 \text{ N} \cdot 0{,}15 \text{ m}}{0{,}45 \text{ m}} = \mathbf{10 \text{ N}}$$

Auflagerkräfte

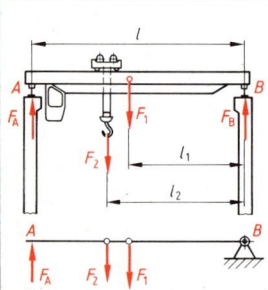

Zur Berechnung der Auflagerkräfte nimmt man einen Auflagerpunkt als Drehpunkt an.

F_A, F_B Auflagerkräfte
F_1, F_2 Kräfte
l, l_1, l_2 wirksame Hebellängen

Auflagerkraft
$$F_A = \frac{F_1 \cdot l_1 + F_2 \cdot l_2 \ldots}{l}$$

$$F_A + F_B = F_1 + F_2 \ldots$$

Beispiel: Laufkran, $F_1 = 40$ kN; $F_2 = 15$ kN; $l_1 = 6$ m; $l_2 = 8$ m; $l = 12$ m; $F_A = ?$

$$F_A = \frac{F_1 \cdot l_1 + F_2 \cdot l_2}{l}$$
$$= \frac{40 \text{ kN} \cdot 6 \text{ m} + 15 \text{ kN} \cdot 8 \text{ m}}{12 \text{ m}} = \mathbf{30 \text{ kN}}$$

Drehmoment bei Zahnradtrieben

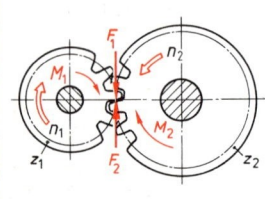

Sind die Zähnezahlen zweier ineinandergreifender Zahnräder verschieden, so ergeben sich unterschiedliche Drehmomente.

Treibendes Rad
M_1 Drehmoment
z_1 Zähnezahl
n_1 Drehzahl

Getriebenes Rad
M_2 Drehmoment
z_2 Zähnezahl
n_2 Drehzahl

i Übersetzungsverhältnis

Beispiel: Getriebe, $i = 12$; $M_1 = 60$ N·m; $M_2 = ?$
$M_2 = i \cdot M_1 = 12 \cdot 60$ N·m = **720 N·m**

Drehmoment
$$M_2 = i \cdot M_1$$

$$\frac{M_2}{M_1} = \frac{z_2}{z_1}$$

$$\frac{M_2}{M_1} = \frac{n_1}{n_2}$$

Fliehkraft

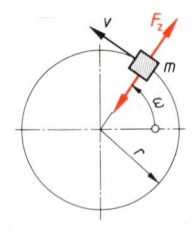

Die **Fliehkraft** F_z entsteht, wenn eine Masse auf einer gekrümmten Bahn, z. B. einem Kreis, bewegt wird.

F_z Fliehkraft ω Winkelgeschwindigkeit
m Masse v Umfangsgeschwindigkeit
r Radius

Fliehkraft
$$F_z = m \cdot r \cdot \omega^2$$

$$F_z = \frac{m \cdot v^2}{r}$$

Beispiel: Turbinenschaufel, $m = 160$ g; $v = 80$ m/s; $d = 400$ mm; $F_z = ?$

$$F_z = \frac{m \cdot v^2}{r} = \frac{0{,}16 \text{ kg} \cdot \left(80 \frac{\text{m}}{\text{s}}\right)^2}{0{,}2 \text{ m}}$$

$$= 5120 \frac{\text{kg} \cdot \text{m}}{\text{s}^2} = \mathbf{5120 \text{ N}}$$

Arbeit, Energie, Leistung, Wirkungsgrad

Mechanische Arbeit

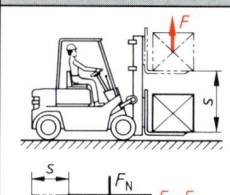

Wirkt eine Kraft längs eines Weges, so wird Arbeit verrichtet.
- W Arbeit
- s Kraftweg
- F Kraft in Wegrichtung

$1\,J = 1\,N \cdot m = 1\,\dfrac{kg \cdot m^2}{s^2}$

1. Beispiel: $F = 300\,N;\ s = 4\,m;\ W = ?$
$W = F \cdot s = 300\,N \cdot 4\,m$
$= 1200\,N \cdot m = \mathbf{1200\,J}$

Arbeit: $\boxed{W = F \cdot s}$

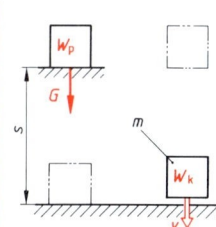

2. Beispiel: Reibungsarbeit auf waagrechter Unterlage
$F_N = 300\,N;\ s = 6\,m;\ \mu = 0{,}4;\ F_R = ?;\ W = ?$
$F_R = \mu \cdot F_N = 0{,}4 \cdot 300\,N = \mathbf{120\,N}$
$W = F \cdot s = 120\,N \cdot 6\,m = 720\,N \cdot m = \mathbf{720\,J}$

Potentielle und kinetische Energie

Energie ist gespeicherte Arbeit oder Arbeitsfähigkeit. Man unterscheidet in der Mechanik potentielle Energie (Lageenergie) und kinetische Energie (Bewegungsenergie).

- E_p, W_p potentielle Energie
- E_k, W_k kinetische Energie
- F_G, G Gewichtskraft
- v Geschwindigkeit
- m Masse
- s Weg

$1\,J = 1\,N \cdot m = 1\,\dfrac{kg \cdot m^2}{s^2}$

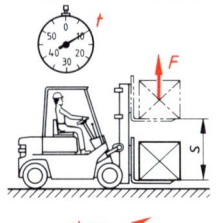

Beispiel: Fallhammer, $m = 30\,kg;\ s = 2{,}6\,m$
$W_p = ?;\ W_k = ?$
$W_p = G \cdot s = 30\,kg \cdot 9{,}81\,\dfrac{m}{s^2} \cdot 2{,}6\,m$
$= \mathbf{765\,J}$ — potentielle Energie: $\boxed{W_p = G \cdot s}$

$v = \sqrt{2 \cdot g \cdot s}$
$= \sqrt{2 \cdot 9{,}81\,m/s^2 \cdot 2{,}6\,m} = 7{,}14\,\dfrac{m}{s}$ — kinetische Energie: $\boxed{W_k = \dfrac{m \cdot v^2}{2}}$

$W_k = \dfrac{m \cdot v^2}{2} = \dfrac{30\,kg \cdot (7{,}14\,m/s)^2}{2} = \mathbf{765\,J}$

Mechanische Leistung

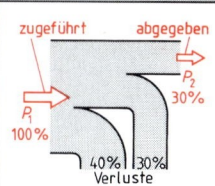

Leistung ist die Arbeit in der Zeiteinheit.
- P Leistung
- W Arbeit
- M Drehmoment
- v Geschwindigkeit
- s Weg
- t Zeit
- n Drehzahl

$1\,W = 1\,\dfrac{J}{s} = 1\,\dfrac{N \cdot m}{s}$
$(1\,kW = 1{,}36\,PS)$

1. Beispiel: Gabelstapler, $F = 5000\,N$
$s = 2\,m;\ t = 2{,}5\,s;\ P = ?$
$P = \dfrac{F \cdot s}{t} = \dfrac{5000\,N \cdot 2\,m}{2{,}5\,s}$
$= 4000\,W = \mathbf{4\,kW}$

Leistung: $\boxed{P = \dfrac{W}{t}}$ $\boxed{P = \dfrac{F \cdot s}{t}}$

2. Beispiel: Kfz-Motor, $M = 115\,N \cdot m$
$n = 2800\,min^{-1};\ P = ?$
$P = 2\pi \cdot n \cdot M = 2\pi \cdot \dfrac{2800}{60\,s} \cdot 115\,N \cdot m$
$= 33\,720\,W = \mathbf{33{,}7\,kW}$

$\boxed{P = F \cdot v}$ $\boxed{P = 2\pi \cdot n \cdot M}$

Wirkungsgrad

- zugeführt
- abgegeben
- P_2 30%
- P_1 100%
- 40% 30% Verluste

- P_1 zugeführte Leistung
- P_2 abgegebene Leistung
- η Gesamtwirkungsgrad
- η_1, η_2 Teilwirkungsgrade

Wirkungsgrad: $\boxed{\eta = \dfrac{P_2}{P_1}}$

Beispiel: $P_2 = 3\,kW;\ P_1 = 4\,kW;$
$\eta = ?$
$\eta = \dfrac{P_2}{P_1} = \dfrac{3\,kW}{4\,kW} = \mathbf{0{,}75 = 75\%}$

Gesamtwirkungsgrad: $\boxed{\eta = \eta_1 \cdot \eta_2 \cdot \eta_3 \cdots}$

$\eta < 1$ bzw. $< 100\%$

Wirkungsgrade η (Beispiele)							
Gasturbine	≈ 0,28	Otto-Motor	≈ 0,27	Bewegungsgewinde	≈ 0,30	Zahnradtrieb	≈ 0,97
Dampfturbine	≈ 0,23	Diesel-Motor	≈ 0,33	Schneckentrieb	≈ 0,60	Drehmaschine	≈ 0,75
Wasserturbine	≈ 0,85	Drehstrom-Motor	≈ 0,85	Hydrogetriebe	≈ 0,80	Fräsmaschine	≈ 0,75

Anwendungsbeispiele der mechanischen Arbeit

W_1 aufgewendete Arbeit
F_1 aufgewendete Kraft
s_1 Weg der Kraft F_1
F_G, G Gewichtskraft
h Hubhöhe

W_2 abgegebene Arbeit
F_2 abgegebene Kraft
s_2 Weg der Kraft F_2

Im reibungsfreien Zustand gilt:
aufgewendete Arbeit = abgegebene Arbeit

$$W_1 = W_2$$
$$F_1 \cdot s_1 = F_2 \cdot s_2$$

Feste Rolle
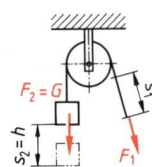
$$F_1 = G$$
$$s_1 = h$$

Lose Rolle
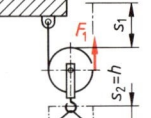
$$F_1 = \frac{G}{2}$$
$$s_1 = 2 \cdot h$$

Flaschenzug
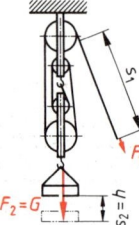
n Anzahl der tragenden Seilstränge
$$F_1 = \frac{G}{n}$$
$$s_1 = n \cdot h$$

Schiefe Ebene
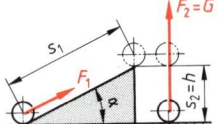
α Neigungswinkel
$$F_1 \cdot s_1 = G \cdot h$$
$$F_1 = G \cdot \sin \alpha$$

Keil
β Neigungswinkel
$\tan \beta$ Neigung

$$F_1 \cdot s_1 = F_2 \cdot h$$
$$F_2 = \frac{F_1}{\tan \beta}$$

Beispiel:
Keil, $s_1 = 25$ mm;
$s_2 = 0{,}25$ mm;
$F_1 = 80$ N; $F_2 = ?$
$F_2 = \frac{F_1 \cdot s_1}{s_2}$
$= \frac{80 \text{ N} \cdot 25 \text{ mm}}{0{,}25 \text{ mm}}$
$= \mathbf{8\,000}$ **N**

Schraube
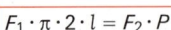
P Gewindesteigung
l Hebellänge

$$F_1 \cdot \pi \cdot 2 \cdot l = F_2 \cdot P$$
$$s_1 = \pi \cdot 2 \cdot l$$

Beispiel: Schraube,
$l = 280$ mm;
$P = 1{,}5$ mm;
$F_1 = 120$ N; $F_2 = ?$
$F_2 = \frac{F_1 \cdot \pi \cdot 2 \cdot l}{P}$
$= \frac{120 \text{ N} \cdot \pi \cdot 2 \cdot 280 \text{ mm}}{1{,}5 \text{ mm}}$
$= \mathbf{140\,743}$ **N**

Winde
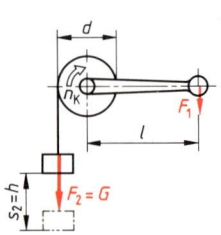
l Kurbellänge
d Trommeldurchmesser
n_K Zahl der Kurbelumdrehungen

$$F_1 \cdot l = \frac{G \cdot d}{2}$$
$$h = \pi \cdot d \cdot n_K$$

Räderwinde
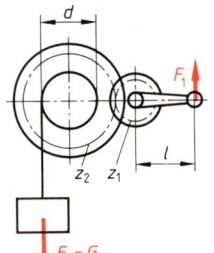
l Kurbellänge
d Trommeldurchmesser
i Übersetzungsverhältnis

$$F_1 \cdot l \cdot i = \frac{G \cdot d}{2}$$
$$i = \frac{z_2}{z_1}$$

Reibung, Auftrieb

Reibungskraft

Haftreibung, Gleitreibung

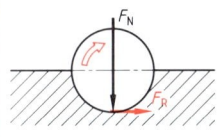

Rollreibung

F_N Normalkraft
F_R Reibungskraft
μ Reibungszahl
f Rollreibungszahl
r Radius

Haft- und Gleitreibung

Reibungskraft $\quad F_R = \mu \cdot F_N$

Die in Wälzlagern auftretende Reibung wird meist vereinfacht wie Gleitreibung mit der Reibungszahl $\mu = 0{,}001$ bis $0{,}003$ berechnet.

Rollreibung

$$F_R = \frac{f \cdot F_N}{r}$$

1. Beispiel: Gleitlager, $F_N = 1000$ N; $\mu = 0{,}03$; $F_R = ?$
$F_R = \mu \cdot F_N = 0{,}03 \cdot 1000$ N $=$ **30 N**

2. Beispiel: Kranrad auf Stahlschiene, $F_N = 45$ kN;
$d = 320$ mm; $f = 0{,}05$ cm; $F_R = ?$
$$F_R = \frac{f \cdot F_N}{r} = \frac{0{,}05 \text{ cm} \cdot 45\,000 \text{ N}}{16 \text{ cm}} = \mathbf{140{,}6 \text{ N}}$$

Reibungszahlen (Richtwerte)

Werkstoffpaarung	Haftreibungszahl μ_H trocken	geschmiert	Gleitreibungszahl μ_G trocken	geschmiert	Rollreibungszahl f cm	
Stahl auf Gußeisen	0,2	0,15	0,18	0,1 ...0,08	Stahl auf Stahl, weich	0,05
Stahl auf Stahl	0,2	0,1	0,15	0,1 ...0,05		
Stahl auf Cu-Sn-Legierung	0,2	0,1	0,1	0,06 ...0,03	Stahl auf Stahl, gehärtet	0,001
Stahl auf Pb-Sn-Legierung	0,15	0,1	0,1	0,05 ...0,03		
Stahl auf Polyamid	0,3	0,15	0,3	0,12 ...0,05		
Stahl auf Reibbelag	0,6	0,3	0,5	0,3 ...0,2	Autoreifen auf Asphalt	0,015
Wälzlager	—	—	—	0,003...0,001		

Reibungsmoment in Lagern

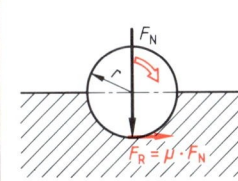

M_R Reibungsmoment
F_N Normalkraft
μ Reibungszahl
r Radius

Reibungsmoment $\quad M_R = F_R \cdot r$

Beispiel: Stahlwelle in Cu-Sn-Gleitlager, $\mu = 0{,}05$;
$F_N = 6$ kN; $d = 160$ mm; $M_R = ?$
$M_R = \mu \cdot F_N \cdot r = 0{,}05 \cdot 6000$ N $\cdot 0{,}08$ m
$= \mathbf{24 \text{ N} \cdot \text{m}}$

Auftrieb in Flüssigkeiten

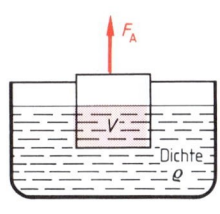

F_A Auftriebskraft
ϱ Dichte der Flüssigkeit
g Fallbeschleunigung
V Eintauchvolumen

Auftriebskraft $\quad F_A = g \cdot \varrho \cdot V$

Beispiel: Gießkern in flüssigem Gußeisen,
$V = 2{,}5$ dm³; $\varrho = 7{,}3 \frac{\text{kg}}{\text{dm}^3}$; $F_A = ?$
$F_A = g \cdot \varrho \cdot V = 9{,}81 \frac{\text{m}}{\text{s}^2} \cdot 7{,}3 \frac{\text{kg}}{\text{dm}^3} \cdot 2{,}5$ dm³
$= 179 \frac{\text{kg} \cdot \text{m}}{\text{s}^2} = \mathbf{179 \text{ N}}$

Berechnungen zur Hydraulik Seite 303; Stoffwerte Seite 106

Druck in Flüssigkeiten und Gasen

Druck

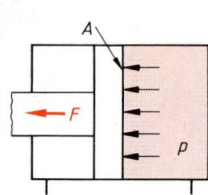

p Druck
F Kraft
A Fläche

Druck

$$p = \frac{F}{A}$$

Beispiel:
$F = 2$ MN; Kolben-$\varnothing$ $d = 400$ mm; $p = ?$

$$p = \frac{F}{A} = \frac{2\,000\,000 \text{ N}}{\frac{\pi \cdot (40 \text{ cm})^2}{4}} = 1591 \frac{\text{N}}{\text{cm}^2} = \mathbf{159{,}1 \text{ bar}}$$

1 Pa $= 1 \frac{\text{N}}{\text{m}^2} = 10^{-5}$ bar

1 bar $= 10 \frac{\text{N}}{\text{cm}^2} = 0{,}1 \frac{\text{N}}{\text{mm}^2}$

1 mbar $= 100$ Pa $= 1$ hPa

Berechnungen zur Hydraulik und Pneumatik Seite 303

Überdruck, Luftdruck, absoluter Druck

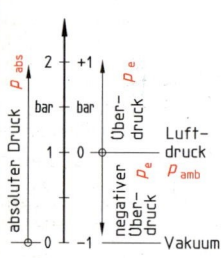

p_e Überdruck
p_{abs} absoluter Druck
p_{amb} Luftdruck

$p_{amb} \approx 1$ bar

Überdruck

$$p_e = p_{abs} - p_{amb}$$

Der Überdruck ist positiv, wenn $p_{abs} > p_{amb}$ und negativ, wenn $p_{abs} < p_{amb}$ ist (Unterdruck).

Beispiel:
Autoreifen, $p_e = 2{,}2$ bar; $p_{amb} = 1$ bar; $p_{abs} = ?$
$p_{abs} = p_e + p_{amb} = 2{,}2$ bar $+ 1$ bar $= \mathbf{3{,}2 \text{ bar}}$

Hydrostatischer Druck

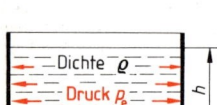

p_e hydrostatischer Druck
ϱ Dichte der Flüssigkeit
h Flüssigkeitstiefe
g Fallbeschleunigung

hydrostatischer Druck

$$p_e = g \cdot \varrho \cdot h$$

Beispiel:
Welcher Druck herrscht in 10 m Wassertiefe?

$p_e = g \cdot \varrho \cdot h = 9{,}81 \frac{\text{m}}{\text{s}^2} \cdot 1000 \frac{\text{kg}}{\text{m}^3} \cdot 10 \text{ m}$

$= 98\,100 \frac{\text{kg}}{\text{m} \cdot \text{s}^2} = 98\,100$ Pa $\approx \mathbf{1 \text{ bar}}$

Werte für Dichte Seite 106

Zustandsänderung bei Gasen

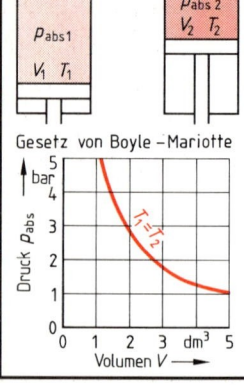

Zustand 1
p_{abs1} absoluter Druck
V_1 Volumen
T_1 absolute Temperatur

Zustand 2
p_{abs2} absoluter Druck
V_2 Volumen
T_2 absolute Temperatur

Allgemeine Gasgleichung

$$\frac{p_{abs1} \cdot V_1}{T_1} = \frac{p_{abs2} \cdot V_2}{T_2}$$

Gesetz von Boyle-Mariotte (T konstant)

$$p_{abs1} \cdot V_1 = p_{abs2} \cdot V_2$$

Beispiel: Ein Kompressor saugt $V_1 = 30$ m³ Luft mit $p_{abs1} = 1$ bar und $t_1 = 15$ °C an und verdichtet sie auf $V_2 = 3{,}5$ m³ und $t_2 = 150$ °C. Welcher Druck p_{abs2} herrscht?

$$p_{abs2} = \frac{p_{abs1} \cdot V_1 \cdot T_2}{T_1 \cdot V_2} = \frac{1 \text{ bar} \cdot 30 \text{ m}^3 \cdot 423 \text{ K}}{288 \text{ K} \cdot 3{,}5 \text{ m}^3} = \mathbf{12{,}6 \text{ bar}}$$

Unter dem Normalvolumen V_n versteht man das Volumen, das ein Gas bei einem Druck $p_{abs} = 1{,}013$ bar und einer Temperatur $T = 273$ K einnimmt.

Festigkeitslehre

Belastungsfälle

statische Belastung ruhend	\multicolumn{2}{c}{dynamische Belastung}	allgemein (schwingend)
	schwellend	wechselnd	

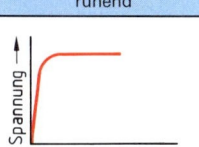 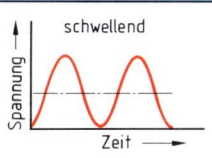 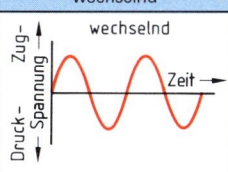 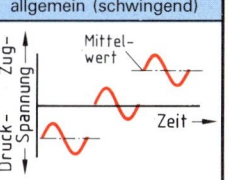

Belastungsfall I
Größe und Richtung der Belastung sind gleichbleibend.

Belastungsfall II
Die Belastung steigt auf einen Höchstwert an und geht auf Null zurück.

Belastungsfall III
Die Belastung wechselt zwischen einem positiven und einem gleich großen negativen Höchstwert.

Die Belastung schwingt um einen beliebigen Mittelwert.

Beanspruchungsarten und Festigkeitswerte

| Beanspruchungsart | Spannung | Werkstoffkennwerte ||| Maßgebende Grenzspannung σ_{lim} für Belastungsfall |||
		Festigkeit	Grenzwert gegen plastische Formänderung	Formänderung	I		II	III
Zug	Zug-spannung σ_z	Zug-festigkeit R_m	Streckgrenze R_e 0,2%-Dehngrenze $R_{p\,0,2}$	Dehnung ε Bruchdehnung A	Werkstoff zäh (Stahl) R_e $R_{p\,0,2}$	spröd (GG) R_m	Zug-Schwell-festigkeit $\sigma_{z\,Sch}$	Zug-Wechsel-festigkeit $\sigma_{z\,W}$
Druck	Druck-spannung σ_d	Druck-festigkeit σ_{dB}	Quetsch-grenze σ_{dF} 0,2%-Stauchgrenze $\sigma_{d\,0,2}$	Stauchung ε_d Bruch-stauchung ε_{dB}	Werkstoff zäh (Stahl) σ_{dF} $\sigma_{d\,0,2}$	spröd (GG) σ_{dB}	Druck-Schwell-festigkeit $\sigma_{d\,Sch}$	Druck-Wechsel-festigkeit $\sigma_{d\,W}$
Abscherung	Scher-spannung τ_a	Scher-festigkeit τ_{aB}	—	—	Scher-festigkeit τ_{aB}		—	—
Biegung	Biege-spannung σ_b	Biege-festigkeit σ_{bB}	Biege-grenze σ_{bF}	Durch-biegung f	Biege-grenze σ_{bF}		Biege-Schwell-festigkeit $\sigma_{b\,Sch}$	Biege-Wechsel-festigkeit $\sigma_{b\,W}$
Verdrehung (Torsion)	Torsions-spannung τ_t	Torsions-festigkeit τ_{tB}	Verdreh-grenze τ_{tF}	Verdreh-winkel φ	Verdreh-grenze τ_{tF}		Torsions-Schwell-festigkeit $\tau_{t\,Sch}$	Torsions-Wechsel-festigkeit $\tau_{t\,W}$
Knickung	Knick-spannung σ_k	Knick-festigkeit σ_{kB}	—	—	Knick-festigkeit σ_{kB}		—	—

Festigkeitslehre

Zulässige Spannung

Aus Sicherheitsgründen dürfen Bauteile nur mit einem Teil der zur bleibenden Verformung oder zum Bruch führenden Grenzspannung σ_{lim} belastet werden.

σ_{lim} Grenzspannung je nach Belastungsfall und Beanspruchungsart (Seite 43)

σ_{zul} zulässige Spannung

v Sicherheitszahl

für Bauteile ohne Kerbwirkung

zulässige Spannung

$$\sigma_{zul} = \frac{\sigma_{lim}}{v}$$

Beispiel: Wie groß ist die zulässige Zugspannung $\sigma_{z\,zul}$ für eine Sechskantschraube ISO 4017 – M 12 × 50 – 10.9, wenn bei statischer Belastung 2fache Sicherheit gefordert wird?

$$\sigma_{lim} = R_e = 1000 \frac{N}{mm^2} \cdot 0{,}9 = 900 \frac{N}{mm^2}; \quad \sigma_{z\,zul} = \frac{\sigma_{lim}}{v} = \frac{900 \text{ N/mm}^2}{2} = 450 \frac{N}{mm^2}$$

Festigkeitswerte für Schrauben Seite 175

Sicherheitszahlen v für den Maschinenbau

Werkstoffart	Zähe Werkstoffe, z. B. Stahl			Spröde Werkstoffe, z. B. Gußeisen		
Belastungsfall	I	II	III	I	II	III
Sicherheitszahl v	1,2...1,5	1,8...2,4	3...4	2...4	3...5	5...6

Festigkeitswerte für Stahl, Stahlguß und Kugelgraphitguß[1]

Beanspruchungsart	Zug, Druck			Abscherg.	Biegung			Verdrehung		
Belastungsfall	I	II	III	I	I	II	III	I	II	III
Grenzspannung σ_{lim}	$R_e, R_{p0,2}$ $\sigma_{dF}, \sigma_{d0,2}$	$\sigma_{z\,Sch}$ $\sigma_{d\,Sch}$	$\sigma_{z\,W}$ $\sigma_{d\,W}$	τ_{aB}[2]	σ_{bF}	$\sigma_{b\,Sch}$	σ_{bW}	τ_{tF}	$\tau_{t\,Sch}$	τ_{tW}
Werkstoff[3]	Grenzspannung σ_{lim} in N/mm²									
St 37	235	235	150	235	330	290	170	140	140	120
St 44	275	275	180	275	380	350	200	160	160	140
St 50	295	295	210	295	410	410	240	170	170	160
St 60	335	335	250	335	470	470	280	190	190	150
St 70	365	365	300	360	510	510	330	210	210	190
Ck 15	440	440	330	440	610	610	370	250	250	210
17 Cr 3	510	510	390	510	710	670	390	290	290	220
16 MnCr 5	635	635	430	635	890	740	440	360	360	270
20 MnCr 5	735	735	480	735	1030	920	540	420	420	310
17 CrNiMo 6	835	835	550	835	1170	1040	610	470	470	350
Ck 22	350	350	220	350	490	410	240	245	245	165
Ck 45	500	500	280	500	700	520	310	350	350	210
Ck 60	575	560	325	575	800	600	350	400	480	240
46 Cr 2	650	630	370	650	910	670	390	455	455	270
41 Cr 4	800	710	410	720	1120	750	440	560	510	330
50 CrMo 4	900	760	450	800	1260	820	480	630	560	330
30 CrNiMo 8	1050	870	510	1000	1470	930	550	735	640	375
GS-38	200	200	160	200	260	260	150	115	115	90
GS-45	230	230	185	230	300	300	180	135	135	105
GS-52	260	260	210	260	340	340	210	150	150	120
GS-60	300	300	240	300	390	390	240	175	175	140
GGG-40	250	240	140	250	350	345	220	200	195	115
GGG-50	300	270	155	300	420	380	270	240	225	130
GGG-60	360	330	190	360	500	470	270	290	275	160
GGG-70	400	355	205	400	560	520	300	320	305	175

[1] Die Werte wurden ermittelt mit zylindrischen Proben von 16 mm Durchmesser und polierter Oberfläche. Sie gelten für: Baustähle im normalgeglühten Zustand; Einsatzstähle für die Kernfestigkeit nach Einsatzhärtung und Rückfeinung; Vergütungsstähle im vergüteten Zustand.
Die Grenzspannungen bei Druck (σ_{dB}, σ_{dF}, $\sigma_{d0,2}$) entsprechen bei zähen Werkstoffen den zugehörigen Werten bei Zug (R_m, R_e, $R_{p0,2}$). Die Druckfestigkeit für GG ist $\sigma_{dB} \approx 4 \cdot R_m$.
Für den Stahlhochbau sind die Werte nach DIN 18800 zu verwenden.

[2] Berechnet aus $0{,}8 \cdot R_m$ oder R_e oder $R_{p0,2}$ (jeweils kleinerer Wert).

[3] Neue Werkstoffbezeichnungen Seite 108...112

Festigkeitslehre

Beanspruchung auf Zug

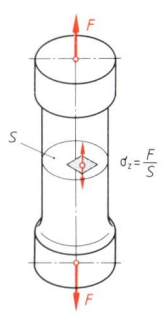

- R_e Streckgrenze
- σ_z Zugspannung
- $\sigma_{z\,zul}$ zulässige Zugspannung
- F Zugkraft
- F_{zul} zulässige Zugkraft
- S Querschnittsfläche
- v Sicherheitszahl

Beispiel:
Rundstahl St 37-2; $F_{zul} = 8,4$ kN;
$\sigma_{z\,zul} = 80$ N/mm²; $d = ?$

$$S = \frac{F_{zul}}{\sigma_{zul}} = \frac{8400\ N}{80\ N/mm^2} = 105\ mm^2$$

$d = \mathbf{12\ mm}$ (nach Tabelle Seite 10)

Zugspannung	$\sigma_z = \dfrac{F}{S}$
für Stahl zulässige Zugspannung bei Belastungsfall I	$\sigma_{z\,zul} = \dfrac{R_e}{v}$
für Gußeisen	$\sigma_{z\,zul} = \dfrac{R_m}{v}$
zulässige Zugkraft	$F_{zul} = \sigma_{z\,zul} \cdot S$

Festigkeitswerte Seite 44

Beanspruchung auf Druck

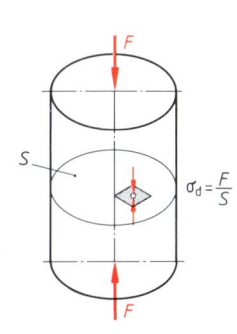

- σ_{dF} Quetschgrenze
- σ_d Druckspannung
- $\sigma_{d\,zul}$ zulässige Druckspannung
- F Druckkraft
- F_{zul} zulässige Druckkraft
- S Querschnittsfläche
- v Sicherheitszahl

Beispiel:
Gestell aus GG-30; $S = 2800$ mm²;
$v = 2,5$; $F_{zul} = ?$

$$F_{zul} = \sigma_{d\,zul} \cdot S = \frac{4 \cdot R_m}{v}$$

$$= \frac{4 \cdot 300\ N/mm^2}{2,5} \cdot 2800\ mm^2$$

$$= 1\,344\,000\ N \approx \mathbf{1,3\ MN}$$

Druckspannung	$\sigma_d = \dfrac{F}{S}$
für Stahl zulässige Druckspannung bei Belastungsfall I	$\sigma_{d\,zul} = \dfrac{\sigma_{dF}}{v}$
für Gußeisen	$\sigma_{d\,zul} \approx \dfrac{4 \cdot R_m}{v}$
zulässige Druckkraft	$F_{zul} = \sigma_{d\,zul} \cdot S$

Festigkeitswerte Seite 44

Beanspruchung auf Flächenpressung

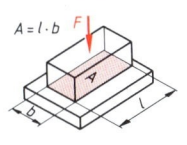

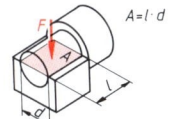

- F Kraft
- p Flächenpressung
- A Berührungsfläche (projizierte Fläche)

Beispiel:
Zwei Bleche mit je 8 mm Dicke werden mit einem Bolzen DIN 1445-10h 11 × 16 × 30 verbunden. Wie groß ist die übertragbare Kraft bei einer zulässigen Flächenpressung von 280 N/mm²?

$$F = p \cdot A = 280\ \frac{N}{mm^2} \cdot 8\ mm \cdot 10\ mm = \mathbf{22\,400\ N}$$

Flächenpressung	$p = \dfrac{F}{A}$

Zulässige Flächenpressung p_{zul} in N/mm² für ruhende Bauteile

St 37	St 50	St 70	GS-45	GG-15	GG-30	GGG-40	G-AlSi	AlCuMg 2	AlMg 3
140…160	210…240	240…280	120…160	160…200	300…400	200…250	60…75	100…160	80…130

Für den Stahlhochbau und den Kranbau gelten die Vorschriften DIN 18800 und DIN 15018.

Zulässige Flächenpressung (Lagerdruck) p_{zul} in N/mm² für Gleitlager bei ausreichender Schmierung

Belastungsfall	SnSb12Cu6Pb	PbSb14Sn9CuAs	G-CuSn12Pb2	G-CuSn10P	GG-25	PA 66	Hgw 2082
statisch I	19…30	15…25	30…50	30…50	10…20	14…19	19…30
dynamisch II, III	15	12,5	25	25	5	7	15

G

Festigkeitslehre

Beanspruchung auf Abscherung

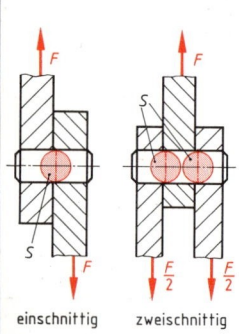

einschnittig   zweischnittig

τ_a Scherspannung
$\tau_{a\,zul}$ zulässige Scherspannung
τ_{aB} Scherfestigkeit
R_m Zugfestigkeit
F_{zul} zulässige Scherkraft
S Querschnittsfläche
v Sicherheitszahl

Scherspannung
$$\tau_a = \frac{F}{S}$$

zulässige Scherspannung
$$\tau_{a\,zul} = \frac{\tau_{aB}}{v}$$

zulässige Scherkraft
$$F_{zul} = S \cdot \tau_{a\,zul}$$

Scherfestigkeit für zähe Metalle, z. B. Stahl
$$\tau_{aB} \approx 0{,}8 \cdot R_m$$

Beispiel:
Zylinderstift ISO 2238-A-6 × 30—St; einschnittig beansprucht;
$R_m = 490$ N/mm²; $v = 3$; $F_{zul} = ?$

$$\tau_{a\,zul} = \frac{\tau_{aB}}{v} = \frac{392 \text{ N/mm}^2}{3} = 131 \text{ N/mm}^2$$

$S = 28{,}3$ mm² (nach Tabelle Seite 10)

$F_{zul} = S \cdot \tau_{a\,zul} = 28{,}3$ mm² $\cdot$ 131 N/mm² $= 3707$ N $=$ **3,7 kN**

Festigkeitswerte Seite 44

Schneiden von Werkstoffen

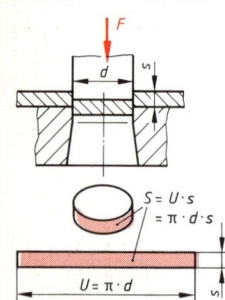

$\tau_{aB\,max}$ maximale Scherfestigkeit
$R_{m\,max}$ maximale Zugfestigkeit
S Scherfläche
F Schneidkraft

Schneidkraft
$$F = S \cdot \tau_{aB\,max}$$

maximale Scherfestigkeit
$$\tau_{aB\,max} \approx 0{,}8 \cdot R_{m\,max}$$

Beispiel:
Lochen eines 3 mm dicken Bleches aus St 37-2 (S235); $d = 16$ mm; $F = ?$
$R_{m\,max} = 470$ N/mm² (nach Tabelle Seite 117)
$\tau_{aB\,max} \approx 0{,}8 \cdot R_{m\,max} = 0{,}8 \cdot 470$ N/mm² $= 376$ N/mm²
$S = \pi \cdot d \cdot s = \pi \cdot 16$ mm $\cdot 3$ mm $= 150{,}8$ mm²
$F = S \cdot \tau_{aB\,max} = 150{,}8$ mm² $\cdot 376$ N/mm² $= 56\,701$ N $=$ **56,7 kN**
Festigkeitswerte Seite 44

Beanspruchung auf Knickung

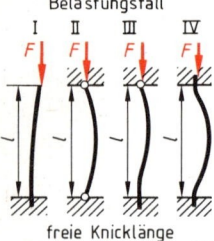

Belastungsfall und freie Knicklänge (nach Euler)

Belastungsfall I, II, III, IV

freie Knicklänge
$l_k = 2l$ $l_k = l$ $l_k = 0{,}7l$ $l_k = 0{,}5l$

$F_{k\,zul}$ zulässige Knickkraft
l Länge
l_k freie Knicklänge
v Sicherheitszahl
E Elastizitätsmodul
I Flächenmoment 2. Grades

zulässige Knickkraft
$$F_{k\,zul} = \frac{\pi^2 \cdot E \cdot I}{l_k^2 \cdot v}$$

Beispiel:
Träger IPB 200; $l = 3{,}5$ m; beidseitig fest eingespannt; $v = 12$; $F_{k\,zul} = ?$

$$F_{k\,zul} = \frac{\pi^2 \cdot E \cdot I}{l_k^2 \cdot v} = \frac{\pi^2 \cdot 21 \cdot 10^6 \, \frac{N}{cm^2} \cdot 2000 \text{ cm}^4}{(0{,}5 \cdot 350 \text{ mm})^2 \cdot 12} = 1{,}13 \cdot 10^6 \text{ N} = \mathbf{1{,}13 \text{ MN}}$$

Flächenmomente 2. Grades Seite 48 und 142...147. Für den Stahlhochbau sind nach DIN 18800 und DIN 4114 besondere Berechnungsverfahren vorgeschrieben.

Elastizitätsmodul E in kN/mm² bei 20 °C

Stahl	GG-15	GG-30	GGG-40	GS-38	GTW-35	CuZn 40	CuSn 8	Al-Leg.	Ti-Leg.
196...216	80...90	110...140	170...185	210	170	80...100	85...90	60...80	112...130

Festigkeitslehre

Beanspruchung auf Biegung

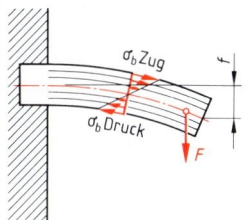

Bei Beanspruchung auf Biegung treten im Bauteil Zug- und Druckspannungen auf. Die maximale Spannung in der Randzone des Bauteils wird berechnet; sie darf die zulässige Biegespannung nicht überschreiten.

- σ_b Biegespannung
- M_b Biegemoment
- W axiales Widerstandsmoment
- F Biegekraft
- f Durchbiegung

Biegespannung $\quad \sigma_b = \dfrac{M_b}{W}$

Zulässige Biegespannungen Seite 44, axiale Widerstandsmomente Seite 48 und 142...147.

Beispiel: Träger DIN 1025-IPE 240, $W = 324$ cm^3; einseitig eingespannt; Einzelkraft $F = 25$ kN; $l = 2{,}6$ m; $\sigma_b = ?$

$$\sigma_b = \frac{M_b}{W} = \frac{F \cdot l}{W} = \frac{25\,000\ \text{N} \cdot 260\ \text{cm}}{324\ \text{cm}^3} = 20\,061\ \frac{\text{N}}{\text{cm}^2} \approx 200\ \frac{\text{N}}{\text{mm}^2}$$

Biegebelastungsfälle von Bauteilen

Träger mit einer Einzelkraft belastet	Träger mit gleichmäßig verteilter Belastung
einseitig eingespannt 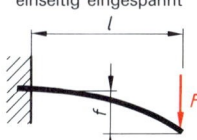 $M_b = F \cdot l$ $f = \dfrac{F \cdot l^3}{3 \cdot E \cdot I}$	einseitig eingespannt 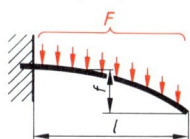 $M_b = \dfrac{F \cdot l}{2}$ $f = \dfrac{F \cdot l^3}{8 \cdot E \cdot I}$
auf zwei Stützen 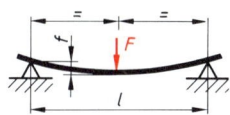 $M_b = \dfrac{F \cdot l}{4}$ $f = \dfrac{F \cdot l^3}{48 \cdot E \cdot I}$	auf zwei Stützen 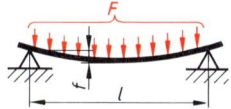 $M_b = \dfrac{F \cdot l}{8}$ $f = \dfrac{5 \cdot F \cdot l^3}{384 \cdot E \cdot I}$
doppelseitig eingespannt 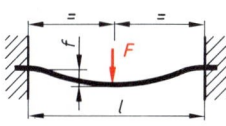 $M_b = \dfrac{F \cdot l}{8}$ $f = \dfrac{F \cdot l^3}{192 \cdot E \cdot I}$	doppelseitig eingespannt 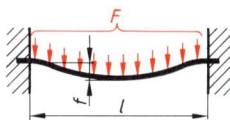 $M_b = \dfrac{F \cdot l}{12}$ $f = \dfrac{F \cdot l^3}{384 \cdot E \cdot I}$

E Elastizitätsmodul; Werte Seite 46 I Flächenmoment 2. Grades; Formeln Seite 48; Werte Seite 142...147

Beanspruchung auf Verdrehung (Torsion)

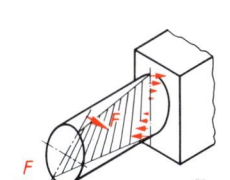

- M_t Torsionsmoment
- W_p polares Widerstandsmoment
- τ_t Torsionsspannung

Torsionsspannung $\quad \tau_t = \dfrac{M_t}{W_p}$

Beispiel: Welle, $d = 32$ mm; $\tau_t = 65$ N/mm^2; $M_t = ?$

$$W_p = \frac{\pi \cdot d^3}{16} = \frac{\pi \cdot (32\ \text{mm})^3}{16} = 6434\ \text{mm}^3$$

$$M_t = \tau_t \cdot W_p = 65\ \frac{\text{N}}{\text{mm}^2} \cdot 6434\ \text{mm}^3$$

$$= 418\,210\ \text{N} \cdot \text{mm} \approx \mathbf{418{,}2\ N \cdot m}$$

Polare Widerstandsmomente Seite 48   Zulässige Torsionsspannungen Seite 44

Festigkeitslehre

Flächenmomente und Widerstandsmomente[1)]

Form des Querschnitts	Biegung, Knickung Flächenmoment 2. Grades I	axiales Widerstandsmoment W	Verdrehung (Torsion) Polares Widerstandsmoment W_p
Kreis (d)	$I = \dfrac{\pi \cdot d^4}{64}$	$W = \dfrac{\pi \cdot d^3}{32}$	$W_p = \dfrac{\pi \cdot d^3}{16}$
Kreisring (D, d)	$I = \dfrac{\pi \cdot (D^4 - d^4)}{64}$	$W = \dfrac{\pi \cdot (D^4 - d^4)}{32 \cdot D}$	$W_p = \dfrac{\pi \cdot (D^4 - d^4)}{16 \cdot D}$
Quadrat (h)	$I_x = I_z = \dfrac{h^4}{12}$	$W_x = \dfrac{h^3}{6}$ $W_z = \dfrac{\sqrt{2} \cdot h^3}{12}$	$W_p = 0{,}208 \cdot h^3$
Sechseck (s, d)	$I_x = I_y = \dfrac{5 \cdot \sqrt{3} \cdot s^4}{144}$ $I_x = I_y = \dfrac{5 \cdot \sqrt{3} \cdot d^4}{256}$	$W_x = \dfrac{5 \cdot s^3}{48} = \dfrac{5 \cdot \sqrt{3} \cdot d^3}{128}$ $W_y = \dfrac{5 \cdot s^3}{24 \cdot \sqrt{3}} = \dfrac{5 \cdot d^3}{64}$	$W_p = 0{,}188 \cdot s^3$ $W_p = 0{,}1226 \cdot d^3$
Rechteck (b, h)	$I_x = \dfrac{b \cdot h^3}{12}$ $I_y = \dfrac{h \cdot b^3}{12}$	$W_x = \dfrac{b \cdot h^2}{6}$ $W_y = \dfrac{h \cdot b^2}{6}$	—
Hohlrechteck	$I_x = \dfrac{B \cdot H^3 - b \cdot h^3}{12}$ $I_y = \dfrac{H \cdot B^3 - h \cdot b^3}{12}$	$W_x = \dfrac{B \cdot H^3 - b \cdot h^3}{6 \cdot H}$ $W_y = \dfrac{H \cdot B^3 - h \cdot b^3}{6 \cdot B}$	$W_p = \dfrac{t \cdot (H+h) \cdot (B+b)}{2}$
Ellipse (2·a, 2·b)	$I_x = \dfrac{\pi \cdot a^3 \cdot b}{4}$ $I_y = \dfrac{\pi \cdot b^3 \cdot a}{4}$	$W_x = \dfrac{\pi \cdot a^2 \cdot b}{4}$ $W_y = \dfrac{\pi \cdot b^2 \cdot a}{4}$	$W_p = \dfrac{\pi \cdot a \cdot b^2}{2}$ $a > b$

[1)] Flächenmomente 2. Grades und axiale Widerstandsmomente für Profile Seite 142…147

Festigkeitslehre

Kerbwirkung

Spannungsverteilung im gekerbten Bauteil

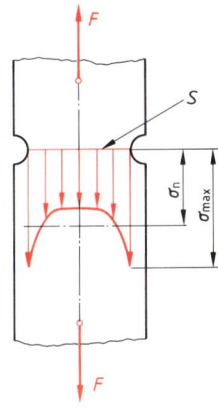

Zur Bestimmung der zulässigen Spannung ist bei dynamischer Belastung die Wirkung von Kerben (z. B. Einstiche, Nuten) zu berücksichtigen. Für die Grenzspannung σ_{lim} ist die nach Belastungsfall und Beanspruchungsart maßgebende Grenzspannung, z. B. σ_{bW} oder τ_{tSch} einzusetzen.

σ_n Nennspannung
σ_{lim} Grenzspannung des ungekerbten Querschnitts
β_k Kerbwirkungszahl
b_1 Oberflächenbeiwert
b_2 Größenbeiwert
S Querschnitt im gekerbten Bauteil
F Kraft
v Sicherheitszahl

Nennspannung
$$\sigma_n = \frac{F}{S}$$

zulässige Spannung
$$\sigma_{zul} = \frac{\sigma_{lim} \cdot b_1 \cdot b_2}{\beta_k \cdot v}$$

Beispiel:
Welle aus St 50-2 mit Einstich für Sicherungsring;
$d = 37{,}5$ mm; $R_z = 63$ µm;
Beanspruchung auf Biegung, Belastungsfall II
$\sigma_{zul} = ?$
Tabellenwerte: (Seite 44 und unten)

$\sigma_{bSch} = 410 \, \frac{N}{mm^2}$; $v = 2$; $b_1 = 0{,}78$; $b_2 = 0{,}85$; $\beta_k = 3$

$\sigma_{zul} = \frac{\sigma_{lim} \cdot b_1 \cdot b_2}{\beta_k \cdot v} = \frac{410 \, N/mm^2 \cdot 0{,}78 \cdot 0{,}85}{3 \cdot 2} = \mathbf{45{,}3} \, \frac{N}{mm^2}$

Richtwerte für Kerbwirkungszahl β_k für Stahl

Form der Kerbe	Werkstoff[1]	Kerbwirkungszahl β_k bei Beanspruchung auf	
		Biegung	Verdrehung
Welle mit Absatz	St 37 ... St 60	1,5 ... 2,0	1,3 ... 1,8
Welle mit Rundkerbe	St 37 ... St 60	1,5 ... 2,2	1,3 ... 1,8
Welle mit Einstich für Sicherungsring	St 37 ... St 60	2,5 ... 3,0	2,5 ... 3,0
Paßfedernut in Welle	St 37 ... St 60 Ck 45 V 50 CrMo4 V	1,8 ... 1,9 1,9 ... 2,1 2,1 ... 2,3	1,5 ... 1,6 1,6 ... 1,7 1,7 ... 1,8
Scheibenfedernut in Welle Vielkeilwelle	St 37 ... St 60 St 37 ... St 60	2,0 ... 3,0 —	2,0 ... 3,0 1,6 ... 1,8
Welle an Übergangsstelle zu festsitzender Nabe	St 37 ... St 60	2,0	1,5
Welle oder Achse mit Querbohrung	St 37 ... St 60	1,4 ... 1,7	1,4 ... 1,7
Flachstab mit Bohrung	St 37 ... St 60	1,3 ... 1,5	Zugbelastung: 1,6 ... 1,8

[1] Neue Werkstoffbezeichnungen Seite 108...112

Oberflächenbeiwert b_1 und Größenbeiwert b_2 für Stahl

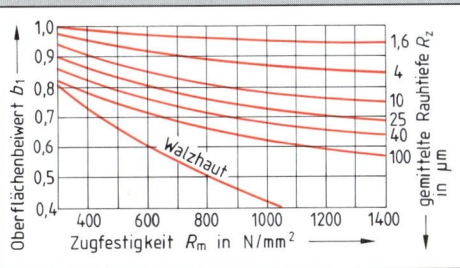
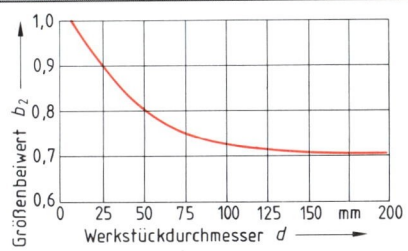

Wärmetechnik

Temperatur

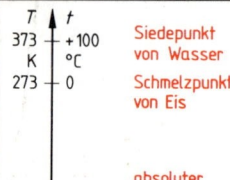

Siedepunkt von Wasser
Schmelzpunkt von Eis
absoluter Nullpunkt

Temperaturen werden in **Kelvin** (K) oder in **Grad Celsius** (°C) gemessen. Die Kelvinskale geht von der tiefstmöglichen Temperatur, dem absoluten Nullpunkt, aus, die Celsiusskale vom Schmelzpunkt des Eises.

T Temperatur in K (thermodynamische Temperatur)
t, ϑ Temperatur in °C

Temperatur in Kelvin $\boxed{T = t + 273}$

Beispiel: $t = 20\,°C$; $T = ?$
$T = t + 273 = (20 + 273)\,K = \mathbf{293\,K}$

Längenänderung

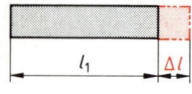

α Längenausdehnungskoeffizient
$\Delta t, \Delta \vartheta$ Temperaturänderung
Δl Längenänderung
l_1 Anfangslänge

Längenänderung $\boxed{\Delta l = \alpha \cdot l_1 \cdot \Delta t}$

Beispiel: Stahlplatte, $l_1 = 120\,mm$; $\alpha = 0{,}000\,012\,\frac{1}{°C}$;
$\Delta t = 800\,°C$; $\Delta l = ?$
$\Delta l = \alpha \cdot l_1 \cdot \Delta t$
$= 0{,}000\,012\,\frac{1}{°C} \cdot 120\,mm \cdot 800\,°C = \mathbf{1{,}15\,mm}$

Tabelle Längenausdehnungskoeffizient Seite 106 und 107

Volumenänderung

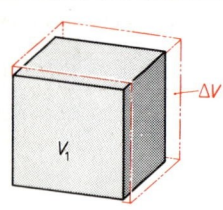

γ Volumenausdehnungskoeffizient
$\Delta t, \Delta \vartheta$ Temperaturänderung
ΔV Volumenänderung
V_1 Anfangsvolumen

Für feste Stoffe
$\gamma \approx 3 \cdot \alpha$

Volumenänderung $\boxed{\Delta V = \gamma \cdot V_1 \cdot \Delta t}$

Beispiel: Benzin, $V_1 = 60\,l$; $\gamma = 0{,}001\,\frac{1}{°C}$; $\Delta t = 32\,°C$; $\Delta V = ?$
$\Delta V = \gamma \cdot V_1 \cdot \Delta t = 0{,}001\,\frac{1}{°C} \cdot 60\,l \cdot 32\,°C = \mathbf{1{,}9\,l}$

Tabelle Volumenausdehnungskoeffizient Seite 106, Volumenausdehnung (Zustandsänderung) der Gase Seite 42

Schwindung

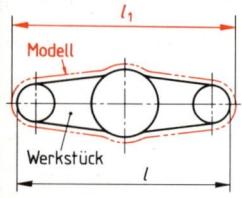

S Schwindmaß in %
l Werkstücklänge
l_1 Modelllänge

Modellänge $\boxed{l_1 = \frac{l \cdot 100\%}{100\% - S}}$

Beispiel: Al-Gußteil, $l = 680\,mm$; $S = 1{,}2\%$; $l_1 = ?$
$l_1 = \frac{l \cdot 100\%}{100\% - S} = \frac{680\,mm \cdot 100\%}{100\% - 1{,}2\%}$
$= \mathbf{688{,}2\,mm}$

Tabelle Schwindmaße Seite 113

Wärmemenge bei Temperaturänderung

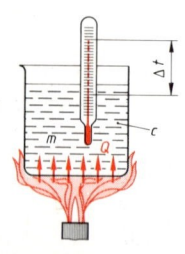

Die **spezifische Wärmekapazität c** gibt an, wieviel Wärme nötig ist, um 1 kg eines Stoffes um 1 °C zu erwärmen. Bei Abkühlung wird die gleiche Wärmemenge wieder frei.

Q Wärmemenge
m Masse
c spez. Wärmekapazität
$\Delta t, \Delta \vartheta$ Temperaturänderung

Wärmemenge $\boxed{Q = c \cdot m \cdot \Delta t}$

Beispiel: Stahlwelle; $m = 2\,kg$; $c = 0{,}48\,\frac{kJ}{kg \cdot °C}$;
$\Delta t = 800\,°C$; $Q = ?$
$Q = c \cdot m \cdot \Delta t = 0{,}48\,\frac{kJ}{kg \cdot °C} \cdot 2\,kg \cdot 800\,°C$
$= \mathbf{768\,kJ}$

Tabelle mit spezifischen Wärmekapazitäten Seite 106 und 107

Wärmetechnik

Wärme beim Schmelzen und Verdampfen

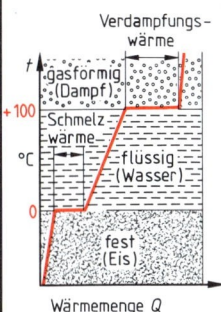

Wärmemenge Q

Stoffe nehmen beim Schmelzen und Verdampfen Wärme auf, ohne daß dabei die Temperatur steigt.

Q Schmelzwärme, Verdampfungswärme
q spezifische Schmelzwärme
r spezifische Verdampfungswärme
m Masse

Schmelzwärme $\boxed{Q = q \cdot m}$

Verdampfungswärme $\boxed{Q = r \cdot m}$

Beispiel: Kupfer, $m = 6{,}5$ kg; $q = 213 \dfrac{\text{kJ}}{\text{kg}}$; $Q = ?$

$Q = q \cdot m = 213 \dfrac{\text{kJ}}{\text{kg}} \cdot 6{,}5 \text{ kg} = 1384{,}5 \text{ kJ}$
$\approx 1{,}4$ MJ

Tabelle mit spezifischen Schmelz- und Verdampfungswärmen Seite 106 und 107.

Wärmestrom

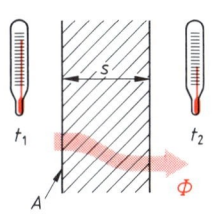

Der **Wärmestrom** Φ erfolgt stets von der höheren zur niedrigeren Temperatur. Die Wärmedurchgangszahl k berücksichtigt die Wärmeleitfähigkeit und die Wärmeübergangswiderstände an den Grenzflächen von Bauteilen.

Φ Wärmestrom
$\Delta t, \Delta \vartheta$ Temperaturdifferenz
λ Wärmeleitfähigkeit
k Wärmedurchgangszahl
s Bauteildicke
A Fläche des Bauteils

Wärmestrom bei Wärmeleitung $\boxed{\Phi = \dfrac{\lambda \cdot A \cdot \Delta t}{s}}$

Wärmestrom bei Wärmedurchgang $\boxed{\Phi = k \cdot A \cdot \Delta t}$

Beispiel: Wärmeschutzglas, $k = 1{,}9 \dfrac{\text{W}}{\text{m}^2 \cdot °\text{C}}$; $A = 2{,}8$ m²
$\Delta t = 32 °\text{C}$; $\Phi = ?$
$\Phi = k \cdot A \cdot \Delta t = 1{,}9 \dfrac{\text{W}}{\text{m}^2 \cdot °\text{C}} \cdot 2{,}8 \text{ m}^2 \cdot 32 °\text{C}$
$= 170$ W

Wärmeleitfähigkeitswerte λ Seite 106 und 107,
Wärmedurchgangszahlen k unten auf dieser Seite

Wärme durch Verbrennung

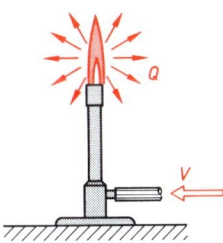

Unter dem **spezifischen Heizwert** H (H_u) eines Stoffes versteht man die bei der vollständigen Verbrennung von 1 kg oder 1 m³ des Stoffes frei werdende Wärmemenge.

Q Verbrennungswärme
H, H_u spezifischer Heizwert
m Masse fester und flüssiger Brennstoffe
V Volumen von Brenngasen

Verbrennungswärme $\boxed{Q = H \cdot m}$

$\boxed{Q = H \cdot V}$

Beispiel: Erdgas, $V = 3{,}8$ m³; $H = 35 \dfrac{\text{MJ}}{\text{m}^3}$; $Q = ?$
$Q = H \cdot V = 35 \dfrac{\text{MJ}}{\text{m}^3} \cdot 3{,}8 \text{ m}^3 = 133$ MJ

Spezifische Heizwerte H (H_u) für Brennstoffe

Feste Brennstoffe	H MJ/kg	Flüssige Brennstoffe	H MJ/kg	Gasförmige Brennstoffe	H MJ/m³
Braunkohle	16…20	Spiritus	27	Gichtgas	3…4
Holz	15…17	Benzol	40	Erdgas	34…36
Biomasse (trocken)	14…18	Benzin	43	Acetylen	57
Koks	30	Diesel	41…43	Propan	93
Steinkohle	30…34	Heizöl	40…43	Butan	123

Wärmedurchgangszahlen k für Baustoffe und Bauteile

Bauelemente	s mm	k $\dfrac{\text{W}}{\text{m}^2 \cdot °\text{C}}$
Außentüre, Stahl	50	5,8
Verbundfenster	12	2,5
Ziegelmauer	365	1,1
Geschoßdecke	125	3,2
Wärmedämmplatte	80	0,39

Elektrotechnik

Ohmsches Gesetz

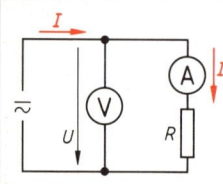

U Spannung in V
I Stromstärke in A
R Widerstand in Ω

Stromstärke

Beispiel:
Widerstand, $R = 88\ \Omega$; $U = 230$ V; $I = ?$
$I = \dfrac{U}{R} = \dfrac{230\ \text{V}}{88\ \Omega} =$ **2,6 A**

$$I = \dfrac{U}{R}$$

Leiterwiderstand

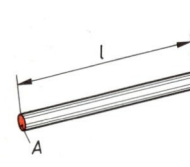

R Widerstand
ϱ spezifischer elektrischer Widerstand
A Leiterquerschnitt
l Leiterlänge

Widerstand

$$R = \dfrac{\varrho \cdot l}{A}$$

Beispiel:
Kupferdraht, $l = 100$ m; $A = 1{,}5\ \text{mm}^2$; $\varrho = 0{,}0179\ \dfrac{\Omega \cdot \text{mm}^2}{\text{m}}$; $R = ?$

$R = \dfrac{\varrho \cdot l}{A} = \dfrac{0{,}0179\ \dfrac{\Omega \cdot \text{mm}^2}{\text{m}} \cdot 100\ \text{m}}{1{,}5\ \text{mm}^2} =$ **1,19 Ω**

Tabelle mit spezifischen elektrischen Widerständen Seite 106 und 107

Reihenschaltung von Widerständen

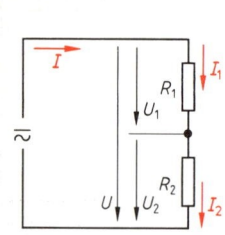

R_1, R_2 Einzelwiderstände
I_1, I_2 Teilströme
U_1, U_2 Teilspannungen
R Gesamtwiderstand, Ersatzwiderstand
I Gesamtstrom
U Gesamtspannung

Gesamtwiderstand $\quad R = R_1 + R_2 + \ldots$

Gesamtspannung $\quad U = U_1 + U_2 + \ldots$

Gesamtstrom $\quad I = I_1 = I_2 = \ldots$

Teilspannungen $\quad \dfrac{U_1}{U_2} = \dfrac{R_1}{R_2}$

Beispiel:
$R_1 = 10\ \Omega$; $R_2 = 20\ \Omega$; $U = 12$ V; $R = ?$; $I = ?$; $U_1 = ?$; $U_2 = ?$
$R = R_1 + R_2 = 10\ \Omega + 20\ \Omega =$ **30 Ω**; $I = \dfrac{U}{R} = \dfrac{12\ \text{V}}{30\ \Omega} =$ **0,4 A**
$U_1 = R_1 \cdot I = 10\ \Omega \cdot 0{,}4\ \text{A} =$ **4 V**
$U_2 = R_2 \cdot I = 20\ \Omega \cdot 0{,}4\ \text{A} =$ **8 V**

Parallelschaltung von Widerständen

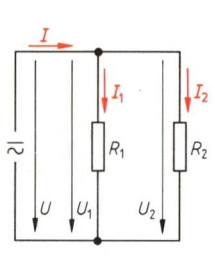

R_1, R_2 Einzelwiderstände
I_1, I_2 Teilströme
U_1, U_2 Teilspannungen
R Gesamtwiderstand, Ersatzwiderstand
I Gesamtstrom
U Gesamtspannung

Gesamtspannung $\quad U = U_1 = U_2 = \ldots$

Gesamtstrom $\quad I = I_1 + I_2 + \ldots$

Gesamtwiderstand
$$\dfrac{1}{R} = \dfrac{1}{R_1} + \dfrac{1}{R_2} + \ldots$$

$$R = \dfrac{1}{\dfrac{1}{R_1} + \dfrac{1}{R_2} + \ldots}$$

Teilströme $\quad \dfrac{I_1}{I_2} = \dfrac{R_2}{R_1}$

Beispiel:
$R_1 = 15\ \Omega$; $R_2 = 30\ \Omega$; $U = 12$ V; $R = ?$; $I = ?$

$R = \dfrac{1}{\dfrac{1}{15\ \Omega} + \dfrac{1}{30\ \Omega}} =$ **10 Ω**

$I = \dfrac{U}{R} = \dfrac{12\ \text{V}}{10\ \Omega} =$ **1,2 A**

Elektrotechnik

Transformator

Eingangsseite (Primärspule)   **Ausgangsseite** (Sekundärspule)

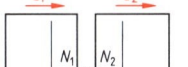

N_1, N_2 Windungszahlen
U_1, U_2 Spannungen
I_1, I_2 Stromstärken

Spannungen $\boxed{\dfrac{U_1}{U_2} = \dfrac{N_1}{N_2}}$

Beispiel:
$N_1 = 2875;\ N_2 = 100;\ U_1 = 230\ V$
$I_1 = 0{,}25\ A;\ U_2 = ?;\ I_2 = ?$

Stromstärken $\boxed{\dfrac{I_1}{I_2} = \dfrac{N_2}{N_1}}$

$U_2 = \dfrac{U_1 \cdot N_2}{N_1} = \dfrac{230\ V \cdot 100}{2875} = \mathbf{8\ V}$

$I_2 = \dfrac{I_1 \cdot N_1}{N_2} = \dfrac{0{,}25\ A \cdot 2875}{100} = \mathbf{7{,}2\ A}$

G

Elektrische Leistung bei Gleichstrom und induktionsfreiem Wechsel- oder Drehstrom

Gleich- oder Wechselstrom

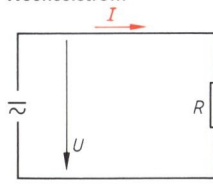

P elektrische Leistung
U Spannung (Leiterspannung)
I Stromstärke
R Widerstand

Leistung

$\boxed{P = U \cdot I}$

$\boxed{P = I^2 \cdot R}$

$\boxed{P = \dfrac{U^2}{R}}$

1. Beispiel:
Glühlampe, $U = 6\ V;\ I = 5\ A$
$P = ?;\ R = ?$
$P = U \cdot I = 6\ V \cdot 5\ A = \mathbf{30\ W}$

Drehstromleistung $\boxed{P = \sqrt{3} \cdot U \cdot I}$

Drehstrom
L1 L2 L3

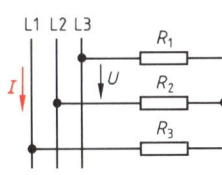

$R = \dfrac{U}{I} = \dfrac{6\ V}{5\ A} = \mathbf{1{,}2\ \Omega}$

2. Beispiel:
Glühofen, Drehstrom, $U = 3 \times 400\ V;\ P = 12\ kW;\ I = ?$

$I = \dfrac{P}{\sqrt{3} \cdot U} = \dfrac{12\,000\ W}{\sqrt{3} \cdot 400\ V} = \mathbf{17{,}3\ A}$

Berechnung der Stern-Dreieckschaltung Seite 290

Elektrische Leistung bei Wechsel- und Drehstrom mit induktivem Lastanteil

Wechselstrom
L1 N

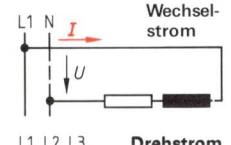

P Wirkleistung
U Spannung (Leiterspannung)
I Stromstärke
$\cos\varphi$ Leistungsfaktor

Wirkleistung $\boxed{P = U \cdot I \cdot \cos\varphi}$

Drehstrom-Wirkleistung $\boxed{P = \sqrt{3} \cdot U \cdot I \cdot \cos\varphi}$

Drehstrom
L1 L2 L3

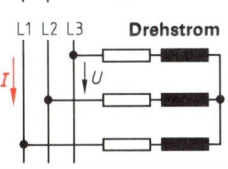

Beispiel:
Drehstrommotor, $U = 400\ V;\ I = 2\ A;\ \cos\varphi = 0{,}85;\ P = ?$
$P = \sqrt{3} \cdot U \cdot I \cdot \cos\varphi = \sqrt{3} \cdot 400\ V \cdot 2\ A \cdot 0{,}85 = 1\,178\ W$
$\approx \mathbf{1{,}2\ kW}$

Berechnung der Stern-Dreieckschaltung Seite 290

Elektrische Arbeit

W elektrische Arbeit
P elektrische Leistung
t Zeit (Einschaltdauer)

$1\ kWh \cdot h = 3\,600\,000\ W \cdot s$
$1\ kWh \cdot h = 3{,}6\ MJ$

elektrische Arbeit $\boxed{W = P \cdot t}$

Beispiel:
Kochplatte, $P = 1{,}8\ kW;\ t = 3\ h;\ W = ?$ in $kW \cdot h$ und MJ
$W = P \cdot t = 1{,}8\ kW \cdot 3\ h = \mathbf{5{,}4\ kW \cdot h = 19{,}44\ MJ}$

Chemie

Periodisches System der Elemente

Periode	Gruppe[1]	Z[2]	Element[3]	Kurzzeichen[3]	relative Atommasse[4]	Periode	Gruppe[1]	Z[2]	Element[3]	Kurzzeichen[3]	relative Atommasse[4]
1	I	1	Wasserstoff	H	1,008		I	37	Rubidium	Rb	85,468
	VIII	2	Helium	He	4,002		II	38	Strontium	Sr	87,62
2	I	3	Lithium	Li	6,941		IIIa	39	Yttrium	Y	88,905
	II	4	Beryllium	Be	9,012		IVa	40	Zirconium	Zr	91,22
	III	5	Bor	B	10,811		Va	41	Niob	Nb	92,906
	IV	6	Kohlenstoff	C	12,011		VIa	42	Molybdaen	Mo	95,940
	V	7	Stickstoff	N	14,0	5	VIIa	43	Technetium	Tc	2×10^6 a
	VI	8	Sauerstoff	O	15,999		VIIIa	44	Ruthenium	Ru	101,07
	VII	9	Fluor	F	18,998		VIIIa	45	Rhodium	Rh	102,905
	VIII	10	Neon	Ne	20,179		VIIIa	46	Palladium	Pd	106,4
3	I	11	Natrium	Na	22,989		Ib	47	Silber	Ag	107,868
	II	12	Magnesium	Mg	24,305		IIb	48	Cadmium	Cd	112,4
	III	13	Aluminium	Al	26,981		III	49	Indium	In	114,82
	IV	14	Silicium	Si	28,086		IV	50	Zinn	Sn	118,69
	V	15	Phosphor	P	30,974		V	51	Antimon	Sb	121,75
	VI	16	Schwefel	S	32,064		VI	52	Tellur	Te	127,6
	VII	17	Chlor	Cl	35,453		VII	53	Iod	I	126,905
	VIII	18	Argon	Ar	39,948		VIII	54	Xenon	Xe	131,3
4	I	19	Kalium	K	39,102		I	55	Caesium	Cs	132,905
	II	20	Calcium	Ca	40,08		II	56	Barium	Ba	137,34
	IIIa	21	Scandium	Sc	44,956		IIIa	57...71	Lanthanoide	—	—
	IVa	22	Titan	Ti	47,90		IVa	72	Hafnium	Hf	178,49
	Va	23	Vanadium	V	50,942		Va	73	Tantal	Ta	180,948
	VIa	24	Chrom	Cr	51,996		VIa	74	Wolfram	W	183,85
	VIIa	25	Mangan	Mn	54,938	6	VIIa	75	Rhenium	Re	186,2
	VIIIa	26	Eisen	Fe	55,847		VIIIa	76	Osmium	Os	190,2
	VIIIa	27	Cobalt	Co	58,933		VIIIa	77	Iridium	Ir	192,2
	VIIIa	28	Nickel	Ni	58,71		VIIIa	78	Platin	Pt	195,09
	Ib	29	Kupfer	Cu	63,546		Ib	79	Gold	Au	196,967
	IIb	30	Zink	Zn	65,37		IIb	80	Quecksilber	Hg	200,59
	III	31	Gallium	Ga	69,72		III	81	Thallium	Tl	204,37
	IV	32	Germanium	Ge	72,59		IV	82	Blei	Pb	207,2
	V	33	Arsen	As	74,922		V	83	Bismut	Bi	208,981
	VI	34	Selen	Se	78,96		VI	84	Polonium	Po	—
	VII	35	Brom	Br	79,904		VII	85	Astat	At	8 h
	VIII	36	Krypton	Kr	83,8		VIII	86	Radon	Rn	3,8 d
							I	87	Francium	Fr	—
							II	88	Radium	Ra	1620 a
							IIIa	89	Actinium	Ac	22 a
					7	IIIa	90	Thorium	Th	232,038
						IIIa	91	Protactinium	Pa	$3,2 \times 10^4$ a
						IIIa	92	Uran	U	238,03
						IIIa	93	Neptunium	Np	—
						IIIa	94	Plutonium	Pu	—

[1] Ordnungsgruppe im periodischen System; Elemente der gleichen Gruppe haben ähnliche Eigenschaften
[2] Ordnungszahl Z im periodischen System (Kernladungszahl ≙ Anzahl der Protonen)
[3] Schreibweise nach DIN 32640 (12.86)
[4] Im Verhältnis zu $1/12$ der Masse des häufigsten Kohlenstoffatoms; bei radioaktiven Stoffen Halbwertszeit in Jahren (a), Tagen (d) oder Stunden (h)

pH-Wert

Art der wässerigen Lösung	zunehmend sauer ←							neutral	zunehmend basisch →					
pH-Wert	0	1	2	3	4	5	6	7	8	9	10	11	12	13	14
Konzentration H^+ in g/l	10^0	10^{-1}	10^{-2}	10^{-3}	10^{-4}	10^{-5}	10^{-6}	10^{-7}	10^{-8}	10^{-9}	10^{-10}	10^{-11}	10^{-12}	10^{-13}	10^{-14}

Wasserhärte

Härtebereich °DH[1]	0...4	5...8	9...12	13...18	19...30	über 30
Wasserhärte	sehr weich	weich	mittelhart	ziemlich hart	hart	sehr hart

[1] 1 Deutscher Härtegrad (1 °DH) entspricht 7,15 mg Calciumionen in 1 Liter Wasser

Chemie

Wichtige Chemikalien der Metalltechnik

Technische Bezeichnung	Chemische Bezeichnung	Formel	Eigenschaften	Verwendung
Aceton	Aceton, Propanon	$(CH_3)_2CO$	farblose, brennbare, leicht verdunstende Flüssigkeit	Lösungsmittel für Farben, Acetylen und Kunststoffe
Acetylen	Acetylen, Äthin	C_2H_2	reaktionsfreudiges, farbloses Gas, hoch explosiv	Brenngas beim Schweißen, Ausgangsstoff für Kunststoffe
Borax	Natriumtetraborat	$Na_2B_4O_7$	weißes Kristallpulver, Schmelze löst Metalloxide	Flußmittel beim Hartlöten, zur Wasserenthärtung, Glasrohstoff
Chlorkalk	Calciumhypochlorit	$CaCl(ClO)$	weißes Pulver, spaltet Sauerstoff und hypochlorige Säure ab	als Bleich- und Desinfektionsmittel, Entgiftung von Bädern
Kochsalz	Natriumchlorid	$NaCl$	farbloses, kristallines Salz, leicht wasserlöslich	Würzmittel, für Kältemischungen, zur Chlorgewinnung
Kohlensäure	Kohlendioxid	CO_2	wasserlösliches, unbrennbares Gas, erstarrt bei $-78\,°C$	Schutzgas beim MAG-Schweißen, Kohlensäureschnee als Kältemittel
Korund	Aluminiumoxid	Al_2O_3	sehr harte, farblose Kristalle, Schmelzpunkt 2050 °C	Schleif- und Poliermittel, oxidkeramische Werkstoffe
Kupfervitriol	Kupfersulfat	$CuSO_4$	blaue, wasserlösliche Kristalle, mäßig giftig	galvanische Bäder, Schädlingsbekämpfung, zum Anreißen
Mennige Bleimennige	Blei(II, IV) oxid	Pb_3O_4	rotes Pulver hoher Dichte, stark giftig	Bestandteil von Rostschutzfarben, Glasherstellung
Salmiakgeist	Ammoniumhydroxid	NH_4OH	farblose, stechend riechende Flüssigkeit, schwache Lauge	Reinigungsmittel (Fettlöser), Neutralisation von Säuren
Salpeter	Natrium- oder Kaliumnitrat	$NaNO_3$ KNO_3	farblose, leicht schmelzbare Kristalle (337 °C)	Salzbäder, Oxidationsmittel, Sprengstoffe, Düngemittel
Salpetersäure	Salpetersäure	HNO_3	sehr starke Säure, löst Metalle (außer Edelmetalle) auf	Ätzen und Beizen von Metallen, Herstellung von Chemikalien
Salzsäure	Chlorwasserstoff	HCl	farblose, stechend riechende, starke Säure	Ätzen und Beizen von Metallen, Herstellung von Chemikalien
Schwefelsäure	Schwefelsäure	H_2SO_4	farblose, ölige, geruchlose Flüssigkeit, starke Säure	Beizen von Metallen, galvanische Bäder, Akkumulatoren
Soda	Natriumcarbonat	Na_2CO_3	farblose Kristalle, leicht wasserlöslich, basische Wirkung	Entfettungs- und Reinigungsbäder, Wasserenthärtung
Spiritus	Äthylalkohol, vergällt	C_2H_5OH	farblose, leicht brennbare Flüssigkeit, Siedepunkt 78 °C	Lösungsmittel, Reinigungsmittel, für Heizzwecke, Treibstoffzusatz
Tetra	Tetrachlorkohlenstoff	CCl_4	farblose, nicht brennbare Flüssigkeit, gesundheitsschädlich	Lösungsmittel für Fette, Öle und Farben
Tri	Trichloräthylen	$CHCl=CCl_2$	nicht brennbare, leicht verdunstende Flüssigkeit, giftig	Lösungsmittel für Öle, Fette, Harze, Reinigungsmittel
Zyankali	Kaliumcyanid	KCN	sehr stark giftiges Salz der Blausäure	Salzbäder zum Carbonitrieren, galvanische Bäder

Häufig vorkommende Molekülgruppen

Molekülgruppe Bezeichnung	Formel	Erläuterung	Beispiel Bezeichnung	Formel
Carbid	$\equiv C$	Kohlenstoffverbindungen; teilweise sehr hart	Siliciumcarbid	SiC
Carbonat	$=CO_3$	Verbindungen der Kohlensäure; spalten bei Wärmeeinwirkung CO_2 ab	Calciumcarbonat	$CaCO_3$
Chlorid	$-Cl$	Salze der Salzsäure; in Wasser meist leicht löslich	Natriumchlorid	$NaCl$
Hydroxid	$-OH$	Hydroxide entstehen aus Metalloxiden und Wasser; sie reagieren basisch	Calciumhydroxid	$Ca(OH)_2$
Nitrat	$-NO_3$	Salze der Salpetersäure; in Wasser meist leicht löslich	Kaliumnitrat	KNO_3
Nitrid	$\equiv N$	Stickstoffverbindungen; teilweise sehr hart	Siliciumnitrid	SiN
Oxid	$=O$	Sauerstoffverbindungen; häufigste Verbindungsgruppe der Erde	Aluminiumoxid	Al_2O_3
Sulfat	$=SO_4$	Salze der Schwefelsäure; in Wasser meist leicht löslich	Kupfersulfat	$CuSO_4$
Sulfid	$=S$	Schwefelverbindungen; wichtige Erze, Spanbrecher in Automatenstählen	Eisen(II)sulfid	FeS

G

Gefährliche Stoffe

Maximale Arbeitsplatzkonzentration (MAK-Werte) vgl. TRGS 900 (02.93[1])

Der MAK-Wert ist die höchstzulässige Konzentration eines gasförmigen Arbeitsstoffes in der Luft am Arbeitsplatz. Diese Konzentration beeinträchtigt im allgemeinen die Gesundheit der Beschäftigten nicht und belästigt sie nicht unangemessen. Zugrunde gelegt wird, daß der Beschäftigte dem Arbeitsstoff wiederholt und langfristig, in der Regel täglich 8 Stunden ausgesetzt ist, bei einer durchschnittlichen Wochenarbeitszeit von 40 Stunden.

Stoff	Chemische Formel	MAK ml/m³	MAK mg/m³	Gefähr-lichkeit[2]	Stoff	Chemische Formel	MAK ml/m³	MAK mg/m³	Gefähr-lichkeit[2]
Aceton	$CH_3\text{-}CO\text{-}CH_3$	1000	2400	—	Nickel (Staub)	Ni	—	0,5[3]	III A1
Ammoniak	NH_3	50	35	C	Nikotin	—	0,07	0,5	H
Asbest (Fasern/m³)	—	—	$2,5 \cdot 10^{4\ 3)}$	III A1	Ozon	O_3	0,1	0,2	—
Benzol	C_6H_6	2,5[3]	8[3]	III A1	Phenol	C_6H_5OH	5	19	H
Blei	Pb	—	0,1	B	Propan	C_3H_8	1000	1800	—
Bleitetraethyl (Antiklopfmittel)	$Pb(C_2H_5)_4$	0,01	0,075	H	Quecksilber	Hg	0,01	0,1	—
Butan	C_4H_{10}	1000	2350	—	Quecksilber-Verbindungen	—	—	0,01	H, S
Cadmium und Cd-Verbindungen	Cd	—	—	III A2	Salpetersäure	HNO_3	2	5	—
Chlor	Cl_2	0,5	1,5	—	Salzsäure	HCl	5	7	C
Eisenoxid (Staub)	Fe_2O_3; FeO	—	6	—	Schwefeldioxid	SO_2	2	5	—
Ethanol	C_2H_5OH	1000	1900	—	Schwefelsäure	H_2SO_4	—	1	—
Flußsäure	HF	3	2	—	Silber	Ag	—	0,01	—
Kohlendioxid	CO_2	5000	9000	B	Siliciumkarbid	SiC	—	4	—
Kohlenmonoxid	CO	30	33	B	Styrol	$C_6H_5CH\cdot CH_2$	20	85	C
Kühlschmierstoffe	—	—	—	III B	Terpentinöl	—	100	560	S
Kupfer (Staub)	Cu	—	1	—	Tetrachlorethen („Per")	$Cl_2C=CCl_2$	50	345	III B, C
Magnesiumoxid (Feinstaub)	MgO	—	6	—	Trichlorethylen („Tri")	$CHCl=CCl_2$	50	270	III B, C
Methylalkohol	CH_3OH	200	260	H, D					

[1]) Technische Regeln für Gefahrstoffe (Auswahl aus Bundesarbeitsblatt 1/92).
[2]) B: Wahrscheinliches Risiko der Fruchtschädigung bei Schwangerschaft.
C: Fruchtschädigung bei Einhaltung der MAK-Werte nicht zu befürchten.
D: Fruchtschädigung noch nicht sicher beweisbar.
H: Diese Stoffe können durch die Haut in die Blutbahn gelangen. Die Vergiftungsgefahr ist unter Umständen größer als durch Einatmen. Auf gründliche Reinigung von Haut und Kleidung ist zu achten!
S: Diese Stoffe verursachen Überempfindlichkeitsreaktionen allergischer Art.
III A1: Der Umgang mit diesen eindeutig als krebserzeugend ausgewiesenen Arbeitsstoffen erfordert besondere Vorsicht und Maßnahmen der Gesundheitsvorsorge.
III A2: Stoffe mit begründetem Verdacht auf krebserzeugendes Potential.
III B: Zusatzstoffe teils gesundheitsgefährdend.
[3]) Technische Richtkonzentration; auch bei Einhaltung ist Gesundheitsgefährdung nicht vollständig auszuschließen.

Stoffwerte gefährlicher Gase

Gas	Dichteverhältnis zu Luft	Zündtemperatur	Theoretischer Luftbedarf kg/kg Gas	untere Zündgrenze Vol% Gas in Luft	obere Zündgrenze Vol% Gas in Luft	Sonstige Hinweise
Acetylen	0,91	305 °C	13,25	1,5	82	Bei einem Druck $p_e > 2$ bar Selbstzerfall und Explosion
Argon	1,38	unbrennbar	—	—	—	Verdrängt Atemluft; Erstickungsgefahr
Butan	2,11	365 °C	15,4	1,5	8,5	Narkotische Wirkung; wirkt erstickend
Kohlendioxid	1,53	unbrennbar	—	—	—	Flüssiges CO_2 und Trockeneis führen zu schweren Erfrierungen
Kohlenmonoxid	0,97	605 °C	2,5	12,5	74	Starkes Blutgift; Seh-, Lungen-, Leber-, Nieren- und Gehörschäden
Propan	1,55	470 °C	15,6	2,1	9,5	Verdrängt Atemluft, flüssiges Propan verursacht Haut- und Augenschäden
Sauerstoff	1,1	unbrennbar	—	—	—	Fette und Öle reagieren mit Sauerstoff explosionsartig; brandförderndes Gas
Stickstoff	0,97	unbrennbar	—	—	—	In geschlossenen Räumen wird Atemluft verdrängt, Erstickungsgefahr
Wasserstoff	0,07	570 °C	34	4	75,6	Selbstentzündung bei hohen Ausströmgeschwindigkeiten; bildet mit Luft, O_2 und Cl explosionsfähige Gemische

Technische Kommunikation

Grundlagen

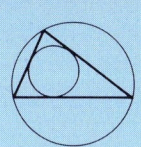

Geometrische Grundkonstruktionen	58
Schriftzeichen für Normschrift	62
Griechisches Alphabet, Römische Ziffern	62
Normzahlen, Normzahlreihen	63
Rundungshalbmesser	63
Maßstäbe	63

Zeichnungsnormen

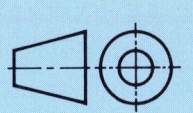

Linienarten	64
Liniengruppen	65
Projektionsmethoden	65
Isometrische und dimetrische Projektion	66
Kabinett- und Kavalierprojektion	66
Begriffe im Zeichnungswesen	66
Projektionsmethoden 1 und 3, Pfeilmethode	67
Darstellungen in Zeichnungen	68
Schnittdarstellungen	70
Maßeintragung in Zeichnungen	73

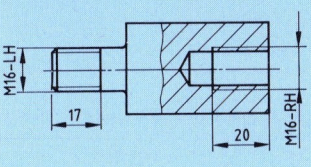

Parallelbemaßung, steigende Bemaßung	78
Koordinatenbemaßung	78
Zeichnungsvereinfachung	79
Papierformate	80
Schriftfelder, Stücklisten	80
Zahnräder	81
Wälzlager und Dichtungen	82
Werkstückkanten	83
Gewinde und Schraubenverbindungen	84
Zentrierbohrungen, Rändel	85
Freistiche	86

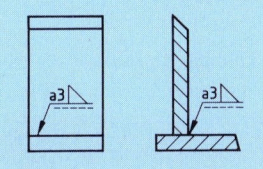

Sinnbilder für Schweißen und Löten	87
Kennzahlen für Schweiß- und Lötverfahren	89
Federn	89
Zeichnungen im Metallbau	90

Oberflächen, Härteangaben

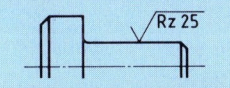

Erreichbare Rauheit von Oberflächen	91
Angabe der Oberflächenbeschaffenheit	92
Härteangaben	93

Toleranzen und Passungen

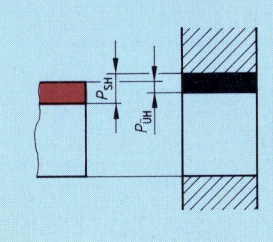

Grundbegriffe, Berechnung	94
Lage von Grundabmaßen	95
Grundtoleranzen	95
ISO-Passungen, System Einheitsbohrung	96
ISO-Passungen, System Einheitswelle	98
Grenzabmaße für Normteile	100
Passungsauswahl	101
Wälzlagerpassungen	101
Form- und Lagetolerierung	102
Allgemeintoleranzen	104

Geometrie

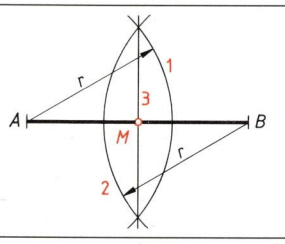

Ziehen einer Parallelen

Gegeben: Gerade g und Punkt P
1. Zeichendreieck 1 an g anlegen.
2. Zeichendreieck 2 an das Dreieck 1 anlegen.
3. Zeichendreieck 1 bis Punkt P verschieben und gesuchte Parallele g' ziehen.

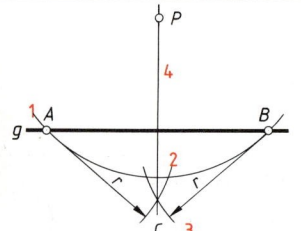

Halbieren einer Strecke

Gegeben: Strecke $\overline{AB}$
1. Kreisbogen 1 mit Radius r um A; $r > \frac{1}{2}\overline{AB}$
2. Kreisbogen 2 mit gleichem Radius r um B.
3. Die Verbindungslinie der Kreisschnittpunkte ist die Mittelsenkrechte bzw. die Halbierende der Strecke $\overline{AB}$.

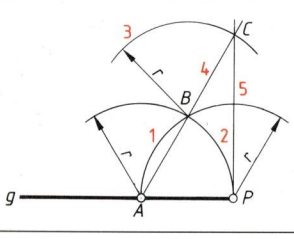

Fällen eines Lotes

Gegeben: Gerade g und Punkt P
1. Beliebiger Kreisbogen 1 um P ergibt Schnittpunkte A und B.
2. Kreisbogen 2 mit r um A; $r > \frac{1}{2}\overline{AB}$.
3. Kreisbogen 3 mit gleichem Radius r um B (Schnittpunkt C).
4. Die Verbindungslinie des Schnittpunktes C mit P ist das gesuchte Lot.

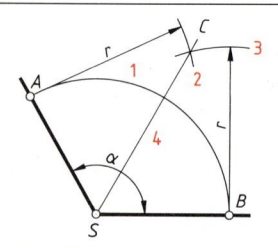

Errichten einer Senkrechten im Punkt P

Gegeben: Gerade g und Punkt P
1. Beliebiger Kreisbogen 1 um Punkt P ergibt Schnittpunkt A.
2. Kreisbogen 2 mit $r = \overline{AP}$ um Punkt A ergibt Schnittpunkt B.
3. Kreisbogen 3 mit gleichem r um B
4. A mit B verbinden und Gerade verlängern (Schnittpunkt C).
5. Punkt C mit Punkt P verbinden.

Halbieren eines Winkels

Gegeben: Winkel α
1. Beliebiger Kreisbogen 1 um S ergibt Schnittpunkte A und B.
2. Kreisbogen 2 mit r um A; $r > \frac{1}{2}\overline{AB}$.
3. Kreisbogen 3 mit gleichem Radius r um B ergibt Schnittpunkt C.
4. Die Verbindungslinie des Schnittpunktes C mit S ist die gesuchte Winkelhalbierende.

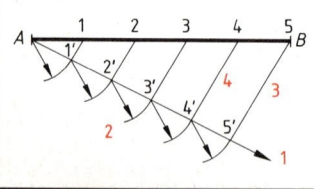

Teilen einer Strecke

Gegeben: Strecke $\overline{AB}$ soll in 5 gleiche Teile geteilt werden.
1. Strahl von A unter beliebigem Winkel.
2. Auf dem Strahl von A aus mit dem Zirkel 5 beliebige, aber gleichgroße Teile abtragen.
3. Endpunkt $5'$ mit B verbinden.
4. Parallelen zu $\overline{5'B}$ durch die anderen Teilpunkte ziehen.

Geometrie

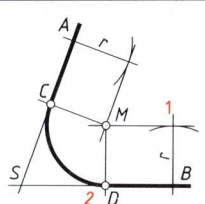

Rundung am Winkel

Gegeben: Winkel ASB und Radius r.

1. Parallelen zu $\overline{AS}$ und $\overline{BS}$ im Abstand r ziehen. Ihr Schnittpunkt M ist der gesuchte Rundungsmittelpunkt.
2. Die Schnittpunkte der Lote von M mit den Schenkeln $\overline{AS}$ und $\overline{BS}$ sind die Übergangspunkte C und D.

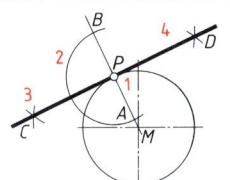

Tangente durch Kreispunkt P

Gegeben: Kreis und Punkt P
1. Verbindungslinie $\overline{MP}$ ziehen und verlängern.
2. Kreis um P ergibt Schnittpunkte A und B.
3. Kreisbögen um A und B mit gleichem Radius ergeben Schnittpunkte C und D.
4. Verbindungslinie CD ist Senkrechte zu $\overline{PM}$.

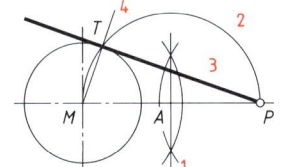

Tangente von einem Punkt P an den Kreis

Gegeben: Kreis und Punkt P
1. $\overline{MP}$ halbieren. A ist Mittelpunkt.
2. Kreis um A mit $r = \overline{AM}$. T ist Tangentenpunkt.
3. T mit P verbinden.
4. MT ist senkrecht zu PT.

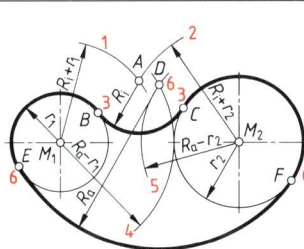

Verbindung zweier Kreise durch Kreisbögen

Gegeben: Kreis 1 und Kreis 2; Rundungen R_i und R_a
1. Kreis um M_1 mit Radius $R_i + r_1$.
2. Kreis um M_2 mit Radius $R_i + r_2$ ergibt mit 1 den Schnittpunkt A.
3. A mit M_1 und M_2 verbunden ergibt die Berührungspunkte B und C für den Innenradius R_i.
4. Kreis um M_1 mit Radius $R_a - r_1$.
5. Kreis um M_2 mit Radius $R_a - r_2$ ergibt mit 4 den Schnittpunkt D.
6. D mit M_1 und M_2 verbunden und verlängert ergibt die Berührungspunkte E und F für den Außenradius R_a.

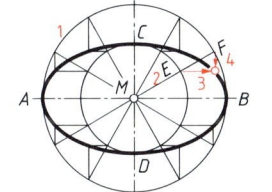

Ellipsenkonstruktion

Gegeben: Achsen $\overline{AB}$ und $\overline{CD}$
1. Zwei Kreise um M mit den Durchmessern $\overline{AB}$ und $\overline{CD}$.
2. Durch M mehrere Strahlen ziehen, die die beiden Kreise schneiden (E, F).
3. Parallelen zu den beiden Hauptachsen $\overline{AB}$ und $\overline{CD}$ ziehen. Schnittpunkte sind Ellipsenpunkte.

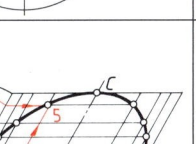

Ellipsenkonstruktion

Gegeben: Parallelogramm mit den Achsen $\overline{AB}$ und $\overline{CD}$
1. Halbkreis mit Radius $r = \overline{MC}$ um A ergibt E.
2. $\overline{AM}$ (bzw. $\overline{BM}$) halbieren, vierteln und achteln ergibt Punkte 1, 2 und 3. Durch diese Punkte Parallelen zur Achse $\overline{CD}$ ziehen.
3. $\overline{EA}$ halbieren, vierteln und achteln ergibt die Punkte 1, 2 und 3 auf der Achse $\overline{AE}$. Parallelen durch diese Punkte zur Achse $\overline{CD}$ ergeben Schnittpunkte F am Kreisbogen.
4. Durch Schnittpunkte F Parallelen zu $\overline{AE}$ bis zur Halbkreisachse, von dort Parallelen zur Achse $\overline{AB}$ ziehen.
5. Parallelenschnittpunkte entsprechender Zahlen sind Ellipsenpunkte.

K

Geometrie

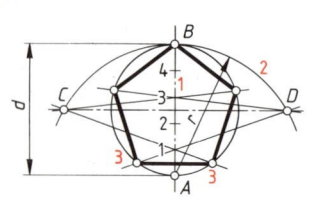

Regelmäßiges Vieleck im Kreis (z.B. Fünfeck)

Gegeben: Kreis mit Durchmesser d
1. $\overline{AB}$ in 5 gleiche Teile teilen (vgl. Seite 58).
2. Kreisbogen mit $r = \overline{AB}$ um A ziehen.
3. C und D mit 1, 3… (sämtlichen ungeraden Zahlen) verbinden. Die Schnittpunkte mit dem Kreis ergeben das gesuchte Fünfeck.

Bei **Vielecken** mit **gerader Eckenzahl** sind C und D mit 2, 4, 6 usw. (sämtlichen geraden Zahlen) zu verbinden.

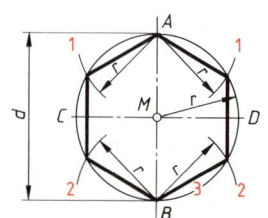

Sechseck, Zwölfeck

Gegeben: Kreis mit Durchmesser d
1. Kreisbögen mit $r = \dfrac{d}{2}$ um A
2. Kreisbögen mit r um B.
3. Verbindungslinien ergeben Sechseck.

Für Zwölfeck sind die Zwischenpunkte festzulegen. Einstich in C und D.

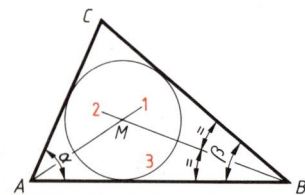

Inkreis eines Dreiecks

Gegeben: Dreieck
1. Winkel α halbieren.
2. Winkel β halbieren (Schnittpunkt M).
3. Inkreis um M.

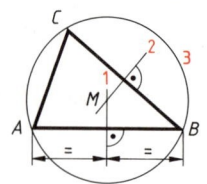

Umkreis eines Dreieckes

Gegeben: Dreieck
1. Mittelsenkrechte auf der Strecke $\overline{AB}$ errichten.
2. Mittelsenkrechte auf der Strecke $\overline{BC}$ errichten (Schnittpunkt M).
3. Umkreis um M.

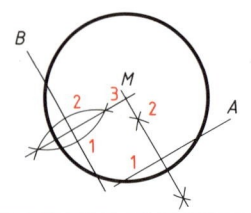

Bestimmung des Kreismittelpunktes

Gegeben: Kreis
1. Zwei beliebige Sehnen A und B ziehen.
2. Mittelsenkrechte auf den Sehnen errichten.
3. Schnittpunkt der Mittelsenkrechten ist Kreismittelpunkt M.

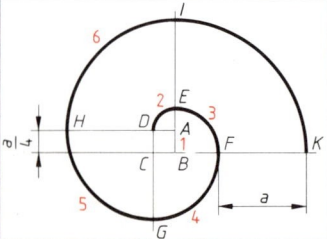

Spirale (Näherungskonstruktion mit dem Zirkel)

Gegeben: Steigung a
1. Quadrat $ABCD$ mit $a/4$ zeichnen
2. Viertelkreis mit Radius AD um A ergibt E.
3. Viertelkreis mit Radius BE um B ergibt F.
4. Viertelkreis mit Radius CF um C ergibt G.
5. Viertelkreis mit Radius DG um D ergibt H.
6. Viertelkreis mit Radius AH um A ergibt I (usw.).

Geometrie

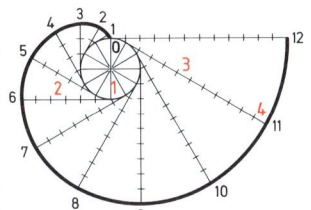

Zykloide

Gegeben: Rollkreis

1. Rollkreis in beliebig viele, aber gleich große Teile einteilen, z. B. 12.
2. Grundlinie ($\triangleq$ Umfang des Rollkreises $= \pi \cdot d$) in gleich große Teile einteilen, hier ebenfalls 12.
3. Senkrechte Linien in den Teilpunkten 1...12 auf der Grundlinie ergeben mit der verlängerten waagrechten Mittellinie des Rollkreises die Mittelpunkte $M_1...M_{12}$.
4. Um die Mittelpunkte $M_1...M_{12}$ Hilfskreise mit Radius r ziehen.
5. Die Schnittpunkte dieser Hilfskreise ergeben mit den Parallelen durch die Rollkreispunkte mit der gleichen Numerierung die Zykloidenpunkte.

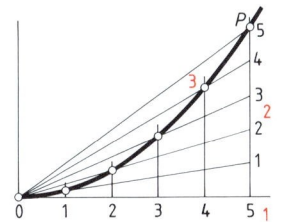

Evolvente

Gegeben: Kreis

1. Kreis in beliebig viele, aber gleich große Teile einteilen, z. B. 12.
2. In den Teilpunkten Tangenten an den Kreis ziehen.
3. Vom Berührungspunkt aus auf jeder Tangente die Länge des abgewickelten Kreisumfanges abtragen.
4. Die Kurve durch die Endpunkte ergibt die Evolvente.

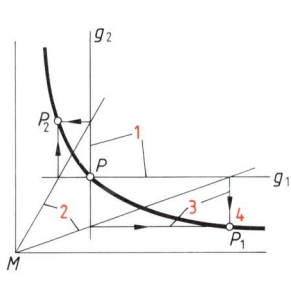

Parabel

Gegeben: Rechtwinklige Koordinaten und Parabelpunkt P

1. Abstand $P0$ auf der waagrechten Achse in beliebig viele Teile (z. B. 5) einteilen und Parallele zur senkrechten Achse ziehen.
2. Abstand $P0$ in senkrechter Richtung in gleichviele Teile einteilen und mit 0 verbinden.
3. Schnittpunkte der Linien mit gleichen Zahlen ergeben weitere Parabelpunkte.

Hyperbel

Gegeben: Rechtwinklige Koordinaten und Hyperbelpunkt P

1. Parallelen g_1 und g_2 zu den Koordinaten durch Hyperbelpunkt P ziehen.
2. Vom Koordinaten-Nullpunkt aus beliebige Strahlen ziehen.
3. Durch die Schnittpunkte der Strahlen mit g_1 und g_2 Parallelen zu den Koordinaten ziehen.
4. Schnittpunkte der Parallelen ($P_1, P_2...$) sind Hyperbelpunkte.

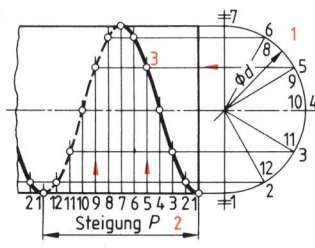

Schraubenlinie (Wendel)

Gegeben: Halbkreis mit Durchmesser d und Steigung P

1. Halbkreis in (z. B.) 6 gleiche Teile teilen.
2. Die Steigung P in zwölf gleiche Strecken unterteilen.
3. Gleiche Zahlen waagrechter und senkrechter Linien zum Schnitt bringen. Die Schnittpunkte ergeben weitere Punkte der Schraubenlinie.

Schriftzeichen

Beschriftung, Schriftzeichen — vgl. DIN 6776 T1 (04.76)

Schriftform B, v

ABCDEFGHIJKLMNOPQRSTUVWXYZ

aabcdefghijklmnopqrstuvwxyzəß

1234567789O I V X [(!?.;'-=+×·√%&)]ø

Schriftform B, k

ABCD efghijk 1234

Schriftform A, v

ABCD efghijk 1234

Schriftform A, k

ABCD efghijk 1234

Die Beschriftung von technischen Zeichnungen kann nach Schriftform A (Engschrift) oder nach Schriftform B erfolgen. Beide Formen dürfen senkrecht (v = vertikal) oder unter 15 Grad nach rechts geneigt (k = kursiv) geschrieben werden.

Die Kleinbuchstaben müssen mindestens 2,5 mm hoch sein.

In Deutschland sind die Zeichen a und 7 zu bevorzugen.

Schriftgröße h in mm			
2,5	3,5	5	7
10	14	20	

Maße für Schriftzeichen

Schrift-größe	Schrift-form	Abstand der Schrift-zeichen a	Abstand zwischen Grundlinien b	Höhe der Klein-buchstaben c	Linien-breite d	Abstand zwischen Wörtern e	Unterlänge f
h	A	2/14 h	22/14 h	10/14 h	1/14 h	6/14 h	4/14 h
	B	2/10 h	16/10 h	7/10 h	1/10 h	6/10 h	3/10 h

Griechisches Alphabet

A	α	Alpha	Z	ζ	Zeta	Λ	λ	Lambda	Π	π	Pi
B	β	Beta	H	η	Eta	M	μ	Mü	P	ϱ	Rho
Γ	γ	Gamma	Θ	ϑ	Theta	N	ν	Nü	Σ	σ	Sigma
Δ	δ	Delta	I	ι	Jota	Ξ	ξ	Ksi	T	τ	Tau
E	ε	Epsilon	K	ϰ	Kappa	O	o	Omikron	Y	υ	Ypsilon
									Φ	φ	(ph) Phi
									X	χ	Chi
									Ψ	ψ	Psi
									Ω	ω	Omega

Römische Ziffern

I = 1	II = 2	III = 3	IV = 4	V = 5	VI = 6	VII = 7	VIII = 8	IX = 9
X = 10	XX = 20	XXX = 30	XL = 40	L = 50	LX = 60	LXX = 70	LXXX = 80	XC = 90
C = 100	CC = 200	CCC = 300	CD = 400	D = 500	DC = 600	DCC = 700	DCCC = 800	CM = 900
M = 1000	MM = 2000							

Beispiele: MXMIV = 1994 MXMVIII = 1998 MIM = 1999

Normzahlen, Rundungshalbmesser, Maßstäbe

Normzahlen und Normzahlreihen
vgl. DIN 323 T1 (08.74)

R 5	R 10	R 20	R 40	R 5	R 10	R 20	R 40
1,00	1,00	1,00	1,00	4,00	4,00	4,00	4,00
			1,06				4,25
		1,12	1,12			4,50	4,50
			1,18				4,75
	1,25	1,25	1,25		5,00	5,00	5,00
			1,32				5,30
		1,40	1,40			5,60	5,60
			1,50				6,00
1,60	1,60	1,60	1,60	6,30	6,30	6,30	6,30
			1,70				6,70
		1,80	1,80			7,10	7,10
			1,90				7,50
	2,00	2,00	2,00		8,00	8,00	8,00
			2,12				8,50
		2,24	2,24			9,00	9,00
			2,36				9,50
2,50	2,50	2,50	2,50	10,00	10,00	10,00	10,00
			2,65				
		2,80	2,80				
			3,00				
	3,15	3,15	3,15				
			3,35				
		3,55	3,55				
			3,75				

Stufensprung:

R 5 $q_5 = \sqrt[5]{10} \approx 1{,}6$ R 10 $q_{10} = \sqrt[10]{10} \approx 1{,}25$

R 20 $q_{20} = \sqrt[20]{10} \approx 1{,}12$ R 40 $q_{40} = \sqrt[40]{10} \approx 1{,}06$

Normzahlen (Normmaße) sollen bei der Bemaßung von Werkstücken verwendet werden. Dadurch lassen sich Kosten für Werkzeuge und Meßzeuge einsparen. Die Reihen R 5 bis R 40 sind nach dem Stufensprung berechnet. Reihe 5 (R 5) ist R 10, diese R 20 und diese R 40 vorzuziehen.
Die Zahlen jeder Reihe können mit 10, 100, 1000 usw. multipliziert oder durch 10, 100, 1000 usw. dividiert werden.

Rundungshalbmesser
vgl. DIN 250 (07.72)

			0,2		0,3		**0,4**	0,5		**0,6**		0,8	
1	1,2	**1,6**	2	**2,5**	3		4	5		**6**		8	
10	12	**16**	18	**25**	28		32	36	**40**	45	**50**	56	63	70	**80**	90
100	110	**125**	140	**160**	180	**200**							

Die fettgedruckten Tabellenwerte sind zu bevorzugen.

Maßstäbe
vgl. DIN ISO 5455 (12.79)

Natürlicher Maßstab	Verkleinerungsmaßstäbe				Vergrößerungsmaßstäbe		
1 : 1	1 : 2	1 : 20	1 : 200	1 : 2000	2 : 1	5 : 1	10 : 1
	1 : 5	1 : 50	1 : 500	1 : 5000	20 : 1	50 : 1	
	1 : 10	1 : 100	1 : 1000	1 : 10000			

Linien

vgl. DIN 15 T1 und T2 (06.84)

	Linienarten (Teil 1)	Beispiele für die Anwendung (Teil 2)	
A	────────── Vollinie (breit)	• sichtbare Kanten • sichtbare Umrisse • Gewindespitzen • Grenze der nutzbaren Gewindelänge	• Hauptdarstellungen in Diagrammen, Karten, Fließbildern • Systemlinien (Stahlbau) • Oberflächenstrukturen (z. B. Rändel)
B	────────── Vollinie (schmal)	• Lichtkanten • Maßlinien • Maßhilfslinien • Hinweislinien • Schraffuren • Umrisse am Ort eingeklappter Schnitte • Kurze Mittellinien • Gewindegrund • Maßlinienbegrenzungen • Diagonalkreuz zur Kennzeichnung ebener Flächen	• Biegelinien • Umrahmungen von Prüfmaßen und Einzelheiten • Kennzeichnung sich wiederholender Einzelheiten, z. B. Fußkreise bei Verzahnungen • Umrahmungen von Prüfmaßen • Faser und Walzrichtungen • Lagerichtung von Schichtungen (z. B. Trafoblech) • Projektionslinien • Rasterlinien
C	～～～～ Freihandlinie (schmal)	• Begrenzung von abgebrochenen oder unterbrochen dargestellten Ansichten und Schnitten, wenn die Begrenzung keine Mittellinie ist. Linienart D soll nur bei rechnerunterstützter Zeichnungserstellung verwendet werden.	
D	─/\─/\─/\─ Zickzacklinie (schmal)		
F	─ ─ ─ ─ ─ Strichlinie (schmal)	• verdeckte Kanten • verdeckte Umrisse	
G	─·─·─·─·─ Strichpunktlinie (schmal)	• Mittellinien • Symmetrielinien • Trajektorien	• Teilkreise bei Verzahnungen • Lochkreise • Kennzeichnung von Behandlungszuständen (z. B. Einhärtungstiefen)
J	━·━·━·━·━ Strichpunktlinie (breit)	• Kennzeichnung geforderter Behandlung (z. B. Wärmebehandlung)	• Kennzeichnung der Schnittebene
K	─··─··─··─ Strich-Zweipunktlinie (schmal)	• Umrisse von angrenzenden Teilen • Grenzstellungen von beweglichen Teilen • Schwerlinien • Umrisse (ursprüngliche) vor der Verformung	• Teile, die vor der Schnittebene liegen • Umrisse von wahlweisen Ausführungen • Fertigformen in Rohteilen • Umrahmungen von besonderen Feldern/Bereichen (z. B. für Kennzeichnungen von Teilen)

In DIN 15 (Teil 1) sind außerdem aufgeführt: **Linienart E** (Strichlinie breit) und **Linienart H** (Strichpunktlinie schmal; Enden und Richtungsänderungen breit). Diese Linienarten sollen in Deutschland nicht verwendet werden.

Längenverhältnisse der Linienarten

5	1...1,5		10	1.1.1	
	Linienart F			Linienart J	
10	1.1.1		10	1.1.1.1.1	
	Linienart G			Linienart K	

Linien und Projektionsmethoden

Linien
vgl. DIN 15 T1 und T2 (06.84)

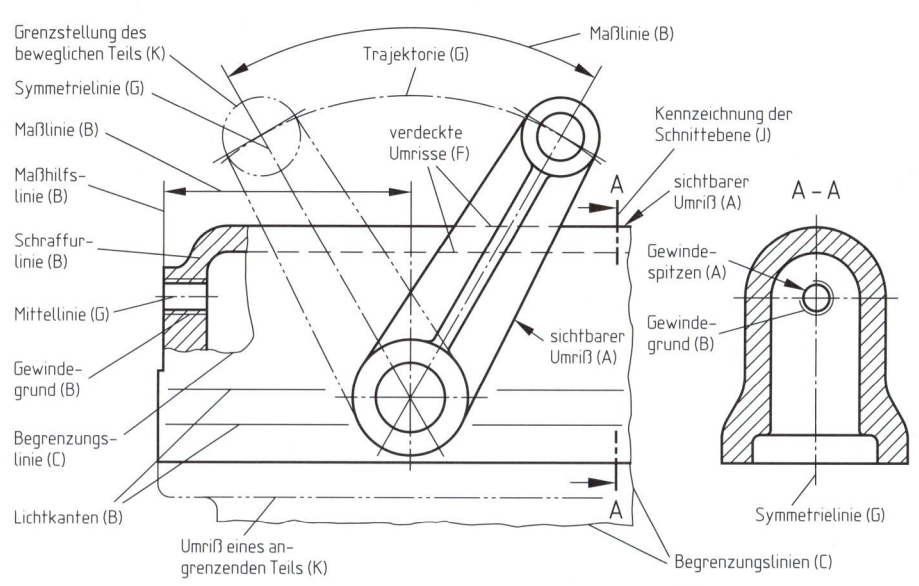

- Grenzstellung des beweglichen Teils (K)
- Symmetrielinie (G)
- Maßlinie (B)
- Maßhilfslinie (B)
- Schraffurlinie (B)
- Mittellinie (G)
- Gewindegrund (B)
- Begrenzungslinie (C)
- Lichtkanten (B)
- Umriß eines angrenzenden Teils (K)
- Trajektorie (G)
- Maßlinie (B)
- verdeckte Umrisse (F)
- Kennzeichnung der Schnittebene (J)
- sichtbarer Umriß (A)
- Gewindespitzen (A)
- sichtbarer Umriß (A)
- Gewindegrund (B)
- Symmetrielinie (G)
- Begrenzungslinien (C)

A – A

K

Liniengruppe	Zugehörige Linienbreiten in mm für		Maß- und Textangaben Grafische Sinnbilder
	Linienart		
	A, E, J	B, C, D, F, G, K	
0,25	0,25	0,13	0,18
0,35	0,35	0,18	0,25
0,5	0,5	0,25	0,35
0,7	0,7	0,35	0,5
1	1	0,5	0,7

Projektionsmethoden
vgl. DIN 6 T1 (12.86)

Projektionsmethode 1

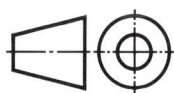

Dieses Sinnbild wird im Schriftfeld der Zeichnung angegeben, wenn nach der **Projektionsmethode 1** gezeichnet wird. In Deutschland und in den meisten europäischen Ländern wird diese Projektionsmethode angewandt.

Sinnbild für Projektionsmethode 1

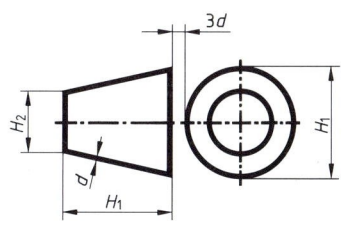

Projektionsmethode 3

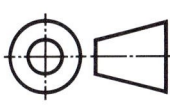

Dieses Sinnbild wird im Schriftfeld der Zeichnung angegeben, wenn nach der **Projektionsmethode 3** gezeichnet wird. In vielen englisch sprechenden Staaten wird die Projektionsmethode 3 angewandt.

$d = 0{,}1$ mal Schriftgröße h
$H_1 = 2$ mal Schriftgröße h
$H_2 = 0{,}5$ mal H_1

Projektionen, Zeichnungsbegriffe

Projektionsarten
vgl. DIN 5 T10 (12.86)

Isometrische Projektion　　　$x:y:z = 1:1:1$

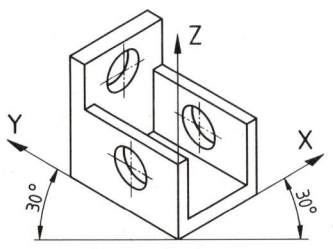

Kreise erscheinen in allen drei Ansichten als Ellipsen.
Näherungskonstruktion der Ellipse:
1. Rhombus halbieren (Schnittpunkte M_1, M_2 und N).
2. Verbindungslinien von M_1 nach 1 und von M_2 nach 2 ziehen (Schnittpunkte 3 und 4).
3. Kreisbögen mit Radius R um 1 und 2 und mit Radius r um 3 und 4.

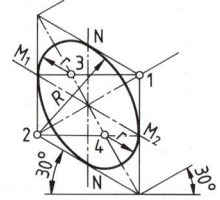

Dimetrische Projektion　　　$x:y:z = 0{,}5:1:1$

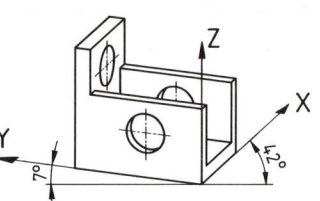

Ellipsen können in der Vorderansicht angenähert als Kreise gezeichnet werden.
Konstruktion der Ellipsen in Seitenansicht und Draufsicht:
1. Hilfskreis mit Radius $r = d/2$ zeichnen.
2. Höhe d in beliebige Anzahl gleicher Strecken teilen und Felder (1…3) zeichnen.
3. Hilfskreis-Durchmesser in gleiche Felderzahl teilen.
4. Aus Hilfskreis Streckenlängen a, b usw. in Rhombus übertragen.

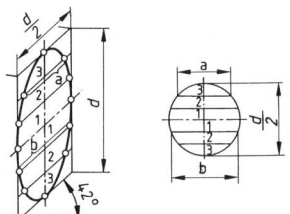

Kabinett-Projektion　　　$x:y:z = 0{,}5:1:1$

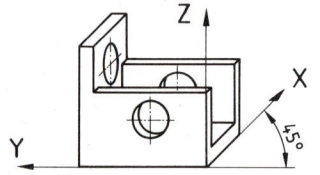

Kavalier-Projektion　　　$x:y:z = 1:1:1$

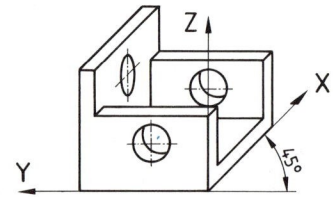

Die Ellipsenkonstruktion erfolgt bei der Kabinett- bzw. Kavalierprojektion wie bei der dimetrischen Projektion.

Begriffe im Zeichnungswesen
vgl. DIN 199 T1 (05.84)

Begriff	Definition und Erklärung
Skizze	Eine Skizze ist eine nicht unbedingt maßstäbliche, vorwiegend freihändig erstellte Zeichnung.
Gesamt-Zeichnung	Alle Zeichnungen, die eine Anlage, ein Bauwerk, eine Maschine oder ein Gerät in zusammengebautem Zustand oder auch als Explosionsdarstellung zeigen, bezeichnet man als Gesamt-Zeichnungen.
Gruppen-Zeichnung	Eine Gruppen-Zeichnung ist eine maßstäbliche technische Zeichnung, die die räumliche Lage und die Form der zu einer Gruppe zusammengefaßten Teile darstellt.
Teilzeichnung	In einer Teilzeichnung werden die Einzelteile mit allen für die Fertigung erforderlichen Angaben (z. B. Maße) dargestellt.
Sammelzeichnung	Sammelzeichnungen enthalten mehrere Teile einer Gruppe ohne Berücksichtigung ihrer räumlichen Lage zueinander.

Darstellungen in Zeichnungen

Projektionsmethoden
vgl. DIN 6 T1 (12.86)

Nach DIN 6 werden beim technischen Zeichnen die **Projektionsmethode 1**, die **Projektionsmethode 3** und bei Platzmangel die **Pfeilmethode** verwendet. Das entsprechende Sinnbild ist in das Schriftfeld der Zeichnung einzutragen.

Projektionsmethode 1

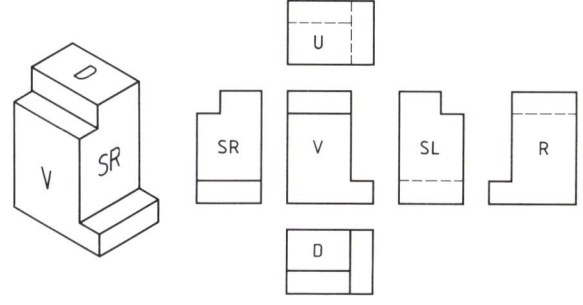

	Bezogen auf die Vorderansicht V liegen:	
D	Draufsicht	unterhalb von V
SL	Seitenansicht von links	rechts von V
U	Untersicht	oberhalb von V
R	Rückansicht	links oder rechts von V
SR	Seitenansicht von rechts	links von V

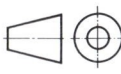 Sinnbild für Projektionsmethode 1

Projektionsmethode 3

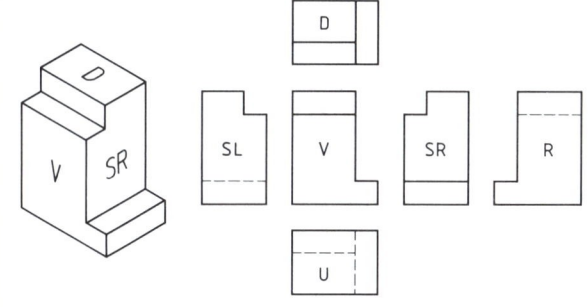

	Bezogen auf die Vorderansicht V liegen:	
D	Draufsicht	oberhalb von V
SL	Seitenansicht von links	links von V
U	Untersicht	unterhalb von V
R	Rückansicht	links oder rechts von V
SR	Seitenansicht von rechts	rechts von V

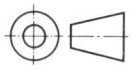 Sinnbild für Projektionsmethode 3

Pfeilmethode

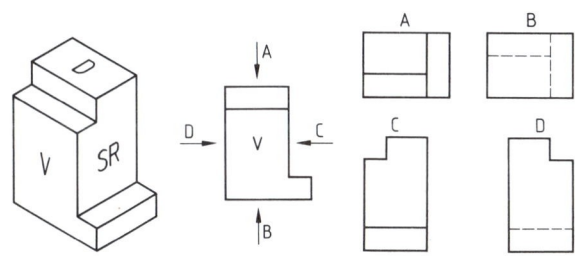

Die erforderlichen Betrachtungsrichtungen werden durch Pfeile z. B. in der Vorderansicht V mit Großbuchstaben (Anfangsbuchstaben des Alphabets) gekennzeichnet. Mit denselben Großbuchstaben werden die entsprechenden Ansichten gekennzeichnet.

Wahl der Ansichten
vgl. DIN 6 T1 (12.86)

Es sind nur so viele Ansichten darzustellen, wie zum eindeutigen Erkennen und Bemaßen eines Gegenstandes erforderlich sind. Das Darstellen verdeckter (nicht sichtbarer) Kanten ist möglichst zu vermeiden.

In **Gesamt-Zeichnungen** werden die Gegenstände im allgemeinen in der **Gebrauchslage** dargestellt. In **Teilzeichnungen** sind Gegenstände, die in beliebiger Achslage verwendet werden, z. B. Drehteile, bevorzugt in der **Fertigungslage** darzustellen.

Als **Vorderansicht** ist unter Berücksichtigung der Gebrauchs- oder Fertigungslage die Ansicht zu wählen, die an Form und Abmessungen des Gegenstandes möglichst viel zeigt.

Darstellungen in Zeichnungen

Ansichten

vgl. DIN 6 T1 (12.86)

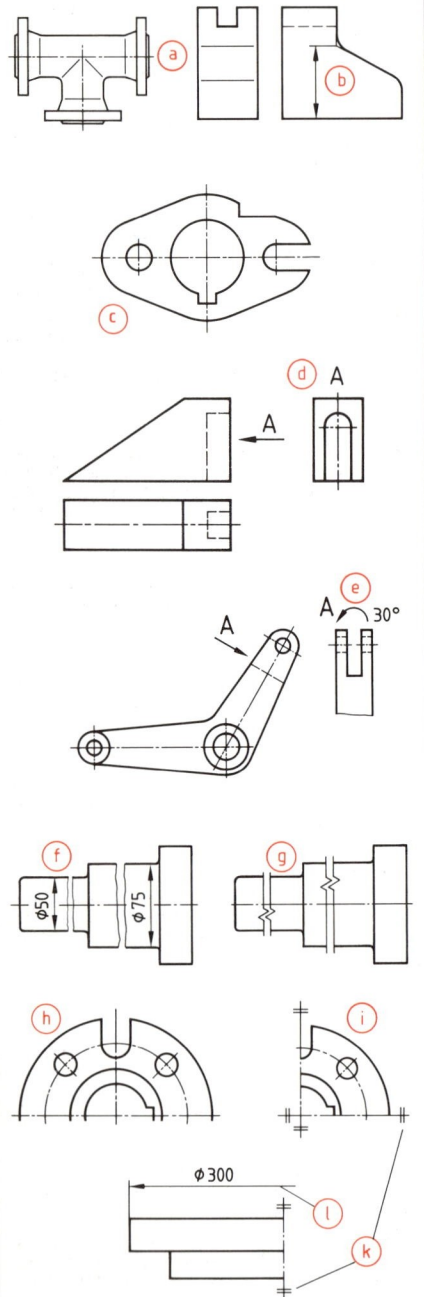

Lichtkanten

(a) Lichtkanten, d.h. Kanten an gerundeten Übergängen, werden durch schmale Vollinien (DIN 15-B) dargestellt. Sie sind an der Stelle zu zeichnen, an der bei scharfkantigem Übergang die (Umlauf-)Kante wäre. Lichtkanten dürfen die Umrißlinien nicht berühren.

(b) Der Ort der Linien für die Lichtkanten ergibt sich aus den Schnittpunkten der verlängerten Umrißlinien in der zugehörigen Ansicht. Auf diese Schnittpunkte werden auch die Maße nach DIN 406 bezogen.

Symmetrische Formen

(c) Symmetrische Werkstücke werden durch eine Symmetrielinie (DIN 15-G) gekennzeichnet. Symmetrielinien verwendet man auch dann, wenn eine symmetrische Grundform einseitig in Einzelheiten verändert oder durch eine geometrische Grundform (z.B. Nut) unterbrochen ist.

Besondere Ansichten

Muß von der üblichen Darstellung (Projektionsmethode 1 oder 3) abgewichen werden, so wird die Pfeilmethode angewandt. Diese Methode ist immer dann anzuwenden, wenn man ungünstige Projektionen und damit verbundene Verkürzungen vermeiden möchte oder wenn eine zugehörige Ansicht nicht in der richtigen Lage angeordnet werden kann.

(d) Eine zugehörige Ansicht wird in der durch den Pfeil gekennzeichneten Richtung und durch einen Großbuchstaben dargestellt.

(e) Kann ein Werkstück aus Platzgründen nicht in der Pfeilrichtung projektionsgerecht dargestellt werden, so ist neben dem Buchstaben, der die zugehörige Ansicht kennzeichnet, ein Sinnbild für die Drehung in der entsprechenden Richtung anzufügen; der Drehwinkel kann dann zusätzlich angegeben werden.

Teilansichten

(f) Flache oder runde Werkstücke dürfen abgebrochen oder unterbrochen dargestellt werden, wenn sie damit eindeutig und vollständig bestimmt sind. Die Bruchkante wird als Freihandlinie (DIN 15-C) ausgeführt.

(g) Bei CAD-Zeichnungen können die Bruchkanten als schmale Zickzacklinien (DIN 15-D) ausgeführt werden.

(h) Bei symmetrischen Werkstücken wird oft nur die halbe Ansicht gezeichnet. Die sichtbaren Umrisse (Kanten) werden über die Mittellinie hinausgezogen (Ausnahme: (k)).

(i) Zur Darstellung symmetrischer Werkstücke genügt auch eine Viertelansicht.

(k) Enden Umrißlinien oder Kanten von symmetrischen Werkstücken direkt an der Mittellinie, so muß die Mittellinie durch zwei kurze parallele Vollinien (DIN 15-B) gekennzeichnet werden.

(l) Werden Ansichten und Schnitte nur bis zur Mittellinie gezeichnet, so müssen die Maßlinien etwas über die Mittellinie hinaus gezeichnet werden.

Darstellungen in Zeichnungen

Besondere Darstellungen, vereinfachte Darstellungen vgl. DIN 6 T1 (12.86)

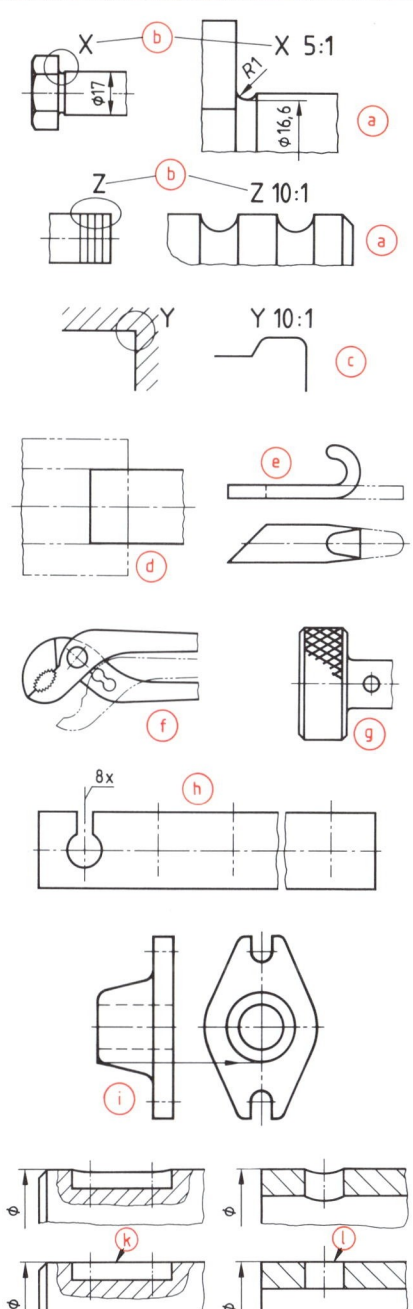

Einzelheiten
Teilbereiche eines Werkstückes, die sich in der Gesamtdarstellung nicht deutlich darstellen, bemaßen oder kennzeichnen lassen, werden als Einzelheiten gesondert gezeichnet. Die genaue Form der Einzelheit entfällt dann in der Gesamtdarstellung.

(a) Der Bereich, der als Einzelheit gezeichnet wird, wird in der Gesamtdarstellung mit einer schmalen Vollinie (DIN 15-B) eingerahmt.

(b) Der eingerahmte Bereich und die entsprechende Einzelheit werden durch gleiche Großbuchstaben (letzte Buchstaben des Alphabets) gekennzeichnet. Die Buchstaben sind mindestens 1,4mal so hoch wie die Maßzahlen. Bei Einzelheiten, die vergrößert werden, ist der Vergrößerungsmaßstab hinter dem Kennbuchstaben anzugeben.

(c) Herausgezeichnete Einzelheiten dürfen ohne Bruchlinie, bei Schnitten ohne Schraffur dargestellt werden. Die Darstellung von Umlaufkanten ist nicht erforderlich.

Angrenzende Teile
(d) Umrisse von angrenzenden Teilen werden mit schmalen Strich-Zweipunktlinien (DIN 15-K) gezeichnet. Das angrenzende Teil darf das Hauptteil nicht verdecken. Geschnittene angrenzende Teile werden nicht schraffiert.

Ursprüngliche Formen
(e) Die ursprüngliche Form eines Werkstückes wird durch schmale Strich-Zweipunktlinien (DIN 15-K) dargestellt.

Grenzstellungen
(f) Grenzstellungen von beweglichen Teilen werden durch schmale Strich-Zweipunktlinien (DIN 15-K) dargestellt.

Oberflächenstrukturen
(g) Oberflächenstrukturen, z.B. Rändel, werden durch breite Vollinien (DIN 15-A) dargestellt. Vorzugsweise soll die Struktur nur teilweise gezeichnet werden.

Formelemente
(h) Formelemente eines Werkstückes, die sich wiederholen, müssen nur einmal dargestellt werden. Die Anzahl der sich wiederholenden Formelemente (Teilungen) muß angegeben werden.

Geringe Neigungen
(i) Geringe Neigungen, z.B. an Schrägen, müssen in der Projektion nicht dargestellt werden. Es wird dann nur **die** Kante durch eine breite Vollinie (DIN 15-A) gezeichnet, die der Projektion des kleineren Maßes entspricht.

Durchdringungen
(k) Bei der Durchdringung von Werkstücken, z.B. bei Nuten, kann auf die Darstellung gering versetzter Durchdringungskurven verzichtet werden.

(l) Bei der Durchdringung von Bohrungen, deren Durchmesser sich wesentlich unterscheiden, kann auf flach verlaufende Durchdringungskurven verzichtet werden.

K

Darstellungen in Zeichnungen

Schnittdarstellungen
vgl. DIN 6 T2 (12.86)

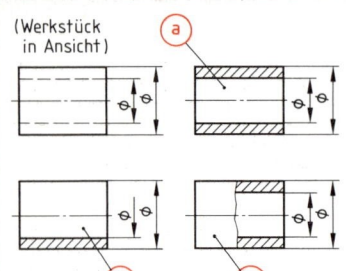

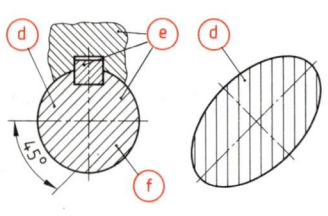

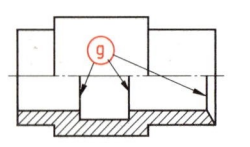

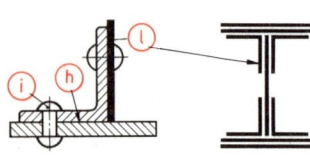

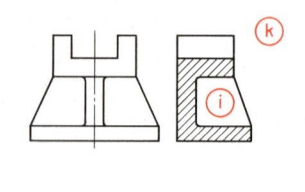

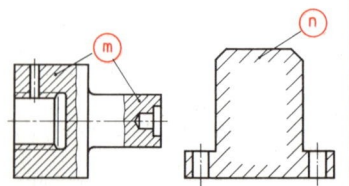

Schnittdarstellungen werden angewandt, wenn man das Innere von Werkstücken sichtbar darstellen möchte. Nach Umfang und Lage des Schnittes unterscheidet man:

(a) **Vollschnitt:** Hier denkt man sich die vordere Werkstückhälfte herausgeschnitten; es wird nur die hintere Hälfte gezeichnet.

(b) **Halbschnitt:** Hier denkt man sich ein Viertel des Werkstückes herausgeschnitten.

(c) **Teilschnitt:** Hier sieht man nur einen Teil des Werkstückes im Schnitt. Zum Teilschnitt gehören auch der **Ausbruch** und der **Teilausschnitt**.

(d) Bei der Schraffur sind parallele schmale Vollinien (DIN 15-B) unter 45° zur Achse (Mittellinie) oder zu den Hauptumrissen (Körperkanten) zu zeichnen. Für Maßzahlen, Beschriftung und Oberflächenangaben ist die Schraffur zu unterbrechen.

(e) Aneinandergrenzende Werkstücke erhalten entgegengesetzt gerichtete oder verschieden weite Schraffuren.

(f) Der Schraffurlinienabstand ist um so größer, je größer die Schnittfläche ist.

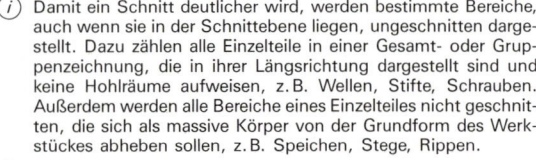

(g) Umlaufkanten, die durch den Schnitt sichtbar geworden sind, werden eingezeichnet. Verdeckte Kanten sind im Schnitt nur dann zu zeichnen, wenn sie zum Verständnis der Darstellung unbedingt erforderlich sind.

(h) Trennfugen sind als Kanten zu zeichnen.

(i) Damit ein Schnitt deutlicher wird, werden bestimmte Bereiche, auch wenn sie in der Schnittebene liegen, ungeschnitten dargestellt. Dazu zählen alle Einzelteile in einer Gesamt- oder Gruppenzeichnung, die in ihrer Längsrichtung dargestellt sind und keine Hohlräume aufweisen, z. B. Wellen, Stifte, Schrauben. Außerdem werden alle Bereiche eines Einzelteiles nicht geschnitten, die sich als massive Körper von der Grundform des Werkstückes abheben sollen, z. B. Speichen, Stege, Rippen.

(k) Ist die Lage einer Schnittebene eindeutig, so wird sie nicht besonders angegeben.

(l) Schmale Schnittflächen dürfen voll geschwärzt werden. Stoßen geschwärzte Schnittflächen aneinander, so sind sie mit einem Mindestabstand von 0,5 mm darzustellen.

(m) Teilschnitte (z. B. Ausbrüche) werden durch Freihandlinien (DIN 15-C) oder durch Zickzacklinien (DIN 15-D) begrenzt. Freihandlinien dürfen nicht mit Körperkanten zusammenfallen.

Alle Schnittflächen desselben Teiles werden in allen Ansichten in gleicher Art (gleiche Richtung und gleicher Abstand) schraffiert.

(n) Bei großen Schnittflächen kann die Schraffur auf die Randzone beschränkt bleiben.

Darstellungen in Zeichnungen

Schnittdarstellungen   vgl. DIN 6 T2 (12.86)

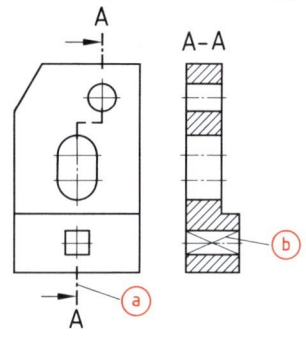

(a) Ist der Schnittverlauf nicht ohne weiteres ersichtlich, so ist er durch breite Strichpunktlinien (DIN 15-J) zu kennzeichnen. Die Blickrichtung auf den Schnitt wird durch Pfeile angedeutet. Die Pfeile sind 1,5mal so lang wie die Maßpfeile. Buchstaben sind nur erforderlich, wenn die Übersicht dadurch verbessert wird. Die Bezeichnung durch gleiche Großbuchstaben, z.B. A — A, ist zu bevorzugen.

(b) Das Diagonalkreuz kennzeichnet ebene Flächen; es wird mit schmalen Vollinien (DIN 15-B) gezeichnet. Wenn Seitenansicht oder Draufsicht fehlen, muß das Diagonalkreuz angewendet werden. Das Diagonalkreuz ist aber auch bei Vorhandensein zweier oder mehrerer Ansichten zulässig.

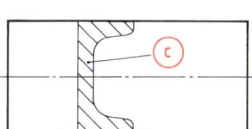

(c) Schnittflächen können innerhalb des Bildes in die Zeichenebene geklappt werden und sind in schmalen Vollinien (DIN 15-B) darzustellen.

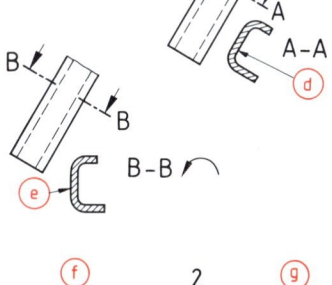

(d) Der Schnitt an einem Werkstück kann an beliebiger Stelle angeordnet werden, jedoch möglichst in projektionsgerechter Lage.

(e) Wird der Schnitt in einer anderen Lage dargestellt, so ist das Sinnbild für die Drehung (in der entsprechenden Richtung) anzugeben; der Drehwinkel kann angegeben werden.

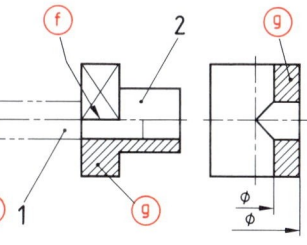

(f) Fällt bei einem Schnitt eine Körperkante auf die Mittellinie, so ist sie wie bei den Ansichten darzustellen.

(g) Vorzugsweise werden bei Halbschnitten die im Schnitt dargestellten Hälften bei waagerechter Mittellinie unterhalb, bei senkrechter Mittellinie rechts von dieser angeordnet.

(h) Für Teilbezeichnungen in Gesamtzeichnungen sind immer Zahlen (Positionsnummern nach DIN ISO 6433) anzuwenden. Positionsnummern sind etwa doppelt so groß wie die Maßzahlen. Sie stehen außerhalb der Umrißlinien und sollen im Uhrzeigersinn nebeneinander oder senkrecht untereinander eingetragen werden. Durch eine Hinweislinie werden sie mit dem Teil verbunden.

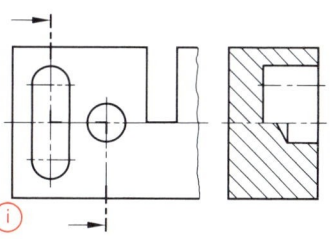

(i) Wird ein Werkstück durch mehrere parallel versetzte Ebenen geschnitten, so wird der Schnittverlauf durch eine abknickende Schnittlinie, die Blickrichtung durch Pfeile gekennzeichnet.

Werden parallel versetzte Schnittebenen durch eine gemeinsame Mittellinie begrenzt, so sind die Schraffurlinien an dieser Mittellinie versetzt zu zeichnen.

K

Darstellungen in Zeichnungen

Schnittdarstellungen vgl. DIN 6 T2 (12.86)

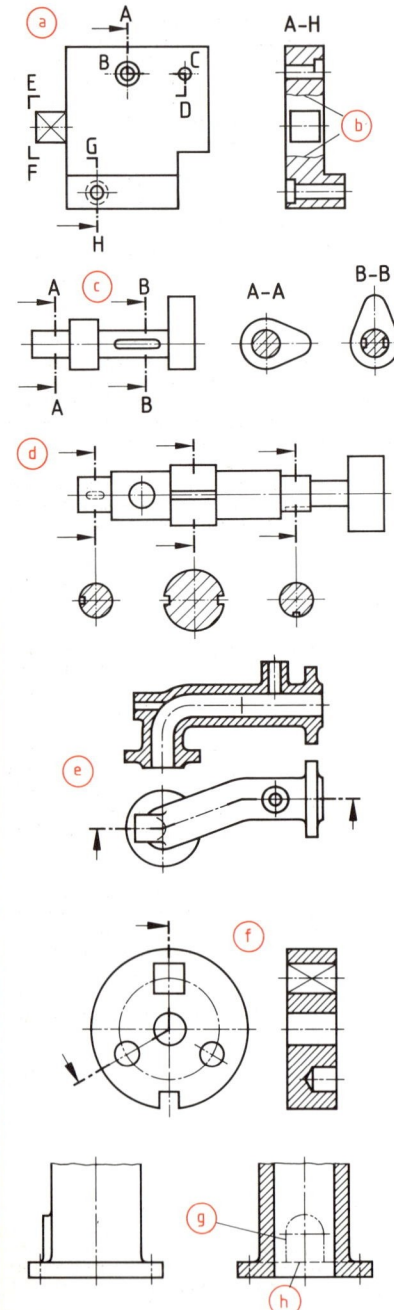

(a) Lassen sich Schnitte ihren Schnittebenen nicht eindeutig zuordnen, dann müssen zusätzliche Kennzeichnungen (z. B. durch Großbuchstaben) vorgenommen werden. Die Großbuchstaben stehen dann am Anfang, an den Knickstellen und am Ende der Schnittlinien sowie über der entsprechenden Schnittebene.

(b) Wenn eine Schnittfläche in eine Ansicht übergeht, so wird die Grenze zwischen beiden durch eine Bruchlinie (DIN 15-C oder DIN 15-D) dargestellt.

(c) Werden von einem Werkstück mehrere Schnitte (Profilschnitte) in gleicher Projektionslage dargestellt, so muß ihre Zuordnung stets gekennzeichnet werden. Umrisse und Kanten hinter den Schnittebenen sind nur dann darzustellen, wenn sie zur Verdeutlichung des Dargestellten beitragen.

(d) Bei mehreren Schnittebenen durch längliche Werkstücke, z. B. Wellen, dürfen die Schnitte (Profilschnitte) auch direkt unterhalb ihrer zugehörigen Schnittebene angeordnet werden. Eine Kennzeichnung durch Großbuchstaben ist nicht erforderlich.

Umrisse hinter einer Schnittebene dürfen entfallen.

(e) Liegt der Schnittverlauf in zwei parallelen und in einer dazu schräg liegenden Ebene, so wird die schräg liegende Fläche verkürzt, d. h. als Projektion dargestellt.

(f) Stehen zwei Schnittebenen in einem Winkel zueinander, so wird der Schnitt gezeichnet, als lägen die Schnittflächen in einer Ebene, d. h. die Ebene des einen Schnittes wird in die Ebene des anderen geklappt.

(g) Sollen Einzelheiten dargestellt werden, die vor der Schnittebene liegen, so geschieht dies durch schmale Strich-Zweipunktlinien (DIN 15-K).

(h) Verdeckte Kanten werden in Schnittzeichnungen nur dann dargestellt, wenn dies zur eindeutigen Bestimmung erforderlich ist. Sie werden mit Strichlinien (DIN 15-F) gezeichnet.

Maßeintragung in Zeichnungen

Maßlinien, Maßhilfslinien, Maßzahlen
vgl. DIN 406 T11 (12.92)

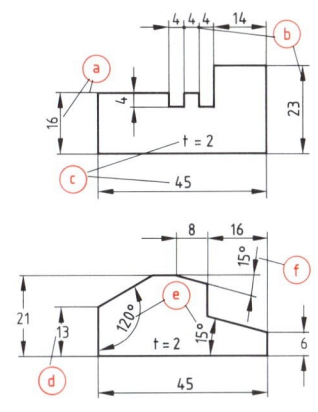

(a) Maßlinien und Maßhilfslinien sind schmale Vollinien (DIN 15-B). Die Maßlinien sollen mindestens 10 mm von den Körperkanten entfernt liegen und untereinander mindestens 7 mm Abstand haben. Bei Längenmaßen werden die Maßlinien parallel zu der zu bemaßenden Länge eingetragen. Maßlinien sollen sich untereinander und mit anderen Linien so wenig wie möglich schneiden.

(b) Als Maßlinienbegrenzung werden im Regelfall geschwärzte Maßpfeile verwendet. Bei Platzmangel werden diese mit geschwärzten Punkten kombiniert. Die Pfeile besitzen einen Schenkelwinkel von 15° und eine Länge von 10 × Maßlinienbreite, die Punkte einen Durchmesser von 5 × Maßlinienbreite. Der Punkt darf als Kreis gleichen Durchmessers gezeichnet werden.

(c) Maßzahlen sind in Normschrift nach DIN 6776, B, v mit einer Mindestgröße von 3,5 mm über der Maßlinie einzutragen. Im Regelfall sollen sie von unten oder von rechts lesbar sein, wenn die Zeichnung in ihrer Leselage (Leserichtung des Schriftfeldes) gehalten wird. Die Werkstoffdicke darf bei flächigen Werkstücken mit dem Buchstaben t eingetragen werden.

(d) In Ausnahmefällen dürfen alle Maßzahlen in der Leselage des Schriftfeldes eingetragen werden. In diesem Falle werden nichthorizontale Maßlinien zum Maßeintrag unterbrochen.

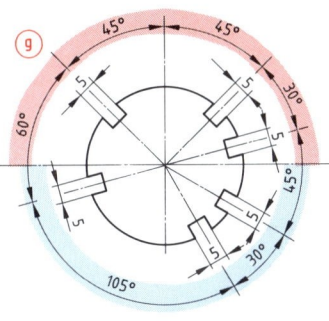

(e) Maßlinien für Winkel- und Bogenmaße werden als Kreisbogen um den Scheitelpunkt des Winkels oder den Mittelpunkt des Bogens eingetragen.

(f) Winkelmaße bis 30° dürfen mit geraden Maßlinien senkrecht zur Winkelhalbierenden eingetragen werden. Bei Eintragung der Maßzahlen in Leselage darf die Maßlinie zum Maßeintrag unterbrochen werden.

(g) Maßzahlen für Winkelmaße sind im Regelfall tangential so einzutragen, daß sie oberhalb der waagrechten Mittellinie mit ihrem Fuß, unterhalb mit ihrem Kopf zum Scheitelpunkt des Winkels zeigen. Sinngemäß erfolgt der Eintrag von Maßen, wenn die Maßlinien nicht waagrecht oder nicht senkrecht zur Leselage gezeichnet sind.

(h) Innerhalb einer Ansicht dürfen Maßhilfslinien zur Bemaßung auseinanderliegender gleicher Formelemente durchgezogen werden. Maßhilfslinien dürfen nicht zwischen zwei Ansichten durchgezogen und nicht parallel zu Schraffurlinien eingetragen werden.

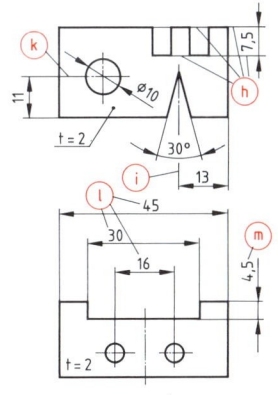

(i) Maßhilfslinien dürfen unterbrochen werden, wenn ihr weiterer Verlauf eindeutig erkennbar ist.

(k) Mittellinien dürfen als Maßhilfslinien verwendet werden. Außerhalb der Umrisse symmetrischer Formelemente werden sie mit schmalen Vollinien verlängert.

(l) Bei mehreren parallelen oder konzentrischen Maßlinien werden die Maßzahlen versetzt eingetragen.

(m) Bei Platzmangel darf die Maßzahl an einer Hinweislinie oder über der Verlängerung der Maßlinie eingetragen werden.

K

Maßeintragung in Zeichnungen

Quadrat, Schlüsselweite, Rechteck, Durchmesser, Radius, Kugel, Fasen vgl. DIN 406 T11 (12.92)

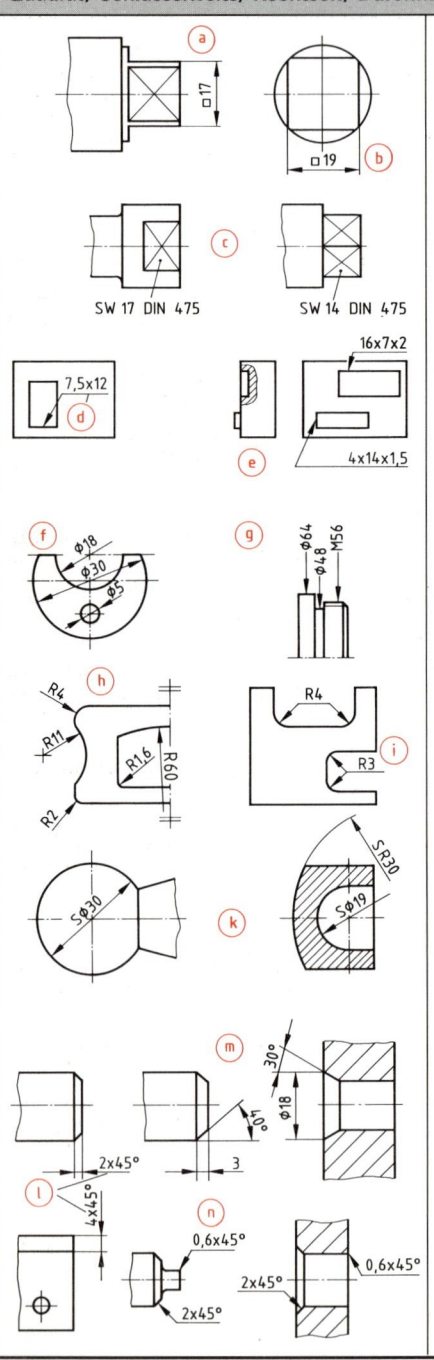

Quadrat

(a) Bei quadratischen Formelementen wird das Sinnbild □ vor die Maßzahl gesetzt. Die Größe des Sinnbilds entspricht der Größe der Kleinbuchstaben.

(b) Quadratische Formen sollen vorzugsweise in der Ansicht bemaßt werden, in der ihre Form erkennbar ist.

Schlüsselweite

(c) Bei Schlüsselweiten werden die Großbuchstaben SW vor die Maßzahl gesetzt, wenn der Abstand der Schlüsselflächen in der Darstellung nicht bemaßt werden kann.

Rechteck

(d) Die Seitenlängen rechteckiger Formelemente dürfen auf einer abgewinkelten Hinweislinie angegeben werden. Dabei muß das Maß der Seitenlänge, an der die Hinweislinie endet, an erster Stelle stehen.

(e) Falls eine zweite Ansicht oder ein Schnitt vorhanden ist, darf auf der Hinweislinie nach den Seitenlängen auch die Rechteck-Tiefe oder -Dicke eingetragen werden.

Durchmesser

(f) Bei allen Durchmessermaßen wird das Durchmesserzeichen ⌀ vor die Maßzahl gesetzt. Seine Gesamthöhe entspricht der Höhe der Maßzahlen.

(g) Bei Platzmangel dürfen die Durchmessermaße von außen an die Formelemente gesetzt werden.

Radius

(h) Bei Radien wird der Großbuchstabe R vor die Maßzahl gesetzt. Die Maßlinien sind vom Radienmittelpunkt oder aus dessen Richtung zu zeichnen. Sie erhalten nur einen Maßpfeil am Kreisbogen.

(i) Die Maßlinien mehrerer Radien gleicher Größe dürfen zusammengefaßt werden.

Kugel

(k) Maßzahlen für kugelige Formelemente werden mit dem Großbuchstaben S gekennzeichnet, der vor das Durchmesserzeichen oder vor den Großbuchstaben R gesetzt wird.

Fasen

(l) Fasen von 45° oder Senkungen von 90° können unter Angabe des Winkels und der Fasenbreite vereinfacht bemaßt werden.

(m) Bei Fasen mit einem von 45° abweichenden Winkel sind der Winkel und die Fasenbreite bzw. der Winkel und ein Fasendurchmesser mit Maßlinien und Maßhilfslinien einzutragen.

(n) Die Maße von 45°-Fasen dürfen bei dargestellten und nicht dargestellten Fasen mit Hilfe einer Hinweislinie eingetragen werden.

Maßeintragung in Zeichnungen

Verjüngung, Neigung, Bogenmaße, Nuten
vgl. DIN 406 T11 (12.92)

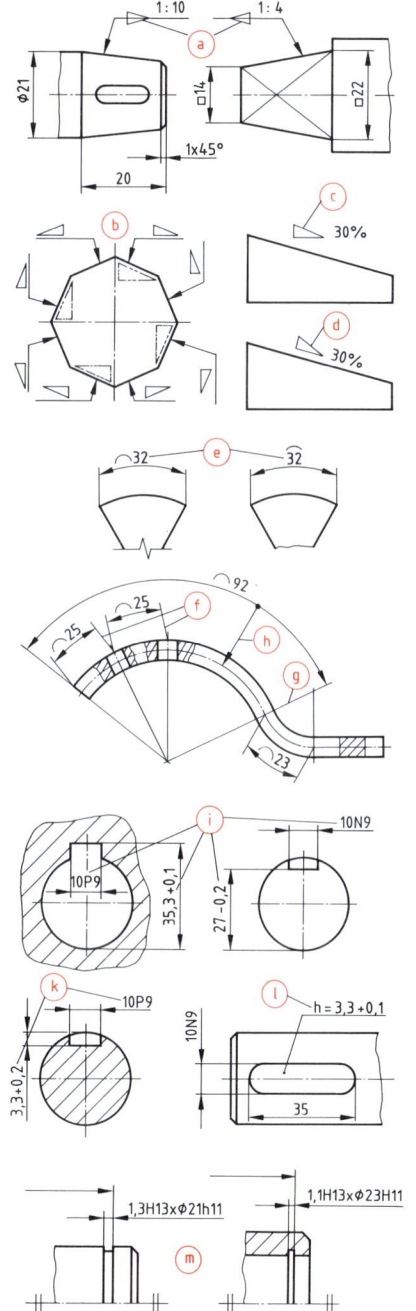

Verjüngung

(a) Vor der Maßzahl der Verjüngung wird das Sinnbild ▷ angegeben, das vorzugsweise mit einer abgeknickten Hinweislinie und einem Pfeil mit einer Umrißlinie oder Kante der Verjüngung verbunden wird. Die Richtung des Sinnbilds muß mit der Richtung der Verjüngung übereinstimmen.

Neigung

(b) Vor der Maßzahl der Neigung wird das Sinnbild ▷ angegeben, das im Regelfall mit einer abgeknickten Hinweislinie und einem Pfeil mit der geneigten Fläche verbunden wird. Das Sinnbild zeigt die Form des Teiles an der Stelle der Neigung.

(c) Das Sinnbild für die Neigung darf auch ohne Hinweislinie in waagrechter Richtung eingetragen werden.

(d) Außerdem darf das Sinnbild für die Neigung parallel zur Linie der geneigten Fläche eingetragen werden.

Bogenmaße

(e) Bogenmaße werden mit dem Sinnbild ⌒ vor der Maßzahl gekennzeichnet. Bei manueller Zeichnungserstellung kann der Bogen mit einem ähnlichen Sinnbild über der Maßzahl gekennzeichnet werden. Die Maßlinie wird immer als Kreislinie um den Bogenmittelpunkt gezeichnet.

(f) Bei Zentriwinkeln bis 90° werden die Maßhilfslinien parallel zur Winkelhalbierenden gezeichnet. Jedes Bogenmaß wird mit eigenen Maßhilfslinien eingetragen.

(g) Bei Zentriwinkeln über 90° werden die Maßhilfslinien in Richtung Bogenmittelpunkt gezeichnet.

(h) Bei nicht eindeutigem Bezug ist die Verbindung zwischen der Bogenlänge und der Maßzahl durch eine Linie mit Pfeil und Punkt bzw. Kreis auf der Maßlinie zu kennzeichnen.

Nuten

(i) Bei durchgehenden oder auf einer Seite offenen Wellennuten und bei Nuten in Bohrungen werden die Nutbreite und das Stichmaß angegeben.

(k) Bei geschlossenen Wellennuten werden die Nutbreite und die Nuttiefe bemaßt.

(l) Bei Nuten, die nur in der Draufsicht dargestellt sind, darf die Nuttiefe vereinfacht mit dem Buchstaben h oder in Kombination mit der Nutbreite angegeben werden.

(m) Nuten für Sicherungsringe dürfen vereinfacht bemaßt werden.

Maßeintragung in Zeichnungen

Gewinde, Teilungen

vgl. DIN 406 T11 (12.92) und DIN ISO 6410 T1 (12.93)

Gewinde

(a) Für genormte Gewinde werden Kurzbezeichnungen verwendet, die sich immer auf den Nenndurchmesser (Gewindeaußendurchmesser) beziehen.

(b) Linksgewinde werden mit LH gekennzeichnet. Befinden sich an einem Werkstück mit Linksgewinden auch Rechtsgewinde, so werden diese mit RH gekennzeichnet.

(c) Bei mehrgängigen Gewinden werden hinter dem Nenndurchmesser die Gewindesteigung und die Teilung P eingetragen.

(d) Längenangaben beziehen sich auf die nutzbare Gewindelänge.
Die Tiefe des Grundloches wird im Regelfall nicht bemaßt.

(e) Fasen für Außen- und Innengewinde werden nur dann bemaßt, wenn ihr Durchmesser nicht dem Gewindeaußen- bzw. dem Gewindekerndurchmesser entspricht.

Teilungen

(f) Teilungen gleicher Formelemente, die untereinander dieselben Abstände oder Winkel aufweisen, werden vereinfacht bemaßt. Dabei werden Anzahl und Abstand der Elemente und zusätzlich in Klammern die Gesamtlänge bzw. der Gesamtwinkel angegeben.

(g) Teilungen für rechteckige Löcher, Nuten oder ähnliches werden im Regelfall von Kante zu Kante bemaßt.

(h) Gleiche Formelemente, die zusammengehören und sich wiederholen, dürfen

  (h₁) vollständig in Anzahl und Form

  (h₂) nur einmal vollständig

  (h₃) in Halb- und Vierteldarstellung

  (h₄) als Mittellinien oder Achsenkreuze

und verkürzt ((f) und (g)) dargestellt werden. Der Maßeintrag erfolgt wie in den Bildern (f) ... (h).

(i) Unterschiedliche Formelemente, die sich wiederholen, können mit Großbuchstaben gekennzeichnet werden. Die Bedeutung der Buchstaben wird in der Nähe der Darstellung erklärt.

(k) Bei einer überwiegenden Anzahl von gleichen und wenigen abweichenden Formelementen dürfen die direkte Maßeintragung und die Eintragung mit Hilfe von Großbuchstaben kombiniert werden.

Maßeintragung in Zeichnungen

Toleranzen, Arten von Maßen   vgl. DIN 406 T12 (12.92)

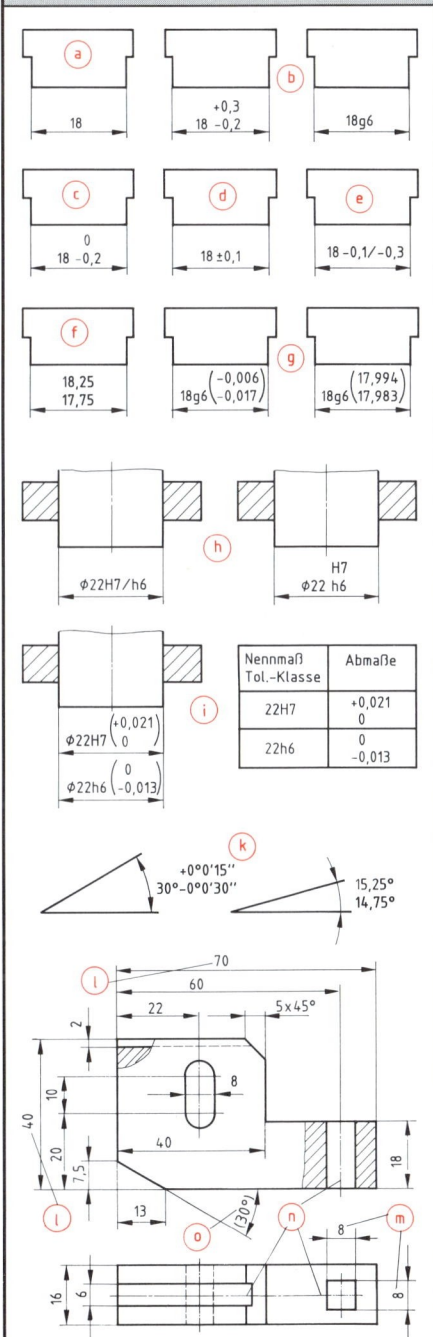

Toleranzen

(a) Für Maße ohne Toleranzangaben gelten die Allgemeintoleranzen.

(b) Abmaße oder Toleranzklasse werden hinter dem Nennmaß angegeben. Die Schriftgröße für Abmaße und Toleranzklasse entspricht im Regelfall der Schriftgröße der Nennmaße. Sie darf auch eine Stufe kleiner, jedoch nicht kleiner als 2,5 mm eingetragen werden. Abmaße werden in derselben Einheit angegeben wie Nennmaße.

(c) Bei zwei Abmaßen für dasselbe Nennmaß muß für beide Abmaße dieselbe Anzahl von Dezimalstellen eingetragen werden. Hiervon ausgenommen ist das Abmaß Null. Dieses darf mit der Ziffer 0 angegeben, kann aber auch weggelassen werden.

(d) Sind oberes und unteres Abmaß gleich groß, so ist deren Wert nur einmal hinter dem Zeichen ± anzugeben.

(e) Nennmaß und Abmaße dürfen auch in derselben Zeile eingetragen werden. Durch Schrägstriche werden dabei oberes und unteres Abmaß getrennt.

(f) Grenzmaße dürfen als Höchst- und Mindestmaß übereinander angegeben werden. Das Höchstmaß wird dabei immer über dem Mindestmaß eingetragen.

(g) Bei Bedarf können die Werte der Abmaße oder die Grenzmaße übereinander hinter dem Toleranzkurzzeichen angegeben werden.

(h) Werden für zwei gefügt dargestellte Teile Toleranzen eingetragen, so wird das Kurzzeichen der Toleranzklasse für das Innenmaß vor oder über dem Kurzzeichen der Toleranzklasse für das Außenmaß eingetragen.

(i) Wenn es notwendig ist, dürfen bei gefügt dargestellten Teilen die Werte der Abmaße in Klammern hinter dem Toleranzkurzzeichen oder in einer Tabelle angegeben werden.

(k) Toleranzen für Winkelmaße werden wie die Toleranzen für Längenmaße, jedoch mit Angabe der Einheiten des Winkelnennmaßes und der Abmaße, eingetragen.

Wenn das Winkelnennmaß oder die Winkelabmaße in Winkelminuten eingetragen werden, muß vor die Winkelangabe „0°" gesetzt werden. Beim Eintrag von Winkelnenn- oder Winkelabmaßen in Winkelsekunden wird vor die Winkelangabe „0° 0' " gesetzt.

Arten von Maßen

(l) **Grundmaße** geben Gesamtlänge, Gesamtbreite und Gesamthöhe eines Werkstückes an. Grundsätzlich wird jedes Maß nur einmal eingetragen. Das Ansetzen von Maß- und Maßhilfslinien an verdeckte Kanten soll vermieden werden.

(m) **Formmaße** geben die Form von Absätzen, Nuten usw. an. Sind mehrere Ansichten gezeichnet, so werden die Maße dort eingetragen, wo das Formelement am besten erkennbar ist.

(n) **Lagemaße** legen die Lage von Bohrungen, Nuten, Langlöchern usw. fest. Symmetrielinien von Formelementen, die in der Werkstückmitte liegen, werden nicht bemaßt.

(o) **Hilfsmaße** dienen lediglich der zusätzlichen Information. Sie werden deshalb ohne Toleranzen eingetragen und in Klammern gesetzt.

K

77

Maßeintragung in Zeichnungen

Parallelbemaßung, steigende Bemaßung, Koordinatenbemaßung
vgl. DIN 406 T11 (12.92)

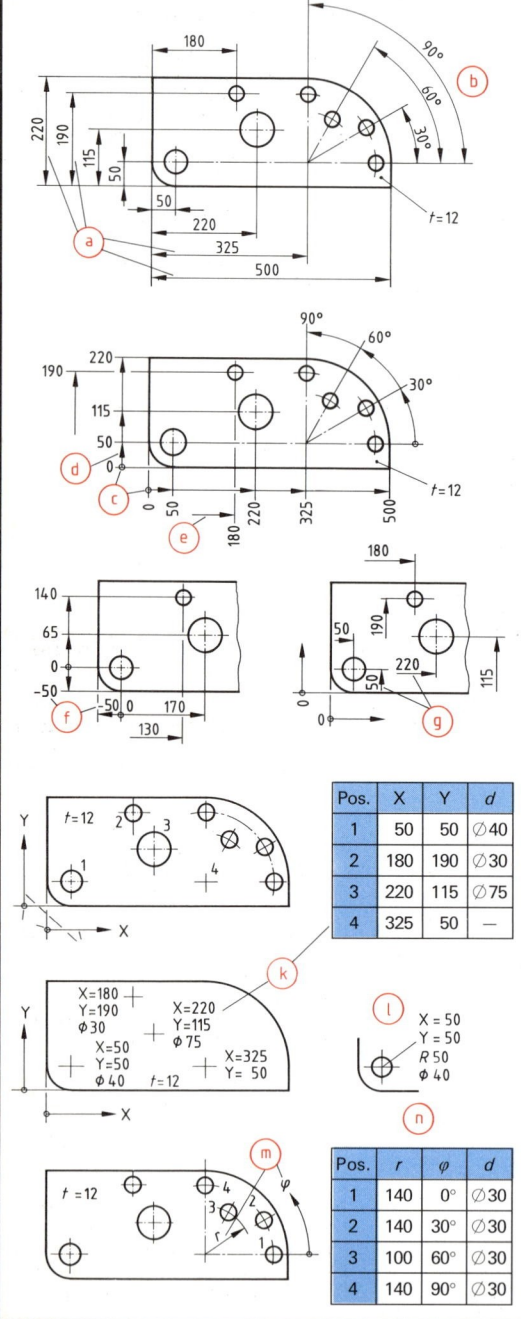

Parallelbemaßung

(a) Bei der Parallelbemaßung werden die Maßlinien parallel bzw. in einer Richtung bzw. in zwei oder drei der senkrecht zueinander verlaufenden Richtungen eingetragen.

(b) Winkelmaße erhalten konzentrisch zueinander verlaufende Maßlinien.

Steigende Bemaßung

(c) Der Ursprung für den Eintrag der steigenden Bemaßung wird mit einem kleinen Kreis angegeben, dessen Durchmesser 8 × Maßlinienbreite entspricht.

(d) Vom Ursprung aus wird in jeder der drei möglichen Richtungen nur eine Maßlinie eingetragen.

(e) Bei Platzmangel dürfen zwei oder mehrere Maßlinien in einer Richtung eingetragen werden.

(f) Maße, die vom Ursprung in der Gegenrichtung eingetragen werden, müssen mit einem Minuszeichen vor der Maßzahl gekennzeichnet werden. Die Maßzahlen dürfen auch in Leserichtung über der zugehörigen Maßlinie eingetragen werden.

(g) Die Bemaßung kann auch mit abgebrochenen Maßlinien eingetragen werden.

Koordinatenbemaßung

(h) Der Ursprung jeder Koordinatenbemaßung wird mit einem kleinen Kreis angegeben, dessen Durchmesser 8 × Maßlinienbreite entspricht.

(i) **Kartesische Koordinaten** werden, ausgehend vom Ursprung, durch Längenmaße in den senkrecht zueinander verlaufenden Richtungen festgelegt. Maß- und Maßhilfslinien werden nicht gezeichnet.

(k) Die Koordinatenwerte werden in Tabellen eingetragen oder direkt in der Nähe der Koordinatenpunkte angegeben.

Der Koordinatenursprung kann an beliebiger Stelle der Darstellung liegen. Ergeben sich durch die Ursprungslage positive und negative Achsrichtungen, so werden in negativer Richtung verlaufende Maße mit einem Minuszeichen gekennzeichnet.

(l) Maße von Formelementen dürfen mit Koordinatenmaßen kombiniert werden. Bei hoher Darstellungsdichte darf der Koordinatenpunkt durch eine Hinweislinie mit den Maßen verbunden werden.

(m) **Polarkoordinaten** werden durch einen Radius und einen Winkel festgelegt und, ausgehend von der Polarachse, entgegen dem Uhrzeigersinn angegeben.

(n) Die Koordinatenwerte werden in Tabellen eingetragen.

Maßeintragung in Zeichnungen, Zeichnungsvereinfachung

Koordinatenbemaßung, Kombinierte Bemaßung
vgl. DIN 406 T11 (12.92)

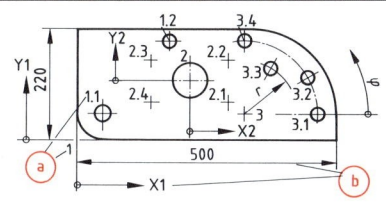

(a) Einem Koordinaten-Hauptsystem dürfen Nebensysteme zugeordnet werden. Die Ursprünge der Koordinatensysteme und die einzelnen Positionen werden fortlaufend mit arabischen Ziffern bezeichnet. Die einzelnen Positionsnummern erhalten die Nummer des Koordinatensystems und, getrennt durch einen Punkt, eine fortlaufende Zählnummer.

(b) **Kombinierte Bemaßung**
Parallelbemaßung, Steigende Bemaßung und Koordinatenbemaßung dürfen miteinander kombiniert werden.

Koordi- natenur- sprung	Pos.	Maße in mm				
		Koordinaten				
		X1 X2	Y1 Y2	r	φ	d
1	1	0	0			—
1	1.1	50	50			⌀40H7
1	1.2	180	190			⌀30
1	2	220	115			⌀75H7
1	3	325	50			—
2	2.1	145	−40			M16
2	2.2	145	40			M16
2	2.3	−145	40			M16
2	2.4	−145	−40			M16
3	3.1			140	0	⌀30
3	3.2			140	30°	⌀30
3	3.3			100	60°	⌀30
3	3.4			140	90°	⌀30

Zeichnungsvereinfachung
vgl. DIN ISO 6410 T3 (12.93) und DIN 30 T1 (E04.82-zurückgezogen)

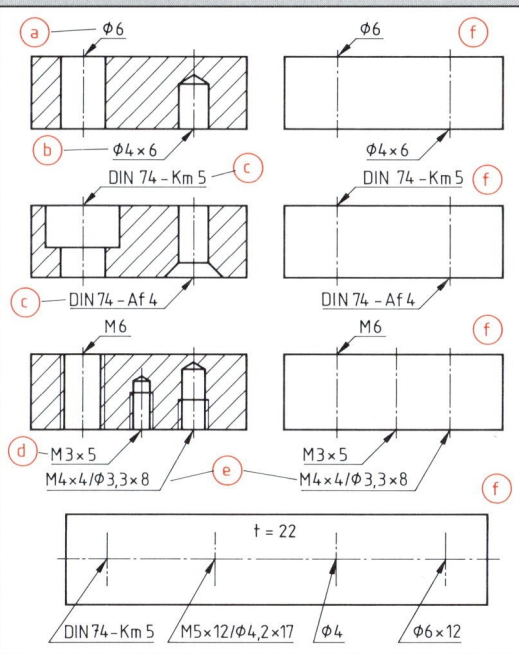

(a) Bei Durchgangsbohrungen werden Durchmesserzeichen und Bohrungsdurchmesser auf eine Hinweislinie gesetzt, die auf die Mittellinie der Bohrung weist und mit einem Pfeil endet.

(b) Bei der Bemaßung von Grundlochbohrungen gibt die erste Zahl den Bohrungsdurchmesser, die zweite Zahl die Bohrungstiefe an.

(c) Senkungen dürfen durch genormte Kurzzeichen bemaßt werden.

(d) Bei Gewinden darf hinter der Gewindeart und dem Gewindenenndurchmesser die Gewindelänge angegeben werden.

(e) Wenn zusätzlich die Kernlochbohrung bemaßt werden soll, werden Durchmesser und Tiefe dieser Bohrung hinter dem Gewindenenndurchmesser und der Gewindelänge angegeben.

(f) Die Darstellung von Bohrungen, Senkungen und Gewinden kann durch Mittellinien und Achsenkreuze ersetzt werden. Die Bemaßung erfolgt wie bei der ausführlichen Darstellung ((a) ... (e)).

Zeichenblätter

Papier-Endformate
vgl. DIN 476 (12.76)

DIN-Format	A0	A1	A2	A3	A4	A5	A6
Beschnittene Zeichnung (Fertigblatt in mm)	841 × 1189	594 × 841	420 × 594	297 × 420	210 × 297	148 × 210	105 × 148

Der Abstand vom Papierrand bis zur Begrenzung der Zeichenfläche beträgt für alle Formate 5 mm. Für abhängige Papiergrößen (z.B. Briefhüllen) gelten die Zusatzreihen B, C und E. Reihe B ≈ 1,19 × Reihe A; Reihe C ≈ 1,09 × Reihe A; Reihe E ≈ 1,34 × Reihe A.
Die Seiten der Zeichenblätter verhalten sich wie 1 : $\sqrt{2}$ (= 1 : 1,414). Vordrucke für Zeichnungen sind in DIN 6771 T6 (04.88) genormt.

Faltung auf DIN-Format A4
vgl. DIN 824 (03.81)

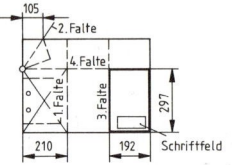  

A2 420 × 594

1. **Falte**: Linken Streifen (210 mm breit) nach rechts einschlagen.
2. **Falte**: Dreieck in 297 mm Höhe bei 105 mm Breite nach links umlegen.
3. **Falte**: Rechten Streifen (192 mm breit) nach rückwärts einschlagen.
4. **Falte**: Faltpaket in 297 mm Höhe nach rückwärts einschlagen.

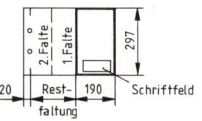 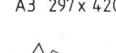 

A3 297 × 420

1. **Falte**: Rechten Streifen (190 mm breit) nach rückwärts einschlagen.
2. **Falte**: Restblatt so falten, daß Kante von 1. Falte vom linken Blattrand einen Abstand von 20 mm hat.

Grundschriftfeld für Zeichnungen
vgl. DIN 6771 T1 (12.70)

(Verwendungsbereich)		(Zul. Abw.)	(Oberfläche)	Maßstab 1,5a × 20b		(Gewicht) 1,5a × 14b	
4a × 21b		4a × 10b	4a × 7b	(Werkstoff, Halbzeug) (Rohteil - Nr) (Modell- oder Gesenk-Nr)		2,5b × 34b	
a × 3b	a × 3b	a × 4b a × 6b	a × 7b				
		Datum	Name	(Benennung)			
		Bearb.			5a × 34b		
		Gepr.					
a × 10b	a × 5b	Norm					
		(Firma des Zeichnungs- erstellers) 3a × 17b		(Zeichnungsnummer) 3a × 29b		Blatt a × 5b Bl.	
Zust Änderung	Datum Name	(Urspr.)		(Ers.f.:) a × 17b	(Ers.d.:) a × 17b		

A4 bis A0
Schriftfeldgröße 187,2 × 55,25

b	a
2,6	4,25
Breite in mm	Höhe in mm

Stückliste (Form A)
vgl. DIN 6771 T2 (02.87)

1	2	3	4 19b × a	5	6
Pos.	Menge	Einheit	Benennung	Sachnummer / Norm-Kurzbezeichnung	Bemerkung
4b	5b	4b	19b	26b × 2a	14b

28 × 2a

(Verwendungsbereich)	(Zul. Abw.)	(Oberfläche)	Maßstab		(Gewicht)
			Datum	Name	

Die Stückliste Form A (DIN-Format A4 hoch) besteht aus dem Grundschriftfeld und einem darüber angeordneten Stücklistenfeld (a = 4,23 mm; b = 2,54 mm).

Darstellung von Zahnrädern

Darstellung von Zahnrädern vgl. DIN ISO 2203 (06.76)

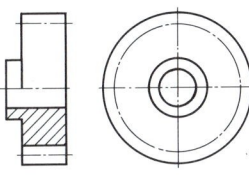 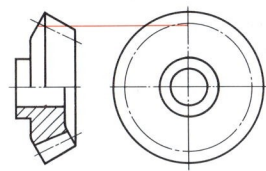 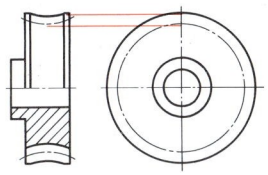

Ein Zahnrad wird grundsätzlich ohne einzelne Zähne dargestellt; die Zahnfußfläche wird im allgemeinen nur in Schnitten gezeichnet.

Bei der Darstellung senkrecht zur Achse des Kegelrades ist die Bezugsfläche durch den Teilkreis am Rückenkegel anzugeben.

Bei der Darstellung senkrecht zur Achse des Schneckenrades ist die Bezugsfläche durch den Mittenkreis anzugeben.

Stirnrad mit außenliegendem Gegenrad
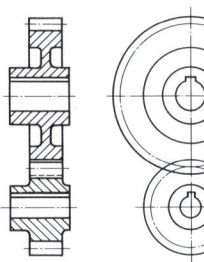

Stirnrad mit Zahnstange
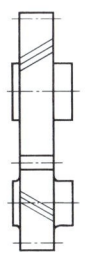

Kegelradpaar (Achsenwinkel 90°)
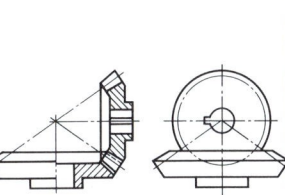

Schnecke und Schneckenrad
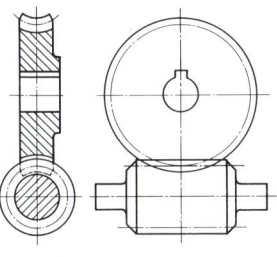

Stirnrad mit innenlieg. Gegenrad
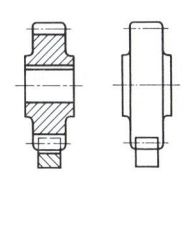
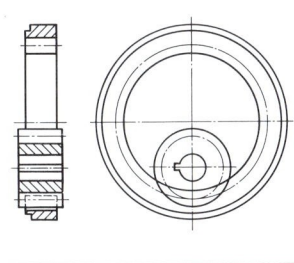

Kettenräder
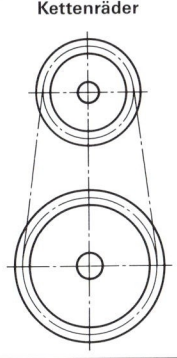

Flankenrichtung
Stirnräder
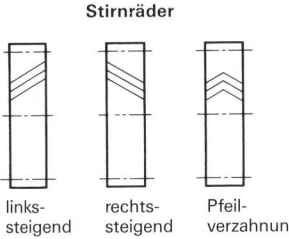

links-steigend   rechts-steigend   Pfeilverzahnung

Sinnbild
vgl. DIN 37 (12.61)

Auf der Welle:
drehbar, nicht verschiebbar   nicht drehbar, verschiebbar
drehbar und verschiebbar   fest

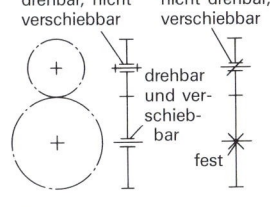

Vereinfachte Darstellungen für Wälzlager und Dichtungen

Allgemeine vereinfachte Darstellungen
vgl. DIN ISO 8826 T1 und DIN ISO 9222 T1 (12.90)

Wälzlager			Dichtungen		
Allgemeine vereinfachte Darstellung	Abbildung[1]	Erläuterung	Allgemeine vereinfachte Darstellung	Abbildung[1]	Erläuterung
⊞	◫	Für allgemeine Zwecke wird ein Wälzlager durch ein Quadrat oder Rechteck und ein freistehendes, aufrechtes Kreuz dargestellt.	⊠		Für allgemeine Zwecke wird eine Dichtung durch ein Quadrat oder Rechteck und ein freistehendes, diagonales Kreuz dargestellt. Die Dichtrichtung kann durch einen Pfeil angegeben werden.
⌐+		Falls erforderlich, kann das Wälzlager durch die Umrisse und ein freistehendes, aufrechtes Kreuz dargestellt werden.	⊠		Falls erforderlich, kann die Dichtung durch die Umrisse und ein freistehendes, diagonales Kreuz dargestellt werden.

Detaillierte vereinfachte Darstellung von Dichtungen
vgl. DIN ISO 9222 T2 (12.90)

Wellendichtringe und Kolbenstangendichtungen				Profildichtungen, Labyrinthdichtungen, Packungssätze			
Detaillierte vereinfachte Darstellung	Abbildung[1]	Verwendung für Drehbewegung	Verwendung für geradlinige Bewegung	Detaillierte vereinfachte Darstellung	Abbildung[1]	Detaillierte vereinfachte Darstellung	Abbildung[1]
		Radial-Wellendichtringe ohne Staublippe	Kolbenstangendichtungen ohne Abstreifer				
		Radial-Wellendichtringe mit Staublippe	Kolbenstangendichtungen mit Abstreifer				
		Radial-Wellendichtringe, doppeltwirkend	Kolbenstangendichtungen, doppeltwirkend				

Beispiele für vereinfachte Darstellungen

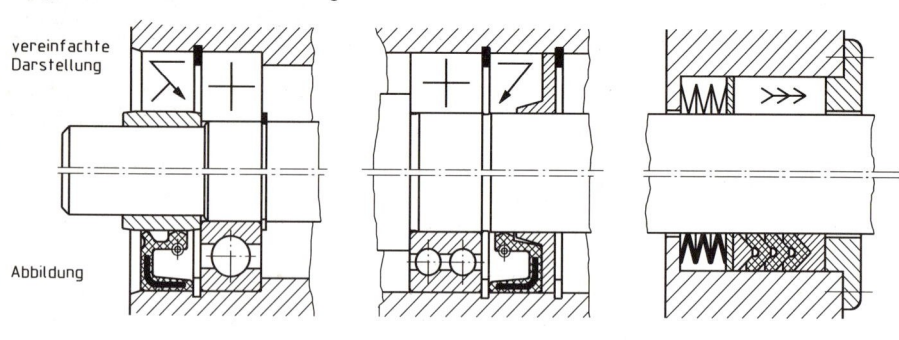

vereinfachte Darstellung / Abbildung

Radial-Wellendichtring mit Staublippe und Wälzlager — ohne Staublippe — Packungssatz

[1] Anwendung üblicherweise in Gebrauchsanweisungen, Katalogen usw., nicht in technischen Zeichnungen.

Darstellung von Wälzlagern, Werkstückkanten

Darstellung von Wälzlagern

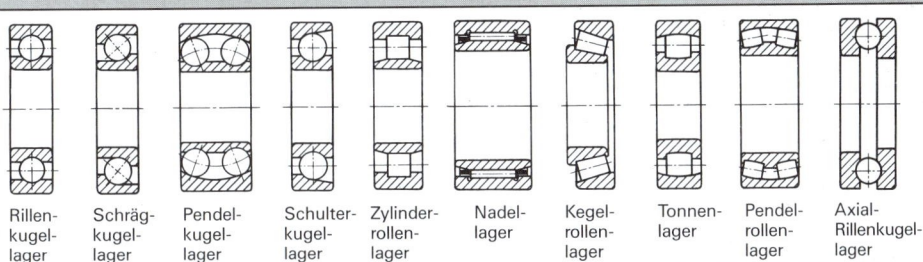

Rillenkugellager | Schrägkugellager | Pendelkugellager | Schulterkugellager | Zylinderrollenlager | Nadellager | Kegelrollenlager | Tonnenlager | Pendelrollenlager | Axial-Rillenkugellager

Werkstückkanten

vgl. DIN 6784 (02.82)

Kante	Zustand		
	gratfrei	gratig	scharfkantig
Außenkante	Abtragung (Fase oder Rundung) −a	Überhang (Grat) +a	Abtragung oder Überhang fast Null
Innenkante	Abtragung (Einstich)	Übergang (Fase oder Rundung) +a	Abtragung oder Übergang fast Null
Maß a in mm:	−0,1; −0,3; −0,5; −1,0	+0,1; +0,3; +0,5; +1,0	−0,05; −0,02; +0,02; +0,05

Sinnbild zur Kennzeichnung von Werkstückkanten	Sinnbildelement	Bedeutung für	
		Außenkante	Innenkante
a: Gratrichtung vertikal zum Sinnbild — 1,4 h — >1,5 h — a: Gratrichtung beliebig — a: Gratrichtung horizontal zum Sinnbild — h Schrifthöhe	+	gratig	Übergang
	−	gratfrei	Abtragung
	±	gratig oder gratfrei	Übergang oder Abtragung

Beispiele

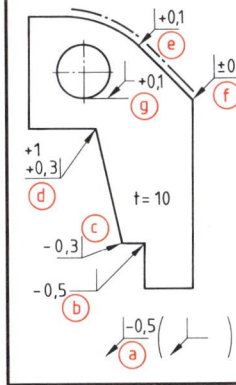

(a) Die Sammelangabe gilt für alle Kanten, für die kein Kantenzustand eingetragen ist. Andere Kantenzustände desselben Teils werden in Klammern gesetzt oder durch ein Grundsinnbild angedeutet.

(b) Innenkante mit Abtragung bis 0,5 mm. Abtragsrichtung waagrecht.

(c) Außenkante gratfrei bis 0,3 mm. Abtragsrichtung beliebig.

(d) Innenkante mit Übergang im Bereich von 0,3 mm bis 1 mm. Übergangsform beliebig.

(e) Kantenzustand im Bereich der breiten Strichpunktlinie (DIN 15-J) gratig bis 0,1 mm; Gratrichtung beliebig.

(f) Außenkante wahlweise gratig bis 0,1 mm oder gratfrei bis 0,1 mm; Formen beliebig.

(g) Außenkante gratig bis 0,1 mm; Gratrichtung waagrecht.

Bei Werkstücken, die nur in einer Ansicht dargestellt sind, gilt der Eintrag im allgemeinen auch für alle hinter der sichtbaren Kante liegenden verdeckten Kanten ((e) und (g)).

Darstellung von Gewinden, Schraubenverbindungen und Zentrierbohrungen

Darstellung von Gewinden
vgl. DIN ISO 6410 T1 (12.93)

Muttergewinde

e_1 nach DIN 76 T1

Bolzengewinde

Bolzen in Muttergewinde

Rohrgewinde und Rohrverschraubung

Gewindefreistich
bildlich — sinnbildlich
DIN 76 – D
DIN 76 – A

Darstellung von Schraubenverbindungen

Sechskantschraubenverbindung
ausführlich — vereinfacht

Kopfschraubenverbindung

Stiftschraubenverbindung

$h_1 \approx 0{,}7 \cdot d$
$h_2 \approx 0{,}8 \cdot d$
$h_3 \approx 0{,}2 \cdot d$
$e \approx 2 \cdot d$
$s \approx 0{,}87 \cdot e$

- e — Eckenmaß
- s — Schlüsselweite
- d — Gewinde-Nenn-⌀

Zeichnungsangabe bei Zentrierbohrungen
vgl. DIN 332 T10 (12.83)

Zentrierbohrung **muß** am Fertigteil verbleiben	Zentrierbohrung **darf** am Fertigteil verbleiben	Zentrierbohrung **darf nicht** am Fertigteil verbleiben
DIN 332 – B 4 × 8,5	DIN 332 – B 4 × 8,5	DIN 332 – B 4 × 8,5

Zentrierbohrungen, Rändel

Zentrierbohrungen

vgl. DIN 332 T1 (04.86) und T7 (09.82)

Form A

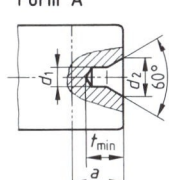

- d_1 Durchmesser der Zentrierung in mm
- F_G Gewichtskraft des Drehteils in N
- F_{G1} Gewichtskraft an der Zentrierung in N
- R_m Zugfestigkeit in N/mm²
- a Abstechmaß in mm
- f Vorschub in mm
- t_{min} Mindesttiefe

$$d_1 \approx 1{,}15 \cdot \sqrt{(F_{G1} + 2{,}5 \cdot a \cdot f \cdot R_m) \cdot \frac{2{,}9}{R_m}}$$

für zylindrische Drehteile

$$F_{G1} = \frac{F_G}{2}$$

Beispiel: Welle St 37-2; $F_{G1} = 700$ N; $a = 5$ mm; $f = 0{,}6$ mm; $d_1 = ?$

Form B

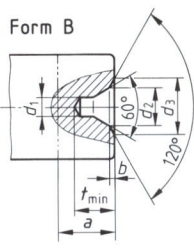

$$d_1 \approx 1{,}15 \cdot \sqrt{(F_{G1} + 2{,}5 \cdot a \cdot f \cdot R_m) \cdot \frac{2{,}9}{R_m}} = 1{,}15 \cdot \sqrt{(700 + 2{,}5 \cdot 5 \cdot 0{,}6 \cdot 370) \cdot \frac{2{,}9}{370}} \text{ mm}$$

$d_1 = 6$ mm; gewählt $d_1 = \mathbf{6{,}3}$ **mm**

Nennmaße		Form A		Form B			Form R		
d_1	d_2	t	a	b	d_3	t	a	t	a	r
1	2,12	1,9	3	0,3	3,15	2,2	3,5	1,9	3	3,15
1,25	2,65	2,3	4	0,4	4	2,7	4,5	2,3	4	4
1,6	3,35	2,9	5	0,5	5	3,4	5,5	2,9	5	5
2	4,25	3,7	6	0,6	6,3	4,3	6,6	3,7	6	6,3
2,5	5,3	4,6	7	0,8	8	5,4	8,3	4,6	7	8
3,15	6,7	5,9	9	0,9	10	6,8	10	5,8	9	10
4	8,5	7,4	11	1,2	12,5	8,6	12,7	7,4	11	12,5
5	10,6	9,2	14	1,6	16	10,8	15,5	9,2	14	16
6,3	13,2	11,5	18	1,4	18	12,9	20	11,4	18	20
8	17	14,8	22	1,6	22,4	16,4	25	14,7	22	25
10	21,2	18,4	28	2	28	20,4	31	18,3	28	31,5

Form R

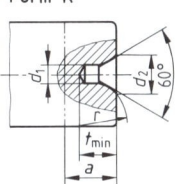

Form A: mit geraden Laufflächen, ohne Schutzsenkung
Form B: mit geraden Laufflächen, mit kegelförmiger Schutzsenkung
Form R: mit gewölbten Laufflächen, ohne Schutzsenkung
Bezeichnung einer Zentrierbohrung Form A mit $d_1 = 4$ mm, $d_2 = 8{,}5$ mm:
Zentrierbohrung DIN 332 — A 4 × 8,5

Rändel

vgl. DIN 82 (01.73)

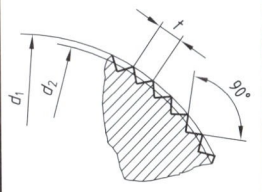

- d_1 Nenndurchmesser
- d_2 Ausgangsdurchmesser
- t Teilung

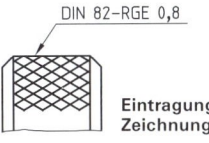

DIN 82-RGE 0,8

Eintragung in Zeichnungen

Kurz-zeichen	Darstellung	Benennung	Spitzen-form	Ausgangs-durchmesser d_2
RAA		Rändel mit achsparallelen Riefen	—	$d_2 = d_1 - 0{,}5 \cdot t$
RBR		Rechtsrändel	—	$d_2 = d_1 - 0{,}5 \cdot t$
RBL		Linksrändel	—	$d_2 = d_1 - 0{,}5 \cdot t$
RGE		Links-Rechts-rändel	erhöht	$d_2 = d_1 - 0{,}67 \cdot t$
RGV			vertieft	$d_2 = d_1 - 0{,}33 \cdot t$
RKE		Kreuzrändel	erhöht	$d_2 = d_1 - 0{,}67 \cdot t$
RKV			vertieft	$d_2 = d_1 - 0{,}33 \cdot t$

Genormte Teilungen t: 0,5; 0,6; 0,8; 1,0; 1,2; 1,6 mm
Bezeichnung eines Links-Rechtsrändels, Spitzen erhöht, mit der Teilung
$t = 0{,}8$ mm: **Rändel DIN 82 - RGE 0,8**

Freistiche

Freistiche
vgl. DIN 509 (08.66)

Form E	Form F	Senkung am Gegenstück
(**eine** Bearbeitungsfläche)	(**zwei** senkrecht zueinander	(für Freistiche der
z = Bearbeitungszugabe	stehende Bearbeitungsflächen)	Formen E und F)

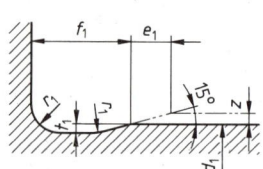 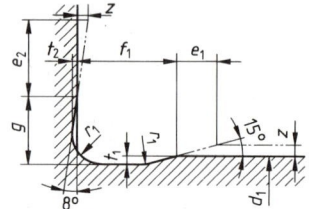 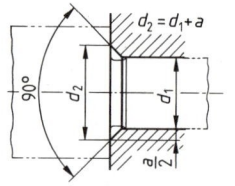

Bezeichnung eines Freistiches Form E mit Radius r_1 = 0,6 mm und Tiefe t_1 = 0,2 mm:
Freistich DIN 509-E 0,6 x 0,2

Freistichmaße

empfohlene Zuordnung zum Durchmesser d_1 in mm für Werkstücke		r_1	t_1	f_1	g	t_2	a Kleinstmaß in mm Form		nach-formbar
mit üblicher Beanspruchung	mit erhöhter Wechselfestigkeit	mm +0,1	mm	mm ≈	mm	mm +0,05	E	F	
bis 1,6	—	0,1	0,1	0,5	0,8	0,1	0	0	nein
über 1,6 bis 3		0,2	0,1	1	0,9	0,1	0,2	0	
über 3 bis 10		0,4	0,2	2	1,1	0,1	0,4	0	
über 10 bis 18	—	0,6	0,2	2	1,4	0,1	0,8	0,2	ja
über 18 bis 80		0,6	0,3	2,5	2,1	0,2	0,6	0	
über 80		1	0,4	4	3,2	0,3	1,6	0,8	
—	über 18 bis 50	1	0,2	2,5	1,8	0,1	1,2	0	ja
	über 50 bis 80	1,6	0,3	4	3,1	0,2	2,6	1,1	
	über 80 bis 125	2,5	0,4	5	4,8	0,3	4,2	1,9	
	über 125	4	0,5	7	6,4	0,3	7	4,0	

Auswirkungen der Zugabe z auf die Maße e_1, und e_2

z	0,1	0,15	0,2	0,25	0,3	0,4	0,5	0,6	0,7	0,8	0,9	1,0
e_1	0,37	0,56	0,75	0,93	1,12	1,49	1,87	2,24	2,61	2,99	3,36	3,73
e_2	0,71	1,07	1,42	1,78	2,14	2,85	3,56	4,27	4,98	5,69	6,40	7,12

Zeichnungsangabe bei Freistichen
vgl. DIN 509 (08.66)

Freistich DIN 509-F 1 x 0,2	Freistich DIN 509-E 0,6 x 0,2

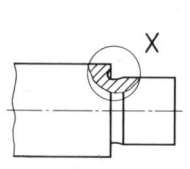 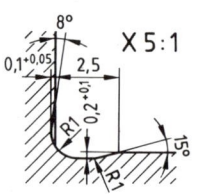

Bildliche Darstellung | Bildliche Darstellung

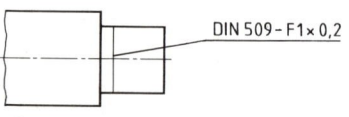 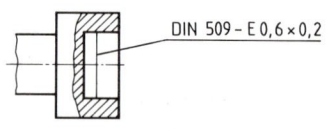

Sinnbildliche Darstellung | Sinnbildliche Darstellung

Sinnbilder für Schweißen und Löten

Stoßarten
vgl. DIN 1912 T1 (06.76)

Stoßart	Lage der Teile	Beschreibung	Stoßart	Lage der Teile	Beschreibung
Stumpfstoß		Die Teile liegen in einer Ebene und stoßen stumpf **gegen**einander.	Doppel-T-Stoß		Zwei in einer Ebene liegende Teile stoßen rechtwinklig (doppel-T-förmig) **auf** ein dazwischenliegendes drittes.
Parallelstoß		Die Teile liegen parallel **auf**einander.	Schrägstoß		Ein Teil stößt schräg **gegen** ein anderes.
Überlappstoß		Die Teile liegen parallel **auf**einander und überlappen sich.	Eckstoß		Zwei Teile stoßen unter beliebigem Winkel **an**einander (Ecke).
T-Stoß		Die Teile stoßen rechtwinklig (T-förmig) **auf**einander.	Mehrfachstoß		Drei oder mehr Teile stoßen unter beliebigem Winkel **an**einander.
Kreuzungsstoß		Zwei Teile liegen kreuzend **über**einander.			

Lage der Sinnbilder in Zeichnungen
vgl. DIN EN 22553 (08.94), Ersatz für DIN 1912 T5

Bezugs-Vollinie, Naht-Sinnbild, Pfeillinie, Gabel, Stoß, Bezugs-Strichlinie

Die Bezugs-Strichlinie kann oberhalb **oder** unterhalb der Bezugs-Vollinie angeordnet werden. Bei Nähten, die beidseitig hergestellt werden (z. B. Doppel-V-Naht), entfällt die Bezugs-Strichlinie. Die Breite der Linien für das Sinnbild und die Beschriftung soll der Linienbreite für den Maßeintrag entsprechen.

Bei Bedarf können in der Gabel zusätzliche Angaben in der Reihenfolge

Verfahren, Bewertungsgruppe, Schweißposition, Schweißzusatzwerkstoff

gemacht werden (Seite 89).

Beispiele

bildlich	sinnbildlich so oder so	

Das Nahtsinnbild muß senkrecht zur Bezugslinie stehen. Diejenige Seite des Stoßes, auf die die Pfeillinie hinweist, heißt „Pfeilseite", die andere Seite ist die „Gegenseite". Das Naht-Sinnbild kann auf **oder** unter die Bezugs-Vollinie gesetzt werden.

(a) Wird das Sinnbild auf die Bezugs-Vollinie gesetzt, so befindet sich die Naht (die Nahtoberfläche) auf der Pfeilseite des Stoßes; diese Darstellung soll bevorzugt angewandt werden.

(b) Wird das Sinnbild auf die Bezugs-Strichlinie gesetzt, so muß die Naht von der Gegenseite ausgeführt werden.

Ergänzungs- und Zusatzsinnbilder
vgl. DIN EN 22553 (08.94), Ersatz für DIN 1912 T5

ringsum verlaufende Naht		Nahtoberfläche: hohl (konkav)	
		Nahtoberfläche: flach (eben)	
Baustellennaht (Naht wird auf der Baustelle gefertigt)		Nahtoberfläche: gewölbt (konvex)	

Sinnbilder für Schweißen und Löten

Darstellung in Zeichnungen (Grundsinnbilder) vgl. DIN EN 22553 (08.94), Ersatz für DIN 1912 T5

Erklärung Sinnbild	Darstellung bildlich	Darstellung sinnbildlich	Erklärung Sinnbild	Darstellung bildlich	Darstellung sinnbildlich
Bördelnaht ⋏			HV-Naht ⋁		
I-Naht ‖			Y-Naht Y		
			HY-Naht Y		
beidseitig (rundum) geschweißt			U-Naht ⋃		
V-Naht ⋁			HU-Naht ⋃		
ringsum verlaufend			Punktnaht ○		
Kehlnaht △			Liniennaht ⊖		
Baustellennaht mit 3 mm Nahtdicke			Flächennaht =		

K

Schweißen und Löten, Darstellung von Federn

Darstellung in Zeichnungen (Kombination von Grundsinnbildern)
vgl. DIN EN 22553 (08.94), Ersatz für DIN 1912 T5

Erklärung Sinnbild	Darstellung bildlich	Darstellung sinnbildlich	Erklärung Sinnbild	Darstellung bildlich	Darstellung sinnbildlich
V-Naht mit Gegenlage			Doppel-U-Naht		
Doppel-V-Naht (X-Naht)			Doppel-Kehlnaht		

Kennzahlen für Schweiß- und Lötverfahren an Metallen
vgl. DIN EN 24063 (09.92)

Kennzahl	Verfahren	Kennzahl	Verfahren
1	Lichtbogenschmelzschweißen	24	Abbrennstumpfschweißen
11	Metall-Lichtbogenschweißen (ohne Gasschutz)	25	Preßstumpfschweißen
111	Lichtbogenhandschweißen	3	Gasschmelzschweißen (Gasschweißen)
12	Unterpulverschweißen	311	Gasschweißen mit Sauerstoff-Acetylen-Flamme
13	Metall-Schutzgasschweißen		
131	Metall-Inertgasschweißen; MIG-Schweißen	4	Preßschweißen
135	Metall-Aktivgasschweißen; MAG-Schweißen	41	Ultraschallschweißen
141	Wolfram-Inertgasschweißen; WIG-Schweißen	42	Reibschweißen
2	Widerstandsschweißen	751	Laserstrahlschweißen
21	Widerstands-Punktschweißen	76	Elektronenstrahlschweißen
22	Rollennahtschweißen	91	Hartlöten
23	Buckelschweißen	94	Weichlöten

Schweißen und Löten (Bemaßungsbeispiele)
vgl. DIN EN 22553 (08.94), Ersatz für DIN 1912 T5

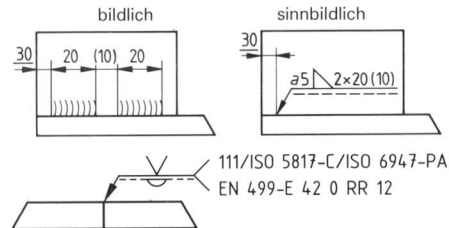

Unterbrochene Kehlnaht; Nahtdicke $a = 5$ mm (entspricht Schenkeldicke $z = 7$ mm); 2 Einzelnähte mit je 20 mm Länge; Nahtabstand = 10 mm; Vormaß = 30 mm

Durchgeschweißte V-Naht mit Gegenlage; hergestellt durch Lichtbogenhandschweißen (Kennzahl 111 nach DIN EN 24063); geforderte Bewertungsgruppe C nach ISO 5817; Wannenposition PA nach ISO 6947; verwendete Stabelektroden E 42 0 RR 12 nach DIN EN 499.

Darstellung von Federn
vgl. DIN ISO 2162 (06.76)

Benennung	Darstellung Ansicht	Darstellung Schnitt	Sinnbild	Benennung	Darstellung Ansicht	Darstellung Schnitt	Sinnbild
Zylindrische Schrauben-druckfeder aus Draht mit rundem Querschnitt				Zylindrische Schrauben-Zugfeder aus Draht mit rundem Querschnitt			
Zylindrische Schrauben-Drehfeder aus Draht mit rundem Querschnitt				Teller-federpaket (Teller wechselsinnig geschichtet)			

Zeichnungen im Metallbau
vgl. DIN ISO 5261 (02.83)

Darstellung von Löchern (Bohrungen), Schrauben, Niete

Sinnbilder für Bohrungen, Schrauben, Niete	Zeichenebene ist parallel zur Achse			Zeichenebene ist senkrecht zur Achse			
	keine Senkung	Senkung einseitig	Senkung beidseitig	keine Senkung	Senkung vorderseitig	Senkung rückseitig	Senkung beidseitig
	Bohrungen			Bohrungen			
in der Werkstatt gebohrt							
auf der Baustelle gebohrt							
	Schraube oder Niet		Niet	Schraube oder Niet			Niet
in der Werkstatt eingebaut							
auf der Baustelle gebohrt und eingebaut							
auf der Baustelle eingebaut							

Bemaßungs- und Bezeichnungsbeispiele

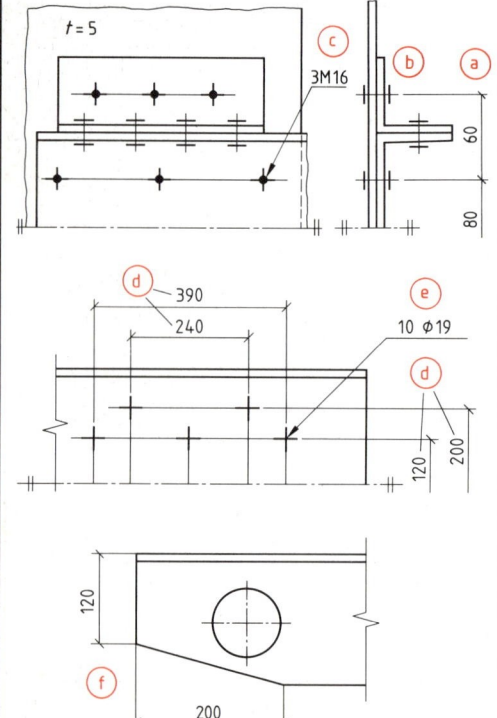

ⓐ Die Maßlinienbegrenzung besteht aus einer kurzen, schmalen Linie (DIN 15-B). Sie steht unter 45° zur Maßlinie und besitzt eine Länge von sechsmal der Breite der breiten Vollinien. Die Schrägstriche werden, von der Leserichtung der Maßzahl aus gesehen, von links unten nach rechts oben gezogen.

ⓑ Maßhilfslinien sollen von den Sinnbildern für Niete, Schrauben und Löcher durch einen Zwischenraum getrennt werden.

ⓒ Bei einer Gruppe von Verbindungselementen genügt es, wenn die Bezeichnung einmal an einem äußeren Element eingetragen wird. Die Anzahl wird vor der Bezeichnung eingetragen.

ⓓ Niete, Schrauben und Löcher, die den gleichen Abstand von der Achse haben, sind mittig zu bemaßen.

ⓔ Der Durchmesser der Löcher wird in der Nähe des Sinnbildes angegeben.

ⓕ Abschrägungen werden durch Längenmaße angegeben.

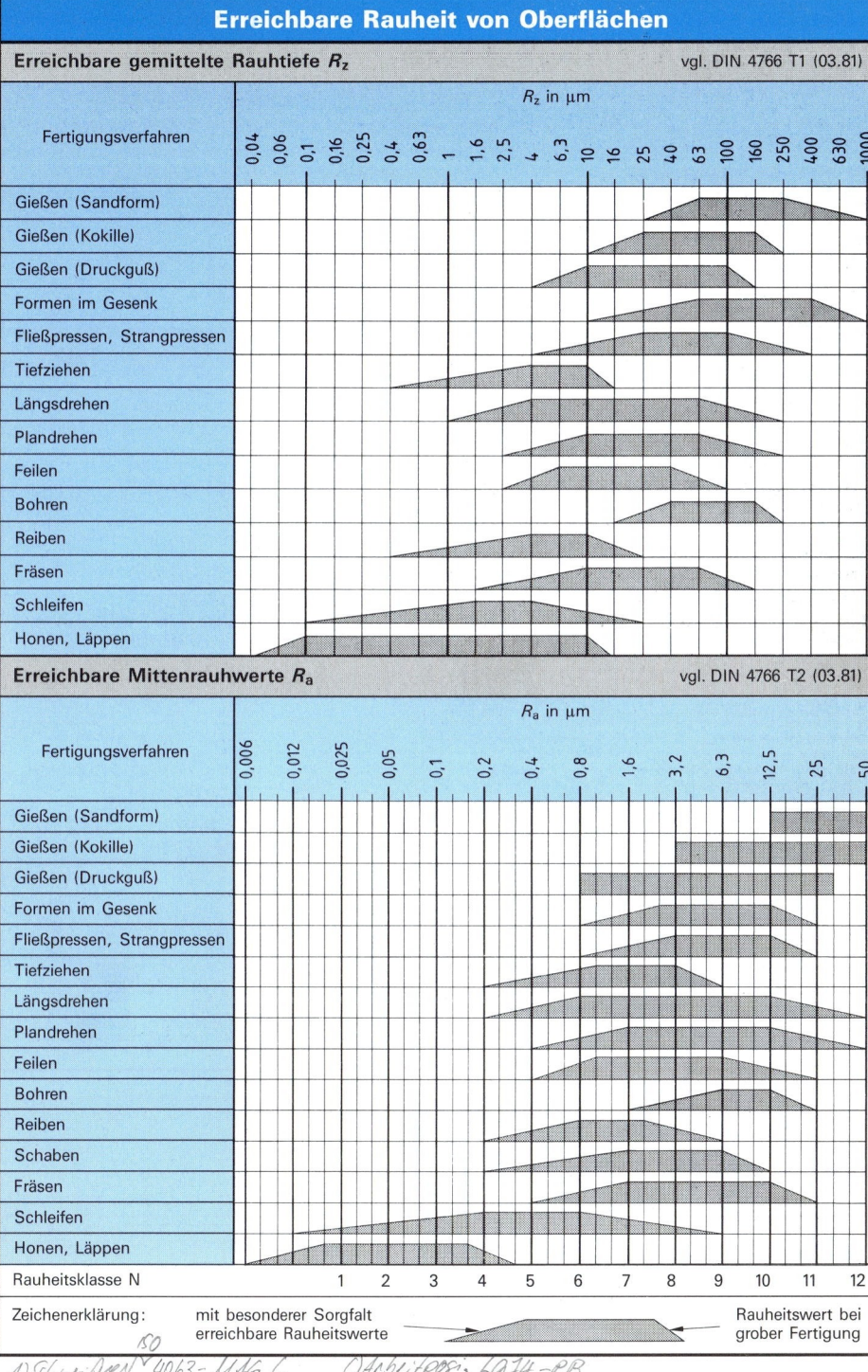

Oberflächenangaben

Angabe der Oberflächenbeschaffenheit
vgl. DIN ISO 1302 (12.93)

Sinnbild	Erklärung
1) ∨ 2) a/∨	[1] Grundsinnbild. Ohne Anmerkung allein nur anwendbar in der Bedeutung „eine Oberfläche, die behandelt wird". [2] Mit Angabe des Rauheitswertes in der Bedeutung „Oberfläche mit jedem beliebigen Fertigungsverfahren herstellbar".
∀	Sinnbild ohne nähere Angaben. Allein nur anwendbar in der Bedeutung „eine Oberfläche, die materialabtrennend bearbeitet werden muß".
⌀	Sinnbild für eine Oberfläche, die ohne materialabtrennende Bearbeitung hergestellt werden muß oder die im Anlieferungszustand zu belassen ist.
1) ∨ 2) ⌀	[1] Sinnbild zum Eintrag einer besonderen Oberflächenangabe. [2] Sinnbild für dieselbe besondere Oberflächenbeschaffenheit auf allen Oberflächen des Werkstücks.
e ∨ a b/c(f) d	Lage der einzelnen Angaben zur Oberflächenbeschaffenheit am Sinnbild: a Rauheitswert R_a in µm hinter dem Kurzzeichen Ra, oder andere Rauheitswerte mit den zugehörigen Kurzzeichen, z. B. R_z b Fertigungsverfahren, Behandlung, Überzug oder andere Anforderungen c Welligkeit in µm hinter dem Kurzzeichen Wt, oder Bezugsstrecke in mm d Rillenrichtung e Bearbeitungszugabe in mm f andere Rauheitswerte außer R_a, z. B. R_z in µm hinter dem Kurzzeichen Rz

Sinnbilder für die Rillenrichtung

Darstellung der Rillenrichtung	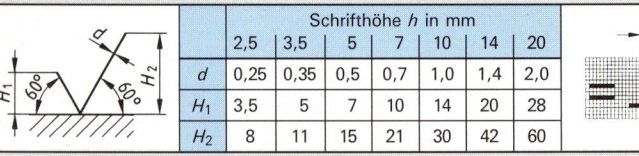						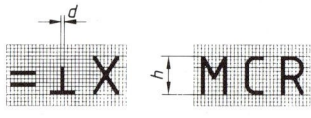
Sinnbild	=	⊥	X	M	C	R	P
Rillenrichtung ist/hat...	parallel zur Projektionsebene	senkrecht zur Projektionsebene	gekreuzt in 2 schrägen Richtungen	viele Richtungen	zentrisch zum Mittelpunkt	radial zum Mittelpunkt	nichtrillige Oberfläche

Größen der Sinnbilder

	Schrifthöhe h in mm					
	2,5	3,5	5	7	10	14	20
d	0,25	0,35	0,5	0,7	1,0	1,4	2,0
H_1	3,5	5	7	10	14	20	28
H_2	8	11	15	21	30	42	60

Anordnung der Sinnbildern in Zeichnungen

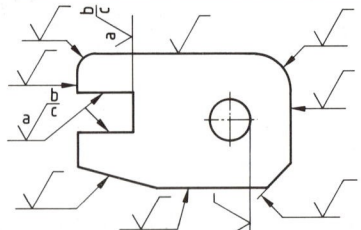
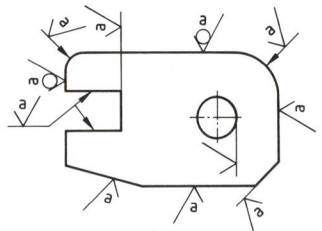

Die Sinnbilder sind so einzutragen, daß die Angaben von unten oder von rechts lesbar sind. Falls notwendig, werden Sinnbild und Oberfläche mit einer Hinweislinie verbunden, die mit einem Pfeil endet.

Wird nur der Rauheitswert bei a, z. B. Ra, angegeben, so darf das Sinnbild in jeder Lage eingetragen werden. Die Angaben müssen von unten oder von rechts lesbar sein.

Oberflächenangaben, Härteangaben

Beispiele für den Zeichnungseintrag

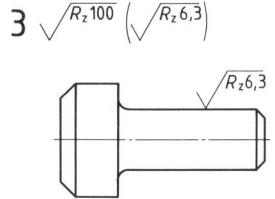

Bei gleichen Anforderungen an die Mehrzahl der Oberflächen steht das Sinnbild in der Nähe der Positionsnummer. Die Ausnahmen werden in Klammern gesetzt.

Vereinfacht können Oberflächenangaben durch ein Grundsinnbild mit einem Kennbuchstaben eingetragen werden. Die Bedeutung muß erklärt werden.

Mittenrauhwert R_a in µm und Rauheitsklasse N (zurückgezogen)

R_a	50	25	12,5	6,3	3,2	1,6	0,8	0,4	0,2	0,1	0,05	0,025
N	N 12	N 11	N 10	N 9	N 8	N 7	N 6	N 5	N 4	N 3	N 2	N 1

Oberflächenangaben vgl. DIN 3141 (zurückgezogen)

Bedeutung nach DIN 140 (zurückgezogen)	Oberflächenzeichen (zurückgezogen)	R_z (R_t) µm				R_a µm			
		R 1	R 2	R 3	R 4	R 1	R 2	R 3	R 4
Rohe Oberfläche durch sorgfältige spanlose Herstellung		beliebig				wahlweise: roh			
geschruppt Riefen fühlbar und mit bloßem Auge sichtbar		160	100	63	25	25	12,5	6,3	3,2
geschlichtet Riefen mit bloßem Auge noch sichtbar		40	25	16	10	6,3	3,2	1,6	0,8
feingeschlichtet Riefen mit bloßem Auge nicht mehr sichtbar		16	6,3	4	2,5	1,6	0,8	0,4	0,2
		—	1	1	0,4	—	0,1	0,1	0,025

Härteangaben vgl. DIN 6773 T3 (11.76); T2 u. T4 (05.77)

Wärmebehandlung des ganzen Teiles

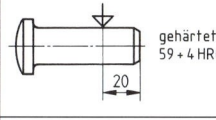

gehärtet 59 + 4 HRC

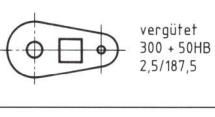

vergütet 300 + 50 HB 2,5/187,5

Kennzeichnung der Meßstelle

Teilweise Wärmebehandlung

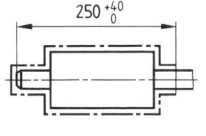

gehärtet und angelassen 58 + 3 HRC

Nicht gekennzeichnete Bereiche dürfen nicht gehärtet oder angelassen werden.

Randschichthärtung

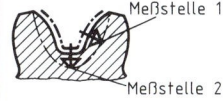

randschichtgehärtet, ganzes Teil angelassen 600+120 HV 30
Meßstelle 1: Rht 450 = 1,8 + 1,3
Meßstelle 2: Rht 450 = 1,2 + 1,2

An der Meßstelle 1 muß die Einhärtungstiefe (Rht) mit einer Grenzhärte von 450 HV 30 mindestens 1,8 mm und darf höchstens 3,1 mm betragen.

Einsatzhärtung

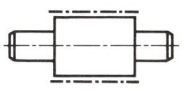

einsatzgehärtet und angelassen
58 + 5HRC Eht = 0,8+0,2
Aufkohlung des ganzen Teils zulässig

Die Oberflächenhärte muß 58...63 HRC betragen, die Einsatzhärtungstiefe 0,8...1,0 mm.

ISO-System für Grenzmaße und Passungen

Grundlagen
vgl. DIN ISO 286 T1 (11.90)

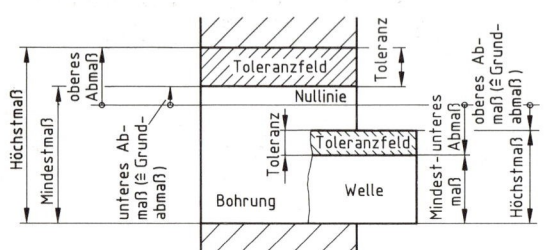
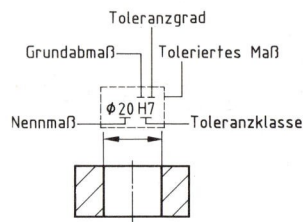

Nennmaß: Maß, auf das sich die Abmaße beziehen (bei grafischer Darstellung als Nullinie bezeichnet)

Istmaß: Gemessenes Werkstückfertigmaß

Grenzmaße
  Höchstmaß: Größtes zugelassenes Werkstückmaß
  Mindestmaß: Kleinstes zugelassenes Werkstückmaß

Grenzabmaße
  Oberes Abmaß: Differenz zwischen Höchstmaß und Nennmaß
  Unteres Abmaß: Differenz zwischen Mindestmaß und Nennmaß

Grundabmaß: Abmaß, das die Lage der Toleranz zur Nullinie festlegt. Seine Größe gibt den Abstand zwischen Nullinie und demjenigen Grenzmaß an, das am nächsten bei der Nullinie liegt

Toleranz: Differenz zwischen Höchst- und Mindestmaß bzw. zwischen oberem und unterem Abmaß

Toleranzfeld: Bei grafischer Darstellung von Toleranzen das Feld zwischen Höchst- und Mindestmaß

Grundtoleranz: Die einem Grundtoleranzgrad, z.B. IT7, und einem Nennmaßbereich, z.B. 30...50, zugeordnete Toleranz

Grundtoleranzgrad: Eine Gruppe von Toleranzen, die dem gleichen Genauigkeitsniveau, z.B. IT7, zugeordnet werden

Toleranzgrad: Zahl des Grundtoleranzgrades

Toleranzklasse: Benennung für eine Kombination eines Grundabmaßes mit einem Toleranzgrad, z.B. H7

Toleriertes Maß: Es besteht aus Nennmaß mit Grenzabmaßen, z.B. 30 ± 0,1, oder aus Nennmaß mit Toleranzklasse, z.B. 20H7

Passung: Beziehung aus der Differenz der Istmaße von Bohrung und Welle nach dem Fügen

Grenzmaße, Abmaße und Toleranzen
vgl. DIN ISO 286 T1 (11.90)

Bohrungen
N Nennmaß
G_{oB} Höchstmaß Bohrung
G_{uB} Mindestmaß Bohrung
ES oberes Abmaß Bohrung
EI unteres Abmaß Bohrung
T_B Toleranz Bohrung

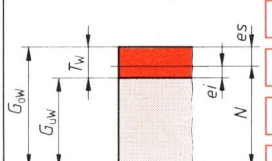

$$G_{oB} = N + ES$$
$$G_{uB} = N + EI$$
$$T_B = ES - EI$$
$$T_B = G_{oB} - G_{uB}$$

Wellen
N Nennmaß
G_{oW} Höchstmaß Welle
G_{uW} Mindestmaß Welle
es oberes Abmaß Welle
ei unteres Abmaß Welle
T_W Toleranz Welle

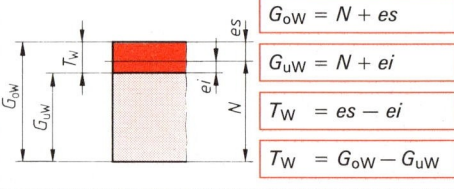

$$G_{oW} = N + es$$
$$G_{uW} = N + ei$$
$$T_W = es - ei$$
$$T_W = G_{oW} - G_{uW}$$

Passungen

Spielpassung
P_{SH} Höchstspiel
P_{SM} Mindestspiel

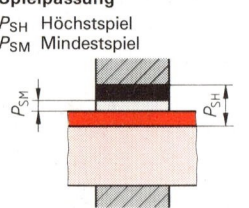

$$P_{SM} = G_{uB} - G_{oW}$$
$$P_{SH} = G_{oB} - G_{uW}$$

Übergangspassung
P_{SH} Höchstspiel
$P_{ÜH}$ Höchstübermaß

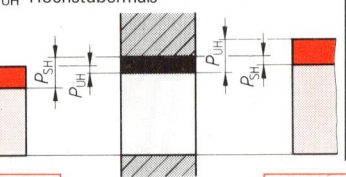

Übermaßpassung
$P_{ÜH}$ Höchstübermaß
$P_{ÜM}$ Mindestübermaß

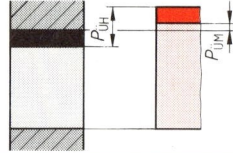

$$P_{ÜH} = G_{uB} - G_{oW}$$
$$P_{ÜM} = G_{oB} - G_{uW}$$

ISO-System für Grenzmaße und Passungen

Lage von Grundabmaßen
vgl. DIN ISO 286 T1 (11.90)

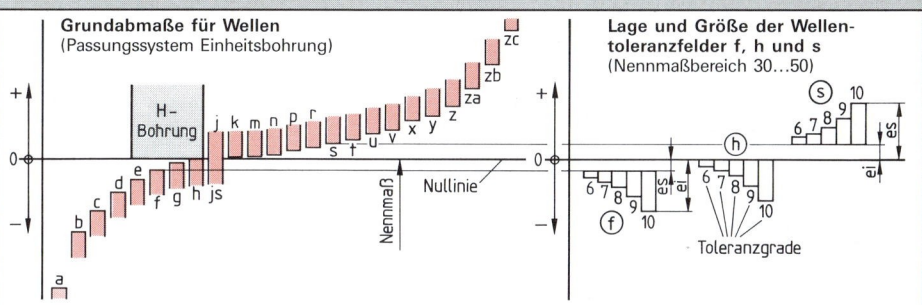

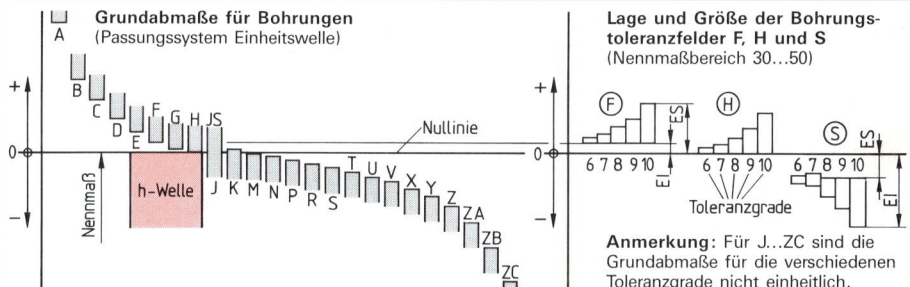

Anmerkung: Für J...ZC sind die Grundabmaße für die verschiedenen Toleranzgrade nicht einheitlich.

Grundtoleranzen
vgl. DIN ISO 286 T1 (11.90)

Nennmaß-bereich über...bis mm	Grundtoleranzgrade																	
	IT1	IT2	IT3	IT4	IT5	IT6	IT7	IT8	IT9	IT10	IT11	IT12	IT13	IT14	IT15	IT16	IT17	IT18
	Grundtoleranzen																	
	µm											mm						
... 3	0,8	1,2	2	3	4	6	10	14	25	40	60	0,1	0,14	0,25	0,4	0,6	1	1,4
3... 6	1	1,5	2,5	4	5	8	12	18	30	48	75	0,12	0,18	0,3	0,48	0,75	1,2	1,8
6... 10	1	1,5	2,5	4	6	9	15	22	36	58	90	0,15	0,22	0,36	0,58	0,9	1,5	2,2
10... 18	1,2	2	3	5	8	11	18	27	43	70	110	0,18	0,27	0,43	0,7	1,1	1,8	2,7
18... 30	1,5	2,5	4	6	9	13	21	33	52	84	130	0,21	0,33	0,52	0,84	1,3	2,1	3,3
30... 50	1,5	2,5	4	7	11	16	25	39	62	100	160	0,25	0,39	0,62	1	1,6	2,5	3,9
50... 80	2	3	5	8	13	19	30	46	74	120	190	0,3	0,46	0,74	1,2	1,9	3	4,6
80... 120	2,5	4	6	10	15	22	35	54	87	140	220	0,35	0,54	0,87	1,4	2,2	3,5	5,4
120... 180	3,5	5	8	12	18	25	40	63	100	160	250	0,4	0,63	1	1,6	2,5	4	6,3
180... 250	4,5	7	10	14	20	29	46	72	115	185	290	0,46	0,72	1,15	1,85	2,9	4,6	7,2
250... 315	6	8	12	16	23	32	52	81	130	210	320	0,52	0,81	1,3	2,1	3,2	5,2	8,1
315... 400	7	9	13	18	25	36	57	89	140	230	360	0,57	0,89	1,4	2,3	3,6	5,7	8,9
400... 500	8	10	15	20	27	40	63	97	155	250	400	0,63	0,97	1,55	2,5	4	6,3	9,7
500... 630	9	11	16	22	32	44	70	110	175	280	440	0,7	1,1	1,75	2,8	4,4	7	11
630... 800	10	13	18	25	36	50	80	125	200	320	500	0,8	1,25	2	3,2	5	8	12,5
800...1000	11	15	21	28	40	56	90	140	230	360	560	0,9	1,4	2,3	3,6	5,6	9	14
1000...1250	13	18	24	33	47	66	105	165	260	420	660	1,05	1,65	2,6	4,2	6,6	10,5	16,5
1250...1600	15	21	29	39	55	78	125	195	310	500	780	1,25	1,95	3,1	5	7,8	12,5	19,5
1600...2000	18	25	35	46	65	92	150	230	370	600	920	1,5	2,3	3,7	6	9,2	15	23
2000...2500	22	30	41	55	78	110	175	280	440	700	1100	1,75	2,8	4,4	7	11	17,5	28
2500...3150	26	36	50	68	96	135	210	330	540	860	1350	2,1	3,3	5,4	8,6	13,5	21	33

Die Grenzabmaße der Toleranzgrade der Grundabmaße h, js, H und JS können aus den Grundtoleranzen abgeleitet werden: **h:** es = 0; ei = − IT   **js:** es = + IT/2; ei = − IT/2   **H:** ES = + IT; EI = 0   **JS:** ES = + IT/2; EI = − IT/2

ISO-Passungen

vgl. DIN ISO 286 T2 (11.90)

System **Einheitsbohrung** Grenzabmaße in μm (1 μm = 0,001 mm)

Nennmaß-bereich über…bis mm	Toleranzklassen					Toleranzklassen[1]							
	für Bohrung	für Wellen Beim Fügen mit einer H6-Bohrung entsteht eine				für Bohrung	für Wellen Beim Fügen mit einer H7-Bohrung entsteht eine						
		Spiel-Passung	Übergangs-Passung		Über-maß-		Spiel-Passung		Übergangs-Passung			Übermaß-	
	H6	h5	j6	k6	n5	p5	**H7**	f7	g6	h6	j6	k6	m6	n6	r6	s6
1…3	+6 / 0	0 / −4	+4 / −2	+6 / 0	+8 / +4	+10 / +6	+10 / 0	−6 / −16	−2 / −8	0 / −6	+4 / −2	+6 / 0	+8 / +2	+10 / +4	+16 / +10	+20 / +14
3…6	+8 / 0	0 / −5	+6 / −2	+9 / +1	+13 / +8	+17 / +12	+12 / 0	−10 / −22	−4 / −12	0 / −8	+6 / −2	+9 / +1	+12 / +4	+16 / +8	+23 / +15	+27 / +19
6…10	+9 / 0	0 / −6	+7 / −2	+10 / +1	+16 / +10	+21 / +15	+15 / 0	−13 / −28	−5 / −14	0 / −9	+7 / −2	+10 / +1	+15 / +6	+19 / +10	+28 / +19	+32 / +23
10…14 / 14…18	+11 / 0	0 / −8	+8 / −3	+12 / +1	+20 / +12	+26 / +18	+18 / 0	−16 / −34	−6 / −17	0 / −11	+8 / −3	+12 / +1	+18 / +7	+23 / +12	+34 / +23	+39 / +28
18…24 / 24…30	+13 / 0	0 / −9	+9 / −4	+15 / +2	+24 / +15	+31 / +22	+21 / 0	−20 / −41	−7 / −20	0 / −13	+9 / −4	+15 / +2	+21 / +8	+28 / +15	+41 / +28	+48 / +35
30…40 / 40…50	+16 / 0	0 / −11	+11 / −5	+18 / +2	+28 / +17	+37 / +26	+25 / 0	−25 / −50	−9 / −25	0 / −16	+11 / −5	+18 / +2	+25 / +9	+33 / +17	+50 / +34	+59 / +43
50…65 / 65…80	+19 / 0	0 / −13	+12 / −7	+21 / +2	+33 / +20	+45 / +32	+30 / 0	−30 / −60	−10 / −29	0 / −19	+12 / −7	+21 / +2	+30 / +11	+39 / +20	+60 / +41 / +62 / +43	+72 / +53 / +78 / +59
80…100 / 100…120	+22 / 0	0 / −15	+13 / −9	+25 / +3	+38 / +23	+52 / +37	+35 / 0	−36 / −71	−12 / −34	0 / −22	+13 / −9	+25 / +3	+35 / +13	+45 / +23	+73 / +51 / +76 / +54	+93 / +71 / +101 / +79
120…140 / 140…160 / 160…180	+25 / 0	0 / −18	+14 / −11	+28 / +3	+45 / +27	+61 / +43	+40 / 0	−43 / −83	−14 / −39	0 / −25	+14 / −11	+28 / +3	+40 / +15	+52 / +27	+88 / +63 / +90 / +65 / +93 / +68	+117 / +92 / +125 / +100 / +133 / +108
180…200 / 200…225 / 225…250	+29 / 0	0 / −20	+16 / −13	+33 / +4	+51 / +31	+70 / +50	+46 / 0	−50 / −96	−15 / −44	0 / −29	+16 / −13	+33 / +4	+46 / +17	+60 / +31	+106 / +77 / +109 / +80 / +113 / +84	+151 / +122 / +159 / +130 / +169 / +140
250…280 / 280…315	+32 / 0	0 / −23	+16 / −16	+36 / +4	+57 / +34	+79 / +56	+52 / 0	−56 / −108	−17 / −49	0 / −32	+16 / −16	+36 / +4	+52 / +20	+66 / +34	+126 / +94 / +130 / +98	+190 / +158 / +202 / +170
315…355 / 355…400	+36 / 0	0 / −25	+18 / −18	+40 / +4	+62 / +37	+87 / +62	+57 / 0	−62 / −119	−18 / −54	0 / −36	+18 / −18	+40 / +4	+57 / +21	+73 / +37	+144 / +108 / +150 / +114	+226 / +190 / +244 / +208
400…450 / 450…500	+40 / 0	0 / −27	+20 / −20	+45 / +5	+67 / +40	+95 / +67	+63 / 0	−68 / −131	−20 / −60	0 / −40	+20 / −20	+45 / +5	+63 / +23	+80 / +40	+166 / +126 / +172 / +132	+272 / +232 / +292 / +252

[1] Die fett gedruckten Toleranzklassen entsprechen der Reihe 1 in DIN 7157; sie sind bevorzugt zu verwenden.

ISO-Passungen

vgl. DIN ISO 286 T2 (11.90)

System Einheitsbohrung — Grenzabmaße in µm (1 µm = 0,001 mm)

Nennmaß-bereich über...bis mm	für Bohrung H8	Toleranzklassen[1] für Wellen Beim Fügen mit einer H8-Bohrung entsteht eine					für Bohrung H11	Toleranzklassen für Wellen Beim Fügen mit einer H11-Bohrung entsteht eine				
		Spiel-Passung			Übermaß-Passung			Spielpassung				
		d9	e8	f7	h9	u8[2]	x8[2]		a11	c11	d9	d11	h9	h11

Nennmaß	H8	d9	e8	f7	h9	u8	x8	H11	a11	c11	d9	d11	h9	h11
1…3	+14 / 0	−20 / −45	−14 / −28	−6 / −16	0 / −25	+32 / +18	+34 / +20	+60 / 0	−270 / −330	−60 / −120	−20 / −45	−20 / −80	0 / −25	0 / −60
3…6	+18 / 0	−30 / −60	−20 / −38	−10 / −22	0 / −30	+41 / +23	+46 / +28	+75 / 0	−270 / −345	−70 / −145	−30 / −60	−30 / −105	0 / −30	0 / −75
6…10	+22 / 0	−40 / −76	−25 / −47	−13 / −28	0 / −36	+50 / +28	+56 / +34	+90 / 0	−280 / −370	−80 / −170	−40 / −76	−40 / −130	0 / −36	0 / −90
10…14	+27 / 0	−50 / −93	−32 / −59	−16 / −34	0 / −43	+60 / +33	+67 / +40	+110 / 0	−290 / −400	−95 / −205	−50 / −93	−50 / −160	0 / −43	0 / −110
14…18							+72 / +45							
18…24	+33 / 0	−65 / −117	−40 / −73	−20 / −41	0 / −52	+74 / +41	+87 / +54	+130 / 0	−300 / −430	−110 / −240	−65 / −117	−65 / −195	0 / −52	0 / −130
24…30						+81 / +48	+97 / +64							
30…40	+39 / 0	−80 / −142	−50 / −89	−25 / −50	0 / −62	+99 / +60	+119 / +80	+160 / 0	−310 / −470	−120 / −280	−80 / −142	−80 / −240	0 / −62	0 / −160
40…50						+109 / +70	+136 / +97		−320 / −480	−130 / −290				
50…65	+46 / 0	−100 / −174	−60 / −106	−30 / −60	0 / −74	+133 / +87	+168 / +122	+190 / 0	−340 / −530	−140 / −330	−100 / −174	−100 / −290	0 / −74	0 / −190
65…80						+148 / +102	+192 / +146		−360 / −550	−150 / −340				
80…100	+54 / 0	−120 / −207	−72 / −126	−36 / −71	0 / −87	+178 / +124	+232 / +178	+220 / 0	−380 / −600	−170 / −390	−120 / −207	−120 / −340	0 / −87	0 / −220
100…120						+198 / +144	+264 / +210		−410 / −630	−180 / −400				
120…140	+63 / 0	−145 / −245	−85 / −148	−43 / −83	0 / −100	+233 / +170	+311 / +248	+250 / 0	−460 / −710	−200 / −450	−145 / −245	−145 / −395	0 / −100	0 / −250
140…160						+253 / +190	+343 / +280		−520 / −770	−210 / −460				
160…180						+273 / +210	+373 / +310		−580 / −830	−230 / −480				
180…200	+72 / 0	−170 / −285	−100 / −172	−50 / −96	0 / −115	+308 / +236	+422 / +350	+290 / 0	−660 / −950	−240 / −530	−170 / −285	−170 / −460	0 / −115	0 / −290
200…225						+330 / +258	+457 / +385		−740 / −1030	−260 / −550				
225…250						+356 / +284	+497 / +425		−820 / −1110	−280 / −570				
250…280	+81 / 0	−190 / −320	−110 / −191	−56 / −108	0 / −130	+396 / +315	+556 / +475	+320 / 0	−920 / −1240	−300 / −620	−190 / −320	−190 / −510	0 / −130	0 / −320
280…315						+431 / +350	+606 / +525		−1050 / −1370	−330 / −650				
315…355	+89 / 0	−210 / −350	−125 / −214	−62 / −119	0 / −140	+479 / +390	+679 / +590	+360 / 0	−1200 / −1560	−360 / −720	−210 / −350	−210 / −570	0 / −140	0 / −360
355…400						+524 / +435	+749 / +660		−1350 / −1710	−400 / −760				
400…450	+97 / 0	−230 / −385	−135 / −232	−68 / −131	0 / −155	+587 / +490	+837 / +740	+400 / 0	−1500 / −1900	−440 / −840	−230 / −385	−230 / −630	0 / −155	0 / −400
450…500						+637 / +540	+917 / +820		−1650 / −2050	−480 / −880				

[1] Die fett gedruckten Toleranzklassen entsprechen der Reihe 1 in DIN 7157; sie sind bevorzugt zu verwenden.
[2] DIN 7157 empfiehlt: Nennmaß bis 24 mm: H8/x8; Nennmaß über 24 mm: H8/u8.

ISO-Passungen

vgl. DIN ISO 286 T2 (11.90)

System Einheitswelle — Grenzabmaße in µm (1 µm = 0,001 mm)

Nennmaß-bereich über...bis mm	Toleranzklassen für Welle h5	Toleranzklassen für Bohrungen Beim Fügen mit einer h5-Welle entsteht eine				Toleranzklassen[1] für Welle h6	Toleranzklassen[1] für Bohrungen Beim Fügen mit einer h6-Welle entsteht eine						
		Spiel-	Übergangs-Passung		Übermaß-		Spiel-		Übergangs-Passung			Übermaß-	
	h5	H6	J6	M6	N6	P6	h6	F8	G7	H7	J7	K7	M7	N7	R7	S7
1...3	0 / −4	+6 / 0	+2 / −4	−2 / −8	−4 / −10	−6 / −12	0 / −6	+20 / +6	+12 / +2	+10 / 0	+4 / −6	0 / −10	−2 / −12	−4 / −14	−10 / −20	−14 / −24
3...6	0 / −5	+8 / 0	+5 / −3	−1 / −9	−5 / −13	−9 / −17	0 / −8	+28 / +10	+16 / +4	+12 / 0	+6 / −6	+3 / −9	0 / −12	−4 / −16	−11 / −23	−15 / −27
6...10	0 / −6	+9 / 0	+5 / −4	−3 / −12	−7 / −16	−12 / −21	0 / −9	+35 / +13	+20 / +5	+15 / 0	+8 / −7	+5 / −10	0 / −15	−4 / −19	−13 / −28	−17 / −32
10...18	0 / −8	+11 / 0	+6 / −5	−4 / −15	−9 / −20	−15 / −26	0 / −11	+43 / +16	+24 / +6	+18 / 0	+10 / −8	+6 / −12	0 / −18	−5 / −23	−16 / −34	−21 / −39
18...30	0 / −9	+13 / 0	+8 / −5	−4 / −17	−11 / −24	−18 / −31	0 / −13	+53 / +20	+28 / +7	+21 / 0	+12 / −9	+6 / −15	0 / −21	−7 / −28	−20 / −41	−27 / −48
30...40	0 / −11	+16 / 0	+10 / −6	−4 / −20	−12 / −28	−21 / −37	0 / −16	+64 / +25	+34 / +9	+25 / 0	+14 / −11	+7 / −18	0 / −25	−8 / −33	−25 / −50	−34 / −59
40...50																
50...65	0 / −13	+19 / 0	+13 / −6	−5 / −24	−14 / −33	−26 / −45	0 / −19	+76 / +30	+40 / +10	+30 / 0	+18 / −12	+9 / −21	0 / −30	−9 / −39	−30 / −60	−42 / −72
65...80															−32 / −62	−48 / −78
80...100	0 / −15	+22 / 0	+16 / −6	−6 / −28	−16 / −38	−30 / −52	0 / −22	+90 / +36	+47 / +12	+35 / 0	+22 / −13	+10 / −25	0 / −35	−10 / −45	−38 / −73	−58 / −93
100...120															−41 / −76	−66 / −101
120...140	0 / −18	+25 / 0	+18 / −7	−8 / −33	−20 / −45	−36 / −61	0 / −25	+106 / +43	+54 / +14	+40 / 0	+26 / −14	+12 / −28	0 / −40	−12 / −52	−48 / −88	−77 / −117
140...160															−50 / −90	−85 / −125
160...180															−53 / −93	−93 / −133
180...200	0 / −20	+29 / 0	+22 / −7	−8 / −37	−22 / −51	−41 / −70	0 / −29	+122 / +50	+61 / +15	+46 / 0	+30 / −16	+13 / −33	0 / −46	−14 / −60	−60 / −106	−105 / −151
200...225															−63 / −109	−113 / −159
225...250															−67 / −113	−123 / −169
250...280	0 / −23	+32 / 0	+25 / −7	−9 / −41	−25 / −57	−47 / −79	0 / −32	+137 / +56	+69 / +17	+52 / 0	+36 / −16	+16 / −36	0 / −52	−14 / −66	−74 / −126	−138 / −190
280...315															−78 / −130	−150 / −202
315...355	0 / −25	+36 / 0	+29 / −7	−10 / −46	−26 / −62	−51 / −87	0 / −36	+151 / +62	+75 / +18	+57 / 0	+39 / −18	+17 / −40	0 / −57	−16 / −73	−87 / −144	−169 / −226
355...400															−93 / −150	−187 / −244
400...450	0 / −27	+40 / 0	+33 / −7	−10 / −50	−27 / −67	−55 / −95	0 / −40	+165 / +68	+83 / +20	+63 / 0	+43 / −20	+18 / −45	0 / −63	−17 / −80	−103 / −166	−209 / −272
450...500															−109 / −172	−229 / −292

[1] Die fett gedruckten Toleranzklassen entsprechen der Reihe 1 in DIN 7157; sie sind bevorzugt zu verwenden.

ISO-Passungen

vgl. DIN ISO 286 T2 (11.90)

System **Einheitswelle** — Grenzabmaße in µm (1 µm = 0,001 mm)

Nennmaß-bereich über...bis mm	für Welle **h9**	Toleranzklassen[1] für Bohrungen Beim Fügen mit einer h9-Welle entsteht eine							für Welle **h11**	Toleranzklassen für Bohrungen Beim Fügen mit einer h11-Welle entsteht eine Spielpassung			
		Spiel-Passung					Übergangs-Passung						
		C11	D10	E9	F8	H8	H11	J9/JS9[2]	P9		A11	C11	D10	H11
1...3	0 / −25	+120 / +60	+60 / +20	+39 / +14	+20 / +6	+14 / 0	+60 / 0	+12,5 / −12,5	−6 / −31	0 / −60	+330 / +270	+120 / +60	+60 / +20	+60 / 0
3...6	0 / −30	+145 / +70	+78 / +30	+50 / +20	+28 / +10	+18 / 0	+75 / 0	+15 / −15	−12 / −42	0 / −75	+345 / +270	+145 / +70	+78 / +30	+75 / 0
6...10	0 / −36	+170 / +80	+98 / +40	+61 / +25	+35 / +13	+22 / 0	+90 / 0	+18 / −18	−15 / −51	0 / −90	+370 / +280	+170 / +80	+98 / +40	+90 / 0
10...18	0 / −43	+205 / +95	+120 / +50	+75 / +32	+43 / +16	+27 / 0	+110 / 0	+21,5 / −21,5	−18 / −61	0 / −110	+400 / +290	+205 / +95	+120 / +50	+110 / 0
18...30	0 / −52	+240 / +110	+149 / +65	+92 / +40	+53 / +20	+33 / 0	+130 / 0	+26 / −26	−22 / −74	0 / −130	+430 / +300	+240 / +110	+149 / +65	+130 / 0
30...40	0 / −62	+280 / +120	+180 / +80	+112 / +50	+64 / +25	+39 / 0	+160 / 0	+31 / −31	−26 / −88	0 / −160	+470 / +310	+280 / +120	+180 / +80	+160 / 0
40...50		+290 / +130									+480 / +320	+290 / +130		
50...65	0 / −74	+330 / +140	+220 / +100	+134 / +60	+76 / +30	+46 / 0	+190 / 0	+37 / −37	−32 / −106	0 / −190	+530 / +340	+330 / +140	+220 / +100	+190 / 0
65...80		+340 / +150									+550 / +360	+340 / +150		
80...100	0 / −87	+390 / +170	+260 / +120	+159 / +72	+90 / +36	+54 / 0	+220 / 0	+43,5 / −43,5	−37 / −124	0 / −220	+600 / +380	+390 / +170	+260 / +120	+220 / 0
100...120		+400 / +180									+630 / +410	+400 / +180		
120...140	0 / −100	+450 / +200	+305 / +145	+185 / +85	+106 / +43	+63 / 0	+250 / 0	+50 / −50	−43 / −143	0 / −250	+710 / +460	+450 / +200	+305 / +145	+250 / 0
140...160		+460 / +210									+770 / +520	+460 / +210		
160...180		+480 / +230									+820 / +580	+480 / +230		
180...200	0 / −115	+530 / +240	+355 / +170	+215 / +100	+122 / +50	+72 / 0	+290 / 0	+57,5 / −57,5	−50 / −165	0 / −290	+950 / +660	+530 / +240	+355 / +170	+290 / 0
200...225		+550 / +260									+1030 / +740	+550 / +260		
225...250		+570 / +280									+1110 / +820	+570 / +280		
250...280	0 / −130	+620 / +300	+400 / +190	+240 / +110	+137 / +56	+81 / 0	+320 / 0	+65 / −65	−56 / −186	0 / −320	+1240 / +920	+620 / +300	+400 / +190	+320 / 0
280...315		+650 / +330									+1370 / +1050	+650 / +330		
315...355	0 / −140	+720 / +360	+440 / +210	+265 / +125	+151 / +62	+89 / 0	+360 / 0	+70 / −70	−62 / −202	0 / −360	+1560 / +1200	+720 / +360	+440 / +210	+360 / 0
355...400		+760 / +400									+1710 / +1350	+760 / +400		
400...500	0 / −155	+840 / +440	+480 / +230	+290 / +135	+165 / +68	+97 / 0	+400 / 0	+77,5 / −77,5	−68 / −223	0 / −400	+1900 / +1500	+840 / +440	+480 / +230	+400 / 0
450...500		+880 / +480									+2050 / +1650	+880 / +480		

K

[1] Die fett gedruckten Toleranzklassen entsprechen der Reihe 1 in DIN 7157; sie sind bevorzugt zu verwenden.
[2] Die Toleranzfelder J9/JS9, J10/JS10 usw. sind jeweils gleich groß und liegen symmetrisch zur Nullinie.

ISO-Passungen

vgl. DIN ISO 286 T2 (11.90)

Grenzabmaße für Normteile — Grenzabmaße in μm (1 μm = 0,001 mm)

Nennmaß-bereich über…bis mm	Toleranzklassen[1]												
	für Bohrungen						für Wellen						
	E6	F7	G6	K6	N8	N9	P8	d10	f6	f9	g5	g7	m5	p6	r7
1…3	+ 20 + 14	+ 16 + 6	+ 8 + 2	0 − 6	− 4 − 18	− 4 − 29	− 6 − 20	− 20 − 60	− 6 − 12	− 6 − 31	− 2 − 6	− 2 − 12	+ 6 + 2	+ 12 + 6	+ 20 + 10
3…6	+ 28 + 20	+ 22 + 10	+ 12 + 4	+ 2 − 6	− 2 − 20	0 − 30	− 12 − 30	− 30 − 78	− 10 − 18	− 10 − 40	− 4 − 9	− 4 − 16	+ 9 + 4	+ 20 + 12	+ 27 + 15
6…10	+ 34 + 25	+ 28 + 13	+ 14 + 5	+ 2 − 7	− 3 − 25	0 − 36	− 15 − 37	− 40 − 98	− 13 − 22	− 13 − 49	− 5 − 11	− 5 − 20	+12 + 6	+ 24 + 15	+ 34 + 19
10…14 / 14…18	+ 43 + 32	+ 34 + 16	+ 17 + 6	+ 2 − 9	− 3 − 30	0 − 43	− 18 − 45	− 50 − 120	− 16 − 27	− 16 − 59	− 6 − 14	− 6 − 24	+15 + 7	+ 29 + 18	+ 41 + 23
18…24 / 24…30	+ 53 + 40	+ 41 + 20	+ 20 + 7	+ 2 − 11	− 3 − 36	0 − 52	− 22 − 55	− 65 − 149	− 20 − 33	− 20 − 72	− 7 − 16	− 7 − 28	+17 + 8	+ 35 + 22	+ 49 + 28
30…40 / 40…50	+ 66 + 50	+ 50 + 25	+ 25 + 9	+ 3 − 13	− 3 − 42	0 − 62	− 26 − 65	− 80 − 180	− 25 − 41	− 25 − 87	− 9 − 20	− 9 − 34	+20 + 9	+ 42 + 26	+ 59 + 34
50…65	+ 79 + 60	+ 60 + 30	+ 29 + 10	+ 4 − 15	− 4 − 50	0 − 74	− 32 − 78	− 100 − 220	− 30 − 49	− 30 − 104	− 10 − 23	− 10 − 40	+24 + 11	+ 51 + 32	+ 71 + 41
65…80															+ 73 + 43
80…100	+ 94 + 72	+ 71 + 36	+ 34 + 12	+ 4 − 18	− 4 − 58	0 − 87	− 37 − 91	− 120 − 260	− 36 − 58	− 36 − 123	− 12 − 27	− 12 − 47	+28 + 13	+ 59 + 37	+ 86 + 51
100…120															+ 89 + 54
120…140	+110 + 85	+ 83 + 43	+ 39 + 14	+ 4 − 21	− 4 − 67	0 − 100	− 43 − 106	− 145 − 305	− 43 − 68	− 43 − 143	− 14 − 32	− 14 − 54	+33 + 15	+ 68 + 43	+ 103 + 63
140…160															+ 105 + 65
160…180															+ 108 + 68
180…200	+129 +100	+ 96 + 50	+ 44 + 15	+ 5 − 24	− 5 − 77	0 − 115	− 50 − 122	− 170 − 355	− 50 − 79	− 50 − 165	− 15 − 35	− 15 − 61	+37 + 17	+ 79 + 50	+ 123 + 77
200…225															+ 126 + 80
225…250															+ 130 + 84
250…280	+142 +110	+108 + 56	+ 49 + 17	+ 5 − 27	− 5 − 86	0 − 130	− 56 − 137	− 190 − 400	− 56 − 88	− 56 − 186	− 17 − 40	− 17 − 69	+43 + 20	+ 88 + 56	+ 146 + 94
280…315															+ 150 + 98
315…355	+161 +125	+119 + 62	+ 54 + 18	+ 7 − 29	− 5 − 94	0 − 140	− 62 − 151	− 210 − 440	− 62 − 98	− 62 − 202	− 18 − 43	− 18 − 75	+46 + 21	+ 98 + 62	+ 165 + 108
355…400															+ 171 + 114
400…450	+175 +135	+131 + 68	+ 60 + 20	+ 8 − 32	− 6 − 103	0 − 155	− 68 − 165	− 230 − 480	− 68 − 108	− 68 − 223	− 20 − 47	− 20 − 83	+50 + 23	+ 108 + 68	+ 189 + 126
450…500															+ 195 + 132

[1] Auf dieser Seite sind Toleranzklassen von Normteilen abgedruckt, die auf den Seiten 96…99 nicht enthalten sind.

Passungsauswahl, Wälzlagerpassungen

Passungsauswahl

vgl. DIN 7157 (01.66)

Einheits-Bohrung[1]	Einheits-Welle[1]	Merkmale	Anwendung
H8/d9	D10/h9	Die Teile laufen mit sehr weitem Spiel	Förderanlagen, Landmaschinen
H8/e8	E9/h9	Die Teile laufen mit reichlichem Spiel	Ringschmierlager, Spindeln
H7/f7	**F8/h6**	Die Teile laufen mit merklichem Spiel	Kulissensteine in Führungen
H7/g6	G7/h6	Die Teile laufen ohne merkliches Spiel	Spindellager in Schleifmaschinen, ausrückbare Zahnräder, Teilkopfspindeln
H7/h6	**H7/h6**	Die Teile gleiten, von Hand bewegt, gerade noch	Pinole im Reitstock, Säulenführungen
H7/j6	nicht festgelegt	Die Teile lassen sich mit leichten Schlägen oder von Hand verschieben	Riemenscheiben, Zahnräder, Nabe und Welle bei Keil- und Federverbindungen
H7/n6		Die Teile lassen sich mit geringem Kraftaufwand verschieben	Lagerbuchsen in Gehäusen, Kolbenbolzen, Führungssäulen
H7/r6		Die Teile lassen sich mit größerem Kraftaufwand fügen	Lagerbuchsen in Gehäusen
H7/s6	nicht festgelegt	Die Teile lassen sich nur durch großen Kraftaufwand oder durch Dehnen oder Schrumpfen fügen	Zahnkränze, Schrumpfringe
H8/u8		Die Teile lassen sich nur durch Dehnen oder Schrumpfen fügen	Räder auf Achsen, Kupplungen auf Wellen

[1] Die fettgedruckten Passungen besitzen Toleranzfelder der Reihe 1. Sie sind bevorzugt anzuwenden.

Toleranzen für den Einbau von Wälzlagern

vgl. DIN 5425 T1 (11.84)

Axiallager

Belastungsart	Lager-Bauform	Wellenscheibe (Welle)		Gehäusescheibe (Gehäuse)	
		Lastfall	Toleranzlage für Welle	Lastfall	Toleranzlage für Gehäuse
Kombinierte Radial-/Axial-Last	Axial-Schrägkugel-Pendelrollen-Kegelrollen-Lager	Umfangslast	j k m	Punktlast	H J
		Punktlast	j	Umfangslast	K M
Reine Axiallast	Axial-Kugel-Rollen-Lager	—	h j k	—	H G E

Radiallager

Innenring (Welle)					Außenring (Gehäuse)				
Lastfall	Passung	Belastung	Toleranzlage für Kugel-	Rollen-Lager	Lastfall	Passung	Belastung	Toleranzlage für Kugel-	Rollen-Lager
Umfangslast	fester Sitz erforderlich	niedrig	h k	k m	Punktlast	loser Sitz zulässig	beliebig groß	J H G F	
		mittel	j k m	m n p					
		hoch	m n	n p r					
Punktlast	loser Sitz zulässig	beliebig groß	j h g f		Umfangslast	fester Sitz erforderlich	niedrig	J K	K N
							mittel	K M	M N
							hoch	—	N P

101

Form- und Lagetolerierung

Angaben in Zeichnungen

vgl. DIN ISO 1101 (03.85)

Allgemeines	Bezüge	Tolerierte Elemente
Form- und Lagetoleranzen werden nur dann in technische Zeichnungen eingetragen, wenn sie aus Gründen der Fertigung, der Funktion oder der Austauschbarkeit der Werkstücke erforderlich sind.	Bezugsbuchstabe / Bezugslinie / Bezugsdreieck / Bezugselement	Bezugsbuchstabe (wenn notwendig) / Toleranzwert / Sinnbild der Toleranzart / Bezugslinie mit Bezugspfeil / toleriertes Element
	Der Bezug ist eine Fläche oder eine Linie	Die Toleranz bezieht sich auf eine Fläche oder eine Linie
Abmessungen des Toleranzrahmens: $1/10\,h$; Rahmen $2h \times 4h \times 2h$; Höhe $2h$. h Schrifthöhe	Der Bezug ist die Mittelebene der Nut und die Achse des Durchmessers	Die Toleranz bezieht sich auf die Mittelebene der Nut und die Achse des Durchmessers
	Der Bezug ist die gemeinsame Achse bzw. Mittellinie der beiden Bohrungen	Die Toleranz bezieht sich auf die gemeinsame Achse bzw. Mittellinie der beiden Bohrungen

Toleranzart	Sinnbild und tolerierte Eigenschaft	Zeichnungsangabe	Erklärung	Toleranzzone
Formtoleranzen	— Geradheit	$-\;\varnothing\,0{,}04$	Die tolerierte Achse des Zylinders (Außenzylinder) muß innerhalb eines Zylinders vom Durchmesser $t = 0{,}04$ mm liegen.	
	▱ Ebenheit	$\square\;0{,}03$	Die tolerierte Fläche muß sich zwischen zwei parallelen Ebenen vom Abstand $t = 0{,}03$ mm befinden.	
	○ Rundheit	$\bigcirc\;0{,}08$	In jeder Schnittebene senkrecht zur Achse muß die tolerierte Umfangslinie zwischen zwei konzentrischen Kreisen vom Abstand $t = 0{,}08$ mm liegen.	
	⌭ Zylinderform	$\cancel{\bigcirc}\;0{,}2$	Die tolerierte Mantelfläche des Zylinders muß zwischen zwei koaxialen Zylindern liegen, die einen Abstand von $t = 0{,}2$ mm haben.	
	⌒ Linienform	$\frown\;0{,}06$	Das tolerierte Profil muß sich zwischen zwei Hüll-Linien befinden, deren Abstand durch Kreise vom Durchmesser $t = 0{,}06$ mm begrenzt wird. Die Mittelpunkte dieser Kreise liegen auf der geometrisch idealen Linie.	
	⌓ Flächenform	$\frown\!\frown\;0{,}3$	Die tolerierte Fläche muß sich zwischen zwei Hüllflächen befinden, deren Abstand durch Kugeln vom Durchmesser $t = 0{,}3$ mm begrenzt wird. Die Kugelmittelpunkte liegen auf der geometrisch idealen Fläche.	$S\varnothing t$

Form- und Lagetolerierung

Toleranzart	Sinnbild und tolerierte Eigenschaft	Zeichnungsangabe	Erklärung	Toleranzzone
Lagetoleranzen – Richtungstoleranzen	// Parallelität	// ⌀0,03 A	Die tolerierte Achse muß innerhalb eines Zylinders vom Durchmesser $t = 0{,}03$ mm liegen, der parallel zur Bezugsachse A ist.	
	⊥ Rechtwinkligkeit	⊥ ⌀0,2	Die tolerierte Achse des Zylinders muß innerhalb eines zur Bezugsfläche senkrechten Zylinders vom Durchmesser $t = 0{,}2$ mm liegen.	
	∠ Neigung (Winkligkeit)	∠ 0,2 B 60°	Die tolerierte Neigungsfläche muß zwischen zwei parallelen, zur Bezugsachse B geneigten Ebenen vom Abstand $t = 0{,}2$ mm liegen. Der geometrisch ideale Winkel muß eine Neigung von 60° haben.	
Ortstoleranzen	⊕ Position	⊕ ⌀0,2 18 30	Der tatsächliche Schnittpunkt muß in einem Kreis vom Durchmesser $t = 0{,}2$ mm liegen, dessen Mitte mit dem theoretisch genauen Ort des Punktes übereinstimmt.	
	⊚ Konzentrizität und Koaxialität	⊚ ⌀0,3 A-B	Die Achse des tolerierten Teiles der Welle muß innerhalb eines zur Bezugsachse A-B koaxialen Zylinders vom Durchmesser $t = 0{,}3$ mm liegen.	
	≡ Symmetrie	≡ 0,05 A	Die tolerierte Mittelebene der Nut muß zwischen zwei parallelen Ebenen vom Abstand $t = 0{,}05$ mm liegen, die symmetrisch zur Ebene A der beiden Außenflächen angeordnet sind.	
Lauftoleranzen	↗ Rundlauf	↗ 0,3 A-B	Bei einer Umdrehung der Welle um die Bezugsachse A-B darf die Rundlaufabweichung in jeder Meßebene senkrecht zur Achse $t = 0{,}3$ mm nicht überschreiten.	
	↗ Planlauf	↗ 0,3 A	Bei einer Umdrehung der Welle um die Bezugsachse A darf die Planlaufabweichung an jeder beliebigen Meßposition $t = 0{,}3$ mm nicht überschreiten.	
Gesamtlauftoleranzen	↗↗ Rundlauf	↗↗ 0,3 A-B	Bei mehrmaliger Drehung um die Bezugsachse A-B **und** bei axialer Verschiebung müssen alle Punkte der Oberfläche innerhalb der Gesamt-Rundlauftoleranz $t = 0{,}3$ mm liegen.	
	↗↗ Planlauf	↗↗ 0,2 A	Bei mehrmaliger Drehung um die Bezugsachse A **und** bei radialer Verschiebung müssen alle Punkte der Oberfläche innerhalb der Gesamt-Planlauftoleranz $t = 0{,}2$ mm liegen.	

K

Allgemeintoleranzen

Allgemeintoleranzen für Längen- und Winkelmaße
vgl. DIN ISO 2768 T1 (06.91)

Längenmaße

Toleranzklasse		Grenzabmaße in mm für Nennmaßbereiche							
Kurzzeichen	Benennung	0,5 bis 3	über 3 bis 6	über 6 bis 30	über 30 bis 120	über 120 bis 400	über 400 bis 1000	über 1000 bis 2000	über 2000 bis 4000
f	fein	± 0,05	± 0,05	± 0,1	± 0,15	± 0,2	± 0,3	± 0,5	—
m	mittel	± 0,1	± 0,1	± 0,2	± 0,3	± 0,5	± 0,8	± 1,2	± 2
c	grob	± 0,2	± 0,3	± 0,5	± 0,8	± 1,2	± 2	± 3	± 4
v	sehr grob	—	± 0,5	± 1	± 1,5	± 2,5	± 4	± 6	± 8

Rundungshalbmesser und Fasen / Winkelmaße

Toleranzklasse		Grenzabmaße in mm für Nennmaßbereiche			Grenzabmaße in Grad und Minuten für Nennmaßbereiche (kürzerer Schenkel)				
Kurzzeichen	Benennung	0,5 bis 3	über 3 bis 6	über 6	bis 10	über 10 bis 50	über 50 bis 120	über 120 bis 400	über 400
f	fein	± 0,2	± 0,5	± 1	± 1°	± 0° 30′	± 0° 20′	± 0° 10′	± 0° 5′
m	mittel	± 0,2	± 0,5	± 1	± 1°	± 0° 30′	± 0° 20′	± 0° 10′	± 0° 5′
c	grob	± 0,4	± 1	± 2	± 1° 30′	± 1°	± 0° 30′	± 0° 15′	± 0° 10′
v	sehr grob	± 0,4	± 1	± 2	± 3°	± 2°	± 1°	± 0° 30′	± 0° 20′

Allgemeintoleranzen für Form und Lage
vgl. DIN ISO 2768 T2 (04.91)

Toleranzklasse	Toleranzen in mm für														
	Geradheit und Ebenheit					Rechtwinkligkeit				Symmetrie				Lauf
	Nennmaßbereiche in mm					Nennmaßbereiche in mm				Nennmaßbereiche in mm				
	bis 10	über 10 bis 30	über 30 bis 100	über 100 bis 300	über 300 bis 1000	über 1000 bis 3000	bis 100	über 100 bis 300	über 300 bis 1000	über 1000 bis 3000	bis 100	über 100 bis 300	über 300 bis 1000	über 1000 bis 3000	
H	0,02	0,05	0,1	0,2	0,3	0,4	0,2	0,3	0,4	0,5	0,5				0,1
K	0,05	0,1	0,2	0,4	0,6	0,8	0,4	0,6	0,8	1	0,6	0,8	1		0,2
L	0,1	0,2	0,4	0,8	1,2	1,6	0,6	1	1,5	2	0,6	1	1,5	2	0,5

Allgemeintoleranzen für Längen- und Winkelmaße, Form und Lage
vgl. DIN 7168 (04.91)
— nicht für Neukonstruktionen —

Längenmaße

Toleranzklasse	Grenzabmaße in mm für Nennmaßbereiche								
	0,5 bis 3	über 3 bis 6	über 6 bis 30	über 30 bis 120	über 120 bis 400	über 400 bis 1000	über 1000 bis 2000	über 2000 bis 4000	über 4000 bis 8000
f (fein)	± 0,05	± 0,05	± 0,1	± 0,15	± 0,2	± 0,3	± 0,5	± 0,8	—
m (mittel)	± 0,1	± 0,1	± 0,2	± 0,3	± 0,5	± 0,8	± 1,2	± 2	± 3
g (grob)	± 0,15	± 0,2	± 0,5	± 0,8	± 1,2	± 2	± 3	± 4	± 5
sg (sehr grob)	—	± 0,5	± 1	± 1,5	± 2	± 3	± 4	± 6	± 8

Rundungshalbmesser und Fasen / Winkelmaße

Toleranzklasse	Grenzabmaße in mm für Nennmaßbereich					Grenzabmaße in Grad und Minuten für Nennmaßbereich (kürzerer Schenkel)				
	0,5 bis 3	über 3 bis 6	über 6 bis 30	über 30 bis 120	über 120 bis 400	bis 10	über 10 bis 50	über 50 bis 120	über 120 bis 400	über 400
f (fein) / m (mittel)	± 0,2	± 0,5	± 1	± 2	± 4	± 1°	± 30′	± 20′	± 10′	± 5′
g (grob) / sg (sehr grob)	± 0,2	± 1	± 2	± 4	± 8	± 1° 30′ / ± 3°	± 50′ / ± 2°	± 25′ / ± 1°	± 15′ / ± 30′	± 10′ / ± 20′

Geradheit und Ebenheit / Symmetrie / Lauf

Toleranzklasse	Toleranzen in mm für							Symmetrie	Lauf
	Geradheit und Ebenheit für Nennmaßbereich								
	bis 6	über 6 bis 30	über 30 bis 120	über 120 bis 400	über 400 bis 1000	über 1000 bis 2000	über 2000 bis 4000		
R	0,004	0,01	0,02	0,04	0,07	0,1	—	0,3	0,1
S	0,008	0,02	0,04	0,08	0,15	0,2	0,3	0,5	0,2
T	0,025	0,06	0,12	0,25	0,4	0,6	0,9	1	0,5
U	0,1	0,25	0,5	1	1,5	2,5	3,5	2	1

K

Technologie der Werkstoffe

Stoffwerte und Werkstoffnormung

Stoffwerte	106
Werkstoffnummern	108
Einteilung der Stähle nach DIN EN 10020	109
Stahlnormung (neu)	110
Stahlnormung (alt)	111

Gußeisenwerkstoffe

Gießereitechnik	113
Gußeisen	114
Temperguß, Stahlguß	115

Stähle

Auswahl von Baustählen	116
Unlegierter Baustahl	117
Vergütungsstähle	118
Einsatz- und Automatenstähle	119
Stähle für Flammhärtung, Nitrierstähle	120
Feinkornbaustähle	120
Werkzeugstähle	121
Nichtrostende Stähle, Federstähle	122
Stähle für Drähte, Rohre und Druckbehälter	123

Sonstige metallische Werkstoffe

NE-Metalle	125
Farbeinlagen	128 A…D
Verbundwerkstoffe, keramische Werkstoffe	130
Sintermetalle	131
Gleitlagerwerkstoffe	132
Schneidstoffe	134

Fertigerzeugnisse

Blech, Band, Draht	135
Übersicht über die Stahlprofile	136
Stabstahl	137
Stahlrohre, Hohlprofile	139
Rohre aus NE-Metallen und Kunststoffen	141
Form- und Stabstahl	142
Profile aus Aluminium	148

Nichtmetallische Werk- und Hilfsstoffe

Kunststoffe	149
Kühlschmierstoffe	154
Schmierstoffe	155

Wärmebehandlung und Werkstoffprüfung

| Wärmebehandlung | 157 |
| Werkstoffprüfung | 160 |

Korrosion, Korrosionsschutz, Entsorgung

| Korrosion, Korrosionsschutz | 167 |
| Entsorgung von Stoffen | 168 |

Stoffwerte

Gasförmige Stoffe

Stoff	Dichte bei 0°C und 1,013 bar ϱ kg/m³	Dichte-zahl[1] ϱ/ϱ_L	Schmelz-temperatur bei 1,013 bar ϑ °C	Siede-temperatur bei 1,013 bar ϑ °C	Wärme-leitfähigk. bei 20°C W/m·K	Wärme-leitzahl[2] λ/λ_L	Spezifische Wärmekapazität bei 20°C und 1,013 bar c_p[3] kJ/kg·K	c_v[4] kJ/kg·K
Acetylen (C_2H_2)	1,17	0,905	−84	−82	0,021	0,81	1,64	1,33
Ammoniak (NH_3)	0,77	0,596	−78	−33	0,024	0,92	2,06	1,56
Butan (C_4H_{10})	2,70	2,088	−135	−0,5	0,016	0,62	—	—
Frigen (CF_2CL_2)	5,51	4,261	−140	−30	0,010	0,39	—	—
Kohlenoxid (CO)	1,25	0,967	−205	−190	0,025	0,96	1,05	0,75
Kohlendioxid (CO_2)	1,98	1,531	−57[5]	−78	0,016	0,62	0,82	0,63
Luft	1,293	1,0	−220	−191	0,026	1,00	1,005	0,716
Methan (CH_4)	0,72	0,557	−183	−162	0,033	1,27	2,19	1,68
Propan (C_3H_8)	2,00	1,547	−190	−43	0,018	0,69	—	—
Sauerstoff (O_2)	1,43	1,106	−219	−183	0,026	1,00	0,91	0,65
Stickstoff (N_2)	1,25	0,967	−210	−196	0,026	1,00	1,04	0,74
Wasserstoff (H_2)	0,09	0,07	−259	−253	0,18	6,92	14,24	10,10

[1] Dichtezahl = Dichte eines Gases ϱ geteilt durch die Dichte der Luft ϱ_L
[2] Wärmeleitzahl = Wärmeleitfähigkeit λ eines Gases geteilt durch die Wärmeleitfähigkeit λ_L der Luft
[3] bei konst. Druck [4] bei konst. Volumen [5] bei 5,3 bar

Flüssige Stoffe

Stoff	Dichte bei 20°C ϱ kg/dm³	Zünd-temperatur ϑ °C	Gefrier- bzw. Schmelz-ratur bei 1,013 bar ϑ °C	Siede-tempe-ratur bei 1,013 bar ϑ °C	Spezif. Verdamp-fungs-wärme[1] r kJ/kg	Wärme-leitfähig-keit bei 20°C λ W/m·K	Spezif. Wärme-kapazität bei 20°C c kJ/kg·K	Volumen-ausdeh-nungs-koeffi-zient γ 1/°C od. 1/K
Äthyläther (($C_2H_5)_2$O)	0,71	170	−116	35	377	0,13	2,28	0,00116
Benzin	0,72...0,75	220	−30...−50	25...210	419	0,13	2,02	0,00115
Dieselkraftstoff	0,81...0,85	220	−30	150...360	628	0,15	2,05	0,00096
Heizöl EL	≈ 0,83	220	−10	> 175	628	0,14	2,07	0,00096
Maschinenöl	0,91	400	−20	> 300	—	0,13	2,09	0,00093
Petroleum	0,76...0,86	550	−70	> 150	314	0,13	2,16	0,001
Quecksilber (Hg)	13,5	—	−39	357	285	10	0,14	0,00018
Spiritus 95%	0,81	520	−114	78	854	0,17	2,43	0,00111
Wasser, destilliert	1,00[2]	—	0	100	2256	0,60	4,18	0,00018

[1] bei Siedetemperatur und 1,013 bar [2] bei 4°C

Feste Stoffe

Stoff	Dichte ϱ kg/dm³	Schmelz-tempe-ratur bei 1,013 bar ϑ °C	Siede-tempe-ratur bei 1,013 bar ϑ °C	Spezif. Schmelz-wärme bei 1,013 bar q kJ/kg	Wärme-leitfähig-keit bei 20°C λ W/m·K	Mittlere spezif. Wärme-kapazität bei 0...100°C c kJ/kg·K	Spezif. Wider-stand bei 20°C ϱ_{20} Ω·mm²/m	Längenaus-dehnungs-koeffizient zwischen 0...100°C α 1/°C od. 1/K
Aluminium (Al)	2,7	659	2270	356	204	0,94	0,028	0,0000238
Antimon (Sb)	6,69	630,5	1637	163	22	0,21	0,39	0,0000108
Asbest	2,1...2,8	≈ 1300	—	—	—	0,81	—	—
Beryllium (Be)	1,85	1280	≈ 3000	—	165	1,02	0,04	0,0000123
Beton	1,8...2,2	—	—	—	≈ 1	0,88	—	0,00001
Bismut (Bi)	9,8	271	1560	59	8,1	0,12	1,25	0,0000125
Blei (Pb)	11,3	327,4	1751	24,3	34,7	0,13	0,208	0,000029
Cadmium (Cd)	8,64	321	765	54	91	0,23	0,077	0,00003
Chrom (Cr)	7,2	1903	2642	134	69	0,46	0,13	0,0000084
Cobalt (Co)	8,9	1493	2880	268	69,1	0,43	0,062	0,0000127
CuAl-Legierungen	7,4...7,7	1040	2300	—	61	0,44	—	—
CuSn-Legierungen	7,4...8,9	900	2300	—	46	0,38	0,02...0,03	0,0000175

Stoffwerte

Feste Stoffe (Fortsetzung)

Stoff	Dichte ϱ kg/dm³	Schmelz-temperatur bei 1,013 bar ϑ °C	Siede-temperatur bei 1,013 bar ϑ °C	Spezif. Schmelz-wärme bei 1,013 bar q kJ/kg	Wärme-leitfähig-keit bei 20 °C λ W/m · K	Mittlere spezif. Wärme-kapazität bei 0...100°C c kJ/kg · K	Spezif. Wider-stand bei 20 °C ϱ_{20} $\Omega \cdot$ mm²/m	Längenaus-dehnungs-koeffizient zwischen 0...100 °C α 1/°C od. 1/K
CuZn-Legierungen	8,4...8,7	900...1000	2300	167	105	0,39	0,05...0,07	0,0000185
Eis	0,92	0	100	332	2,3	2,09	—	0,000051
Eisen, rein (Fe)	7,87	1536	3070	276	81	0,47	0,13	0,000012
Eisenoxid (Rost)	5,1	1570	—	—	0,58 (pulv.)	0,67	—	—
Fette	0,92...0,94	30...175	≈ 300	—	0,21	—	—	—
Gips	2,3	1200	—	—	0,45	1,09	—	—
Glas (Quarzglas)	2,4...2,7	≈ 700	—	—	0,81	0,83	10¹⁸	0,0000005
Gold (Au)	19,3	1064	2707	67	310	0,13	0,022	0,0000142
Graphit (C)	2,24	≈ 3800	≈ 4200	—	168	0,71	—	0,0000078
Gußeisen	7,25	1150...1200	—	125	58	0,50	0,6...1,6	0,0000105
Hartmetall (K 20)	14,8	> 2000	≈ 4000	—	81,4	0,80	—	0,000005
Holz (lufttrocken)	0,20...0,72	—	—	—	0,06...0,17	2,1...2,9	—	≈ 0,00004 [2]
Iridium (Ir)	22,4	2443	> 4350	135	59	0,13	0,053	0,0000065
Iod (I)	5,0	113,6	183	62	0,44	0,23	—	—
Kohlenstoff (C)	3,5	3800	—	—	—	0,52	—	0,00000118
Koks	1,6...1,9	—	—	—	0,18	0,83	—	—
Konstantan	8,89	1260	≈ 2400	—	23	0,41	0,49	0,0000152
Kork	0,1...0,3	—	—	—	0,04...0,06	1,7...2,1	—	—
Korund (Al₂O₃)	3,9...4,0	2050	2700	—	12...23	0,96	—	0,0000065
Kupfer (Cu)	8,96	1083	≈ 2595	213	384	0,39	0,0179	0,000017
Magnesium (Mg)	1,74	650	1120	195	172	1,04	0,044	0,000026
Magnesium-Leg.	≈ 1,8	≈ 630	1500	—	46...139	—	—	0,0000245
Mangan (Mn)	7,43	1244	2095	251	21	0,48	0,39	0,000023
Molybdaen (Mo)	10,22	2620	4800	287	145	0,26	0,054	0,0000052
Natrium (Na)	0,97	97,8	890	113	126	1,3	—	0,000071
Nickel (Ni)	8,91	1455	2730	306	59	0,45	0,095	0,000013
Niob (Nb)	8,55	2468	≈ 4800	288	53	0,273	0,217	0,0000071
Phosphor, gelb (P)	1,82	44	280	21	—	0,80	—	—
Platin (Pt)	21,5	1769	4300	113	70	0,13	0,098	0,000009
Polystyrol	1,05	—	—	—	0,17	1,3	10¹⁰	0,00007
Porzellan	2,3...2,5	≈ 1600	—	—	1,6 [1]	1,2 [1]	10¹²	0,000004
Quarz, Flint (SiO₂)	2,1...2,5	1480	2230	—	9,9	0,8	—	0,000008
Schaumgummi	0,06...0,25	—	—	—	0,04...0,06	—	—	—
Schwefel (S)	2,07	113	344,6	49	0,2	0,70	—	—
Selen, rot (Se)	4,4	220	688	83	0,2	0,33	—	—
Silber (Ag)	10,5	961,5	2180	105	407	0,23	0,015	0,0000197
Silicium (Si)	2,33	1423	2355	1658	83	0,75	2,3 · 10⁹	0,0000042
Siliciumkarbid (SiC)	2,4	zerfällt über 3000 °C in C und Si			9 [3]	1,05 [3]	—	—
Stahl unlegiert	7,85	1460	2500	205	48...58	0,49	0,14...0,18	0,0000115
X 12 CrNi 188	7,9	1450	—	—	14	0,51	0,7	0,000016
Steinkohle	1,35	—	—	—	0,24	1,02	—	—
Tantal (Ta)	16,6	2996	5400	172	54	0,14	0,124	0,0000065
Titan (Ti)	4,5	1670	3280	88	15,5	0,47	0,08	0,0000082
Uran (U)	19,1	1133	≈ 3800	356	28	0,12	—	—
Vanadium (V)	6,12	1890	≈ 3380	343	31,4	0,50	0,2	—
Wolfram (W)	19,27	3390	5500	54	130	0,13	0,055	0,0000045
Zink (Zn)	7,13	419,5	907	101	113	0,4	0,06	0,000029
Zinn (Sn)	7,29	231,9	2687	59	65,7	0,24	0,114	0,000023

[1] bei 800 °C   [2] quer zur Faser   [3] über 1000 °C

Werkstoffnummern

Rahmenplan der Werkstoffnummern   DIN 17007 T1 (04.59)

Die Werkstoffnummern stellen ein Ordnungssystem für Werkstoffe dar, das für die Datenverarbeitung geeignet ist.

Beispiel: 3.3541.01

- Werkstoff-Hauptgruppe: 3 Aluminium
- Sortennummer: 35 Mg-legiert / 41 Zählnummer
- Anhängezahlen: 0 unbehandelt / 1 Sandguß

Kennzahlen für die Werkstoff-Hauptgruppen

0	Roheisen, Ferrolegierungen, Gußeisen
1	Stahl, Stahlguß[1]
2	Nichteisen-Schwermetalle[2]
3	Leichtmetalle
4 bis 8	Nichtmetallische Werkstoffe
9	frei für interne Benutzung

[1] Zurückgezogen, Ersatz durch DIN EN 10027 T2
[2] NE-Schwermetalle und Leichtmetalle Seite 125

Systematik der Hauptgruppe 1 Stahl   DIN 17007 T2 (zurückgezogen), Ersatz durch DIN EN 10027 T2

Beispiel: 1.0116.07

- Werkstoff-Hauptgruppe: 1 Stahl
- Sortennummer: 01 allg. Baustahl / 16 Zählnummer
- Anhängezahlen: 0 unbestimmt / 7 kaltverfestigt

Bis zur Vergabe der Werkstoffnummern nach DIN EN 12027 T2 bleiben die bisherigen Werkstoffnummern gültig. Die Bedeutung der Sortennummer nach DIN 17007 entspricht der Bedeutung der Stahlgruppennummer nach DIN EN 10027. Die Anhängezahlen (Stellen 6 und 7) sind in DIN EN 10027 nicht enthalten.

Bedeutung der Anhängezahlen

Stelle 6	Stahlgewinnungsverfahren	Stelle 7	Behandlungszustand
0	unbestimmt oder ohne Bedeutung	0	keine oder beliebige Behandlung
1	unberuhigter Thomasstahl	1	normalgeglüht
2	beruhigter Thomasstahl	2	weichgeglüht
3	sonstige Erschmelzungsart, unberuhigt	3	wärmebehandelt auf gute Zerspanbarkeit
4	sonstige Erschmelzungsart, beruhigt	4	zähvergütet
5	unberuhigter Siemens-Martin-Stahl	5	vergütet
6	beruhigter Siemens-Martin-Stahl	6	hartvergütet
7	unberuhigter Sauerstoffaufblas-Stahl	7	kaltverfestigt
8	beruhigter Sauerstoffaufblas-Stahl	8	federhart kaltverfestigt
9	Elektrostahl	9	behandelt nach besonderen Angaben

Nummernsystem für Stähle   DIN EN 10027 T2 (09.92), Ersatz für DIN 17007 T2

Beispiel: 1.00 37(xx)

- Werkstoff-Hauptgruppe: 1 Stahl
- Stahlgruppen-Nummer: 00 Grundstahl
- 37 Zählnummer (xx) bei Bedarf erweiterbar

Das Nummernsystem für Stähle nach DIN EN 10027 besteht aus der Werkstoff-Hauptgruppennummer 1, einer zweistelligen Stahlgruppennummer und einer zweistelligen Zählnummer. Eine Erweiterung der Zählnummer auf 4 Stellen ist bei Bedarf vorgesehen.

Bedeutung der Stahlgruppennummern Stelle 2 und 3

Stahlgruppen-Nummer	Stahlgruppen für unlegierte Stähle	Stahlgruppen-Nummer	Stahlgruppen für legierte Stähle
00, 90	Grundstähle		Qualitätsstähle
	Qualitätsstähle	08, 98	Stähle mit besonderen physikalischen Eigenschaften
01, 91	Allgemeine Baustähle, $R_m < 500$ N/mm²	09, 99	Stähle für verschiedene Anwendungen
02, 92	sonstige Baustähle, $R_m < 500$ N/mm²		Edelstähle
03…06 und 93…96	Stähle mit Grenzwerten für C oder Grenzwerten für R_m	20…28 32, 33 35	Werkzeugstähle Schnellarbeitsstähle Wälzlagerstähle
07, 97	Stähle mit höherem P- oder S-Gehalt		
	Edelstähle	36…39	Eisenwerkstoffe mit besonderen physikalischen Eigenschaften
10	Stähle mit besonderen physikalischen Eigenschaften	40…46	nichtrostende Stähle
11	Bau-, Maschinenbau- und Behälterstähle mit < 0,5% C	47…49	hitzebeständige Stähle
12	Maschinenbaustähle mit ≥ 0,5% C	50…84	Bau-, Maschinenbau- und Behälterstähle
13	Bau-, Maschinenbau- und Behälterstähle mit besonderen Anforderungen	85	Nitrierstähle
15…18	Werkzeugstähle	87…89	Nicht für Wärmebehandlung bestimmte Stähle

Einteilung der Stähle

DIN EN 10020 (09.89)
Ersatz für EURONORM 20-74

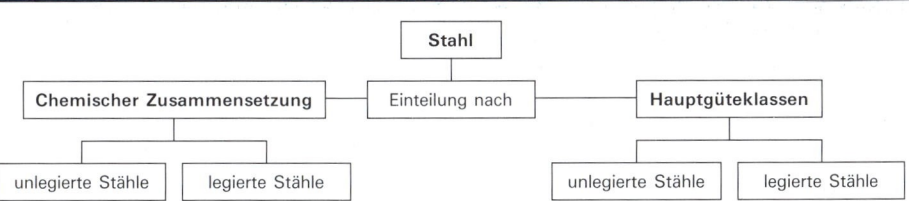

Die Einteilung der Stähle nach DIN EN 10020 ersetzt nach und nach die Einteilung der Stahlsorten nach EURONORM 20-74.

Chemische Zusammensetzung

Unlegierte Stähle								Legierte Stähle
Vorgeschriebene Grenzgehalte dürfen nicht überschritten werden, z. B.								Alle Stähle, bei denen der Grenzgehalt nebenstehender Tabelle in mindestens einem Fall überschritten ist.

Element	Al	B	Co	Cr	Cu	La	Mn	Mo	Nb
%	0,1	0,0008	0,1	0,3	0,4	0,05	1,65	0,08	0,06
Element	Ni	Pb	Se	Si	Te	Ti	V	W	Zr
%	0,3	0,4	0,1	0,5	0,1	0,05	0,1	0,1	0,05

Hauptgüteklassen der unlegierten Stähle

Grundstähle	Unlegierte Qualitätsstähle	Unlegierte Edelstähle

• nicht für eine Wärmebehandlung bestimmt
• vorgeschriebene Grenzwerte
  $R_m \leq 690$ N/mm^2
  $R_e \leq 360$ N/mm^2
  A $\leq 26\%$
  C $\geq 0,1\%$
  P $\geq 0,045\%$
  S $\geq 0,045\%$
  Kerbschlagarbeit ≤ 27 J
• keine besonderen Gütemerkmale
Beispiele:
— Stähle für den Stahlbau
— Flacherzeugnisse zum Kaltbiegen
	• keine sichere Wärmebehandlung
	• keine Anforderungen hinsichtlich des Reinheitsgrades
	• gesicherte Anforderungen hinsichtlich Sprödbruchempfindlichkeit, Korngröße, Verformbarkeit
	Beispiele:
	— schweißbare Feinkornbaustähle
	— Flacherzeugnisse zum Tiefziehen
	— unlegierte Baustähle
	— Automatenstähle
	— Vergütungsstähle
	— Federstähle
	— Feinstbleche
		• für eine Wärmebehandlung bestimmt
		• mit Anforderungen
		  — an die Kerbschlagarbeit im vergüteten Zustand
		  — an die Einhärtungstiefe
		• höherer Reinheitsgrad
		Beispiele:
		— Stähle für den Stahlbau und Kernreaktorbau
		— Einsatzstähle
		— Vergütungsstähle
		— Flacherzeugnisse zum Tiefziehen

Hauptgüteklassen der legierten Stähle

Legierte Qualitätsstähle	Legierte Edelstähle
• nicht für eine Wärmebehandlung bestimmt • ähnliche Verwendungszwecke wie unlegierte Qualitätsstähle, jedoch mit jeweils besonderen Eigenschaften **Beispiele:** — schweißbare Feinkornbaustähle — Flacherzeugnisse für schwierige Tiefzieharbeiten — Stähle zum Kaltumformen — Stähle für den Stahlbau, Druckbehälter- und Rohrleitungsbau	• genaue chemische Zusammensetzung • Stähle mit besonderen chemischen und physikalischen Eigenschaften **Beispiele:** — Stähle für den Maschinenbau — Werkzeugstähle — Wälzlagerstähle — Schnellarbeitsstähle — nichtrostende Stähle — hitzebeständige Stähle — warmfeste Stähle

Stahlnormung (neu)

Bezeichnungssystem für Stähle (Auszug)　　vgl. DIN EN 10 027 (09.92), DIN V 17 006 T 100 (11.93)

Die Kurznamen und die Werkstoffnummern für Stähle sollen in Europa nach einheitlichen Normen gebildet werden. Dieses Bezeichnungssystem löst DIN 17 006 T1...T3 und EURONORM 27 ab.
Die Bildung der Kurznamen erfolgt nach folgendem Schema:

| G | S | 235 | J0 | W |

Hauptsymbole		Zusatzsymbole	
		Gruppe 1	Gruppe 2
Kennbuchstabe für Stahlguß (wenn erforderlich)	Kennbuchstabe für die Stahlgruppe	Zahlen, Buchstaben, z.B. zur Kennzeichnung von — mechanischen Eigenschaften, — Kohlenstoffgehalt, — Legierungselementen.	Buchstaben, Ziffern, z.B. zur Kennzeichnung der — Kerbschlagarbeit, — Wärmebehandlung, — Verwendung.	Buchstaben, Ziffern; nur in Verbindung mit Gruppe 1 zulässig, z.B. zur Kennzeichnung der Umformbarkeit.

Stähle für den Stahlbau　　　　　　　　　　　　　　　　　　　　　　　　Kennbuchstabe: S

Beispiel:　| S | 355 | J2G1 | W |

W

Hauptsymbol	Zusatzsymbole, Gruppe 1				Zusatzsymbole, Gruppe 2	
Mindeststreckgrenze R_e in N/mm² für die geringste Erzeugnisdicke	Kerbschlagarbeit in Joule			Prüf-temp.	M thermomechanisch gewalzt N normalgeglüht oder normalisierend gewalzt Q vergütet G andere Merkmale, evtl. mit 1 oder 2 Ziffern. (M, N, Q, nur bei Feinkornstählen)	C mit besonderer Kaltumformbarkeit D für Schmelztauchüberzüge L für tiefe Temperaturen M thermomechanisch gewalzt N normalgeglüht oder normalisierend gewalzt	E für Emaillierung F zum Schmieden H Hohlprofile O für Offshore Q vergütet S für Schiffsbau T für Rohre W wetterfest P Spundwandstahl
	27 J	40 J	60 J	°C			
	JR	KR	LR	+20			
	J0	K0	L0	0			
	J2	K2	L2	−20			
	J3	K3	L3	−30			
	J4	K4	L4	−40			
	J5	K5	L5	−50			
	J6	K6	L6	−60			

Druckbehälterstähle　　　　　　　　　　　　　　　　　　　　　　　　　Kennbuchstabe: P

Beispiel:　| P | 355 | G | H |

Hauptsymbol	Zusatzsymbole, Gruppe 1		Zusatzsymbole, Gruppe 2	
Mindeststreckgrenze R_e in N/mm² für die geringste Erzeugnisdicke	M thermomechanisch gewalzt N normalgeglüht oder normalisierend gewalzt Q vergütet	B Gasflaschen S einfache Druckbehälter T Rohre G andere Merkmale, evtl. mit 1 oder 2 Ziffern	H Hochtemperatur L Tieftemperatur R Raumtemperatur X Hoch- und Tieftemperatur	

Maschinenbaustähle　　　　　　　　　　　　　　　　　　　　　　　　　Kennbuchstabe: E

Beispiel:　| E | 295 | G | C |

Hauptsymbol	Zusatzsymbol, Gruppe 1	Zusatzsymbol, Gruppe 2
Mindeststreckgrenze R_e in N/mm² für die geringste Erzeugnisdicke	G andere Merkmale, evtl. mit 1 oder 2 nachfolgenden Ziffern	C mit besonderer Kaltumformbarkeit

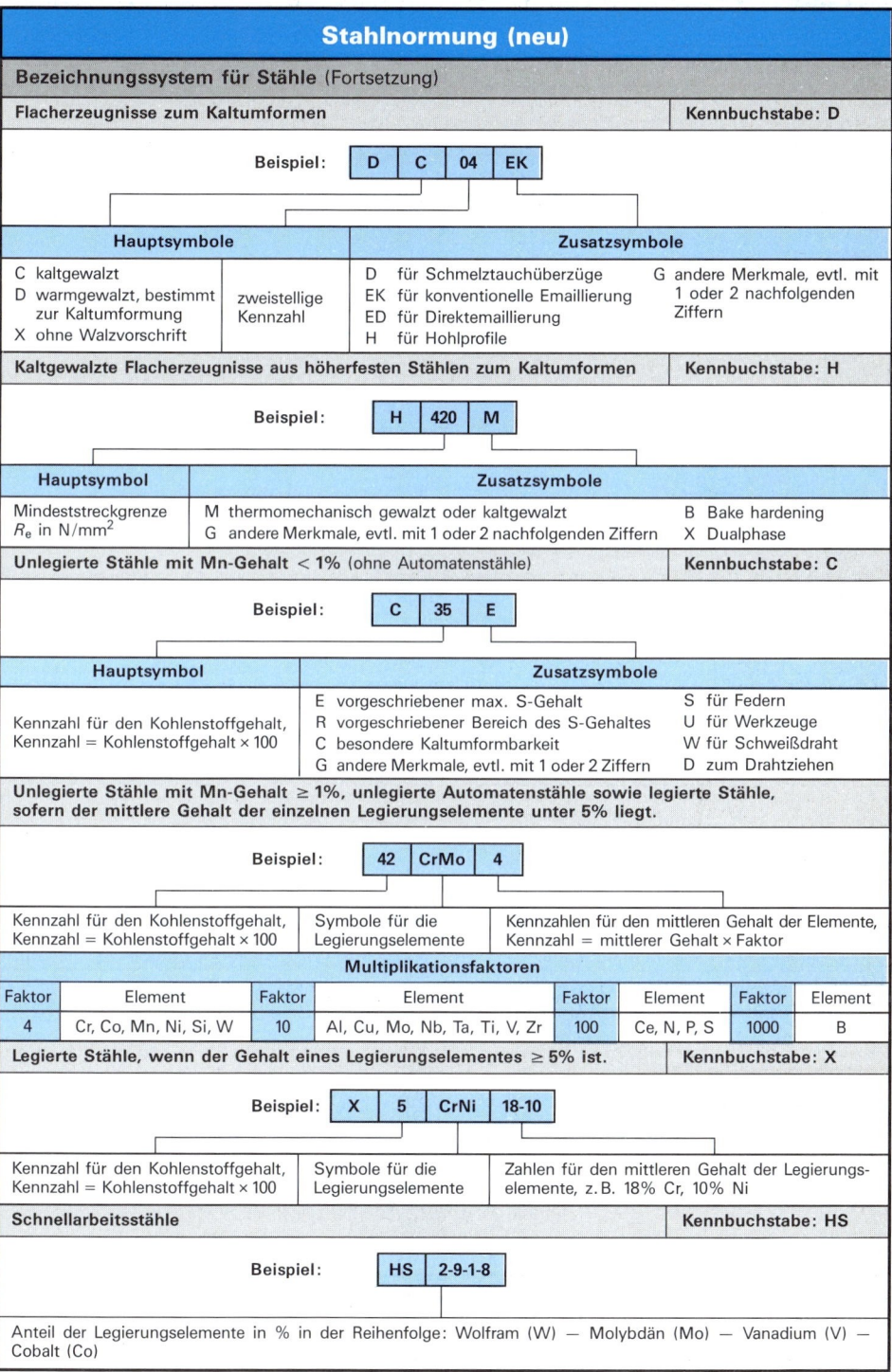

Stahlnormung (alt)

vgl. DIN Normenheft 3 (1983)

Die nach diesem System und nach EURONORM 27-74 gebildeten Kurznamen werden allmählich durch neue Kurznamen entsprechend der Systematik von DIN EN 10027 (Seite 110, 111) ersetzt. Die Umstellung wird von den Fachausschüssen für die einzelnen Stahlgruppen, z.B. für die Einsatzstähle, vorgenommen.

Werkstoffgruppe

Kenn-buchstabe	Bedeutung	Beispiel	Kenn-buchstabe	Bedeutung	Beispiel
St	Unlegierter Baustahl	St 37-2	GTS	Schwarzer Temperguß	GTS-55
StE	Baustahl mit Angabe der Streckgrenze	StE 39	GTW	Weißer Temperguß	GTW-35
			GS	Stahlguß	GS-52
GG	Gußeisen mit Lamellengraphit	GG-20	GK	Kokillenguß	GK-AlMg 3
GGG	Gußeisen mit Kugelgraphit	GGG-60	GZ	Schleuderguß (Zentrifugalguß)	GZ-X12Cr 14

Bei St, GG, GS, GTS und GTW erhält man aus der direkt angehängten Zahl durch Multiplikation mit dem Faktor 9,81 die Mindestzugfestigkeit in N/mm², bei StE dagegen die gewährleistete Streckgrenze.

Chemische Zusammensetzung

Unlegierte Stähle

Kenn-buchstabe	Bedeutung	Beispiel	Kenn-buchstabe	Bedeutung	Beispiel
C	Zeichen für Kohlenstoff	C 15	W 1	Werkzeugstahl erster Güte	C 105 W 1
f	Geeignet für Flamm- und Induktionshärtung	Cf 53	W 2	Werkzeugstahl zweiter Güte	C 105 W 2
k	Niedriger Phosphor- und Schwefelgehalt	Ck 10	W 3	Werkzeugstahl dritter Güte	C 60 W 3
m	Gewährleistete Spanne des Schwefelgehaltes	Cm 35	WS	Werkzeugstahl für Sonderzwecke	C 85 WS
q	Stähle zum Kaltstauchen	Cq 15	D	Stahl für Walzdraht	D 8

Die an den Kennbuchstaben C und D angehängten Zahlen kennzeichnen den Kohlenstoffgehalt in hundertstel Gewichtsprozent.

Legierte Stähle

Die erste Zahl des Kurznamens kennzeichnet den Kohlenstoffgehalt in hundertstel Gewichtsprozent. Der Buchstabe C entfällt dabei. Danach folgen die chemischen Zeichen der wesentlichen Legierungselemente in der Reihenfolge der Gewichtsprozente sowie die Gewichtsprozente selbst, die mit den folgenden Faktoren multipliziert sind:

Multiplikationsfaktor									
4		10				100		1000	
Cr Chrom	Ni Nickel	Al Aluminium	Nb Niob	Ti Titan	C Kohlenstoff	B Bor
Co Kobalt	Si Silicium	Be Beryllium	Pb Blei	V Vanadium	S Schwefel	
Mn Mangan	W Wolfram	Cu Kupfer	Ta Tantal	Zr Zirkon	N Stickstoff	
		Mo Molybdaen			Ce Cer	

Bei **Gehalten von mehr als 5%** eines Legierungsbestandteils entfällt der Multiplikationsfaktor. Zur sicheren Kennzeichnung wird jedoch meist ein X vor den hundertfachen C-Gehalt gesetzt.
Schnellarbeitsstähle werden mit dem Buchstaben S gekennzeichnet, dem in immer gleicher Reihenfolge die Legierungsbestandteile Wolfram, Molybdaen, Vanadium und Kobalt in Gewichtsprozenten folgen.

Beispiel	Erläuterung	Beispiel	Erläuterung
16 MnCr 5	Einsatzstahl mit 0,16% C und 1,25% Mn, Cr-Anteile	X-12 CrNi 18 8	Korrosionsbeständiger Stahl mit 0,12% C, 18% Cr und 8% Ni
GS-18 CrMo 9 10	Warmfester Stahlguß mit 0,18% C, 2,2% Cr und 1,0% Mo	S 18-1-2-5	Schnellarbeitsstahl mit 18% W, 1% Mo, 2% V und 5% Co

Kennzeichnung zusätzlicher Merkmale durch Buchstaben

Kennbuchstabe **vor** dem eigentlichen Kurznamen (Angaben zur Herstellung)

Kenn-buchstabe	Bedeutung	Beispiel	Kenn-buchstabe	Bedeutung	Beispiel
A	Alterungsbeständiger Stahl	A 25 CrMo 4	S	Zum Schweißen besonders geeignet	GTW-S 38-12
G	Gußwerkstoff	G-X 12 Cr 14			
P	Zum Gesenkschmieden	PSt 50-2	TT	Für tiefe Temperaturen geeignet	TTStE-32
R	Beruhigter und halbberuhigter Stahl	RSt 37-2	U	Unberuhigter Stahl	USt 37-2
RR	Besonders beruhigter Stahl	RRSt 34.7	WT	Witterungsbeständiger Stahl	WTSt 37-3
Ro	Für geschweißte Rohre	RoSt 37-3	Z	Zum Blankziehen geeignet	ZSt 44-2

Kennbuchstabe **nach** dem eigentlichen Kurznamen (Behandlungszustand)

G	Weichgeglüht	16 MnCr 5 G	SH	Geschält	Ck 45 SH
K	Kaltgezogen	9 SMn 28 K	U	Unbehandelt	St 37.2 U
N	Normalgeglüht	Ck 45 N	V	Vergütet	42 CrMo4 V 90

Gießereitechnik

Anstrich und Farbkennzeichnung der Modelle
vgl. DIN 1511 (04.78)

Fläche oder Flächenteil	Stahlguß	Gußeisen mit Kugelgraphit	Gußeisen mit Lamellengraphit	Temperguß	Schwermetallguß	Leichtmetallguß
Grundfarbe für Flächen am Modell und im Kernkasten, die am Gußteil unbearbeitet bleiben	blau	lila	rot	grau	gelb	grün
am Gußteil zu bearbeitende Flächen	gelbe Striche	gelbe Striche	gelbe Striche	gelbe Striche	rote Striche	gelbe Striche
Sitzstellen loser Modellteile (Ansteckteile) am Modell oder im Kernkasten sowie für Schrauben von losen Teilen	schwarz umrandet					
Stellen für Abschreckplatten und Marken für einzulegende Dorne	rot	rot	blau	rot	blau	blau
Kernmarken	schwarz					

Schwindmaße
vgl. DIN 1511 (04.78)

Gußwerkstoff	nach DIN	Schwindmaß in %	Gußwerkstoff	nach DIN	Schwindmaß in %
Gußeisen mit Lamellengraphit	1961	1,0	Aluminium-Gußlegierungen	1725 T2	1,2
mit Kugelgraphit, geglüht	1693 T1	0,5	Magnesium-Gußlegierungen	1729 T2	1,2
mit Kugelgraphit, ungeglüht	1693 T1	1,2	CuSn-Gußlegierungen	1705	1,5
Stahlguß	1681	2,0	Cu-Zn-Gußlegierungen	1709	1,2
Weißer Temperguß	1692	1,6	Cu-Sn-Zn-Gußlegierungen	1705	1,3
Schwarzer Temperguß	1692	0,5	Feinzink-Gußlegierungen	1743 T2	1,3

Allgemeintoleranzen und Bearbeitungszugaben für Gußrohteile aus Gußeisen mit Lamellengraphit
vgl. DIN 1686 T1 (10.80)

Abmaße für Längenmaße (Längen, Breiten, Höhen, Mittenabstände, Durchmesser, Rundungen)

Genauigkeitsgrad	Nennmaßbereich										
	bis 18[1]	über 18 bis 30[1]	über 30 bis 50	über 50 bis 80	über 80 bis 120	über 120 bis 180	über 180 bis 250	über 250 bis 315	über 315 bis 400	über 400 bis 500	über 500 bis 630	über 630 bis 800	über 800 bis 1000	über 1000 bis 1250

Genauigkeitsgrad	bis 18[1]	über 18 bis 30[1]	über 30 bis 50	über 50 bis 80	über 80 bis 120	über 120 bis 180	über 180 bis 250	über 250 bis 315	über 315 bis 400	über 400 bis 500	über 500 bis 630	über 630 bis 800	über 800 bis 1000	über 1000 bis 1250
GTB 20	±4,5	±7,5	±8	±8,5	±9	±10	±11	±11	±12	±13	±14	±15	±16	±18
GTB 19	±4,5	±4,7	±5	±5,5	±6	±6,5	±7	±7,5	±8	±8,5	±9,5	±10	±11	±12
GTB 18	±2,9	±3	±3,2	±3,4	±3,7	±4,1	±4,4	±4,7	±5	±5,5	±6	±6,5	±7	±7,5
GTB 17	±1,8	±1,9	±2	±2,1	±2,3	±2,5	±2,7	±2,9	±3,1	±3,3	±3,5	±3,8	±4,1	±4,4
GTB 16	±1,1	±1,2	±1,3	±1,4	±1,5	±1,6	±1,8	±1,9	±2	±2,1	±2,3	±2,4	±2,6	±2,8
GTB 15	±0,85	±0,95	±1	±1,1	±1,2	±1,3	±1,4	±1,5	±1,6	±1,7	±1,8	±1,9	±2	±2,2

[1] Die **Istabweichung** darf in keinem Fall mehr als ±25% des Nennmaßes betragen.

Abmaße für Dickenmaße

Genauigkeitsgrad	Nennmaßbereich								
	bis 6	über 6 bis 10	über 10 bis 18	über 18 bis 30	über 30 bis 50	über 50 bis 80	über 80 bis 120	über 120 bis 180
GTB 20	—	—	—	—	±7,5	±11	±12	±13	±14
GTB 19	—	—	—	±4,5	±7,5	±8	±8,5	±9	±10
GTB 18	—	±2,5	±4,5	±4,7	±5	±5,5	±6,5	—
GTB 17	±1,5	±2,5	±2,9	±3	±3,2	±3,4	±3,7	—
GTB 16	±1,5	±1,8	±1,8	±1,9	±2	±2,1	±2,3	—
GTB 15	±0,95	±1	±1,1	±1,2	±1,3	±1,4	—	—

Bearbeitungszugaben bei Gußstücken bis 1000 kg Gewicht und bis 50 mm Wanddicke

Lage der Fläche in der Gießform	Nennmaßbereich (größtes Außenmaß des Gußrohteiles)					
	bis 50	über 50 bis 120	über 120 bis 250	über 250 bis 500	über 500 bis 1000	über 1000 bis 2500
unten, seitlich	2	2	2,5	2,5	3,5	4
oben	2,5	2,5	3	3	4,5	5

Gußeisen

Gußeisen mit Lamellengraphit (Grauguß) — vgl. DIN 1691 (05.85)

Sorte Kurzname	Werkstoffnummer	Zugfestigkeit R_m in N/mm² und Härte HB für Wanddicken in mm						Eigenschaften, Verwendung
		5…10		> 10…20		> 20…40		
		R_m	HB	R_m	HB	R_m	HB	Gefüge

Sorten mit der Zugfestigkeit R_m als kennzeichnende Eigenschaft

Sorte	Nr.	R_m 5-10	HB	R_m >10-20	HB	R_m >20-40	HB	Gefüge	Eigenschaften, Verwendung
GG-10	0.6010	—	—	—	—	—	—	ferritisch	Teile mit geringer Beanspruchung
GG-15	0.6015	155	245	130	225	110	205	⇓	Teile mit höherer Beanspruchung; Hebel, Lagergehäuse
GG-20	0.6020	205	270	180	250	155	235		
GG-25	0.6025	250	285	225	265	195	250		Wärmebeständige u. druckdichte Teile
GG-30	0.6030	—	—	270	285	240	265	⇓	Teile mit hoher Beanspruchung; Lagerschalen, Turbinengehäuse
GG-35	0.6035	—	—	315	285	280	275	perlitisch	

Sorten mit der Brinellhärte HB als kennzeichnende Eigenschaft

Sorte	Nr.	R_m 5-10	HB	R_m >10-20	HB	R_m >20-40	HB	Gefüge	Eigenschaften, Verwendung
GG-150 HB	0.6012	—	185	—	170	—	160	ferritisch	Die Brinellhärte wird bevorzugt dann als kennzeichnende Eigenschaft festgelegt, wenn Gußstücke z. B. auf Verschleiß beansprucht werden oder mit hoher Schnittgeschwindigkeit bearbeitet werden sollen.
GG-170 HB	0.6017	—	225	—	205	—	185		
GG-190 HB	0.6022	—	260	—	230	—	210		
GG-220 HB	0.6027	—	275	—	250	—	235	⇓	
GG-240 HB	0.6032	—	—	—	275	—	255		
GG-260 HB	0.6037	—	—	—	—	—	275	perlitisch	

Die Brinellhärte bezieht sich auf eine Nenndicke von 15 mm.

Gußeisen mit Kugelgraphit — vgl. DIN 1693 (10.73)

Sorte Kurzname	Werkstoffnummer	Zugfestigkeit R_m N/mm²	Dehngrenze $R_{p0,2}$ N/mm²	Bruchdehnung A %	Gefüge	Eigenschaften, Verwendung
GGG-35.3[1]	0.7033	350	220	22	ferritisch	Gut bearbeitbar, geringe Verschleißfestigkeit; Gehäuse
GGG-40	0.7040	400	250	15		
GGG-40.3[1]	0.7043	400	250	18		
GGG-50	0.7050	500	320	7	⇓	Sehr gut bearbeitbar, geringe bis mittlere Verschleißfestigkeit, mittlere Festigkeit und Zähigkeit; Fittings, Pressenkörper, Pleuelstangen
GGG-60	0.7060	600	380	3		
GGG-70	0.7070	700	440	2	⇓	Gute bis sehr gute Oberflächenhärte; Zahnräder, Kurbelwellen, Lenk- und Kupplungsteile, Ketten
GGG-80	0.7080	800	500	2	perlitisch	

[1] Sorten mit ferritischem Gefüge und gewährleisteter Kerbschlagarbeit bei Minustemperaturen.

Austenitisches Gußeisen mit Kugelgraphit — vgl. DIN 1694 (09.81)

Sorte Kurzname	Werkstoffnummer	R_m	$R_{p0,2}$	A %	Eigenschaften, Verwendung
GGG-NiMn 13 7	0.7652	390	210	15	Nichtmagnetisierbar; Gehäuse für Schaltanlagen, Isolatorenflansche, Klemmen
GGG-NiCr 20 2	0.7660	370	210	7	Korrosions- und hitzebeständig, gute Gleiteigenschaften; Pumpen, Ventile, Laufbuchsen
GGG-Ni 22	0.7670	370	170	20	Hohe Wärmedehnung, bis −100 °C kaltzäh nichtmagnetisierbar; Gehäuse, Ventile
GGG-NiMn 23 4	0.7673	440	210	25	Besonders hohe Dehnung, bis −196 °C kaltzäh; Gußstücke der Kältetechnik
GGG-Ni 35	0.7685	370	210	20	Wärmeschockbeständig, geringe Wärmeausdehnung; Abgasleitungen, Turboladergehäuse

Temperguß, Stahlguß

Entkohlend geglühter Temperguß (GTW) vgl. DIN 1692 (01.82)

Sorte Kurzname	Werkstoffnummer	Zugproben-⌀ mm	Zugfestigkeit R_m N/mm²	Dehngrenze $R_{p0,2}$ N/mm²	Bruchdehnung A %	Brinellhärte HB	Eigenschaften, Verwendung
GTW-35-04	0.8035	9 12 15	340 350 360	— — —	5 4 3	230	Alle Sorten sind gut spanend bearbeitbar. Werkstücke mit kleiner Wanddicke wie z.B. Schlüssel, Rohrverbindungsstücke, Hebel, Kettenglieder, Bremstrommeln, Kipphebel, Schaltgabeln.
GTW-40-05	0.8040	9 12 15	360 400 420	200 220 230	8 5 4	220	
GTW-45-07	0.8045	9 12 15	400 450 480	230 260 280	10 7 4	220	
GTW-S 38-12	0.8038	9 12 15	320 380 400	170 200 210	15 12 8	200	Für geschweißte Konstruktionsteile.

Nicht entkohlend geglühter Temperguß (GTS) vgl. DIN 1692 (01.82)

Sorte Kurzname	Werkstoffnummer	Zugproben-⌀ mm	R_m N/mm²	$R_{p0,2}$ N/mm²	A %	HB	Eigenschaften, Verwendung
GTS-35-10	0.8135	12 oder 15	350	200	10	max. 150	Alle Sorten sind gut spanend bearbeitbar. Für Werkstücke mit größerer Wanddicke wie Gehäuse, Kardangabeln, Steuerkolben von Wegeventilen.
GTS-45-06	0.8145	12 oder 15	450	270	6	150…200	
GTS-55-04	0.8155	12 oder 15	550	340	4	180…230	
GTS-65-02	0.8165	12 oder 15	650	430	2	210…260	
GTS-70-02	0.8170	12 oder 15	700	530	2	240…290	

[1] Die Anhängezahlen 02, 04, 05 usw. geben die Bruchdehnung in % an.

Stahlguß für allgemeine Verwendungszwecke DIN 1681 (06.85)

Sorte Kurzname	Werkstoff-Nr.	Zugfestigkeit R_m N/mm²	Dehngrenze $R_{p0,2}$ N/mm²	Bruchdehnung A %	C %	Eigenschaften, Verwendung
GS-38	1.0420	380	200	25	≈ 0,15	Werkstücke mit mittlerer bis hoher Beanspruchung wie z.B. Radsterne und Ventilgehäuse.
GS-45	1.0446	450	230	22	≈ 0,25	
GS-52	1.0552	520	260	18	≈ 0,35	
GS-60	1.0558	600	300	15	≈ 0,45	

Stahlguß mit verbesserter Schweißeignung und Zähigkeit DIN 17182 (05.92)

Sorte	Werkstoff-Nr.	R_m N/mm²	$R_{p0,2}$ N/mm²	A %	C %	Eigenschaften, Verwendung
GS-16 Mn 5 N	1.1131	430…600	230	25	≤ 0,20	Stahlgußstücke für Temperaturen zwischen −10 °C und +300 °C.
GS-20 Mn 5 N	1.1120	500…650	260	22	≤ 0,23	
GS-8 Mn 7 V	1.5015	500…650	350	22	≤ 0,10	
GS-8 MnMo 7 4 V	1.5430	500…650	350	22	≤ 0,10	
GS-13 MnNi 6 4 V	1.6221	460…630	300	22	≤ 0,13	

Warmfester Stahlguß DIN 17245 (02.87)

Sorte	Werkstoff-Nr.	R_m N/mm²	$R_{p0,2}$ N/mm²	A %	C %	Eigenschaften, Verwendung
GS-C 25	1.0619	440…590	245	22	≤ 0,23	Festigkeitswerte für Normaltemperatur 20 °C; Verwendung bis 500 °C. Hochwarmfeste Pumpengehäuse, Hochdruckgehäuse für Dampfturbinen, Heißdampfarmaturen.
GS-22 Mo 4	1.5419	440…590	245	22	≤ 0,23	
GS-17 CrMo 55	1.7357	490…640	315	20	≤ 0,20	
G-X 8 CrNi 12	1.4107	540…690	355	18	≤ 0,10	
G-X 22 CrMoV 12 1	1.4931	690…880	540	15	≤ 0,26	

Nichtrostender Stahlguß DIN 17445 (11.84)

Ferritische Stahlgußsorten

Sorte	Werkstoff-Nr.	R_m N/mm²	$R_{p0,2}$ N/mm²	A %	C %	Eigenschaften, Verwendung
G-X 8 CrNi 13	1.4008	590…790	440	15	≤ 0,12	Festigkeitswerte im vergüteten Zustand; schweißbar, Verwendung in der Lebensmittelindustrie.
G-X 20 Cr 14	1.4027	590…790	440	12	≤ 0,23	
G-X 22 Cr Ni 17	1.4059	780…980	590	4	≤ 0,27	
G-X 5 CrNi 13 4	1.4313	900…1100	830	12	≤ 0,07	

Austenitische Stahlgußsorten

Sorte	Werkstoff-Nr.	R_m N/mm²	$R_{p0,2}$ N/mm²	A %	C %	Eigenschaften, Verwendung
G-X 6 Cr Ni 18 9	1.4308	440…640	175	20	≤ 0,07	Festigkeitswerte im abgeschreckten Zustand; schweißbar, korrosions- und säurefest. Hochdruck-Pumpengehäuse für heiße Säuren.
G-X 5 CrNiNb 18 9	1.4552	440…640	175	20	≤ 0,06	
G-X 6 CrNiMo 18 10	1.4408	440…640	185	20	≤ 0,07	
G-X 3 CrNiMoN 17 13 5	1.4439	490…690	210	20	≤ 0,04	

Baustahl

Auswahl von Baustählen

Unlegierte Stähle

Ist eine Wärmebehandlung vorgesehen, z.B. Härten oder Vergüten?
- nein → Baustähle, warmgewalzt
- ja → Einsatzstähle / Vergütungsstähle

Baustähle, warmgewalzt

Grundstähle

z.B. S185 (St 33), S235JR (St 37-2), S275JR (St 44-2), E295 (St 50-2)

- geringere Sprödbruchempfindlichkeit
- bessere Verformbarkeit
- bessere Schweißeignung

Einsatzstähle / Vergütungsstähle

Qualitätsstähle

z.B. C 10, C 15 | z.B. C35, C45

- höherer Reinheitsgrad
- sicherere Wärmebehandlung
- garantierte Einhärtungstiefe oder garantierte Oberflächenhärte

Qualitätsstähle

z.B. S235J2G3 (St 37-3N), S275JO (St 44-3U), S275J2G3 (St 44-3N), S355J2G3 (St 52-3N)

Edelstähle

z.B. Ck 10, Ck 15 | z.B. C35E (Ck 35), C45E (Ck 45)

Eigenschaften sind nicht ausreichend → **Legierte Stähle**

W

Einfluß der Legierungselemente (Auswahl)

Durch Legierungselemente beeinflußte Eigenschaften	Cr	Ni	Al	W	V	Mo	Si	Mn	S	P
Zugfestigkeit	●	●	—	●	●	●	●	●	—	●
Streckgrenze	●	●	—	●	●	●	●	●	—	●
Kerbschlagzähigkeit	○	—	○	—	●	●	○	—	○	○
Verschleißfestigkeit	●	○	—	●	●	●	○	○	—	—
Warmumformbarkeit	○	●	○	○	●	●	○	●	○	—
Kaltumformbarkeit	—	—	—	○	—	○	○	○	○	○
Zerspanbarkeit	—	○	—	○	—	○	○	○	●	●
Korrosionsbeständigkeit	●	●	—	—	—	—	—	—	○	—
Härtetemperatur	●	—	—	●	●	●	●	○	—	—
Härtbarkeit, Vergütbarkeit	●	●	—	●	●	●	●	●	—	—
Nitrierbarkeit	●	—	●	●	●	○	—	—	—	—
Schweißbarkeit	○	○	●	—	○	—	○	○	○	○

● Erhöhung   ○ Verminderung   — ohne nennenswerten Einfluß

Beispiel: Zahnräder, einsatzgehärtet, Rohlinge gesenkgeschmiedet, sichere Wärmebehandlung wird verlangt
Gesucht: geeignete Stähle
Lösung: Wärmebehandlung (Einsatzhärtung) vorgesehen → Einsatzstahl, C ≤ 0,2%
Die Eigenschaften der unlegierten Qualitäts- und Edelstähle reichen nicht aus → legierte Stähle
Steigerung der Warmumformbarkeit: Mn, V; Steigerung der Härtbarkeit: Cr, Ni
Stahlauswahl: 16 MnCr 5, 20 MnCr 5, 15 CrNi 6 (Seite 119)

Stahl

Unlegierte Baustähle, warmgewalzt

vgl. DIN EN 10025 (03.94), Ersatz für DIN 17100

Stahlsorte Bezeichnung nach DIN EN 10027 Kurzname	Werkstoffnummer	Bisheriger Kurzname	DO[1]	S[2]	Zugfestigkeit R_m[3] N/mm²	Streckgrenze R_e in N/mm² für Erzeugnisdicken in mm ≤16	>16 ≤40	>40 ≤63	>63 ≤80	Bruchdehnung[4] A in %	Eigenschaften, Verwendung
S185	1.0035	St 33	—	GS	290…510	185	175	—	—	18	Untergeordnete Teile, z. B. Geländer
S235JR	1.0037	St 37-2	—	GS	340…470	235	225	—	—	26	
S235JRG1	1.0036	USt 37-2	FU	GS	340…470	235	225	—	—	26	Stähle für gering beanspruchte Teile im Maschinen- und Stahlbau; gut bearbeitbar
S235JRG2	1.0038	RSt 37-2	FN	GS	340…470	235	225	215	215	26	
S235J0	1.0114	St 37-3 U	FN	QS							
S235J2G3	1.0116	St 37-3 N	FF	QS	340…470	235	225	215	215	26	
S235J2G4	1.0117	—	FF	QS							
S275JR	1.0044	St 44-2	FN	GS	410…560	275	265	255	245	22	mäßig beanspruchte Teile; Achsen, Wellen, Hebel
S275J0	1.0143	St 44-3 U	FN	QS							
S275J2G3	1.0144	St 44-3 N	FF	QS	410…560	275	265	255	245	22	
S275J2G4	1.0145	—	FF	QS							
S355JR	1.0045	—	FN	GS							
S355J0	1.0553	St 52-3 U	FN	QS	490…630	355	345	335	325	22	hoch beanspruchte Teile im Stahl-, Kran- und Brückenbau
S355J2G3	1.0570	St 52-3 N	FF	QS							
S355J2G4	1.0577	—	FF	QS							
S355K2G3	1.0595	—	FF	QS	490…630	355	345	335	325	22	
S355K2G4	1.0596	—	FF	QS							
E295	1.0050	St 50-2	FN	GS	470…610	295	285	275	265	20	Teile mit mittlerer Beanspruchung
E335	1.0060	St 60-2	FN	GS	570…710	335	325	315	305	16	Teile mit höherer Beanspruchung; schwer bearbeitbar, verschleißfest
E360	1.0070	St 70-2	FN	GS	670…830	360	355	345	335	11	

Schweißbarkeit

— Stähle mit folgenden Gütegruppen sind nach allen Verfahren schweißbar:
JR - J0 - J2G3 - J2G4 - K2G3 - K2G4
⎯⎯ bessere Schweißeignung ⎯⎯→
— Beim Stahl S235JR ist die beruhigte Sorte zu bevorzugen.

Warmumformbarkeit

Die Warmumformbarkeit ist gewährleistet, wenn die Stähle im normalgeglühten oder normalisierend gewalzten Zustand geliefert wurden.

Kaltumformbarkeit

Biegen, Abkanten und Bördeln für Nenndicken < 20 mm ist möglich, wenn die Kaltumformbarkeit bei der Bestellung vereinbart wurde.

[1] DO Desoxidationsart: FU unberuhigter Stahl; FN beruhigter Stahl; FF vollberuhigter Stahl.
[2] S Stahlart: GS Grundstahl; QS Qualitätsstahl; Eigenschaften der Grund- und Qualitätsstähle Seite 109.
[3] Die Werte gelten für Erzeugnisdicken von 3 mm bis 100 mm.
[4] Die Werte gelten für Längsproben und Erzeugnisdicken von 3 mm bis 40 mm.

Stahl

Vergütungsstähle vgl. DIN EN 10083-1 und DIN EN 10083-2 (10.96), Ersatz für DIN 17200

Stahlsorte			S[1]	B[2]	Zug-festigkeit R_m[3] N/mm²	Streckgrenze R_e in N/mm² für Walzdurchmesser d in mm			Bruch-dehnung A in %	Eigenschaften, Verwendung
Bezeichnung nach DIN EN 10027		Bisheriger Kurzname				≤ 16	> 16 ≤ 40	> 40 ≤ 100		
Kurzname	Werk-stoff-nummer									
Unlegierte Stähle										
C22	1.0402	C 22	QS	+N	410	240	210	210	25	Teile mit geringer Beanspruchung und kleinen Vergütungs-durchmessern; Schrauben, Bolzen, Achsen, Wellen, Zahnräder
C22E	1.1151	Ck 22	ES	+QT	470…620	340	290	—	22	
C25	1.0406	C 25	QS	+N	440	260	230	230	23	
C25E	1.1158	Ck 25	ES	+QT	500…650	370	320	—	21	
C35	1.0501	C 35	QS	+N	520	300	270	270	19	
C35E	1.1181	Ck 35	ES	+QT	600…750	430	380	320	19	
C45	1.0503	C 45	QS	+N	580	340	305	305	16	
C45E	1.1191	Ck 45	ES	+QT	650…800	490	430	370	16	
C60	1.0601	C 60	QS	+N	670	380	340	340	11	
C60E	1.1221	Ck 60	ES	+QT	800…950	580	520	450	13	
28Mn6	1.1170	28 Mn 6	ES	+N / +QT	600 / 700…800	345 / 590	310 / 490	310 / 440	18 / 15	
Legierte Stähle										
38Cr2 / 38CrS2	1.7003 / 1.7023	38 Cr 2 / 38 CrS 2	ES	+QT	700… 850	550	450	350	15	Teile mit höherer Beanspruchung und größeren Vergütungs-durchmessern; Getriebewellen, Schnecken, Zahnräder
46Cr2 / 46CrS2	1.7006 / 1.7025	46 Cr 2 / 46 CrS 2	ES	+QT	800… 950	650	550	400	14	
34Cr4 / 34CrS4	1.7033 / 1.7037	34 Cr 4 / 34 CrS 4	ES	+QT	800… 950	700	590	460	14	
37Cr4 / 37CrS4	1.7034 / 1.7038	37 Cr 4 / 37 CrS 4	ES	+QT	850…1000	750	630	510	13	
41Cr4 / 41CrS4	1.7035 / 1.7039	41 Cr 4 / 41 CrS 4	ES	+QT	900…1100	800	660	560	12	
25CrMo4 / 25CrMoS4	1.7218 / 1.7213	25 CrMo 4 / 25 CrMoS 4	ES	+QT	800… 950	700	600	450	14	Teile mit höherer Beanspruchung und größeren Vergütungs-durchmessern; größere Schmiedeteile, Zahnräder, Wellen
34CrMo4 / 34CrMoS4	1.7220 / 1.7226	34 CrMo 4 / 34 CrMoS 4	ES	+QT	900…1100	800	650	550	12	
42CrMo4 / 42CrMoS4	1.7225 / 1.7227	42 CrMo 4 / 42 CrMoS 4	ES	+QT	1000…1200	900	750	650	11	
50CrMo4	1.7228	50 CrMo 4	ES	+QT	1000…1200	900	780	700	10	
51CrV4	1.8159	51 CrV 4	ES	+QT	1000…1200	900	800	700	10	
36CrNiMo4	1.6511	36 CrNiMo 4	ES	+QT	1000…1200	900	800	700	11	Teile mit höchster Beanspruchung; große Ver-gütungsdurch-messer
34CrNiMo6	1.6582	34 CrNiMo 6	ES	+QT	1100…1300	1000	900	800	10	
30CrNiMo8	1.6580	30 CrNiMo 8	ES	+QT	1250…1450	1050	1050	900	9	
36NiCrMo16	1.6773	—	ES	+QT	1250…1450	1050	1050	900	9	

[1] S Stahlart: QS Qualitätsstahl, ES Edelstahl
[2] B Behandlungszustand: +N normalgeglüht; +QT vergütet
[3] Die Werte gelten für Walzdurchmesser d von 16 mm bis 40 mm. Bei anderen Durchmessern gelten folgende Richtwerte: Bis 16 mm: Zugfestigkeit R_m = Tabellenwert · 1,1; über 40 mm: Zugfestigkeit R_m = Tabellenwert · 0,9
Wärmebehandlung der Vergütungsstähle Seite 158.

Stahl

Einsatzstähle

vgl. DIN 17 210 (09.86)

Stahlsorte		Lieferzustand Härtewerte[1]		nach Einsatzhärtung, im Kern[2]			Eigenschaften, Verwendung
Kurzname	Werkstoffnummer	G HB	BF HB	Zugfestigkeit R_m N/mm²	Streckgrenze R_e N/mm²	Bruchdehng. A %	
C 10	1.0301	131	—	490…640	295	16	Teile mit geringer Beanspruchung; Hebel, Zapfen
C 15	1.0401	143	—	590…780	355	14	
17 Cr 3	1.7016	174	—	690…880	440	11	Teile mit hoher Beanspruchung; Zahnräder, Spindeln, Meßzeuge, Wellen, Kolbenbolzen
20 Cr 4	1.7027	197	149…197	730…920	440	10	
16 MnCr 5	1.7131	207	156…207	780…1080	440	10	
20 MnCr 5	1.7147	217	170…217	980…1270	540	8	
20 MoCr 4	1.7321	207	156…207	780…1080	590	10	
15 CrNi 6	1.5919	217	170…217	880…1180	540	9	Teile mit höchster Beanspruchung; Tellerräder
17 CrNiMo 6	1.6587	229	179…229	1080…1320	785	8	

[1] Behandlungszustand: G weichgeglüht, BF behandelt auf Festigkeit ($R_m \approx 3{,}5 \cdot HB30$ in N/mm²)
[2] Die Festigkeitswerte gelten für Proben mit 30 mm Durchmesser.
 Wärmebehandlung der Einsatzstähle Seite 157.

Automatenstähle

vgl. DIN 1651 (04.88)

Stahlsorte		B[1]	Härte HB	Erzeugnisdicken 16…40 mm Durchmesser			Eigenschaften, Verwendung
Kurzname	Werkstoffnummer			Zugfestigkeit R_m N/mm²	Dehngrenze R_e N/mm²	Bruchdehnung A %	
9 SMn 28	1.0715	U	159	380…570	—	—	zum Einsatzhärten bedingt geeignet; Kleinteile mit geringer Beanspruchung; kaltgezogene Wellen, Bolzen, Stifte, Schrauben
9 SMnPb 28	1.0718	K	—	460…710	375	8	
9 SMn 36	1.0736	U	163	380…550	—	—	
9 SMnPb 36	1.0737	K	—	490…740	390	8	
15 S 10	1.0710	U	166	400…560	—	—	zum Einsatzhärten geeignet; verschleißfeste Kleinteile; Wellen, Bolzen, Stifte
		K	—	450…720	360	8	
10 S 20	1.0721	U	149	360…530	—	—	
10 SPb 20	1.0722	K	—	460…710	355	9	
35 S 20	1.0726	U	192	490…660	—	—	zum Vergüten geeignet; größere Teile mit höherer Beanspruchung; Spindeln, Wellen, Schrauben
35 SPb 20	1.0756	K	—	540…740	315	8	
		K+V	—	580…730	365	16	
45 S 20	1.0727	U	223	590…760	—	—	
45 SPb 20	1.0757	K	—	640…830	375	7	
		K+V	—	660…800	410	13	
60 S 20	1.0728	U	261	660…870	—	—	
60 SPb 20	1.0758	K	—	740…930	430	7	
		K+V	—	780…930	490	11	

[1] Behandlungszustand: U warmgeformt, K kaltgezogen, K+V kaltgezogen und vergütet
 Wärmebehandlung der Automatenstähle Seite 159.

Stahl

Stähle für Flamm- und Induktionshärtung

vgl. DIN 17212 (08.72)

Stahlsorte Kurzname	Werkstoffnummer	weichgeglüht Härte HB	B[1]	Zugfestigkeit R_m N/mm²	Streckgrenze R_e in N/mm² für Erzeugnisdicken in mm ≤ 16	> 16 ≤ 40	> 40 ≤ 100	Bruchdehnung A in %	Eigenschaften, Verwendung
Cf 35	1.1183	183	N	490…640	—	270	270	21	Für Teile mit hoher Kernfestigkeit, guten Zähigkeitseigenschaften und hoher Oberflächenhärte; Kurbelwellen, Getriebewellen, Nockenwellen, Schneckenwellen, Zahnräder, Bohrstangen
			V	580…730	420	360	320	19	
Cf 45	1.1193	207	N	590…740	—	330	330	17	
			V	660…800	480	410	370	16	
Cf 53	1.1213	223	N	610…760	—	340	340	16	
			V	690…830	510	430	400	14	
Cf 70	1.1249	223	V	740…880	560	480	—	13	
45 Cr 2	1.7005	207	V	780…930	640	540	440	14	
38 Cr 4	1.7043	217	V	830…980	740	630	510	13	
42 Cr 4	1.7045	217	V	880…1080	780	670	560	12	
41 CrMo 4	1.7223	217	V	980…1180	880	760	640	11	
49 CrMo 4	1.7238	235	V	—	—	—	—	—	Einfache, große Teile

[1] B Behandlungszustand: N normalgeglüht; V vergütet. Wärmebehandlung Seite 158.

Nitrierstähle

vgl. DIN 17211 (04.87)

Stahlsorte Kurzname	Werkstoffnummer	weichgeglüht Härte HB	B[1]	Zugfestigkeit R_m N/mm²	Dehngrenze $R_{p0,2}$ N/mm²	Bruchdehnung A %	Eigenschaften, Verwendung
31 CrMo 12	1.8515	248	V	1000…1200	800	11	verschleißbeanspruchte Teile bis 250 mm Dicke
15 CrMoV 5 9	1.8521	248	V	900…1100	750	10	
31 CrMoV 9	1.8519	248	V	1000…1200	800	11	warmfeste Verschleißteile bis 100 mm Dicke
34 CrAlMo 5	1.8507	248	V	800…1000	600	14	warmfeste Verschleißteile bis 500 °C und 80 mm Dicke
34 CrAlNi 7	1.8550	248	V	850…1050	650	12	für besonders große Teile; Kolbenstangen, Spindeln

[1] B Behandlungszustand: V vergütet; Wärmebehandlung der Nitrierstähle Seite 159.

Schweißgeeignete Feinkornbaustähle

vgl. DIN EN 10113 (04.93), Ersatz für DIN 17102

Bezeichnung nach DIN EN 10027 Kurzname	Werkstoffnummer	Bisheriger Kurzname	L[1]	Zugfestigkeit R_m N/mm²	Streckgrenze R_e in N/mm² für Nenndicken in mm ≤ 16	> 16 ≤ 40	> 40 ≤ 63	Bruchdehnung A in %	Eigenschaften, Verwendung
Unlegierte Qualitätsstähle									
S275N	1.0490	STE 285	N	370…510	275	265	255	24	hohe Zähigkeit, sprödbruch- und alterungsunempfindlich; Schweißkonstruktionen, z.B. Kran-, Brücken-, Fahrzeugbau, Förderanlagen
S275M	1.8818	—	M	360…510	275	265	255	24	
S355N	1.0545	StE 355	N	470…630	355	345	335	22	
S355M	1.8823	StE 355 TM	M	450…610	355	345	335	22	
Legierte Edelstähle									
S420N	1.8902	StE 420	N	520…680	420	400	390	19	
S420M	1.8825	StE 420 TM	M	500…660	420	400	390	19	
S460N	1.8901	StE 460	N	550…720	460	440	430	17	
S460M	1.8827	StE 460 TM	M	530…720	460	440	430	17	

[1] L Lieferzustand: N normalgeglüht/normalisierend gewalzt; M thermomechanisch gewalzt
Alle Stähle sind auch mit Mindestwerten für die Kerbschlagarbeit bei niedrigen Temperaturen lieferbar. Sie erhalten in der Bezeichnung die Gütegruppen NL oder ML, z.B. S 275 NL, S 275 ML.

Stahl

Werkzeugstähle vgl. DIN 17350 (10.80)

Kurzname	Werk-stoff-nummer	Härte HB[1]	Härte-temperatur °C	A[2]	Anwendungsbeispiele
Unlegierte Kaltarbeitsstähle					
C 60 W	1.1740	231	800… 830	Ö	Aufbauteile für Werkzeuge, Schäfte von Schnellarbeitsstahl- und Hartmetallverbundwerkzeugen
C 70 W2	1.1620	183	790… 820	W	Drucklufteinsteckwerkzeuge im Berg- und Straßenbau
C 80 W1	1.1525	192	780… 810	W	Gesenke mit flachen Gravuren, Handmeißel, Kaltschlagmatrizen, Messer
C 85 W	1.1830	222	800… 830	Ö	Band- und Kreissägen für die Holzverarbeitung, Mähmaschinenmesser
C 105 W1	1.1545	213	770… 800	W	Gewindeschneidwerkzeuge, Fließpreßwerkzeuge, Prägewerkzeuge, Endmaße
Legierte Kaltarbeitsstähle					
21 MnCr 5	1.2162	212	810… 840	Ö	Werkzeuge für die Kunststoffbearbeitung, die spanend bearbeitet und einsatzgehärtet werden
60 WCrV 7	1.2550	229	870… 900	Ö	Schnitte für Stahlblech von 6…15 mm, Abgratmatrizen, Auswerfer, Kaltlochstempel
90 MnCrV 8	1.2842	229	790… 820	Ö	Kunststofformen, Schneidplatten und Stempel, Tiefziehwerkzeuge, Meßzeuge
100 Cr 6	1.2067	223	790… 820	Ö	Lehren, Dorne, Holzbearbeitungswerkzeuge, Bördelrollen, Ziehdorne, Stempel
115 CrV 3	1.2210	223	760… 810	W	Gewindebohrer, Auswerfer, Stempel, Senker, Stemmeisen, (Silberstahl)
105 WCr 6	1.2419	229	800… 830	Ö	Schneideisen, Fräser, Reibahlen, Lehren, Meßzeuge, Gewindestrehler, Stempel
X 19 NiCrMo 4	1.2764	255	780… 810	L	Lufthärtender Einsatzstahl für Kunststofformen
X 36 CrMo 17	1.2316	285	1000…1040	Ö	Werkzeuge für die Verarbeitung von chemisch angreifenden Thermoplasten
X 210 CrW 12	1.2436	255	950… 980	L	Schneidwerkzeuge, Räumnadeln, Gewindewalzwerkzeuge, Preßwerkzeuge, Sandstrahldüsen
Warmarbeitsstähle					
56 NiCrMoV 7	1.2714	248	860… 900	L	Preßstempel für Strangpressen, Hammergesenke
X 38 CrMoV 5 1	1.2343	229	1000…1040	L	Gesenke, Druckgießformen für Leichtmetalle
X 32 CrMoV 3 3	1.2365	229	1010…1050	Ö	Gesenkeinsätze, Schmiedewerkzeuge, Druckgießformen für Schwer- und Leichtmetalle
Schnellarbeitsstähle[3]					
S 6-5-2	1.3343	240 bis 300	1190…1230	Ö, L	Räumnadeln, Spiralbohrer, Fräser, Reibahlen, Gewindebohrer, Senker, Feinschneidwerkzeuge
S 6-5-2-5	1.3243		1200…1240	Ö, L	Fräser, Spiralbohrer, Gewindebohrer
S 10-4-3-10	1.3207		1210…1250	Ö, L	Drehmeißel und Formstähle
S 18-1-2-5	1.3255		1260…1300	Ö, L	Drehmeißel, Hobelmeißel, Fräser

[1] Anlieferungszustand;   [2] A Abschreckmittel: W Wasser, Ö Öl, L Luft
[3] Erklärung der Kurznamen Seite 111. Wärmebehandlung der Werkzeugstähle Seite 157

Stahl

Nichtrostende Stähle

vgl. DIN EN 10 088-3 (08.95), Ersatz für DIN 17 440

Stahlbezeichnung Kurzname	Werkstoffnummer	B[1]	Dicke d mm	Härte HB	Dehngrenze $R_{p0,2}$ N/mm²	Zugfestigkeit R_m N/mm²	Bruchdehng. A %	Eigenschaften, Verwendung
X2CrNi12	1.4003	+A	≤ 100	200	260	450…600	20	**Ferritische Stähle** kaltumformbar, schlecht zerspanbar, schweißbar; Beschläge, Verkleidungen, Apparatebau
X6Cr13	1.4000	+A	≤ 25	200	230	400…630	20	
X6Cr17	1.4046	+A	≤ 100	200	240	400…630	20	
X6CrMoS17	1.4105	+A	≤ 100	200	250	430…630	20	
X6CrMo17-1	1.4113	+A	≤ 100	200	280	440…660	16	
X12Cr13	1.4006	+A	—	220	—	≤ 730	—	**Martensitische Stähle** härtbar, gut zerspanbar, bedingt schweißbar, hohe Festigkeit; Achsen, Wellen, Schrauben, chirurgische Instrumente, Wälzlager
X12Cr13	1.4006	+QT	≤ 160	—	450	650…850	15	
X20Cr13	1.4021	+A	—	230	—	≤ 760	—	
X20Cr13	1.4021	+QT	≤ 160	—	500	700…850	13	
X30Cr13	1.4028	+A	—	245	—	≤ 800	—	
X30Cr13	1.4028	+QT	≤ 160	—	650	850…1000	13	
X39Cr13	1.4031	+A	—	245	—	≤ 800	—	
X39CrMo17-1	1.4122	+A	—	280	—	≤ 900	—	
X39CrMo17-1	1.4122	+QT	≤ 60	—	550	750…950	20	
X50CrMoV15	1.4116	+A	—	280	—	≤ 900	—	
X10CrNi18-8	1.4310	+AT	≤ 40	230	195	500…750	40	**Austenitische Stähle** gut kaltumformbar, gut schweißbar, schwer zerspanbar; chemische Industrie, Nahrungsmittelindustrie, Fahrzeugbau
X2CrNi18-9	1.4307	+AT	≤ 160	215	175	450…680	45	
X2CrNi19-11	1.4306	+AT	≤ 160	215	180	460…680	45	
X6CrNiTi18-10	1.4541	+AT	≤ 160	215	190	500…700	40	
X2CrNiMo18-15-4	1.4438	+AT	≤ 160	215	220	500…700	40	

[1] B Behandlungszustand: +A weichgeglüht, +AT lösungsgeglüht, +QT vergütet
Die Werkstoffkennwerte gelten für Halbzeug, Stäbe, Walzdraht und Profile.

Warmgewalzter Federstahl, vergütbar

vgl. DIN 17221 (12.88)

Stahlsorte Kurzname	Werkstoffnummer	warmgewalzt Härte HB	weichgeglüht Härte HB	vergütet Zugfestigkeit R_m N/mm²	vergütet Dehngrenze $R_{p0,2}$ N/mm²	vergütet Bruchdehnung A %	Eigenschaften, Verwendung
38 Si 7	1.5023	240	217	1180…1370	1030	6	Federringe, Federplatten
54 SiCr 6	1.7102	270	248	1320…1570	1130	6	Blattfedern, Kegelfedern
60 SiCr 7	1.7108	310	248	1320…1570	1130	6	Tellerfedern, Schraubenfedern
55 Cr 3	1.7176	310	248	1320…1720	1175	6	hochbeanspruchte Schrauben-, Teller- und Blattfedern
50 CrV 4	1.8159	310	248	1370…1620	1175	6	
51 CrMoV 4	1.7701	310	248	1370…1670	1175	6	

Die Festigkeitswerte gelten für Proben mit 10 mm Durchmesser.
Der Elastizitätsmodul beträgt E = 200 000 N/mm², der Gleitmodul G = 80 000 N/mm².

Federstahl, Stahlrohre, Stahlblech

Runder Federstahldraht, patentiert gezogen
vgl. DIN 17223 (12.84)

Draht-sorte	Zugfestigkeit R_m in N/mm² für die Nenndurchmesser d in mm								Beanspruchung		Verwendung
	0,5	0,8	1,0	1,5	2,0	2,5	3,0	4,0	5,0	statisch	dynamisch	
A	—	—	1720	1600	1520	1460	1410	1320	1260	gering	oder selten	Zug-, Druck-, Dreh-, Formfedern
B	2200	2050	1980	1850	1760	1690	1630	1530	1460	mittel	und gering	
C	—	—	—	—	1960	1900	1840	1740	1660	hoch	und gering	
D	2480	2310	2230	2090	1980	1900	1840	1740	1660	hoch	und mittel	

Der Elastizitätsmodul beträgt E = 200 000 N/mm², der Gleitmodul G = 81 500 N/mm².

Stahlrohre, geschweißt
vgl. DIN 17120 (06.84)

Stahlsorte		Wanddicken unter 16 mm			Eigenschaften, Verwendung
Kurzname	Werk-stoff-nummer	Zug-festigkeit R_m N/mm²	Streck-grenze R_e N/mm²	Bruch-dehng. A %	
USt 37-2	1.0036	340…470	235	26	geeignet für alle Schmelzschweiß- und alle Abbrennstumpfschweißverfahren; Brücken-, Kran-, Stahlrohrbau, Hoch- und Tiefbau
RSt 37-2	1.0038				
St 37-3	1.0116				
St 44-2	1.0044	410…540	275	22	
St 44-3	1.0144				
St 52-3	1.0570	490…630	355	22	

Stahlrohre, nahtlos
vgl. DIN 1630 (10.84)

Kurzname	Werkstoffnr.	R_m	R_e	A	
St 37.4	1.0255	350…480	235	25	für besonders hohe Beanspruchungen, keine Begrenzung des Betriebsüberdruckes; Apparate-, Behälter- und Rohrleitungsbau
St 44.4	1.0257	420…550	275	21	
St 52.4	1.0581	500…650	355	21	

Flacherzeugnisse aus Druckbehälterstählen
(warmfeste Stähle, unlegiert und legiert)
vgl. DIN EN 10028 (04.93), Ersatz für DIN 17155

Bezeichnung nach DIN EN 10027		Bisheriger Kurzname	L¹⁾	Zug-festigkeit R_m N/mm² bei Raumtemperatur	Bruch-dehnung A in %	Streckgrenze R_e in N/mm² bei der Temperatur in °C				Eigenschaften, Verwendung
Kurzname	Werk-stoff-nummer					20	200	300	400	
Unlegierte Qualitätsstähle										
P235GH	1.0345	H I	N	360…480	25	235	170	130	110	alle Sorten sind schweiß-geeignet; Druckbehälter, Druckrohr-leitungen, Dampf-kesselanlagen
P265GH	1.0425	H II	N	410…530	23	265	195	155	130	
P295GH	1.0481	17 Mn 4	N	460…580	22	295	225	185	155	
P355GH	1.0473	19 Mn 6	N	510…650	21	355	255	215	180	
Legierte Edelstähle										
16 Mo 3	1.5415	15 Mo 3	N	440…590	24	275	215	170	150	
13 CrMo 4-5	1.7335	13 CrMo 4 4	N+T	450…600	20	300	230	205	180	
10 CrMo 9-10	1.7380	10 CrMo 9 10	N+T	480…630	18	310	245	220	200	
11 CrMo 9-10	1.7383	—	N+T	520…670	18	310	—	235	215	

¹⁾ L Lieferzustand: N normalgeglüht/normalisierend gewalzt; T angelassen
Die Festigkeitswerte gelten für Erzeugnisdicken unter 16 mm.

Bleche

Kaltgewalztes Band und Blech aus allgemeinen Baustählen vgl. DIN 1623 T2 (02.86)

Stahlsorte			C %	Zug-festigkeit R_m N/mm²	Streck-grenze R_e N/mm²	Bruch-dehnung A %	Eigenschaften, Verwendung
nach EURONORM Kurzname	bisher	Werkstoff-nummer					
Fe 360 B	St 37-2G	1.0037G	0,17	360…510	215	20	Kaltgewalztes Flachzeug nach DIN 1623 T2 ist in Dicken bis 3 mm genormt. Eine uneingeschränkte Schweiß-eignung kann nicht zugesagt werden. Alle Sorten und Oberflächen sind für das Aufbringen eines Lacküberzuges geeignet.
Fe 360 B	USt 37-2G	1.0036G					
Fe 360 D1	St 37-3G	1.0116G					
Fe 430 D1	St 44-3G	1.0144G	0,20	430…580	245	18	
Fe 510 D1	St 52-3G	1.0570G	0,20	510…680	325	16	
Fe 490-2	St 50-2G	1.0050G	0,40	490…660	295	14	
Fe 590-2	St 60-2G	1.0060G	0,50	590…770	335	10	
Fe 690-2	St 70-2G	1.0070G	0,65	690…900	365	6	

Kaltgewalztes Band und Blech aus weichen Stählen vgl. DIN EN 10130 (11.91), Ersatz für DIN 1623 T1

Kurzname	bisher	Werkstoff-nummer	C %	R_m N/mm²	R_e N/mm²	A %	Eigenschaften, Verwendung
Fe P01	St 12	1.0330	0,12	270…410	280	28	Kaltgewalzte Flacherzeugnisse zum Kaltumformen von 0,35 mm bis 3 mm Dicke. Sie sind zum Schweißen und für das Auf-bringen metallischer Überzüge geeignet.
Fe P03	RRSt 13	1.0347	0,10	270…370	240	34	
Fe P04	St 14	1.0338	0,08	270…350	210	38	
Fe P05	—	—	0,06	270…330	180	40	
Fe P06	—	—	0,02	270…350	180	38	

Oberflächenart und Oberflächenausführung für Band und Blech

	Benennung	Kennzeichen		Merkmale der Oberfläche
		DIN EN 10130	DIN 1623	
Oberflächenart	übliche kaltgewalzte Oberfläche	A	03	Fehler, die die Kaltumformung und das Aufbringen von Oberflächenüberzügen nicht beeinträchtigen, sind zulässig.
	beste Oberfläche	B	05	Die bessere Seite muß so gut wie fehler-frei sein.
Oberflächen-ausführung	besonders glatt	b	b	Gleichmäßig blank (glatt). $R_a \leq 0,4$ µm
	glatt	g	g	Gleichmäßig blank (glatt). $R_a \leq 0,9$ µm
	matt	m	m	Gleichmäßig matt. $R_a > 0,6$ µm $\leq 1,9$ µm
	rauh	r	r	Aufgerauht. $R_a > 1,6$ µm

Bezeichnungsbeispiele: Stahlsorte USt 37-2G (Werkstoffnummer 1.0036G) mit üblicher kaltgewalzter Oberfläche (03) der Ausführung rauh (r): **USt 37-2G 03 r** oder **1.0036 G 03 r**; Stahlsorte Fe P04 (Werkstoffnummer 1.0338) mit bester Oberfläche (B) in matter Ausführung (m): **Blech EN 10130 — Fe P04B m**.

Feinstblech vgl. DIN EN 10205 (01.92), Ersatz für DIN 1616
Weißblech vgl. DIN EN 10203 (08.91), Ersatz für DIN 1616

Stahlsorte		Rockwell-härte HR 30 T_m	$R_{p0,2}$ in N/mm²		Eigenschaften, Verwendung
Kurz-zeichen	Werkstoff-nummer		Nenn-wert	Bereich	
T 50	1.0371	51	—	—	Feinstblech ist ein kaltgewalztes Halbzeug in Rollen aus weichem, unlegiertem Stahl. Einfach gewalztes Feinstblech wird in Nenndicken von 0,17 mm bis 0,49 mm und doppelt reduziertes Feinstblech (DR) in Nenndicken von 0,14 mm bis 0,29 mm hergestellt. Weißblech ist Feinstblech in Tafeln oder Bändern mit einem beidseitigen gleichen oder ungleichen, elektro-lytisch aufgebrachten Zinnüberzug. Bevorzugte Werte der Zinnauflage sind 1,0 — 1,5 — 2,0 — 2,8 — 4,0 — 5,0 — 5,6 — 8,4 und 11,2 g/m².
T 52	1.0372	52	—	—	
T 57	1.0375	57	—	—	
T 61	1.0377	61	—	—	
T 65	1.0378	65	—	—	
DR 550	1.0373	73	550	480…620	
DR 620	1.0374	76	620	550…690	
DR 660	1.0376	77	660	590…730	

Bezeichnungsbeispiel: Weißblech 0,22 mm dick in Tafeln 800 × 900 mm, Härtegrad T 61, beidseitig elektrolytisch verzinnt mit einer Zinnauflage von 2,8 g/m² je Seite: **Weißblech Tafel EN 10 203-T 61-E 2,8/2,8-0,22 × 800 × 900**

Nichteisenmetalle

Systematische Bezeichnung

vgl. DIN 1700 (07.54)

Beispiele: G - AlSi10Mg wa
CuZn40Pb2 F52

Herstellung, Verwendung

G-	Sandguß
GD-	Druckguß
GK-	Kokillenguß
GZ-	Schleuderguß
GC-	Strangguß
GL-	Gleitmetall (Lagermetall)
S-	Schweißzusatz
L-	Lot

Chemische Zusammensetzung

Elemente		Anteile in %
Al	Aluminium	Beispiele:
Cu	Kupfer	Mg3 → 3% Mg
Fe	Eisen	Si12 → 12% Si
Mg	Magnesium	
Ni	Nickel	AlSi10Mg:
Ti	Titan	Al-Legierung
Pb	Blei	mit 10% Si,
Sn	Zinn	geringe Anteile
Zn	Zink	Mg

Besondere Eigenschaften

a	ausgehärtet	pl	plattiert
g	geglüht	h	hart
ka	kaltausgehärtet	hh	halbhart
wa	warmausgehärtet	zh	ziehhart
ku	kaltumgeformt	wh	walzhart
wu	warmumgeformt	p	gepreßt

Festigkeitszahl F

Beispiel:
$F37 \rightarrow R_m \approx 10 \cdot 37 \text{ N/mm}^2 = 370 \text{ N/mm}^2$

Werkstoffnummern (Auszug)

vgl. DIN 17007 (07.63)

W

Beispiele: 2.0321.01
3.3541.01

Hauptgruppe

2 Schwermetalle
3 Leichtmetalle

Sortennummer mit Hauptgruppe	Werkstoffgruppen	Anhängezahl 1	Anhängezahl 2 (Auswahl)	
2.0000…2.1799	Kupfer und Kupferlegierungen	0 unbehandelt	1 Sandguß 4 Strangguß	2 Kokillenguß 5 Druckguß
2.2000…2.2499	Zink, Cadmium und ihre Legierungen	1 weich	0 ohne Korngrößenangabe	1 mit Korngrößenangabe
2.3000…2.3499	Blei und Bleilegierungen	2 kaltverfestigt (Zwischenhärtung)	1 gewalzt und entspannt	2 achtelhart und entspannt
2.3500…2.3999	Zinn und Zinnlegierungen	3 kaltverfestigt	0 hart 2 federhart	1 hart, entspannt 4 doppelfederhart
2.4000…2.4999	Nickel, Cobalt und ihre Legierungen	4 lösungsgeglüht, ohne Nacharbeit	0 kaltausgelagert	3 homogenisiert
2.5000…2.5999	Edelmetalle	5 lösungsgeglüht, kaltnachgearbeitet	1 kaltausgelagert, gerichtet	3 kaltverfestigt
2.6000…2.6999	hochschmelzende Metalle	6 warmausgehärtet, ohne Nacharbeit	1 lösungsgeglüht	7 ohne besondere Glühung
3.0000…3.4999	Aluminium und Aluminiumlegierungen	7 warmausgehärtet, kaltnachbearbeitet	1 lösungsgeglüht, gerichtet	3 lösungsgeglüht, kaltverfestigt
3.5000…3.5999	Magnesium und Magnesiumlegierungen	8 entspannt	1 Sandguß 4 Strangguß	2 Kokillenguß 5 Druckguß
3.7000…3.7999	Titan und Titanlegierungen	9 Sonderbehandlung	1 Sandguß 4 Strangguß	2 Kokillenguß 5 Druckguß

Nichteisenmetalle

Knetlegierungen

vgl. DIN 17660 und DIN 17672 (12.83)

Kurzzeichen	Werkstoff-Nr.	Festigkeitszahl[1]	Stangen, Durchmesser mm	Zugfestigkeit R_m N/mm²	Dehngrenze $R_{p0,2}$ N/mm²	Bruchdehng. A %	Eigenschaften, Verwendung
Kupfer-Zink-Legierungen							
CuZn15	2.0240	F26 F31	≥ 10 ≤ 40	260 310	≤ 160 ≥ 220	43 22	sehr gut kaltumformbar; Druckdosen, Federungskörper
CuZn30	2.0265	F28 F35	≥ 10 ≤ 40	280 350	≤ 180 ≥ 230	50 30	sehr gut kaltumformbar; Tiefziehteile, Federelemente
CuZn37	2.0321	F29 F37	≥ 10 ≤ 40	290 370	≤ 250 ≥ 250	45 27	sehr gut kaltumformbar, gut löt- und schweißbar; Tiefziehteile
CuZn40	2.0360	F34 F41	≥ 10 ≤ 40	340 410	≤ 250 ≥ 250	35 20	gut kalt- und warmumformbar, gut zerspanbar; Warmpreßteile
Kupfer-Zink-Legierungen mit Blei							
CuZn36Pb3	2.0331	F29 F37 F44	≥ 10 ≤ 40 ≤ 12	290 370 440	≤ 250 ≥ 250 ≥ 340	45 27 14	sehr gut warmumformbar, sehr gut zerspanbar; dünnwandige Stranggußprofile, Automatendrehteile
CuZn38Pb1,5	2.0371	F34 F41 F47	≥ 10 ≤ 40 ≤ 12	340 410 470	≤ 250 ≤ 250 ≥ 350	35 18 12	sehr gut zerspanbar, gut warmumformbar, kaltumformbar; feinmechanische Teile, Armaturenteile
CuZn39Pb3 CuZn40Pb2	2.0401 2.0402	F36 F43 F50	≥ 10 ≤ 40 ≤ 14	360 430 500	≤ 250 ≤ 250 ≥ 390	32 15 11	gut warmumformbar, sehr gut zerspanbar; Warmpreßteile, Drehteile
Kupfer-Zink-Legierungen mit Silicium, Nickel, Mangan, Aluminium							
CuZn31Si1	2.0490	F44 F49	6...50 6...25	440 490	200 290	22 15	kaltumformbar, gute Gleiteigenschaften; Lagerbuchsen, Führungen
CuZn35Ni2	2.0540	F44 F49 F54	30...90 15...50 6...15	440 490 540	190 290 390	20 18 12	witterungsbeständig, gute Festigkeit; Apparatebau, Bootsschraubenwellen
CuZn40Mn2	2.0572	F44 F49	10...80 6...30	440 490	170 270	20 18	witterungsbeständig, gut lötbar; Armaturen, Apparatebau
CuZn40Al2	2.0550	F54 F59 F64	≤ 80 ≤ 40 ≤ 15	540 590 640	≥ 240 ≥ 270 ≥ 310	18 14 10	hohe Festigkeit, verschleißfest, korrosionsbeständig; Gleitlager, Schneckenräder
Kupfer-Zinn-Legierungen						vgl. DIN 17662 (12.83)	
CuSn6	2.1020	F34 F47 F64	≤ 10 ≤ 12 ≤ 4	340...400 470...550 ≥ 640	≤ 250 ≥ 340 ≥ 590	55 22 5	hohe chemische Beständigkeit, gute Festigkeit; Federn, Metallschläuche, Rohre
CuSn8	2.1030	F39 F52 F69	≥ 10 ≤ 12 ≤ 4	390...540 520...590 ≥ 690	≥ 290 ≥ 420 ≥ 640	60 23 —	hohe chemische Beständigkeit, hohe Festigkeit, gute Gleiteigenschaften; Gleitlager, Schneckenräder

[1] Festigkeitszahl Seite 125.

Nichteisenmetalle

Kurzzeichen	Werkstoffnummer	Festigkeitszahl	Stangen, Durchmesser bis mm	Zugfestigkeit R_m N/mm²	Streckgrenze R_e N/mm²	Bruchdehn. A %	Eigenschaften, Verwendung
Kupfer-Aluminium-Knetlegierungen							vgl. DIN 17672 T1 (12.83)
CuAl8	2.0920	F37 F49	120 50	370 490	120 270	35 15	beständig gegen Schwefel- und Essigsäure; Ventile, Beizanlagen
CuAl8Fe3	2.0932	F47 F59	80 50	470 590	200 270	25 10	korrosionsbeständig, verschleißfest, hohe Warmfestigkeit, hohe Dauerfestigkeit, zunderbeständig; Bolzen, Schrauben, Wellen, Schneckenräder, Zahnräder, Lager, Gleitsteine, Ventilsitze
CuAl10Fe3Mn2	2.0936	F59 F69	80 50	590 690	250 340	12 7	
CuAl9Mn2	2.0960	F49 F59	80 50	490 590	200 250	25 15	
CuAl10Ni6Fe5	2.0966	F64 F74	80 50	640 740	270 390	15 10	hohe Festigkeit, verschleißfest; Ventile, Verschleißteile
Kupfer-Nickel-Zink-Knetlegierungen							vgl. DIN 17663 (12.83)
CuNi12Zn24	2.0730	F34 F44 F64	10 40 4	340…440 440…540 ≥ 640	290 290 540	40 18 —	gut kaltumformbar; Tiefziehteile, Federn, Kunstgewerbe, Architektur
CuNi18Zn20	2.0740	F39 F47 F64	10 40 4	390…470 470…540 ≥ 640	290 340 570	40 22 —	gut kaltumformbar, anlaufbeständig; Tiefziehteile, Federn
Magnesium-Knetlegierungen							vgl. DIN 9715 (08.82)
MgMn2 MgAl3Zn	3.5200 3.5312	F20 F24	80 80	200 240	145 155	15 10	korrosionsbeständig, gut kaltumformbar, gut schweißbar
MgAl6Zn	3.5612	F27	80	270	195	10	hohe Festigkeit, abnehmende Schweißbarkeit; Armaturen, Preßteile
MgAl8Zn	3.5812	F29 F31	80 80	290 310	205 215	10 6	
Titan-Knetlegierungen							vgl. DIN 17851 (11.90)
TiAl6V4 TiAl5Sn2,5	3.7165 3.7115	F91 F81	80 80	910 810	840 770	10 8	korrosionsbeständig, gut schweißbar; Luft- und Raumfahrt

Feinzink-Gußlegierungen — vgl. DIN 1743 T2 (04.78)

Kurzzeichen	Werkstoffnummer	Brinellhärte HB	Zugfestigkeit R_m N/mm²	Streckgrenze R_e N/mm²	Bruchdehnung A %	Eigenschaften, Verwendung
GD-ZnAl4Cu1 GD-ZnAl4	2.2141 2.2140	85…105 60…80	280…350 250…300	220…250 200…230	5…2 6…3	Vorzugslegierungen für Druckgußstücke
GD-ZnAl4Cu3 GK-ZnAl4Cu3	2.2143 2.2143	90…100 100…110	220…260 240…280	170…200 200…230	2…0,5 3…1	Sand- und Kokillenguß; Spritzgußformen für Kunststoffe
G-ZnAl6Cu1 GK-ZnAl6Cu1	2.2161 2.2161	80…90 80…90	180…230 220…260	150…180 170…200	3…1 3…1,5	komplizierter Sand- und Kokillenguß

Nichteisenmetalle

Kurzzeichen	Werkstoffnummer	Besondere Eigenschaften[1]	Stangen-Durchmesser mm max.	Zugfestigkeit R_m N/mm² min.	Dehngrenze $R_{p0,2}$ N/mm² min.	Bruchdehnung A %	Härte HB	Eigenschaften, Verwendung
Aluminium, Aluminium-Knetlegierungen, nicht aushärtbar								vgl. DIN 1747 T1 (02.83)
Al99	3.0205	F8 p / F11 z / F14 z	alle / 18 / 10	75 / 110 / 140	30 / 80 / 120	18 / 5 / 3	22 / 32 / 40	mit steigender Reinheit nehmen Zugfestigkeit und Streckgrenze ab, Bruchdehnung und Korrosionsbeständigkeit zu; polier-, schweiß-, lötbar
Al99,8	3.0285	F6 p / F9 z / F11 z	alle / 18 / 10	60 / 90 / 110	20 / 60 / 90	25 / 8 / 5	18 / 25 / 30	
AlMn1	3.0515	F10 p / F13 z / F16 z	alle / 30 / 10	95 / 130 / 160	40 / 90 / 130	17 / 6 / 4	25 / 40 / 45	witterungsbeständig, sehr gut umformbar; Verkleidungen, Apparatebau
AlMg1	3.3315	F10 p / F14 z / F19 z	alle / 35 / 20	100 / 140 / 185	40 / 90 / 155	15 / 6 / 4	30 / 40 / 55	witterungsbeständig, sehr gut umformbar, polierbar; Karosserieteile
AlMg3	3.3535	— w / F18 p / F25 z	alle / alle / 20	180 / 180 / 250	80 / 80 / 180	14 / 14 / 4	45 / 45 / 75	geringere Verformbarkeit; höher beanspruchte Teile
AlMg2Mn0,8	3.3527	— w / F20 p / F25 z	alle / alle / 20	180 / 200 / 250	80 / 100 / 180	16 / 13 / 4	45 / 50 / 75	warmfest, beständig gegen tiefe Temperaturen; Fahrzeugbau
Aluminium-Knetlegierungen, aushärtbar								vgl. DIN 1747 T1 (02.83)
AlMgSi1	3.2315	F21 ka / F28 wa / F31 wa	80 / 60 / 60	205 / 275 / 310	110 / 200 / 260	14 / 12 / 10	65 / 80 / 95	korrosionsbeständig, polierbar, schweißbar; Teile mittlerer Beanspruchung
AlCuMgPb	3.1655	F34 ka / F37 ka	80 / 50	340 / 370	220 / 250	7 / 7	90 / 100	sehr gut zerspanbar; Automatenlegierung
AlCuMg1	3.1325	F38 ka / F40 ka	50 / 80	380 / 400	260 / 270	10 / 10	110 / 110	gute Festigkeit; gut umformbar; hochbeanspruchte Teile
AlCuMg2	3.1355	F44 ka / F47 ka	50 / 100	440 / 470	310 / 330	10 / 8	115 / 120	hohe Festigkeit, mittlere chemische Beständigkeit
AlZn4,5Mg1	3.4335	F35 wa / wa / wa	50 / 100 / 250	350 / 350 / 350	280 / 290 / 270	10 / 10 / 7	100 / 105 / 100	mittlere Festigkeit, schweißbar; Schweißkonstruktionen
AlZnMgCu1,5	3.4365	F51 wa / wa	50 / 80	510 / 520	440 / 460	7 / 7	140 / 140	höchste Festigkeit, bedingt korrosionsbeständig; hochfeste Maschinenteile

[1] nach DIN 1700 Seite 125.

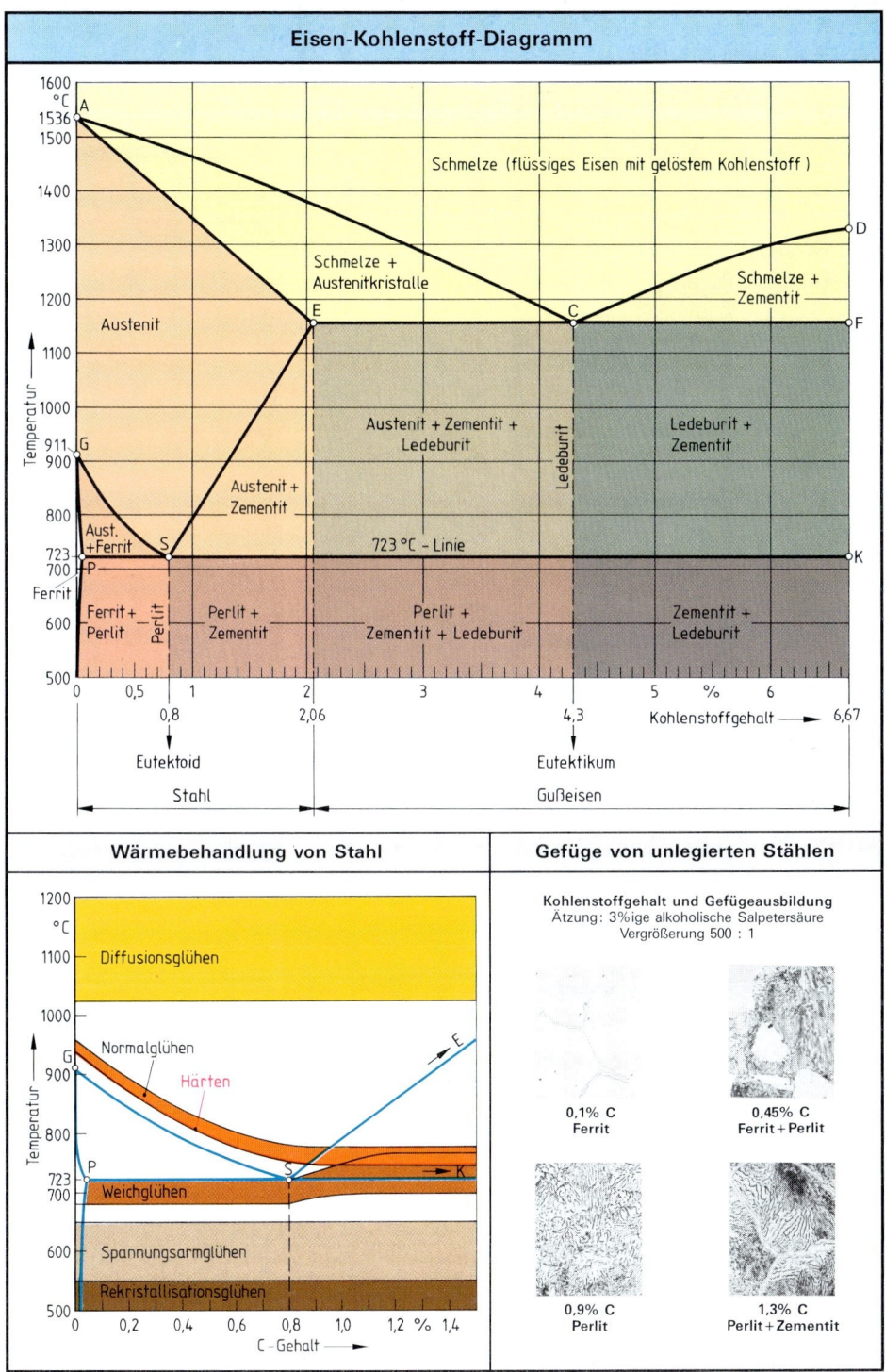

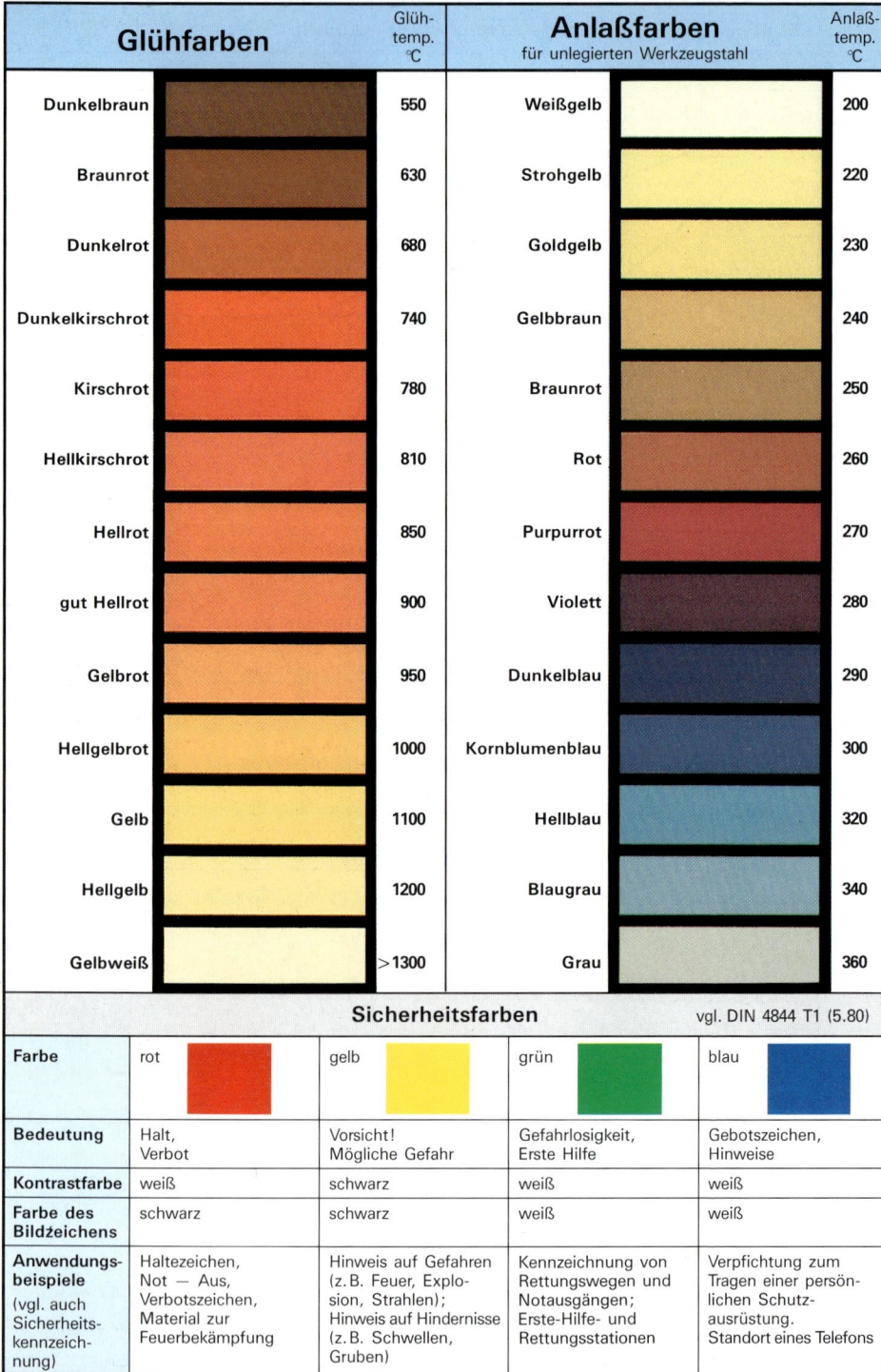

Glühfarben		Glühtemp. °C	Anlaßfarben für unlegierten Werkzeugstahl		Anlaßtemp. °C
Dunkelbraun		550	Weißgelb		200
Braunrot		630	Strohgelb		220
Dunkelrot		680	Goldgelb		230
Dunkelkirschrot		740	Gelbbraun		240
Kirschrot		780	Braunrot		250
Hellkirschrot		810	Rot		260
Hellrot		850	Purpurrot		270
gut Hellrot		900	Violett		280
Gelbrot		950	Dunkelblau		290
Hellgelbrot		1000	Kornblumenblau		300
Gelb		1100	Hellblau		320
Hellgelb		1200	Blaugrau		340
Gelbweiß		>1300	Grau		360

Sicherheitsfarben (vgl. DIN 4844 T1 (5.80))

Farbe	rot	gelb	grün	blau
Bedeutung	Halt, Verbot	Vorsicht! Mögliche Gefahr	Gefahrlosigkeit, Erste Hilfe	Gebotszeichen, Hinweise
Kontrastfarbe	weiß	schwarz	weiß	weiß
Farbe des Bildzeichens	schwarz	schwarz	weiß	weiß
Anwendungsbeispiele (vgl. auch Sicherheitskennzeichnung)	Haltezeichen, Not — Aus, Verbotszeichen, Material zur Feuerbekämpfung	Hinweis auf Gefahren (z. B. Feuer, Explosion, Strahlen); Hinweis auf Hindernisse (z. B. Schwellen, Gruben)	Kennzeichnung von Rettungswegen und Notausgängen; Erste-Hilfe- und Rettungsstationen	Verpflichtung zum Tragen einer persönlichen Schutzausrüstung. Standort eines Telefons

Sicherheitskennzeichnung am Arbeitsplatz

vgl. VBG 125 (04.89)[1]
und DIN 4844 T3 (10.85)

Verbotszeichen

 Rauchen verboten

 Feuer, offenes Licht und Rauchen verboten

 Für Fußgänger verboten

 Mit Wasser löschen verboten

 Kein Trinkwasser

 Für Flurförderfahrzeuge verboten

 Nichts abstellen oder lagern

 Zutritt für Unbefugte verboten

Warnzeichen

 Warnung vor feuergefährlichen Stoffen

 Warnung vor explosionsgefährlichen Stoffen

 Warnung vor giftigen Stoffen

 Warnung vor ätzenden Stoffen

 Warnung vor radioaktiven Stoffen

 Warnung vor Flurförderfahrzeugen

 Warnung vor schwebender Last

 Warnung vor gefährlicher elektrischer Spannung

 Warnung vor einer Gefahrenstelle

 Warnung vor Laserstrahl

Gebotszeichen

 Augenschutz tragen

 Schutzhelm tragen

 Gehörschutz tragen

 Atemschutz tragen

 Schutzschuhe tragen

 Schutzhandschuhe tragen

Rettungszeichen

 Rettungsweg nach links

 Richtungsangabe für Rettung[2]

 Erste Hilfe

 Notdusche

 Augenspüleinrichtung

 Krankentrage

Arzt

 Notausgang[3]

[1] Verzeichnis der Einzel-Unfall-Verhütungsvorschriften der Gewerblichen Berufsgenossenschaften
[2] nur in Verbindung mit weiteren Rettungszeichen anzuwenden   [3] über dem Notausgang anzubringen

Symbole für gefährliche Arbeitsstoffe

vgl. § 4 Gefahrstoffverordnung (09. 91)

Kennbuchstabe, Gefahrensymbol, -bezeichnung	Gefährlichkeitsmerkmale	Kennbuchstabe, Gefahrensymbol, -bezeichnung	Gefährlichkeitsmerkmale	Kennbuchstabe, Gefahrensymbol, -bezeichnung	Gefährlichkeitsmerkmale
T+ / Sehr giftig	Gesundheitsschäden erheblichen Ausmaßes, sogar tödlich / T = Toxic	Xi / Reizend	Reizwirkung auf Haut, Augen und Atemorgane / X = Andreaskreuz / i = irritating	F / Leichtentzündlich	Selbstentzündliche Stoffe, leichtentzündl. feste Stoffe. Flüssigkeiten mit Flammtemperatur < 21 °C. Mit Luft explosionsfähige Gemische. / F = Flammable
T / Giftig	Gesundheitsschädlich / T = Toxic	E / Explosionsgefährlich	Explosion unter bestimmten Bedingungen, z. B. Schlag, Reibung, Feuer u. a. Zündquellen / E = Explosive	T mit R 45[1] / Krebserzeugend	Stoffe, die beim Menschen erfahrungsgemäß bösartige Geschwülste verursachen / R 45: kann Krebs erzeugen / T = Toxic
Xn / Mindergiftig	Gesundheitsschäden geringeren Ausmaßes / X = Andreaskreuz / n = noxious	O / Brandfördernd	Können brennbare Stoffe entzünden, Brände fördern, Löschen erschweren / O = Oxidizing	Xn mit R 40[1] / Krebserzeugend	Stoffe mit begründetem Verdacht auf krebserzeugendes Potential. / R 40: irreversibler Schaden möglich / X = Andreaskreuz / n = noxious
C / Ätzend	Geräte und lebendes Gewebe werden zerstört / C = Corrosive	F+ / Hochentzündlich	Gase, die mit Luft einen Zündbereich haben; Flüssigkeiten mit Flammtemp. < 0 °C + Siedetemp. < 35 °C / F = Flammable	T mit R 47[1] / Bei Schwangerschaft fruchtschädigend	Risiko der Fruchtschädigung bei Schwangerschaft sicher nachgewiesen / R 47: kann Mißbildungen verursachen / T = Toxic

[1] Sogenannte R-Sätze, Hinweise auf besondere Gefahren

Sicherheitsschilder für elektrische Anlagen

vgl. DIN 40 008 T1, T3 (02.85)

Verbotsschilder

Nicht schalten!

Nicht berühren! Gehäuse steht unter Spannung

Warnschilder

Warnung vor gefährlicher elektrischer Spannung

Warnung vor Gefahren durch elektrische Batterien

Zusatzschilder

Es wird gearbeitet! Ort: Entfernen des Schildes nur durch:

Hochspannung Lebensgefahr

Gebotsschilder

Vor dem Öffnen Netzstecker ziehen.

Kurzzeichen	Werk-stoffnummer	Zug-festigkeit R_m N/mm²	Dehn-grenze $R_{p0,2}$ N/mm²	Bruch-dehnung A %	Härte HB 5/250	Eigenschaften, Verwendung
Nichteisenmetalle							
Aluminium-Gußlegierungen						vgl. DIN 1725 T2 (02.86)
G-AlSi12	3.2581.01	150…200	70…100	10…5	45…60	witterungsbeständig, sehr gut zerspanbar, schweißbar; dünne Teile
G-AlSi10Mg	3.2381.01	160…210	80…110	6…2	50…60	sehr gut zerspan- und schweißbar, hohe Festigkeit; Motorengehäuse
G-AlSi10Mgwa	3.2381.61	220…320	100…260	4…1	80…110	
GK-AlSi10Mg	3.2381.02	180…240	90…120	6…2	60…80	
G-AlMg3	3.3541.01	140…190	70…100	8…3	50…60	gut zerspan- und polierbar, witterungsbeständig, bedingt schweißbar; Bauindustrie
G-AlMg3Si	3.3241.01	140…190	80…100	8…3	50…60	
G-AlMg3Siwa	3.3241.62	200…280	120…160	8…2	65…90	
G-AlMg5Si	3.3261.01	160…200	110…130	4…2	60…75	sehr gut zerspan- und schweißbar, witterungsbeständig, polierbar; komplizierte Gußteile
G-AlSi5Mg	3.2341.01	140…180	100…130	3…1	55…70	
GK-AlSi5Mg	3.2341.02	160…200	120…160	4…1,5	60…75	
Magnesium-Gußlegierungen						vgl. DIN 1729 T2 (07.73)
G-MgAl8Zn1	3.5812.01	160…220	90…110	6…2	50…65	höchste Dehnung, gute Gleiteigenschaften, schweißbar; stoßbeanspruchte Gußteile
GD-MgAl8Zn1	3.5812.05	200…240	140…160	3…1	60…85	
G-MgAl9Zn1	3.5912.01	160…220	90…120	5…2	50…65	höchste Festigkeit, gute Gleiteigenschaften, schweißbar; häufigste Druckgußlegierung
GD-MgAl9Zn1	3.5912.05	200…250	150…170	3…0,5	65…85	
G-MgAl6	3.5662.01	180…240	80…110	12…8	50…65	hohe Dehnung und hohe Schlagzähigkeit, gering kaltumformbar; Autofelgen
GD-MgAl6	3.5662.05	190…230	120…150	8…4	55…70	
GD-MgAl6Zn1	3.5612.05	200…240	130…160	6…3	55…70	
Kupfer-Gußlegierungen						vgl. DIN 1705, DIN 1709, DIN 1714 (alle 11.81)
G-CuZn15	2.0241.01	170	70	25	45	sehr gut weich- und hartlötbar, meerwasserbeständig; Flansche
G-CuZn33Pb	2.0290.01	180	70	12	45	gut zerspanbar, beständig gegen Brauchwasser bis 90 °C; Armaturen
G-CuZn25Al5	2.0598.01	750	450	8	180	sehr hohe Festigkeit und Härte, gut zerspanbar; Gleitlager
G-CuSn12	2.1052.01	260	140	12	80	hohe Verschleißfestigkeit; Spindelmuttern, Schneckenräder
G-CuSn12Pb	2.1061.01	260	140	10	80	verschleißfest, Notlaufeigenschaften; Gleitlager
G-CuSn10Zn	2.1086.01	260	130	15	75	Gleitlagerschalen, gering beanspruchte Schneckenräder
G-CuAl10Fe	2.0940.01	500	180	15	115	mechanisch beanspruchte Teile; Hebel, Gehäuse, Kegelräder
G-CuAl9Ni	2.0970.01	500	200	20	110	korrosionsbeanspruchte Teile; Armaturen, Propeller
G-CuAl10Ni	2.0975.01	600	270	12	140	auf Festigkeit und Korrosion beanspruchte Teile; Pumpen

Verbundwerkstoffe, keramische Werkstoffe

Verbundwerkstoffe

Verbund-werkstoff	Grund-werkstoff [1]	Faseranteil in %	Dichte ϱ g/cm³	Zugfestigkeit σ_B N/mm²	Reißdehnung ε_R %	Elastizitätsmodul E N/mm²	Gebrauchstemperatur bis °C	Verwendung
GFK (glasfaserverstärkt)	EP	60	—	365	3,5	—	—	Wellen, Gelenke, Pleuel, Bootskörper, Rotorblätter
	UP	35	1,5	130	3,5	10 800	50	Behälter, Tanks, Rohre, Lichtkuppeln, Karosserieteile
	PA 66	35	1,4	160[2]	5[3]	5 000	190	großflächige, steife Gehäuseteile, Kraftstromstecker
	PC	30	1,42	90[2]	3,5[3]	6 000	145	Gehäuse für Drucker, Rechner, Fernsehgeräte
	PPS	30	1,56	140	3,5	11 200	260	Lampenfassungen und Spulen in der Elektrotechnik
	PAI	30	1,56	205	7	11 700	280	Lager, Ventilsitzringe, Dichtungen, Kolbenringe
	PEEK	30	1,44	155	2,2	10 300	315	Leichtbauwerkstoff in der Luft- und Raumfahrt, Metallersatz
CFK (kohlenstofffaserverstärkt)	PPS	30	1,45	190	2,5	17 150	260	wie GFK-PPS
	PAI	30	1,42	205	6	11 700	180	wie GFK-PAI
	PEEK	30	1,44	210	1,3	13 000	315	wie GFK-PEEK

[1] Bezeichnungen Seite 149;   [2] σ_S Streckspannung;   [3] ε_S Dehnung bei Streckspannung

Keramische Werkstoffe

Werkstoff Bezeichnung	Kurzname	Dichte ϱ g/cm³	Biegefestigkeit σ_b N/mm²	Elastizitätsmodul E N/mm²	Längenausdehnungskoeffizient α 1/K	Eigenschaften, Verwendung
Aluminiumoxid	Al_2O_3	3,9	400	400 000	0,000 008	hart, verschleißfest, chemisch und thermisch beständig; Schneidkeramik, Ziehsteine, Pumpenkolben, Biomedizin
Zirkoniumdioxid	ZrO_2	5,5	600	240 000	0,000 010	bruchunempfindlich, thermisch und chemisch beständig; Ziehringe, Strangpreßmatrizen
Siliciumkarbid	SiC	3,2	440	440 000	0,000 0045	hart, verschleißfest, temperaturwechselbeständig; Schleifmittel, Ventile, Lager, Kolben, Brennkammern
Siliciumnitrid	Si_3N_4	3,2	700	210 000	0,000 0065	bruchunempfindlich, temperaturwechselbeständig; Schneidkeramik, Leit- und Laufschaufeln für Gasturbinen
Diamant (gesintert)	—	3,5	300	900 000	0,000 002	sehr hart, verschleißfest; Werkzeuge zur Präzisionsbearbeitung, Lagersteine, Schleifmittel

Sintermetalle

vgl. DIN 30910 T1 (10.90)

Bezeichnungsbeispiel: Sint - A 1 0

- Sintermetall
- Kennbuchstaben für Werkstoffklasse bzw. Raumerfüllung R_x
- 1. Kennziffer für chem. Zusammensetzung
- 2. Kennziffer für weitere Unterscheidung

Werkstoffklasse

Kennbuchstabe	Raumerfüllung R_x in %	Einsatzgebiet
AF	< 73	Filter
A	75 (±2,5)	Gleitlager
B	80 (±2,5)	Gleitlager, Formteile mit Gleiteigenschaften
C	85 (±2,5)	Gleitlager, Formteile
D	90 (±2,5)	Formteile
E	94 (±1,5)	Formteile
F	> 95,5	sintergeschmiedete Formteile

Chemische Zusammensetzung

1. Kennziffer	Chemische Zusammensetzung Massenanteil in %
0	**Sintereisen, Sinterstahl,** Cu < 1% mit oder ohne C
1	**Sinterstahl,** 1% bis 5% Cu, mit oder ohne C
2	**Sinterstahl,** Cu > 5%, mit oder ohne C
3	**Sinterstahl,** mit oder ohne Cu bzw. C, andere Legierungs-Elemente < 6%, z.B. Ni
4	**Sinterstahl,** mit oder ohne Cu bzw. C, andere Legierungs-Elemente > 6%, z.B. Ni, Cr
5	**Sinterlegierungen,** Cu > 60%, z.B. Sinter-CuSn
6	**Sinterbuntmetalle,** die nicht in Kennziffer 5 enthalten sind
7	**Sinterleichtmetalle,** z.B. Sinteraluminium
8 u. 9	(Reserveziffern)

Sintermetalle

Kurzzeichen	Härte HB min.	Kurzzeichen	Härte HB min.	Kurzzeichen	Härte HB min.	Zusammensetzung, Eigenschaften
Sintermetalle für Filter						
Sint-AF 40	—	—	—	—	—	**Sinterstahl,** rostfrei, austenitisch, Cr-, Ni- und Mo-haltig
Sint-AF 50	—	—	—	—	—	**Sinterbronze**
Sintermetalle für Lager und Formteile mit Gleiteigenschaften						
Sint-A 00	25	Sint-B 00	30	Sint-C 00	40	**Sintereisen**
Sint-A 10	35	Sint-B 10	40	Sint-C 10	55	**Sinterstahl,** Cu-haltig
		Sint-B 11	70			**Sinterstahl,** Cu- und C-haltig
Sint-A 20	30	Sint-B 20	45			**Sinterstahl,** höher Cu-haltig
Sint-A 22	20	Sint-B 22	25			**Sinterstahl,** höher Cu- und C-haltig
Sint-A 50	25	Sint-B 50	30	Sint-C 50	35	**Sinterbronze**
Sint-A 51	20	Sint-B 51	25	Sint-C 51	30	**Sinterbronze,** graphithaltig
Sintermetalle für Formteile						
Sint-C 00	35	Sint-D 00	45	Sint-E 00	60	**Sintereisen**
Sint-C 01	70	Sint-D 01	90			**Sinterstahl,** C-haltig
Sint-C 10	40	Sint-D 10	50	Sint-E 10	80	**Sinterstahl,** Cu-haltig
Sint-C 11	80	Sint-D 11	95			**Sinterstahl,** Cu- und C-haltig
Sint-C 21	105					**Sinterstahl,** höher Cu- und C-haltig
Sint-C 30	55	Sint-D 30	60	Sint-E 30	90	**Sinterstahl,** Cu-, Ni- und Mo-haltig
Sint-C 35	70	Sint-D 35	80			**Sinterstahl,** P-haltig
Sint-C 36	80	Sint-D 36	90			**Sinterstahl,** Cu- und P-haltig
Sint-C 39	90	Sint-D 39	120			**Sinterstahl,** Cu-, Ni-, Mo- und C-haltig
Sint-C 40	95	Sint-D 40	125			**Sinterstahl,** rostfrei, austenitisch, Cr-, Ni- und Mo-haltig
Sint-C 42	140					**Sinterstahl,** rostfrei, ferritisch, Cr-haltig
Sint-C 43	165	—	—	—	—	**Sinterstahl,** rostfrei, martensitisch, Cr-haltig
Sint-C 50	35	Sint-D 50	45			**Sinterbronze**
—	—	Sint-D 73	45	Sint-E 73	55	**Sinteraluminium**
Sintermetalle für Formteile mit weichmagnetischen Eigenschaften						
Sint-C 02	35	Sint-D 02	40	Sint-E 02	55	**Sintereisen,** weichmagnetisch
Sint-C 38	55	Sint-D 38	65			**Sinterstahl,** weichmagnetisch, P-haltig
Sinterschmiedestähle für Formteile						
				Sint-F 00	140	**Sinterschmiedestahl**
				Sint-F 30	160	**Sinterschmiedestahl,** Cr-, Mn-, Ni-, und Mo-haltig
				Sint-F 31	180	**Sinterschmiedestahl,** Ni-, Mn-, Mo-haltig

W

Gleitlagerwerkstoffe

Blei- und Zinn-Gußlegierungen für Verbundgleitlager
vgl. DIN ISO 4381 (11.92)

Kurzzeichen	Werkstoff-Nr.	Dehngrenze $R_{p\,0,2}$[1] N/mm²	Brinellhärte HB[2]	Mindesthärte der Welle	Eigenschaften und Verwendung
PbSb15SnAs PbSb10Sn6	2.3390 2.3393	39…25 39…27	18…10 16… 8	160 HB	Für reine Gleitbeanspruchung bei geringer Belastung, mittlerer Gleitgeschwindigkeit und guter Schmierung; Verwendung für gerollte Buchsen und dünnwandige Lagerschalen.
PbSb15Sn10	2.3391	43…30	21…10	160 HB	Für reine Gleitbeanspruchung bei mittlerer Belastung, mittlerer Gleitgeschwindigkeit und guter Schmierung; Verwendung für allgemeine Gleitlager.
PbSb14Sn9CuAs SnSb12Cu6Pb SnSb8Cu4	2.3392 2.3790 2.3791	46…27 61…36 47…27	22…10 25… 8 22… 8	160 HB	Gute Gleiteigenschaften bei mittlerer Belastung, hohen bis niedrigen Gleitgeschwindigkeiten und guter Schmierung; Verwendung für Gleitlager in Elektromaschinen, Getrieben und Walzwerken.
SnSb8Cu4Cd	2.3792	62…30	28…13	160 HB	Bei hoher Belastung und hohen Gleitgeschwindigkeiten, hoher Schlagbeanspruchung; Verwendung für Haupt-, Pleuel-, und Walzwerkslager.

Bezeichnung eines Lagermetalls mit dem Kurzzeichen PbSb10Sn6: **Lagermetall ISO 4381-PbSb10Sn6**
[1] Oberer Wert für 20 °C, unterer Wert für 100 °C.
[2] Härtewert HB 10/250/180 nach ISO 4384; oberer Wert für 20 °C, unterer Wert für 150 °C.

Kupfer-Gußlegierungen für Verbund- und Massivgleitlager
vgl. DIN ISO 4382 T1 (11.92)

Kurzzeichen[1]	Werkstoff-Nr.	Zugfestigkeit R_m[2] N/mm²	Brinellhärte HB[2]	Mindesthärte der Welle	Eigenschaften und Verwendung
CuSn8Pb2 CuPb5Sn5Zn5 CuSn7Pb7Zn3	2.1810 2.1813 2.1820	250…270 200…250 210…260	60…80 60…65 60…70	300 HB 250 HB 300 HB	Für Anwendungsfälle mit geringen Belastungen und ausreichender Schmierung.
CuPb9Sn5 CuPb10Sn10 CuPb15Sn8 CuPb20Sn5	2.1815 2.1816 2.1817 2.1818	160…230 180…220 170…220 150…180	55…60 65…70 60…65 45…50	250 HB 250 HB 250 HB 200 HB	Weiche Lagerlegierungen; geeignet für mittlere Belastungen und mittlere bis hohe Gleitgeschwindigkeiten. Zunehmender Zinngehalt erhöht Härte und Verschleißwiderstand, zunehmender Bleigehalt erhöht Eignung für Wasserschmierung.
CuSn10P CuSn12Pb2	2.1811 2.1812	220…360 250…270	70…95 80…90	55 HRC	Bei hoher Belastung und hoher Gleitgeschwindigkeit sowie Schlag- und Stoßbeanspruchung.
CuAl10Fe5Ni5	2.1819	600…680	140	55 HRC	Sehr hart; für Konstruktionsteile mit Gleitbeanspruchung; relativ schlechte Einbettfähigkeit.

Bezeichnung eines im Schleuderguß (GZ) hergestellten Lagermetalls mit dem Kurzzeichen CuPb15Sn8:
Lagermetall ISO 4382-GZ-CuPb15Sn8
[1] Es werden folgende Gußarten unterschieden: GS Sandguß; GM Kokillenguß; GZ Schleuderguß; GC Strangguß.
[2] Niedrigster Wert für Sandguß, höchster Wert für Strangguß; Härtewerte HB 2,5/62,5/10 nach ISO 4384.

Kupfer-Knetlegierungen für Massivgleitlager
vgl. DIN ISO 4382 T2 (11.92)

Kurzzeichen	Werkstoff-Nr.	Zugfestigkeit R_m N/mm²	Brinellhärte HB[1]	Mindesthärte der Welle	Eigenschaften und Verwendung
CuSn8P CuZn31Si1	2.1830 2.1831	400…580 440…560	80…160 100…160	55 HRC	Für hohe Belastung, hohe Gleitgeschwindigkeiten und Schlag- und Stoßbelastung bei ausreichender Schmierung und guter Fluchtung.
CuZn37Mn2Al2Si	2.1832	600	150	55 HRC	Hoher Verschleißwiderstand, auch bei Mangelschmierung.
CuAl9Fe4Ni4	2.1833	700	160	55 HRC	Für Konstruktionsbauteile mit Gleitbeanspruchung.

Bezeichnung eines Lagermetalls mit dem Kurzzeichen CuSn8P und einer Mindest-Brinellhärte von 100:
Lagermetall ISO 4382-CuSn8P-HB 100
[1] Härtewert HB 2,5/62,5/10 nach ISO 4384, Härteprüfung an Lagermetallen.

Gleitlagerwerkstoffe

Verbundwerkstoffe für dünnwandige Gleitlager vgl. DIN ISO 4383 (11.92)

Kurzzeichen	Werkstoff-Nr.	Härte[1]	Mindesthärte der Welle	Eigenschaften und Verwendung
PbSb10Sn6	2.3393	19…23[2]	180 HB	Weich, korrosionsbeständig; relativ gute Eignung bei Grenzreibung; geringe Dauerfestigkeit; für harte und weiche Wellen; Verwendung für niedrig belastete Haupt- und Pleuellager, Buchsen, Gleitscheiben.
PbSb15SnAs	2.3390	16…20[2]	180 HB	
PbSb15Sn10	2.3391	18…23[2]	180 HB	
SnSb8Cu4	2.3793	17…24[2]	200 HB	
CuPb10Sn10	2.1821	60…90[3]	53 HRC	Sehr hohe bis hohe Dauer- und Schlagfestigkeit; vorzugsweise für harte Wellen; üblicherweise mit galvanischer Gleitschicht; ohne galvanische Beschichtung teilweise korrosionsanfällig gegenüber gealtertem Öl; Verwendung für Haupt- und Pleuellager, gerollte Buchsen, Gleitscheiben.
CuPb17Sn5	2.1822	60…95[3]	50 HRC	
CuPb24Sn4	2.1823	45…70[3]	48 HRC	
CuPb24Sn	2.1825	40…60[3]	45 HRC	
CuPb30	2.1826	30…45[3]	270 HB	
AlSn20Cu	3.0690	30…40[4]	250 HB	Mittlere bis hohe Dauerfestigkeit; gute Korrosionsbeständigkeit; üblicherweise mit galvanischer Gleitschicht und für harte Wellen; Verwendung für Haupt- und Pleuellager, gerollte Buchsen, Gleitscheiben.
AlSn6Cu	3.0691	35…40[4]	45 HRC	
AlSi4Cd	3.2690	30…40[4]	48 HRC	
AlCd3CuNi	3.0692	35…55[4]	48 HRC	
AlSi11Cu	3.2190	45…60[4]	50 HRC	Hohe Dauerfestigkeit, vorwiegend mit galvanischer Gleitschicht und für harte Wellen bei Haupt- und Pleuellagern.
AlZn5Si1,5Cu1Pb1Mg	3.4220	45…70[4]	45 HRC	
CuSn10/PTFE	—	—	—	Mit Kunststoff imprägniert; gute Eignung bei Mischreibung; für hohe Belastung und niedrige Gleitgeschwindigkeiten.
CuSn10/POM	—	—	—	

Bezeichnung eines Verbundwerkstoffes aus einem Stahlstützkörper mit dem aufgegossenen (G) Lagermetall CuPb17Sn5: **Lagermetall ISO 4383-G-CuPb17Sn5**

[1] Prüfung nach ISO 4384;   [2] Härte HV, im Gußzustand;   [3] Härte HB, gesintert;   [4] Härte HB, gewalzt und geglüht

Gleitschichten für dünnwandige Gleitlager vgl. DIN ISO 4383 (11.92)

Kurzzeichen	Werkstoff-Nr.	Eigenschaften und Verwendung
PbSn10Cu2	2.3395	Verwendung als meist galvanisch aufgebrachte Gleitschicht auf Verbundgleitlagern; weich; gute Korrosionsbeständigkeit; relativ gute Eignung bei Grenzreibung; Dauerfestigkeit abhängig von der Schichtdicke.
PbSn10	2.3396	
PbIn7	2.3397	

Bezeichnung eines Verbundwerkstoffes aus einem Stahlstützkörper mit dem aufgegossenen (G) Lagermetall CuPb17Sn5 und einer Gleitschicht aus PbSn10Cu2: **Lagermetall ISO 4383-G-CuPb17Sn5-PbSn10Cu2**

Thermoplastische Kunststoffe für Gleitlager vgl. DIN ISO 6691 (10.90)

Bezeichnung	Kurzzeichen	Eigenschaften und Verwendung
Polyamid	PA6 PA66 PA11 PA12	Beständig gegen Mineralöle, Lösungsmittel und Laugen; empfindlich gegen Mineralsäuren; schlagzäh, besonders stoß- und verschleißfest; im Trockenlauf hoher Gleitwiderstand; Verwendung für stoß- und schwingungsbeanspruchte Lager in Stahlwerken, für Bremsgestänge, Landmaschinen, Federaugenbuchsen.
Polyoxymethylen	POM	Härter, druckbelastbarer, jedoch stoßempfindlicher als PA; geeignet für Trockenlauf oder bei Schmierstoffmangel; Verwendung für Lager in der Feinwerktechnik.
Polyalkylenterephthalat	PET PBT	Härte und Verschleißfestigkeit ähnlich wie bei POM, jedoch nur unter 70 °C einsetzbar; Verwendung für Lager in der Feinwerktechnik und für Führungs- und Gleitbuchsen; für Unterwasseranlagen.
Polyethylen	PE	Beständig gegen Wasser, tiefe Temperaturen und abrasive Beanspruchung. Für geringe Dauer-, jedoch hohe Stoßbelastung geeignet, z.B. Straßen- und Landmaschinenbau, Gewässerbau, Tieftemperaturlager, Chemieanlagen.
Pylytetrafluorethylen	PTFE	Bei hoher Belastung und niedriger Gleitgeschwindigkeit sehr niedrige Reibwerte; hoch- und tieftemperaturbeständig; weich und wenig verschleißfest. Verwendung für Brückenlager, Hochtemperaturlager, Gleitbahnen.
Polyimid	PI	Hochtemperaturwerkstoff mit großer Härte und geringem Verschleiß; hoher Reibwert im Trockenlauf bei Temperaturen unter 70 °C; für Hochtemperaturlager.

Bezeichnung eines Lagerwerkstoffes mit dem Kurzzeichen PA66 für allgemeine Verwendung (G), der Viskositätskennzahl 27, dem Elastizitätsmodul 16 000 N/mm² (160), schnell erstarrend (N), mit Füllstoff Glasfasern (GF) in einem Massenanteil von 25% (25): **Thermoplast ISO 6691 — PA66,G,27-160 N,GF25**

Schneidstoffe

Bezeichnung der Schneidstoffe
vgl. DIN ISO 513 (06.92), Ersatz für DIN 4990

Kennbuchstabe	Schneidstoffgruppe	Kennbuchstabe	Schneidstoffgruppe
HW	Unbeschichtetes Hartmetall, vorwiegend aus Wolframcarbid (WC)	CA	Oxidkeramik, vorwiegend Aluminiumoxid (Al_2O_3)
HT	Unbeschichtetes Hartmetall, vorwiegend aus Titancarbid (TiC) oder Titannitrid (TiN), auch „Cermet" genannt	CM	Mischkeramik, auf der Basis von Aluminiumoxid (Al_2O_3), jedoch auch mit anderen oxidischen Bestandteilen
HC	Beschichtetes Hartmetall	CN	Nitridkeramik, vorwiegend Siliciumnitrid (Si_3N_4)
DP	Polykristalliner Diamant[1]	CC	Beschichtete Schneidkeramik
BN	Kubisch kristallines Bornitrid[1]		[1] Auch „hochharte Schneidstoffe" genannt.

Zerspanungs-Hauptgruppen und Anwendungsgruppen der Schneidstoffe
vgl. DIN ISO 513 (06.92)

Hauptgruppe Kennfarbe	Kurzzeichen	Schneidstoffwerte	Werkstoff	Arbeitsverfahren und Schnittbedingungen	Spanungswerte
P BLAU	P01	zunehmende Verschleißfestigkeit ↑ / zunehmende Zähigkeit ↓	Stahl, Stahlguß	Feindrehen und Feinbohren mit hohen Schnittgeschwindigkeiten und kleinen Spanungsquerschnitten	zunehmende Schnittgeschwindigkeit ↑ / zunehmender Vorschub ↓
	P10		Stahl, Stahlguß, langspanender Temperguß	Drehen, Fräsen, Gewindeherstellung; hohe Schnittgeschwindigkeit bei kleinen bis mittleren Spanungsquerschnitten	
	P20		Stahl, Stahlguß, langspanender Temperguß	Drehen, Kopierdrehen, Fräsen mit mittleren Schnittgeschwindigkeiten und mittleren Spanungsquerschnitten; Hobeln mit kleinem Vorschub	
	P30		Stahl, Stahlguß mit Lunkern	Stahl, Hobeln und Stoßen mit niedrigen Schnittgeschwindigkeiten und großen Spanungsquerschnitten	
	P40		Stahl, Stahlguß	Bearbeitung unter ungünstigen Spanungsbedingungen; große Spanwinkel möglich	
M GELB	M10	zunehmende Verschleißfestigkeit ↑ / zunehmende Zähigkeit ↓	Stahl, Stahlguß, Gußeisen, Manganhartstahl	Drehen mit mittleren bis hohen Schnittgeschwindigkeiten und kleinen bis mittleren Spanungsquerschnitten	zunehmende Schnittgeschwindigkeit ↑ / zunehmender Vorschub ↓
	M20		Stahl, Stahlguß, Gußeisen, austenitischer Stahl	Drehen und Fräsen mit mittlerer Schnittgeschwindigkeit und mittlerem Spanungsquerschnitt	
	M30		Stahl, Gußeisen, hochwarmfeste Legierungen	Drehen, Fräsen, Hobeln mit mittlerer Schnittgeschwindigkeit und mittleren bis großen Spanungsquerschnitten	
	M40		Automatenstahl, Nichteisenmetalle, Leichtmetalle	Drehen, Abstechen, besonders auf Automaten	
K ROT	K01	zunehmende Verschleißfestigkeit ↑ / zunehmende Zähigkeit ↓	hartes Gußeisen, Al-Si-Legierungen, Duroplaste	Drehen, Schäldrehen, Fräsen, Schaben	zunehmende Schnittgeschwindigkeit ↑ / zunehmender Vorschub ↓
	K10		GG HB ≥ 220, harter Stahl, Gestein, Keramik	Drehen, Fräsen, Bohren, Innendrehen, Räumen, Schaben	
	K20		GG HB ≤ 220, NE-Metalle	Drehen, Fräsen, Hobeln, Innendrehen; wenn große Zähigkeit des Schneidstoffes erforderlich ist	
	K30		Stahl, Gußeisen niedriger Härte	Drehen, Fräsen, Hobeln, Stoßen, Nutenfräsen; große Spanwinkel sind möglich	
	K40		NE-Metalle, Holz	Bearbeitung mit großen Spanwinkeln	

Bezeichnung eines Schneidstoffes aus unbeschichtetem Hartmetall (HW) der Zerspanungs-Anwendungsgruppe M20: **HW-M20**

Blech, Band, Draht

Stahlblech, Stahlband

vgl. DIN EN 10029 (10.91) Ersatz für DIN 1541
vgl. DIN EN 10131 (01.92) Ersatz für DIN 1623 T1

Blech-dicke mm	flächenbez. Masse m'' kg/m²	Blech-dicke mm	flächenbez. Masse m'' kg/m²	Blech-dicke mm	flächenbez. Masse m'' kg/m²	Blech-dicke mm	flächenbez. Masse m'' kg/m²	Blech-dicke mm	flächenbez. Masse m'' kg/m²
0,35	2,75	0,70	5,50	1,2	9,42	3,0	23,55	4,75	37,3
0,40	3,14	0,80	6,28	1,5	11,80	3,5	27,4	5,0	39,25
0,50	3,92	0,90	7,07	2,0	15,70	4,0	31,4	6,0	47,1
0,60	4,71	1,0	7,85	2,5	19,60	4,5	35,4	8,0	62,8

Blech-dicke mm	flächenbez. Masse m'' kg/m²
10,0	78,5
12,0	94,2
14,0	109,9
15,0	117,75

Lieferart: In Tafeln und Bändern nach DIN EN 10131 in Dicken von 0,35 mm bis 3 mm, nach DIN EN 10029 in Dicken über 3 mm bis 250 mm; **Werkstoff**: Unlegierte und legierte Stähle
Bezeichnung eines Bandes, Nenndicke 1,2 mm, Nennbreite 1500 mm, aus Stahl Fe P04 Am:
Band EN 10131 — 1,20 × 1500 Stahl EN 10130 — Fe P04 Am

Bleche aus NE-Metallen

vgl. DIN 1751 (06.73), DIN 1783 (04.81)

Blech-dicke mm	D-Cu	CuZn37	CuAl8	Al 99,8	MgAl6	Zn 97,5	Blech-dicke mm	D-Cu	CuZn37	CuAl8	Al 99,8	MgAl6	Zn 97,5
	\multicolumn{6}{Flächenbezogene Masse m'' in kg/m²}		\multicolumn{6}{Flächenbezogene Masse m'' in kg/m²}
0,2	1,78	1,68	1,54	0,540	—	1,41	1,6	14,2	13,4	12,6	—	—	—
0,25	2,22	2,10	1,92	0,675	—	1,80	1,8	16,0	15,1	13,9	4,86	3,28	12,9
0,3	2,67	2,52	2,31	0,810	0,546	2,15	2	17,8	16,9	15,4	5,40	3,64	14,4
0,4	3,56	3,36	3,08	1,08	0,728	2,87	2,2	19,6	18,5	16,9	—	—	15,8
0,5	4,45	4,20	3,85	1,35	0,910	3,59	2,5	22,2	20,9	19,2	6,75	4,55	18,0
0,6	5,34	5,04	4,62	1,62	1,09	4,31	2,8	25,0	23,6	21,5	—	—	20,1
0,7	6,23	5,88	5,38	—	—	5,03	3	26,8	25,3	23,1	8,10	5,46	21,5
0,8	7,12	6,72	6,16	2,16	1,46	5,74	3,2	29,0	27,4	24,6	—	—	—
1	8,90	8,40	7,70	2,70	1,82	7,18	3,5	31,2	29,5	26,9	9,45	6,37	25,1
1,2	10,7	10,1	9,24	3,24	2,18	8,62	4	35,6	33,6	30,4	10,8	7,28	28,7
1,4	12,5	11,8	10,8	—	—	10,1	4,5	40,1	37,8	34,6	—	—	—
1,5	13,4	12,7	11,6	4,05	2,73	10,8	5	44,5	42,0	38,5	13,5	9,10	35,9

Lieferart: In Tafeln und Bändern nach DIN 1751 in Dicken von 0,1 mm bis 5 mm, nach DIN 1783 in Dicken von 0,4 mm bis 15 mm; **Werkstoff**: Cu-, Al- und Zn-Legierungen
Bezeichnung eines Bleches (BL) nach DIN 1783 aus Al 99,8 mit 1,5 mm Dicke: **Blech DIN 1783 — Al 99,8 — BL — 1,5**

Stahldraht, kaltgezogen

vgl. DIN 177 (11.88)

Durch-messer mm	längenbez. Masse m' kg/1000m	Durch-messer mm	längenbez. Masse m' kg/1000m	Durch-messer mm	längenbez. Masse m' kg/1000m	Durch-messer mm	längenbez. Masse m' kg/1000m	Durch-messer mm	längenbez. Masse m' kg/1000m	Durch-messer mm	längenbez. Masse m' kg/1000m	Durch-messer mm	längenbez. Masse m' kg/1000m	Durch-messer mm	längenbez. Masse m' kg/1000m
0,1	0,062	0,28	0,484	0,5	1,54	1,25	9,66	2,5	38,5	4,5	125,0				
0,16	0,158	0,36	0,798	0,8	3,95	1,6	15,8	2,8	43,4	5,0	154,0				
0,2	0,246	0,4	0,989	0,9	4,99	2,0	24,6	3,55	77,7	5,6	193,0				
0,25	0,385	0,45	1,25	1,0	6,16	2,24	30,9	4,0	98,9	6,3	245,0				

Lieferart: In Ringen oder auf Spulen mit Drahtdurchmessern von 0,1 mm bis 20 mm.
Werkstoff: Stähle mit niedrigem Kohlenstoffgehalt nach DIN 17140

Runddrähte aus NE-Metallen

vgl. DIN 46420 (06.70), DIN 46431 (06.70)

Durch-messer mm	E-Cu	CuZn36 Pb 1	Al 99	Durch-messer mm	E-Cu	CuZn36 Pb 1	Al 99	Durch-messer mm	E-Cu	CuZn36 Pb 1	Al 99	Durch-messer mm	E-Cu	CuZn36 Pb 1	Al 99
	\multicolumn{3}{Längenbezogene Masse m' in kg/1000 m}		\multicolumn{3}{Längenbezogene Masse m' in kg/1000 m}		\multicolumn{3}{Längenbezogene Masse m' in kg/1000 m}		\multicolumn{3}{Längenbezogene Masse m' in kg/1000 m}
0,05	0,017	—	—	0,315	0,694	—	0,211	1,4	13,7	13,1	4,16
0,1	0,070	0,070	0,021	0,36	—	0,865	—	1,6	17,9	17,1	5,43
0,125	0,109	—	0,033	0,4	1,12	1,07	0,339	2,0	28,0	26,8	8,48
0,14	0,137	0,131	0,042	0,45	1,42	1,36	0,429	2,5	43,7	41,7	13,3
0,16	0,179	0,171	0,054	0,5	1,75	1,67	0,530	3,0	62,9	60,1	19,1
0,2	0,280	0,268	0,085	0,8	4,47	4,26	1,36	4,0	112,0	107,0	33,9
0,25	0,437	0,417	0,133	0,9	5,66	5,42	1,72	4,5	142,0	136,0	42,9
0,3	—	0,601	—	1,0	6,99	6,67	2,12	5,0	175,0	167,0	53,0

Lieferart: In Ringen oder auf Spulen von d = 0,05 mm bis 16 mm
Werkstoff: Cu- und Al-Legierungen
Bezeichnung für einen genau gezogenen Runddraht von Nenndurchmesser $d = 0,4$ mm aus E-Cu F 20:
Rund DIN 46431 — E-CU F20 — 0,4

Warmgewalzte Stahlprofile

Bild	Normbereich von ... bis	Norm Seite	Bild	Normbereich von ... bis	Norm Seite
	Rundstahl $d = 8...200$	DIN 1013 T1 S. 137		U-Stahl $h = 30...400$	DIN 1026 S. 142
	Vierkantstahl $a = 8...120$	DIN 1014 T1 S. 137		Z-Stahl $h = 30...200$	DIN 1027 S. 142
	Sechskantstahl $s = 13...103$	DIN 1015 —		Gleichschenkliger Winkelstahl $a = 20...200$	DIN 1028 S. 144
	Flachstahl $b \times s =$ $10 \times 15...150 \times 60$	DIN 1017 T1 S. 137		Ungleichschenkliger Winkelstahl $a \times b =$ $30 \times 20...200 \times 100$	DIN 1029 S. 143
	Hohlprofil $a = 40...400$	DIN 59 410 S. 140		Scharfkantiger Winkelstahl $a = 20...50$	DIN 1022 S 147
	Hohlprofil $a \times b =$ $50 \times 20...400 \times 260$	DIN 59 410 S. 140		Schmale I-Träger I-Reihe $h = 80...600$	DIN 1025 T1 S. 145
	Hochstegiger T-Stahl $b = h = 20...140$	DIN 1024 S. 147		Mittelbreite I-Träger IPE-Reihe $h = 80...600$	DIN 1025 T5 S. 145
	Breitfüßiger T-Stahl $b \times h =$ $60 \times 30...120 \times 60$	DIN 1024 S. 147		Breite I-Träger IPB-Reihe[1] $h = 100...1000$	DIN 1025 T2 S. 146
	Scharfkantiger T-Stahl $b = h = 20...40$	DIN 59 051 S. 147		Breite I-Träger IPBl[1] und IPBv[1]-Reihe $h = 100...1000$	DIN 1025 T3, 1025 T4 —

[1] Nach EURONORM 53-62: IPB = HE...B, IPBl = HE...A, IPBv = HE...M

Stabstahl

Warmgewalzter Rund- und Vierkantstahl
vgl. DIN 1013 T1 (11.76), DIN 1014 T1 (07.78)

Maße d, a mm	m' in kg/m (d)	m' in kg/m (a)	Maße d, a mm	m' in kg/m (d)	m' in kg/m (a)	Maße d, a mm	m' in kg/m (d)	m' in kg/m (a)
8	0,395	0,502	31	5,92	—	65	26,0	33,2
10	0,617	0,785	32	6,31	8,4	70	30,2	38,5
12	0,888	1,13	35	7,55	9,62	75	34,7	—
14	1,21	1,54	37	8,44	—	80	39,5	50,2
16	1,58	2,01	38	8,90	—	90	49,9	63,6
18	2,00	2,54	40	9,86	12,6	100	61,7	78,5
20	2,47	3,14	42	10,9	—	110	74,6	95,0
22	2,98	3,80	44	11,9	—	120	88,8	113
24	3,55	4,52	45	12,5	15,9	140	121	—
25	3,85	4,91	50	15,4	19,6	150	139	—
27	4,49	—	52	16,7	—	160	158	—
28	4,83	6,15	55	18,7	23,7	180	200	—
30	5,55	7,07	60	22,2	28,3	200	247	—

Werkstoff: Unlegierter Baustahl nach DIN EN 10025

Bezeichnung eines warmgewalzten Rundstahles mit dem Durchmesser $d = 20$ mm aus S235JR:
Rd 20 DIN 1013 — S235JR

Warmgewalzter Flachstahl
vgl. DIN 1017 T1 (04.67)

Längenbezogene Masse m' in kg/m

Breite b in mm	Dicke s in mm									
	5	6	8	10	12	14	16	18	20	22	25	30
10	0,393	—	—	—	—	—	—	—	—	—	—	—
11	0,432	0,518	—	—						—	—	—
12	0,471	0,565	—	—						—	—	—
13	0,510	0,612	0,816	—						—	—	—
14	0,550	0,659	0,879	—						—	—	—
15	0,589	0,707	0,942	1,18						—	—	—
16	0,628	0,754	1,00	1,26						—	—	—
17	0,667	0,801	1,07	—						—	—	—
18	0,707	0,848	1,13	1,41	—	—	—	—	—	—	—	—
20	0,785	0,942	1,26	1,57	1,88	—	—	—	—	—	—	—
22	0,864	1,04	1,38	1,73	2,07	2,42	—	—	—	—	—	—
25	0,981	1,18	1,57	1,96	2,36	2,75	3,14	—	—	—	—	—
26	1,02	1,22	1,63	2,04	2,45	2,86	3,27	3,67	4,08	—	—	—
28	1,10	1,32	1,76	2,20	2,64	3,08	3,52	3,96	—	—	—	—
30	1,18	1,41	1,88	2,36	2,83	3,30	3,77	4,24	4,71	5,18	5,89	—
32	1,26	1,51	2,01	2,51	3,01	3,52	4,02	—	5,02	5,53	6,28	—
35	1,37	1,65	2,20	2,75	3,30	3,85	4,40	4,95	5,50	6,04	6,87	—
38	1,49	1,79	2,39	2,98	3,58	4,18	4,77	—	5,97	6,56	7,46	—
40	1,57	1,88	2,51	3,14	3,77	4,40	5,02	5,65	6,28	6,91	7,85	9,42
45	1,77	2,12	2,83	3,53	4,24	4,95	5,65	—	7,07	7,77	8,83	10,6
50	1,96	2,36	3,14	3,93	4,71	5,10	6,28	7,07	7,85	8,64	9,81	11,8
55	2,16	2,59	3,45	4,32	5,18	6,04	6,91	7,77	8,64	9,50	10,8	13,0
60	2,36	2,83	3,77	4,71	5,65	—	7,54	8,48	9,42	10,4	11,8	14,1
65	2,55	3,06	4,08	5,10	6,12	—	8,16	—	10,2	11,2	12,8	15,3
70	2,75	3,30	4,40	5,50	6,59	—	8,79	9,89	11,0	12,1	13,7	16,5
75	2,94	3,53	4,71	5,89	7,07	—	9,42	—	11,8	—	14,7	17,7
80	3,14	3,77	5,02	6,28	7,54	—	10,0	—	12,6	—	15,7	18,8
90	3,53	4,24	5,65	7,07	8,48	—	11,3	12,7	14,1	—	17,7	21,2
100	3,93	4,71	6,28	7,85	9,42	11,0	12,6	—	15,7	—	19,6	23,6

Werkstoff: Stahlsorten nach DIN EN 10025, DIN EN 10083, DIN 17210, DIN 1651

Bezeichnung eines warmgewalzten Flachstahles der Breite 40 mm und der Dicke 12 mm aus S235JR:
Fl DIN 1017 — 40 × 12 — S235JR

Stabstahl

Blanker Rund-, Quadrat- und Sechskantstahl vgl. DIN 668 (10.81); DIN 178 (06.69); DIN 176 (02.72)

Maße d, a, s mm	Längenbezogene Masse[1] m' in kg/m			Maße d, a, s mm	Längenbezogene Masse[1] m' in kg/m			Maße d, a, s mm	Längenbezogene Masse[1] m' in kg/m		
	d	a	s		d	a	s		d	a	s
2	0,0247	0,0314	0,0272	10	0,617	0,785	0,680	25	3,85	4,91	—
2,5	0,0385	—	0,0425	11	0,746	0,950	0,823	30	5,55	7,07	6,12
3	0,0555	0,0707	0,0612	12	0,880	1,130	0,979	32	6,31	8,04	6,96
3,5	0,0755	0,0962	0,0833	14	1,21	1,54	1,33	36	7,99	10,2	8,81
4	0,0986	0,126	0,109	15	1,39	1,77	1,53	40	9,86	12,6	—
4,5	0,125	0,159	0,138	16	1,58	2,01	1,74	50	15,4	19,6	17,0
5	0,154	0,196	0,170	17	1,78	2,27	1,96	60	22,2	28,3	24,5
5,5	0,187	0,237	0,206	18	2,0	2,54	—	70	30,2	38,5	33,3
6	0,222	0,283	0,245	19	2,23	2,83	2,45	80	39,5	50,2	43,5
8	0,395	0,502	0,435	20	2,47	3,14	—	90	44,9		55,1
9	0,499	0,636	0,551	22	2,98	3,80	3,29	100	61,7	78,5	68,0

Toleranzklassen

Rundstahl		Quadratstahl	Sechskantstahl
h11	DIN 668	nach DIN 178	nach DIN 176
h9	DIN 671	h11 für $a, s \leq 65$ mm	
h8	DIN 670	h12 für $a, s < 65$ mm	

Werkstoff: Rund- und Sechskantstahl vorzugsweise nach DIN 1651 z.B. 10 S 20
Quadratstahl vorzugsweise nach DIN EN 10025 z.B. S235JRG1
Bezeichnung eines blanken Rundstahles nach DIN 670 aus E295 mit $d = 20$ mm:
Rund DIN 670 — E295-20

Polierter Rundstahl

vgl. DIN 175 (10.81)

Lieferbare Durchmesser	1 bis 6 mm	10 bis 15 mm	15 bis 20 mm	20 bis 30 mm
Durchmesser-Stufung	0,1 mm	0,25 mm	0,5 mm	1 mm

Toleranzklasse: h9 . **Werkstoff:** Vorzugsweise Werkzeugstahl nach DIN 17350, z.B. 115 Cr V 3

Blanker Flachstahl

vgl. DIN 174 (06.69)

Breite in mm	Längenbezogene Masse[1] m' in kg/m — Dicke in mm											
	2	2,5	3	4	5	6	8	10	12	16	20	25	32	40
5	0,079	0,098	0,118	—	—	—	—	—	—	—	—	—	—	—
6	0,094	0,118	0,141	0,188	—	—	—	**Werkstoff:** Stahlsorten nach DIN EN 10025, z.B. S185, S235JR, S235JRG1						
8	0,126	0,157	0,188	0,251	0,314	0,377	—						
10	0,157	0,196	0,236	0,314	0,393	0,471	—						
12	0,188	0,236	0,283	0,377	0,471	0,565	0,754	—	—	—	—	—	—	—
16	0,251	0,314	0,377	0,502	0,628	0,754	1,00	1,26	—	—	—	—	—	—
20	0,314	0,393	0,471	0,628	0,785	0,942	1,26	1,57	1,88	2,51	—	—	—	—
22	0,345	—	0,518	0,691	0,864	1,04	1,38	1,73	2,07	—	—	—	—	—
25	0,393	0,491	0,589	0,785	0,981	1,18	1,57	1,96	2,36	3,14	3,93	—	—	—
28	0,440	—	0,659	0,879	1,10	1,32	1,76	2,20	2,64	3,52	4,40	—	—	—
32	0,502	0,628	0,754	1,00	1,26	1,51	2,01	2,51	(3,01)	4,02	5,02	6,28	—	—
36	0,565	0,707	0,848	1,13	1,41	1,70	(2,26)	2,83	3,39	(4,52)	5,65	—	—	—
40	0,628	—	0,942	1,26	1,57	1,88	2,51	3,14	3,77	5,02	6,28	7,85	10,0	—
45	0,707	—	1,06	1,41	1,77	2,12	2,83	3,53	(4,24)	5,65	7,07	8,83	11,3	—
50	0,785	—	1,18	1,57	1,96	2,36	3,14	3,93	4,71	6,28	7,85	9,81	12,6	—
56	—	—	1,32	1,76	2,20	—	3,52	4,40	5,28	7,03	8,79	11,0	14,1	—
63	—	—	1,48	1,98	2,47	2,97	3,96	4,95	5,93	7,91	9,89	12,4	15,8	19,8
70	—	—	—	2,20	2,75	3,30	(4,40)	5,50	6,59	8,79	11,0	13,7	—	22,0
80	—	—	—	—	3,14	3,77	(5,02)	6,28	7,54	10,0	12,6	15,7	—	(25,1)
90	—	—	—	—	3,53	4,24	(5,65)	7,07	8,48	11,3	14,1	17,7	—	—

Toleranzklassen: Für Dicken bis 30 mm und Breiten bis 100 mm h 11 und für Dicken über 30 mm h 12. Für Breiten über 100 mm gelten besondere Maßabweichungen.

[1] Soll die längenbezogene Masse m' anderer Werkstoffe als Stahl mit der Dichte 7,85 kg/dm³ bestimmt werden, so multipliziert man die Tabellenwerte mit einem der nebenstehenden Faktoren.
Beispiel: Welche längenbezogene Masse m' hat 1 m Flachaluminium aus Al 99,8 von 50 mm Breite und 12 mm Dicke?
Masse m' = Tabellenwert × Faktor = 4,71 kg/m · 0,344 = **1,62 kg/m**

Werkstoff	Faktor
Cu	1,132
CuZn 40	1,070
Al 99,8	0,344
AlCuMg2	0,353

Stahlrohre

Mittelschwere Gewinderohre

vgl. DIN 2440 (06.78)

Nenn-weite DN ≈ Innen-∅ mm	Whit-worth-Rohr-gewinde ≈	Außen-∅ d_1 mm	Wand-dicke s mm	Längen-bezog. Masse m' kg/m	Muffe DIN 2986 Außen-durch-messer mm	Muffe DIN 2986 Länge mm	Nenn-weite DN ≈ Innen-∅ mm	Whit-worth-Rohr-gewinde ≈	Außen-∅ d_1 mm	Wand-dicke s mm	Längen-bezog. Masse m' kg/m	Muffe DIN 2986 Außen-durch-messer mm	Muffe DIN 2986 Länge mm
6	R 1/8	10,2	2,0	0,407	14	17	40	R 1 1/2	48,3	3,25	3,61	54,5	48
8	R 1/4	13,5	2,35	0,650	18,5	25	50	R 2	60,3	3,65	5,10	66,3	56
10	R 3/8	17,2	2,35	0,825	21,3	26	65	R 2 1/2	76,1	3,65	6,51	82	65
15	R 1/2	21,3	2,65	1,22	26,4	34	80	R 3	88,9	4,05	8,47	95	71
20	R 3/4	26,9	2,65	1,58	31,8	36	100	R 4	114,3	4,5	12,1	122	83
25	R 1	33,7	3,25	2,44	39,5	43	125	R 5	139,7	4,85	16,2	17	92
32	R 1 1/4	42,4	3,25	3,14	48,3	48	150	R 6	165,1	4,85	19,2	174	92

Lieferart: Nahtlos gezogen oder geschweißt; schwarz, verzinkt (B) oder mit nichtmetallischem Schutzüberzug (C)
Werkstoff: Unlegierte Baustähle DIN EN 10025
Bezeichnung eines nahtlos gezogenen, verzinkten (B), mittelschweren Gewinderohres mit Nennweite 40 mm (DN 40) nach DIN 2440 für Rohrgewinde R 1 1/2: **Gewinderohr DIN 2440 — DN 40 — nahtlos B**

Nahtlose Präzisionsstahlrohre

vgl. DIN 2391 T1 und T2 (07.81)

Außen-∅ mm	Längenbezogene Masse m' in kg/m — Wanddicke in mm												
	0,5	1	1,5	2,0	2,5	3	4	5	5,5	6	8	9	12,5	16	18
5	0,056	0,099													
6	0,068	0,123	0,166	0,197											
8	0,092	0,173	0,240	0,296	0,339										
10	0,117	0,222	0,314	0,395	0,462	0,52									
12	0,142	0,271	0,396	0,493	0,586	0,66	0,79								
16	0,191	0,370	0,536	0,691	0,832	0,96	1,18	1,36	1,42	1,48					
20	0,240	0,469	0,684	0,888	1,08	1,26	1,58	1,85	1,97	2,07					
25	0,302	0,592	0,869	1,13	1,39	1,63	2,07	2,47	2,64	2,81	3,35				
32	0,388	0,765	1,13	1,48	1,82	2,15	2,76	3,33	3,59	3,85	4,74	5,10	5,43		
38	0,462	0,912	1,35	1,78	2,19	2,59	3,35	4,07	4,41	4,74	5,92	6,44	6,91		
40	0,487	0,962	1,42	1,87	2,31	2,74	3,55	4,32	4,68	5,03	6,31	6,88	7,40		
50		1,21	1,79	2,37	2,93	3,48	4,54	5,55	6,04	6,51	8,29	9,10	9,86		
60		1,46	2,16	2,86	3,55	4,22	5,52	6,78	7,39	7,99	10,3	11,3	12,3	14,6	
70		1,70	2,53	3,35	4,16	4,96	6,51	8,01	8,75	9,47	12,2	13,5	14,8	17,7	21,3
80		1,95	2,90	3,85	4,78	5,70	7,50	9,25	10,1	10,9	14,2	15,8	17,3	20,8	25,3
100				4,83	6,01	7,18	9,47	11,7	12,8	13,9	18,2	20,2	22,2	27,0	33,1	36,4
120				5,82	7,24	8,66	11,4	14,2	15,5	16,9	22,1	24,6	27,1	33,1	41,0	45,3
160						11,6	15,4	19,1	21,0	22,8	30,0	33,5	37,0	45,5	56,8	63,0
200							19,3	24,0	26,4	28,7	37,9	42,4	46,9	57,8	72,6	80,8

Werkstoff: z.B. St30Si, St30Al, St35, St45, St52

Lieferart: Nahtlos gezogen, zugblankhart (BK), zugblankweich (BKW), geglüht (GBK), normal geglüht (NBK)
Bezeichnung eines nahtlosen Präzisionsstahlrohres nach DIN 2391 aus St35, normal geglüht (NBK) mit Außendurchmesser 100 mm und Wanddicke 3 mm: **Rohr DIN 2391 — St 35 NBK 100 × 3**

Nahtlose Stahlrohre und Geschweißte Stahlrohre

vgl. DIN 2448 (02.81), DIN 2458 (02.81)

Außen-∅ mm	Längenbezogene Masse m' in kg/m — Wanddicke in mm												
	2	2,6	2,9	3,2	3,6	4	4,5	5	5,6	6,3	7,1	8	10	12,5	14,2	16	20
10,2	0,404	0,487															
13,5	0,567	0,699	0,785	0,813	0,879												
17,2	0,750	0,936	1,02	1,10	1,21	1,30	1,41										
21,3	0,952	1,20	1,32	1,43	1,57	1,71	1,86	2,01									
26,9	1,23	1,56	1,72	1,87	2,07	2,26	2,49	2,70	2,94	3,20	3,47						
33,7		1,99	2,20	2,41	2,67	2,93	3,24	3,54	3,88	4,26	4,66	5,07					
42,4		2,55	2,82	3,09	3,44	3,79	4,21	4,61	5,08	5,61	6,18	6,79	7,99				
48,3		2,93	3,25	3,56	3,97	4,37	4,86	5,34	5,90	6,53	7,21	7,95	9,45	11,0			
60,3			4,11	4,51	5,03	5,55	6,19	6,82	7,55	8,39	9,32	10,3	12,4	14,7	16,1	17,9	
76,1			5,24	5,75	6,44	7,11	7,95	8,77	9,74	10,8	12,1	13,4	16,3	19,6	21,7	23,7	27,7
88,9				6,76	7,57	8,38	9,37	10,3	11,5	12,8	14,3	16,0	19,5	23,6	26,2	28,8	34,0
114,3						10,9	12,2	13,5	15,0	16,8	18,8	21,0	25,7	31,4	35,1	38,8	46,5
139,7						13,4	15,0	16,6	18,5	20,7	23,2	26,0	32,0	39,2	43,9	48,8	59,0

Werkstoff: z.B. St35, S235JRG1, S275JR, S355J2G3

Lieferart: Nahtlos oder geschweißt, schwarz
Bezeichnung eines nahtlosen Stahlrohres nach DIN 2448 aus St35 mit Außendurchmesser 60,3 mm und Wanddicke 2,9 mm: **Rohr DIN 2448 — St35 — 60,3 × 2,9**

Hohlprofile

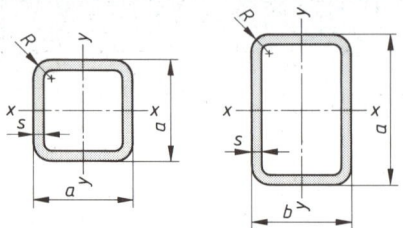

I_x, I_y Flächenmomente 2. Grades
W_x, W_y axiale Widerstandsmomente
I_p polares Flächenmoment 2. Grades
W_p polares Widerstandsmoment
m' längenbezogene Masse

DIN 59410	$R \leq 2{,}5 \cdot s$ für $a \leq 140$ mm
	$R \leq 3{,}0 \cdot s$ für $a > 140$ mm

DIN 59411	$R = 2{,}0 \cdot s$ für $s \leq 4$ mm
	$R = 2{,}5 \cdot s$ für $s = 4$ bis 8 mm
	$R = 3{,}0 \cdot s$ für $s \geq 8$ mm

Bezeichnung für Hohlprofil aus S355JO quadratisch mit $a = 60$ mm und $s = 5$ mm nach DIN 59410:
Hohlprofil DIN 59410 — S355JO — 60 x 60 x 5

Warmgefertigte quadratische und rechteckige Stahlrohre   vgl. DIN 59410 (05.74)

Nennmaß a, $a \times b$ mm	Wanddicke s mm	Querschnitt S cm²	Längenbezogene Masse m' kg/m	I_x cm⁴	W_x cm³	I_y cm⁴	W_y cm³	I_p cm⁴	W_p cm³
40	2,9	4,23	3,32	9,66	4,83	9,66	4,83	15,0	7,97
	4,0	5,62	4,41	12,1	6,05	12,1	6,05	19,0	10,3
50	2,9	5,39	4,23	19,8	7,94	19,8	7,94	30,7	12,9
	4,0	7,22	5,67	25,4	10,1	25,4	10,1	39,5	16,9
60	2,9	6,55	5,14	35,5	11,8	35,5	11,8	54,5	18,9
	4,0	8,82	6,93	45,9	15,3	45,9	15,3	71,2	25,2
	5,0	10,8	8,47	54,1	18,0	54,1	18,0	84,5	30,2
50 × 30	2,9	4,23	3,32	13,4	5,36	5,88	3,92	12,9	7,39
	4,0	5,62	4,41	16,9	6,75	7,25	4,83	16,2	9,54
60 × 40	2,9	5,39	4,23	26,0	8,67	13,7	6,83	28,0	12,3
	4,0	7,22	5,67	33,3	11,1	17,3	8,65	35,9	16,1
70 × 40	2,9	5,97	4,69	38,1	10,9	15,7	7,83	34,9	14,4
	4,0	8,02	6,30	49,2	14,1	19,9	9,95	44,9	19,0
80 × 40	2,9	6,55	5,14	53,1	13,3	17,7	8,83	42,0	16,6
	4,0	8,82	6,93	69,0	17,3	22,5	11,3	54,2	21,9
	5,0	10,8	8,47	81,7	20,4	26,2	13,1	63,6	26,2

Kaltgefertigte, geschweißte, quadratische und rechteckige Stahlrohre   vgl. DIN 59411 (07.78)

Nennmaß a, $a \times b$ mm	Wanddicke s mm	Querschnitt S cm²	Längenbezogene Masse m' kg/m	I_x cm⁴	W_x cm³	I_y cm⁴	W_y cm³	I_p cm⁴	W_p cm³
20	1,6	1,11	0,87	0,61	0,61	0,61	0,61	1,03	1,07
	2	1,34	1,05	0,69	0,69	0,69	0,69	1,20	1,27
30	1,6	1,75	1,38	2,31	1,54	2,31	1,54	3,76	2,57
	2	2,14	1,68	2,72	1,81	2,72	1,81	4,51	3,10
	2,6	2,68	2,10	3,26	2,18	3,26	2,18	5,50	3,84
40	1,6	2,39	1,88	5,79	2,90	5,79	2,90	9,25	4,70
	2	2,94	2,31	6,94	3,47	6,94	3,47	11,2	5,74
	2,6	3,72	2,92	8,45	4,23	8,45	4,23	14,0	7,21
	3,2	4,45	3,49	9,72	4,86	9,72	4,86	16,4	8,54
	4	5,35	4,20	11,1	5,54	11,1	5,54	19,2	10,1
40 × 20	1,6	1,75	1,38	3,43	1,72	1,15	1,15	2,87	2,25
	2	2,14	1,68	4,05	2,03	1,34	1,34	3,42	2,71
	2,6	2,68	2,10	4,81	2,40	1,57	1,57	4,11	3,32
50 × 30	1,6	2,39	1,88	7,96	3,18	3,60	2,40	8,02	4,38
	2	2,94	2,31	9,54	3,81	4,29	2,86	9,72	5,34
	2,6	3,72	2,92	11,6	4,65	5,22	3,48	12,0	6,69
	3,2	4,45	3,49	13,4	5,35	5,93	3,95	14,0	7,90
	4	5,35	4,20	15,3	6,10	6,69	4,46	16,2	9,32
60 × 40	1,6	3,03	2,38	15,2	5,07	8,15	4,08	16,9	7,16
	2	3,74	2,93	18,4	6,14	9,83	4,92	20,7	8,78
	2,6	4,76	3,73	22,8	7,59	12,1	6,05	25,9	11,1
	3,2	5,73	4,50	26,6	8,87	14,1	7,03	30,7	13,3
	4	6,95	5,45	31,0	10,3	16,3	8,14	36,3	15,9

Rohre aus NE-Metallen und Kunststoffen

Außen-⌀ mm	Längenbezogene Masse m' in kg/m für Wanddicke s in mm								Außen-⌀ mm	Längenbezogene Masse m' in kg/m für Wanddicke s in mm					
	0,5	0,75	1	1,5	2	2,5	3	4		1	2	3	4	5	6	8	10

Rohre aus Kupfer nahtlos gezogen — vgl. DIN 1754 (08.69)

Außen-⌀	0,5	0,75	1	1,5	2	2,5	3	4	Außen-⌀	1	2	3	4	5	6	8	10
3	0,03	0,05	0,06	—	—	—	—	—	25	0,67	1,29	1,85	2,35	—	—	—	—
4	0,05	0,07	0,08	—	—	—	—	—	30	0,81	1,57	2,26	2,91	—	—	—	—
5	0,06	0,09	0,11	—	—	—	—	—	35	0,95	1,85	2,68	3,47	—	—	—	—
6	0,08	0,11	0,14	—	—	—	—	—	42	—	2,24	3,27	4,25	5,17	—	—	—
8	0,10	0,15	0,20	0,27	—	—	—	—	50	—	2,68	—	—	—	—	—	—
10	0,13	0,19	0,25	0,36	0,45	—	—	—	60	—	3,24	4,78	6,26	7,69	—	—	—
12	0,16	0,24	0,31	0,44	0,56	—	—	—	70	—	3,80	—	—	—	—	—	—
16	—	0,32	0,42	0,61	0,78	0,94	1,09	—	80	—	4,36	—	—	—	—	—	—
20	—	0,40	0,53	0,78	1,01	1,22	1,43	1,79	100	—	5,48	—	—	—	—	—	—

Rohre aus Kupfer-Zink-Knetlegierungen nahtlos gezogen — vgl. DIN 1755 (08.69)

Außen-⌀	0,5	0,75	1	1,5	2	2,5	3	4	Außen-⌀	1	2	3	4	5	6	8	10
3	0,028	0,047	0,057	—	—	—	—	—	25	0,634	1,22	1,75	2,22	2,64	3,01	—	—
4	0,047	0,066	0,075	—	—	—	—	—	30	0,765	1,48	2,14	2,75	3,30	3,80	4,64	—
5	0,057	0,085	0,104	—	—	—	—	—	35	0,896	1,75	2,53	3,27	3,96	4,58	5,70	—
6	0,075	0,104	0,132	—	—	—	—	—	40	1,03	2,00	2,92	3,82	4,62	5,36	6,76	7,92
8	0,094	0,142	0,189	0,254	0,321	—	—	—	50	1,29	2,53	3,72	4,85	5,95	6,96	8,86	10,6
10	0,122	0,179	0,236	0,340	0,425	0,491	0,556	—	60	1,56	3,06	4,53	5,92	7,25	8,56	10,9	13,2
12	0,151	0,226	0,292	0,415	0,528	0,624	0,707	0,840	70	1,82	3,58	5,30	6,96	8,58	10,1	13,1	15,8
16	0,208	0,302	0,393	0,575	0,736	0,887	1,03	1,26	80	—	4,12	6,10	8,04	9,92	11,7	15,2	18,5
20	—	0,378	0,500	0,736	9,953	—	1,35	1,69	100	—	5,18	7,68	10,1	12,5	14,9	19,4	23,8

Rohre aus Aluminium und Aluminium-Knetlegierungen nahtlos gezogen — vgl. DIN 1795 (02.87) W

Außen-⌀	0,5	0,75	1	1,5	2	2,5	3	4	Außen-⌀	1	2	3	4	5	6	8	10
3	0,011	0,014	0,017	—	—	—	—	—	25	0,204	0,390	0,560	0,713	0,848	0,966	—	—
4	0,015	0,021	0,025	—	—	—	—	—	30	0,246	0,475	0,687	0,882	1,06	1,22	1,49	—
5	0,019	0,027	0,034	—	—	—	—	—	35	0,288	0,560	0,814	1,05	1,27	1,48	1,83	—
6	0,023	0,34	0,42	—	—	—	—	—	40	0,331	0,645	0,942	1,22	1,48	1,73	2,18	2,54
8	0,032	0,046	0,060	0,083	0,102	—	—	—	50	0,416	0,814	1,20	1,56	1,91	2,24	2,85	3,39
10	0,040	0,059	0,076	0,107	0,136	0,159	0,178	—	60	0,500	0,984	1,45	1,90	2,33	2,75	3,53	4,24
12	0,049	0,072	0,093	0,133	0,170	0,202	0,229	0,270	70	0,585	1,15	1,70	2,23	2,76	3,26	4,21	5,09
16	—	0,097	0,127	0,184	0,238	0,286	0,331	0,407	80	—	1,32	1,96	2,58	3,18	3,76	4,89	5,94
20	—	0,123	0,161	0,235	0,306	—	0,433	0,543	100	—	1,66	2,47	3,26	4,03	4,78	6,24	7,64

Lieferart: Ringbunde oder in Längen bis 8 m
Bezeichnungsbeispiele: Rohr DIN 1754 — SF-Cu—60 × 3, Rohr DIN 1755 — CuZn 40—50 × 6

Rohre aus Kunststoffen

Außen-⌀ mm	Polyethylen hoher Dichte vgl. DIN 8074 (09.87)								Polyvinylchlorid vgl. DIN 8062 (11.88)							
	Wanddicke s in mm und längenbezogene Masse m' in kg/m								Wanddicke s in mm und längenbezogene Masse m' in kg/m							
	s	m'	s	m'	s	m'	s	m'	s	m'	s	m'	s	m'	s	m'
10	—	—	—	—	—	—	—	—	1,8	0,05	—	—	—	—	1	0,04
12	—	—	—	—	—	—	—	—	1,8	0,06	—	—	—	—	1	0,05
16	—	—	—	—	1,8	0,08	2,3	0,10	—	—	—	—	—	—	1,2	0,09
20	—	—	—	—	1,8	0,11	1,9	0,11	2,8	9,15	—	—	—	—	1,5	0,14
25	—	—	—	—	1,8	0,14	2,3	0,17	3,5	0,24	—	—	1,5	0,17	1,9	0,21
32	—	—	1,8	0,18	1,9	0,19	3,0	0,28	4,5	0,40	—	—	1,8	0,26	2,4	0,34
40	—	—	1,8	0,23	2,3	0,29	3,7	0,43	5,6	0,60	—	—	1,9	0,35	3,0	0,52
50	—	—	1,8	0,28	2,0	0,32	2,9	0,44	4,6	0,66	6,9	0,93	—	—	1,8	0,42	2,4	0,55	3,7	0,81
63	1,8	0,36	2,0	0,40	2,5	0,49	3,6	0,68	5,8	1,05	8,7	1,50	—	—	1,9	0,56	3,0	0,85	4,7	1,29
75	1,9	0,45	2,4	0,57	2,9	0,67	4,3	0,97	6,9	1,50	10,4	2,10	1,8	0,64	2,2	0,78	3,6	1,22	5,6	1,82
90	2,2	0,64	2,8	0,79	3,5	0,97	5,1	1,38	8,2	2,11	12,5	3,00	1,8	0,77	2,7	1,13	4,3	1,75	6,7	2,61
110	2,7	0,94	3,5	1,20	4,3	1,45	6,3	2,07	10,0	3,13	15,2	4,50	2,2	1,16	3,2	1,64	5,3	2,61	8,2	3,90

Lieferart: Ringbunde oder in Längen bis 12 m
Bezeichnungsbeispiel: Rohr DIN 8074 32 × 3 — PE-HD

Lieferart: Längen bis 12 m
Bezeichnungsbeispiel: Rohr DIN 8062 32 × 1,8 PVC-U

Form- und Stabstahl

U-Stahl
vgl. DIN 1026 (10.63)

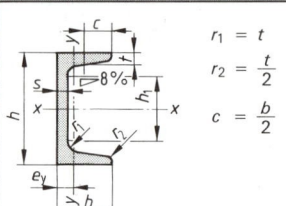

$r_1 = t$
$r_2 = \dfrac{t}{2}$
$c = \dfrac{b}{2}$

S Querschnittsfläche
I Flächenmoment 2. Grades
W axiales Widerstandsmoment
m′ längenbezogene Masse

Bezeichnung für U-Stahl mit 100 mm Höhe aus S235JR nach DIN EN 10025:
U-Profil DIN 1026 − S235JR − U 100

Anreißmaße nach DIN 997 (10.70)

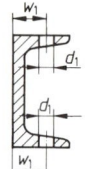

Kurz-zeichen U	Abmessungen in mm					Quer-schnitts-fläche S cm²	längen-bezog. Masse m' kg/m	Abstand der y-Achse e_y cm	Für die Biegeachse					Anreiß-maße in mm	
									$x-x$		$y-y$			
	h	b	s	t	h_1				I_x cm⁴	W_x cm³	I_y cm⁴	W_y cm³	w_1	d_1 max.
30×15	30	15	4	4,5	12	2,21	1,74	0,52	2,53	1,69	0,38	0,39	10	4,3
30	30	33	5	7	1	5,44	4,27	1,31	6,39	4,26	5,33	2,68	20	8,4
40×20	40	20	5	5,5	18	3,66	2,87	0,67	7,58	3,97	1,14	0,86	11	6,4
40	40	35	5	7	11	6,21	4,87	1,33	14,1	7,05	6,68	3,08	20	8,4
50×25	50	25	5	6	25	4,92	3,86	0,81	16,8	6,73	2,49	1,48	16	8,4
50	50	38	5	7	20	7,12	5,59	1,37	26,4	10,6	9,12	3,75	20	11
60	60	30	6	6	35	6,46	5,07	0,91	31,6	10,5	4,51	2,16	18	8,4
65	65	42	5,5	7,5	33	9,03	7,09	1,42	57,5	17,7	14,1	5,07	25	11
80	80	45	6	8	46	11,0	8,64	1,45	106	26,5	19,4	6,36	25	13
100	100	50	6	8,5	64	13,5	10,6	1,55	206	41,2	29,3	8,49	30	13
120	120	55	7	9	82	17,0	13,4	1,60	364	60,7	43,2	11,1	30	17
140	140	60	7	10	97	20,4	16,0	1,75	605	86,4	62,7	14,8	35	17
160	160	65	7,5	10,5	115	24,0	18,8	1,84	925	116	85,3	18,3	35	21
180	180	70	8	11	133	28,0	22,0	1,92	1350	150	114	22,4	40	21
200	200	75	8,5	11,5	151	32,2	25,3	2,01	1910	191	148	27,0	40	23
220	220	80	9	12	168	37,4	29,4	2,14	2690	245	197	33,6	45	23
240	240	85	9,5	13	184	42,3	33,2	2,23	3600	300	248	39,6	45	25
260	260	90	10	14	200	48,3	37,9	2,36	4820	371	317	47,7	50	25
280	280	95	10	15	216	53,3	41,8	2,53	6280	448	399	57,2	50	25
300	300	100	10	16	232	58,8	46,2	2,70	8030	535	495	67,8	55	28
320	320	100	14	17,5	246	75,8	59,5	2,60	10870	697	597	80,6	58	28
350	350	100	14	17,5	276	77,3	60,6	2,40	12840	734	570	75,0	58	28
380	380	102	13,5	16	312	80,4	63,1	2,38	15760	829	615	78,7	60	28
400	400	110	14	18	324	91,5	71,8	2,65	20350	1020	846	102	60	28

⌐-Stahl
vgl. DIN 1027 (10.63)

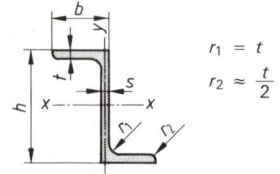

$r_1 = t$
$r_2 \approx \dfrac{t}{2}$

S Querschnittsfläche
I Flächenmoment 2. Grades
W axiales Widerstandsmoment
m′ längenbezogene Masse

Bezeichnung für ⌐-Stahl mit 80 mm Höhe aus S235JR nach DIN EN 10025:
⌐-Profil DIN 1027 − S235JR − ⌐ 80

Anreißmaße nach DIN 997 (10.70)

Kurz-zeichen ⌐	Abmessungen in mm				Quer-schnitts-fläche S cm²	Längen-bezogene Masse m' kg/m	Für die Biegeachse					Anreißmaße in mm	
							$x-x$		$y-y$			
	h	b	s	t			I_x cm⁴	W_x cm³	I_y cm⁴	W_y cm³	w_1	d_1 max.
30	30	38	4	4,5	4,32	3,39	5,96	3,97	13,7	3,80	20	11
40	40	40	4,5	5	5,43	4,26	13,5	6,75	17,6	4,66	22	11
50	50	43	5	5,5	6,77	5,31	26,3	10,5	23,8	5,88	25	11
60	60	45	5	6	7,91	6,21	4,7	14,9	30,1	7,09	25	13
80	90	50	6	7	11,1	8,71	109	27,3	47,4	10,1	30	13
100	100	55	6,5	8	14,5	11,4	222	44,4	72,5	14,0	30	17
120	120	60	7	9	18,2	14,3	402	67,0	106	18,8	35	17
140	140	65	8	10	22,9	18,0	676	96,6	148	23,3	35	17
160	160	70	8,5	11	27,5	21,6	1060	132	204	31,0	35	21

Form- und Stabstahl

Ungleichschenkliger Winkelstahl

vgl. DIN 1029 (03.94)

$r_1 \approx s$
$r_2 \approx \dfrac{s}{2}$

S Querschnittsfläche
I Flächenmoment 2. Grades
W axiales Widerstandsmoment
m' längenbezogene Masse
( ) Möglichst zu vermeidende Abmessungen

Anreißmaße nach DIN 997 (10.70)

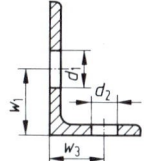

Bezeichnung für ungleichschenkligen Winkelstahl mit 65 mm und 50 mm Schenkelbreite und 5 mm Schenkeldicke aus S235JRG1 nach DIN EN 10025:
Winkel DIN 1029 − S235JRG1 − 65 x 50 x 5

Kurz-zeichen	Abmessungen in mm			Querschnitts-fläche S cm²	Längenbezog. Masse m' kg/m	Abstände der Achsen		Für die Biegeachse				Anreißmaße in mm			
								$x-x$		$y-y$					
L	a	b	s			e_x cm	e_y cm	I_x cm⁴	W_x cm³	I_y cm⁴	W_y cm³	w_1	w_3	d_1 max.	d_2 max.
30×20× 3	30	20	3	1,42	1,11	0,99	0,50	1,25	0,62	0,44	0,29	17	12	8,4	4,3
30×20× 4	30	20	4	1,85	1,45	1,03	0,54	1,59	0,81	0,55	0,38	17	12	8,4	4,3
40×20× 3	40	20	3	1,72	1,35	1,43	0,44	2,79	1,08	0,47	0,30	22	12	11	4,3
40×20× 4	40	20	4	2,25	1,77	1,47	0,48	3,59	1,42	0,60	0,39	22	12	11	4,3
(40×25× 4)	40	25	4	2,40	1,93	1,36	0,62	3,89	1,47	1,16	0,62	22	15	11	6,4
(45×30× 3)	45	30	3	2,19	1,72	1,43	0,70	4,47	1,46	1,60	0,70	25	17	13	8,4
45×30× 4	45	30	4	2,87	2,25	1,48	0,74	5,78	1,91	2,05	0,91	25	17	13	8,4
45×30× 5	45	30	5	3,53	2,77	1,52	0,78	6,99	2,35	2,47	1,11	25	17	13	8,4
50×30× 4	50	30	4	3,07	2,41	1,68	0,70	7,71	2,33	2,09	0,91	30	17	13	8,4
50×30× 5	50	30	5	3,78	2,96	1,73	0,74	9,41	2,88	2,54	1,12	30	17	13	8,4
(50×40× 4)	50	40	4	3,46	2,71	1,52	1,03	8,54	2,47	4,86	1,64	30	22	13	11
50×40× 5	50	40	5	4,27	3,35	1,56	1,07	10,04	3,02	5,89	2,01	30	22	13	11
60×30× 5	60	30	5	4,29	3,37	2,15	0,68	15,6	4,04	2,60	1,12	35	17	17	8,4
60×40× 5	60	40	5	4,79	3,76	1,96	0,97	17,2	4,25	6,11	2,02	35	22	17	11
60×40× 6	60	40	6	5,68	4,46	2,00	1,01	20,1	5,03	7,12	2,38	35	22	17	11
(60×40× 7)	60	40	7	6,55	5,14	2,04	1,05	23,0	5,79	8,07	2,74	35	22	17	11
65×50× 5	65	50	5	5,54	4,35	1,99	1,25	23,1	5,11	11,9	3,18	35	30	21	13
(65×50× 7)	65	50	7	7,60	5,97	2,07	1,33	31,0	6,99	15,8	4,31	35	30	21	13
(65×50× 9)	65	50	9	9,58	7,52	2,15	1,41	38,2	8,77	19,4	5,39	35	30	21	13
70×50× 6	70	50	6	6,88	5,40	2,24	1,25	33,5	7,04	14,3	3,81	40	30	21	13
75×50× 7	75	50	7	8,3	6,51	2,48	1,25	46,4	9,24	16,5	4,39	40	30	23	13
(75×50× 9)	75	50	9	10,5	8,23	2,56	1,32	57,4	11,6	20,2	5,49	40	30	23	13
75×55× 5	75	55	5	6,3	4,95	2,31	1,33	35,5	6,84	16,2	3,89	40	30	23	17
75×55× 7	75	55	7	8,66	6,80	2,40	1,41	47,9	9,39	21,8	5,52	40	30	23	17
(75×55× 9)	75	55	9	10,9	8,59	2,47	1,48	59,4	11,8	26,8	6,66	40	30	23	17
80×40× 6	80	40	6	6,89	5,41	2,85	0,88	44,9	8,73	7,59	2,44	45	22	23	11
80×40× 8	80	40	8	9,01	7,07	2,94	0,95	57,6	11,4	9,68	3,18	45	22	23	11
80×60× 7	80	60	7	9,38	7,36	2,51	1,52	59,0	10,7	28,4	6,34	45	35	23	21
80×65× 8	80	65	8	11,0	8,66	2,47	1,73	68,1	12,3	40,1	8,41	45	35	23	21
(80×65×10)	80	65	10	13,6	10,7	2,55	1,81	82,2	15,1	48,3	10,3	45	35	23	21
90×60× 6	90	60	6	8,69	6,82	2,89	1,41	71,7	11,7	25,8	5,61	50	35	25	17
90×60× 8	90	60	8	11,4	8,96	2,97	1,49	92,5	15,4	33,0	7,31	50	35	25	17
100×50× 6	100	50	6	8,73	6,85	3,49	1,04	89,7	13,8	15,3	3,86	55	30	25	13
100×50× 8	100	50	8	11,5	8,99	3,59	1,13	116	18,0	19,5	5,04	55	30	25	13
100×50×10	100	50	10	14,1	11,1	3,67	1,20	141	22,2	23,4	6,17	55	30	25	13
100×65× 7	100	65	7	11,2	8,77	3,23	1,51	113	16,6	37,6	7,54	55	35	25	21
100×65× 9	100	65	9	14,2	11,1	3,32	1,59	141	21,0	46,7	9,52	55	35	25	21
(100×65×11)	100	65	11	17,1	13,4	3,40	1,67	167	25,3	55,1	11,4	55	35	25	21
(100×75× 7)	100	75	7	11,9	9,32	3,06	1,83	118	17,0	56,9	10,0	50	40	25	23
100×75× 9	100	75	9	15,1	11,8	3,15	1,91	148	21,5	71,0	12,7	55	40	25	23
(100×75×11)	100	75	11	18,2	14,3	3,23	1,99	176	25,9	84,0	15,3	55	40	25	23
120×80× 8	120	80	8	15,5	12,2	3,83	1,87	226	27,6	80,8	13,2	50	45	25	23
120×80×10	120	80	10	19,1	15,0	3,92	1,95	276	34,1	98,1	16,2	50	45	25	23
120×80×12	120	80	12	22,7	17,8	4,00	2,03	323	40,4	114	19,1	50	45	25	23

Form- und Stabstahl

Ungleichschenkliger Winkelstahl (Fortsetzung)

vgl. DIN 1029 (03.94)

Kurz-zeichen L	Abmessungen in mm a	b	s	Querschnitts-fläche S cm²	Längenbezog. Masse m' kg/m	Abstände der Achsen e_x cm	e_y cm	Für die Biegeachse x–x I_x cm⁴	W_x cm³	y–y I_y cm⁴	W_y cm³	Anreißmaße in mm w_1	w_3	d_1 max.	d_2 max.
130× 65× 8	130	65	8	15,1	11,9	4,56	1,37	263	31,1	44,8	8,72	50	35	25	21
130× 65×10	130	65	10	18,6	14,6	4,65	1,45	321	38,4	54,2	10,7	50	35	25	21
(130× 65×12)	130	65	12	22,1	17,3	4,74	1,53	376	45,5	63,0	12,7	50	35	25	21
(130× 90×12)	130	90	12	25,1	19,7	4,24	2,26	420	48,0	165	24,4	50	50	25	25
150× 75× 9	150	75	9	19,5	15,3	5,28	1,57	455	46,8	78,3	13,2	60	40	28	23
150× 75×11	150	75	11	23,6	18,6	5,37	1,65	545	56,6	93,0	15,9	60	40	28	23
150×100×10	150	100	10	24,2	19,0	4,80	2,34	552	54,1	198	25,8	60	55	28	25
150×100×12	150	100	12	28,7	22,6	4,89	2,42	650	64,2	232	30,6	60	55	28	25
(150×100×14)	150	100	14	33,2	26,1	4,97	2,50	744	74,1	264	35,2	60	55	28	25
(160× 80×12)	180	80	12	27,5	21,6	5,72	1,77	720	70,0	122	19,6	60	45	28	23
180× 90×10	180	90	10	26,2	20,6	6,28	1,85	880	75,1	151	21,2	60	50	28	25
(180× 90×12)	180	90	12	31,2	24,5	6,37	1,93	1040	89,3	177	25,1	60	50	28	25
200×100×10	200	100	10	29,2	23,0	6,93	2,01	1220	93,2	210	26,3	65	55	28	25
200×100×12	200	100	12	34,8	27,3	7,03	2,10	1440	111	247	31,3	65	55	28	25
200×100×14	200	100	14	40,3	31,6	7,12	2,18	1650	128	282	36,1	65	55	28	25

Gleichschenkliger Winkelstahl

vgl. DIN 1028 (03.94)

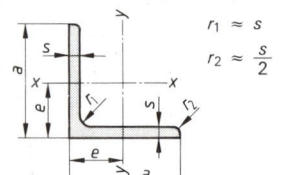

$r_1 \approx s$
$r_2 \approx \dfrac{s}{2}$

S Querschnittsfläche
I Flächenmoment 2. Grades
W axiales Widerstandsmoment
m' längenbezogene Masse

Bezeichnung für gleichschenkligen Winkelstahl mit 45 mm Schenkelbreite und 5 mm Schenkeldicke aus S235JRG1 nach DIN EN 10025:

Winkel DIN 1028 – S235JRG1 – 45×5

Anreißmaße nach DIN 997 (10.70)

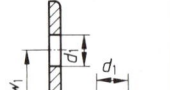

Kurz-zeichen L	Abmessungen in mm a	s	Querschnitts-fläche S cm²	Längenbezogene Masse m' kg/m	Abstand der Achsen e cm	Für die Biegeachsen x–x y–y $I_x=I_y$ cm⁴	$W_x=W_y$ cm³	Anreißmaße in mm w_1	d_1 max.	Kurz-zeichen L	Abmessungen in mm a	s	Querschnitts-fläche S cm²	Längenbezogene Masse m' kg/m	Abstand der Achsen e cm	Für die Biegeachsen x–x y–y $I_x=I_y$ cm⁴	$W_x=W_y$ cm³	Anreißmaße in mm w_1	d_1 max.
20× 3	20	3	1,12	0,88	0,60	0,39	0,28	12	4,3	80× 6	80	6	9,35	7,34	2,17	55,8	9,57	45	23
25× 3	25	3	1,42	1,12	0,73	0,79	0,45	15	6,4	80× 8	80	8	12,3	9,60	2,26	72,3	12,6	45	23
25× 4	25	4	1,85	1,45	0,76	1,01	0,58	15	6,4	80×10	80	10	15,1	11,9	2,34	87,5	15,5	45	23
30× 3	30	3	1,74	1,36	0,84	1,41	0,65	17	8,4	90× 7	90	7	12,2	9,61	2,45	92,6	14,1	50	25
30× 4	30	4	2,27	1,78	0,89	1,81	0,86	17	8,4	90× 9	90	9	15,5	12,2	2,54	116	18,0	50	25
35× 4	35	4	2,67	2,10	1,00	2,96	1,18	18	11	100× 8	100	8	15,5	12,2	2,74	145	19,9	55	25
35× 5	35	5	3,28	2,57	1,04	3,56	1,45	18	11	100×10	100	10	19,2	15,1	2,82	177	24,7	55	25
40× 4	40	4	3,08	2,42	1,12	4,38	1,56	22	11	100×12	100	12	22,7	17,8	2,90	207	29,2	55	25
40× 5	40	5	3,79	2,97	1,16	5,43	1,91	22	11	110×10	110	10	21,2	16,6	3,07	239	30,1	45	25
45× 4	45	4	3,49	2,74	1,23	6,43	1,97	25	13	120×10	120	10	23,2	18,2	3,31	313	36,0	50	25
45× 5	45	5	4,3	3,38	1,28	7,83	2,43	25	13	120×12	120	12	27,5	21,6	3,40	368	42,7	50	25
50× 5	50	5	4,8	3,77	1,40	11,0	3,05	30	13	130×12	130	12	30,0	23,6	3,64	472	50,4	50	25
50× 6	50	6	5,69	4,47	1,45	12,8	3,61	30	13	140×13	140	13	35,0	27,5	3,92	638	63,3	55	28
50× 7	50	7	6,56	5,15	1,49	14,6	4,15	30	13	150×12	150	12	34,8	27,3	4,12	737	67,7	60	28
60× 5	60	5	5,82	4,57	1,64	19,4	4,45	35	17	150×15	150	15	43,0	33,8	4,25	898	83,5	60	28
60× 6	60	6	6,91	5,42	1,69	22,8	5,29	35	17	160×15	160	15	46,1	36,2	4,49	1100	95,6	60	28
60× 8	60	8	9,03	7,09	1,77	29,1	6,88	35	17	180×16	180	16	55,4	43,5	5,02	1680	130	60	28
65× 7	65	7	8,7	6,83	1,85	33,4	7,18	35	21	180×18	180	18	61,9	48,6	5,10	1870	145	60	28
70× 7	70	7	9,4	7,38	1,97	42,4	8,43	40	21	200×16	200	16	61,8	48,5	5,52	2341	162	65	28
70× 9	70	9	11,9	9,34	2,05	52,6	10,6	40	21	200×20	200	20	76,3	59,9	5,68	2850	199	65	28
75× 7	75	7	10,1	7,94	2,09	52,4	9,67	40	23	200×24	200	24	90,6	71,1	5,84	3330	235	65	28
75× 8	75	8	11,5	9,03	2,13	58,9	11,0	40	23										

Formstahl

Schmale I-Träger

vgl. DIN 1025 T1 (10.63)

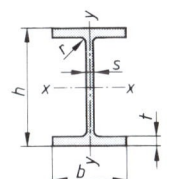

- S   Querschnittsfläche
- I   Flächenmoment 2. Grades
- W   axiales Widerstandsmoment
- m' längenbezogene Masse

Bezeichnung für einen schmalen I-Träger (Doppel-T-Träger), I-Reihe, mit 180 mm Höhe aus S275JO nach DIN EN 10025:

I-Profil DIN 1025 − S275JO − I 180

Anreißmaße nach DIN 997 (10.70)

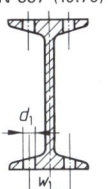

Kurz-zeichen	Abmessungen in mm					Quer-schnitts-fläche S cm^2	Längen-bezog. Masse m' kg/m	Für die Biegeachse				Anreißmaße in mm	
								$x-x$		$Y-y$			
I	h	b	s	t	h$_1$			I_x cm^4	W_x cm^3	I_y cm^4	W_y cm^3	w_1	d_1 max.
80	80	42	3,9	5,9	59	7,57	5,94	77,8	19,5	6,29	3,00	22	6,4
100	100	50	4,5	6,8	75	10,6	8,34	171	34,2	12,2	4,88	28	6,4
120	120	58	5,1	7,7	92	14,2	11,1	328	54,7	21,5	7,41	32	8,4
140	140	66	5,7	8,6	109	18,2	14,3	573	81,9	35,2	10,7	34	11
160	160	74	6,3	9,5	125	22,8	17,9	935	117	54,7	14,8	40	11
180	180	82	6,9	10,4	142	27,9	21,9	1450	161	81,3	19,8	44	13
200	200	90	7,5	11,3	159	33,4	26,2	2140	214	117	26,0	48	13
220	220	98	8,1	12,2	175	39,5	31,1	3060	278	162	33,1	52	13
240	240	106	8,7	13,1	192	46,1	36,2	4250	354	221	41,7	56	17
260	260	113	9,4	14,1	208	53,3	41,9	5740	442	288	51,0	60	17
280	280	119	10,1	15,2	225	61,0	47,9	7590	542	364	61,2	60	17
300	300	125	10,8	16,2	241	69,0	54,2	9800	653	451	72,2	64	21
320	320	131	11,5	17,3	257	77,7	61,0	12510	782	555	84,7	70	21
340	340	137	12,2	18,3	274	86,7	68,0	15700	923	674	98,4	74	21
360	360	143	13,0	19,5	290	97,0	76,1	19610	1090	818	114	76	23
380	380	149	13,7	20,5	306	107	84,0	24010	1260	975	131	82	23
400	400	155	14,4	21,6	322	118	92,4	29210	1460	1160	149	82	23
425	425	163	15,3	23,0	343	132	104	36970	1740	1440	176	88	25
450	450	170	16,2	24,3	363	147	115	45850	2040	1730	203	94	25
475	475	178	17,1	25,6	384	163	128	56480	2380	2090	235	96	28
500	500	185	18,0	27,0	404	179	141	68740	2750	2480	268	100	28
550	550	200	19,0	30,0	445	212	166	99180	3610	3490	349	110	28
600	600	215	21,6	32,4	485	254	199	139000	4630	4630	434	120	28

Mittelbreite I-Träger mit parallelen Flanschflächen

vgl. DIN 1025 T5 (03.94)

- S   Querschnittsfläche
- I   Flächenmoment 2. Grades
- W   axiales Widerstandsmoment
- m' längenbezogene Masse

Bezeichnung für einen mittelbreiten I-Träger (Doppel-T-Träger), IPE-Reihe, mit 300 mm Höhe aus S275JR nach DIN EN 10025:

I-Profil DIN 1025 − S275JR − IPE 300

Anreißmaße nach DIN 997 (10.70)

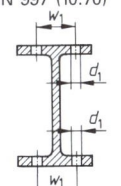

Kurz-zeichen	Abmessungen in mm					Quer-schnitts-fläche S cm^2	Längen-bezog. Masse m' kg/m	Für die Biegeachse				Anreißmaße in mm	
								$x-x$		$Y-y$			
IPE	h	b	s	t	r			I_x cm^4	W_x cm^3	I_y cm^4	W_y cm^3	w_1	d_1 max.
80	80	46	3,8	5,2	5	7,64	6,0	80,1	20,0	8,49	3,69	26	6,4
100	100	55	4,1	5,7	7	10,3	8,1	171	34,2	15,9	5,79	30	8,4
120	120	64	4,4	6,3	7	13,2	10,4	318	53,0	27,7	8,65	36	8,4
140	140	73	4,7	6,9	7	16,4	12,9	541	77,3	44,9	12,3	40	11
160	160	82	5,0	7,4	9	20,1	15,8	869	109	68,3	16,7	44	13
180	180	91	5,3	8,0	9	23,9	18,8	1320	146	101	22,2	50	13

Formstahl

Mittelbreite I-Träger mit parallelen Flanschflächen (Fortsetzung) vgl. DIN 1025 T5 (03.94)

Kurz-zeichen IPE	Abmessungen in mm					Quer-schnitts-fläche S cm^2	Längen-bezog. Masse m' kg/m	Für die Biegeachse				Anreißmaße in mm	
								$x-x$		$y-y$			
	h	b	s	t	r			I_x cm^4	W_x cm^3	I_y cm^4	W_y cm^3	w_1	d_1 max.
200	200	100	5,6	8,5	12	28,5	22,4	1940	194	142	28,5	56	13
220	220	110	5,9	9,2	12	33,4	26,2	2770	252	205	37,3	60	17
240	240	120	6,2	9,8	15	39,1	30,7	3890	324	284	47,3	68	17
270	270	135	6,6	10,2	15	45,9	36,1	5790	429	420	62,2	72	21
300	300	150	7,1	10,7	15	53,8	42,2	8360	557	604	80,5	80	23
330	330	160	7,5	11,5	18	62,6	49,1	11770	713	788	98,5	86	25
360	360	170	8,0	12,7	18	72,7	57,1	16270	904	1040	123	90	25
400	400	180	8,6	13,5	21	84,5	66,3	23130	1160	1320	146	96	28
450	450	190	9,4	14,6	21	98,8	77,6	33740	1500	1680	176	106	28
500	500	200	10,2	16,0	21	116	90,7	48200	1930	2140	214	110	28
550	550	210	11,1	17,2	24	134	106	67120	2440	2670	254	120	28
600	600	220	12,0	19,0	24	156	122	92080	3070	3390	308	120	28

Breite I-Träger mit parallelen Flanschflächen vgl. DIN 1025 T2 (03.94)

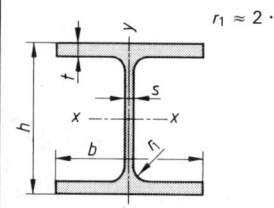

$r_1 \approx 2 \cdot s$

S Querschnittsfläche
I Flächenmoment 2. Grades
W axiales Widerstandsmoment
m' längenbezogene Masse

Bezeichnung für einen breiten I-Träger (Doppel-T-Träger) mit parallelen Flanschflächen, IPB-Reihe, von 240 mm Höhe aus S355JO nach DIN EN 10025:
I-PB-Profil DIN 1025 – S355JO – IPB 240
Bezeichnung nach EURONORM 53-62:
HE 240 B

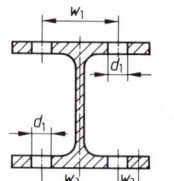

Anreißmaße nach DIN 997 (10.70)

Kurz-zeichen IPB	Abmessungen in mm				Quer-schnitts-fläche S cm^2	Längen-bezog. Masse m' kg/m	Für die Biegeachse				Anreißmaße in mm			
							$x-x$		$y-y$		ein-reihig	zwei-reihig		
	h	b	s	t			I_x cm^4	W_x cm^3	I_y cm^4	W_y cm^3	w_1	w_2	w_3	d_1 max.
100	100	100	6	10	26,0	20,4	450	89,9	167	33,5	56	—	—	13
120	120	120	6,5	11	34,0	26,7	864	144	318	52,9	66	—	—	17
140	140	140	7	12	43,0	33,7	1510	216	550	78,5	76	—	—	21
160	160	160	8	13	54,3	42,6	2490	311	889	111	86	—	—	23
180	180	180	8,5	14	65,3	51,2	3830	426	1360	151	100	—	—	25
200	200	200	9	15	78,1	61,3	5700	570	2000	200	110	—	—	25
220	220	220	9,5	16	91	71,5	8090	736	2840	258	120	—	—	25
240	240	240	10	17	106	83,2	11260	938	3920	327	—	96	35	25
260	260	260	10	17,5	118	93,0	14920	1150	5130	395	—	106	40	25
280	280	280	10,5	18	131	103	19270	1380	6590	471	—	110	45	25
300	300	300	11	19	149	117	25170	1680	8560	571	—	120	45	28
320	320	300	11,5	20,5	161	127	30820	1930	9240	616	—	120	45	28
340	340	300	12	21,5	171	134	36660	2160	9690	646	—	120	45	28
360	360	300	12,5	22,5	181	142	43190	2400	10140	676	—	120	45	28
400	400	300	13,5	24	198	155	57680	2880	10820	721	—	120	45	28
450	450	300	14	26	218	171	78890	3550	11720	781	—	120	45	28
500	500	300	14,5	28	239	187	107200	4290	12620	842	—	120	45	28
550	550	300	15	29	254	199	136700	4970	13080	872	—	120	45	28
600	600	300	15,5	30	270	212	171000	5700	13530	902	—	120	45	28
650	650	300	16	31	286	225	210600	6480	13980	932	—	120	45	28
700	700	300	17	32	306	241	256900	7340	14440	963	—	126	45	28
800	800	300	17,5	33	334	262	359100	8980	14900	994	—	130	40	28
900	900	300	18,5	35	371	291	494100	10980	15820	1050	—	130	40	28
1000	1000	300	19	36	400	314	644500	12890	16280	1090	—	130	40	28

Form- und Stabstahl

T-Stahl

vgl. DIN EN 10 055 (12.95) Ersatz für DIN 1024

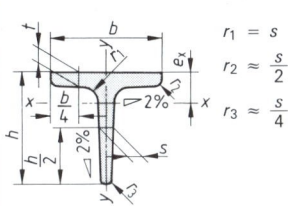

$r_1 = s$
$r_2 \approx \dfrac{s}{2}$
$r_3 \approx \dfrac{s}{4}$

S Querschnittsfläche
I Flächenmoment 2. Grades
W axiales Widerstandsmoment
m' längenbezogene Masse

Anreißmaße nach DIN 997 (10.70)

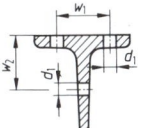

Bezeichnung für T-Stahl mit 50 mm Höhe aus S235JR nach DIN EN 10025:
T-Profil EN 10 055 – T50
— Stahl EN 10 025 – S235JR

Kurz-zeichen T	Abmessungen in mm		Quer-schnitts-fläche S cm^2	längen-bezog. Masse m' kg/m	Abstand der x-Achse e_x cm	Für die Biegeachse				Anreißmaße in mm		
						$x-x$		$y-y$				
	$b=h$	$s=t$				I_x cm^4	W_x cm^3	I_y cm^4	W_y cm^3	w_1	w_2	d_1 max.
30	30	4	2,26	1,77	0,85	1,72	0,80	0,87	0,58	17	17	4,3
35	35	4,5	2,97	2,33	0,99	3,10	1,23	1,04	0,90	19	19	4,3
40	40	5	3,77	2,96	1,12	5,28	1,84	2,58	1,29	21	22	6,4
50	50	6	5,66	4,44	1,39	12,1	3,36	6,06	2,42	30	30	6,4
60	60	7	7,94	6,23	1,66	23,8	5,48	12,2	4,07	34	35	8,4
70	70	8	10,6	8,23	1,94	44,4	8,79	22,1	6,32	38	40	11
80	80	9	13,6	10,7	2,22	73,7	12,8	37,0	9,25	45	45	11
100	100	11	20,9	16,4	2,74	179	24,6	88,3	17,7	60	60	13
120	120	13	29,6	23,2	3,28	366	42,0	178	29,7	70	70	17
140	140	15	39,9	31,3	3,80	660	64,7	330	47,2	80	75	21

Scharfkantiger T-Stahl

vgl. DIN 59051 (08.81)

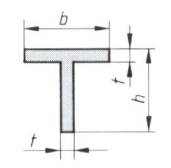

Kurzzeichen TPS	$h = b$ mm	t mm	S cm^2	m' kg/m	W_x cm^3	W_y cm^3
20	20	3	1,11	0,871	0,29	0,20
25	25	3,5	1,63	1,28	0,53	0,37
30	30	4	2,24	1,76	0,88	0,61
35	35	4,5	2,95	2,31	1,36	0,93
40	40	5	3,75	2,94	1,97	1,35

Bezeichnung für scharfkantigen T-Stahl mit 30 mm Höhe aus S275JR nach DIN EN 10 025:
T-Profil DIN 59 051 – S275JR – TPS 30.

Gleichschenkliger, scharfkantiger L-Stahl

vgl. DIN 1022 (10.63)

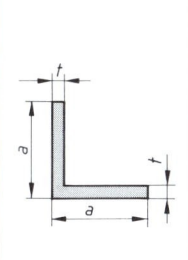

Kurzzeichen LS	a mm	t mm	S cm^2	m' kg/m	$W_x = W_y$ cm^3
20 × 3	20	3	1,11	0,871	0,28
20 × 4	20	4	1,44	1,13	0,37
25 × 3	25	3	1,41	1,11	0,47
25 × 4	25	4	1,84	1,44	0,60
30 × 3	30	3	1,71	1,34	0,68
30 × 4	30	4	2,24	1,76	0,88
35 × 4	35	4	2,64	2,07	1,22
40 × 4	40	4	3,04	2,39	1,62
40 × 5	40	5	3,75	2,94	1,97
45 × 5	45	5	4,25	3,34	2,53
50 × 5	50	5	4,75	3,73	3,15

Bezeichnung für gleichschenkligen, scharfkantigen Winkelstahl mit 20 mm Schenkelbreite und 4 mm Schenkeldicke aus S275JR nach DIN EN 10 025: **LS 20 x 4 DIN 1022 – S275JR.**

Profile aus Aluminium und Al-Knetlegierungen

S Querschnittsfläche
I Flächenmoment 2. Grades
W axiales Widerstandsmoment
m' längenbezogene Masse

Bezeichnung und Maße $h \times b \times s$ $h \times b \times s \times t$ mm	Querschnitts- fläche S cm²	längenb. Masse[1] für AlMgSi1 m' kg/m	Abstände der Achsen		Für die Biegeachse			
					$x - x$		$y - y$	
			e_x cm	e_y cm	I_x cm⁴	W_x cm³	I_y cm⁴	W_y cm³

L-Profile
vgl. DIN 1771 (09.81)

$h \times b \times s$	S	m'	e_x	e_y	I_x	W_x	I_y	W_y
10×10×1,5	0,283	0,076	0,305	0,305	0,025	0,036	0,025	0,036
20×10×2	0,566	0,153	0,743	0,243	0,226	0,180	0,038	0,051
20×20×2,5	0,953	0,257	0,592	0,592	0,384	0,247	0,348	0,247
30×20×3	1,42	0,383	1,01	0,512	1,27	0,64	0,455	0,306
40×20×4	2,25	0,608	1,49	0,486	3,62	1,44	0,615	0,406
40×40×5	3,78	1,02	1,18	1,18	5,56	1,97	5,56	1,97
50×25×4	2,85	0,770	1,82	0,570	7,30	2,29	1,26	0,65
50×30×5	3,78	1,02	1,75	0,750	9,45	2,90	2,58	1,14
60×30×4	3,45	0,952	2,15	0,654	12,9	3,35	2,25	0,96
60×60×5	5,78	1,56	1,68	1,68	19,9	4,61	19,9	4,61
80×40×6	6,87	1,85	2,90	0,896	45,2	8,86	7,83	2,52
80×80×8	12,24	3,30	2,29	2,29	73,7	12,9	73,7	12,9

U-Profile
vgl. DIN 9713 (09.81)

$h \times b \times s \times t$	S	m'	e_x	e_y	I_x	W_x	I_y	W_y
40×20×2×2	1,53	0,413	—	0,574	3,70	1,85	0,57	0,40
40×20×3×3	2,25	0,608	—	0,610	5,17	2,59	0,80	0,57
40×30×3×3	2,85	0,770	—	1,01	7,24	3,62	2,52	1,27
40×40×4×4	4,51	1,22	—	1,49	11,6	5,80	7,12	2,83
40×40×5×5	5,57	1,50	—	1,52	13,6	6,80	8,59	3,47
50×30×3×3	3,15	0,851	—	0,929	12,2	4,88	2,70	1,31
50×30×4×4	4,11	1,11	—	0,965	15,5	6,20	3,66	1,80
50×40×5×5	6,07	1,64	—	1,42	23,3	9,32	9,26	3,59
60×30×4×4	4,51	1,22	—	0,896	23,7	7,90	3,69	1,75
60×40×5×5	6,57	1,77	—	1,33	36,0	12,0	9,94	3,71
80×45×6×8	11,2	3,02	—	1,57	108	27,1	21,8	7,44

T-Profile
vgl. DIN 9714 (09.81)

$h \times b \times s \times t$	S	m'	e_x	e_y	I_x	W_x	I_y	W_y
20×30×2	0,97	0,262	0,475	—	0,323	0,21	0,46	0,308
25×40×3	1,89	0,510	0,594	—	0,391	0,49	1,60	0,800
30×30×3	1,74	0,470	0,861	—	1,44	0,67	0,68	0,452
30×45×4	2,87	0,775	0,750	—	2,08	0,92	3,05	1,35
30×60×5	4,32	1,17	0,689	—	2,70	1,17	9,03	3,01
40×40×4	3,07	0,829	1,15	—	4,58	1,61	2,15	1,08
40×60×5	4,82	1,30	0,987	—	6,21	2,06	9,02	3,01
40×80×7	8,07	2,18	0,932	—	8,87	2,89	30,0	7,50
50×50×4	3,87	1,04	1,40	—	9,19	2,55	4,19	1,68
50×70×6	6,91	1,87	1,27	—	14,4	3,86	17,2	4,92
80×80×9	13,75	3,71	2,32	—	81,7	14,4	38,9	9,73

Die L-, U- und T-Profile werden mit runden Kanten (R) und mit scharfen Kanten (S) geliefert. Die Rundungen r_1 und r_2 sind für L-, U- und T-Profile gültig.

	s	1,5...2	2,5...4	5...6	über 6
	r_1	1,6	2,5	4	6
	r_2	0,4	0,4	0,6	0,6

Werkstoff: AlMgSi0,5; AlMgSi1; AlZn4,5 Mg 1

Bezeichnung eines Winkel-Profils mit gerundeten Kanten (R) aus AlMgSi1 F 22 mit Höhe h = 20 mm, Breite b = 20 mm und Dicke s = 3 mm: **L-Profil DIN 1771 — AlMgSi 1 F 22 — R 20 x 20 x 3**

[1] Für AlZn 4,5 Mg 1 mit ϱ = 2,77 kg/dm³ müssen die Werte für m' mit dem Faktor 1,026 multipliziert werden.

Kunststoffe

Kurzzeichen für Polymere   vgl. DIN 7728, T1 (01.88)

Kurz-zeichen	Bedeutung	Art[1]	Kurz-zeichen	Bedeutung	Art[1]	Kurz-zeichen	Bedeutung	Art[1]
Basispolymere			PIB	Polyisobutylen	T	PVFM	Polyvinylformal, Polyvinylformaldehyd	T
CA	Celluloseacetat	T	PMMA	Polymethylmethacrylat	T	SI	Silikon	D
CAB	Celluloseacetobutyrat	T	POM	Polyoxymethylen, Polyformaldehyd, Polyacetal	T	UF	Harnstoff-Formaldehyd	D
CF	Kresol-Formaldehyd	D				UP	Ungesättigter Polyester	D
CMC	Carboxymethylcellulose	AN	PP	Polypropylen	T	**Copolymere**		
CN	Cellulosenitrat	AN	PS	Polystyrol	T			
CP	Cellulosepropionat	T	PSU	Polysulfon	T	ABS	Acrylnitril/Butadien/Styrol	T
EC	Ethylcellulose	AN	PTFE	Polytetrafluorethylen	T			
EP	Epoxid	D	PUR	Polyurethan	D	A/MMA	Acrylnitril/Metylmethacrylat	T
MF	Melamin-Formaldehyd	D	PVAC	Polyvinylacetat	T			
PA	Polyamid	T	PVB	Polyvinylbutyral	T	ASA	Acrylnitril/Styrol/Acrylester	T
PBT	Polybutylenterephthalat	T	PVC	Polyvinylchlorid	T	E/VA	Etylen/Vinylacetat	E
PC	Polycarbonat	T	PVC-C	chloriertes Polyvinylchlorid	T	SAN	Styrol/Acrylnitril	T
PCTFE	Polychlortrifluorethylen	T				S/B	Styrol/Butadien	T
PE	Polyethylen	T	PVDC	Polivinylidenchlorid	T	S/MS	Styrol/α-Methylstyrol	T
PET	Polyethylenterephthalat	T	PVF	Polivinylfluorid	T	VC/E	Vinylchlorid/Ethylen	T
PF	Phenol-Formaldehyd	D						

[1] AN abgewandelte Naturstoffe; E Elastomere; D Duroplaste; T Thermoplaste

Kennbuchstaben für besondere Eigenschaften

Zeichen	Besondere Eigenschaften	Zeichen	Besondere Eigenschaften	Zeichen	Besondere Eigenschaften
C	chloriert	I	schlagzäh	R	erhöht; Resol
D	Dichte	L	linear; niedrig	U	ultra; weichmacherfrei
E	verschäumt	M	Masse; mittel; molekular	V	sehr
F	flexibel; flüssig	N	normal; Novolak	W	Gewicht
H	hoch	P	weichmacherhaltig	X	vernetzt; vernetzbar

Bezeichnungsbeispiele: **PVC-P** Polyvinylchlorid, weichmacherhaltig; **PE-LLD** lineares Polyethylen niedriger Dichte

Kurzzeichen für Füll- und Verstärkungsstoffe   vgl. DIN ISO 1043 T2 (08.91), Ersatz für DIN 7728 T2

Kurzzeichen für Material

Kurzzeichen	Material	Kurzzeichen	Material	Kurzzeichen	Material
B	Bor	L	Cellulose[1]	S	Synthetische Stoffe
C	Kohlenstoff	M	Mineral[1] [2]	T	Talkum
E	Ton	P	Glimmer[1]	W	Holz[1]
G	Glas	Q	Silikatische Füllstoffe	X	Nicht spezifiziert
K	Calciumcarbonat	R	Aramid	Z	Andere[1]

Kurzzeichen für Form und Struktur

Kurz-zeichen	Form, Struktur	Kurz-zeichen	Form, Struktur	Kurz-zeichen	Form, Struktur	Kurz-zeichen	Form, Struktur
B	Perlen, Kugeln, Bällchen	G	Mahlgut	N	Faservlies (dünn)	V	Furnier
C	Chips, Schnitzel	H	Whisker	P	Papier	W	Gewebe
D	Pulver	K	Wirkwaren	R	Roving	X	Nicht spezifiziert
F	Fasern	L	Lagen	S	Schalen, Flocken	Y	Garn
		M	Matte, dick	T	Cord	Z	Andere[1]

[1] Diese Materialien dürfen weiterhin durch ihr chemisches Kurzzeichen bzw. bei Metallen durch ihr chemisches Symbol oder durch zusätzliche Kurzzeichen einer maßgeblichen internationalen Norm gekennzeichnet werden.
[2] Mineralische Füllstoffe sollten genauer angegeben werden, wenn ein Kurzzeichen bekannt ist.

Bezeichnungsbeispiele: GF Glasfaser; CH Kohlenstoff-Whisker; MD mineralisches Pulver

Kunststoffe

Erkennen von Kunststoffen

Optisches Untersuchen		Schwebeprobe in Lösungen		Verhalten beim Erwärmen	Löslichkeit in Lösungsmitteln
Aussehen der Probe ist		Dichte in g/cm³	Kunststoffe		
transparent	trüb				
CA, CAB, CP, EP, PC, PS, PMMA, PVC, SAN	ABS, ASA, PA, PE, POM, PP, PTFE	0,9 bis 1,0	PB, PE, PIB, PP	• Thermoplaste erweichen und schmelzen • Duroplaste und Elastomere zersetzen sich direkt	Duroplaste und PTFE nicht löslich Sonstige Thermoplaste sind in bestimmten Lösungsmitteln löslich
		1,0 bis 1,2	ABS, ASA, CAB, CP, PA, PC, PMMA, PPO, PS, SAN, SB		
Betasten		1,2 bis 1,5	CA, PBTB, PETB, POM, PSU, PUR	Brennprobe • Flammenfärbung • Brandverhalten • Rußbildung • Geruch der Rauchschwaden	
Wachsartiger Griff bei: PE, PTFE, POM, PP		1,5 bis 1,8	organisch gefüllte Preßmassen		
		1,8 bis 2,2	PTFE		

Unterscheidungsmerkmale der Kunststoffe

Kurzzeichen	Dichte g/cm³	Brennverhalten	Sonstige Merkmale
ABS	1,06 …1,12	gelbe Flamme, rußt stark, riecht nach Gas	zähelastisch, wird von Tetrachlorkohlenstoff nicht angelöst, klingt dumpf
CA	1,31	gelbe, sprühende Flamme, tropft, riecht nach Essigsäure und verbranntem Papier	angenehmer Griff, klingt dumpf
CAB	1,19	gelbe, sprühende Flamme, tropft brennend, riecht nach ranziger Butter	klingt dumpf
MF	1,50	schwer entflammbar, verkohlt mit weißen Kanten, riecht nach Ammoniak	schwer zerbrechlich, klingt scheppernd (vgl. UF)
PA	1,04 …1,15	blaue Flamme mit gelblichem Rand, tropft fadenziehend, riecht nach verbranntem Horn	zähelastisch, unzerbrechlich, klingt dumpf
PC	1,20	gelbe Flamme, erlischt nach Wegnahme der Flamme, rußt, riecht nach Phenol	zähhart, unzerbrechlich, klingt scheppernd
PE	0,92	helle Flamme mit blauem Kern, tropft brennend ab, Geruch paraffinartig, Dämpfe kaum sichtbar (vgl. PP)	wachsartige Oberfläche, mit dem Fingernagel ritzbar, unzerbrechlich, Verarbeitungstemperatur > 230 °C
PF	1,40	schwer entflammbar, gelbe Flamme, verkohlt, riecht nach Phenol und verbranntem Holz	schwer zerbrechlich, klingt scheppernd
PMMA	1,18	leuchtende Flamme, fruchtiger Geruch, knistert, tropft	uneingefärbt glasklar, klingt dumpf
POM	1,41	bläuliche Flamme, tropft, riecht nach Formaldehyd	unzerbrechlich, klingt scheppernd
PP	0,91	helle Flamme mit blauem Kern, tropft brennend ab, Geruch paraffinartig, Dämpfe kaum sichtbar (vgl. PE)	nicht mit dem Fingernagel markierbar, unzerbrechlich
PS	1,05	gelbe Flamme, rußt stark, riecht süßlich nach Gas, tropft brennend ab	spröde, klingt metallisch blechern, wird u.a. von Tetrachlorkohlenstoff angelöst
PTFE	2,20	unbrennbar, bei Rotglut stechender Geruch	wachsartige Oberfläche
PUR	1,26	gelbe Flamme, stark stechender Geruch	Polyurethan, gummielastisch
PUR	0,03 …0,06		Polyurethan-Schaum
PVC U	1,38	schwer entflammbar, erlischt nach Wegnahme der Flamme, riecht nach Salzsäure	klingt scheppernd, (U = hart)
PVC P	1,20 …1,35	je nach Weichmacher besser brennbar als PVC U, riecht nach Salzsäure, verkohlt	gummiartig flexibel, klanglos, (P = weich)
SAN	1,06	gelbe Flamme, rußt stark, riecht nach Gas, tropft brennend ab	zähelastisch, wird von Tetrachlorkohlenstoff nicht angelöst
S/B	1,05	gelbe Flamme, rußt stark, riecht nach Gas und Gummi, tropft brennend ab	nicht so spröde wie PS, wird u.a. von Tetrachlorkohlenstoff angelöst
UF	1,50	schwer entflammbar, verkohlt mit weißen Kanten, riecht nach Ammoniak	schwer zerbrechlich, klingt scheppernd (vgl. MF)
UP	2,00	Leuchtende Flamme, verkohlt, rußt, riecht nach Styrol, Glasfaserrückstand	schwer zerbrechlich, klingt scheppernd

Kunststoffe

Thermoplaste (Auswahl)

Kurz-zeichen	Bezeichnung	Handels-namen	Dichte g/cm³	Zugfestig-keit N/mm²	Schlag-zähigkeit[1] mJ/mm²	Gebrauchs-temperatur, langzeitig °C	Anwendungs-beispiele
ABS	ABS-Copolymere	Terluran, Novodur	1,06	35…56	80… k.B.[2]	85…100	Telefongehäuse, Armaturbretter, Surfbretter
PA 6	Polyamid 6	Durethan, Trogamid T, Ultramid, Vestamid, Rilsan	1,14	43	k.B.[2]	80…100	Zahnräder, Gleitlager, Schrauben, Seile, Gehäuse
PA 66	Polyamid 66		1,14	57	21[1]	80…100	
PE-HD	Polyethylen, hohe Dichte	Hostalen, Lupolen, Vestolen, Baylon	0,96	20…30	k.B.[2]	80…100	Batteriekästen, Kraftstoffbehälter, Mülltonnen, Rohre, Kabelisolationen, Folien, Flaschen
PE-LD	Polyethylen, niedere Dichte		0,92	8…10	k.B.[2]	60…80	
PMMA	Polymethyl-methacrylat	Plexiglas, Resarit, Degalan	1,18	70…76	18	70…100	Optische Gläser, Blinklichter, Skalen, Leuchtbuchstaben
POM	Polyoxymethylen	Delrin, Hostaform, Ultraform	1,42	50…70	100	95	Zahnräder, Gleitlager, Ventilkörper, Gehäuseteile
PP	Polypropylen	Hostalen PP, Novolen, Vestolen P	0,91	21…37	k.B.[2]	100…110	Heizkanäle, Waschmaschinenteile, Fittings, Pumpengehäuse
PS	Polystyrol	Hostyren N, Polystyrol, Vestyron	1,05	40…65	13…20	55…85	Verpackungsmaterial, Geschirr, Filmspulen, Wärmedämmplatten
PTFE	Polytetrafluor-ethylen	Hostaflon TF, Teflon, Fluon	2,20	15…35	k.B.[2]	280	Wartungsfreie Lager, Kolbenringe, Dichtungen, Pumpen
PVC-P	Polyvinylchlorid, weich	Hostalit, Vinoflex, Vestolit, Vinnol, Solvic	1,20…1,35	20…29	2[1]	65…90	Schläuche, Dichtungen, Kabelummantelungen, Rohre, Fittings, Behälter
PVC-U	Polyvinylchlorid hart		1,38	35…60	k.B.[2]	—	
SAN	Styrol/Acrylnitril Copolymer	Luran, Vestyron, Lustran	1,08	78	23…25	85	Skalenscheiben, Batteriegehäuse, Scheinwerfergehäuse
S/B	Styrol/Butadien Copolymer	Hostyren S, Polystyrol, Vestyron, Styrolux	1,05	22…50	40… k.B.[2]	55…75	Fernsehgehäuse, Verpackungsmaterial, Kleiderbügel, Verteilerdosen

[1] Kerbschlagzähigkeit; [2] k.B. ≙ kein Bruch der Probe

W

Kunststoffe

Kennzeichnung thermoplastischer Formmassen

Polyethylen PE vgl. DIN 16776 (12.84) und **Polypropylen PP** vgl. DIN 16774 (12.84)

Bezeichnungs-system:	Benennungs-block	Normnummer-block	Datenblock 1 1. — 2.	Datenblock 2 1. 2. 3. 4.	Datenblock 3 1. 2. 3.	Datenblock 4 1. 2.
Beispiel:	Formmasse	DIN 16774	PP — R	, F S C P	, 85 M 090	, S 20
	Formmasse	DIN 16776	PE	, F S	, 20 D 045	

Datenblock 1 / Datenblock 2

Zusätzliche Kennzeichnung bei PP	Hauptsächliche Anwendung bei PE und PP				Wesentliche Eigenschaften, Additive und Zusatzinformationen (PE und PP)			
	1. Zeichen	Bedeutung	2. Zeichen	Bedeutung	3. Zeichen	Bedeutung	4. Zeichen	Bedeutung
H Homopolymerisate des Propylens	B	Blasformen	L	Monofilextrusion	A	Verarbeitungsstabilisator	L	Lichtstabilisator
B Thermoplastische Block-Copolymerisate des Propylens	C	Kalandrieren			B	Antiblockmittel	N	Naturfarben
	E	Extrusion (Rohre)	M	Spritzgießen	C	Farbmittel	P	schlagzäh modif.
R Thermoplastische, statistische Copolymerisate des Propylens	F	Extrusion (Folien)	Q	Pressen	D	Pulver	R	Entformungshilfsmittel
			R	Rotationsformen	E	Treibmittel	S	Gleitmittel
	G	Allgemeine Anwendung	S	Pulversintern	F	Brandschutzmittel	T	erhöhte Transparenz
Q Polymermischungen der Gruppen H, B, R	H	Beschichtung	T	Bandherstellung	G	Granulat		
			X	Keine Angabe	H	Wärmealterungsstabilisator	Y	erhöhte elektr. Leitfähigkeit
	K	Kabel-, Drahtisolierung	Y	Faserherstellung	K	Metalldesaktivator	Z	Antistatikum

Datenblock 3

Dichte bei PE in g/cm³		Isotaxie-Index bei PP		Schmelzindex-Prüfbedingungen (PE und PP)	Schmelzindex (PE und PP) in g/10 min	
1. Zeichen	über…bis	1. Zeichen Kennzahl	Massenanteile in %	2. Zeichen	3. Zeichen	über…bis
15	…0,917			Der Schmelzindex MFI gibt die Masse an, die durch eine Düse gedrückt wird. Die Prüfbedingungen werden durch folgende Zeichen angegeben: D 190 °C/2,16 kg T 190 °C/5 kg G 190 °C/21,6 kg M 230 °C/2,16 kg	000	…0,1
20	0,917…0,922				001	0,1…0,2
25	0,922…0,927	95	90…100		003	0,2…0,4
30	0,927…0,932	85	80…90		006	0,4…0,8
35	0,932…0,937	75	70…80		012	0,8…1,5
40	0,937…0,942	65	60…70		022	1,5…3,0
45	0,942…0,947	55	50…60		045	3,0…6,0
50	0,947…0,952				090	6,0…12
55	0,952…0,957				200	12…25
60	0,957…0,967				400	25…50
65	0,962				700	50

Datenblock 4

Füll- und Verstärkungsstoffe (PE und PP)				Massenanteil der Füll- und Verstärkungsstoffe in % (für PE und PP)						
1. Zeichen	Bedeutung	1. Zeichen	Bedeutung	2. Zeichen	Massenanteil über…bis	2. Zeichen	Massenanteil über…bis	2. Zeichen	Massenanteil über…bis
A	Asbest	M	Metall, Mineral.	05	…7,5	35	32,5…37,5	65	62,5…67,5
B	Bor	S	Synth. Material	10	7,5…12,5	40	37,5…42,5	70	67,5…72,5
C	Kohlenstoff	T	Talkum	15	12,5…17,5	45	42,5…47,5	75	72,5…77,5
G	Glas	W	Holz	20	17,5…22,5	50	47,5…52,5	80	77,5…82,5
K	Kreide	X	nicht spezifiziert	25	22,5…27,5	55	52,5…57,5	85	82,5…87,5
L	Zellulosen	Z	andere	30	27,5…32,5	60	57,5…62,5	90	87,5…

Bezeichnung einer PP-Formmasse, Homopolymerisat für Bandherstellung ohne besondere Zusätze, mit einem Isotaxie-Index von 97%, mit einem Schmelzindex MFI bei 230 °C/2,16 kg von 4 g/10 min:
Formmasse DIN 16774 — PP-H, T, 95 M 045

Kunststoffe

Kennzeichnung und Eigenschaften duroplastischer Formmassen (härtbar)

Typ	Zusammensetzung Harz	Zusammensetzung Füllstoff	Biegefestigkeit N/mm²	Schlagzähigkeit kJ/m²	Temperatur für Formbeständigk. °C	Wasseraufnahme mg max.	Verwendung, Eigenschaften
Phenolplast-Formmassetypen (PF)							DIN 7708 T2 (10.75)
31	PF	Holzmehl	70	6	125	150	Allgemeine Verwendung
85		Holzmehl/Zellstoff	70	5	125	200	
51		Zellstoff u.a.	60	5	125	300	erhöhte Kerbschlagzähigkeit
83		Baumwollkurzfasern	60	5	125	180	
71		Baumwollfasern u.a.	60	6	125	250	
84		Baumwollgewebeschnitzel/Zellstoff	60	6	125	150	
74		Baumwollgewebeschnitzel	60	12	125	300	
75	PF	Kunstseidenstränge	60	14	125	300	
12		Asbestfasern	50	3,5	150	60	erhöhte Formbeständigkeit in der Wärme, mit Asbestfasern mechanisch hoch beanspruchbar
15			50	5	150	130	
16		Asbestschnur	70	15	150	90	
11,5		Gesteinsmehl	50	3,5	150	45	erhöhte elektrische Eigenschaften, spezifischer elektrischer Widerstand 10^{11} Ω · cm
13		Glimmer	50	3	150	20	
13,9		Glimmer	50	3	150	20	sonstige zusätzliche Eigenschaften ammoniakfrei
15,9		Zellstoff	60	5	125	300	
Aminoplast-Formmassetypen (UF; MF; MP)							DIN 7708 T3 (10.75)
131	UF	Zellstoff	80	6,5	100	300	allgemeine Verwendung (sanitäre Teile, Haushaltsgeräte) UF nicht für Eß- und Trinkgeschirr
150	MF	Holzmehl	70	6	120	250	
180	MP	Hohlzmehl	80	6	120	180	
153	MF	Baumwollfasern	60	5	125	300	erhöhte Kerbschlagzähigkeit
154	MF	Baumwollgewebeschnitzel	60	6	125	300	
155	MF	Gesteinsmehl	40	2,5	130	200	erhöhte Formbeständigkeit in der Wärme
156	MF	Asbestfasern	50	3,5	140	200	
157	MF	Asbestfasern/Holzmehl	60	4,5	140	200	
131.5	UF	Zellstoff	80	6,5	100	300	erhöhte elektrische Eigenschaften (Elektro- und Installationsmaterial)
183	MP	Zellstoff/Gesteinsmehl	70	5	120	120	
152.7	MF	Zellstoff	80	7	120	200	Sonderanforderungen; für Eß- und Trinkgeschirr

Schichtpreßstoffe: Hartpapier (Hp), Hartgewebe (Hgw), Hartmetalle (Hm) — DIN 7735 T2 (09.75)

Typ	Zusammensetzung Harz	Zusammensetzung Füllstoff	Biegefestigkeit N/mm²	Schlagzähigkeit kJ/m²	Zugfestigkeit N/mm²	Grenztemp. °C	Verwendung, Eigenschaften
Hp 2061	Phenolharz	Papier	150	20	120	120	Geschichtete Papierbahnen als Harzträger; Tafeln, Stäbe, Rohre, Formteile
Hp 2063			80	7	70	120	
Hgw 2031		Asbestgewebe	65	10	40	130	Geschichtete Gewebebahnen als Harzträger
Hgw 2072		Glasfilamentgewebe	200	15	100	130	
Hgw 2082		Baumwollfeingewebe	130	30	80	110	
Hgw 2272	Melaminharz	Glasfilamentgewebe	270	50	120	130	Tafeln, Stäbe, gewickelte oder formgepreßte Rohre, Formteile
Hgw 2372	Epoxidharz	Glas, Glasgewebe	350	100	220	130	
Hgw 2572	Silikonharz	Glasfilamentgewebe	125	40	90	180	
Hm 2471	Polyesterharz		125	80	60	130	Filzartige Glasseidenmatte als Harzträger; Lieferform wie Hartgewebe
Hm 2472		Glasfilamentmatte	200	100	100	130	

Kühlschmierstoffe für die spanende Formgebung der Metalle

Begriffe und Anwendungsbereiche für Kühlschmierstoffe
vgl. DIN 51 385 (06.91)

Art des Kühlschmierstoffes	Wirkungsweise	Abk. in Tabelle (unten)	Erläuterung
SESW Kühlschmierlösungen	zunehmende Kühlwirkung / zunehmende Schmierwirkung	L1	Lösungen von anorganischen Stoffen, wie z.B. Soda oder Natriumnitrit in Wasser. Verwendung vorwiegend zum Schleifen.
		L2	Lösungen oder Dispersionen von vorwiegend organischen, meist synthetischen Stoffen in Wasser. Gleicher Anwendungsbereich wie Kühlschmieremulsionen, weniger geruchsintensiv.
SEMW Kühlschmieremulsionen (Öl in Wasser)		E 2% / E 20%	Emulsionen mit einem Mischungsverhältnis von 2% (E 2%) bis 20% (E 20%) emulgierbarem Kühlschmierstoff in Wasser. Meist als Bohrwasser bezeichnet. Anwendung, wenn gute Kühlwirkung, aber nur geringe Schmierwirkung erforderlich ist, z.B. beim Spanen mit hoher Schnittgeschwindigkeit.
SN nichtwassermischbare Kühlschmierstoffe		S1	Schneidöl mit polaren Zusätzen, z.B. pflanzlichen oder tierischen Fettstoffen oder synthetischen Estern, zur Verbesserung der Haftung auf der Metalloberfläche. Sehr gute Schmier- und Korrosionsschutzwirkung, jedoch nicht für hohe Schneidentemperaturen geeignet.
		S2	Schneidöl mit mild wirkenden EP-Zusätzen[1]; Höhere Temperatur- und Druckbeständigkeit als S1.
		S3	Schneidöl mit polaren und mild wirkenden EP-Zusätzen[1].
		S4	Schneidöl mit aktiven EP-Zusätzen[1]. Sehr hohe Temperatur- und Druckbeständigkeit, jedoch Angriff der Metalloberflächen möglich.
		S5	Schneidöl mit polaren und aktiven EP-Zusätzen.

[1] EP extreme pressure ≙ Hochdruck, Zusätze zur Steigerung der Aufnahme hoher Flächenpressung

W

Richtlinien für die Auswahl von Kühlschmierstoffen

Fertigungsverfahren		Stahl normal spanbar	Stahl schwer spanbar	Gußeisen Temperguß	Kupfer, Kupferlegierungen	Aluminium, Aluminiumlegierungen	Magnesiumlegierungen
Drehen	Schruppen (Vordrehen)	E 2…5% L2	E 10% S4, S5	trocken	trocken L2, S1	E 2…5% L2, S1, S3	trocken S1, S2
	Schlichten (Fertigdrehen)	E 2…5% S3	E 10% S4, S5	trocken E 2…5%	trocken	trocken S1, S2, S3	trocken S1, S2, S3
Fräsen		E 5%…10% L2, S3	E 10% S4, S5	trocken E 2…5%	trocken E 2…5% S1, S2, S3	trocken E 2…5%	trocken S1, S2, S3
Bohren		E 2…5%	E 10% S4, S5	trocken E 5…10%	trocken S1, S2, S3 E 5…10%	E 2…5% S1, S2, S3	trocken S1, S2, S3
Tiefbohren		S3, E 20%	S5	E 20%	S3	S3	S3
Reiben		S2, S3 E 20%	S3 S4, S5	trocken S1	trocken S1, S2, S3	trocken S1, S2, S3	trocken S1, S2, S3
Sägen		E 5%…10% L2	E 20%	trocken E 2…5%	trocken E 2…5%	trocken E 2…5%	trocken S1, S2, S3
Räumen		S2, S3 E 10%	S4, S5	E 5…10%	S1, S2, S3	S1, S2, S3	S1, S2, S3
Wälzfräsen Wälzstoßen		S3	S5	E 2…5% S3	—	—	—
Gewindeschneiden		S3	S5	S3 E 5…10%	S3	S3	S3 trocken
Gewindefräsen		S2, S3	S4, S5	S2	S1, S2, S3	S1, S2, S3	S1, S2, S3
Gewindeschleifen		S3	S5	—	—	—	—
Flachschleifen Rundschleifen		E 2…5% L2, L1	S3 L2, L1	L2, L1 E 2…5%	E 2% L2, L1	— E 2…5%	—
Honen, Läppen		S2, S3	S4, S5	S2			

Schmierstoffe

Schmieröle
vgl. DIN 51502 (08.90)

Stoffgruppe, Sinnbild	Kennbuchstabe	DIN-Nr.	Schmierstoffart, Eigenschaften, Anwendung
Mineralöle	AN	51501	Normalschmieröle ohne Zusätze für Durchlauf- und Umlaufschmierung bei Öltemperaturen bis 50 °C, für Anwendungen ohne besondere Anforderungen
	B	51513	Bitumenhaltige Schmieröle für Hand-, Durchlauf- und Tauchschmierung; besonders hohe Haftfähigkeit, vorwiegend für offene Schmierstellen
	C	51517	Alterungsbeständige Schmieröle ohne Zusätze, für Umlaufschmierung bei Gleit- und Wälzlagern sowie Getrieben
	CG	8659 T2	Mineralöle mit Wirkstoffen zur Verschleißminderung im Mischreibungsgebiet für Gleit- und Führungsbahnen sowie Schneckengetriebe
	HD	—	Schmieröle für Kraftfahrzeugmotoren
	HYP	—	Schmieröle für Kraftfahrzeuggetriebe
	K	51503	Kältemaschinenöle, die der Einwirkung des Kältemittels ausgesetzt sind. Schmieröle KA für Ammoniak, Schmieröle KC für Halogen-Kältemittel
	L	—	Öle, die als Abschreck- und Anlaßbäder zur Wärmebehandlung dienen
	R	—	Korrosionsschutzöle
	S	51385	Nichtwassermischbare und wassermischbare Kühlschmierstoffe
	T	51515	Schmier- und Regleröle für Turbinen, insbesondere für Dampfturbinen
Syntheseflüssigkeiten	E	—	Esteröle mit besonders geringer Viskositätsänderung, für Lagerstellen mit stark wechselnden Temperaturen
	PG	—	Polyglykolöle mit gutem Mischreibungsverhalten, hoher Alterungsbeständigkeit, teilweise wassermischbar
	SI	—	Silikonöle, für besonders hohe und tiefe Temperaturen geeignet, stark wasserabstoßend, hohe Alterungsbeständigkeit

Hydraulikflüssigkeiten (Kennbuchstabe H) Seite 301.

Zusatzkennbuchstaben für Schmieröle
vgl. DIN 51502 (08.90)

Zusatzkennbuchstabe	Anwendung, Erläuterung
E	Für Schmieröle, die mit Wasser gemischt werden, z. B. Kühlschmierstoff SE
F	Für Schmierstoffe mit Festschmierstoffzusatz, z. B. Graphit, Molybdändisulfid
L	Für Schmieröle mit Wirkstoffen zum Erhöhen des Korrosionsschutzes und/oder der Alterungsbeständigkeit, z. B. Schmieröl DIN 51517 – CL
M	Für wassermischbare Kühlschmierstoffe mit Mineralölanteilen, z. B. Kühlschmierstoff SEM
S	Für wassermischbare Kühlschmierstoffe auf synthetischer Basis
P	Für Schmierstoffe mit Wirkstoffen zum Herabsetzen der Reibung und des Verschleißes im Mischreibungsgebiet und/oder zur Erhöhung der Belastbarkeit, z. B. Schmieröl DIN 51517 – CLP

Bezeichnung eines Schmieröles auf Mineralölbasis für Umlaufschmierung mit erhöhten Anforderungen an Korrosions- und Alterungsbeständigkeit der ISO-Viskositätsklasse VG 100:
Schmieröl DIN 51517 – CL 100

Kennzeichnung des gleichen Öles durch Sinnbild: CL 100

ISO-Viskositätsklassifikation für flüssige Industrie-Schmierstoffe
vgl. DIN 51502 (08.90)

Viskositätsklasse	Kinematische Viskosität in mm²/s bei			Viskositätsklasse	Kinematische Viskosität in mm²/s bei			Viskositätsklasse	Kinematische Viskosität in mm²/s bei		
	20 °C	40 °C	50 °C		20 °C	40 °C	50 °C		20 °C	40 °C	50 °C
ISO VG 2	3,3	2,2	1,3	ISO VG 22	—	22	15	ISO VG 220	—	220	130
ISO VG 3	5	3,2	2,7	ISO VG 32	—	32	20	ISO VG 320	—	320	180
ISO VG 5	8	4,6	3,7	ISO VG 46	—	46	30	ISO VG 460	—	460	250
ISO VG 7	13	6,8	5,2	ISO VG 68	—	68	40	ISO VG 680	—	680	360
ISO VG 10	21	10	7	ISO VG 100	—	100	60	ISO VG 1000	—	1000	510
ISO VG 15	34	15	11	ISO VG 150	—	150	90	ISO VG 1500	—	1500	740

Schmierstoffe

SAE-Viskositätsklassen für Motoren-Schmieröle

vgl. DIN 51502 (08.90)

SAE-[1] Viskositätsklasse	Scheinbare Viskosität bei mPa·s	°C	Grenz-Pumptemperatur °C	Kinematische Viskosität bei 100°C mm²/s	SAE-[1] Viskositätsklasse	Kinematische Viskosität bei 100°C mm²/s
0 W	≤ 3250	−30	≤ −35	≥ 3,8	20	5,6… 9,2
5 W	≤ 3500	−25	≤ −30	≥ 3,8	30	9,3…12,4
10 W	≤ 3500	−20	≤ −25	≥ 4,1	40	12,5…16,2
15 W	≤ 3500	−15	≤ −20	≥ 5,6	50	16,3…21,8
20 W	≤ 4500	−10	≤ −15	≥ 5,6		
25 W	≤ 6000	− 5	≤ −10	≥ 9,3		

[1] Society of Automative Engineers Inc (SAE) (Vereinigung amerikan. Automobilingenieure)

Ein **Mehrbereichsöl** ist ein Öl, das bei tiefen Temperaturen die Forderungen einer W-Klasse erfüllt und bei 100 °C innerhalb des Bereichs der Viskositätsklassen ohne W liegt.
Kennzeichnung eines Mehrbereichsöles mit einer scheinbaren Viskosität von max. 3500 mPa·s bei − 20 °C, einer Grenz-Pumptemperatur von − 25 °C und einer Viskosität von 9,3 bis 12,4 mm²/s bei 100 °C: **SAE 10W-30**

Schmierfette

vgl. DIN 51502 (08.90)

Stoffgruppe, Sinnbild	Kennbuchstabe	DIN-Nr.	Anwendung, Eigenschaften
Schmierfette auf Mineralölbasis	K	51825	Schmierfette für Wälzlager, Gleitlager und Gleitflächen
	G	51826	Schmierfette für geschlossene Getriebe
	OG	—	Schmierfette für offene Getriebe (Haftschmierstoffe ohne Bitumen)
	M	—	Schmierfette für Gleitlager und Dichtungen (geringere Anforderungen)

Konsistenz-Einteilung für Schmierfette

vgl. DIN 51502 (08.90)

NLGI-Klasse[1]	Walkpenetration DIN ISO 2137 (12.81)	NLGI-Klasse[1]	Walkpenetration DIN ISO 2137 (12.81)	NLGI-Klasse[1]	Walkpenetration DIN ISO 2137 (12.81)
000	445…475	1	310…340	4	175…205
00	400…430	2	265…295	5	130…160
0	355…385	3	220…250	6	85…115

[1] National Lubricating Grease Institute (NLGI), Nationales Schmierfett-Institut, USA

Zusatzbuchstaben für Schmierfette

vgl. DIN 51502 (08.90)

Zusatzkennbuchstabe[1]	obere Gebrauchstemperatur °C	Bewertungsstufe[2]	Zusatzkennbuchstabe[1]	obere Gebrauchstemperatur °C	Bewertungsstufe[2]
C	+ 60	0 oder 1	N	+ 140	nach Vereinbarung
D	+ 60	2 oder 3	P	+ 160	
E	+ 80	0 oder 1	R	+ 180	nach Vereinbarung
F	+ 80	2 oder 3	S	+ 200	
G	+ 100	0 oder 1	T	+ 220	nach Vereinbarung
H	+ 100	2 oder 3	U	> + 220	
K	+ 120	0 oder 1			
M	+ 120	2 oder 3			

[1] An den Zusatzkennbuchstaben kann der Zahlenwert für die untere Gebrauchstemperatur angehängt werden, z. B. − 20 für − 20 °C

[2] Bewertungsstufen für Verhalten gegenüber Wasser vgl. DIN 51807, T1:
0 keine Veränderung
1 geringe Veränderung
2 mäßige Veränderung
3 starke Veränderung

Beispiel für die Kennzeichnung eines Schmierfettes auf Mineralölbasis: **K 3 N −20**
Kennbuchstabe für Schmierfettart: K
NLGI-Klasse: 3; Walkpenetration 220…250
Zusatzbuchstabe: N
Keine oder geringe Veränderung gegenüber Wasser; obere Gebrauchstemperatur + 140 °C
Untere Gebrauchstemperatur − 20 °C

Festschmierstoffe

Schmierstoff	Formel	Anwendung
Graphit	C	Als Pulver oder Paste sowie Beimengung zu Schmierölen und Schmierfetten, Anwendungsbereich von − 18 °C bis + 450 °C, nicht in Sauerstoff, Stickstoff oder Vakuum
Molybdändisulfid	MoS_2	Als mineralölfreie Paste, Gleitlack oder Beimengung zu Schmierölen und Schmierfetten, geeignet für sehr hohe Flächenpressung und Temperaturen von − 180 °C bis + 400 °C
Polytetrafluorethylen	PTFE	Als Pulver in Gleitlacken und synthetischen Schmierfetten sowie als Lagerwerkstoff, sehr niedrige Gleitreibungszahl von μ = 0,04 bis 0,09, Temperaturbereich von − 250 °C bis + 260 °C

Wärmebehandlung

Wärmebehandlung von unlegierten Kaltarbeitsstählen
vgl. DIN 17350 (10.80)

Stahlsorte			Weichglühen		Härten		Einhärtetiefe[1] mm	Durchhärtung bis mm ⌀	Oberflächenhärte in HRC ≈			
Kurzname	Werkstoff-Nr.	Warmformgebungstemperatur °C	Temperatur °C	Härte HB max.	Temperatur °C	Abkühlmittel			nach dem Härten	nach dem Anlassen[2] bei		
										100 °C	200 °C	300 °C
C 60 W	1.1740	1050...800	680...710	231	800...830	Öl	3,5	12	58	58	54	48
C 70 W2	1.1620	1050...800	680...710	183	790...820	Wasser	3,0	10	64	63	60	53
C 80 W1	1.1525	1050...800	680...710	192	780...820	Wasser	2,5	10	64	64	60	54
C 85 W	1.1830	1050...800	680...710	222	800...830	Öl	4,5	12	63	63	59	54
C 105 W	1.1545	1050...800	680...710	213	770...800	Wasser	2,5	10	65	64	62	56

[1] Für 30 mm Vierkantstahl
[2] Die Höhe der Anlaßtemperatur richtet sich nach dem Verwendungszweck und der gewünschten Gebrauchshärte.

Wärmebehandlung von legierten Kaltarbeitsstählen, Warmarbeitsstählen und Schnellarbeitsstählen
vgl. DIN 17350 (10.80)

Stahlsorte			Weichglühen		Härten		Oberflächenhärte in HRC ≈					
Kurzname	Werkstoff-Nr.	Warmformgebungstemperatur °C	Temperatur °C	Härte HB max.	Temperatur[1] °C	Abkühlmittel[2]	nach dem Härten	nach dem Anlassen[3] bei				
								200 °C	300 °C	400 °C	500 °C	550 °C
115 CrV 3	1.2210	1050...850	710...750	223	760...810 810...840	Wasser Öl	64	61	58	51	44	40
90 MnCrV 8	1.2842	1050...850	680...720	229	790...820	Öl	64	60	56	50	42	40
105 WCr 6	1.2419	1050...850	710...750	229	800...830	Öl	64	61	58	54	50	46
100 Cr 6	1.2067	1050...850	710...750	223	820...850	Öl	64	61	56	50	43	40
60 WCrV 7	1.2550	1050...850	710...750	229	870...900	Öl	60	59	56	52	48	46
X 210 CrW 12	1.2436	1050...850	800...840	255	950...980	Öl, Warmbad, Luft	64	62	60	58	56	52
X 38 CrMoV 51	1.2343	1100...900	750...800	229	1000...1040		53	52	52	53	54	52
S 6-5-2	1.3343	1100...900	770...840	300	1190...1230		64	62	62	62	65	65
S 12-1-4-5	1.3202	1100...900	770...840	300	1210...1250		65	62	62	62	64	67
S 18-1-2-5	1.3255	1100...900	770...840	300	1260...1300		64	64	62	62	65	65

[1] Die Austenitisierungsdauer ist die Dauer des Haltens auf Härtetemperatur und beträgt bei Kaltarbeitsstählen ca. 15 min, bei Schnellarbeitsstählen ca. 80 Sekunden. Das Erwärmen erfolgt in Stufen.
[2] Die für den jeweiligen Verwendungszweck richtige Abkühlgeschwindigkeit kann aus dem Zeit-Temperatur-Umwandlungsschaubild nach DIN 17350 ermittelt werden.
[3] Schnellarbeitsstähle werden 2- bis 3mal bei 540...580 °C angelassen. Dabei steigt die Härte an.

Wärmebehandlung von Einsatzstählen[1]
vgl. DIN 17210 (09.86)

Stahlsorte[2]		Aufkohlungstemperatur °C	Härten von		Anlassen °C	Abkühlmittel	Stirnabschreckversuch	
Kurzname	Werkstoff-Nr.		Kernhärtetemperatur °C	Randhärtetemperatur °C			°C	Härte HRC[3]
C 10	1.0301	880 bis 980	880...920	780...820	150 bis 200	Die Wahl des Abkühl(Abschreck-)mittels richtet sich nach den erforderlichen Eigenschaften, nach der Einsetzbarkeit des verwendeten Stahles, der Gestalt und Größe des Werkstückes sowie der Wirkung des Abkühlmittels.	—	—
C 15	1.0401							
17 Cr 3	1.7016						880	45...34
20 Cr 4	1.7027		860...900					49...41
16 MnCr 5	1.7131						870	47...39
20 MnCr 5	1.7147							49...41
20 MoCr 4	1.7321						910	49...41
15 CrNi6	1.5919		830...870				860	47...39
17 CrNiMo 6	1.6587							48...40

[1] Mindestwerte für Zugfestigkeit, Streckgrenze und Dehnung Seite 119
[2] Für die Stähle mit geregeltem Schwefelgehalt (z.B. Ck 15, Cm 15, 20 Cr S 4) gelten dieselben Werte.
[3] In 1 mm Abstand von der Stirnfläche

Wärmebehandlung

Wärmebehandlung von Stählen für Flamm- und Induktionshärtung vgl. DIN 17212 (08.72)

Stahlsorte		Warmform-gebung °C	Weich-glühen °C	Normal-glühen °C	Vergüten Härten in Wasser °C	Vergüten Härten in Öl °C	Anlassen °C	Randschichthärten in Wasser °C	Härte HRC min.
Kurzname	Werk-stoff-Nr.								
Cf 35	1.1183	1100…850	650…700	860…890	840…870	850…880	550…660	850…930	51
Cf 45	1.1193	1100…850		840…870	820…850	830…860		820…900	55
Cf 53	1.1213	1050…850		830…860	805…835	815…845		805…885	57
Cf 70	1.1249	1000…800		820…850	790…820	—		790…870	60
45 Cr 2	1.7005	1100…850	650…700	840…870	820…850	830…860	550…660	820…900	55
38 Cr 4	1.7043	1050…850	680…720	845…885	825…855	835…865	540…680	825…905	53
42 Cr 4	1.7045	1050…850	680…720	840…880	820…850	830…860	540…680	820…900	54
41 CrMo 4	1.7223	1050…850	680…720	840…880	820…850	830…860	540…680	820…900	54
49 CrMo 4	1.7238								56

Wärmebehandlung von Vergütungsstählen vgl. DIN EN 10083 (10.91), Ersatz für DIN 17200

Stahlsorte[1]		Normal-glühen °C	Stirnabschreckversuch Härte HRC für Härtbarkeit[2]				Härten[3] °C	Vergüten Abschreckmittel	Anlassen[4] °C
Kurzname	Werk-stoff-Nr.		°C	H	HH	HL			
1 C 22 (C22)	1.0402	880…920	—	—	—	—	860…900	Wasser	550…660
1 C 25 (C25)	1.0406	880…920					860…900		
1 C 30 (C30)	1.0528	870…910					850…890		
1 C 35 (C35)	1.0501	860…900	870	58…48	58…51	55…48	840…880	Wasser oder Öl	550…660
1 C 40 (C40)	1.0511	850…890	870	60…51	60…54	57…51	830…870		
1 C 45 (C45)	1.0503	840…880	850	62…55	62…57	60…55	820…860		
1 C 50 (C50)	1.0540	830…870	850	63…56	63…58	61…56	810…850	Öl oder Wasser	550…660
1 C 55 (C55)	1.0535	825…865	830	65…58	65…60	63…58	805…845		
1 C 60 (C60)	1.0601	820…860	830	67…60	67…62	65…60	800…840		
28 Mn 6	1.1770	850…890	850	54…45	54…48	51…45	830…870	Wasser oder Öl	540…680
38 Cr 2	1.7003	—	850	59…51	59…54	56…51	830…870	Öl oder Wasser	540…680
46 Cr 2	1.7006	—		63…54	63…57	60…54	820…860	Öl oder Wasser	
34 Cr 4	1.7033	—		57…49	57…52	54…49	830…870	Wasser oder Öl	
37 Cr 4	1.7034	—		59…51	59…54	56…51	825…865	Öl oder Wasser	
41 Cr 4	1.7035	—		61…53	61…55	58…53	820…860	Öl oder Wasser	
25 CrMo 4	1.7218	—	850	52…44	52…47	49…44	840…880	Wasser oder Öl	540…680
34 CrMo 4	1.7220	—		57…49	57…52	54…49	830…870	Öl oder Wasser	
42 CrMo 4	1.7225	—		61…53	61…56	58…53	820…860	Öl oder Wasser	
50 CrMo 4	1.7228	—		65…58	65…60	63…58	820…860	Öl	
36 CrNiMo 4	1.6511	—	850	59…51	59…54	56…51	820…850	Öl oder Wasser	540…680
34 CrNiMo 6	1.6582	—		58…50	58…53	55…50	830…860	Öl	540…660
30 CrNiMo 8	1.6580	—		56…48	56…51	53…48	830…860	Öl	540…660
36 NiCrMo 16		—		57…50	57…52	55…50	865…885	Luft oder Öl	550…650
51 CrV 4	1.8159	—	850	65…57	65…60	62…57	820…860	Öl	540…680

[1] Für Stähle mit geregeltem Schwefelgehalt, z.B. 2 C 35 (Ck 35), 25 CrMoS 4, gelten dieselben Werte.
[2] Härtbarkeitsanforderungen: H: normale Härtbarkeit; HH, HL: eingeschränkte Härtbarkeitsstreuung
[3] Der untere Temperaturbereich gilt für das Abschrecken in Wasser, der obere für das Abschrecken in Öl
[4] Anlaßdauer mindestens 60 min

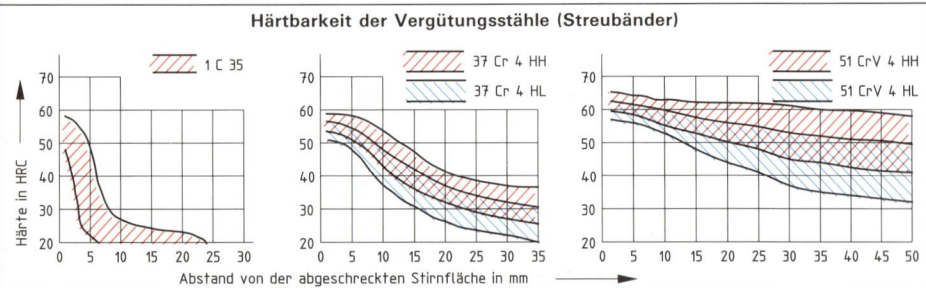

Härtbarkeit der Vergütungsstähle (Streubänder)

Wärmebehandlung

Wärmebehandlung von Nitrierstählen
vgl. DIN 17211 (04.87)

Stahlsorte		Wärmebehandlung vor dem Nitrieren					Nitrierbehandlung		
		Weichglühen		Vergüten					
Kurzname	Werkstoff-Nr.	Temperatur °C	Härte max. HB	Härten		Anlassen °C	Gasnitrieren °C	Nitrocarburieren °C	Nitrierhärte HV 1
				Erwärmen °C	Abkühlen in				
31 CrMo 12	1.8515	650…700	248	870…910	Öl	570…700	500…520	570…580	800
31 CrMoV 9	1.8519	680…720	248	840…880	Öl, Wasser	570…680	500…520	570…580	800
15 CrMoV 5 9	1.8521	680…740	248	940…980	Öl, Wasser	600…700	500…520	570…580	800
34 CrAlMo 5	1.8507	650…700	248	900…940	Öl, Wasser	570…650	500…520	570…580	950
34 CrAlNi 7	1.8550	650…700	248	850…890	Öl	570…650	500…520	570…580	950

Mindestwerte für Zugfestigkeit, Streckgrenze und Dehnung Seite 120

Wärmebehandlung von Automatenstählen
vgl. DIN 1651 (04.88)

Stahlsorte[1]		Einsatzhärten						Vergüten		
				Kernhärten		Randhärten		Anlassen °C	Härten		Anlassen °C
Kurzname	Werkstoff-Nr.	Einsetzen °C	Abkühlen in	bei °C	in	bei °C	in		in Wasser °C	in Öl °C	
10 S 20	1.0721	880 bis 980	Wasser, Warmbad, Kasten, Luft	880 bis 920	Wasser, Warmbad	780 bis 820	Wasser, Öl, Warmbad	150 bis 200	—	—	—
15 S 10	1.0710										
35 S 20	1.0726								840…870	850…880	540 bis 680
45 S 20	1.0727	—	—	—	—	—	—	—	820…850	830…860	
60 S 20	1.0728								800…830	810…840	

W

Mindestwerte für Zugfestigkeit, Streckgrenze und Dehnung Seite 119
[1] Für Automatenstähle mit Bleizusatz gelten dieselben Werte

Aushärten von Aluminiumlegierungen

Werkstoff		Lösungsglühen		Kaltauslagerzeit Tage	Vorlagerzeit Tage	Warmauslagern				Richtwerte für Zugfestigkeit	
						1. Stufe		2. Stufe			
Kurzname	Werkstoff-Nr.	Temperatur °C	Abkühlen in Wasser Temperatur °C max.			Temperatur °C	Haltezeit h	Temperatur °C	Haltezeit h	kaltausgehärtet N/mm²	warmausgehärtet N/mm²
AlCuMg 1	3.1325	500	40	5…8	—	—	—	—	—	400	—
AlMgSi 1	3.2315	525	40	5…8	—	165	8…16	—	—	280	360
AlZnMg 1	3.4335	465	—[1]	90	2	130	18…24	—	—	210	320
AlZnMgCu 1,5	3.4365	470	60	—	3	120	12…16	170	4…5	—	540
G-AlSi 5 Mg	3.2341	525	40	4	—	155	8…10	—	—	250	300

[1] Abkühlen nach dem Lösungsglühen in bewegter oder ruhender Luft

Aushärtungsverlauf verschiedener Aluminiumlegierungen

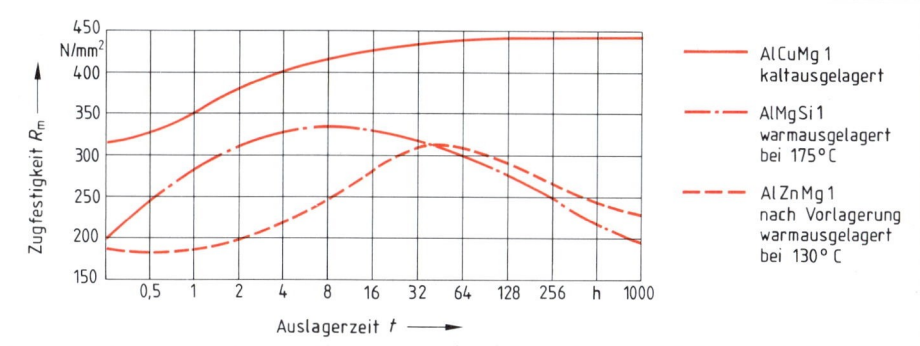

AlCuMg 1 kaltausgelagert
AlMgSi 1 warmausgelagert bei 175°C
AlZnMg 1 nach Vorlagerung warmausgelagert bei 130°C

Werkstoffprüfung

Zugversuch

vgl. DIN EN 10002 T1 (04.91), Ersatz für DIN 50145

Spannungs-Dehnungs-Diagramm mit ausgeprägter Streckgrenze, z. B. bei weichem Stahl

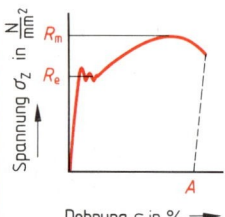

Spannungs-Dehnungs-Diagramm ohne ausgeprägte Streckgrenze, z. B. bei vergütetem Stahl

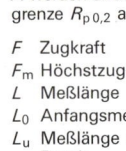

Zweck: Ermittlung des Werkstoffverhaltens bei gleichmäßig zunehmender Zugbeanspruchung

Durchführung: Eine Zugprobe wird bis zum Bruch gedehnt. Die Änderungen von Zugspannung und Dehnung werden in einem Diagramm dargestellt. Zugfestigkeit R_m und Bruchdehnung A werden errechnet, Streckgrenze R_e bzw. Dehngrenze $R_{p0,2}$ aus dem Diagramm entnommen.

- F Zugkraft
- F_m Höchstzugkraft
- L Meßlänge
- L_0 Anfangsmeßlänge
- L_u Meßlänge nach Bruch
- d_0 Anfangsdurchmesser der Probe
- S_0 Anfangsquerschnitt der Probe
- S_u kleinster Probenquerschnitt nach Bruch
- ε Dehnung
- A Bruchdehnung
- A_k Bruchdehnung bei Proportionalprobe mit $L_0 = k \cdot \sqrt{S_0}$
- Z Brucheinschnürung
- σ_z Zugspannung
- R_m Zugfestigkeit
- R_e Streckgrenze
- $R_{p0,2}$ Dehngrenze bei 0,2% Dehnung
- E Elastizitätsmodul

Beispiel:
Zugprobe, $L_0 = 125$ mm; $d_0 = 25$ mm;
$F_m = 340$ kN; $L_u = 143$ mm; $R_m = ?$; $A = ?$

$$S_0 = \frac{\pi \cdot d_0^2}{4} = \frac{\pi \cdot (25 \text{ mm})^2}{4} = 490{,}9 \text{ mm}^2$$

$$R_m = \frac{F_m}{S_0} = \frac{340\,000 \text{ N}}{490{,}9 \text{ mm}^2} = 692{,}6 \; \frac{\text{N}}{\text{mm}^2}$$

$$A = \frac{L_u - L_0}{L_0} \cdot 100\%$$
$$= \frac{143 \text{ mm} - 125 \text{ mm}}{125 \text{ mm}} \cdot 100\% = \mathbf{14{,}4\%}$$

Zugspannung
$$\sigma_z = \frac{F}{S_0}$$

Zugfestigkeit
$$R_m = \frac{F_m}{S_0}$$

Dehnung
$$\varepsilon = \frac{L - L_0}{L_0} \cdot 100\%$$

Bruchdehnung
$$A = \frac{L_u - L_0}{L_0} \cdot 100\%$$

Brucheinschnürung
$$Z = \frac{S_0 - S_u}{S_0} \cdot 100\%$$

Elastizitätsmodul
Beanspruchung im elastischen Bereich

$$E = \frac{\sigma_z}{\varepsilon} \cdot 100\%$$

Zugproben

vgl. DIN 50125 (04.91)

Form A

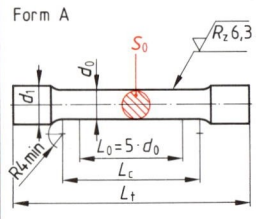

Form E

Runde Zugproben mit glatten Zylinderköpfen (Form A) oder Gewindeköpfen (Form B)									
d_0	4	5	6	8	10	12	14	16	18	20	25
L_0	20	25	30	40	50	60	70	80	90	100	125
L_c min.	24	30	36	48	60	72	84	96	108	120	150
Form A d_1	5	6	8	10	12	15	17	20	22	24	30
Form A L_t min.	65	80	95	115	140	160	185	205	230	250	300
Form B d_1	M6	M8	M10	M12	M16	M18	M20	M24	M27	M30	M33
Form B L_t min.	40	50	60	75	90	110	125	145	160	175	220

Flachproben (Form E)									
a	3	4	5	6	8	10	10	12	15	18
b	8	10	10	16	20	25	25	30	26	30	30
L_0	30	35	40	50	60	80	90	100	100	120	130
B min.	12	15	15	22	27	33	33	40	34	40	40
L_c min.	38	45	50	65	80	115	115	125	125	150	160
L_t min.	115	135	140	175	210	260	270	300	295	325	335

Bezeichnung einer Zugprobe Form A mit Probendurchmesser $d_0 = 10$ mm und Anfangsmeßlänge $L_0 = 50$ mm:
Zugprobe DIN 50125 — A 10 x 50

Werkstoffprüfung

Druckversuch

vgl. DIN 50 106 (12.78)

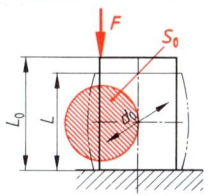

Für St und GG:
$d_0 = 10...30$ mm
$L_0 = 1,5 \cdot d_0$

Für Lagermetall:
$d_0 = L_0 = 20$ mm

Zweck: Ermitteln des Werkstoffverhaltens bei gleichmäßig zunehmender Druckbeanspruchung

Durchführung: Eine Druckprobe wird bis zum Bruch, bis zum Anriß oder bis zu einer vereinbarten Stauchung gestaucht. Die Versuchsauswertung erfolgt wie beim Zugversuch.

F_m Druckkraft beim Anriß oder Bruch
σ_{dB} Druckfestigkeit
ε_{dB} Bruchstauchung
L_0 Anfangsmeßlänge
L Meßlänge nach dem Versuch
S_0 Anfangsquerschnitt

Druckfestigkeit

$$\sigma_{dB} = \frac{F_m}{S_0}$$

Bruchstauchung

$$\varepsilon_{dB} = \frac{L_0 - L}{L_0} \cdot 100\%$$

Beispiel:
$S_0 = 201$ mm^2; $F_m = 93,5$ kN; $L_0 = 24$ mm;
$L = 17,6$ mm; $\sigma_{dB} = ?$; $\varepsilon_{dB} = ?$

$$\sigma_{dB} = \frac{F_m}{S_0} = \frac{93\,500 \text{ N}}{201 \text{ mm}^2} = 465 \frac{\text{N}}{\text{mm}^2}$$

$$\varepsilon_{dB} = \frac{L_0 - L}{L_0} \cdot 100\% = \frac{24 \text{ mm} - 17,6 \text{ mm}}{24 \text{ mm}} \cdot 100\% = 26,67\%$$

Scherversuch

vgl. DIN 50 141 (01.82)

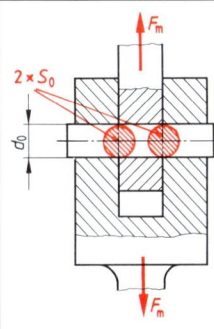

Zweck: Ermitteln der Scherfestigkeit

Durchführung: Zylindrische Proben werden an zwei Querschnitten abgeschert. Die Höchstscherkraft F_m wird gemessen, die Scherfestigkeit τ_{aB} errechnet.

F_m Höchstscherkraft
τ_{aB} Scherfestigkeit
d_0 Probendurchmesser
S_0 Anfangsquerschnitt

Scherfestigkeit

$$\tau_{aB} = \frac{F_m}{2 \cdot S_0}$$

Beispiel:
$F_m = 19,9$ kN; $d_0 = 6$ mm; $\tau_{aB} = ?$

$$\tau_{aB} = \frac{F_m}{2 \cdot S_0} = \frac{19\,900 \text{ N}}{2 \cdot \frac{\pi \cdot (6 \text{ mm})^2}{4}} = 352 \frac{\text{N}}{\text{mm}^2}$$

Dauerschwingversuch

vgl. DIN 50 100 (02.78)

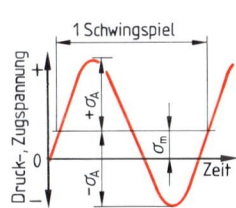

Zweck: Prüfen des Verhaltens von Werkstoffen bei dynamischer Belastung

Durchführung: In einem Einzelversuch wird eine polierte Rundprobe so lange einer um den Spannungsausschlag σ_A beidseitig der Mittelspannung σ_m wechselnden Belastung ausgesetzt, bis sie bricht. Der Spannungsausschlag σ_A wird von Probe zu Probe so gestaffelt, bis kein Bruch mehr auftritt.

σ_D Dauerfestigkeit (Dauerschwingfestigkeit)
$\sigma_{D(10^x)}$ Zeitfestigkeit (Spannung, die nach 10^x Schwingspielen zum Bruch führt)
σ_m Mittelwert der dynamischen Beanspruchung
σ_A Spannungsausschlag, gemessen von σ_m aus

Dauerfestigkeit

$$\sigma_D = \sigma_m \pm \sigma_A$$

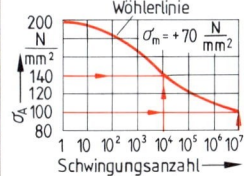

Beispiel: Aus nebenstehendem Wöhlerdiagramm kann entnommen werden:
$\sigma_D = +\,70 \pm 100$ N/mm^2; $\sigma_{D(10^4)} = +\,70 \pm 140$ N/mm^2

Erläuterung: Bei einer Wechselbeanspruchung von 170 N/mm^2 Zugspannung auf 30 N/mm^2 Druckspannung ist bei unendlich vielen Schwingspielen kein Bruch zu erwarten. Wechselt die Spannung von 210 N/mm^2 Zugspannung auf 70 N/mm^2 Druckspannung, so ist der Bruch bereits bei 10^4 Schwingspielen zu erwarten.

Werkstoffprüfung

Kerbschlagversuch nach Charpy
vgl. DIN EN 10045 T1 (04.91), Ersatz für DIN 50115

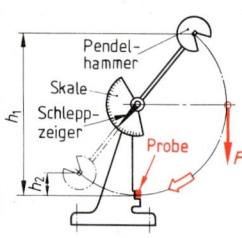

Zweck: Beurteilung der Widerstandsfähigkeit metallischer Werkstoffe gegen schlagartige Beanspruchung

Durchführung: In einem Pendelschlagwerk wird eine gekerbte Probe mit einem einzigen Schlag durchgetrennt. Die verbrauchte Schlagarbeit wird gemessen. Bei Prüfung unter Normalbedingungen beträgt das Arbeitsvermögen des Pendelhammers 300 ± 10 J, seine Auftreffgeschwindigkeit 5 bis 5,5 m/s und die Probentemperatur 23 ± 5 °C.

Kerbschlagproben

Bezeichnung	Kerb-form	Abmessungen					
		l	l_w	h	b	h_k	r	α
Normalprobe	U	55	40	10	10	5	1	—
Normalprobe	V	55	40	10	10	8	0,25	45°
Untermaß-Probe	V	55	40	10	7,5	8	0,25	45°
Untermaß-Probe	V	55	40	10	5	8	0,25	45°
DVM-Probe[1) 2)]	U	55	40	10	10	7	1	—
DVMK-Probe[2)]	U	44	30	6	6	4	0,75	—
Kleinstprobe[2)]	V	27	22	4	3	3	0,1	60°

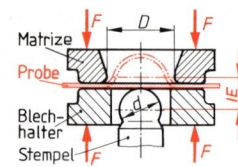

Bezeichnung einer Kerbschlagarbeit von 115 J, gemessen an einer Normalprobe mit U-Kerbe: **KU = 115 J**

Bezeichnung einer Kerbschlagarbeit von 85 J, gemessen mit einem Pendelschlagwerk mit 150 J Arbeitsvermögen an einer Untermaßprobe mit b = 7,5 mm: **KV 150/7,5 = 85 J**

[1)] DVM Deutscher Verband für Materialprüfung
[2)] vgl. DIN 50115 (04.91)

Tiefungsversuch nach Erichsen
vgl. DIN 50101 und 50102 (09.79)

Zweck: Ermittlung der Tiefziehfähigkeit von Blechen und Bändern mit 0,2...3 mm Dicke

Durchführung: Der Stempel der Vorrichtung wird so weit gegen die Probe gedrückt, bis ein Riß auftritt. Die im Augenblick des Einreißens ermittelte Eindringtiefe des Stempels ist die **Erichsentiefung IE**.

D Bohrungsdurchmesser der Matrize
d Kugeldurchmesser des Stempels
F Blechhaltekraft

Kurz-zeichen	DIN-Nr.	Prüfgerät			Probenform		
		D mm	d mm	F kN	Länge mm	Breite mm	Dicke mm
IE	50101 T1	27	20	10	90...270	90...100	0,2...2
IE$_{40}$	50101 T2	40	20	10	90...400	90...100	2...3
IE$_{21}$	50102	21	15	10	55...270	55...90	0,2...2
IE$_{11}$		11	8	10		30...55	0,2...1

Bezeichnung einer Erichsen-Tiefung nach DIN 50101 T1 von 12mm: **IE = 12 mm**
Bezeichnung einer Erichsen-Tiefung nach DIN 50101 T2 von 16mm: **IE$_{40}$ = 16 mm**

Technologischer Biegeversuch (Faltversuch)
vgl. DIN 50111 (09.87)

Zweck: Ermittlung des Umformvermögens metallischer Werkstoffe

Durchführung: Die Biegeprobe wird so weit gebogen, bis entweder ein verlangter Biegewinkel α erreicht oder das Biegevermögen erschöpft ist, so daß z.B. ein Riß auftritt.

Biegestempel: Der Rundungsradius $D/2$ ist abhängig vom Maß a. Er wird den technischen Lieferbedingungen des zu prüfenden Werkstoffs entnommen.

Probenform
$a \leq 25$ mm
$b = 20...50$ mm
$l \geq L_f + 100$ mm
$L_f = D + 3 \cdot a$

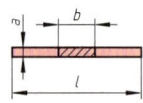

Vor der Prüfung

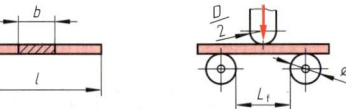

Erreichen des Biegewinkels α

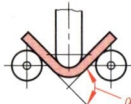

Weiterbiegen bis $\alpha \approx 180°$

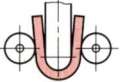

Werkstoffprüfung

Härteprüfung nach Brinell

vgl. DIN EN 10003 (01.95)

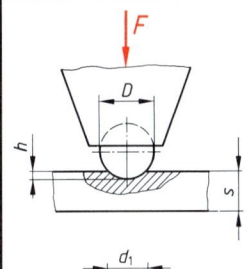

Zweck: Härteprüfung für alle Metalle, deren Brinellhärte 650 nicht überschreitet, z. B. für ungehärteten Stahl, Gußeisen und NE-Metalle.

Durchführung: Eine gehärtete Stahlkugel (bis HBS 350) oder Hartmetallkugel (bis HBW 650) mit dem Durchmesser D wird mit einer genormten Prüfkraft F in die Oberfläche einer Probe eingedrückt. Der Eindruckdurchmesser d wird gemessen, der Härtewert HBS oder HBW berechnet oder Tabellen entnommen. Die Einwirkdauer beträgt meist 10 s bis 15 s.

Eindruckdurchmesser

$$d = \frac{d_1 + d_2}{2}$$
$$0{,}24 \cdot D \leq d \leq 0{,}6 \cdot D$$

Mindestdicke

$$s \geq 8 \cdot h$$

Brinellhärte

$$\left.\begin{array}{l}\text{HBS}\\\text{HBW}\end{array}\right\} = 0{,}102 \cdot \frac{2 \cdot F}{\pi \cdot D \cdot (D - \sqrt{D^2 - d^2})}$$

F Prüfkraft
D Kugeldurchmesser
d Eindruckdurchmesser
h Eindrucktiefe
s Mindestdicke der Probe

Beispiele für die Angabe der Brinellhärte:

220 HB S 10 / 3000
600 HB W 1 / 30/ 25

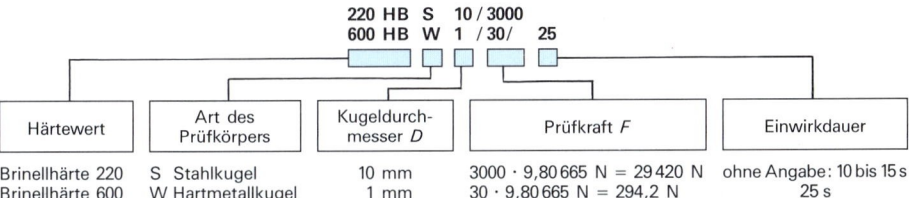

Härtewert	Art des Prüfkörpers	Kugeldurchmesser D	Prüfkraft F	Einwirkdauer
Brinellhärte 220	S Stahlkugel	10 mm	3000 · 9,80665 N = 29 420 N	ohne Angabe: 10 bis 15 s
Brinellhärte 600	W Hartmetallkugel	1 mm	30 · 9,80665 N = 294,2 N	25 s

Beanspruchungsgrad, Prüfkraft, Kugeldurchmesser und Probenwerkstoff für Härteprüfungen nach Brinell

Beanspruchungsgrad $0{,}102 \cdot \frac{F}{D^2}$	Prüfkraft F in N bei Kugeldurchmesser D in mm					Probenwerkstoff mit HB-Grenzwert
	1	2	2,5	5	10	
30	294,2	1 177	1 839	7 355	29 420	Stahl, Ni- und Titanlegierungen ≤ 650 HB, GG ≥ 140 HB[1], Cu-Leg. > 200 HB
15	—	—	—	—	14 710	Al-Leg. ≥ 35 HB
10	98,1	392,3	612,9	2 452	9 807	GG < 140 HB[1], Cu-Leg. 35...200 HB, Al-Leg. ≥ 35 HB
5	49	196,1	306,5	1 226	4 903	Cu-Leg. < 35 HB, Al-Leg. 35...80 HB
2,5	24,5	98,1	153,2	612,9	2 452	Al-Leg. < 35 HB
1	9,8	39,2	61,3	245,2	980,7	Pb, Sn

[1] Für die Prüfung von Gußeisen muß der Kugeldurchmesser mindestens 2,5 mm betragen.

Mindestdicke der Proben s in Abhängigkeit vom mittleren Eindruckdurchmesser d und Kugeldurchmesser D

Kugeldurchmesser D in mm	Mindestdicke der Probe s in mm für mittleren Eindruckdurchmesser d in mm															
	0,2	0,4	0,6	0,8	1,0	1,2	1,4	1,7	2,0	2,4	2,8	3,2	3,6	4,0	4,4	4,8	5,2	5,6	6,0
1	0,08	0,33	0,80	—	—	—	—	—	—	—	—	—	—	—	—	—	—	—	—
2	—	—	0,37	0,67	1,07	1,60	—	—	—	—	—	—	—	—	—	—	—	—	—
2,5	—	—	0,29	0,53	0,83	1,23	1,72	—	—	—	—	—	—	—	—	—	—	—	—
5	—	—	—	—	0,58	0,80	1,19	1,67	2,46	3,43	—	—	—	—	—	—	—	—	—
10	—	—	—	—	—	—	1,17	1,60	2,10	2,68	3,34	4,08	4,91	5,83	6,86	8,00

Werkstoffprüfung

Härteprüfung nach Rockwell

vgl. DIN EN 10 109 (01.95), Ersatz für DIN 50 103

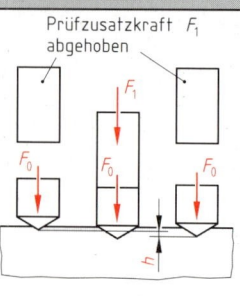

Zweck: Härteprüfung für alle Metalle
Durchführung: Ein Eindringkörper wird in 2 Stufen in die Probe gedrückt. Aus der bleibenden Eindringtiefe h wird die Rockwellhärte abgeleitet.

F_0 Prüfvorkraft
F_1 Prüfzusatzkraft
h bleibende Eindringtiefe

Beispiel für die Angabe der Rockwellhärte:

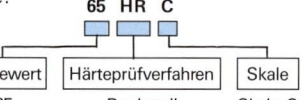

65 HR C

Härtewert	Härteprüfverfahren	Skale
65	Rockwell	Skale C

Rockwellhärte für Skalen A, C, D

$$\text{Rockwellhärte} = 100 - \frac{h}{0{,}002\,\text{mm}}$$

Rockwellhärte für Skalen B, E, F, G, H, K

$$\text{Rockwellhärte} = 130 - \frac{h}{0{,}002\,\text{mm}}$$

Rockwellhärte für Skalen N und T

$$\text{Rockwellhärte} = 100 - \frac{h}{0{,}001\,\text{mm}}$$

Skalen und Anwendungsbereiche der Härteprüfverfahren nach Rockwell

Skale	Härte	Eindringkörper	F_0 in N	F_1 in N	Anwendungsbereich
A	HRA	Diamantkegel Kegelwinkel 120°	98	490,3	20... 88 HRA
C	HRC		98	1373	20... 70 HRC
D	HRD		98	882,6	40... 77 HRD
B	HRB	Stahlkugel ⌀ 1,5785 mm	98	882,6	20...100 HRB
F	HRF		98	490,3	60...100 HRF
G	HRG		98	1373	30... 94 HRG
E	HRE	Stahlkugel ⌀ 3,175 mm	98	882,6	70...100 HRE
H	HRH		98	490,3	80...100 HRH
K	HRK		98	1373	40...100 HRK
15N	HR15N	Diamantkegel Kegelwinkel 120°	29,4	117,7	70... 94 HR15N
30N	HR30N		29,4	264,8	42... 86 HR30N
45N	HR45N		29,4	411,9	20... 77 HR45N
15T	HR15T	Stahlkugel ⌀ 1,5785 mm	29,4	117,7	67... 93 HR15T
30T	HR30T		29,4	264,8	29... 82 HR30T
45T	HR45T		29,4	411,9	1... 72 HR45T

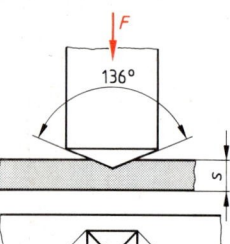

Härteprüfung nach Vickers

vgl. DIN 50 133 (02.85)

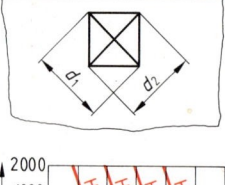

Zweck: Härteprüfung für alle Metalle, besonders für dünne Proben geeignet
Durchführung: Eine Diamantpyramide mit quadratischer Grundfläche wird in den Probekörper eingedrückt. Aus der Diagonale d des Eindrucks kann die Vickershärte HV bestimmt werden.

F Prüfkraft
d Diagonale des Eindrucks
s Mindestdicke der Probe

Beispiele für die Angabe der Vickershärte:

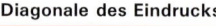

540 HV 1/20
650 HV 5

Härtewert	Prüfkraft F	Einwirkdauer
Vickershärte 540	1 · 9,80665 N = 9,807 N	20 s
Vickershärte 650	5 · 9,80665 N = 49,03 N	ohne Angabe: 10...15 s

Diagonale des Eindrucks

$$d = \frac{d_1 + d_2}{2}$$

Mindestdicke

$$s \geq 1{,}5 \cdot d$$

Vickershärte

$$HV = 0{,}1891 \cdot \frac{F}{d^2}$$

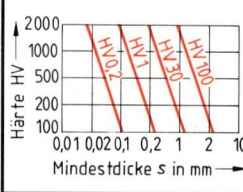

Prüfbedingungen und Prüfkräfte für die Härteprüfung nach Vickers

Prüfbedingung	HV 100	HV 50	HV 30	HV 20	HV 10	HV 5
Prüfkraft F in N	980,7	490,3	294,2	196,1	98,07	49,03
Prüfbedingung	HV 3	HV 2	HV 1	HV 0,5	HV 0,3	HV 0,2
Prüfkraft F in N	29,42	19,61	9,807	4,903	2,942	1,961

Werkstoffprüfung

Umwertungstabelle für Härtewerte und Zugfestigkeit[1] vgl. DIN 50150 (12.76)

Zugfestig-keit R_m N/mm²	Vickers-härte HV ($F \geq 98$ N)	Brinell-härte[2] HB	Rockwellhärte HRC	Rockwellhärte HRA	Rockwellhärte HRB[3]	Rockwellhärte HRF[3]	Zugfestig-keit R_m N/mm²	Vickers-härte HV ($F \geq 98$ N)	Brinell-härte[2] HB	Rockwellhärte HRC	Rockwellhärte HRA
255	80	76	—	—	—	—	1155	360	342	36,6	68,7
285	90	85,5	—	—	48	82,6	1220	380	361	38,8	69,8
320	100	95	—	—	56,2	87	1290	400	380	40,8	70,8
350	110	105	—	—	62,3	90,5	1350	420	399	42,7	71,8
385	120	114	—	—	66,7	93,6	1420	440	418	44,5	72,8
415	130	124	—	—	71,2	96,4	1485	460	437	46,1	73,6
450	140	133	—	—	75	99	1555	480	456	47,7	74,5
480	150	143	—	—	78,7	(101,4)	1595	490	466	48,4	74,9
510	160	152	—	—	81,7	(103,6)	1665	510	485	49,8	75,7
545	170	162	—	—	85	(105,5)	1740	530	504	51,1	76,4
575	180	171	—	—	87,1	(107,2)	1810	550	523	52,3	77
610	190	181	—	—	89,5	(108,7)	1880	570	542	53,6	77,8
640	200	190	—	—	91,5	(110,1)	1955	590	561	54,7	78,4
675	210	199	—	—	93,5	(111,3)	2030	610	580	55,7	78,9
705	220	209	—	—	95	(112,4)	2105	630	599	56,8	79,5
740	230	219	—	—	96,7	(113,4)	2180	650	618	57,8	80
770	240	228	20,3	60.7	98,1	(114,3)	—	670	636	58,8	80,6
800	250	238	22,2	61,6	99,5	(115,1)	—	690	—	59,7	81,1
835	260	247	24	62,4	(101)	—	—	720	—	61	81,8
865	270	257	25,6	63,1	(102)	—	—	760	—	62,5	82,6
900	280	266	27,1	63,8	(104)	—	—	800	—	64	83,4
930	290	276	28,5	64,5	(105)	—	—	840	—	65,3	84,1
965	300	285	29,8	65,2	—	—	—	880	—	66,4	84,7
1030	320	304	32,2	66,4	—	—	—	920	—	67,5	85,3
1095	340	323	34,4	67,6	—	—	—	940	—	68	85,6

[1] Gültig für unlegierte und niedriglegierte Stähle und Stahlguß im warmumgeformten oder wärmebehandelten Zustand. Bei hochlegierten und/oder kaltverfestigten Stählen sind erhebliche Abweichungen zu erwarten.
[2] Für Belastungsgrad 30 ($F = 9{,}81 \cdot 30 \cdot D^2$), errechnet aus HB = 0,95 · HV
[3] Werte in Klammern liegen außerhalb des genormten Bereiches

Vergleich verschiedener Härteskalen

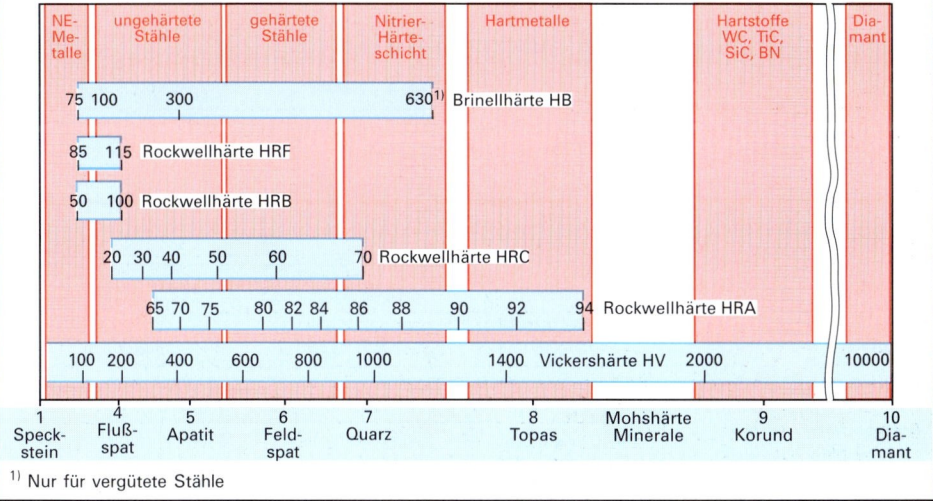

[1] Nur für vergütete Stähle

Werkstoffprüfung

Prüfung von Kunststoffen — Zugversuch

vgl. DIN 53455 (08.81)

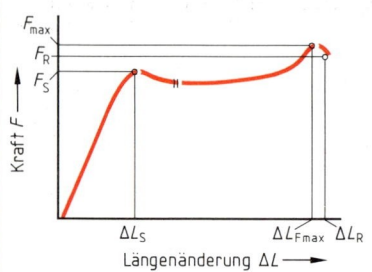

Kraft-Längenänderungs-Diagramm für Kunststoffe mit ausgeprägter Streckspannung

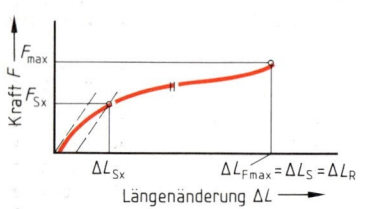

Kraft-Längenänderungs-Diagramm für Kunststoffe ohne ausgeprägte Streckspannung

Zweck: Beurteilung des Verhaltens von Kunststoffen bei Belastung auf Zug

Durchführung: Zugkraft und Längenänderung werden in einem Diagramm aufgezeichnet.

F_{max} Höchstkraft
F_R Reißkraft
F_S Kraft bei Streckspannung
F_{Sx} Kraft bei x%-Dehnspannung
L_0 Anfangslänge
S_0 Anfangsquerschnitt
a Probendicke
b Probenbreite
ΔL_{Fmax} Längenänderung bei Höchstkraft
σ_B Zugfestigkeit
σ_R Reißfestigkeit
σ_S Streckspannung
σ_{Sx} x%-Dehnspannung
ε_B Streckdehnung

Zugfestigkeit
$$\sigma_B = \frac{F_{max}}{S_0}$$

Reißfestigkeit
$$\sigma_R = \frac{F_R}{S_0}$$

Streckspannung
$$\sigma_S = \frac{F_S}{S_0}$$

x%-Dehnspannung
$$\sigma_{Sx} = \frac{F_{Sx}}{S_0}$$

Streckdehnung
$$\varepsilon_B = \frac{\Delta L_{Fmax}}{L_0} \cdot 100\%$$

Probekörper

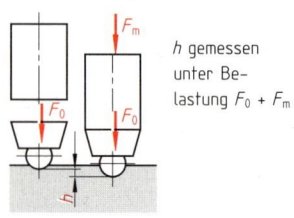

Nummer	L_0 mm	a mm	b mm
3	50 ± 0,5	3...4	10 ± 0,5
4	25 ± 2	≤ 3	6 ± 0,4
5	100	Folie	15 ± 0,1

Prüfgeschwindigkeiten

Kennziffer	Geschwindigkeit mm/min	Kennziffer	Geschwindigkeit mm/min	Kennziffer	Geschwindigkeit mm/min
1	1 ± 50%	3	10 ± 10%	6	100 ± 10%
1a	2 ± 20%	4	20 ± 10%	7	200 ± 10%
2	5 ± 20%	5	50 ± 10%	8	500 ± 10%

Bezeichnung des Zugversuchs, durchgeführt mit Prüfgeschwindigkeit 10 mm/min (3) und Probekörper Nr. 5: **Zugversuch DIN 53455-3-5**

Härteprüfung von Kunststoffen durch Kugeleindruckversuch

vgl. DIN ISO 2039 T1 (09.90)
Ersatz für DIN 53456

h gemessen unter Belastung $F_0 + F_m$

Eindringkörper: Gehärtete Stahlkugel ⌀ 5 mm
Prüfvorkraft F_0: 9,81 N
Eindringtiefe h: 0,15...0,34 mm
Einwirkungsdauer: 30 s

Prüfkraft F_m in N	Kugeldruckhärte H in N/mm² bei Eindrucktiefe h in mm									
	0,15	0,16	0,17	0,18	0,19	0,20	0,21	0,22	0,23	0,24
49	23,8	21,9	20,2	18,7	17,5	16,4	15,4	14,6	13,8	13,1
132	64,3	59,0	54,5	50,6	47,2	44,2	41,6	39,3	37,3	35,4
358	174	160	147	137	128	119	113	106	101	95,7
961	470	430	400	370	340	320	300	290	270	260
Prüfkraft F_m in N	Kugeldruckhärte H in N/mm² bei Eindrucktiefe h in mm									
	0,25	0,26	0,27	0,28	0,29	0,30	0,31	0,32	0,33	0,34
49	12,5	11,9	11,4	10,9	10,5	10,1	9,7	9,4	9,0	8,7
132	33,7	32,2	30,8	29,5	28,3	27,2	26,2	25,3	24,4	23,6
358	91,2	87,0	83,2	79,8	76,6	73,6	70,9	68,4	66,0	63,8
961	245	234	223	214	206	198	190	184	177	171

Bezeichnung einer Kugeldruckhärte von 31 N/mm², ermittelt mit einer Prüfkraft von 132 N und einer Einwirkungsdauer von 30 s nach DIN ISO 2039: **Kugeldruckhärte ISO 2093-31 H 132**

Korrosion und Korrosionsschutz

Elektrochemische Spannungsreihe der Metalle

Als **Normalpotential** bezeichnet man die Spannung zwischen einem Elektrodenwerkstoff und einer mit Wasserstoff umspülten Platinelektrode. Durch **Passivierung** kann sich die Stellung eines Werkstoffes in der Spannungsreihe verändern.

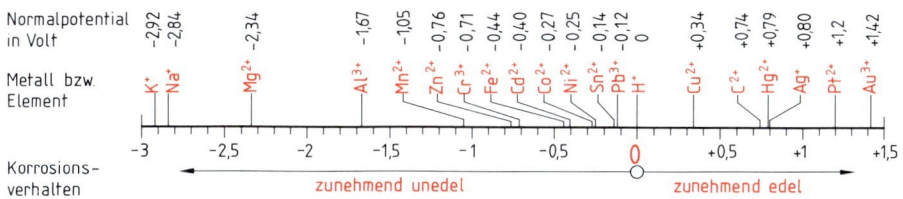

Beispiel: Elektrochemische Spannung Cu-Al = + 0,34 V − (− 1,67 V) = **2,01 V**

Beständigkeit der Metalle gegen aggressive Stoffe

Aggressive Stoffe[1]	Metalle[1]												
	Ag	Al	Au	Cd	Co	Cr	Cu	Fe	Mg	Mo	Ni	Pb	Sn	Ta	Ti	W
Salzsäure	●	○	●	◐	○	○	◐	○	○	●	◐	●	◐	●	◐	●
Schwefelsäure	◐	○	●	◐	◐	◐	◐	○	○	●	◐	●	◐	●	◐	●
Salpetersäure	○	◐	●	○	○	●	○	◐	○	◐	◐	◐	◐	●	●	◐
Natronlauge	●	○	●	●	●	◐	●	◐	●	○	●	○	○	●	●	◐
Luft, feucht	●	●	●	◐	●	●	◐	○	◐	●	●	◐	●	●	●	●
Luft, 400 °C	●	◐	●	◐	○	●	◐	◐	○	○	●	◐	◐	◐	●	●

Bedeutung der Zeichen:

- ● beständig, Angriff sehr gering
- ◐ bedingt beständig, Angriff abhängig von Konzentration, Temperatur und Zusammensetzung des aggressiven Stoffes
- ◐ wenig beständig
- ○ unbeständig, rasche Zersetzung

[1] Reine Stoffe; bei Anwesenheit von Beimengungen bzw. Legierungselementen kann sich das Verhalten ändern.

Richtlinien für die Vorbehandlung bei passivem Oberflächenschutz

Grundmetall	Überzug	Behandlungsfolge	Grundmetall	Überzug	Behandlungsfolge
Stahl	Lack, Farbe	11-20-1-30-1-3-5-33	Reinaluminium	Anodisieren	10-1-22-1-26-1-5
	Nickel, Chrom	10-1-12-1-20-1-31-1	Al-Legierungen, siliciumhaltig	Anodisieren	11-13-1-25-1-5
	Zink, Kadmium	10-1-12-1-20-1-4-1		Galvanisieren	10-1-12-1-25-1-32-1
Kupfer	farbloser Lack	11-21-1-2-5	Al-Legierungen, magnesiumhaltig	Anodisieren	11-12-1-22-1-26-1-5
CuZn, CuSn	farbloser Lack	11-24-1-2-5		Galvanisieren	10-1-12-1-23-1-32-1
	Nickel, Chrom	10-1-13-1-21-1-31-1	Zink	Galvanisieren	10-1-12-1-25-1-31-1

Erläuterung der Kennziffern für Behandlungsfolgen

1 Spülen in Kaltwasser
2 Spülen in Heißwasser
3 Spülen in 0,2 bis 1%iger Sodalösung (Passivieren)
4 Spülen in 10%iger Cyanidlösung
5 Trocknen in Warmluft
10 Kochentfetten in alkalischen Entfettungsbädern
11 Entfetten durch organische Lösungsmittel durch Abwaschen, Tauchen, Dampfbad
12 katodische Entfettung in alkalischer Lösung
13 anodische Entfettung in alkalischer Lösung
20 Beizen in 10%iger Salzsäure, 20 °C, evtl. mit Zusatz von Phosphorsäure und Reaktionshemmern
21 Beizen in 5 bis 25%iger Schwefelsäure, 40 bis 80 °C
22 Beizen in 10%iger Natronlauge, 80 bis 90 °C
23 Beizen in 3%iger Salpetersäure, 80 °C
24 Gelbbrennen in Gemisch von konzentr. Salpetersäure mit konzentr. Schwefelsäure, 1 : 1
25 Beizen in verdünnter Flußsäure (3 bis 10%)
26 Beizen in 30%iger Salpetersäure
30 Phosphatieren, Chromatieren
31 Vorverkupfern als Zwischenschicht
32 Zinkatbeize (Ausfällen von Zink)
33 Grundieren mit Rostschutzfarbe

Entsorgung von Stoffen

Abfallgesetz, § 2 Abs. 2   vgl. Abfallbestimmungsverordnung (04.90)

Wichtige Grundsätze:
- Abfälle vermeiden, z.B. Rücknahmeverpflichtung von Verpackungsmaterial.
- Abfälle verwerten, z.B. Wiederaufbereitung oder Verbrennung zur Energiegewinnung.
- Abfälle so entsorgen, daß das Wohl der Allgemeinheit nicht beeinträchtigt wird.
- Umweltgefährdende Abfälle müssen bei den zuständigen Behörden angezeigt und ihre gesetzesgemäße Entsorgung nachgewiesen werden. Sie dürfen nicht mit hausmüllähnlichem Gewerbemüll entsorgt werden.
- Eine Übergabe der Abfälle an ein Transportunternehmen darf nur erfolgen, wenn die Transport- und die Entsorgungsgenehmigung vorliegen.

Auswahl besonders überwachungsbedürftiger Abfälle (Sonderabfälle) in Metallbetrieben

Abfall-schlüssel	Bezeichnung der Abfallart	Vorkommen, Bezeichnung bzw. Beschreibung	Besondere Hinweise für Entsorgung
18710	Papierfilter mit schädlichen Verunreinigungen, vorwiegend organisch	Filterfliese mit Schlamm aus der Kühlschmierstoffaufbereitung. Ölhaltige Papierfiltereinsätze aus der Ablufttreinigung, Ölpapier aus der Werkstückzwischenlagerung	Möglichkeit der Sammelentsorgung durch Sonderabfalltransporteur (Sammelentsorgungsnachweis notwendig).
35106	Eisenbehältnisse mit schädlichen Restinhalten	Dosen von Farben, Härtern, Reinigern, Klebern, Rost- und Silikonentferner, Spachtelmassen, Spraydosen	Entleerte Eisenbehältnisse können an Verwerter (Schrotthändler) abgegeben werden. Auf Spraydosen möglichst verzichten (hohe Lösungsmittelgehalte).
35323	Nickel-Cadmium-Akkumulatoren	Akkus für Handbohrmaschinen und -schrauber	Rückgabe an Lieferanten, öffentliche Sammelstellen, Schadstoffmobil.
35326	Quecksilber, quecksilberhaltige Rückstände, Quecksilberdampflampen, Leuchtstoffröhren	Leuchtstoffröhren, fälschlicherweise als „Neonröhren" bezeichnet	Rückgabe nicht zerstörter Leuchtstoffröhren an Lieferanten, Sonderabfallkleinmengensammlung oder Schadstoffmobil.
54109	Bohr-, Schneid- und Schleiföle	Überalterte oder unbrauchbare wasserfreie Bohr-, Dreh-, Schleif- und Schneidöle auf Mineralölbasis	Rückgabe an Lieferanten zur Verwertung. Nicht mit Wasser, Emulsionen, Kaltreiniger usw. vermischen.
54112	Verbrennungsmotoren- und Getriebeöl	Altöl und Getriebeöl, Hydrauliköl, Kompressoröl von Verdichtern	Rückgabe von Ölen bekannter Herkunft an den Lieferanten. Nicht mit anderen Stoffen mischen.
54209	Feste fett- und ölverschmutzte Betriebsmittel	Altlumpen, Putzlappen, mit Öl oder Wachs verschmutzte Pinsel, Ölsaugmittel (Ölbinder) oder ölbehaftete Holzspäne, Öl- und Fettdosen; Erodierpatronenfilter	Putzlappen dem Putztuchrecycling (Spezialfirmen) zuführen. Erodierpatronenfilter werden meist vom Lieferanten zurückgenommen.
54401	Synthetische Kühl- und Schmiermittel	Bohr-, Kühlemulsionen, Kühlflüssigkeit, Kühlschmierstoff, Bohrwasser **aus synthetischen Ölen**	Zur Zeit gibt es keine Aufbereitungsmöglichkeit für synthetische Öle. Getrennte Entsorgung als Sonderabfall.
54402	Bohr- und Schleifemulsionen, Emulsionsgemische	Bohr-, Kühlemulsionen, Kühlflüssigkeit, Kühlschmierstoff, Bohrwasser **aus mineralischen Ölen**	Rückgabe an Lieferanten zur Verwertung. Mineralische Öle nicht mit anderen Stoffen vermischen, da sonst keine Verwertung möglich ist.
54710	Schleifschlamm, ölhaltig	Metallschleifschlamm, Metallfeinspäne mit Anteil von Ölen oder Kühlschmierstoffen	Entsorgung als Sonderabfall.
57125	Ionenaustauscherharze mit schädlichen Verunreinigungen	Harz für Drahterodiermaschinen	Harz wird meist vom Lieferanten abgeholt.

Normteile

Gewinde, Schrauben, Muttern, Zubehör

Gewinde, Übersicht	170
Metrisches ISO-Gewinde	172
Whitworth-Gewinde	173
Trapez- und Sägengewinde	174
Schrauben	175
Berechnung von Schraubenverbindungen	183
Gewindeausläufe, Gewindefreistiche	184
Senkungen	185
Muttern	186
Scheiben	190
Spannscheiben, Federringe, Zahnscheiben	192
Schlüsselweiten, Werkzeugvierkante	193

Stifte, Bolzen, Niete, Mitnehmerverbindungen

Übersicht über Verbindungsnormteile	194
Stifte	195
Kerbstifte, Bolzen	196
Keile und Federn	197
Keilwellenverbindungen, Blindniete	199
Werkzeugkegel	200

Normteile für Vorrichtungen und Stanzwerkzeuge

Bohrbuchsen	201
Gewindestifte, Druckstücke, Kugelknöpfe	202
Kreuz- und Sterngriffe	203
Aufnahme- und Auflagebolzen	203
T-Nuten, Schrauben für T-Nuten	204
Kugelscheiben, Kegelpfannen	204
Einspannzapfen	205
Schneidstempel	205
Platten für Säulengestelle	205
Säulengestelle	206
Federn	207

Normteile für die Antriebstechnik

Schmalkeilriementrieb	209
Synchronriementrieb	210
Gleitlagerbuchsen	211
Wälzlager, Übersicht	212
Kugellager	213
Rollenlager	214
Nutmuttern, Sicherungsbleche	215
Sicherungsringe, Sicherungsscheiben	216
Paßscheiben, Stützscheiben, Wellenenden	217
Wellen- und Runddichtringe	218

N

Gewinde

Übersicht über die Gewindearten

vgl. DIN 202 (01.88)

Rechtsgewinde, eingängig

Gewindebenennung	Gewindeprofil	Kennbuchstabe	Bezeichnungsbeispiel	Nenngröße	Anwendung
Metrisches ISO-Gewinde	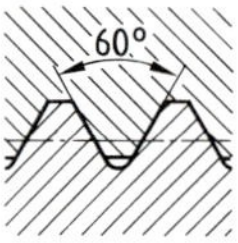 60°	M	DIN 14 – M 08	0,3 bis 0,9 mm	Uhren, Feinwerktechnik
			DIN 13 – M 30	1 bis 68 mm	allgemein (Regelgewinde)
			DIN 13 – M 20 × 1	1 bis 1000 mm	allgemein (Feingewinde)
Metr. Gewinde mit großem Spiel			DIN 2510 – M 36	12 bis 180 mm	Schrauben mit Dehnschaft
Metrisches zylindrisches Innengewinde	60° 1:16		DIN 158 – M 30 × 2	6 bis 60 mm	Innengewinde für Verschlußschrauben und Schmiernippel
Metrisches kegeliges Außengewinde	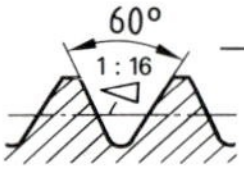		DIN 158 – M 30 × 2 keg	6 bis 60 mm	Verschlußschrauben und Schmiernippel
Rohrgewinde, zylindrisch	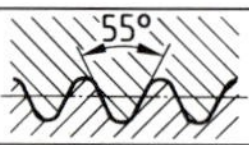 55°	G	DIN ISO 228 – G 1½ (innen) DIN ISO 228 – G 1½ A (außen)	⅛ bis 6 inch	Rohrgewinde, nicht im Gewinde dichtend
Zylindrisches Rohrgewinde (Innengewinde)	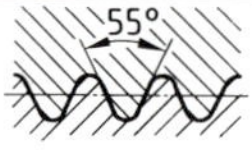 55°	Rp	DIN 2999 – Rp ½	1/16 bis 6 inch	Rohrgewinde, im Gewinde dichtend
			DIN 3858 – Rp ⅛	⅛ bis 1½ inch	
Kegeliges Rohrgewinde (Außengewinde)	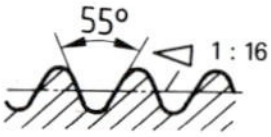 55° 1:16	R	DIN 2999 – R ½	1/16 bis 6 inch	für Gewinderohre, Fittings, Rohrverschraubungen
			DIN 3859 – R ⅛ -1	⅛ bis 1½ inch	
Metrisches ISO-Trapezgewinde	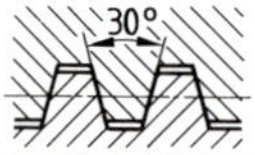 30°	Tr	DIN 103 – Tr 40 × 7	8 bis 300 mm	allgemein als Bewegungsgewinde
Sägengewinde	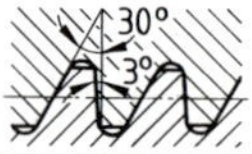 30° 3°	S	DIN 513 – S 48 × 8	10 bis 640 mm	allgemein als Bewegungsgewinde
Rundgewinde	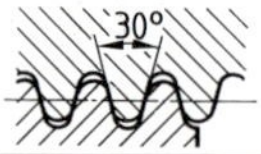 30°	Rd	DIN 405 – Rd 40 × ⅙	8 bis 200 mm	allgemein
			DIN 20400 – Rd 40 × 5	10 bis 300 mm	Rundgewinde mit großer Tragtiefe
Stahlpanzerrohrgewinde	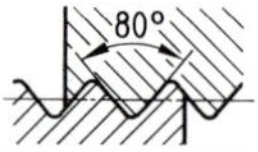 80°	Pg	DIN 40430 – Pg 21	Pg 7 bis Pg 48	Elektrotechnik

Linksgewinde und mehrgängige Gewinde

Gewindeart	Erläuterung	Kurzbezeichnung
Linksgewinde	Das Kurzzeichen „LH" ist hinter die vollständige Gewindebezeichnung zu setzen (LH = Left-Hand).	M 30 – LH Tr 40 × 7 – LH
Mehrgängiges Rechtsgewinde	Hinter dem Kurzzeichen und dem Gewindedurchmesser folgt die Steigung P_h und die Teilung P.	Tr 40 × 14 P7
Mehrgängiges Linksgewinde	Hinter die Gewindebezeichnung des mehrgängigen Gewindes wird „LH" gesetzt.	Tr 40 × 14 P7 – LH

Bei Teilen, die mit Rechts- und Linksgewinde versehen sind, ist hinter die Gewindebezeichnung des Rechtsgewindes das Kurzzeichen „RH" (RH = Right-Hand) und hinter das Linksgewinde „LH" zu setzen. Die Gangzahl bei mehrgängigen Gewinden ergibt sich aus der Beziehung **Gangzahl = Steigung P_h : Teilung P.**

Gewinde

Gewinde nach ausländischen Normen (Auswahl) vgl. DIN 202 (01.88)

Gewindebenennung	Gewindeprofil	Kurz-zeichen	Bezeichnungs-beispiel	Bedeutung	Land
Einheitsgewinde, grob (Unified Coarse Thread)	Muttergewinde 60°/60° Bolzengewinde P	UNC	$1/4$ –20 UNC –2A	UNC-Gewinde mit $1/4$ inch Nenn-durchmesser, 20 Gewinde-gänge/inch, Passungsklasse 2A	USA, GB, CDN
Einheits-Feingewinde (Unified Fine Thread)		UNF	$1/4$ –28 UNF –3A	UNF-Gewinde mit $1/4$ inch Nenn-durchmesser, 28 Gewinde-gänge/inch, Passungsklasse 3A	USA, GB, CDN
Einheitsgewinde, extra fein (Unified Extra-fine Thread)		UNEF	$1/4$ –32 UNEF –3A	UNEF-Gewinde mit $1/4$ inch Nenn-durchmesser, 32 Gewinde-gänge/inch, Passungsklasse 3A	USA, GB, CDN
Einheits-Sondergewinde (Unified Special Thread)		UNS	$1/4$ –27 UNS	UNS-Gewinde mit $1/4$ inch Nenn-durchmesser, 27 Gewinde-gänge/inch	USA, GB, CDN
Zylindrisches Rohr-gewinde für mecha-nische Verbindungen (Straight Pipe Threads for Mechanical joints)	zylindr. Muttergewinde 60° P	NPSM	$1/2$ –14 NPSM	NPSM-Gewinde mit $1/2$ inch Nenn-durchmesser, 14 Gewinde-gänge/inch	USA
Amerikanisches Standard-Rohr-gewinde, kegelig (American Standard Taper-Pipe Thread)	kegeliges Muttergewinde 1:16 60°	NPT	$3/8$ –18 NPT	NPT-Gewinde mit $3/8$ inch Nenn-durchmesser, 18 Gewinde-gänge/inch	USA
Amerikanisches, kegeliges Fein-Rohrgewinde (American Standard Taper Pipe Thread, Fine)	P kegeliges Bolzengewinde	NPTF	$1/2$ –14 NPTF (dryseal)	NPTF-Gewinde mit $1/2$ inch Nenn-durchmesser, 14 Gewinde-gänge/inch (trocken dichtend)	USA
Amerikanisches Trapezgewinde $h = 0{,}5 \cdot P$	Muttergewinde P 29°	Acme	$1\,3/4$ –4 Acme–2G	Acme-Gewinde mit $1\,3/4$ inch Nenn-durchmesser, 4 Gewinde-gänge/inch, Passungsklasse 2G	USA, GB
Amerikanisches abgeflachtes Trapezgewinde $h = 0{,}3 \cdot P$	Bolzengewinde	Stub-Acme	$1/2$ –20 Stub-Acme	Stub-Acme-Gewinde mit $1/2$ inch Nenndurchmesser, 20 Gewinde-gänge/inch	USA

Gewinde

Metrisches ISO-Gewinde, Abmessungen
vgl. DIN 13 T1...11 (12.86)

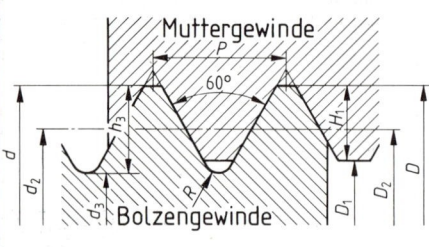

Nenndurchmesser $d = D$
Steigung P
Gewindetiefe des Bolzengewindes $h_3 = 0{,}6134 \cdot P$
Gewindetiefe des Muttergewindes $H_1 = 0{,}5413 \cdot P$
Rundung $R = 0{,}1443 \cdot P$
Flanken-$\varnothing$ $d_2 = D_2 = d - 0{,}6495 \cdot P$
Kern-$\varnothing$ des Bolzengewindes $d_3 = d - 1{,}2269 \cdot P$
Kern-$\varnothing$ des Muttergewindes $D_1 = d - 1{,}0825 \cdot P$
Kernlochbohrer-$\varnothing$ $= d - P$
Flankenwinkel $60°$
Spannungsquerschnitt $A_s = \dfrac{\pi}{4} \cdot \left(\dfrac{d_2 + d_3}{2}\right)^2$

Regelgewinde Reihe 1[1)]   Maße in mm

Gewinde-bezeichnung $d = D$	Steigung P	Flanken-$\varnothing$ $d_2 = D_2$	Kern-$\varnothing$ Bolzen d_3	Kern-$\varnothing$ Mutter D_1	Gewindetiefe Bolzen h_3	Gewindetiefe Mutter H_1	Rundung R	Spannungsquerschnitt A_s mm²	Kernlochbohrer $\varnothing$	Sechskantschlüsselweite[2)]
M 1	0,25	0,84	0,69	0,73	0,15	0,14	0,04	0,46	0,75	—
M 1,2	0,25	1,04	0,89	0,93	0,15	0,14	0,04	0,73	0,95	—
M 1,6	0,35	1,38	1,17	1,22	0,22	0,19	0,05	1,27	1,3	3,2
M 2	0,4	1,74	1,51	1,57	0,25	0,22	0,06	2,07	1,6	4
M 2,5	0,45	2,21	1,95	2,01	0,28	0,24	0,07	3,39	2,1	5
M 3	0,5	2,68	2,39	2,46	0,31	0,27	0,07	5,03	2,5	5,5
M 4	0,7	3,55	3,14	3,24	0,43	0,38	0,10	8,78	3,3	7
M 5	0,8	4,48	4,02	4,13	0,49	0,43	0,12	14,2	4,2	8
M 6	1	5,35	4,77	4,92	0,61	0,54	0,14	20,1	5,0	10
M 8	1,25	7,19	6,47	6,65	0,77	0,68	0,18	36,6	6,8	13
M 10	1,5	9,03	8,16	8,38	0,92	0,81	0,22	58,0	8,5	16
M 12	1,75	10,86	9,85	10,11	1,07	0,95	0,25	84,3	10,2	18
M 16	2	14,70	13,55	13,84	1,23	1,08	0,29	157	14	24
M 20	2,5	18,38	16,93	17,29	1,53	1,35	0,36	245	17,5	30
M 24	3	22,05	20,32	20,75	1,84	1,62	0,43	353	21	36
M 30	3,5	27,73	25,71	26,21	2,15	1,89	0,51	561	26,5	46
M 36	4	33,40	31,09	31,67	2,45	2,17	0,58	817	32	55
M 42	4,5	39,08	36,48	37,13	2,76	2,44	0,65	1121	37,5	65
M 48	5	44,75	41,87	42,59	3,07	2,71	0,72	1473	43	75
M 56	5,5	52,43	49,25	50,05	3,37	2,98	0,79	2030	50,5	85
M 64	6	60,10	56,64	57,51	3,68	3,25	0,87	2676	58	95

Feingewinde   Maße in mm

Gewindebezeichnung $d \times P$	Flanken-$\varnothing$ $d_2 = D_2$	Kern-$\varnothing$ Bolzen d_3	Kern-$\varnothing$ Mutter D_1	Gewindebezeichnung $d \times P$	Flanken-$\varnothing$ $d_2 = D_2$	Kern-$\varnothing$ Bolzen d_3	Kern-$\varnothing$ Mutter D_1	Gewindebezeichnung $d \times P$	Flanken-$\varnothing$ $d_2 = D_2$	Kern-$\varnothing$ Bolzen d_3	Kern-$\varnothing$ Mutter D_1
M 2 × 0,25	1,84	1,69	1,73	M 10 × 0,25	9,84	9,69	9,73	M 24 × 2	22,70	21,55	21,84
M 3 × 0,25	2,84	2,69	2,73	M 10 × 0,5	9,68	9,39	9,46	M 30 × 1,5	29,03	28,16	28,38
M 4 × 0,2	3,87	3,76	3,78	M 10 × 1	9,35	8,77	8,92	M 30 × 2	28,70	27,55	27,84
M 4 × 0,25	3,77	3,57	3,62	M 12 × 0,35	11,77	11,57	11,62	M 36 × 1,5	35,03	34,16	34,38
M 5 × 0,25	4,84	4,69	4,73	M 12 × 0,5	11,68	11,39	11,46	M 36 × 2	34,70	33,55	33,84
M 5 × 0,5	4,68	4,39	4,46	M 12 × 1	11,35	10,77	10,92	M 42 × 1,5	41,03	40,16	40,38
M 6 × 0,25	5,84	5,69	5,73	M 16 × 0,5	15,68	15,39	15,46	M 42 × 2	40,70	39,55	39,84
M 6 × 0,5	5,68	5,39	5,46	M 16 × 1	15,35	14,77	14,92	M 48 × 1,5	47,03	46,16	46,38
M 6 × 0,75	5,51	5,08	5,19	M 16 × 1,5	15,03	14,16	14,38	M 48 × 2	46,70	45,55	45,84
M 8 × 0,25	7,84	7,69	7,73	M 20 × 1	19,35	18,77	18,92	M 56 × 1,5	55,03	54,16	54,38
M 8 × 0,5	7,68	7,39	7,46	M 20 × 1,5	19,03	18,16	18,38	M 56 × 2	54,70	53,55	53,84
M 8 × 1	7,35	6,77	6,92	M 24 × 1,5	23,03	22,16	22,38	M 64 × 2	62,70	61,55	61,84

[1)] Reihe 2 und Reihe 3 enthalten auch Zwischengrößen (z.B. M 7, M 9, M 14);   [2)] vgl. DIN ISO 272 (10.79)

Gewinde

Whitworth-Gewinde (nicht genormt)

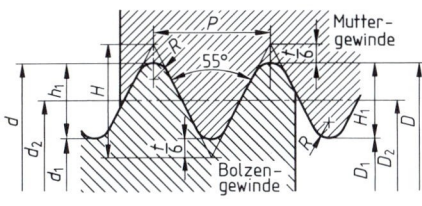

Außendurchmesser $d = D$
Kerndurchmesser $d_1 = D_1 = d - 1{,}28 \cdot P = d - 2 \cdot t_1$
Flankendurchmesser $d_2 = D_2 = d - 0{,}640 \cdot P$
Gangzahl je inch (Zoll) Z
Steigung $P = \dfrac{25{,}4 \text{ mm}}{Z}$
Gewindetiefe $h_1 = H_1 = 0{,}640 \cdot P$
Rundung $R = 0{,}137 \cdot P$
Flankenwinkel $55°$

Gewinde-bezeich-nung d	Maße in mm für Bolzen und Mutter					Gewinde-bezeich-nung d	Maße in mm für Bolzen und Mutter				
	Außen-⌀ $d=D$	Kern-⌀ $d_1=D_1$	Flan-ken-⌀ $d_2=D_2$	Gang-zahl je inch Z	Ge-winde-tiefe $h_1=H_1$		Außen-⌀ $d=D$	Kern-⌀ $d_1=D_1$	Flan-ken-⌀ $d_2=D_2$	Gang-zahl je inch Z	Ge-winde-tiefe $h_1=H_1$
					Kern-quer-schnitt mm²						Kern-quer-schnitt mm²
1/4"	6,35	4,72	5,54	20	0,81 / 17,5	1 1/4"	31,75	27,10	29,43	7	2,32 / 577
5/16"	7,94	6,13	7,03	18	0,90 / 29,5	1 1/2"	38,10	32,68	35,39	6	2,71 / 839
3/8"	9,53	7,49	8,51	16	1,02 / 44,1	1 3/4"	44,45	37,95	41,20	5	3,25 / 1131
1/2"	12,70	9,99	11,35	12	1,36 / 78,4	2"	50,80	43,57	47,19	4 1/2	3,61 / 1491
5/8"	15,88	12,92	14,40	11	1,48 / 131	2 1/4"	57,15	49,02	53,09	4	4,07 / 1886
3/4"	19,05	15,80	17,42	10	1,63 / 196	2 1/2"	63,50	55,37	59,44	4	4,07 / 2408
7/8"	22,23	18,61	20,42	9	1,81 / 272	3"	76,20	66,91	72,56	3 1/2	4,65 / 3516
1"	25,40	21,34	23,37	8	2,03 / 358	3 1/2"	88,90	78,89	83,89	3 1/4	5,00 / 4888

Whitworth-Rohrgewinde

vgl. DIN ISO 228-1 (12.94), DIN 2999 (07.83)

Rohrgewinde DIN ISO 228-1
für nicht im Gewinde dichtende Verbindungen; Innen- und Außengewinde zylindrisch

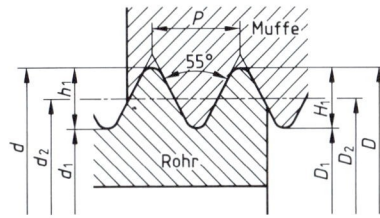

Die Außengewinde werden mit der Toleranzklasse A oder B hergestellt, z.B. G 1 1/2 A.

Rohrgewinde DIN 2999
im Gewinde dichtend;
Innengewinde zylindrisch, Außengewinde kegelig

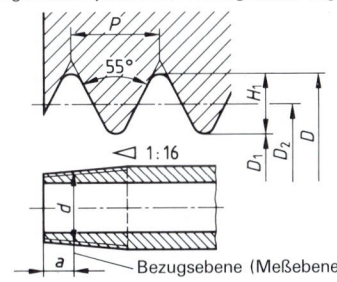

Kurzzeichen			Außen-durch-messer $d=D$	Flanken-durch-messer $d_2=D_2$	Kern-durch-messer $d_1=D_1$	Steigung P	Gang-zahl auf 25,4 mm Z	Gewinde-tiefe $h_1=H_1$	Abstand der Bezugs-ebene a
DIN ISO 228-1	DIN 2999								
Außen- und Innengewinde	Außen-gewinde	Innen-gewinde							
G 1/16	R 1/16	Rp 1/16	7,72	7,14	6,56	0,91	28	0,58	4,0
G 1/8	R 1/8	Rp 1/8	9,73	9,15	8,57	0,91	28	0,58	4,0
G 1/4	R 1/4	Rp 1/4	13,16	12,30	11,45	1,34	19	0,86	6,0
G 3/8	R 3/8	Rp 3/8	16,66	15,81	14,95	1,34	19	0,86	6,4
G 1/2	R 1/2	Rp 1/2	20,96	19,79	18,63	1,81	14	1,16	8,2
G 3/4	R 3/4	Rp 3/4	26,44	25,28	24,12	1,81	14	1,16	9,5
G 1	R 1	Rp 1	33,25	31,77	30,29	2,31	11	1,48	10,4
G 1 1/4	R 1 1/4	Rp 1 1/4	41,91	40,43	38,95	2,31	11	1,48	12,7
G 1 1/2	R 1 1/2	Rp 1 1/2	47,80	46,32	44,85	2,31	11	1,48	12,7
G 2	R 2	Rp 2	59,61	58,14	56,66	2,31	11	1,48	15,9
G 2 1/2	R 2 1/2	Rp 2 1/2	75,18	73,71	72,23	2,31	11	1,48	17,5
G 3	R 3	Rp 3	87,88	86,41	84,93	2,31	11	1,48	20,6
G 4	R 4	Rp 4	113,03	111,55	110,07	2,31	11	1,48	25,4
G 5	R 5	Rp 5	138,43	136,95	135,37	2,31	11	1,48	28,6
G 6	R 6	Rp 6	163,83	162,35	160,87	2,31	11	1,48	28,6

Gewinde

Metrisches ISO-Trapezgewinde
vgl. DIN 103 T1 (04.77)

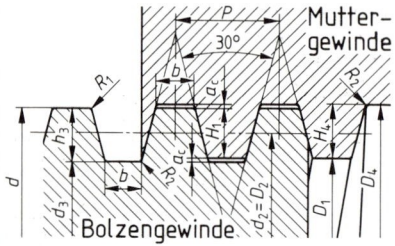

	Nenndurchmesser	d
	Steigung bei eingängigen Gewinden u. Teilung bei mehrgäng. Gewinden	P
	Steigung bei mehrgäng. Gewinden	P_h
	Gangzahl	$n = P_h : P$
	Kern-⌀ des Bolzengewindes	$d_3 = d - (P + 2 \cdot a_c)$
	Außen-⌀ des Muttergewindes	$D_4 = d + 2 \cdot a_c$
	Kern-⌀ des Muttergewindes	$D_1 = d - P$
	Flanken-⌀ des Gewindes	$d_2 = D_2 = d - 0{,}5 \cdot P$
	Gewindetiefe des Bolzen- und Muttergewindes	$h_3 = H_4 = 0{,}5 \cdot P + a_c$
	Flankenüberdeckung	$H_1 = 0{,}5 \cdot P$
	Spitzenspiel	a_c
	Rundungen	R_1 und R_2
	Drehmeißelbreite	$b = 0{,}366 \cdot P - 0{,}54 \cdot a_c$
	Flankenwinkel	$30°$

Maß	für Steigungen P in mm			
	1,5	2...5	6...12	14...44
a_c	0,15	0,25	0,5	1
R_1	0,075	0,125	0,25	0,5
R_2	0,15	0,25	0,5	1

Gewindemaße in mm

Gewinde-bezeichnung $d \times P$	Flanken-⌀ $d_2 = D_2$	Kern-⌀ Bolzen d_3	Kern-⌀ Mutter D_1	Außen-⌀ D_4	Gewindetiefe $h_3 = H_4$	Drehmeißelbreite b	Gewinde-bezeichnung $d \times P$	Flanken-⌀ $d_2 = D_2$	Kern-⌀ Bolzen d_3	Kern-⌀ Mutter D_1	Außen-⌀ D_4	Gewindetiefe $h_3 = H_4$	Drehmeißelbreite b
Tr 10 × 2	9	7,5	8	10,5	1,25	0,60	Tr 40 × 7	36,5	32	33	41	4	2,29
Tr 12 × 3	10,5	8,5	9	12,5	1,75	0,96	Tr 44 × 7	40,5	36	37	45	4	2,29
Tr 16 × 4	14	11,5	12	16,5	2,25	1,33	Tr 48 × 8	44	39	40	49	4,5	2,66
Tr 20 × 4	18	15,5	16	20,5	2,25	1,33	Tr 52 × 8	48	43	44	53	4,5	2,66
Tr 24 × 5	21,5	18,5	19	24,5	2,75	1,70	Tr 60 × 9	55,5	50	51	61	5	3,02
Tr 28 × 5	25,5	22,5	23	28,5	2,75	1,70	Tr 70 × 10	65	59	60	71	5,5	3,39
Tr 32 × 6	29	25	26	33	3,5	1,93	Tr 80 × 10	75	69	70	81	5,5	3,39
Tr 36 × 3	34,5	32,5	33	36,5	2,0	0,83	Tr 90 × 12	84	77	78	91	6,5	4,12
Tr 36 × 6	33	29	30	37	3,5	1,93	Tr 100 × 12	94	87	88	101	6,5	4,12
Tr 36 × 10	31	25	26	37	5,5	3,39	Tr 140 × 14	133	124	126	142	8	4,58

Sägengewinde
vgl. DIN 513 (04.85)

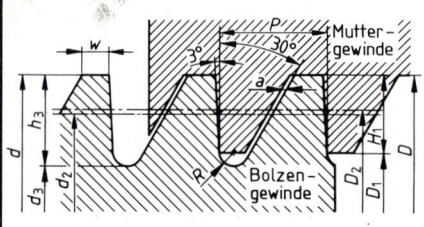

	Nennmaß des Gewindes	$d = D$
	Steigung	P
	Kern-⌀ des Bolzengewindes	$d_3 = d - 1{,}736 \cdot P$
	Kern-⌀ des Muttergewindes	$D_1 = d - 1{,}5 \cdot P$
	Flanken-⌀ des Bolzengewindes	$d_2 = d - 0{,}75 \cdot P$
	Flanken-⌀ des Muttergewindes	$D_2 = d - 0{,}75 \cdot P + 3{,}176 \cdot a$
	Axialspiel	$a = 0{,}1 \cdot \sqrt{P}$
	Gewindetiefe des Bolzens	$h_3 = 0{,}868 \cdot P$
	Gewindetiefe der Mutter (Tragtiefe)	$H_1 = 0{,}75 \cdot P$
	Rundung	$R = 0{,}124 \cdot P$
	Profilbreite am Außen-⌀	$w = 0{,}264 \cdot P$
	Flankenwinkel	$33°$

Gewinde-bezeichnung $d \times P$	Bolzen Kern-⌀ d_3	Bolzen Gewindetiefe h_3	Mutter Kern-⌀ D_1	Mutter Gewindetiefe H_1	Flanken-⌀ d_2	Gewinde-bezeichnung $d \times P$	Bolzen Kern-⌀ d_3	Bolzen Gewindetiefe h_3	Mutter Kern-⌀ D_1	Mutter Gewindetiefe H_1	Flanken-⌀ d_2
S 12 × 3	6,79	2,60	7,5	2,25	9,75	S 44 × 7	31,85	6,08	33,5	5,25	38,75
S 16 × 4	9,06	3,47	10	3	13	S 48 × 8	34,12	6,94	36	6	42,00
S 20 × 4	13,06	3,47	14	3	17	S 52 × 8	38,11	6,94	40	6	46
S 24 × 5	15,32	4,34	16,5	3,75	20,25	S 60 × 9	44,38	7,81	46,5	6,75	53,25
S 28 × 5	19,32	4,34	20,5	3,75	24,25	S 70 × 10	52,64	8,68	55	7,5	62,50
S 32 × 6	21,58	5,21	23	4,5	27,5	S 80 × 10	62,64	8,68	65	7,5	72,50
S 36 × 6	25,59	5,21	27	4,5	31,50	S 90 × 12	69,17	10,41	72	9	81,00
S 40 × 7	27,85	6,07	29,5	5,25	34,75	S 100 × 12	79,17	10,41	82	9	91,00

Schrauben

Bezeichnung von Schrauben
vgl. DIN 962 (09.90)

Beispiele:
- Sechskantschraube ISO 4017 - M 12 × 80 - 8.8
- Gewindestift ISO 7435 - M 10 × 40 - 14H
- Zylinderschraube DIN 912 - M 16 × 70 - 10.9

| Benennung | DIN- oder ISO-Hauptnummer | Gewinde d, z.B. metrisches Gewinde, Blechschraubengewinde | Nennlänge l | Festigkeitsklasse, z.B. 8.8 Härte, z.B. 14H → 140 HV Werkstoff, z.B. St Stahl |

Schrauben, die nach DIN EN oder DIN EN ISO genormt sind, erhalten in der Bezeichnung die ISO-Hauptnummer. Sie wird nach folgenden Regeln bestimmt:

DIN EN-Norm: ISO-Hauptnummer = (DIN EN-Hauptnummer) − 20 000
Beispiel: DIN EN 24 017: ISO-Hauptnummer = 24 017 − 20 000 = 4017
DIN EN ISO-Norm: ISO-Hauptnummer = DIN EN ISO-Hauptnummer

Festigkeitsklassen von Schrauben
vgl. DIN EN 20 898 T1 (04.92), Ersatz für DIN ISO 898 T1

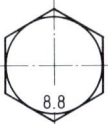

Festigkeitsklasse	3.6	4.6	4.8	5.6	5.8	6.8	8.8	9.8	10.9	12.9
Zugfestigkeit R_m in N/mm²	300	400		500		600	800	900	1000	1200
Streckgrenze R_e bzw. Dehngrenze $R_{p0,2}$ in N/mm²	180	240	320	300	400	480	640	720	900	1080
Bruchdehnung A in %	25	22	14	20	10	8	12	10	9	8

Durchgangslöcher für Schrauben
vgl. DIN EN 20 273 (02.90), Ersatz für DIN ISO 273

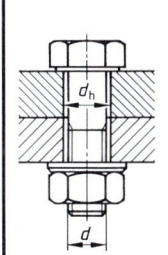

Gewinde d	Durchgangsloch d_h [1] Reihe			Gewinde d	Durchgangsloch d_h [1] Reihe			Gewinde d	Durchgangsloch d_h [1] Reihe		
	fein	mittel	grob		fein	mittel	grob		fein	mittel	grob
M 1	1,1	1,2	1,3	M 5	5,3	5,5	5,8	M 24	25	26	28
M 1,2	1,3	1,4	1,5	M 6	6,4	6,6	7	M 30	31	33	35
M 1,6	1,7	1,8	2	M 8	8,4	9	10	M 36	37	39	42
M 2	2,2	2,4	2,6	M 10	10,5	11	12	M 42	43	45	48
M 2,5	2,7	2,9	3,1	M 12	13	13,5	14,5	M 48	50	52	56
M 3	3,2	3,4	3,6	M 16	17	17,5	18,5	M 56	58	62	66
M 4	4,3	4,5	4,8	M 20	21	22	24	M 64	66	70	74

[1] Toleranzklassen für d_h; Reihe fein: H12, Reihe mittel: H13, Reihe grob: H14

Mindesteinschraubtiefen in Grundlochgewinde

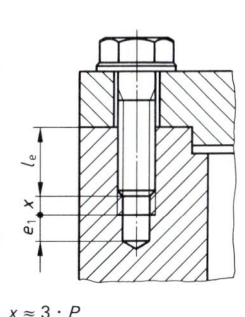

$x \approx 3 \cdot P$
e_1 nach DIN 76 Seite 184

Anwendungsbereich	Mindesteinschraubtiefe l_e für Festigkeitsklasse			
	8.8	8.8	10.9	10.9
Gewindefeinheit $\frac{d}{P}$	< 9	≥ 9	< 9	≥ 9
Harte Al-Legierungen, z.B. AlCuMg1 F 40	$1,1 \cdot d$	$1,4 \cdot d$	—	
Gußeisen mit Lamellengraphit, z.B. GG-25	$1,0 \cdot d$	$1,25 \cdot d$	$1,4 \cdot d$	
Stahl niederer Festigkeit, z.B. St 37 (S235), C15	$1,0 \cdot d$	$1,25 \cdot d$	$1,4 \cdot d$	
Stahl mittlerer Festigkeit, z.B. St 50 (E295), C35 N (C35+N)	$0,9 \cdot d$	$1,0 \cdot d$	$1,2 \cdot d$	
Stahl hoher Festigkeit, mit $R_m > 800$ N/mm², z.B. 34Cr4	$0,8 \cdot d$	$0,9 \cdot d$	$1,0 \cdot d$	

Schrauben

Bild	Ausführung, Normbereich von ... bis	Norm	W[1]	Bild	Ausführung, Normbereich von ... bis	Norm	W[1]
Sechskantschrauben							
	mit Schaft und Regelgewinde, M 1,6...M 64	DIN EN 24014	5.6 8.8 10.9		Regelgewinde bis zum Kopf, M 1,6...M 64	DIN EN 24017	5.6 8.8 10.9
	mit Schaft und Feingewinde, M 8 × 1...M 64 × 4	DIN EN 28765			Feingewinde bis zum Kopf, M 8 × 1...M 64 × 4	DIN EN 28676	
	mit Dünnschaft, M 3...M 20	DIN EN 24015	5.8 6.8 8.8		Paßschraube, langer Gewindezapfen, M 8...M 48	DIN 609	5.8
	mit Flansch, M 5...M 20	DIN 6921	8.8 10.9 12.9		kleiner Sechskant und Zapfen, M 6...M 36	DIN 561	5.6 5.8 8.8
Sechskantschrauben für Stahlkonstruktionen (HV-Schrauben)							
	große Schlüsselweite, M 12...M 36	DIN 6914	10.9		Paßschraube, große Schlüsselweite, M 12...M 30	DIN 7999	10.9
Zylinderschrauben							
	Innensechskant, M 1,6...M 36	DIN 912	8.8 10.9 12.9		mit Schlitz, M 1,6...M 10	DIN EN ISO 1207	4.8 5.8
	niedriger Kopf, M 3...M 24	DIN 7984	8.8				
Senkschrauben							
	mit Schlitz, M 1,6...M 10	DIN EN ISO 2009	4.8 5.8		Linsensenkkopf mit Schlitz, M 1,6...M 10	DIN EN ISO 2010	4.8 5.8
	Innensechskant, M 3...M 24	DIN 7991	8.8		Linsensenkkopf mit Kreuzschlitz, M 1,6...M 10	DIN ISO 7047	4.8
Blechschrauben							
	Linsenkopfschraube, ST 2,2...ST 9,5	DIN ISO 7049	—		Linsensenkschraube, ST 2,2...ST 9,5	DIN ISO 7051	—
	Senkschraube, ST 2,2...ST 9,5	DIN ISO 7050	—				
Bohrschrauben mit Blechschraubengewinde							
	Kopfformen, z.B. Sechskant, Flachkopf, ST 2,2...ST 6,3	DIN 7504	—		Kopfformen, z.B. Senkkopf, Linsensenkkopf, ST 2,2...ST 6,3	DIN 7504	—

[1] W Werkstoff: Festigkeitsklasse, z.B. 5.6, 5.8, 6.6, 8.8; Stahl; — (ohne nähere Bezeichnung)

Schrauben

Bild	Ausführung, Normbereich von ... bis	Norm	W[1]	Bild	Ausführung, Normbereich von ... bis	Norm	W[1]
Vierkantschrauben				**Stiftschrauben**			
	mit Bund, M5...M24	DIN 478	5.6 5.8 8.8		$e \approx 2 \cdot d$, M4...M24	DIN 835	5.6 8.8 10.8
	mit Kernansatz, M5...M24	DIN 479			$e \approx d$, M3...M48	DIN 938	
	mit Ansatzkuppe, M8...M24	DIN 480			$e \approx 1{,}25 \cdot d$, M4...M48	DIN 939	
Gewindestifte mit Schlitz				**Gewindestifte mit Innensechskant**			
	mit Zapfen, M1,6...M12	DIN EN 27 435	14H 22H		mit Zapfen, M1,6...M24	DIN 915	45H
	mit Ringschneide, M1,6...M12	DIN EN 27 436			mit Ringschneide, M1,6...M24	DIN 916	
	mit Kegelkuppe, M1,6...M12	DIN EN 24 766			mit Kegelkuppe, M1,6...M24	DIN 913	
	mit Spitze, M1,6...M12	DIN EN 27 434			mit Spitze, M1,6...M24	DIN 914	
Gewindefurchende Schrauben							
	Kopfformen, z.B. Sechskant, Zylinderkopf, M2...M10	DIN 7500-1	—		Kopfformen, z.B. Senkkopf, Linsensenkkopf, M2...M10	DIN 7500-1	—

[1] W Werkstoff: Festigkeitsklasse, z.B. 5.6, 5.8, 10.8; Härte, z.B. 14H, 22H; Einsatz- oder Vergütungsstahl: —

Sechskantschrauben

vgl. DIN EN 24 014, 24 017, 28 676, 28 765 (02.92)

Gültige Norm	Ersatz für		DIN EN										
DIN EN 24 014 DIN EN 28 765	DIN 931 DIN 960	d	24 014 24 017	M3	M4	M5	M6	M8	M10	M12	M16	M20	M24	M30	M36
DIN EN 24 017 DIN EN 28 676	DIN 933 DIN 961		28 676 28 765	—	—	—	—	M8 ×1	M10 ×1	M12 ×1,5	M16 ×1,5	M20 ×1,5	M24 ×2	M30 ×2	M36 ×3
mit Schaft, DIN EN 24 014, 28 765		SW	24 014 24 017 28 676 28 765	5,5	7	8	10	13	16	18	24	30	36	46	55
		k		2	2,8	3,5	4	5,3	6,4	7,5	10	12,5	15	18,7	22,5
		d_w		4,6	5,9	6,9	8,9	11,6	14,6	16,6	22,5	28,2	33,6	42,8	51,1
		b_{min}	24 014 28 765	12	14	16	18	22	26	30	38	46	54	66	84
		l von bis	24 014	16 30	25 40	25 50	30 60	40 80	45 100	50 120	65 160	80 200	90 240	110 300	140 360
		l von bis	24 017	6 30	8 40	10 50	12 60	16 80	20 100	25 120	30 150	40 200	50 200	60 200	70 200
mit Gewinde bis zum Kopf DIN EN 24 017, 28 676		l von bis	28 676	— —	— —	— —	— —	16 80	20 120	25 160	35 200	40 200	40 200	40 200	40 200
		l von bis	28 765	— —	— —	— —	— —	40 80	45 120	50 160	65 200	80 240	100 300	120 360	140 360
		Nennlängen l		6, 8, 10, 12, 16, 20, 25, 30, 35 40, 45, 50, 55, 60, 65, 70, 80, 90, 100...260, 270, 280, 300, 320, 340, 360 mm											

Schrauben

Sechskantschrauben mit großen Schlüsselweiten
HV-Schrauben in Stahlkonstruktionen vgl. DIN 6914 (10.89)

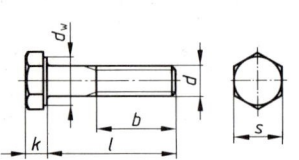

d	M12	M16	M20	M22	M24	M27	M30	M36
s	22	27	32	36	41	46	50	60
k	8	10	13	14	15	17	19	23
d_w	20	25	30	34	39	43,5	47,5	57
b_{min}	21	26	31	32	34	37	40	48
l von bis	30 95	40 130	45 155	50 165	60 195	70 200	75 200	85 200
Nennlängen l	30, 35, 40, 45, 50, 55, 60, 65, 70, 75, 80, 85, 90, 95, 100, 105…185, 190, 195, 200 mm							

Sechskant-Paßschrauben mit großen Schlüsselweiten
HV-Schrauben für Stahlkonstruktionen vgl. DIN 7999 (12.83)

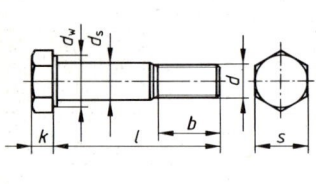

d	M12	M16	M20	M22	M24	M27	M30
s	21	27	34	36	41	46	50
k	8	10	13	14	15	17	19
d_w	19	25	32	34	39	43,5	47,5
d_s b11	13	17	21	23	25	28	31
b_{min}	18,5	22	26	28	29,5	32,5	35
l von bis	40 120	45 160	50 180	55 200	55 200	60 200	65 200
Nennlängen l	40, 45, 50, 55, 60, 65, 70, 75, 80, 85, 90, 95, 100, 105, 110…185, 190, 195, 200 mm						

Sechskantschrauben mit Dünnschaft
vgl. DIN EN 24015 (12.91)

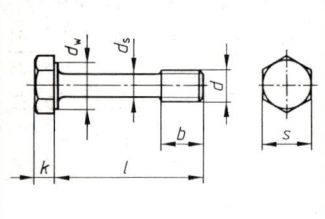

d	M3	M4	M5	M6	M8	M10	M12	M16	M20
s	5,5	7	8	10	13	16	18	24	30
k	2	2,8	3,5	4	5,3	6,4	7,5	10	12,5
d_w	4,4	5,7	6,7	8,7	11,4	14,4	16,4	22	27,7
d_s	2,6	3,5	4,4	5,3	7,1	8,9	10,7	14,5	18,2
b_{min}	12	14	16	18	22	26	30	38	46
l von bis	20 30	20 40	25 50	25 60	30 80	40 100	45 120	55 150	65 150
Nennlängen l	20, 25, 30, 35, 40, 45, 50, 55, 60, 65, 70, 80, 90, 100, 110, 120, 130, 140, 150 mm								

Gewindefurchende Schrauben
vgl. DIN 7500-1 (08.95)

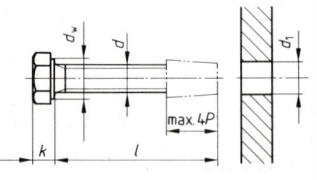

d	M2	M2,5	M3	M4	M5	M6	M8	M10
d_1	1,8	2,3	2,75	3,6	4,6	5,5	7,4	9,3
l von bis	3 16	4 20	4 25	6 30	8 40	8 50	10 60	12 80
Nennlängen l	3, 4, 5, 6, 8, 10, 12, 16, 20, 25, 30, 35, 40, 45, 50, 55, 60, 65, 70, 75, 80 mm							
Übrige Maße	nach DIN EN 24017 (Seite 177)							

Schrauben

Sechskant-Paßschrauben mit langem Gewindezapfen vgl. DIN 609 (02.95)

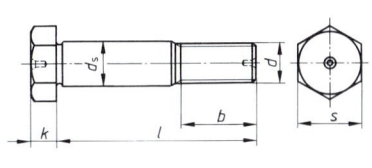

d		M8 M8×1	M10 M10×1 M10×1,25	M12 M12×1,25 M12×1,5	M16 M16 ×1,5	M20 M20×1,5 M20×2	M24 M24×1,5 M24×2	M30 M30×2
b für	$l < 50$	14,5	17,5	20,5	25	28,5	—	—
	l 50…150	16,5	19,5	22,5	27	30,5	36,5	43
l	von	25	30	32	38	45	55	65
	bis	80	100	120	150	150	150	150
d_s k6		9	11	13	17	21	25	32
k		5,3	6,4	7,5	10	12,5	15	19
s		13	16	18	24	30	36	46
Nennlängen l		25, 28, 30, 32, 35, 38, 40, 42, 45, 48, 50, 55, 60…145, 150 mm						

Zylinderschrauben mit Innensechskant vgl. DIN 912 (12.83)

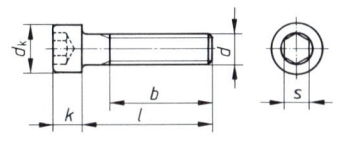

d		M4	M5	M6	M8 M8 ×1	M10 M10 ×1	M12 M12 ×1,5	M16 M16 ×1,5	M20 M20 ×1,5	M24 M24 ×2
b		Gewinde annähernd bis Kopf								
für l	von	6	8	10	12	16	20	25	30	40
	bis	25	25	30	35	40	50	60	70	80
b		20	22	24	28	32	36	44	52	60
für l	von	30	30	35	40	45	55	65	80	80
	bis	40	50	60	80	100	120	160	200	200
d_k		7	8,5	10	13	16	18	24	30	36
k		4	5	6	8	10	12	16	20	24
s		3	4	5	6	8	10	14	17	19
Nennlängen l		5, 6, 8, 10, 12, 16, 20, 25, 30…65, 70, 80, 90…200 mm								

Zylinderschrauben mit Innensechskant, niedriger Kopf vgl. DIN 7984 (05.85)

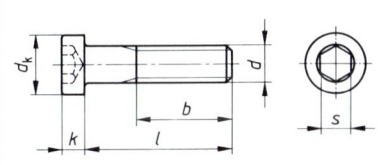

d		M4	M5	M6	M8	M10	M12	M16	M20	M24
b		14	16	18	22	26	30	38	46	54
d_k		7	8,5	10	13	16	18	24	30	36
k		2,8	3,5	4	5	6	7	9	11	13
s		2,5	3	4	5	6	7	8	12	14	17
l[1]	von	6	8	10	12	16	20	30	40	50
	bis	25	30	40	60	70	80	80	100	100
Nennlängen l		6, 8, 10, 12, 16, 20, 25…45, 50, 60…100 mm								

[1] wenn $l < b$, Gewinde annähernd bis Kopf

Senkschrauben mit Innensechskant vgl. DIN 7991 (01.86)

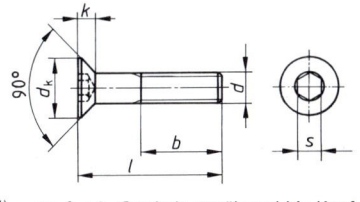

d		M4	M5	M6	M8	M10	M12	M16	M20	M24
b		14	16	18	22	26	30	38	46	54
d_k		8	10	12	16	20	24	30	36	39
k		2,3	2,8	3,3	4,4	5,5	6,5	7,5	8,5	14
s		2,5	3	4	5	6	8	10	12	14
l[1]	von	8	8	8	10	12	20	25	35	50
	bis	40	50	50	60	70	70	90	100	180
Nennlängen l		8, 10, 12, 16, 20, 25, 30, 35, 40, 50…180 mm								

[1] wenn $l < b$, Gewinde annähernd bis Kopf

Schrauben

Zylinderschrauben mit Schlitz
vgl. DIN EN ISO 1207 (10.94), Ersatz für DIN 84

d		M1,6	M2	M2,5	M3	M4	M5	M6	M8	M10
b		\multicolumn{9}{c|}{Gewinde annähernd bis zum Kopf}								
für l	von	2	3	3	4	5	6	8	10	12
	bis	16	20	25	30	40	40	40	40	40
b		—	—	—	—	—	38	38	38	38
für l	von	—	—	—	—	—	45	45	45	45
	bis	—	—	—	—	—	50	60	80	80
d_k		3	3,8	4,5	5,5	7	8,5	10	13	16
k		1,1	1,4	1,8	2	2,6	3,3	3,9	5	6
n		0,4	0,5	0,6	0,8	1,2	1,2	1,6	2	2,5
t		0,5	0,6	0,7	0,9	1,1	1,3	1,6	2	2,4
Nennlängen l		\multicolumn{9}{c|}{2, 3, 4, 5, 6, 8, 10, 12, 16, 20, 25, 30, 35, 40, 45, 50, 60, 70, 80 mm}								

Senkschrauben und Linsensenkschrauben mit Schlitz
vgl. DIN EN ISO 2009, 2010 (10.94)

Gültige Norm	Ersatz für
DIN EN ISO 2009	DIN 963
DIN EN ISO 2010	DIN 964

d		M1,6	M2	M2,5	M3	M4	M5	M6	M8	M10
b		\multicolumn{9}{c|}{Gewinde annähernd bis zum Kopf}								
für l	von	2,5	3	4	5	6	8	8	10	12
	bis	16	20	25	30	40	45	45	45	45
b		—	—	—	—	—	38	38	38	38
für l	von	—	—	—	—	—	50	50	50	50
	bis	—	—	—	—	—	50	60	80	80
d_k		3	3,8	4,7	5,5	8,4	9,3	11,3	15,8	18,3
k		1	1,2	1,5	1,7	2,7	2,7	3,3	4,7	5
n		0,4	0,5	0,6	0,8	1,2	1,2	1,6	2	2,5
f		0,4	0,5	0,6	0,7	1	1,2	1,4	2	2,3
t ISO 2009		0,5	0,6	0,8	0,9	1,3	1,4	1,6	2,3	2,6
t ISO 2010		0,6	0,8	1	1,2	1,6	2	2,4	3,2	3,8
Nennlängen l		\multicolumn{9}{c|}{2,5; 3, 4, 5, 6, 8, 10, 12, 16, 20, 25, 30, 35, 40, 45, 50, 60, 70, 80 mm}								

Senkschrauben und Linsensenkschrauben mit Kreuzschlitz
vgl. DIN EN ISO 7046-1, 7047 (10.94)

Gültige Norm	Ersatz für
DIN EN ISO 7046-1	DIN 965
DIN EN ISO 7047	DIN 966

d		M1,6	M2	M2,5	M3	M4	M5	M6	M8	M10
b		\multicolumn{9}{c|}{Gewinde annähernd bis zum Kopf}								
für l	von	3	3	3	4	5	6	8	10	12
	bis	16	20	25	30	40	45	45	45	45
b		—	—	—	—	—	38	38	38	38
für l	von	—	—	—	—	—	50	50	50	50
	bis	—	—	—	—	—	50	60	60	60
d_k		3	3,8	4,7	5,5	8,4	9,3	11,3	15,8	18,3
k		1	1,2	1,5	1,7	2,7	2,7	3,3	4,7	5
f		0,4	0,5	0,6	0,7	1	1,2	1,4	2	2,3
Kreuzschlitzgröße		\multicolumn{2}{c|}{0}		\multicolumn{2}{c|}{1}		\multicolumn{2}{c|}{2}		3	4
Nennlängen l		\multicolumn{9}{c|}{3, 4, 5, 6, 8, 10, 12, 16, 20, 25, 30, 35, 40, 45, 50, 60 mm}								

Kreuzschlitzformen wie DIN ISO 7049

Schrauben

Stiftschrauben

vgl. DIN 835, 938, 939 (alle 02.95)

	DIN							
d		M5 M8	M6 M8	M8 M10 x1,25	M10 M12 x1,25	M12 M12 x1,5	M16 M16 x1,5	M20 M20 x1,5	M24 M24 x2
b für $l < 125$ $l > 125$		16 22	18 24	22 28	26 32	30 36	38 44	46 52	54 60
e	835 938 939	10 5 6,5	12 6 7,5	16 8 10	20 10 12	24 12 15	32 16 20	40 20 25	48 24 30
l von bis		25 50	25 60	30 80	35 100	40 120	50 160	60 200	70 200
Nennlängen l		20, 25, 30…75, 80, 90, 100…200 mm							
Verwendung	835 938 939	zum Einschrauben in Al-Legierungen zum Einschrauben in Stahl zum Einschrauben in Gußeisen							

Gewindestifte

vgl. DIN EN 27 434, 27 435, 27 436, 24 766 (alle 10.92) und DIN 913, 914, 915, 916 (alle 12.80)

d	M3	M4	M5	M6	M8	M10	M12	M16	M20
Für DIN EN 27 435, 27 436, 24 766 und 27 434								—	—
Für DIN 913, 914, 915 und 916									
d_1	2	2,5	3,5	4	5,5	7	8,5	12	15
d_2	1,4	2	2,5	3	5	6	8	10	14
d_3	0,3	0,4	0,5	1,5	2	2,5	3	4	5
z	1,8	2,3	2,8	3,3	4,3	5,3	6,3	8	10
n	0,6	0,8	1,0	1,2	1,5	1,9	2,3	—	—
$t \approx$	1,0	1,4	1,6	2,0	2,5	3,0	3,6	—	—
s	1,5	2	2,5	3	4	5	6	8	10
Norm	Nennlängen l von bis								
DIN EN 27 435	5 16	6 20	8 25	8 30	10 40	12 50	16 60	—	—
DIN EN 27 436	3 16	4 20	5 25	6 30	8 40	10 50	12 60	—	—
DIN EN 24 766	3 16	4 20	5 25	6 30	8 40	10 50	12 60	—	—
DIN EN 27 434	4 16	6 20	8 25	8 30	10 40	12 50	16 60	—	—
DIN 913	4 20	5 20	6 25	8 35	10 40	12 40	16 40	20 40	25 50
DIN 914	3 20	4 20	6 25	8 35	8 40	10 40	16 40	20 40	20 50
DIN 915	5 20	6 20	6 25	8 35	10 40	12 40	16 40	20 40	25 50
DIN 916	4 20	6 20	6 25	8 35	10 40	12 40	16 40	20 40	25 50
Nennlängen l	3, 4, 5, 6, 8, 10, 12, 16, 20, 25, 30, 35, 40, 45, 50 mm								

[1] Noch nicht umgestellt

Gültige Norm (Ersatz für): DIN EN 27 435 (DIN 417), DIN EN 27 436 (DIN 438), DIN EN 24 766 (DIN 551), DIN EN 27 434 (DIN 553)

Gültige Norm (Ersatz für): DIN EN[1] (DIN 915), DIN EN[1] (DIN 916), DIN EN[1] (DIN 913), DIN EN[1] (DIN 914)

Ausführungen: mit Schlitz, mit Innensechskannt; Zapfen, Ringschneide, Kegelkuppe, Spitze

Schrauben

Linsen-Blechschrauben
vgl. DIN ISO 7049 (04.90), Ersatz für DIN 7981

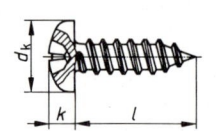

Form C

Gewinde-größe		ST2,2	ST2,9	ST3,5	ST4,2	ST4,8	ST5,5	ST6,3
l	von	4,5	6,5	9,5	9,5	9,5	13	13
	bis	16	19	25	32	38	38	38
d_k		4	5,6	7	8	9,5	11	13
k		1,6	2,4	2,6	3,1	3,7	4	5,6
Kreuzschlitzgröße		0	1		2		3	
Nennlängen l		4,5; 6,5; 9,5; 13; 16; 19; 22; 25; 32; 38 mm							
Form C		mit Spitze							
Form F		mit Zapfen							

Kreuzschlitzformen

H   Z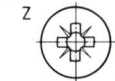

Senk-Blechschrauben
vgl. DIN ISO 7050 (04.90), Ersatz für DIN 7982
Linsensenk-Blechschrauben
vgl. DIN ISO 7051 (04.90), Ersatz für DIN 7983

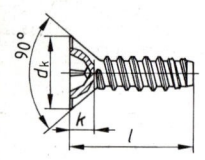

DIN ISO 7050, Form F

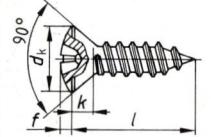

DIN ISO 7051, Form C

Kreuzschlitzformen wie DIN ISO 7049

Gewinde-größe		ST2,2	ST2,9	ST3,5	ST4,2	ST4,8	ST5,5	ST6,3
l	von	4,5	6,5	9,5	9,5	9,5	13	13
	bis	16	19	25	32	32	38	38
d_k		3,8	5,5	7,3	8,4	9,3	10,3	11,3
k		1,1	1,7	2,4	2,6	2,8	3	3,2
f		0,7	0,9	1,2	1,4	1,5	1,7	2
Kreuzschlitzgröße		0	1		2		3	
Nennlängen l		4,5; 6,5; 9,5; 13; 16; 19; 22; 25; 32; 38 mm							
Form C		mit Spitze							
Form F		mit Zapfen							

Bohrschrauben mit Blechschraubengewinde
vgl. DIN 7504 (09.95)

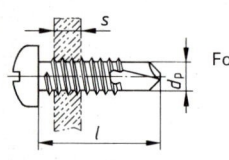

Form M

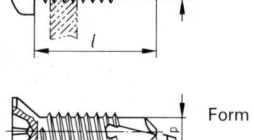

Form O

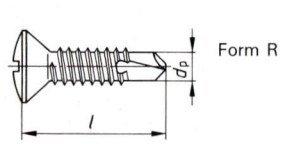

Form R

Kreuzschlitzformen wie DIN ISO 7049

Gewinde-größe		ST2,9	ST3,5	ST4,2	ST4,8	ST5,5	ST6,3
d_p		2,3	2,8	3,6	4,1	4,8	5,8
l	von	9,5	9,5	13	16	19	19
	bis	19	25	38	50	50	50
$s^{1)}$	von	0,7	0,7	1,8	1,8	1,8	2
	bis	1,9	2,3	3	4,4	5,3	6
Bohrlochdurchmesser		2,4	2,9	3,7	4,2	4,9	5,9
Nennlängen l		9,5; 13; 16; 19; 22; 25; 32; 38; 45; 50 mm						
Form M		mit Linsenkopf, übrige Maße nach DIN ISO 7049						
Form O		mit Senkkopf, übrige Maße nach DIN ISO 7050						
Form R		mit Linsensenkkopf, übrige Maße nach DIN ISO 7051						

[1)] s Blechdicke

Berechnung von Schraubenverbindungen

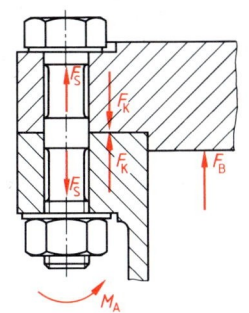

Verbindung mit Betriebskraft F_B

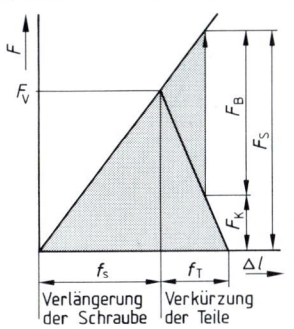

Verspannungs-Schaubild

F_V Vorspannkraft
F_B Betriebskraft
F_K Klemmkraft
F_S Schraubengesamtkraft
M_A Anziehdrehmoment
$R_{p\,0,2}$ Dehngrenze
μ Gleitreibungszahl
A_S Spannungsquerschnitt
A_T Schaftquerschnitt der Dehnschrauben
d_3 Kerndurchmesser

Die Tabellenwerte für die Vorspannkräfte F_V und die Anziehdrehmomente M_A sind so festgelegt, daß beim Anziehen der Schrauben die Dehngrenze zu 90% ausgenutzt ist.

Schaftschrauben

Gewinde-bezeichnung	Spannungs-querschnitt A_s in mm²	Maximale Vorspannkraft F_v in kN									Maximales Anziehdrehmoment M_A in N·m								
		Festigkeitsklasse 8.8			Festigkeitsklasse 10.9			Festigkeitsklasse 12.9			Festigkeitsklasse 8.8			Festigkeitsklasse 10.9			Festigkeitsklasse 12.9		
		Gleitreibungszahl $\mu^{1)}$									Gleitreibungszahl $\mu^{1)}$								
		0,10	0,15	0,20	0,10	0,15	0,20	0,10	0,15	0,20	0,10	0,15	0,20	0,10	0,15	0,20	0,10	0,15	0,20
M8	36,6	18	16	15	26	24	21	31	28	25	20	25	30	30	37	44	35	43	52
M10	58,0	29	26	23	42	38	34	49	45	40	40	50	60	59	73	87	69	84	100
M12	84,3	42	38	34	61	56	50	72	65	58	69	87	105	100	125	151	120	148	177
M16	157	79	71	64	115	105	94	135	122	110	170	220	260	250	315	380	290	370	445
M20	245	126	114	103	180	165	147	210	190	172	340	430	520	490	615	740	570	700	840
M24	353	182	165	149	259	235	212	303	275	248	590	740	890	840	1050	1250	980	1250	1500
M8 × 1	39,2	20	18	16	29	26	24	34	31	28	22	28	33	32	40	48	37	46	56
M10 × 1,25	61,2	29	31	28	25	45	41	37	53	48	43	42	53	64	62	77	93	72	90	110
M12 × 1,5	88,1	44	40	36	65	59	53	76	69	62	72	92	110	105	132	160	125	155	185
M16 × 1,5	167	86	78	71	125	114	103	147	134	121	180	230	280	265	340	410	310	390	480
M20 × 1,5	272	144	131	119	206	188	170	241	220	199	375	480	590	530	680	840	620	800	980
M24 × 2	384	203	185	168	290	265	239	339	310	280	630	810	990	900	1150	1400	1050	1350	1650

Dehnschrauben

Gewinde-bezeichnung	Schaft-querschnitt $A_T^{2)}$ in mm²	Maximale Vorspannkraft F_v in kN									Maximales Anziehdrehmoment M_A in N·m								
		Festigkeitsklasse 8.8			Festigkeitsklasse 10.9			Festigkeitsklasse 12.9			Festigkeitsklasse 8.8			Festigkeitsklasse 10.9			Festigkeitsklasse 12.9		
		Gleitreibungszahl $\mu^{1)}$									Gleitreibungszahl $\mu^{1)}$								
		0,10	0,15	0,20	0,10	0,15	0,20	0,10	0,15	0,20	0,10	0,15	0,20	0,10	0,15	0,20	0,10	0,15	0,20
M8	26,6	10,5	9,3	8,1	15	13	12	18	16	14	12	15	17	17	21	24	20	24	28
M10	42,4	16	14	13	24	21	19	28	25	22	23	28	32	34	42	47	40	48	56
M12	61,7	25	22	19	36	32	28	43	38	33	41	50	58	60	73	85	70	85	100
M16	117	51	45	40	75	67	59	88	78	69	110	135	160	165	200	235	190	235	275
M20	181,7	84	75	66	120	106	93	140	125	110	225	275	320	325	395	470	375	465	550
M24	262	120	107	95	172	153	135	200	180	160	390	480	570	560	675	810	650	800	950
M8 × 1	29,2	12	10,7	9,4	18	16	14	21	18	16	13	16	19	19	24	28	23	28	33
M10 × 1,25	45,6	19	17	15	28	25	22	33	29	26	26	32	38	38	47	55	45	55	65
M12 × 1,5	65,7	28	25	22	41	36	32	48	42	37	45	56	66	67	82	96	78	97	115
M16 × 1,5	127,6	58	51	45	84	75	66	99	88	78	120	150	180	175	220	265	210	260	310
M20 × 1,5	209,8	100	89	78	142	127	112	166	148	130	260	325	390	365	460	550	430	540	650
M24 × 2	295,4	140	125	110	200	178	156	230	207	184	435	545	650	620	775	930	720	910	1100

[1)] $\mu = 0{,}10$ sehr gute Oberfläche, geschmiert $\qquad \mu = 0{,}15$ gute Oberfläche, geschmiert oder trocken
 $\mu = 0{,}20$ Oberfläche schwarz oder phosphatiert, trocken
[2)] $A_T \approx 0{,}9 \cdot d_3$

Gewindeausläufe und Gewindefreistiche

Gewindeausläufe für Metrische ISO-Gewinde
vgl. DIN 76 T1 (12.83)

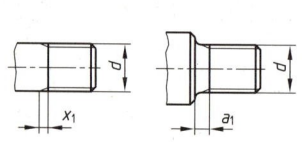

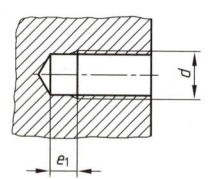

Gewindesteigung[1] P	ISO-Regelgewinde d	Gewindeauslauf x_1 max.	a_1 max.	e_1 max.	Gewindesteigung[1] P	ISO-Regelgewinde d	Gewindeauslauf x_1 max.	a_1 max.	e_1 max.
0,2	—	0,5	0,6	1,3	1,25	M 8	3,2	3,8	6,2
0,25	M1; M1,2	0,6	0,8	1,5	1,5	M10	3,8	4,5	7,3
0,3	—	0,8	0,9	1,8	1,75	M12	4,3	5,3	8,3
0,35	M1,6	0,9	1,1	2,1	2	M16	5	6	9,3
0,4	M2	1	1,2	2,3	2,5	M20	6,3	7,5	11,2
0,45	M2,5	1,1	1,4	2,6	3	M24	7,5	9	13,1
0,5	M3	1,3	1,5	2,8	3,5	M30	9	10,5	15,2
0,6	—	1,5	1,8	3,4	4	M36	10	12	16,8
0,7	M4	1,8	2,1	3,8	4,5	M42	11	13,5	18,4
0,75	—	1,9	2,3	4	5	M48	12,5	15	20,8
0,8	M5	2	2,4	4,2	5,5	M56	14	16,5	22,4
1	M6	2,5	3	5,1	6	M64	15	18	24

[1] Für Feingewinde sind die Maße der Gewindeausläufe nach der Steigung P zu wählen.

Gewindefreistiche für Metrische ISO-Gewinde
vgl. DIN 76 T1 (12.83)

Außengewinde Form A und B

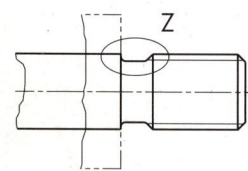

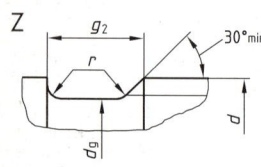

Innengewinde Form C und D

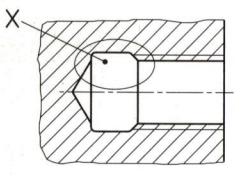

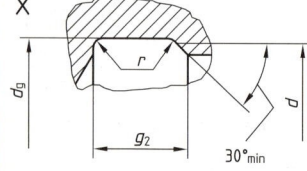

Gewindesteigung[1] P	ISO-Regelgewinde d	Außengewinde d_g h13	g_2 max. Form A[2]	g_2 max. Form B[3]	r	Innengewinde d_g H13	g_2 max. Form C[2]	g_2 max. Form D[3]	r
0,2	—	$d-0,3$	0,7	0,5	0,1	$d+0,1$	1,2	0,9	0,1
0,25	M1, M1,2	$d-0,4$	0,9	0,6	0,1	$d+0,1$	1,4	1	0,1
0,3	—	$d-0,5$	1,1	0,8	0,2	$d+0,1$	1,6	1,3	0,2
0,35	M1,6	$d-0,6$	1,2	0,9	0,2	$d+0,2$	1,9	1,4	0,2
0,4	M2	$d-0,7$	1,4	1	0,2	$d+0,2$	2,2	1,6	0,2
0,45	M2,5	$d-0,7$	1,6	1,1	0,2	$d+0,2$	2,4	1,7	0,2
0,5	M3	$d-0,8$	1,8	1,3	0,2	$d+0,3$	2,7	2	0,2
0,6	—	$d-1$	2,1	1,5	0,4	$d+0,3$	3,3	2,4	0,4
0,7	M4	$d-1,1$	2,5	1,8	0,4	$d+0,3$	3,8	2,8	0,4
0,75	—	$d-1,2$	2,6	1,9	0,4	$d+0,3$	4	2,9	0,4
0,8	M5	$d-1,3$	2,8	2	0,4	$d+0,3$	4,2	3	0,4
1	M6	$d-1,6$	3,5	2,5	0,6	$d+0,5$	5,2	3,7	0,6
1,25	M8	$d-2$	4,4	3,2	0,6	$d+0,5$	6,7	4,9	0,6
1,5	M10	$d-2,3$	5,2	3,8	0,8	$d+0,5$	7,8	5,6	0,8
1,75	M12	$d-2,6$	6,1	4,3	1	$d+0,5$	9,1	6,4	1
2	M16	$d-3$	7	5	1	$d+0,5$	10,3	7,3	1
2,5	M20	$d-3,6$	8,7	6,3	1,2	$d+0,5$	13	9,3	1,2
3	M24	$d-4,4$	10,5	7,5	1,6	$d+0,5$	15,2	10,7	1,6
3,5	M30	$d-5$	12	9	1,6	$d+0,5$	17,7	12,7	1,6
4	M36	$d-5,7$	14	10	2	$d+0,5$	20	14	2
4,5	M42	$d-6,4$	16	11	2	$d+0,5$	23	16	2
5	M48	$d-7$	17,5	12,5	2,5	$d+0,5$	26	18,5	2,5
5,5	M56	$d-7,7$	19	14	3,2	$d+0,5$	28	20	3,2
6	M64	$d-8,3$	21	15	3,2	$d+0,5$	30	21	3,2

Bezeichnung eines Gewindefreistiches der Form C: **DIN 76-C**

[1] Für Feingewinde sind die Maße der Gewindefreistiche nach der Steigung P zu wählen.
[2] Regelfall; gilt immer dann, wenn keine anderen Angaben gemacht sind.
[3] Nur für Fälle, bei denen aus technischen Gründen ein kurzer Gewindeauslauf erforderlich ist.

Senkungen

Senkungen für Senkschrauben und Senk-Blechschrauben
vgl. DIN 74 T1 (12.80)

Form A für Senkschrauben DIN EN ISO 2009 und 7046-1, Linsensenkschrauben DIN EN ISO 2010 u. 7047
Form B für Senkschrauben DIN 7991
Form C für Senk-Blechschrauben DIN ISO 1481 und 7050, Linsensenk-Blechschrauben DIN ISO 1482 u. 7051

Form A und B — Ausführung mittel (m)
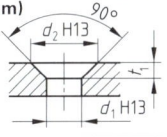

Form A und B — Ausführung fein (f)
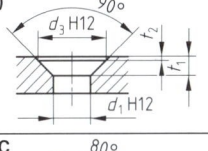

Form C
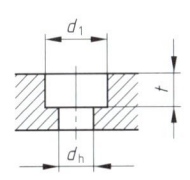

	Für Gewinde-⌀	2	3	4	5	6	8	10	12	16	20
Form A mittel	d_1 H13	2,4	3,4	4,5	5,5	6,6	9	11	13,5	17,5	22
	d_2 H13	4,6	6,5	8,6	10,4	12,4	16,4	20,4	23,9	31,9	40,4
	$t_1 \approx$	1,1	1,6	2,1	2,5	2,9	3,7	4,7	5,2	7,2	9,2
	d_1 H12	2,2	3,2	4,3	5,3	6,4	8,4	10,5	13	17	21
fein	d_3 H12	4,3	6	8	10	11,5	15	19	23	30	37
	$t_1 \approx$	1,2	1,7	2,2	2,6	3	4	5	5,7	7,7	9,7
	$t_2 +0,1$	0,15	0,25	0,3		0,45		0,7		1,2	1,7
Form B mittel	d_1 H13	—	3,4	4,5	5,5	6,6	9	11	13,5	17,5	22
	d_2 H13	—	6,6	9	11	13	17,2	21,5	25,5	31,5	38
	$t_1 \approx$	—	1,6	2,3	2,8	3,2	4,1	5,3	6	7	8
	d_1 H12	—	3,2	4,3	5,3	6,4	8,4	10,5	13	17	21
fein	d_3 H12	—	6,3	8,3	10,4	12,4	16,5	20,5	25	31	37
	$t_1 \approx$	—	1,7	2,4	2,9	3,3	4,4	5,5	6,5	7,5	8,5
	$t_2 +0,1$	0,2	0,2	0,4			0,5				
Form C	Für Nenn-⌀	2,2	2,9	3,5	3,9	4,2	4,8	5,5	6,3		
	d_1 H12	2,4	3,1	3,7	4,2	4,5	5,1	5,8	6,7		
	d_2 H12	4,6	5,9	7,2	8,1	8,7	10,1	11,4	13		
	$t_1 \approx$	1,3	1,7	2,1	2,3	2,5	3	3,4	3,8		

Bezeichnung einer Senkung Form B, Ausführung fein für Gewinde-⌀ 4 mm:
Senkung DIN 74 — B f 4

Senkungen für Schrauben mit Zylinderkopf
DIN 974 T1 (05.91), Ersatz für DIN 74 T2

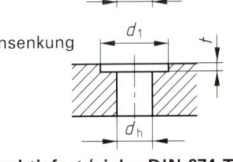

Gewinde-Nenn-⌀		3	4	5	6	8	10	12	16	20	24
d_h H13		3,4	4,5	5,5	6,6	9	11	13,5	17,5	22	26
	Reihe 1	6,5	8	10	11	15	18	20	26	33	40
d_1 H13	Reihe 4	7	9	11	13	16	20	24	30	35	43
	Reihe 5	9	10	13	15	18	24	26	33	40	48
	Reihe 6	8	10	13	15	20	24	29	43	45	58
Z (Zugabe)		0,4				0,6				0,8	

Reihe 1 für Zylinderschrauben nach DIN ISO 1207 (DIN 84), DIN 912, 6912, 7984
Reihe 4 für Zylinderschrauben mit Scheiben DIN 433, 6902, mit Federringen DIN 128 und 6905, mit Zahn- und Fächerscheiben DIN 6797, 6798, 6907
Reihe 5 für Zylinderschrauben mit Scheiben DIN 125, mit Federscheiben DIN 137 und 6904
Reihe 6 für Zylinderschrauben mit Spannscheiben DIN 6796 und 6908

Berechnung der Senktiefe t:

t = Kopfhöhe der Schraube
   + Höhe des Unterlegteiles
   + Zugabe

Senkungen für Sechskantschrauben und Sechskantmuttern
DIN 974 T2 (05.91), Ersatz für DIN 74 T3

Senkung

Ansenkung

Senktiefe t (siehe DIN 974 T1)

Gewinde-Nenn-⌀		3	4	5	6	8	10	12	16	20	24
SW		5,5	7	8	10	13	16/17	18/19	24	30	36
d_h H13		3,4	4,5	5,5	6,6	9	11	13,5	17,5	22	26
	Reihe 1	11	13	15	18	24	28	33	40	46	58
d_1 H13	Reihe 2	11	15	18	20	26	33	36	46	54	73
	Reihe 3	9	10	11	13	18	22	26	33	40	48
Z (Zugabe)		0,4				0,6				0,8	

Reihe 1 Senkungen für Steckschlüssel DIN 659, 896, 3112 oder Steckschlüsseleinsätze DIN 3124
Reihe 2 Senkungen für Ringschlüssel DIN 838, 897 oder Steckschlüsseleinsätze DIN 3129
Reihe 3 Ansenkung bei beengten Platzverhältnissen.

Muttern

Bezeichnung von Muttern
vgl. DIN 962 (09.90)

Beispiele:
- Sechskantmutter ISO 4032 — M 12 — 8
- Nutmutter DIN 1804 — M40 × 1,5 — w

- **Benennung**
- **DIN-, DIN EN-,[1] ISO-Hauptnummer**
- **Gewinde d, z.B.** Metrisches Regelgewinde, Metrisches Feingewinde
- **Festigkeitsklasse, z.B. 05, 8**
  Ausführung: w ungehärtet und ungeschliffen, h gehärtet, Planflächen geschl.
  Werkstoff: z.B. St Stahl, GT Temperguß

[1] Schrauben mit DIN EN-Hauptnummern erhalten in der Bezeichnung die ISO-Hauptnummer.
ISO-Hauptnummer = (DIN EN-Hauptnummer) − 20 000
Beispiel: DIN EN 24032: ISO-Hauptnummer = 24 032 − 20 000 = **4032**

Festigkeitsklassen von Muttern mit Regelgewinde
vgl. DIN EN 20 898 T2 (02.94), Ersatz für DIN ISO 898

Die Festigkeitsklasse einer Mutter richtet sich nach der Festigkeitsklasse der Schraube, mit der die Mutter verwendet werden soll. Bei Muttern aus NE-Metallen wird anstelle der Festigkeitsklasse der Werkstoff angegeben.

		Mutterhöhe m $0,5 \cdot d \leq m < 0,8 \cdot d$			Mutterhöhe $m \geq 0,8 \cdot d$					
Festigkeitsklasse der Mutter		04	05	4	5	6	8	9	10	12
Prüfspannung für M10 in N/mm²		380	500	—	610	680	870	940	1040	1140
Zugehörige Schraube	Festigkeitsklasse	nicht festgelegt	nicht festgelegt	3.6, 4.6, 4.8	3.6, 4.6, 4.8	5.6, 5.8	6.8	8.8	9.8	10.8	12.9
	Größe	alle	alle	>M16	≤M16	≤M39	≤M39	≤M16	≤M39

Muttern — Übersicht

Bild	Regelgewinde, Normbereich von ... bis		W[1]	Norm	Bild	Feingewinde, Normbereich von ... bis		W[1]	Norm

Sechskantmuttern

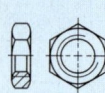

	M1,6...M2,5	[2]				M8 × 1...M12 × 1,5	6; 8; 10		
	M3 ...M36	6; 8; 10	DIN EN 24032	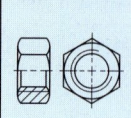	M16 × 1,5...M36 × 3	6; 8	DIN EN 28673
	M42 ...M63	[2]				M42 × 3...M64 × 4	[2]	
	M5 ...M36	9; 10; 12	DIN EN 24033		M8 × 1...M36 × 3	8; 10; 12	DIN EN 28674

Sechskantmuttern, niedrige Form

	M1,6...M2,5	14H				M8 × 1...M36 × 3	04; 05		
	M3 ...M36	04; 05	DIN EN 24035						DIN EN 28675
	M42 ...M64	[2]				M42 × 3...M64 × 4	[2]	

[1] W Werkstoff: Festigkeitsklasse, z.B. 04, 05, 6, 8, 10; Härte, z.B. 14H
[2] Festigkeitsklasse nach Vereinbarung

Muttern								
Bild	Ausführung, Normbereich von ... bis	W[1]	Norm	Bild	Ausführung, Normbereich von ... bis	W[1]	Norm
Sechskantmuttern mit Klemmteil							
	Regelgewinde, hohe Form, M5...M24	5; 8; 10	DIN 982		Feingewinde, hohe Form, M8 × 1...M24 × 2	5; 6; 8; 10	DIN 982
	Regelgewinde, niedrige Form M3...M36	5; 8; 10	DIN 985		Feingewinde, niedrige Form, M8 × 1...M36 × 3	5; 6; 8; 10	DIN 985
	M39...M48	[2]			M39...M48 × 3	[2]	
Sechskantmuttern, weitere Formen							
	mit Flansch, M5...M20, M8 × 1...M20 × 1,5	8; 10; 12	DIN 6923		mit großen Schlüsselweiten, für HV-Verbindungen im Stahlbau, M12...M36	10	DIN 6915
	mit Flansch und Klemmteil, Gewinde wie oben	8; 10; 12	DIN 3926				
	hohe Form, mit Bund, M6...M48	8; 10	DIN 6331		Schweißmuttern M3...M16	St	DIN 929
Kronenmuttern				**Hutmuttern**			
	hohe Form, M4...M36, M8 × 1...M36 × 3	6; 8; 10	DIN 935		hohe Form, M4...M24, M8 × 1...M24 × 2	6H	DIN 1587
	M42...M100 × 6, M42 × 3...M100 × 4	[2]			niedrige Form, M4...M36, M8 × 1...M36 × 3	5; 6	DIN 917
	niedrige Form, M6...M36, M8 × 1...M36 × 3	04; 05	DIN 979				
	M42...M48, M42 × 3...M48 × 3	[2]			M42...M48, M42 × 3...M48 × 3	[2]	
Ringmuttern, Ringschrauben				**Rändelmuttern**			
	Ringmuttern, M8...M100 × 6, M20 × 2...M100 × 4	C 15	DIN 582		hohe Form, M1...M10	5	DIN 466
	Ringschrauben, Gewinde wie Ringmuttern	C 15	DIN 580		niedrige Form, M1...M10	5	DIN 467
Nutmuttern				**Kreuzlochmuttern**			
	Ausführungen w oder h, M6...M200 × 3	5	DIN 1804		Ausführungen w und h, M6...M200 × 3	5	DIN 1816
	für Wälzlager, M10 × 1...M200 × 3	11H	DIN 981				
Flügelmuttern				**Spannschloßmuttern**			
	M4...M24	St, GT	DIN 315		Sechskantstahl, M6...M30	St	DIN 1479

[1] W Werkstoff: Festigkeitsklasse, z.B. 04, 05, 6, 8; Härte, z.B. 6H, 11H; Stahl, z.B. St, C15; Temperguß, z.B. GT.
[2] Festigkeitsklasse nach Vereinbarung.

Muttern

Sechskantmuttern   vgl. DIN EN 24032, 24033, 24035, 28673, 28674, 28675 (02.92)

Gültige Norm	Ersatz für		DIN EN	M3	M4	M5	M6	M8	M10	M12	M16	M20	M24	M30	M36
DIN EN 24032	DIN 934	d	24032	M3	M4	M5	M6	M8	M10	M12	M16	M20	M24	M30	M36
DIN EN 24033	—	SW	24033	5,5	7	8	10	13	16	18	24	30	36	46	55
DIN EN 24035	DIN 439	d_w	24035	4,6	5,9	6,9	8,9	11,6	14,6	16,6	22,5	27,7	33,3	42,8	51,1
			24032	2,4	3,2	4,7	5,2	6,8	8,4	10,8	14,8	18	21,5	25,6	31
		m	24033	—	—	5,1	5,7	7,5	9,3	12	16,4	20,3	23,9	28,6	34,7
			24035	1,8	2,2	2,7	3,2	4	5	6	8	10	12	15	18
DIN EN 28673	DIN 934	d	28673	—	—	—	—	M8 ×1	M10 ×1	M12 ×1,5	M16 ×1,5	M20 ×1,5	M24 ×2	M30 ×2	M36 ×3
DIN EN 28674	DIN 971														
DIN EN 28675	DIN 439	SW	28674	—	—	—	—	13	16	18	24	30	36	46	55
		d_w	28675	—	—	—	—	11,6	14,6	16,6	22,5	27,7	33,2	42,8	51,1
			28673	—	—	—	—	6,8	8,4	10,8	14,8	18	21,5	25,6	31
		m	28674	—	—	—	—	7,5	9,3	12	16,4	20,3	23,9	28,6	34,7
			28675	—	—	—	—	4	5	6	8	10	12	15	18

Sechskantmuttern mit Klemmteil, nichtmetallischer Einsatz   vgl. DIN 982, DIN 985 (05.87)

	DIN 982 / DIN 985	M3	M4	M5	M6	M8	M10	M12	M16	M20	M24	M30	M36
d	DIN 982					M8 ×1	M10 ×1	M12 ×1,5	M16 ×1,5	M20 ×1,5	M24 ×2	M30 ×2	M36 ×3
	DIN 985	—	—	—	—								
SW	DIN 982	5,5	7	8	10	13	17	19	24	30	36	46	55
d_w	DIN 985	4,6	5,9	6,9	8,9	11,6	15,6	17,4	22,5	27,7	33,2	42,7	51,1
h	DIN 982	—	—	6,3	8	9,5	11,5	14	18	22	25	—	—
m		—	—	4,4	4,9	6,4	8	10,4	14,1	16,9	18,1	—	—
h	DIN 985	4	5	5	6	8	10	12	16	20	24	30	36
m		2,4	2,9	3,2	4	5,5	6,5	8	10,5	14	15	19	25

HV-Sechskantmuttern für Stahlkonstruktionen   vgl. DIN 6915 (10.89)

d	M12	M16	M20	M22	M24	M27	M30	M36
SW	22	27	32	36	41	46	50	60
d_w	20	25	30	34	39	43,5	47,5	57
m	10	13	16	18	19	22	24	29

Sechskantmuttern mit Flansch   vgl. DIN 6923 (07.83)

d	M5	M6	M8	M10	M12	M14	M16	M20
SW	8	10	13	15	18	21	24	30
d_c	11,8	14,2	17,9	21,8	26	29,9	34,5	42,8
m	5	6	8	10	12	14	16	20

Sechskant-Hutmuttern   vgl. DIN 1587 (06.87)

d	M4	M5	M6	M8	M10	M12	M16	M20	M24
	—	—	—	M8 ×1	M10 ×1	M12 ×1,5	M16 ×1,5	M20 ×1,5	M24 ×2
SW	7	8	10	13	16	18	24	30	36
d_1	6,5	7,5	9,5	12,5	15	17	23	28	34
m	3,2	4	5	6,5	8	10	13	16	19
h	8	10	12	15	18	22	28	34	42
t	5,3	7,2	7,8	10,7	13,3	16,3	21,4	25,6	30,5
g_2	$g_2 = 2 \cdot P$ (P Gewindesteigung)					Gewindefreistich DIN 76-C S. 184			

Muttern

Nutmuttern
vgl. DIN 1804 (03.71)

d	M16 x1,5	M20 x1,5	M24 x1,5	M30 x1,5	M35 x1,5	M40 x1,5	M45 x1,5	M50 x1,5	M55 x1,5	M60 x1,5	M65 x1,5
d_1	32	36	42	50	55	62	68	75	80	90	95
d_2	27	30	36	43	48	54	60	67	70	80	85
b	5	6	6	7	7	8	8	8	10	10	10
h	7	8	9	10	11	12	12	13	13	13	14

Sicherungsbleche für Nutmuttern nach DIN 1804
vgl. DIN 462 (09.73)

d_1 H11	16	20	24	30	35	40	45	50	55	60	65
d_2	32	36	42	50	55	62	68	75	80	90	95
s	1	1	1	1,2	1,2	1,2	1,2	1,2	1,2	1,5	1,5
g	13,5	17,5	21,6	27,5	32,6	37,3	42,4	47,7	52,3	57,3	62,3
h	3	4	4	5	5	5	5	5	6	6	6
f	5	6	6	7	7	8	8	8	8	10	10

Kronenmuttern
vgl. DIN 935, DIN 979 (beide 10.87)

DIN	d	M4	M5	M6	M8	M10	M12	M16	M20	M24	M30
		—	—	—	M8 x1	M10 x1,25	M12 x1,5	M16 x1,5	M20 x2	M24 x2	M30 x2
935	d_1	5,8	6,8	8,8	11,3	15,3	17,2	22,2	27,7	33,2	42,7
	w_1	3,2	4	5	6,5	8	10	13	16	19	24
	m_1	5	6	7,5	9,5	12	15	19	22	27	33
979	d_1	—	—	8,8	11,3	15,3	17,2	22,2	27,7	33,2	42,7
	w_1	—	—	2,5	3,5	4	5	7	10	11	15
	m_1	—	—	5	6,5	8	10	13	16	19	24
935, 979	n	1,2	1,4	2	2,5	2,8	3,5	4,5	4,5	5,5	7
	s	7	8	10	13	17	19	24	30	36	46

Ringmuttern und Ringschrauben
vgl. DIN 582 (04.71), DIN 580 (03.72)

d	M8	M10	M12	M16	M20 M20x2	M24 M24x2	M30 M30x2	M36 M36x3	M42 M42x3	M48 M48x3
l	13	17	20,5	27	30	36	45	54	63	68
d_1	20	25	30	35	40	50	65	75	85	90
d_2	36	45	54	63	72	90	108	126	144	166
d_3	20	25	30	35	40	50	60	70	80	100
h	36	45	53	62	71	90	109	128	147	168
Zulässige Kraft F in kN									
F	1,4	2,3	3,3	6,9	11,8	17,7	35,3	50	68,7	86

Sechskant-Schweißmuttern
vgl. DIN 929 (10.87)

d	M3	M4	M5	M6	M8	M10	M12	M16
d_1	4,5	6	7	8	10,5	12,5	14,8	18,8
m	3	3,5	4	5	6,5	8	10	13
h	0,6	0,7	0,7	0,8	0,9	1,2	2,4	1,8
e	8,2	9,8	11,0	12,0	15,4	18,7	20,9	26,5
s	7,5	9	10	11	14	17	19	24

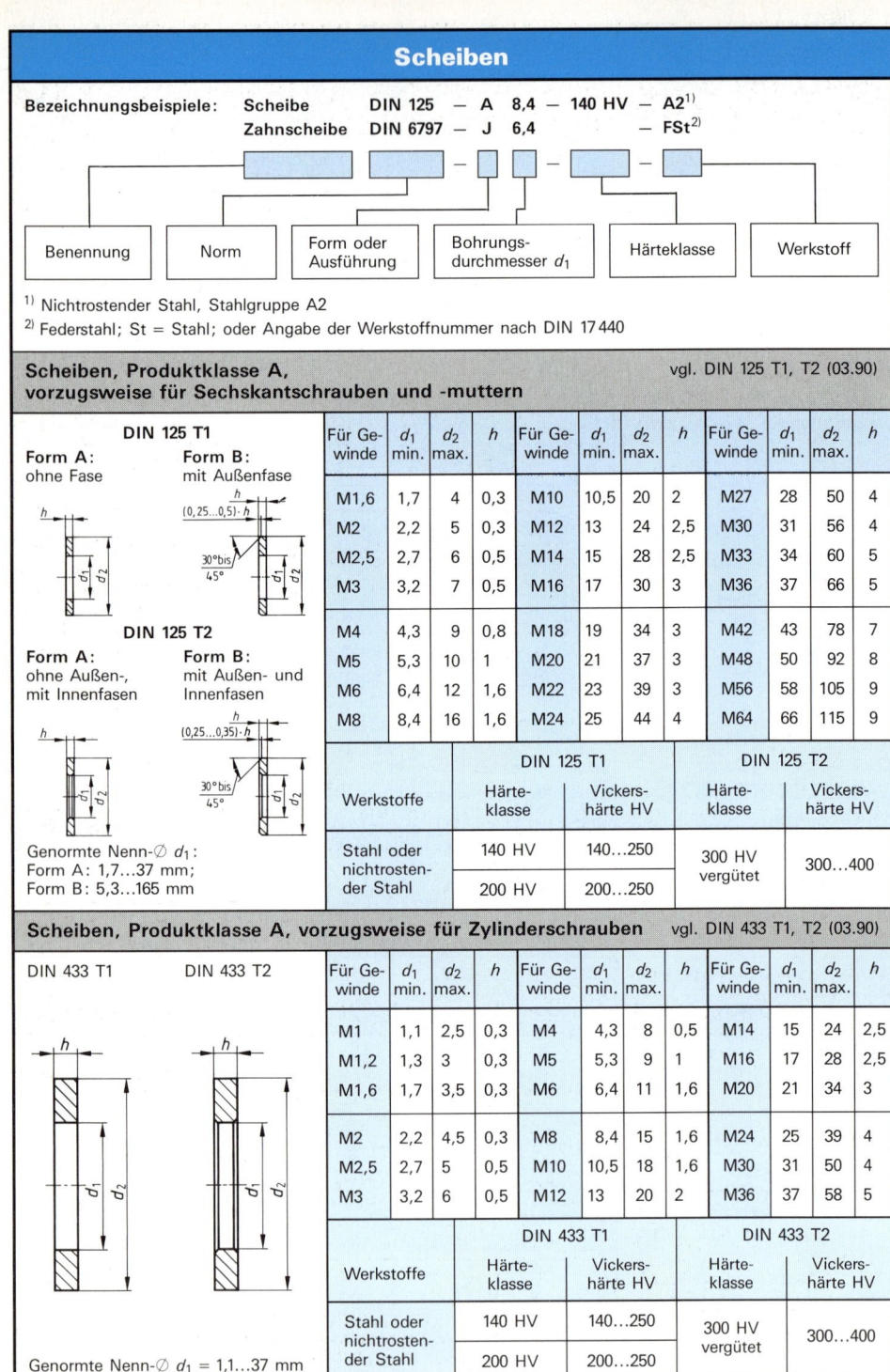

Scheiben

Bezeichnungsbeispiele: Scheibe DIN 125 — A 8,4 — 140 HV — A2[1)]
Zahnscheibe DIN 6797 — J 6,4 — FSt[2)]

Benennung | Norm | Form oder Ausführung | Bohrungsdurchmesser d_1 | Härteklasse | Werkstoff

[1)] Nichtrostender Stahl, Stahlgruppe A2
[2)] Federstahl; St = Stahl; oder Angabe der Werkstoffnummer nach DIN 17440

Scheiben, Produktklasse A, vorzugsweise für Sechskantschrauben und -muttern
vgl. DIN 125 T1, T2 (03.90)

DIN 125 T1
Form A: ohne Fase
Form B: mit Außenfase
(0,25…0,5)·h
30° bis 45°

DIN 125 T2
Form A: ohne Außen-, mit Innenfasen
Form B: mit Außen- und Innenfasen
(0,25…0,35)·h
30° bis 45°

Genormte Nenn-∅ d_1:
Form A: 1,7…37 mm;
Form B: 5,3…165 mm

Für Gewinde	d_1 min.	d_2 max.	h	Für Gewinde	d_1 min.	d_2 max.	h	Für Gewinde	d_1 min.	d_2 max.	h
M1,6	1,7	4	0,3	M10	10,5	20	2	M27	28	50	4
M2	2,2	5	0,3	M12	13	24	2,5	M30	31	56	4
M2,5	2,7	6	0,5	M14	15	28	2,5	M33	34	60	5
M3	3,2	7	0,5	M16	17	30	3	M36	37	66	5
M4	4,3	9	0,8	M18	19	34	3	M42	43	78	7
M5	5,3	10	1	M20	21	37	3	M48	50	92	8
M6	6,4	12	1,6	M22	23	39	3	M56	58	105	9
M8	8,4	16	1,6	M24	25	44	4	M64	66	115	9

	DIN 125 T1		DIN 125 T2	
Werkstoffe	Härteklasse	Vickershärte HV	Härteklasse	Vickershärte HV
Stahl oder nichtrostender Stahl	140 HV	140…250	300 HV vergütet	300…400
	200 HV	200…250		

Scheiben, Produktklasse A, vorzugsweise für Zylinderschrauben
vgl. DIN 433 T1, T2 (03.90)

DIN 433 T1
DIN 433 T2

Genormte Nenn-∅ d_1 = 1,1…37 mm

Für Gewinde	d_1 min.	d_2 max.	h	Für Gewinde	d_1 min.	d_2 max.	h	Für Gewinde	d_1 min.	d_2 max.	h
M1	1,1	2,5	0,3	M4	4,3	8	0,5	M14	15	24	2,5
M1,2	1,3	3	0,3	M5	5,3	9	1	M16	17	28	2,5
M1,6	1,7	3,5	0,3	M6	6,4	11	1,6	M20	21	34	3
M2	2,2	4,5	0,3	M8	8,4	15	1,6	M24	25	39	4
M2,5	2,7	5	0,5	M10	10,5	18	1,6	M30	31	50	4
M3	3,2	6	0,5	M12	13	20	2	M36	37	58	5

	DIN 433 T1		DIN 433 T2	
Werkstoffe	Härteklasse	Vickershärte HV	Härteklasse	Vickershärte HV
Stahl oder nichtrostender Stahl	140 HV	140…250	300 HV vergütet	300…400
	200 HV	200…250		

Scheiben

Scheiben, Produktklasse C, vorzugsweise für Sechskantschrauben und -muttern

vgl. DIN 126 (03.90)

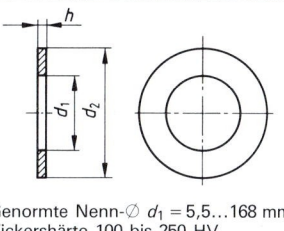

Genormte Nenn-⌀ d_1 = 5,5...168 mm
Vickershärte 100 bis 250 HV

Für Gewinde	d_1 min.	d_2 max.	h	Für Gewinde	d_1 min.	d_2 max.	h	Für Gewinde	d_1 min.	d_2 max.	h
M 5	5,5	10	1	M20	22	37	3	M 56	62	105	9
M 6	6,6	12	1,6	M24	26	44	4	M 64	70	115	9
M 8	9	16	1,6	M30	33	56	4	M 72	78	125	10
M10	11	20	2	M36	39	66	5	M 80	86	140	12
M12	13,5	24	2,5	M42	45	78	7	M 90	96	160	12
M16	17,5	30	3	M48	52	92	8	M100	107	175	14

Scheiben für Bolzen, Ausführung mittel
vgl. DIN 1440 (07.74)
Scheiben für Bolzen, Ausführung grob
vgl. DIN 1441 (07.74)

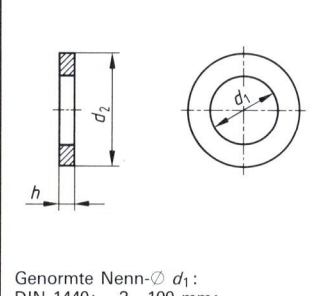

Genormte Nenn-⌀ d_1:
DIN 1440: 3...100 mm;
DIN 1441: 5,5...102 mm

Für Bolzen-⌀	Ausführung mittel d_1 H11	Ausführung grob d_1	d_2	h	Für Bolzen-⌀	Ausführung mittel d_1 H11	Ausführung grob d_1	d_2	h
3	3	—	6	0,8	18	18	19	30	4
4	4	—	8	0,8	20	20	21	32	4
5	5	5,5	10	0,8	24	24	25	38	4
6	6	7	12	1,6	28	28	29	42	5
8	8	9	16	2	30	30	31	45	5
10	10	11	20	2,5	32	32	34	50	5
12	12	13	25	3	36	36	37	52	6
14	14	15	28	3	40	40	41	58	6
16	16	17	28	3	50	50	51	68	8

Scheiben für Stahlkonstruktionen
vgl. DIN 7989 (07.74)

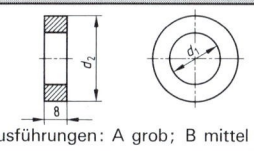

Ausführungen: A grob; B mittel

Für Gewinde	d_1	d_2	Für Gewinde	d_1	d_2	Für Gewinde	d_1	d_2
M10	11	21	M20	22	37	M27	30	50
M12	14	24	M22	24	39	M30	33	56
M16	18	30	M24	26	44	M36	39	66

Scheiben für U- und I-Träger
vgl. DIN 434 (04.90), DIN 435 (12.89)

U-Scheibe DIN 434   I-Scheibe DIN 435

8% (2 Rillen)
5% (ohne Rillen)   14% (eine Rille)

Für Gewinde	$d_{min.}$	a	b	h DIN 434	h DIN 435
M 8	9	22	22	3,8	4,6
M10	11	22	22	3,8	4,6
M12	14	26	30	4,9	6,2
M16	18	32	36	5,9	7,5
M20	22	40	44	7	9,2
M22	24	44	50	8	10
M24	26	56	56	8,5	10,8
M27	30	56	56	8,5	10,8

Werkstoff: Stahl, Sorte nach Wahl des Herstellers
Härte: 100 bis 250 HV 10

Scheiben, Federringe

Spannscheiben
vgl. DIN 6796 (10.87)

Für Schrauben der Festigkeitsklasse 8.8 bis 10.9

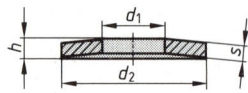

Bezeichnung einer Spannscheibe Nenngröße 8 aus Federstahl:
Spannscheibe DIN 6796-8-FSt

Nenn-größe	d_1 H14	d_2 h14	h min	s	Nenn-größe	d_1 H14	d_2 h14	h min	s
3	3,2	7	0,7	0,6	10	10,5	23	2,8	2,5
4	4,3	9	1,1	1	12	13	29	3,4	3
5	5,3	11	1,4	1,2	16	17	39	4,6	4
6	6,4	14	1,7	1,5	20	21	45	5,6	5
8	8,4	18	2,2	2	24	25	56	6,8	6

Federringe, gewölbt oder gewellt
vgl. DIN 128 (1994-10)

Für Schrauben der Festigkeitsklasse < 8.8
Form A gewölbt
Form B wurde gestrichen.

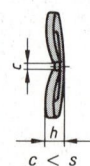 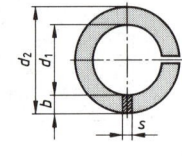

$c < s$

Bezeichnung eines Federringes Form A Nenngröße 8, aus Federstahl (FSt):
Federring DIN 128−A 8−FSt

Nenngröße (für Gewinde-Nenn-⌀)	d_1 min.	d_1 max.	d_2 max.	b	s	h min.	h max.
3	3,1	3,4	6,2	1,3	0,7	1,1	1,3
4	4,1	4,4	7,6	1,5	0,8	1,2	1,4
5	5,1	5,4	9,2	1,8	1	1,5	1,7
6	6,1	6,5	11,8	2,5	1,3	2	2,2
8	8,1	8,5	14,8	3	1,6	2,45	2,75
10	10,2	10,7	18,1	3,5	1,8	2,85	3,15
12	12,2	12,7	21,1	4	2,1	3,35	3,65
16	16,2	17	27,4	5	2,8	4,5	5,1
20	20,2	21,2	33,6	6	3,2	5,1	5,9
24	24,5	25,5	40	7	4	6,5	7,5

Zahnscheiben
vgl. DIN 6797 (07.88)

Form A außengezahnt
Form J innengezahnt

Form V versenkbar

Bezeichnung einer Zahnscheibe Form J $d_1 = 6{,}4$ mm aus Federstahl:
Zahnscheibe DIN 6797-J 6,4-FSt

Für Gewinde-durch-messer	Nennmaß d_1 H13	d_2 h14	d_3 ≈	s_3	s_2	Mindestanzahl der Zähne Form A+J	Form V
3	3,2	6	6	0,4	0,2	6	6
4	4,3	8	8	0,5	0,25	8	8
5	5,3	10	9,8	0,6	0,3	8	8
6	6,4	11	11,8	0,7	0,4	8	10
8	8,4	15	15,3	0,8	0,4	8	10
10	10,5	18	19	0,9	0,5	9	10
12	13	20,5	23	1	0,5	10	10
16	17	26	30,2	1,2	0,6	12	12
20	21	33	—	1,4	—	12	—
24	25	38	—	1,5	—	14	—

Fächerscheiben
vgl. DIN 6798 (07.88)

Form A außengezahnt
Form J innengezahnt

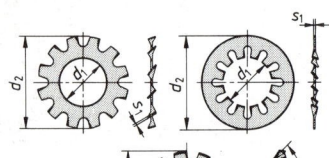

Form V versenkbar

$s_1 ≈ 3s_1$

Bezeichnung einer Fächerscheibe Form J, $d_1 = 6{,}4$ mm, aus Federstahl:
Fächerscheibe DIN 6798-J 6,4-FSt

Für Gewinde-durch-messer	Nennmaß d_1 H13	d_2 h14	d_3 ≈	s_1	s_2	Mindestanzahl der Zähne Form A	J	V
3	3,2	6	6	0,4	0,2	9	7	12
4	4,3	8	8	0,5	0,25	11	8	14
5	5,3	10	9,8	0,6	0,3	11	8	14
6	6,4	11	11,8	0,7	0,4	12	9	16
8	8,4	15	15,3	0,8	0,4	14	10	18
10	10,5	18	19	0,9	0,5	16	12	20
12	13	20,5	23	1	0,5	16	12	26
16	17	26	30,2	1,2	0,6	18	14	30
20	21	33	—	1,4	—	20	16	—
24	25	38	—	1,5	—	20	16	—

Schlüsselweiten, Werkzeugvierkante

Schlüsselweiten
vgl. DIN 475 T1 (01.84)

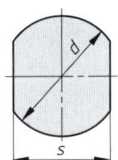 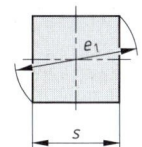 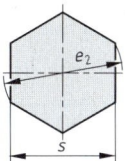 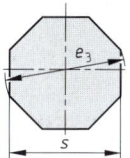

Bezeichnung einer Schlüsselweite (SW) mit Nennmaß $s = 16$ mm:
DIN 475 - SW 16

$e_1 = 1{,}4142 \cdot s$
$s = 0{,}7071 \cdot e_1$

$e_2 = 1{,}1547 \cdot s$
$s = 0{,}8660 \cdot e_2$

$e_3 = 1{,}0824 \cdot s$
$s = 0{,}9239 \cdot e_3$

Schlüsselweite (SW) Nennmaß s	Eckenmaß			Schlüsselweite (SW) Nennmaß s	Eckenmaß				Schlüsselweite (SW) Nennmaß s	Eckenmaß			
	2kant d	4kant $e_1 \approx$	6kant $e_2^* \approx$		2kant d	4kant $e_1 \approx$	6kant $e_2^* \approx$	8kant $e_3 \approx$		2kant d	4kant $e_1 \approx$	6kant $e_2^* \approx$	8kant $e_3 \approx$
3,2	3,7	4,5	3,7	15	17	21,2	17,3	—	32	38	45,3	36,9	34,6
3,5	4	4,9	4,0	16	18	22,6	18,5	—	34	40	48,0	39,3	36,7
4	4,5	5,7	4,6	17	19	24,0	19,6	—	36	42	50,9	41,6	39,0
4,5	5	6,4	5,2	18	21	25,4	20,8	—	41	48	58,0	47,3	44,4
5	6	7,1	5,8	19	22	26,9	21,9	—	46	52	65,1	53,1	49,8
5,5	7	7,8	6,4	20	23	28,3	23,1	—	50	58	70,7	57,7	54,1
6	7	8,5	6,9	21	24	29,7	24,2	22,7	55	65	77,8	63,5	59,5
7	8	9,9	8,1	22	25	31,1	25,4	23,8	60	70	84,8	69,3	64,9
8	9	11,3	9,2	23	26	32,5	26,6	24,9	65	75	91,9	75,0	70,3
9	10	12,7	10,4	24	28	33,9	27,7	26,0	70	82	99,0	80,8	75,7
10	12	14,1	11,5	25	29	35,5	28,9	27,0	75	88	106	86,6	81,2
11	13	15,6	12,7	26	31	36,8	30,0	28,1	80	92	113	92,4	86,6
12	14	17,0	13,9	27	32	38,2	31,2	29,1	85	98	120	98,1	92,0
13	15	18,4	15,0	28	33	39,6	32,3	30,2	90	105	127	103,9	97,4
14	16	19,8	16,2	30	35	42,4	34,6	32,5	95	110	134	109,7	103

* In DIN 475 sind die Maße e_2 kleiner. Diese kleineren Maße sind empfohlene Herstellungsmaße für fertiggepreßte Sechskantprodukte.

Werkzeug-Vierkante
vgl. DIN 10 (04.73)

Außenvierkante

Innenvierkante

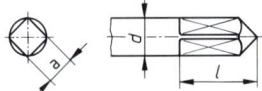 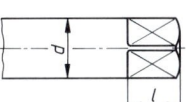 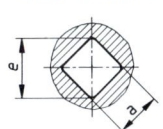

Bezeichnung eines Werkzeug-Vierkantes mit Vierkantmaß $a = 8$ mm: **ISO-Vierkant DIN 10-8**

Schaft-⌀ d	Durchmesserbereich		Nennmaß a	Außenvierkant		l	Innenvierkant		
	über	bis		a max.	a min.		a max.	a min.	e
2	1,9	2,12	1,6	1,60	1,54	4	1,68	1,62	2,18
2,5	2,36	2,65	2	2,00	1,94	4	2,08	2,02	2,71
3,15	3	3,35	2,5	2,50	2,44	5	2,58	2,52	3,42
4	3,75	4,25	3,15	3,15	3,07	6	3,25	3,18	4,32
5	4,75	5,3	4	4,00	3,92	7	4,10	4,03	5,37
6,3	6	6,7	5	5,00	4,92	8	5,10	5,03	6,79
8	7,5	8,5	6,3	6,30	6,21	9	6,43	6,34	8,59
10	9,5	10,6	8	8,00	7,91	11	8,13	8,04	10,71
12,5	11,8	13,2	10	10,00	9,91	13	10,13	10,04	13,31
16	15	17	12,5	12,50	12,39	16	12,66	12,55	17,11
20	19	21,2	16	16,00	15,89	20	16,16	16,05	21,33
25	23,6	26,5	20	20,00	19,87	24	20,19	20,06	26,63
31,5	30	33,5	25	25,00	24,87	28	28,19	25,06	33,66
40	37,5	42,5	31,5	31,50	31,34	34	31,74	31,58	42,66
50	47,6	53	40	40,00	39,84	42	40,24	40,08	53,19

Stifte und Bolzen

Bezeichnungsbeispiel: Zylinderstift ISO 2338 — A — 6 × 30 — St

- Benennung
- Norm
- Form bzw. Typ
- Nenn-⌀ × Nennlänge
- Werkstoff, z. B. Stahl

Stifte mit DIN-EN-Hauptnummern werden mit ISO-Nummern bezeichnet.
ISO-Nummer = DIN-EN-Nummer − 20 000; Beispiel: DIN EN 22 338 − 20 000 = ISO 2338

Bild	Bezeichnung, Normbereich von … bis	Norm	Bild	Bezeichnung, Normbereich von … bis	Norm
Stifte					
	Zylinderstift, ungehärtet $d = 1…50$ mm	DIN EN 22 338		Kegelstift $d_1 = 0,6…50$ mm	DIN EN 22 339
	Zylinderstift, gehärtet $d = 0,8…20$ mm	DIN EN 28 734		Spannstift $d_1 = 1…50$ mm	DIN EN 28 752
Kerbstifte, Kerbnägel					
	Zylinderkerbstift mit Fase $d_1 = 1,5…25$ mm	DIN EN 28 740		Kegelkerbstift $d_1 = 1,5…25$ mm	DIN EN 28 744
	Steckkerbstift $d_1 = 1,5…25$ mm	DIN EN 28 741		Paßkerbstift $d_1 = 1,2…25$ mm	DIN EN 28 745
	Knebelkerbstift 1/3 der Länge gekerbt $d_1 = 1,2…25$ mm	DIN EN 28 742		Halbrund- kerbnagel $d_1 = 1,4…20$ mm	DIN EN 28 746
	Knebelkerbstift halbe Länge gekerbt $d_1 = 1,2…25$ mm	DIN EN 28 743		Senkkerbnagel $d_1 = 1,4…20$ mm	DIN EN 28 747
Bolzen					
Form A	Bolzen ohne Kopf, ohne Splintloch $d = 3…100$ mm	DIN EN 22 340	Form A	Bolzen mit Kopf, ohne Splintloch $d = 3…100$ mm	DIN EN 22 341
Form B	Bolzen ohne Kopf, mit Splintlöchern $d = 3…100$ mm		Form B	Bolzen mit Kopf, mit Splintloch $d = 3…100$ mm	

Stifte

Zylinderstifte, ungehärtet

vgl. DIN EN 22338 (10.92), Ersatz für DIN 7

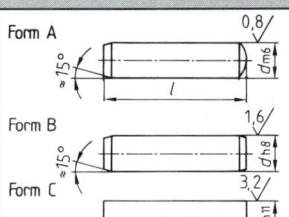

Form A
Form B
Form C

d	2	3	4	5	6	8	10	12	16	20	25	30	40
l von	6	8	8	10	12	14	18	22	22	35	50	60	80
bis	20	30	40	50	60	80	100	140	180	200	200	200	200
Nennlängen l	4, 5, 6, 8, 10, 12, 14, 16, 18, 20, 22, 24, 26, 28, 30, 32, 35, 40, 45...95, 100, 120...180, 200 mm													

Bezeichnung eines ungehärteten Zylinderstiftes, Form A, mit Nenndurchmesser $d = 6$ mm und Nennlänge $l = 30$ mm aus Stahl:
Zylinderstift ISO 2338 — A — 6 × 30 — St

Zylinderstifte, gehärtet

vgl. DIN EN 28734 (10.92), Ersatz für DIN 6325

Form A mit Fase und Kuppe, durchgehärtet

Form B mit Fase, einsatzgehärtet

d m6	1	1,5	2	2,5	3	4	5	6	8	10	12	16	20
l von	3	4	5	6	8	10	12	14	18	22	26	40	50
bis	10	16	20	24	30	40	50	60	80	100	100	100	100
Nennlängen l	3, 4, 5, 6, 8, 10, 12, 14, 16, 20, 22, 24, 26, 28, 30, 32, 35, 40, 45...95, 100 mm												

Bezeichnung eines gehärteten Zylinderstiftes, Form A, mit Nenndurchmesser $d = 10$ mm und Nennlänge $l = 30$ mm aus Stahl:
Zylinderstift ISO 8734 — 10 × 30 — A — St

Kegelstifte, ungehärtet

vgl. DIN EN 22339 (10.92), Ersatz für DIN 1

Typ A (geschliffen): $R_a = 0,8$ µm
Typ B (gedreht): $R_a = 3,2$ µm

1:50

d h10	1	2	3	4	5	6	8	10	12	16	20	25	30
l von	6	10	12	14	18	22	22	26	32	40	45	50	55
bis	10	35	45	55	60	90	120	160	180	200	200	200	200
Nennlängen l	2, 3, 4, 5, 6, 8, 10, 12, 14, 16, 18, 20, 22, 24, 26, 28, 30, 32, 35, 40, 45...95, 100, 120...180, 200 mm												

Bezeichnung eines ungehärteten Kegelstiftes, Typ A, mit Nenndurchmesser $d = 10$ mm und Nennlänge $l = 40$ mm aus Stahl:
Kegelstift ISO 2339 — A — 10 × 40 — St

Spannstifte, geschlitzt

vgl. DIN EN 28752 (08.93), Ersatz für DIN 1481

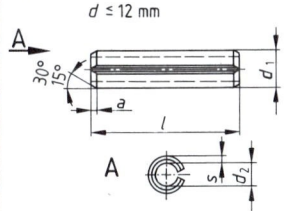

Spannstift mit Nenndurchmesser $d \leq 12$ mm

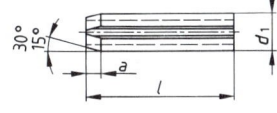

Spannstift mit Nenndurchmesser $d > 12$ mm

Nenndurchmesser d		2	3	4	5	6	8	10	12	14	20	25
vor dem Einbau	d_1 min.	2,3	3,3	4,4	5,4	6,4	8,5	10,5	12,5	14,5	20,5	25,5
	d_1 max.	2,4	3,5	4,6	5,6	6,7	8,8	10,8	12,8	14,8	20,9	25,9
	$d_2 \approx$	1,5	2,1	2,8	3,4	4	5,5	6,5	7,5	8,5	12,5	15,5
	$a \approx$	0,45	0,6	0,75	1,0	1,3	2,2	2,2	2,2	2,2	3,2	3,2
Wanddicke s		0,4	0,5	0,8	1,0	1,2	1,5	2,0	2,5	3,0	4,0	5,0
l von		4	4	4	5	10	10	10	10	10	10	14
bis		30	40	50	80	100	120	160	180	200	200	200
Nennlängen l		4, 5, 6, 8, 10...30, 32, 35, 40, 45...95, 100, 120, 140, 160, 180, 200 mm										

Der Nenndurchmesser der Aufnahmebohrung (Toleranz H12) muß gleich dem Nenndurchmesser d des zugehörigen Stiftes sein. Nach Einbau der Stifte in die kleinste Aufnahmebohrung darf der Schlitz nicht ganz geschlossen sein.

Bezeichnung eines Spannstiftes aus Stahl, geschlitzt, mit Nenndurchmesser $d = 6$ mm und Nennlänge $l = 30$ mm, Form A:
Spannstift ISO 8752 — 6 × 30 — A — St

Kerbstifte, Kerbnägel, Bolzen

Kerbstifte, Kerbnägel vgl. DIN EN 28740…28742; DIN EN 28744…28747 (10.92) Ersatz für DIN 1471…1477

Kegelkerbstifte DIN EN 28744

d_1	1,5	2	2,5	3	4	5	6	8	10	12	16	20	25
l von	8	8	8	8	8	8	10	12	14	14	24	26	26
bis	20	30	30	40	60	60	80	100	120	120	120	120	120

Paßkerbstifte DIN EN 28745

l von	8	8	8	10	10	10	14	14	18	26	26	26
bis	20	30	30	40	60	60	80	100	200	200	200	200

Zyl.kerbstifte m. Fase DIN EN 28740

l von	8	8	8	10	10	10	14	14	14	22	26	26
bis	20	30	30	40	60	60	80	100	100	100	100	100

Steckkerbstifte DIN EN 28741

l von	8	8	8	10	10	12	14	18	26	26	26
bis	20	30	30	40	60	60	70	160	200	200	200

Knebelkerbstifte DIN EN 28742

l von	8	12	12	12	18	18	22	32	40	45	45
bis	20	30	30	40	60	60	80	100	160	200	200	200

Halbrundkerbnägel DIN EN 28746

d_1	1,4	1,6	2	2,5	3	4	5	6	8	10	12	16	20
l von	3	3	3	3	4	5	6	8	10	12	16	20	25
bis	6	8	10	12	16	20	25	30	40	40	40	40	40

Senkkerbnägel DIN EN 28747

l von	3	3	4	4	5	6	8	10	12	16	20	25
bis	6	8	10	12	16	20	25	30	40	40	40	40

Nennlängen für Stifte: l = 8, 10…30, 32; 35, 40…100; 120, 140…180, 200 mm
Nennlängen für Nägel: l = 3, 4, 5, 6, 8, 10, 12, 16, 20, 25, 30, 35, 40 mm

Bolzen ohne Kopf und mit Kopf vgl. DIN EN 22340, 22341 (10.92), Ersatz für DIN 1443, 1444

Bolzen ohne Kopf DIN EN 22340
Bolzen mit Kopf DIN EN 22341

d h11[1)]	3	4	5	6	8	10	12	14	16	18	20	22	24
d_1 H13	0,8	1	1,2	1,6	2	3,2	3,2	4	4	5	5	5	6,3
d_k h14	5	6	8	10	14	18	20	22	25	28	30	33	36
k js14	1	1	1,6	2	3	4	4	4	4,5	5	5	5,5	6
l_e	1,6	2,2	2,9	3,2	3,5	4,5	5,5	6	6	7	8	8	9
l von	6	8	10	12	16	20	24	28	30	35	40	45	50
bis	30	40	50	60	80	100	120	140	160	180	200	200	200

Nennlängen l = 6, 8, 10…30, 32; 35, 40…95, 100; 120, 140…180, 200 mm
Form A ohne Splintloch, **Form B** mit Splintloch.   [1)] Andere Toleranzklassen z. B. a11, c11, f8 nach Vereinbarung.

Bolzen mit Kopf und Gewindezapfen vgl. DIN 1445 (02.77)

d_1 h11	8	10	12	14	16	20	24	30	40	50
b min	11	14	17	20	20	20	25	29	36	42	49
d_2	M6	M8	M10	M12	M12	M12	M16	M20	M24	M30	M36
d_3 h14	14	18	20	22	25	28	30	34	44	55	66
k js14	3	4	4	4	4,5	5	5	6	8	8	9
s	11	13	17	19	22	24	27	32	36	50	60

Nennlängen l_2 = 16 (18), 20 (22), 25 (28), 30, 35…125, 130, 140, 150…190, 200 mm

Keile und Federn

Bezeichnungsbeispiel: Paßfeder DIN 6885 — A — 12 × 8 × 56 — (St 50)

- Benennung
- Norm
- Form bzw. Typ
- Breite × Höhe × Länge
- Werkstoff, z. B. Stahl

Bild	Bezeichnung, Normbereich von ... bis	Norm	Bild	Bezeichnung, Normbereich von ... bis	Norm
Keile					
	Keil $b \times h =$ 2 × 2...100 × 50	DIN 6886 Form A: Einlegekeil Form B: Treibkeil		Nasenkeil $b \times h =$ 4 × 4...100 × 50	DIN 6887
Federn					
	Paßfeder $b \times h =$ 2 × 2...100 × 50	DIN 6885 Form A...J		Scheibenfeder $b \times h =$ 2,5 × 3,7...10 × 16	DIN 6888

Keile, Nasenkeile

vgl. DIN 6886 (12.67) bzw. DIN 6887 (04.68)

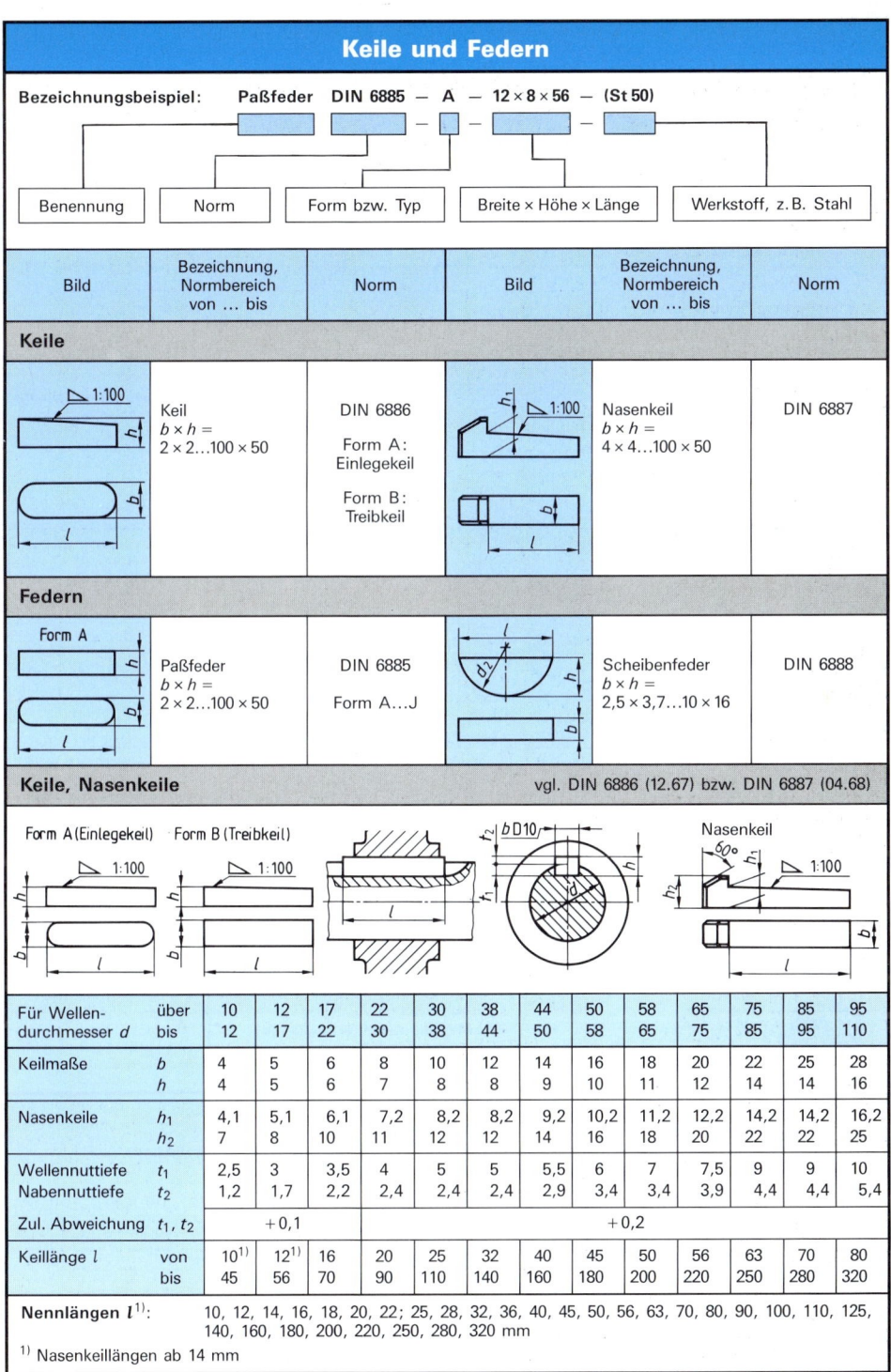

Für Wellendurchmesser d	über / bis	10 / 12	12 / 17	17 / 22	22 / 30	30 / 38	38 / 44	44 / 50	50 / 58	58 / 65	65 / 75	75 / 85	85 / 95	95 / 110
Keilmaße	b	4	5	6	8	10	12	14	16	18	20	22	25	28
	h	4	5	6	7	8	8	9	10	11	12	14	14	16
Nasenkeile	h_1	4,1	5,1	6,1	7,2	8,2	8,2	9,2	10,2	11,2	12,2	14,2	14,2	16,2
	h_2		7	8	10	11	12	12	14	16	18	20	22	22	25
Wellennuttiefe	t_1	2,5	3	3,5	4	5	5	5,5	6	7	7,5	9	9	10
Nabennuttiefe	t_2	1,2	1,7	2,2	2,4	2,4	2,4	2,9	3,4	3,4	3,9	4,4	4,4	5,4
Zul. Abweichung t_1, t_2		+0,1			+0,2									
Keillänge l	von / bis	10[1] / 45	12[1] / 56	16 / 70	20 / 90	25 / 110	32 / 140	40 / 160	45 / 180	50 / 200	56 / 220	63 / 250	70 / 280	80 / 320

Nennlängen l[1]: 10, 12, 14, 16, 18, 20, 22; 25, 28, 32, 36, 40, 45, 50, 56, 63, 70, 80, 90, 100, 110, 125, 140, 160, 180, 200, 220, 250, 280, 320 mm

[1] Nasenkeillängen ab 14 mm

Paßfedern, Scheibenfedern

Paßfedern (hohe Form), **Nuten** vgl. DIN 6885 T1 (08.68)

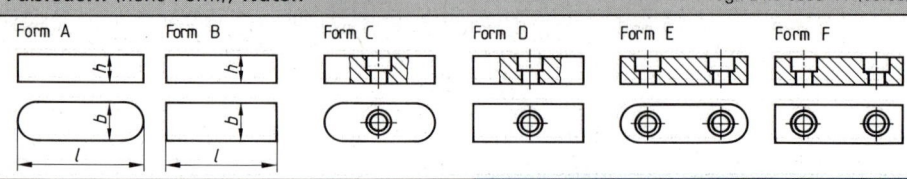

Form A, Form B, Form C, Form D, Form E, Form F

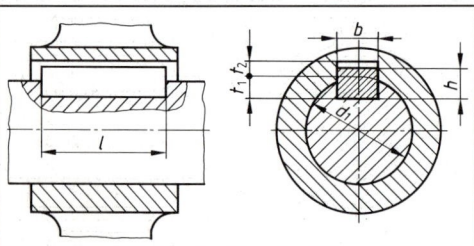

Toleranzen für Paßfedernuten		
Wellennutenbreite b	fester Sitz leichter Sitz	P 9 N 9
Nabennutenbreite b	fester Sitz leichter Sitz	P 9 JS 9
zul. Abweichung bei d_1	≤ 22	≤ 130	> 130
Wellennutentiefe t_1 Nabennutentiefe t_2	+0,1 +0,1	+0,2 +0,2	+0,3 +0,3

d_1	über bis	6 8	8 10	10 12	12 17	17 22	22 30	30 38	38 44	44 50	50 58	58 65	65 75	75 85	85 95	95 110	110 130
	b h	2 2	3 3	4 4	5 5	6 6	8 7	10 8	12 8	14 9	16 10	18 11	20 12	22 14	25 14	28 16	32 18
	t_1	1,2	1,8	2,5	3	3,5	4	5	5	5,5	6	7	7,5	9	9	10	11
	t_2	1	1,4	1,8	2,3	2,8	3,3	3,3	3,8	4,3	4,4	4,9	5,4	5,4	6,4	7,4
l	von bis	6 20	6 36	8 45	10 56	14 70	18 90	20 110	28 140	36 160	45 180	50 200	56 220	63 250	70 280	80 320	90 360
Nenn- längen l	6, 8, 10, 12, 14, 16, 18, 20, 22, 25, 28, 32, 36, 40, 45, 50, 56, 63, 70, 80, 90, 100, 110, 125, 140, 160, 180, 200, 220, 250, 280, 320 mm																

Bezeichnung einer Paßfeder Form A, $b = 12$ mm, $h = 8$ mm, $l = 56$ mm: **Paßfeder DIN 6885 − A 12 x 8 x 56**

Scheibenfedern vgl. DIN 6888 (08.56)

Toleranzen für Scheibenfedernuten		
Wellennutenbreite b	fester Sitz leichter Sitz	P 9 (P 8) N 9 (N 8)
Nabennutenbreite b	fester Sitz leichter Sitz	P 9 (P 8) J 9 (J 8)
zul. Abweich. bei b und h	≤ 5 ≤ 7,5	5 > 7,5	6 ≤ 9	6 > 9	8 —	10 —
Wellennutentiefe t_1 Nabennutentiefe t_2	+0,1 +0,1	+0,2 +0,1	+0,1 +0,1	+0,2 +0,1	+0,2 +0,1	+0,2 +0,2

d_1	über bis	8 10	10 12	12 17	17 22	22 30	30 38
b	h9	2,5	3	4	5	6	8	10
h	h12	3,7	3,7	5	6,5	5	6,5	7,5	6,5	7,5	9	7,5	9	11	9	11	13	11	13	16
d_2		10	10	13	16	13	16	19	16	19	22	19	22	28	22	28	32	28	32	45
t_1		2,9	2,5	3,8	5,3	3,5	5	6	4,5	5,5	7	5,1	6,6	8,6	6,2	8,2	10,2	7,8	9,8	12,8
t_2		1		1,4			1,7			2,2			2,6			3			3,4	
$l ≈$		9,7	9,7	12,7	15,7	12,7	15,7	18,6	15,7	18,6	21,6	18,6	21,6	27,4	21,6	27,4	31,4	27,4	31,4	43,1

Bezeichnung einer Scheibenfeder mit $b = 6$ mm, $h = 9$ mm: **Scheibenfeder DIN 6888 − 6 × 9**

[1] Toleranzklassen bei geräumten Nuten

Keilwellenverbindungen und Blindniete

Keilwellenverbindungen mit geraden Flanken
vgl. DIN ISO 14 (12.86)

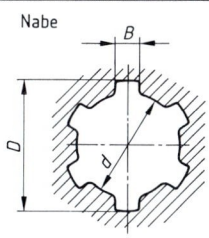

Nabe

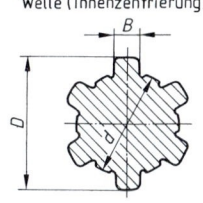

Welle (Innenzentrierung)

	Leichte Reihe			Mittlere Reihe			Toleranzklassen für die Nabe			
d	$N^{1)}$	D	B	$N^{1)}$	D	B	Nach dem Räumen			
							nicht wärmebehandelt		wärmebehandelt	
21	—	—	—	6	25	5				
23	6	26	6	6	28	6				
26	6	30	6	6	32	6	B	D	d	B	D	d
28	6	32	7	6	34	7				
32	8	36	6	8	38	6	H9	H10	H7	H11	H10	H7
36	8	40	7	8	42	7				
42	8	46	8	8	48	8				
46	8	50	9	8	54	9	Toleranzklassen für die Welle			
52	8	58	10	8	60	10	Einbauart	B	D	d
56	8	62	10	8	65	10				
62	8	68	12	8	72	12	Gleitsitz	d10	a11	f7
72	10	78	12	10	82	12				
82	10	88	12	10	92	12	Übergangssitz	f9	a11	g7
92	10	98	14	10	102	14				
102	10	108	16	10	112	16				
112	10	120	18	10	125	18	Festsitz	h10	a11	h7

Kurzzeichen für Keilwellenprofil mit $N = 6$, $d = 23$ mm, $D = 26$ mm: **Keilwelle DIN ISO 14 — 6 × 23 × 26**
[1] N Anzahl der Keile

Blindniete mit Sollbruchstellen
vgl. DIN 7337 (07.85)

Form A Flachkopf

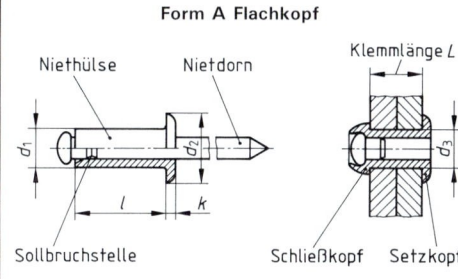

Niethülse, Nietdorn, Klemmlänge L, Sollbruchstelle, Schließkopf, Setzkopf

Nennmaß d_1 Reihe		d_2 Form		Nietloch-⌀		k Form	
1	2	A	B	d_3	Grenzabmaße	A	B
—	$2,4^{1)}$	5	—	2,5	+0,05 / 0	0,55	—
3	—	6,5	6	3,1		0,8	0,9
—	3,2			3,3	+0,1 / 0		
4	—	8	7,5	4,1		1	1
—	4,8	9,5	9	4,9		1,1	1,2
5				5,1			
$6^{1)}$	—	12	11	6,1	+0,2 / 0	1,5	1,5

Form B Senkkopf

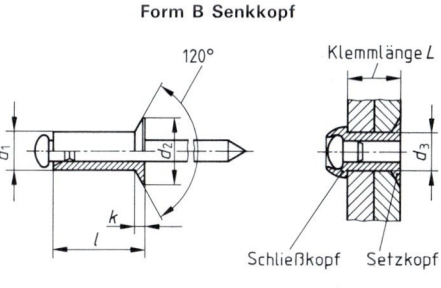

120°, Klemmlänge L, Schließkopf, Setzkopf

	Klemmlängenbereich L (Niethülse aus Al-Leg., Nietdorn aus St) für Nietlängen l in mm				
d_1	6	8	10	12	16
$2,4^{1)}$	2…4	4…6	—	—	—
3 / 3,2	1,5…3,5	3,5…5,5	5,5…7	7…9	9…13
4	1,5…3	3…5	5…6,5	6,5…8,5	8,5…12,5
4,8 / 5	2…3	3…4,5	4,5…6	6…8	8…12
$6^{1)}$	—	2…4	4…6	6…8	8…11

Bezeichnung eines Blindnietes Form A, mit $d_1 = 4$ mm, $l_1 = 8$ mm, Werkstoff der Niethülse Al-Leg., blank (bk) und Werkstoff des Nietdorns Stahl (St), verzinkt (A1P): **Blindniet DIN 7337 — A4 × 8 — Al-Leg. — bk — St — A1P**
[1] Nicht in Form B (Senkkopf) lieferbar.

Werkzeugkegel

Morsekegel und Metrische Kegel
vgl. DIN 228 T1 und T2 (05.87)

Form A Kegelschaft mit Anzuggewinde

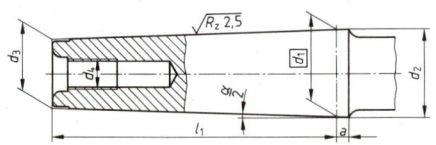

Form B Kegelschaft mit Austreiblappen

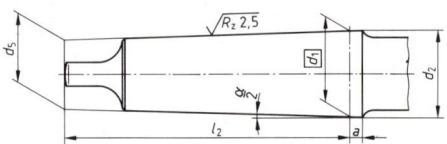

Form C Kegelhülse für Kegelschäfte mit Anzuggewinde

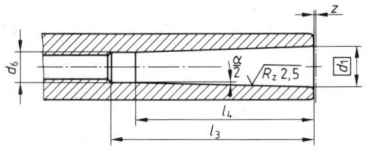

Form D Kegelhülse für Kegelschäfte mit Austreiblappen

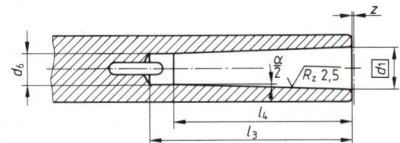

Kegel	Größe	Kegelschaft							Kegelhülse				Verjüngung	$\frac{\alpha}{2}$
		d_1	d_2	d_3	d_4	d_5	l_1	a	l_2	d_6H11	l_3	l_4	$z^{1)}$		
Metr. Kegel (ME)	4	4	4,1	2,9	—	—	23	2	—	3	25	20	0,5	1 : 20	1,432°
	6	6	6,2	4,4	—	—	32	3	—	4,6	34	28	0,5		
Morsekegel (MK)	0	9,045	9,2	6,4	—	6,1	50	3	56,5	6,7	52	45	1	1 : 19,212	1,491°
	1	12,065	12,2	9,4	M6	9	53,5	3,5	62	9,7	56	47	1	1 : 20,047	1,429°
	2	17,780	18	14,6	M10	14	64	5	75	14,9	67	58	1	1 : 20,020	1,431°
	3	23,825	24,1	19,8	M12	19,1	81	5	94	20,2	84	72	1	1 : 19,922	1,438°
	4	31,267	31,6	25,9	M16	25,2	102,5	6,5	117,5	26,5	107	92	1	1 : 19,254	1,488°
	5	44,399	44,7	37,6	M20	36,5	129,5	6,5	149,5	38,2	135	118	1	1 : 19,002	1,507°
	6	63,348	63,8	53,9	M24	52,4	182	8	210	54,8	188	164	1	1 : 19,180	1,493°
Metr. Kegel (ME)	80	80	80,4	70,2	M30	69	196	8	220	71,5	202	170	1,5	1 : 20	1,432°
	100	100	100,5	88,4	M36	87	232	10	260	90	240	200	1,5		
	120	120	120,6	106,6	M36	105	268	12	300	108,5	276	230	1,5		
	160	160	160,8	143	M48	141	340	16	380	145,5	350	290	2		
	200	200	201	179,4	M48	177	412	20	460	182,5	424	350	2		

Die **Formen AK, BK, CK und DK** haben jeweils eine Zuführung für Kühlschmierstoffe.
Bezeichnung eines metrischen Kegelschafts (ME), Form B der Größe 80 und Kegelwinkel-Toleranzqualität AT6:
Kegelschaft DIN 228−ME−B 80 AT6.

[1] Das Prüfmaß d_1 kann bis maximal im Abstand z vor der Kegelhülse liegen.

Steilkegelschäfte für Werkzeuge und Spannzeuge Form A
vgl. DIN 2080 T1 (12.78)

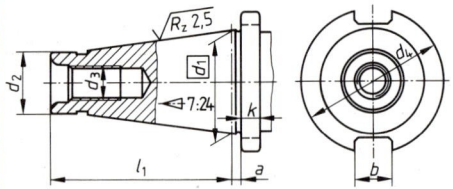

Nr.	d_1	d_2 a10	d_3	d_4 −0,4	l_1	a ±0,2	b H12
30	31,75	17,4	M 12	50	68,4	1,6	16,1
40	44,45	25,3	M 16	63	93,4	1,6	16,1
50	69,85	39,6	M 24	97,5	126,8	3,2	25,7
60	107,95	60,2	M 30	156	206,8	3,2	25,7
70	165,1	92	M 36	230	296	4	32,4
80	254	140	M 48	350	469	6	40,5

Bezeichnung eines Steilkegelschaftes der Form A Nr. 40 mit Kegelwinkel-Toleranzqualität AT4:
Steilkegelschaft DIN 2080−A 40 AT4. **Form B**: Steilkegelschaft für Frontbefestigung.

Bohrbuchsen

Bohrbuchsen — DIN 179 (11.92)

Form A, Form B

d_1 F7	über bis	1 1,8	1,8 2,6	2,6 3,3	3,3 4	4 5	5 6	6 8	8 10	10 12	12 15	15 18	18 22	22 26	26 30
	kurz	6			8			10		12		16		20	25
l_1	mittel	9			12			16		20		28		36	45
	lang	—			16			20		25		36		45	56
d_2 n6		4	5	6	7	8	10	12	15	18	22	26	30	35	42
r		1			1			1,5			2			3	

Härte 780 ± 40 HV 10

Bezeichnung einer Bohrbuchse A mit Bohrung d_1 = 18 mm und Länge l_1 = 16 mm: **Bohrbuchse DIN 179 — A 18 × 16**

Bundbohrbuchsen — DIN 172 (11.92)

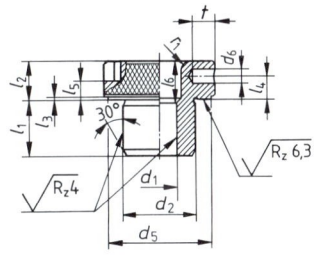

Form A, Form B

d_1 F7	über bis	1 1,8	1,8 2,6	2,6 3,3	3,3 4	4 5	5 6	6 8	8 10	10 12	12 15	15 18	18 22	22 26	26 30
	kurz	6			8			10		12		16		20	25
l_1	mittel	9			12			16		20		28		36	45
	lang	—			16			20		25		36		45	56
d_2 n6		4	5	6	7	8	10	12	15	18	22	26	30	35	42
d_3		7	8	9	10	11	13	15	18	22	26	30	34	39	46
l_2		2			2,5			3			4			5	
r		1			1			1,5			2			3	

Härte 780 ± 40 HV 10

Bezeichnung einer Bundbohrbuchse Form A von d_1 = 22 mm, l_1 = 36 mm: **Bohrbuchse DIN 172 — A — 22 × 36**

Steckbohrbuchsen — DIN 173 T1 (11.92)

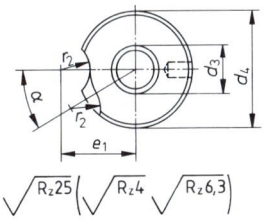

Form K Schnellwechselbuchsen für rechtsschneidende Werkzeuge

d_1 F7	über bis	4 6	6 8	8 10	10 12	12 15	15 18	18 22	22 26	26 30	30 35	35 42	42 48	48 55
d_2 m6		10	12	15	18	22	26	30	35	42	48	55	62	70
	kurz	12		16		20		25		30		35		
l_1	mittel	20		28		36		45		56		67		
	lang	25		36		45		56		67		78		
d_3		6,5	8,5	10,5	12,5	15,5	19	23	27	31	36	43	50	57
d_4		18	22	26	30	34	39	46	52	59	66	74	82	90
d_5		15	18	22	26	30	35	42	46	53	60	68	76	84
d_6 H7		2,5		3		5			6			8		
l_2		8		10		12			16					
α		65°	60°	50°		35°		30°			25°			
l_3		1						1,5			2			
l_4		4,25	6			7				9		8		
l_5		3	4			5,5				7				
l_6 mittel		8	12			16		20		26		32		
l_6 lang		13	20			25		31		37		43		
t		4	5	6	7	8		9	10		12		14	
r_1		2					3				3,5			
r_2		7		8,5			10,5				12,5			
e_1		13	16,5	18	20	23,5	26	29,5	32,5	36	41,5	45,5	49	53

Härte 780 ± 40 HV 10

Bezeichnung einer Steckbohrbuchse Form K, d_1 = 15 mm, d_2 = 22 mm, l_1 = 36 mm: **Bohrbuchse DIN 173 — K 15 × 22 × 36**

Gewindestifte, Druckstücke, Kugelknöpfe

Gewindestifte mit Druckzapfen
vgl. DIN 6332 (08.93)

Form S

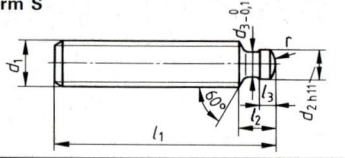

d_1	M 6		M 8		M 10		M 12		M 16		
d_2	4,5		6		8		8		12		
d_3	4		5,4		7,2		7,2		11		
r	3		5		6		6		9		
l_2	6		7,5		9		10		12		
l_3	2,5		3		4,5		4,5		5		
d_4	32		40		50		63		—		
d_5	24		30		36		—		—		
e	32		40		50		—		—		
l_1	30	50	40	60	60	80	60	80	100	80	100	125
l_4	20	40	27	47	44	64	40	60	80	—	—	—
l_5	22	42	30	50	48	68	—	—	—	—	—	—

Anwendungsbeispiele als Spannschrauben

mit Kreuzgriff DIN 6335 oder DIN 6336 M6 bis M12	mit Rändelmutter DIN 6303 M6 bis M10	mit Flügelmutter DIN 315 M6 bis M10
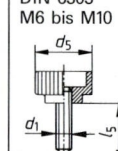	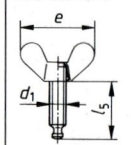	

Bezeichnung eines Gewindestiftes Form S mit Gewinde
d_1 = M 12 und l_1 = 60 mm:
Gewindestift DIN 6332–S M 12 x 60

Druckstücke
vgl. DIN 6311 (11.92)

Form S mit Sprengring

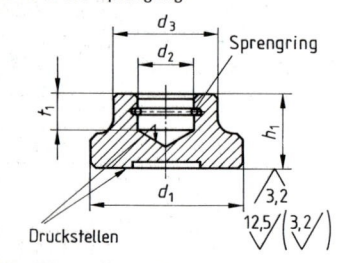

Druckstellen
Härte 550 + 100 HV 10

d_1	d_2 H 12	d_3	h_1	t_1	Sprengring DIN 7993	Gewindestift DIN 6332
12	4,6	10	7	4	1)	M 6
16	6,1	12	9	5	1)	M 8
20	8,1	15	11	6	8	M 10
25		18	13	7		M 12
32	12,1	22	15	7,5	12	M 16
40	15,6	28	16	8	16	M 20

Bezeichnung eines Druckstückes Form S von d_1 = 40 mm mit eingesetztem Sprengring:
Druckstück DIN 6311–S 40   1) Nicht genormt

Kugelknöpfe
vgl. DIN 319 (12.78)

Form C mit Gewinde	Form L mit Klemmhülse
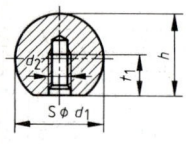	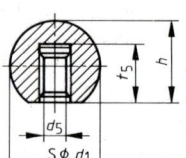

Form K, KN mit zylindrischer Bohrung	Form E mit Gewindebuchse
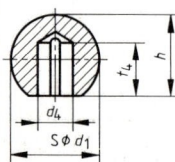	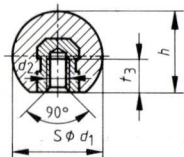

d_1	16		20		25			32			40			50		
d_2	M 4		M 5		M 6			M 8			M 10			M 12		
t_1	7,2		9,1		11			14,5			18			21		
t_3	6		7,5		9			12			15			18		
d_4	6		8		10			12			16			20		
t_4	10		12		16			20			25			32		
d_5	4		5		6	8	10	8	10	12	10	12	16	12	16	20
t_5	11		13		16	15	15	15	20	20	20	23	23	20	23	28
h	15		18		22,5			29			37			46		

Werkstoff	Form	Kugelkörper aus
St	C, K und KN	Stahl, Sorte nach Wahl des Herstellers
FS	C, K, KN, L	Kunststoff, Formstoff FS31 DIN 7708 oder ein anderer geeigneter Kunststoff, schwarz.
FS/St	E	Einpreßmutter St oder CuZn
FS/CuZn		

Bezeichnung eines Kugelknopfes Form E von d_1 = 25 mm aus Kunststoff (FS): **Kugelknopf DIN 319–E 25 FS**

Griffe, Aufnahme- und Auflagebolzen

Kreuzgriffe
vgl. DIN 6335 (05.68)

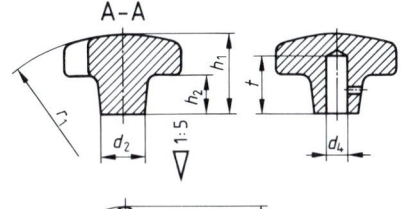

Form A Rohteil   Form C

d_1	d_2	d_3	d_4 H7	d_5	t	h_1	h_2	r_1	r_2 ≈
20	8	11,5	4	M 4	10	14	6	30	8
25	10	15	5	M 5	12	17	8	40	12
32	12	18	6	M 6	15	21	10	50	13
40	14	21	8	M 8	18	26	14	60	14,5
50	18	25	10	M10	21	34	20	70	16
63	20	32	12	M12	25	42	25	80	21
80	25	40	16	M16	32	52	30	100	25
100	32	48	20	M20	40	65	38	120	28

Formen A bis D: Metallgriffe
Form A Rohteil
Form B mit durchgehender Bohrung d_4
Form C mit Grundlochtiefe t
Form D mit Gewinde d_5

Formen G bis K
Kunststoffgriffe (haben andere Abmessungen)

Bezeichnung eines Kreuzgriffes Form B mit $d_1 = 50$ mm aus Gußeisen GG-20: **Kreuzgriff DIN 6335-B 50-GG**

Sterngriffe
vgl. DIN 6336 (05.68)

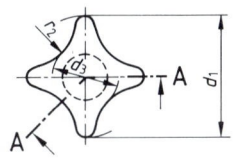

Form für $d_1 = 32$ mm   Form für $d_1 = 40$ mm bis 80 mm

d_1	d_2	d_3	f Größtmaß	h_1	h_2	r_1	r_2	r_3	r_4
32	12	—	—	21	10	50	6	3	—
40	14	22	6	26	13	60	7	4	3
50	18	28	8	34	17	70	8	5	4
63	20	32	10	42	21	80	10	7	5
80	25	40	12	52	25	100	12	10	6

Übrige Maße wie Sterngriff von $d_1 = 32$ mm
Formen A...D gleich wie Kreuzgriff DIN 6335

Bezeichnung eines Sterngriffes Form A mit $d_1 = 50$ mm aus Gußeisen GG-20:
Sterngriff DIN 6336-A 50-GG

7 Griffmulden

Aufnahme- und Auflagebolzen
vgl. DIN 6321 (12.73)

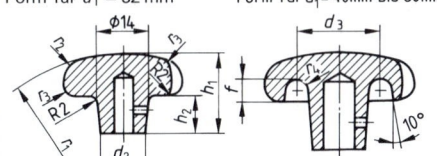

Form A Auflagebolzen   Form B Aufnahmebolzen zylindrisch   Form C Aufnahmebolzen abgeflacht

gehärtet 56 ± 2 HRC

d_1 g6	l_1 Form A h9	l_1 Form B und C kurz	l_1 Form B und C lang	b	d_2 n6	l_2	l_3	l_4	t
6	5	7	12	1	4	6	1,2	4	
8	—		16	1,6					
10	6	10	18	2,5	6	9	1,6	6	0,02
12	—								
16	8	13	22	3,5	8	12	2	8	
20	—	15	25	5	12	18	2,5	9	0,04
25	10								

Bezeichnung eines Bolzens Form C mit $d_1 = 20$ mm und $l_1 = 25$ mm: **Bolzen DIN 6321-C 20 x 25**

T-Nuten, Muttern und Schrauben für T-Nuten, Kugelscheiben und Kegelpfannen

T-Nuten und Muttern für T-Nuten
vgl. DIN 650 (03.77) und 508 (04.91)

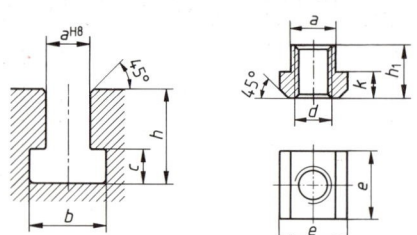

Breite	a	8	10	12	14	18	22	28	36	42
	b	14,5	16	19	23	30	37	46	56	68
c		7	8	9	10	12	16	20	25	29
h	max.	18	21	25	28	36	45	56	71	85
	min.	15	17	20	23	30	38	48	61	74
Gewinde d		M6	M8	M10	M12	M16	M20	M24	M30	M36
e		13	15	18	22	28	35	44	54	65
h_1		10	12	14	16	20	28	36	44	52
k		6	6	7	8	10	14	18	22	26

Bezeichnung einer Mutter für T-Nuten mit d = M10 und a = 12 mm: **Mutter DIN 508–M 10 x 12**

Schrauben für T-Nuten
vgl. DIN 787 (05.91)

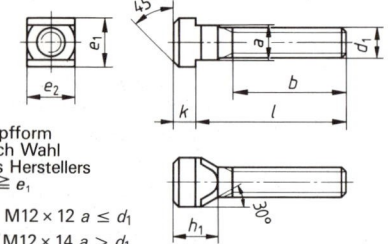

Kopfform nach Wahl des Herstellers
$e_2 \geq e_1$

bis M12 × 12 $a \leq d_1$
ab M12 × 14 $a > d_1$

a		8	10	12	14	18	22	28	36
b	von	22	30	35	35	45	55	70	80
	bis	50	60	120	120	150	190	240	300
d_1		M8	M10	M12		M16	M20	M24	M30
e_1		13	15	18	22	28	35	44	54
h_1		12	14	16	20	24	32	41	50
k		6	6	7	8	10	14	18	22

Nennlängen l = 25, 32, 40, 50, 63, 80, 100, 125, 160, 200, 250, 315, 400, 500 mm

Bezeichnung einer Schraube für T-Nuten mit d_1 = M10, a = 10 mm, l = 100 mm und Festigkeitsklasse 8.8: **Schraube DIN 787–M 10 x 10 x 100–8.8**

Lose Nutensteine
vgl. DIN 6323 (07.80)

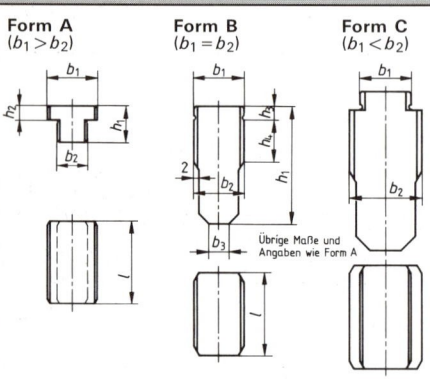

Form A ($b_1 > b_2$)
Form B ($b_1 = b_2$)
Form C ($b_1 < b_2$)

Übrige Maße und Angaben wie Form A

b_1 h6	b_2 h6	Form	b_3	h_1	h_2	h_3	h_4	l
12	6	A	—	12	3,6	—	—	20
	8							
	10							
	12	B	5	28,6	—	5,5	9	20
20	12	A	—	14	5,5	—	—	32
	14							
	18							
	22	C	9	50,5			18	40
	28		12	61,5		7	24	
	36		16	76,5			30	50
	42		19	90,5			36	

Bezeichnung eines losen Nutensteines Form C mit b_1 = 20 mm und b_2 = 28 mm: **Nutenstein DIN 6323–C 20 x 28**

Kugelscheiben und Kegelpfannen
vgl. DIN 6319 (09.91)

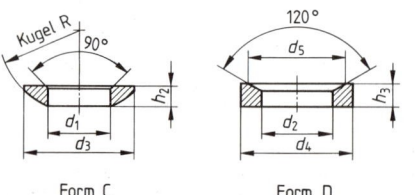

Form C Kugelscheibe; Form D Kegelpfanne $d_4 = d_3$
Form G Kegelpfanne $d_4 > d_3$

Form C   Form D

d_1	d_2	d_3	d_4 Form		d_5	h_2	h_3 Form		R
H13	H13		D	G			D	G	Kugel
6,4	7,1	12	12	17	11	2,3	2,8	4	9
8,4	9,6	17	17	24	14,5	3,2	3,5	5	12
10,5	12	21	21	30	18,5	4	4,2	5	15
13	14,2	24	24	36	20	4,6	5	6	17
17	19	30	30	44	26	5,3	6,2	7	22
21	23,2	36	36	50	31	6,3	7,5	8	27

Bezeichnung einer Kugelscheibe (C) mit d_1 = 17 mm: **Kugelscheibe DIN 6319–C 17**

Normteile für Werkzeuge der Stanztechnik

Einspannzapfen mit Gewindeschaft Form CE
vgl. DIN 9859 T3 (08.95)

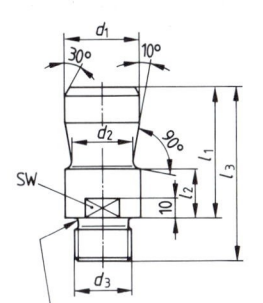

Gewindefreistich nach DIN 76 Teil 1

$d_{1\,d9}$	d_2	d_3	l_1	l_2	l_3	SW
20	15	M 16 × 1,5	40	12	58	17
25	20	M 16 × 1,5 M 20 × 1,5	45	16	68	21
32	25	M 20 × 1,5 M 24 × 1,5	56	16	79	27
40	32	M 24 × 1,5 M 27 × 2 M 30 × 2	70	26	93	36
50	42	M 30 × 2	80	26	108	41

Bezeichnung eines Einspannzapfens der Form CE mit d_1 = 40 mm und d_3 = M 30 × 2:
Einspannzapfen DIN 9859 – CE 40 – M 30 x 2

Runde Schneidstempel Form D
vgl. DIN 9861 T 1 (11.87)

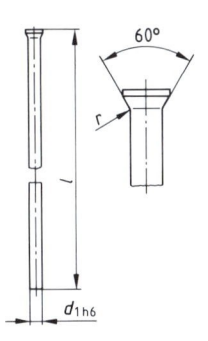

$d_{1\,h6}$ von...bis	Stufung	$l^{+0,5}_{\ \ 0}$			Härte des Schneidstempels aus	
					HWS[1]	HSS[2]
0,5...0,95	0,05	71	80	—	Schaft	(62 ± 2) HRC	(64 ± 2) HRC
1 ...2,9	0,1						
3,0...6,4	0,1	71	80	100	Kopf	(45 ± 5) HRC	(52 ± 2) HRC
6,5...20	0,5						

Bezeichnung eines runden Schneidstempels Form D mit d_1 = 5,6 mm, l = 71 mm aus Werkzeugstahl der Legierungsgruppe HWS[1]:
Schneidstempel DIN 9861 D – 5,6 x 71 HWS

[1] HWS legierte Kaltarbeitsstähle; [2] HSS Schnellarbeitsstähle

Platten für Säulengestelle
vgl. DIN 9873 T 1 (10.87)

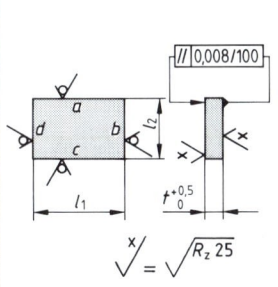

l_1	Plattendicke t der Ausführung A für Plattenlänge l_2								
	80	100	125	160	200	250	315	400	500	630
160	(20, 25, 32) $^{+0,5}_{\ \ 0}$								
200	(25, 32, 40) $^{+0,5}_{\ \ 0}$								
250	(32, 40, 50) $^{+0,5}_{\ \ 0}$								
315				(32, 40, 50) $^{+0,5}_{\ \ 0}$					
400				(32, 40, 50) $^{+0,5}_{\ \ 0}$					
500					(40, 50, 63) $^{+0,5}_{\ \ 0}$				
630					(40, 50, 63) $^{+0,5}_{\ \ 0}$				

Bezeichnung einer Platte für Werkzeuge, Ausführung A, l_1 = 315 mm, l_2 = 200 mm, t = 32 mm:
Platte DIN 9873 – A 315 x 200 x 32

Ausführung B: Seiten a, b ▽ DIN 7168-sg; Maße l_1 und l_2 jeweils um 2 mm kleiner als Ausführung A
Ausführung C: Seiten a, b, c, d ▽ DIN 7168-sg; Maße l_1 und l_2 jeweils um 4 mm kleiner als Ausführung A

Normteile für Werkzeuge der Stanztechnik

Säulengestelle mit rechteckiger Arbeitsfläche Form C und CG vgl. DIN 9812 (12.81)

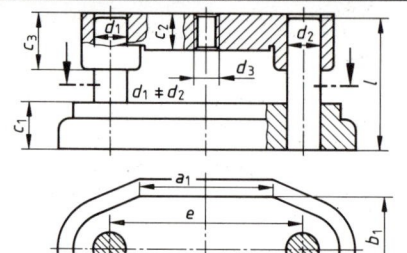

Form C ohne Gewinde   Form CG mit Gewinde

Bezeichnung eines Säulengestelles Form C mit Arbeitsfläche $a_1 \times b_1 = 100\ mm \times 80\ mm$:
Säulengestell DIN 9812–C 100 x 80

$a_1 \times b_1$	c_1	c_2	c_3	d_2	d_3	e	l
80 × 63	50	30	80	19	M 20 × 1,5	125	160
100 × 63						145	
100 × 80	50	30	80	25	M 20 × 1,5	155	160
160 × 80						215	
125 × 100	50	40	90	25	M 24 × 1,5	180	170
250 × 100	56			32		315	180
160 × 125	56	40	90	32	M 24 × 1,5	225	180
315 × 125						380	
200 × 160	56	50	100	32	M 30 × 2	265	200
315 × 160	63			40		395	220
250 × 200	63	50	100	40	M 30 × 2	330	200
315 × 250						395	220

Säulengestelle mit runder Arbeitsfläche Form D und DG vgl. DIN 9812 (12.81)

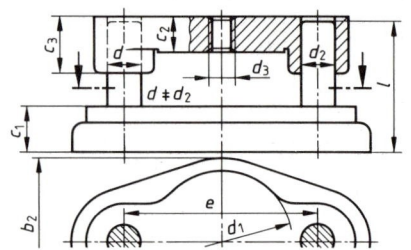

Bezeichnung eines Säulengestelles Form D mit Arbeitsfläche $d = 160\ mm$:
Säulengestell DIN 9812–D 160

d_1	c_1	c_2	c_3	d_2	d_3	e	l
50	40	25	65	16	M 16 × 1,5	80	125
63						95	140
80	50	30	80	19	M 20 × 1,5	125	160
100				25		155	
125						180	
160	56	40	90	32	M 24 × 1,5	225	180
180						145	190
200						265	
250	56	50	100	40	M 30 × 2	330	200
315	63					395	220

Säulengestelle mit mittigstehenden Führungssäulen und dicker Säulenführungsplatte Form DF vgl. DIN 9816 (12.81)

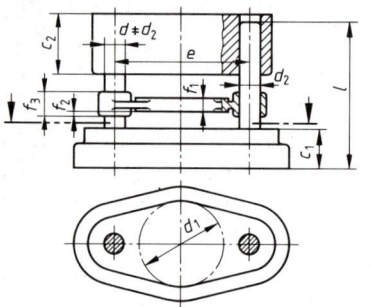

Bezeichnung eines Säulengestelles Form DF mit $d_1 = 100\ mm$ und Gleitführung aus Gußeisen (GG):
Säulengestell DIN 9819–DF 100 GG

d_1	c_1	c_2 max.	e min.	f_1	f_2	f_3	l
80	50	80	19	125	16	10	36	170
100	50	85	25	155	18	11	40	180
125		90		180				190
160	56	100	32	225	23	11	45	220
200		110		265				240

Säulengestelle mit übereckstehenden Führungssäulen Form C und CG vgl. DIN 9819 (12.81)

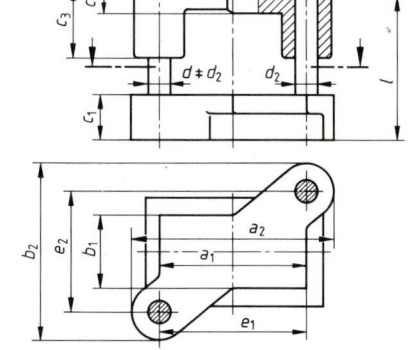

$a_1 \times b_1$	a_2	b_2	c_1	c_3	d_2	e_1	e_2	l
80 × 63	135	180		30	80	19	75	103	160
125 × 80		215	50			25		128	
125 × 100	190	235					120	148	170
250 × 100	325	255		40	90	25		245	158	
160 × 125	235		56			32		155	180
315 × 125	390	280						310	183	

Federn

Zylindrische Schrauben-Druckfedern
vgl. DIN 2098 T1 (10.68), T2 (08.70)

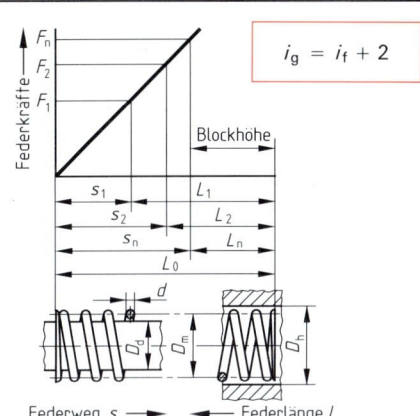

$i_g = i_f + 2$

d	Drahtdurchmesser
D_m	mittlerer Windungsdurchmesser
D_d	Dorndurchmesser
D_h	Hülsendurchmesser
L_0	Länge der unbelasteten Feder
L_1, L_2	Länge der belasteten Feder, zugeordnet den Federkräften F_1, F_2
L_n	kleinste zulässige Prüflänge der Feder
F_1, F_2	Federkräfte, zugeordnet den Federlängen L_1, L_2
F_n	größte zulässige Federkraft bei s_n
s_1, s_2	Federwege, zugeordnet den Federkräften F_1, F_2
s_n	größter zulässiger Federweg bei F_n
i_f	Anzahl der federnden Windungen
i_g	Gesamtwindungszahl (Enden geschliffen)
R	Federrate in N/mm

Bezeichnung einer Druckfeder mit $d = 2$ mm, $D_m = 20$ mm und $L_0 = 94$ mm:
Druckfeder DIN 2098 — 2 × 20 × 94

d	D_m	D_d max.	D_h min.	F_n in N	$i_f = 3{,}5$			$i_f = 5{,}5$			$i_f = 8{,}5$			$i_f = 12{,}5$		
					L_0	s_n	R	L_0	s_n	R	L_0	s_n	R	L_0	s_n	R
0,2	2,5	2,0	3,1	1,00	5,4	3,8	0,26	8,2	6,0	0,17	12,4	9,3	0,11	17,9	13,7	0,07
	2	1,5	2,6	1,24	4	2,4	0,51	5,9	3,8	0,33	8,7	5,9	0,21	12,6	8,6	0,15
	1,6	1,1	2,1	1,50	3	1,5	1,0	4,4	2,4	0,65	6,4	3,6	0,42	9,2	5,4	0,28
0,5	6,3	5,3	7,5	6,6	13,5	9,2	0,73	20	14,0	0,46	30,0	21,3	0,30	44,0	31,8	0,21
	4	3,1	5,0	9,3	7,0	3,3	2,84	10	4,9	1,81	15,0	7,9	1,17	21,5	11,7	0,79
	2,5	1,7	3,4	10,4	4,4	0,9	11,6	6,1	1,4	7,43	8,7	2,2	4,80	12,0	3,0	3,27
1	12,5	10,8	14,4	22	24,0	14,6	1,49	36,5	23,1	0,95	55,5	36,1	0,61	80,5	53,1	0,41
	8	6,5	9,6	33,2	13,0	5,7	5,68	19,0	8,9	3,61	28,5	14,2	2,33	40,5	20,6	1,59
	5	3,6	6,5	43,8	8,5	1,9	23,2	12,0	3,0	14,8	17,0	4,4	9,57	24,0	6,6	6,51
1,6	20	17,5	22,6	84,9	48,0	35,6	2,38	73,5	55,9	1,52	110	84,5	0,99	165	129	0,67
	12,5	10,3	14,7	135	24,0	14,0	9,76	36,0	21,9	6,23	53,5	33,4	4,0	78,0	50,0	2,73
	8	5,9	10,1	212	14,5	5,5	37,3	21,5	8,9	23,7	31,5	13,6	15,4	45,0	20,2	10,4
2	25	22,0	28,0	128	58,0	43,0	2,98	88,5	67,1	1,90	135	104	1,23	195	151	0,83
	16	13,4	18,6	198	30,0	17,5	11,4	45,0	27,3	7,24	68,0	42,5	4,69	98	62,1	3,19
	10	7,5	12,5	318	18,0	6,8	46,6	26,5	10,9	29,7	38,5	16,5	19,2	55	24,4	13,0
2,5	32	28,3	36,0	182	71,5	52,2	3,48	110	82,1	2,22	170	129	1,43	245	187	0,97
	25	21,6	28,4	233	49,0	32,2	7,29	74,5	50,5	4,64	115	80,2	3,0	165	116	2,04
	20	16,8	23,2	292	36,0	20,5	14,2	54,0	32,1	9,05	81,5	50,0	5,86	120	75,7	3,98
	16	12,9	19,1	365	27,5	12,9	27,8	41,0	20,5	17,7	61,0	31,7	11,5	88,0	46,9	7,78
3,2	40	35,6	44,6	288	82,0	60,8	4,76	125	95,3	3,03	190	148	1,96	275	216	1,33
	32	27,6	36,5	361	58,5	38,7	9,3	88,5	61,1	5,92	135	96,2	3,82	190	136	2,61
	25	21,1	28,9	461	42,5	23,4	19,4	63,5	37,2	12,4	94,5	57,4	8,0	135	83,4	5,45
	20	16,1	23,9	577	33,5	15,0	38,2	49,5	23,6	24,2	74,0	36,9	15,7	105	53,4	10,7
4	50	44,0	56,0	427	99,0	71,6	5,95	150	111	3,79	230	175	2,45	335	257	1,65
	40	34,8	45,2	533	71,0	45,8	11,7	105	69,9	7,41	160	110	4,79	235	165	3,26
	32	27,0	37,0	666	53,5	29,5	22,8	79,5	46,2	14,4	120	72,8	9,35	170	104	6,36
	25	20,3	29,7	852	41,0	18,1	47,7	60,5	28,3	30,3	89,5	43,5	19,6	130	65,5	13,3
5	63	56,0	70,0	623	120	87,7	7,27	180	135	4,63	275	210	2,99	395	304	2,03
	50	43,0	57,0	785	85,0	54,1	14,5	130	86,8	9,25	195	133	5,98	280	194	4,07
	40	34,0	46,0	981	64,0	34,4	28,4	95,5	54,5	18,1	140	81,6	11,7	205	124	7,95
	32	26,0	38,0	1226	51,0	22,3	55,4	75,0	34,8	35,3	110	52,5	22,9	160	79,5	15,5
6,3	80	71,0	89,0	932	145	103	8,96	220	160	5,70	335	250	3,69	490	370	2,51
	63	55,0	71,5	1177	105	65,0	18,3	155	99,0	11,7	235	155	7,55	340	227	5,13
	50	42,0	58,0	1481	80,0	42,0	36,7	115	62,0	23,3	175	100	15,1	250	145	10,3
	40	32,6	47,5	1854	60,0	24,0	71,4	90,0	39,7	45,6	135	63,2	29,5	195	95,0	20,1
8	100	89,0	111	1413	170	118	11,9	260	187	7,58	390	286	4,9	570	423	3,34
	80	69,0	91,0	1766	125	76,0	23,2	180	111	14,8	285	186	9,58	410	271	6,51
	63	53,0	73,0	2237	95,0	48,0	47,7	140	74,0	30,3	205	112	19,6	300	169	13,3
	50	40,5	60,0	2825	75,0	30,0	95,4	110	46,5	60,8	160	70,0	39,2	230	103	26,7

Federn

Tellerfedern

vgl. DIN 2093 T1 (01.92)

- D_e Außendurchmesser
- D_i Innendurchmesser
- t Dicke der Einzeltellerfeder
- t' Reduzierte Dicke bei Tellerfedern mit Auflagefläche
- h_0 Federhöhe (theoretischer Federweg bis zur Planlage)
- l_0 Bauhöhe der unbelasteten Einzeltellerfeder
- s Federweg der Einzeltellerfeder ($s \leq 0{,}75 \cdot h_0$)
- s_S Federweg von geschichteten Tellerfedern
- F Federkraft der Einzeltellerfedern
- F_S Federkraft von geschichteten Tellerfedern
- L_0 Länge von unbelasteten geschichteten Tellerfedern
- n Anzahl der gleichsinnig geschichteten Einzeltellerfedern in einem Federpaket
- i Anzahl der wechselsinnig geschichteten Einzeltellerfedern in einer Federsäule

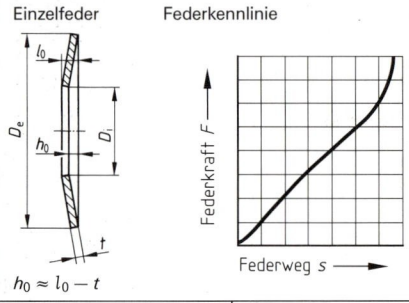

$h_0 \approx l_0 - t$

Federpaket: $F_S = n \cdot F$; $s_S = s$; $L_0 = l_0 + (n-1) \cdot t$

Federsäule: $F_S = F$; $s_S = i \cdot s$; $L_0 = i \cdot l_0$

Bezeichnung einer Tellerfeder der Reihe A mit $D_e = 16$ mm, $t = 0{,}9$ mm
Tellerfeder DIN 2093 — A 16

Gruppe[1]	D_e h12	D_i H12	Reihe A: harte Federn $D_e/t \approx 18$; $h_0/t \approx 0{,}4$					Reihe B: mittelharte Federn $D_e/t \approx 28$; $h_0/t \approx 0{,}75$					Reihe C: weiche Federn $D_e/t \approx 40$; $h_0/t \approx 1{,}3$				
			t	t'	l_0	F in kN[2]	s[3]	t	t'	l_0	F in kN[2]	s[3]	t	t'	l_0	F in kN[2]	s[3]
1	8	4,2	0,4	—	0,6	0,21	0,15	0,3	—	0,55	0,12	0,19	0,2	—	0,45	0,04	0,19
	10	5,2	0,5	—	0,75	0,33	0,19	0,4	—	0,7	0,21	0,23	0,25	—	0,55	0,06	0,23
	14	7,2	0,8	—	1,1	0,81	0,23	0,5	—	0,9	0,28	0,30	0,35	—	0,8	0,12	0,34
	16	8,2	0,9	—	1,25	1,00	0,26	0,6	—	1,05	0,41	0,34	0,4	—	0,9	0,16	0,38
	20	10,2	1,1	—	1,55	1,53	0,34	0,8	—	1,35	0,75	0,41	0,5	—	1,15	0,25	0,49
	25	12,2	—	—	—	—	—	0,9	—	1,6	0,87	0,53	0,7	—	1,6	0,60	0,68
	28	14,2	—	—	—	—	—	1,0	—	1,8	1,11	0,60	0,8	—	1,8	0,80	0,75
	40	20,4	—	—	—	—	—	—	—	—	—	—	1	—	2,3	1,02	0,98
2	25	12,2	1,5	—	2,05	2,91	0,41	—	—	—	—	—	—	—	—	—	—
	28	14,2	1,5	—	2,15	2,85	0,49	—	—	—	—	—	—	—	—	—	—
	40	20,4	2,2	—	3,15	6,54	0,68	1,5	—	2,6	2,62	0,86	—	—	—	—	—
	45	22,4	3	—	4,1	7,72	0,75	1,7	—	3,0	3,66	0,98	1,25	—	2,85	1,89	1,20
	50	25,4	3	—	4,3	12,0	0,83	2	—	3,4	4,76	1,05	1,25	—	2,85	1,55	1,20
	56	28,5	3,5	—	4,9	11,4	0,98	2	—	3,6	4,44	1,20	1,5	—	3,45	2,62	1,46
	63	31	4	—	5,6	15,0	1,05	2,5	—	4,2	7,18	1,31	1,8	—	4,15	4,24	1,76
	71	36	5	—	6,7	20,5	1,20	2,5	—	4,5	6,73	1,50	2	—	4,6	5,14	1,95
	80	41	5	—	7	33,7	1,28	3	—	5,3	10,5	1,73	2,25	—	5,2	6,61	2,21
	90	46	6	—	8,2	31,4	1,50	3,5	—	6	14,2	1,88	2,5	—	5,7	7,68	2,40
	100	51	6	—	8,5	48,0	1,65	3,5	—	6,3	13,1	2,10	2,7	—	6,2	8,61	2,63
	125	64	—	—	—	—	—	5	—	8,5	30,0	2,63	3,5	—	8	15,4	3,38
	140	72	—	—	—	—	—	5	—	9	27,9	3,00	3,8	—	8,7	17,2	3,68
	160	82	—	—	—	—	—	6	—	10,5	41,1	3,38	4,3	—	9,9	21,8	4,20
	180	92	—	—	—	—	—	6	—	11,1	37,5	3,83	4,8	—	11	26,4	4,65
	200	102	—	—	—	—	—	—	—	—	—	—	5,5	—	12,5	36,1	5,25
3	125	64	8	7,5	10,6	85,9	1,95	—	—	—	—	—	—	—	—	—	—
	140	72	8	7,5	11,2	85,3	2,40	—	—	—	—	—	—	—	—	—	—
	160	82	10	9,4	13,5	139	2,63	—	—	—	—	—	—	—	—	—	—
	180	92	10	9,4	14	125	3,00	—	—	—	—	—	—	—	—	—	—
	200	102	12	11,25	16,2	183	3,15	8	7,5	13,6	76,4	4,20	—	—	—	—	—
	225	112	12	11,25	17	171	3,75	8	7,5	14,5	70,8	4,88	6,5	6,2	13,6	44,6	5,33
	250	127	14	13,1	19,6	249	4,20	10	9,4	17	119	5,25	6,7	6,7	14,8	50,5	5,85

[1] **Gruppe 1**: $t < 1{,}25$ mm; **Gruppe 2**: $t = 1{,}25$ bis 6 mm; **Gruppe 3**: $t > 6$ bis 14 mm, Auflageflächen und reduzierte Tellerdicke t'.

[2] Federkraft F des Einzeltellers bei Federweg $s \approx 0{,}75 \cdot h_0$ [3] $s \approx 0{,}75 \cdot h_0$

Schmalkeilriementrieb

Schmalkeilriemen DIN 7753 T1 (01.88)

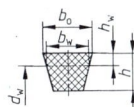

Keilriemenscheiben DIN 2211 T1 (03.84)

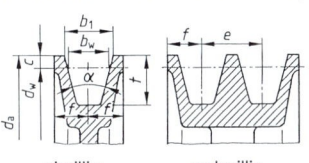

einrillig / mehrrillig

Wirkdurchmesser $d_w = d_a - 2 \cdot c$

Bezeichnungen		Schmalkeilriemen, Keilriemenscheiben			
Riemenprofil	ISO-Kurzzeichen	SPZ	SPA	SPB	SPC
b_o	obere Riemenbreite	9,7	12,7	16,3	22
b_w	Wirkbreite	8,5	11	14	19
h	Riemenhöhe	8	10	13	18
h_w	Abstand	2	2,8	3,5	4,8
d_{wk}	kleinstzulässiger Wirk-⌀	63	90	140	224
b_1	obere Rillenbreite	9,7	12,7	16,3	22
c	Abstand vom Wirk-⌀ bis Außen-⌀	2	2,8	3,5	4,8
t	kleinstzulässige Rillentiefe	11	13,8	17,5	23,8
e	Rillenabstand	12	15	19	25,5
f	Rillenabstand vom Rande	8	10	12,5	17
Rillenwinkel α	34°/38° für Wirk-⌀ bis / über	80 / 80	118 / 118	190 / 190	315 / 315

Winkelfaktor c_1	1	1,02	1,05	1,08	1,12	1,16	1,22	1,28	1,37	1,47
Umschlingungswinkel β	180°	170°	160°	150°	140°	130°	120°	110°	100°	90°

Betriebsfaktor c_2

Tägliche Betriebsdauer in Stunden			angetriebene Arbeitsmaschinen
bis 10	über 10 bis 16	über 16	
1,0	1,1	1,2	Kreiselpumpen, Ventilatoren, Bandförderer für leichtes Gut
1,1	1,2	1,3	Werkzeugmaschinen, Pressen, Blechscheren, Druckereimaschinen
1,2	1,3	1,4	Mahlwerke, Kolbenpumpen, Stoßförderer, Textil- und Papiermaschinen
1,3	1,4	1,5	Steinbrecher, Mischer, Winden, Krane, Bagger

Leistungswerte für Schmalkeilriemen

vgl. DIN 7753 T2 (04.76)

Riemenprofil	SPZ			SPA			SPB			SPC	
d_{wk} der kleinen Scheibe	63	100	180	90	160	250	140	250	400	224	400	630
n_k der kleinen Scheibe	Nennleistung P_N in kW je Riemen											
400	0,35	0,79	1,71	0,75	2,04	3,62	1,92	4,86	8,64	5,19	12,56	21,42
700	0,54	1,28	2,81	1,17	3,30	5,88	3,02	7,84	13,82	8,13	19,79	32,37
950	0,68	1,66	3,65	1,48	4,27	7,60	3,83	10,04	17,39	10,19	24,52	37,37
1450	0,93	2,36	5,19	2,02	6,01	10,53	5,19	13,66	22,02	13,22	29,86	31,74
2000	1,17	3,05	6,63	2,49	7,60	12,85	6,31	16,19	22,07	14,58	25,81	—
2800	1,45	3,90	8,20	3,00	9,24	14,13	7,15	16,44	9,37	11,89	—	—

Bestimmung des Profils für Schmalkeilriemen

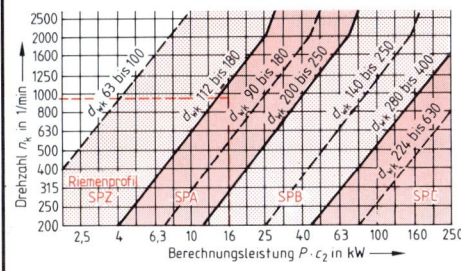

P zu übertragende Leistung
P_N Nennleistung je Riemen
z Anzahl der Riemen

c_1 Winkelfaktor
c_2 Betriebsfaktor

Anzahl der Riemen

$$z = \frac{P \cdot c_1 \cdot c_2}{P_N}$$

Beispiel: Zu übertragen sind $P = 12$ kW bei $c_1 = 1,12$; $c_2 = 1,4$; $d_{wk} = 160$ mm; $n_k = 950$/min; $\beta = 140°$; $z = ?$

Lösung: Aus $P \cdot c_2 = 12$ kW $\cdot 1,4 = 16,8$ kW nach Diagramm Profil **SPA**; P_N nach Tabelle 4,27 kW je Riemen

$$z = \frac{P \cdot c_1 \cdot c_2}{P_N} = \frac{12 \text{ kW} \cdot 1,12 \cdot 1,4}{4,27 \text{ kW}} = 4,4$$

gewählt: $z = $ **5 Riemen**

Synchronriementrieb

Synchronriemen (Zahnriemen)
vgl. DIN 7721 T1 (06.89)

Einfachverzahnung

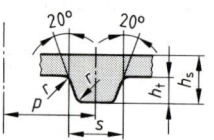

Doppel-Verzahnung

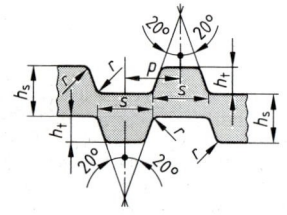

Zahn-teilungs-Kurz-zeichen	Zahn-teilung p	Maße der Zähne s	h_t	r	Nenn-dicke h_s	Synchronriemenbreite b		
T 2,5	2,5	1,5	0,7	0,2	1,3	—	4	6	10
T 5	5	2,7	1,2	0,4	2,2	6	10	16	25
T 10	10	5,3	2,5	0,6	4,5	16	25	32	50
T 20	20	10,2	5,0	0,8	8,0	32	50	75	100

Wirk-länge[1]	Zähnezahl für T 2,5	T 5	Wirk-länge[1]	Zähnezahl für T 5	T 10	Wirk-länge[1]	Zähnezahl für T 10	T 20
120	48	—				530	—	53	1010	101	—
150	—	30	560	112	56	1080	108	—
160	64	—	610	122	61	1150	115	—
200	80	40	630	126	63	1210	121	—
245	98	49	660	—	66	1250	125	—
270	—	54	700	—	70	1320	132	—
285	114	—	720	144	72	1390	139	—
305	—	61	780	156	78	1460	146	73
330	132	66	840	168	84	1560	156	—
390	—	78	880	—	88	1610	161	—
420	168	84	900	180	—	1780	178	89
455	—	91	920	184	92	1880	188	94
480	192	96	960	—	96	1960	196	—
500	200	100	990	198	—	2250	225	—

Bezeichnung eines Synchronriemens mit Einfach-Verzahnung der Breite 6 mm mit dem Zahnteilungs-Kurzzeichen T 2,5 und der Wirklänge 480 mm: **Riemen DIN 7721 – 6 T 2,5 × 480**

Ein Synchronriemen mit Doppel-Verzahnung wird mit einem an die Bezeichnung angehängten Kennbuchstaben D gekennzeichnet. [1] Wirklängen von 100 bis 3620 mm; in Sonderfertigung bis 25 000 mm.

Synchronriemenscheiben
vgl. DIN 7721 T2 (06.89)

Zahn-lücken	Scheibenaußen-∅ d_0 für T 2,5	T 5	T 10	T 20	Zahn-lücken	Scheibenaußen-∅ d_0 für T 2,5	T 5	T 10	T 20	Zahn-lücken	Scheibenaußen-∅ d_0 für T 2,5	T 5	T 10	T 20
10	7,4	15,0	—	—	17	13,0	26,2	52,2	105,4	32	24,9	50,1	100,0	200,8
11	8,2	16,6	—	—	18	13,8	27,8	55,4	111,7	36	28,1	56,4	112,7	226,3
12	9,0	18,2	36,3	—	19	14,6	29,4	58,6	118,1	40	31,3	62,8	125,4	251,8
13	9,8	19,8	39,5	—	20	15,4	31,0	61,8	124,5	48	37,7	75,5	150,9	302,7
14	10,6	21,4	42,7	—	22	17,0	34,1	68,2	137,2	60	47,2	94,6	189,1	379,1
15	11,4	23,0	45,9	92,6	25	19,3	38,9	77,7	156,3	72	56,8	113,7	227,3	455,5
16	12,2	24,6	49,1	99,0	28	21,7	43,7	87,2	175,4	84	66,3	132,9	265,5	531,9

Zahnlückenmaße

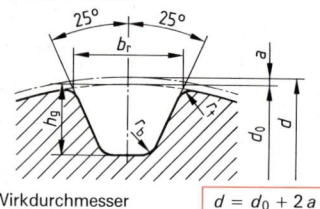

Wirkdurchmesser $d = d_0 + 2a$

Form SE für ≤ 20 Zahnlücken
Form N für > 20 Zahnlücken

Scheibenmaße

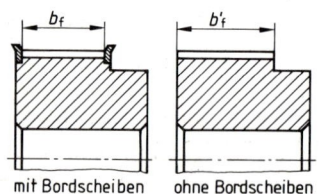

mit Bordscheiben   ohne Bordscheiben

Zahn-teilungs-Kurz-zeichen	Zahnlückenmaße Form SE b_r	Form N b_r	Form SE h_g	Form N h_g	Für Formen SE und N r_b	r_t	$2a$
T 2,5	1,75	1,83	0,75	1	0,2	0,3	0,6
T 5	2,96	3,32	1,25	1,95	0,4	0,6	1
T 10	6,02	6,57	2,6	3,4	0,6	0,8	2
T 20	11,65	12,6	5,2	6	0,8	1,2	3

Zahn-teilungs-Kurz-zeichen	Rie-men-breite b	Scheibenbreite mit Bord b_f	ohne Bord b'_f	Zahn-teilungs-Kurz-zeichen	Rie-men-breite b	Scheibenbreite mit Bord b_f	ohne Bord b'_f
T 2,5	4	5,5	8	T 10	16	18	21
	6	7,5	10		25	27	30
	10	11,5	14		32	34	37
					50	52	55
T 5	6	7,5	10	T 20	32	34	38
	10	11,5	14		50	52	56
	16	17,5	20		75	77	81
	25	26,5	29		100	102	106

Gleitlagerbuchsen

Buchsen für Gleitlager aus Kupferlegierungen
vgl. DIN 1850 T1 (10.76)

Form G   **Form U**

d_1 E6	d_2 s6	d_3 d11	b_1 h13	b_2	f	u
20	26	32	20	3	0,5	1,5
30	38	44	30	4	0,5	2,0
40	50	58	40	5	0,8	2,0
50	60	68	50	5	0,8	2,0
65	80	88	60	7,5	1,0	2,0
75	90	100	70	7,5	1,0	3,0
80	95	105	80	7,5	1,0	3,0
90	110	120	80	10	1,0	3,0

Allgemeintoleranzen: DIN 7168 – m

Bezeichnung einer Buchse Form G von $d_1 = 20$ mm, $d_2 = 26$ mm und $b_1 = 20$ mm, aus CuSn 8:
Buchse DIN 1850 G 20 x 26 x 20 — CuSn 8   Werkstoffe: Seite 132 und 133

Buchsen für Gleitlager aus Sintermetall
vgl. DIN 1850 T3 (06.90)

Form J   **Form V** (nur bis $d_1 = 40$ mm)

d_1 G7	d_2 r6	d_3 js13	b_1 js13	b_2 js13	f	R
20	26	32	25	3	0,4	0,6
30	38	46	30	4	0,6	0,8
40	50	60	50	5	0,7	0,8
45	55	—	55	—	0,7	—
50	60	—	70	—	0,7	—
55	65	—	70	—	0,7	—
60	72	—	70	—	0,8	—

Bezeichnung einer Buchse Form J mit $d_1 = 30$ mm, $d_2 = 38$ mm und $b_1 = 30$ mm aus Sinterstahl SINT-A10:
Buchse DIN 1850 J30 x 38 x 30 – SINT –A10   Werkstoffe: Seite 131

Buchsen für Gleitlager aus Thermoplasten
vgl. DIN 1850 T6 (02.79)

Form S   **Form T**

d_1 D12	d_2	d_3 d13	b_1 h13	b_2 h13	f	R
20	26	32	30	3	0,8	0,5
30	38	44	40	4	0,8	0,5
40	50	58	60	5	1,2	0,8
50	60	68	60	5	1,2	0,8
65	80	88	80	7,5	1,5	1,0
75	90	100	90	7,5	1,5	1,0
80	95	105	100	7,5	1,5	1,0
90	110	120	120	10	1,5	1,0

d_2 in mm	über bis	20 24	24 32	32 42	42 50	50 65
Grenzabmaße in mm		+0,33 +0,11	+0,45 +0,15	+0,6 +0,2	+0,69 +0,23	+0,9 +0,3

Gehäuse: H7; Welle: h9

Bezeichnung einer Buchse Form S mit $d_1 = 40$ mm, $b_1 = 60$ mm, Toleranzgruppe A aus Werkstoff PTFE:
Buchse DIN 1850 –S40 A60 –PTFE   Werkstoffe: Seite 149

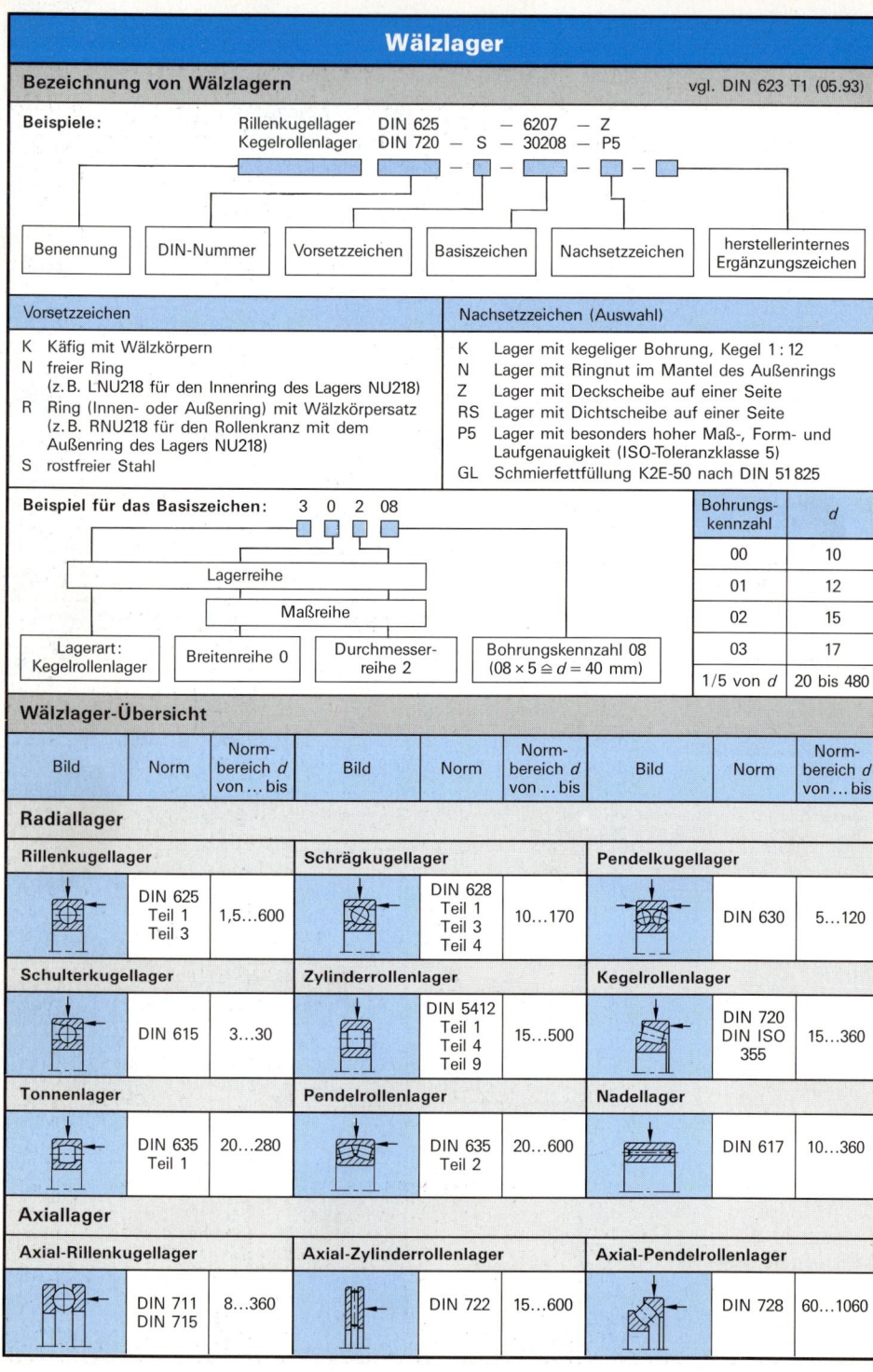

Kugellager

Rillenkugellager

vgl. DIN 625 T1 (04.89)

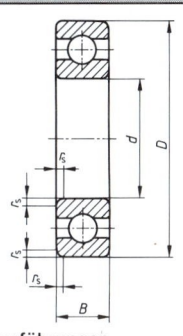

Ausführungen:
(Nachsetzzeichen):
- Z: 1 Deckscheibe
- 2Z: 2 Deckscheiben
- RS: 1 Dichtscheibe
- 2RS: 2 Dichtscheiben
- N: Nut im Außenring

d	Lagerreihe 60				Lagerreihe 62				Lagerreihe 63			
	D	B	r_s	Kurzz.	D	B	r_s	Kurzz.	D	B	r_s	Kurzz.
10	26	8	0,3	6000	30	9	0,6	6200	35	11	0,6	6300
12	28	8	0,3	6001	32	10	0,6	6201	37	12	1	6301
15	32	9	0,3	6002	35	11	0,6	6202	42	13	1	6302
17	35	10	0,3	6003	40	12	0,6	6203	47	14	1	6303
20	42	12	0,6	6004	47	14	1	6204	52	15	1,1	6304
25	47	12	0,6	6005	52	15	1	6205	62	17	1,1	6305
30	55	13	1	6006	62	16	1	6206	72	19	1,1	6306
35	62	14	1	6007	72	17	1,1	6207	80	21	1,5	6307
40	68	15	1	6008	80	18	1,1	6208	90	23	1,5	6308
45	75	16	1	6009	85	19	1,1	6209	100	25	1,5	6309
50	80	16	1	6010	90	20	1,1	6210	110	27	2	6310
55	90	18	1,1	6011	100	21	1,5	6211	120	29	2	6311
60	95	18	1,1	6012	110	22	1,5	6212	130	31	2,1	6312
65	100	18	1,1	6013	120	23	1,5	6213	140	33	2,1	6313
70	110	20	1,1	6014	125	24	1,5	6214	150	35	2,1	6314
80	125	22	1,1	6016	140	26	2	6216	170	39	2,1	6316
90	140	24	1,5	6018	160	30	2	6218	190	43	3	6318
100	150	24	1,5	6020	180	34	2,1	6220	215	47	3	6320

Schrägkugellager

vgl. DIN 628 T1 und T3 (12.93)

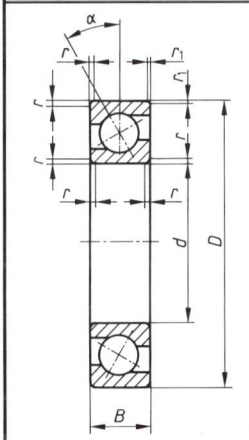

[1]) B Berührungswinkel $\alpha = 40°$

d	Lagerreihe 72 (einreihig)					Lagerreihe 73 (einreihig)					Lagerreihe 33 (zweireihig)			
	D	B	r	r_1	Kurzz.	D	B	r	r_1	Kurzz.	D	B	$r = r_1$	Kurzz.
15	35	11	0,3	0,6	7202B[1])	42	13	1,5	0,8	7302B[1])	42	19	1	3302
20	47	14	0,6	1	7204B	52	15	2	1	7304B	52	22,2	1,1	3304
25	52	15	0,6	1	7205B	62	17	2	1	7305B	62	25,4	1,1	3305
30	62	16	0,6	1	7206B	72	19	2	1	7306B	72	30,2	1,1	3306
35	72	17	0,6	1,1	7207B	80	21	2,5	1,2	7307B	80	34,9	1,5	3307
40	80	18	0,6	1,1	7208B	90	23	2,5	1,2	7308B	90	36,5	1,5	3308
45	85	19	0,6	1,1	7209B	100	25	2,5	1,2	7309B	100	39,7	1,5	3309
50	90	20	0,6	1,1	7210B	110	27	3	1,5	7310B	110	44,4	2	3310
55	100	21	1	1,5	7211B	120	29	3	1,5	7311B	120	49,2	2	3311
60	110	22	1	1,5	7212B	130	31	3,5	2	7312B	130	54	2,1	3312
65	120	23	1	1,5	7213B	140	33	3,5	2	7313B	140	58,7	2,1	3313
70	125	24	1	1,5	7214B	150	35	3,5	2	7314B	150	63,5	2,1	3314
75	130	25	1	1,5	7215B	160	37	3,5	2	7315B	160	68,3	2,1	3315
80	140	26	1	2	7216B	170	39	3,5	2	7316B	170	68,3	2,1	3316
85	150	28	1	2	7217B	180	41	4	2	7317B	180	73	3	3317
90	160	30	1	2	7218B	190	43	4	2	7318B	190	73	3	3318
95	170	32	1,1	2,1	7219B	200	45	4	2	7319B	200	77,8	3	3319

Axial-Rillenkugellager

vgl. DIN 711 (02.88)

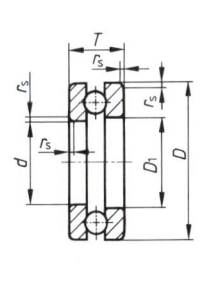

d	D_1	Lagerreihe 512				Lagerreihe 513				Lagerreihe 514			
		D	T	r_s	Kurzz.	D	T	r_s	Kurzz.	D	T	r_s	Kurzz.
25	27	47	15	0,6	51205	52	18	1	51305	60	24	1	51405
30	32	52	16	0,6	51206	60	21	1	51306	70	28	1	51406
35	37	62	18	1	51207	68	24	1	51307	80	32	1,1	51407
40	42	68	19	1	51208	78	26	1	51308	90	36	1,1	51408
45	47	73	20	1	51209	85	28	1	51309	100	39	1,1	51409
50	52	78	22	1	51210	95	31	1,1	51310	110	43	1,5	51410
55	57	90	25	1	51211	105	35	1,1	51311	120	48	1,5	51411
60	62	95	26	1	51212	110	35	1,1	51312	130	51	1,5	51412
65	67	100	27	1	51213	115	36	1,1	51313	140	56	2	51413
70	72	105	27	1	51214	125	40	1,1	51314	150	60	2	51414

Rollenlager

Kegelrollenlager

vgl. DIN 720 T1 (02.79)

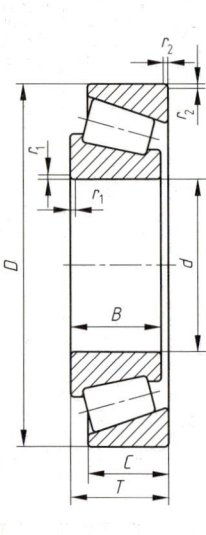

d	Lagerreihe 302							Lagerreihe 303						
	D	B	C	T	r_1	r_2	Kurz-zeichen	D	B	C	T	r_1	r_2	Kurz-zeichen
20	47	14	12	15,25	1	1	302 04	52	15	13	16,25	1,5	1,5	303 04
25	52	15	13	16,25	1	1	302 05	62	17	15	18,25	1,5	1,5	303 05
30	62	16	14	17,25	1	1	302 06	72	19	16	20,75	1,5	1,5	303 06
35	72	17	15	18,15	1,5	1,5	302 07	80	21	18	22,75	2	1,5	303 07
40	80	18	16	19,75	1,5	1,5	302 08	90	23	20	25,25	2	1,5	303 08
45	85	19	16	20,75	1,5	1,5	302 09	100	25	22	27,25	2	1,5	303 09
50	90	20	17	21,75	1,5	1,5	302 10	110	27	23	29,25	2,5	2	303 10
55	100	21	18	22,75	2	1,5	302 11	120	29	25	31,5	2,5	2	303 11
60	110	22	19	23,75	2	1,5	302 12	130	31	26	33,5	3	2,5	303 12
65	120	23	20	24,75	2	1,5	302 13	140	33	28	36	3	2,5	303 13
70	125	24	21	26,25	2	1,5	302 14	150	35	30	38	3	2,5	303 14
75	130	25	22	27,25	2	1,5	302 15	160	37	31	40	3	2,5	303 15
80	140	26	22	28,25	2,5	2	302 16	170	39	33	42,5	3	2,5	303 16
85	150	28	24	30,5	2,5	2	302 17	180	41	34	44,5	4	3	303 17
90	160	30	26	32,5	2,5	2	302 18	190	43	36	46,5	4	3	303 18
95	170	32	27	34,5	3	2,5	302 19	200	45	38	49,5	4	3	303 19
100	180	34	29	37	3	2,5	302 20	215	47	39	51,5	4	3	303 20
105	190	36	30	39	3	2,5	302 21	225	49	41	53,5	4	3	303 21
110	200	38	32	41	3	2,5	302 22	240	50	42	54,5	4	3	303 22
120	215	40	34	43,5	3	2,5	302 24	240	50	42	54,5	4	3	303 24
130	230	40	34	43,75	4	3	302 26	280	58	49	63,75	5	4	303 26
140	250	42	36	45,75	4	3	302 28	300	62	53	67,75	5	4	303 28

Zylinderrollenlager

vgl. DIN 5412 T1 (06.82)

Form N **Form NU**

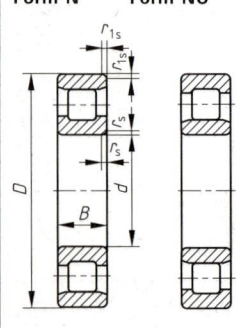

N

Form NJ **Form NUP**

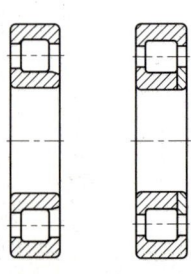

d	Lagerreihen N2, NU2, NJ2 und NUP2				Lagerreihen N3, NU3, NJ3 und NUP3				Bohrungs-kennzahl
	D	B	r_s	r_{1s}	D	B	r_s	r_{1s}	
17	40	12	0,6	0,3	47	14	1	0,6	03
20	47	14	1	0,6	52	15	1,1	0,6	04
25[1]	52	15	1	0,6	62	17	1,1	1,1	05
30	62	16	1	0,6	72	19	1,1	1,1	06
35	72	17	1,1	0,6	80	21	1,5	1,1	07
40	80	18	1,1	1,1	90	23	1,5	1,5	08
45	85	19	1,1	1,1	100	25	1,5	1,5	09
50	90	20	1,1	1,1	110	27	2	2	10
55	100	21	1,5	1,1	120	29	2	2	11
60	110	22	1,5	1,5	130	31	2,1	2,1	12
65	120	23	1,5	1,5	140	33	2,1	2,1	13
70	125	24	1,5	1,5	150	35	2,1	2,1	14
75	130	25	1,5	1,5	160	37	2,1	2,1	15
80	140	26	2	2	170	39	2,1	2,1	16
85	150	28	2	2	180	41	3	3	17
90	160	30	2	2	190	43	3	3	18
95	170	32	2,1	2,1	200	45	3	3	19
100	180	34	2,1	2,1	215	47	3	3	20
105	190	36	2,1	2,1	225	49	3	3	21
110	200	38	2,1	2,1	240	50	3	3	22
120	215	40	2,1	2,1	260	55	3	3	24

[1] Bauform NUP nicht genormt

Bezeichnung eines Zylinderrollenlagers der Lagerreihe NUP2 mit $d = 50$ mm (Bohrungskennzahl 10): **Zylinderrollenlager DIN 5412 — NUP210**

Lagerauswahl, Nutmuttern und Muttersicherungen

Auswahl von wichtigen Wälzlagerbauformen

Lagerbauart		Eignung und Eigenschaften						
		Radialbe-lastung	Axialbe-lastung	Ausgleich Fluchtfehler	geringe Reibung	hohe Drehzahl	hohe Belastbarkeit	geräuscharmer Lauf
Rillenkugellager		◐	◖	◓	◖	●	◖	●
Schrägkugellager		◐	●	◓	◖	●[1]	●[2]	●
Axial-Rillenkugellager		○	●	◖	◖	◖	◖	◓
Kegelrollenlager		●	●	◓	◓	◖[1]	●[2]	◓
Zylinderrollenlager		●	○	◓	◓	●	●	◖

● sehr gut ◖ gut ◐ normal ◓ eingeschränkt ○ nicht geeignet
[1] verminderte Eignung bei paarweisem Einbau [2] bei paarweisem Einbau

Nutmuttern für Wälzlager
vgl. DIN 981 (02.93)

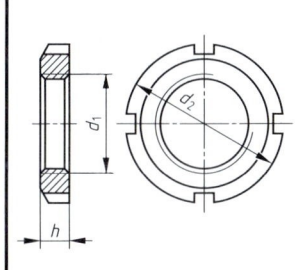

d_1	d_2	h	Kurzzeichen	d_1	d_2	h	Kurzzeichen
M10 × 0,75	18	4	KM 0	M 65 × 2	85	12	KM13
M12 × 1	22	4	KM 1	M 70 × 2	92	12	KM14
M15 × 1	25	5	KM 2	M 75 × 2	98	13	KM15
M20 × 1	32	6	KM 4	M 80 × 2	105	15	KM16
M25 × 1,5	38	7	KM 5	M 85 × 2	110	16	KM17
M30 × 1,5	45	7	KM 6	M 90 × 2	120	16	KM18
M36 × 1,5	52	8	KM 7	M 95 × 2	125	17	KM19
M40 × 1,5	58	9	KM 8	M100 × 2	130	18	KM20
M45 × 1,5	65	10	KM 9	M105 × 2	140	18	KM21
M50 × 1,5	70	11	KM10	M110 × 2	145	19	KM22
M55 × 1,5	75	11	KM11	M115 × 2	150	19	KM23
M60 × 2	80	11	KM12	M120 × 2	155	20	KM24

Bezeichnung einer Nutmutter mit d_1 = M30 × 1,5: **Nutmutter DIN 981 — KM6**

Sicherungsbleche
vgl. DIN 5406 (02.93)

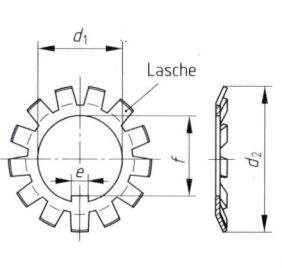

d_1 C11	d_2	e a15	f C11	Kurzzeichen	d_1 C11	d_2	e a15	f C11	Kurzzeichen
10	21	3	8,5	MB 0	65	92	8	62,5	MB13
12	25	3	10,5	MB 1	70	98	8	66,5	MB14
15	28	4	13,5	MB 2	75	104	8	71,5	MB15
20	36	4	18,5	MB 4	80	112	10	76,5	MB17
25	42	5	23	MB 5	85	119	10	81,5	MB18
30	49	5	27,5	MB 6	90	126	10	86,5	MB19
35	57	6	32,5	MB 7	95	133	10	91,5	MB20
40	62	6	37,5	MB 8	100	142	12	96,5	MB21
45	69	6	42,5	MB 9	105	145	12	100,5	MB22
50	74	6	47,5	MB10	110	154	12	105,5	MB23
55	81	8	52,5	MB11	115	159	12	110,5	MB24
60	86	8	57,5	MB12	120	151	14	115	MB25

Bezeichnung eines Sicherungsbleches mit d_1 = 30 mm: **Sicherungsblech DIN 5406 — MB6**

Sicherungsringe, Sicherungsscheiben

Sicherungsringe (Regelausführung)

| für Wellen | vgl. DIN 471 (09.81) | für Bohrungen | vgl. DIN 472 (09.81) |

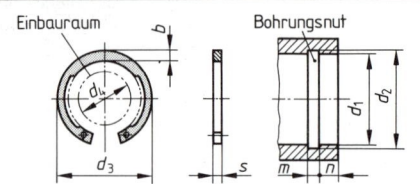

Nenn-maß d_1 mm	Ring				Nut			Nenn-maß d_1 mm	Ring				Nut		
	s	d_3	d_4	b ≈	d_2[1] H13	m	n min.		s	d_3	d_4	b ≈	d_2[2] H13	m	n min.
10	1	9,3	17	1,8	9,6	1,1	0,6	10	1	10,8	3,3	1,4	10,4	1,1	0,6
12	1	11	19	1,8	11,5	1,1	0,8	12	1	13	4,9	1,7	12,5	1,1	0,8
15	1	13,8	22,6	2,2	14,3	1,1	1,1	15	1	16,2	7,2	2	15,7	1,1	1,1
18	1,2	16,5	26,2	2,4	17	1,3	1,5	18	1	19,5	9,4	2,2	19	1,1	1,5
20	1,2	18,5	28,4	2,6	19	1,3	1,5	20	1	21,5	11,2	2,3	21	1,1	1,5
22	1,2	20,5	30,8	2,8	21	1,3	1,5	22	1	23,5	13,2	2,5	23	1,1	1,5
25	1,2	23,2	34,2	3	23,9	1,3	1,7	25	1,2	26,9	15,5	2,7	26,2	1,3	1,8
28	1,5	25,9	37,9	3,2	26,6	1,6	2,1	28	1,2	30,1	17,9	2,9	29,4	1,3	2,1
30	1,5	27,9	40,5	3,5	28,6	1,6	2,1	30	1,2	32,1	19,9	3	31,4	1,3	2,1
32	1,5	29,6	43	3,6	30,3	1,6	2,6	32	1,2	34,4	20,6	3,2	33,7	1,3	2,6
35	1,5	32,2	46,8	3,9	33	1,6	3	35	1,5	37,8	23,6	3,4	37	1,6	3
38	1,75	35,2	50,2	4,2	36	1,85	3	38	1,5	40,8	26,4	3,7	40	1,6	3
40	1,75	36,5	52,6	4,4	37,5	1,85	3,8	40	1,75	43,5	27,8	3,9	42,5	1,85	3,8
42	1,75	38,5	55,7	4,5	39,5	1,85	3,8	42	1,75	45,5	29,6	4,1	44,5	1,85	3,8
45	1,75	41,5	59,1	4,7	42,5	1,85	3,8	45	1,75	48,5	32	4,3	47,5	1,85	3,8
48	1,75	44,5	62,5	5	45,5	1,85	3,8	48	1,75	51,5	34,5	4,5	50,5	1,85	3,8
50	2,0	45,8	64,5	5,1	47,0	2,15	4,5	50	2,0	54,2	36,3	4,6	53,0	2,15	4,5
60	2,0	55,8	75,6	5,8	57,0	2,15	4,5	60	2,0	64,2	44,7	5,4	63,0	2,15	4,5
65	2,5	60,8	81,4	6,3	62,0	2,65	4,5	65	2,5	69,2	49,0	5,8	68,0	2,65	4,5
70	2,5	65,5	87	6,0	67,0	2,65	4,5	72	2,5	76,5	55,6	6,4	75,0	2,65	4,5
75	2,5	70,5	92,7	7,0	72,0	2,65	4,5	75	2,5	79,5	58,6	6,6	78,0	2,65	4,5
80	2,5	74,5	98,1	7,4	76,5	2,65	5,3	80	2,5	85,5	62,1	7,0	83,5	2,65	5,3
90	3,0	84,5	108,5	8,2	86,5	3,15	5,3	90	3,0	95,5	71,9	7,6	93,5	3,15	5,3
100	3,0	94,5	120,2	9	96,5	3,15	5,3	100	3,0	105,5	80,6	8,4	103,5	3,15	5,3

[1] Toleranzfeld für 9,6 mm: h10, bis 21 mm: h11, ab 23,9 mm: h12

[2] Toleranzfeld bis 23 mm: H11, ab 23 mm: H12

Bezeichnung eines Sicherungsringes mit d_1 = 40 mm und s = 1,75 mm: **Sicherungsring DIN 471-40 x 1,75**

Bezeichnung eines Sicherungsringes mit d_1 = 80 mm und s = 2,5 mm: **Sicherungsring DIN 472-80 x 2,5**

Sicherungsscheiben

vgl. DIN 6799 (09.81)

ungespannt — gespannt — Wellennut

Sicherungsscheibe				Wellennut		
d_2 h11	d_3 gespannt	a	s ±0,03	d_1 von	bis	m +0,06	n min.
8	16,3	6,52	1,0	9	12	1,05	1,8
12	23,4	10,45	1,3	13	18	1,35	2,5
15	29,4	12,61	1,5	16	24	1,55	3,0
19	37,6	15,92	1,75	20	31	1,80	3,5
24	44,6	21,88	2,0	25	38	2,05	4,0

Bezeichnung einer Sicherungsscheibe mit d_2 = 15 mm: **Sicherungsscheibe DIN 6799-15**

Paßscheiben, Stützscheiben, Wellenenden

Paßscheiben, Stützscheiben

vgl. DIN 988 (03.90)

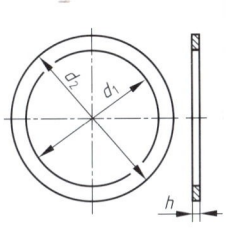

d_1 D12	d_2 d12	Stütz-scheibe h	Paß-scheibe h	d_1 D12	d_2 d12	Stütz-scheibe h	Paß-scheibe h	d_1 D12	d_2 d12	Stütz-scheibe h	Paß-scheibe h
10	16	1,2	0,1…1,8	28	40	2	0,1…2	56	72	3	0,1…2
11	17	1,2		30	42	2,5		60	75	3	
12	18	1,2		32	45	2,5		63	80	3	
13	19	1,5		35	45	2,5		65	85	3,5	
14	20	1,5		36	45	2,5		70	90	3,5	
15	21	1,5		37	47	2,5		75	95	3,5	
16	22	1,5		40	50	2,5		80	100	3,5	
17	24	1,5		42	52	2,5		85	105	3,5	
18	25	1,5	0,1…2	45	55	3		90	110	3,5	
19	26	1,5		45	56	3		95	115	3,5	
20	28	2		48	60	3		100	120	3,5	
22	30	2		50	62	3		100	125	3,5	
22	32	2		50	63	3		105	130	3,5	
25	35	2		52	65	3		110	140	3,5	
25	36	2		55	68	3		120	150	3,5	
26	37	2		56	70	3		130	160	3,5	

Abstufungen der Paßscheibendicken h

h_{max}	0,1	0,15	0,2	0,3	0,5	1	1,1	1,2	1,3	1,4	1,5	1,6	1,7	1,8	1,9	2
h_{min}	0,07	0,12	0,16	0,25	0,45	0,95	1,05	1,15	1,25	1,35	1,45	1,55	1,65	1,75	1,85	1,95

Bezeichnung einer Paßscheibe mit $d_1 = 40$ mm, $d_2 = 50$ mm, $h = 1,5$ mm:
Paßscheibe DIN 988 — 40 × 50 × 1,5

Wellenenden

vgl. DIN 748 T1 (01.70), DIN 1448 T1 (01.70)

Wellenende zylindrisch DIN 748

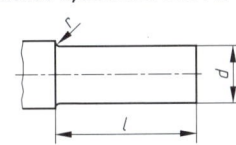

Wellenende kegelig DIN 1448

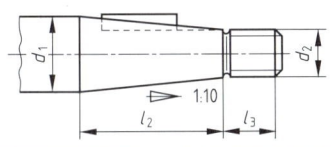

d	Toleranz-feld	l lang	l kurz	r	d_1	l_2 lang	l_2 kurz	l_3	Paßfeder[1] $b \times h$	Gewinde d_2
16	k6	40	28	0,6	16	28	16	12	3 × 3	M10 × 1,25
20		50	36	0,6	20	36	22	14	4 × 4	M12 × 1,25
22		50	36	0,6	22	36	22	14	4 × 4	M12 × 1,25
25		60	42	1	25	42	24	18	5 × 5	M16 × 1,5
28	k6	60	42	1	28	42	24	18	5 × 5	M16 × 1,5
30		80	58	1	30	58	36	22	5 × 5	M20 × 1,5
35		80	58	1	35	58	36	22	6 × 6	M20 × 1,5
38		80	58	1	38	58	36	22	6 × 6	M24 × 2
40	k6	110	82	1	40	82	54	28	10 × 8	M24 × 2
45		110	82	1	45	82	54	28	12 × 8	M30 × 2
48		110	82	1	48	82	54	28	12 × 8	M30 × 2
50		110	82	1,6	50	82	54	28	12 × 8	M36 × 3
60	m6	140	105	1,6	60	105	70	35	16 × 10	M42 × 3
70		140	105	1,6	70	105	70	35	18 × 11	M48 × 3
80		170	130	1,6	80	130	90	40	20 × 12	M56 × 4
90		170	130	2,5	90	130	90	40	22 × 14	M64 × 4
100	m6	210	165	2,5	100	165	120	45	25 × 14	M72 × 4
110		210	165	2,5	110	165	120	45	25 × 14	M80 × 4
120		210	165	2,5	120	165	120	45	28 × 16	M90 × 4

Bezeichnung eines kurzen zyl. Wellenendes mit $d = 80$ mm und $l = 130$ mm: **Wellenende 80 × 130 DIN 748**
[1] Nut und Paßfeder nach DIN 6885 Teil 1

Dichtelemente

Radial-Wellendichtringe
vgl. DIN 3760 (09.96)

Form A

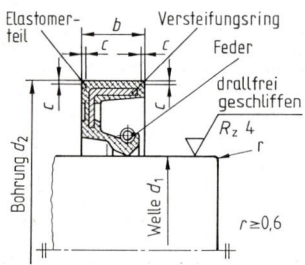

Form AS

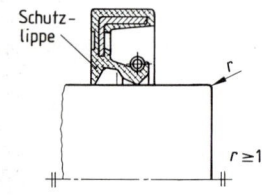

d_1 h11	d_2 H8	b ±0,2	d_1 h11	d_2 H8	b ±0,2	d_1 h11	d_2 H8	b ±0,2
6	16	22	7	28	40	52	7	60	75	85	8
7	22	—	7		47	—			80	—	
8	22	24	7	30	40	47	7		65	85	90	10
9	22	—	7		42	52			70	90	95	10
10	22	26	7	32	45	52	8		75	95	100	10
	25	—			47	—			80	100	110	10
12	22	30	7	35	47	52	8		85	110	120	12
	25	—			50	55			90	110	120	12
14	24	30	7	38	55	62	8		95	120	125	12
15	26	35	7	40	52	62	8	100	120	130	12
	30	—			55	—			125	—	
16	30	35	7	42	55	62	8	105	130	—	12
18	30	35	7	45	60	65	8	110	130	140	12
20	30	40	7		62	—		115	140	—	12
	35	—		48	62	—	8	120	150	—	12
22	35	47	7	50	65	72	8	125	150	—	12
	40	—			68	—		130	160	—	12
25	35	47	7	55	70	80	8	135	170	—	12
	40	52			72	—		140	170	—	15

Die Maße und Angaben der Form AS entsprechen denen der Form A.
Härte des Laufflächenbereichs: ≥ 45 HRC.

Bezeichnung eines Wellendichtrings (WDR) der Form A mit $d_1 = 25$ mm, $d_2 = 40$ mm und $b = 7$ mm, Elastomerteil aus Nitril-Butadien-Kautschuk (NB):

WDR DIN 3760 — A 25 × 40 × 7 — NB

Kanten des Wellendichtrings

d_1	c_{min}
von 10 bis 26	0,3
von 28 bis 60	0,4
von 62 bis 80	0,5
von 85 bis 135	0,8

O-Ringe
vgl. DIN 3771 (12.84)

d_1	d_2	d_1	d_2	d_1	d_2	d_1	d_2	d_1	d_2	d_1	d_2
1,8 2 2,24	1,8	6,9 7,1 7,5	1,8	25 26,5 28	2,65 3,55	60 63 65	3,55 5,3	125 128 132	3,55 5,3	195 200 206	3,55 5,3
2,5 2,8 3,15	1,8	8 8,5 9	1,8	30 32,5 34,5	2,65 3,55	67 71 75	3,55 5,3	136 140 145	3,55 5,3	212 218 224	5,3 7
3,55 3,75 4	1,8	10 11,2 12,5	1,8	37,5 40 42,5	3,55 5,3	77,5 80 85	3,55 5,3	150 155 160	3,55 5,3	230 236 243	5,3 7
4,5 5 5,3	1,8	14 15 16	1,8	45 47,5 50	3,55 5,3	90 95 100	3,55 5,3	165 170 175	3,55 5,3	250 258 265	5,3 7
5,6 6 6,3	1,8	18 20 22,4	2,65 3,55	53 56 58	3,55 5,3	106 109 112	3,55 5,3	180 185 190	3,55 5,3	272 280 300	5,3 7

Fertigungstechnik

Fertigungsplanung

Auftragszeit $T = t_r + t_a$

Zeitermittlung nach REFA 220
Kalkulation 222

Bewegungen an Maschinen

Zahnradberechnungen 224
Übersetzungen 227
Geschwindigkeiten an Maschinen 228
Lastdrehzahlen von Werkzeugmaschinen 229
Drehzahldiagramm 230

Spanende Bearbeitung

Schruppen	v_c	80...150
	f_z	0,1...0,3
Schlichten	v_c	100...300
	f_z	0,1...0,2

Hauptnutzungszeit beim Zerspanen 231
                  beim Erodieren 236
Kräfte und Leistungen beim Zerspanen 237
Werkzeug-Anwendungsgruppen 240
Richtwerte für das Bohren 241
Richtwerte für das Reiben und Gewindebohren 242
Wendeschneidplatten 243
Klemmhalter für Wendeschneidplatten 244
Kegeldrehen 245
Richtwerte für das Drehen 246
Richtwerte für das Fräsen 248
Teilen mit dem Teilkopf 250
Wendelnutenfräsen 251
Richtwerte für das Schleifen 252
Richtwerte für das Honen 255
Kunststoffe: Spanende Formgebung 256

Spanloses Formen

Schneidkraft, Schneidarbeit 257
Scherschneiden 258
Biegeumformen 260
Tiefziehen 262
Spritzgießen von Kunststoffen 264

Schweißen, Löten, Kleben

Schweißverfahren und -positionen 265
Nahtvorbereitung 266
Druckgasflaschen, Gasverbrauch 267
Gasschweißen, Schweißstäbe, Richtwerte 268
Schutzgasschweißen, Schutzgase 269
                     Richtwerte 270
Thermisches Trennen, Schweißzusätze 271
Lichtbogenschweißen, Stabelektroden 272
                     Elektrodenwahl 273
                     Elektrodenbedarf 274
Kleben 275
Lote und Flußmittel 276

Schall und Lärm
.... 278

Auftragszeit nach REFA[1]

```
                    Auftragszeit T
                   /              \
          Rüstzeit $t_r$      Ausführungszeit
                              $t_a = m \cdot t_e$   $t_a$      (m Anzahl der Einheiten)
                                   |
                              Zeit je Einheit $t_e$
```

Rüstgrundzeit t_{rg} — Rüsterholungszeit t_{rer} — Rüstverteilzeit t_{rv} — Grundzeit t_g — Erholungszeit t_{er} — Verteilzeit t_v

Grundzeit: Tätigkeitszeit t_t — Wartezeit t_w
Verteilzeit: sachliche Verteilzeit t_s — persönliche Verteilzeit t_p
Tätigkeitszeit: beeinflußbare Tätigkeitszeit t_{tb} — unbeeinflußbare Tätigkeitszeit t_{tu}

Kurzzeichen	Bezeichnung	Erläuterung
T	Auftragszeit	Die für die Erledigung eines Auftrages insgesamt vorgegebene Zeit. Sie gliedert sich in die Rüstzeit (Vorbereiten der Auftragsausführung) und die Ausführungszeit.
t_r	Rüstzeit	In der Rüstzeit werden Arbeitsplatz, Maschine und Werkzeuge für den Auftrag vorbereitet (gerüstet) und wieder in den ursprünglichen Zustand versetzt. Die Rüstzeit kommt unabhängig von der Zahl der Einheiten meist nur einmal je Auftrag vor. **Beispiele:** Rüstgrundzeit t_{rg}: Auftrag und Zeichnung lesen, Maschine einstellen Rüsterholungszeit t_{rer}: Erholungszeit nach anstrengender Umrüstung Rüstverteilzeit t_{rv}: Kurze Maschinenstörung beseitigen
t_a	Ausführungszeit	Die Zeit für die Ausführungsarbeit an allen Einheiten m des Auftrages. Meist wird die Ausführungszeit aus $t_a = m \cdot t_e$ berechnet.
t_g	Grundzeit	Die Grundzeit ist für das planmäßige Ausführen des Auftrages nötig. Sie setzt sich aus der Tätigkeitszeit und der Wartezeit zusammen.
t_{er}	Erholungszeit	Während der Erholungszeit wird die Arbeit unterbrochen, um Arbeitsermüdung abzubauen. **Beispiele:** Erholung nach Überkopfschweißen oder längerer Bildschirmkontrolle
t_v	Verteilzeit	Unregelmäßig auftretende Zeiten, die zur planmäßigen Auftragsausführung nötig sind. **Beispiele:** Sachliche Verteilzeit t_s: Unvorhergesehenes Werkzeugschleifen Persönliche Verteilzeit t_p: Lohnabrechnung prüfen, Bedürfnis erledigen
t_t	Tätigkeitszeit	Tätigkeitszeiten sind die Zeiten, in denen der eigentliche Auftrag erledigt wird. In der **Haupttätigkeitszeit** wird der Auftrag unmittelbar bearbeitet. **Beispiele:** Montage von Getriebeteilen, Spanen mit Werkzeugmaschinen In der **Nebentätigkeitszeit** tritt kein direkter Fortschritt des Auftrages ein. **Beispiele:** Auspacken von Wälzlagern, Spannen von Werkstücken, Ablage von Fertigteilen Die Tätigkeitszeiten werden in **beeinflußbare** Zeiten, z. B. Montage- und Entgratarbeiten, und **unbeeinflußbare** Zeiten, z. B. Programmablauf einer CNC-Maschine, unterteilt.
t_w	Wartezeit	In der Wartezeit wartet der Arbeiter auf das Ende von Arbeitsabschnitten, die seiner eigentlichen Tätigkeit vorangehen und seine weitere Tätigkeit bedingen. **Beispiel:** Warten auf das nächste Werkstück in der Fließfertigung.

Beispiel: Drehen von 3 Wellen; Auftragszeit $T = ?$

Rüstzeiten:		min	Ausführungszeiten:		min
Auftrag rüsten		= 4,50	Tätigkeitszeit	t_t	= 14,70
Maschine rüsten		= 10,00	Wartezeit	t_w	= 3,75
Werkzeug rüsten		= 12,50	Grundzeit	$t_g = t_t + t_w$	= 18,45
Rüstgrundzeit	t_{rg}	= 27,00	Erholungszeit	t_{er} durch t_w abgegolten	—
Rüsterholungszeit	t_{rer} = 4% von t_{rg}	= 1,08	Verteilzeit	t_v = 8% von t_g	= 1,48
Rüstverteilzeit	t_{rv} = 14% von t_{rg}	= 3,78	Zeit je Einheit	$t_e = t_g + t_{er} + t_v$	= 19,93
Rüstzeit	$t_r = t_{rg} + t_{rer} + t_{rv}$	**= 31,86**	**Ausführungszeit**	$t_a = m \cdot t_e$	**= 59,79**

Auftragszeit $T = t_r + t_a \approx 32$ min + 60 min = **92 min** (= 1,53 h)

[1] REFA Verband für Arbeitsstudien und Betriebsorganisation e.V.

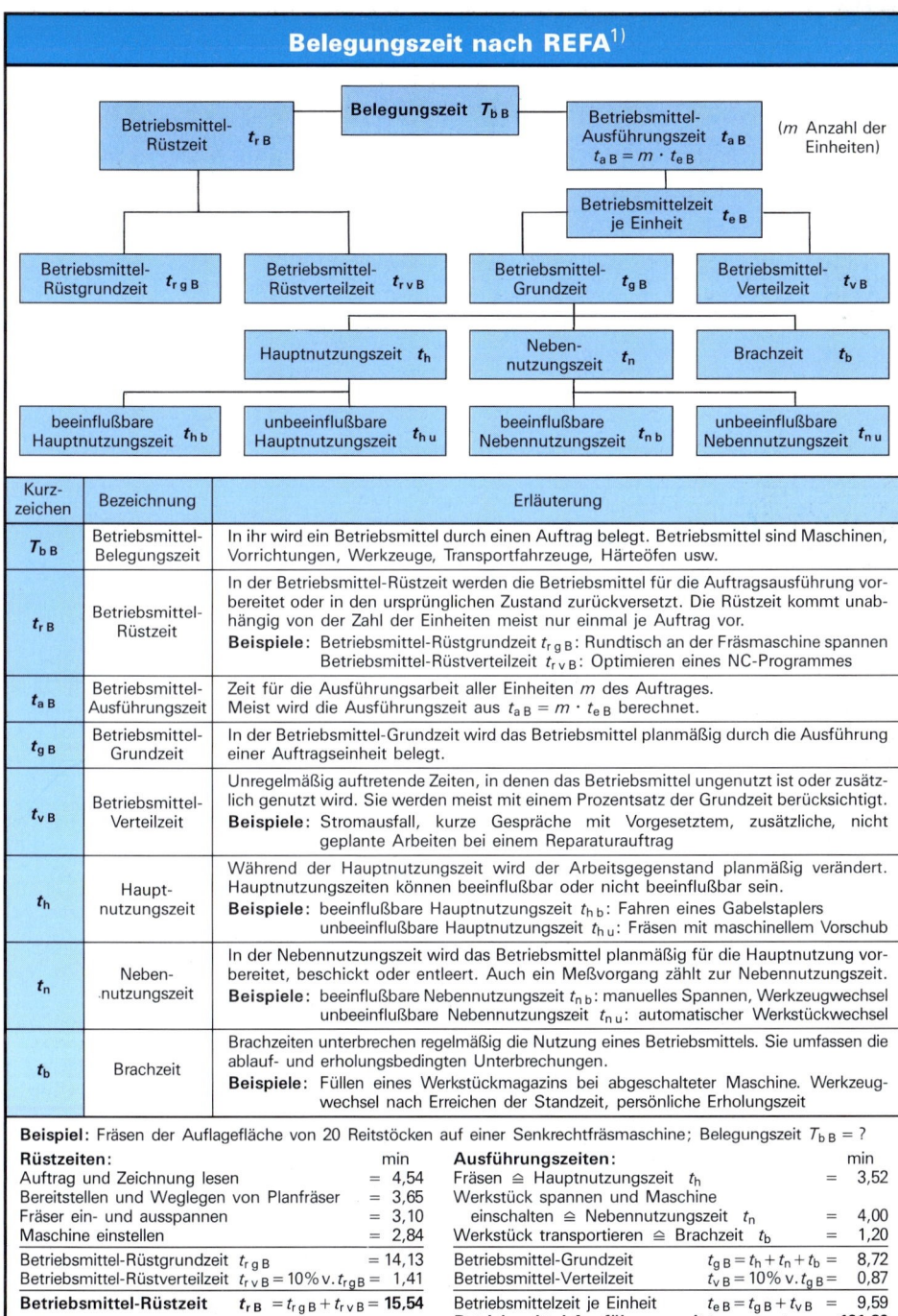

Kalkulation

Einfache Kalkulationsbeispiele

Bei der einfachen Kalkulation werden die Gemeinkosten von der überwiegenden Kostenart ermittelt.

Überwiegende Kostenart **Fertigungslöhne**	Überwiegende Kostenart **Werkstoffkosten**	Keine Kostenart überwiegend wesentlich
Werkstoffkosten = 60,00 DM Fertigungslöhne = 560,00 DM Gemeinkosten[1] 160% der Fertigungslöhne = 896,00 DM	Werkstoffkosten = 3400,00 DM Fertigungslöhne = 560,00 DM Gemeinkosten[1] 120% der Werkstoffkosten = 4080,00 DM	Werkstoffkosten = 380,00 DM Fertigungslöhne = 450,00 DM Gemeinkosten[1] 80% der Werkstoffkosten und Fertigungslöhne = 664,00 DM
Selbstkosten = 1516,00 DM Gewinn[2] 10% der Selbstkosten = 151,60 DM	Selbstkosten = 8040,00 DM Gewinn[2] 10% der Selbstkosten = 804,00 DM	Selbstkosten = 1494,00 DM Gewinn[2] 10% der Selbstkosten = 149,40 DM
Verkaufspreis **ohne MwSt** = 1667,60 DM	**Verkaufspreis** **ohne MwSt** = 8844,00 DM	**Verkaufspreis** **ohne MwSt** = 1643,40 DM

[1] Der Gemeinkosten-Prozentsatz muß für jeden einzelnen Betrieb ermittelt werden; [2] Angenommener Gewinn 10%

Erweiterte Kalkulation (Schema)

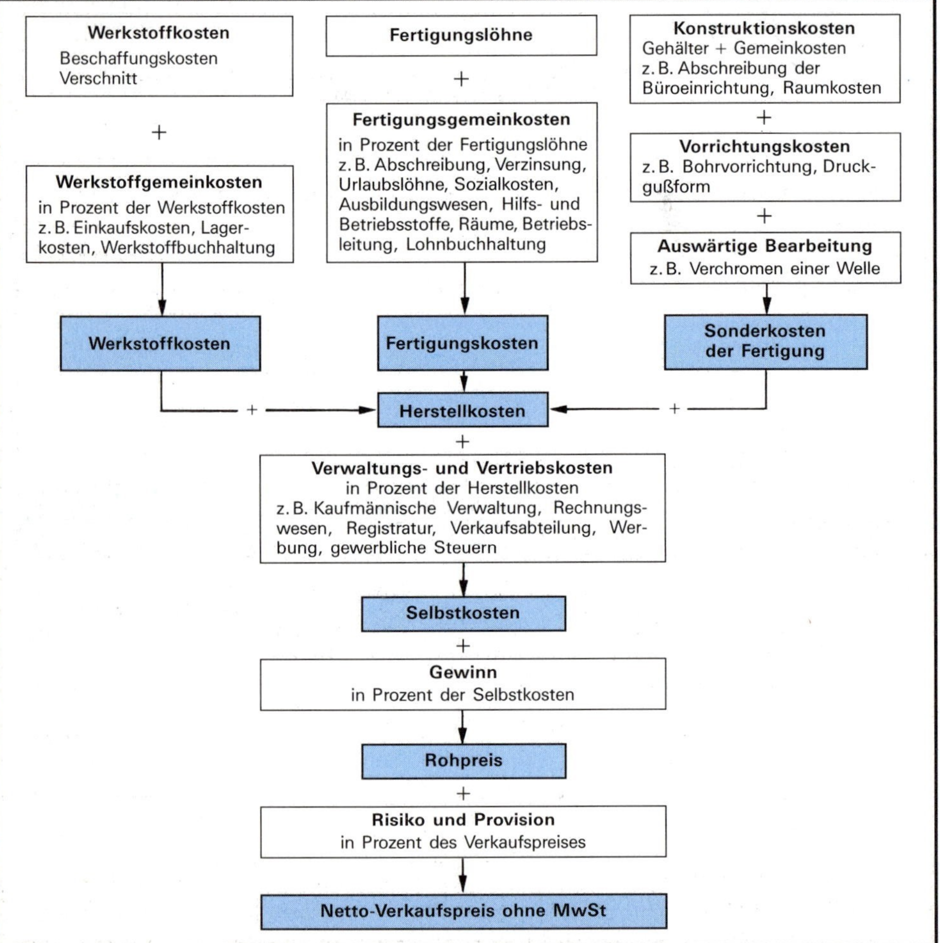

Werkstoffkosten
Beschaffungskosten
Verschnitt

\+

Werkstoffgemeinkosten
in Prozent der Werkstoffkosten
z. B. Einkaufskosten, Lagerkosten, Werkstoffbuchhaltung

↓

Werkstoffkosten

Fertigungslöhne

\+

Fertigungsgemeinkosten
in Prozent der Fertigungslöhne
z. B. Abschreibung, Verzinsung, Urlaubslöhne, Sozialkosten, Ausbildungswesen, Hilfs- und Betriebsstoffe, Räume, Betriebsleitung, Lohnbuchhaltung

↓

Fertigungskosten

Konstruktionskosten
Gehälter + Gemeinkosten
z. B. Abschreibung der Büroeinrichtung, Raumkosten

\+

Vorrichtungskosten
z. B. Bohrvorrichtung, Druckgußform

\+

Auswärtige Bearbeitung
z. B. Verchromen einer Welle

↓

Sonderkosten der Fertigung

→ **Herstellkosten** ←

\+

Verwaltungs- und Vertriebskosten
in Prozent der Herstellkosten
z. B. Kaufmännische Verwaltung, Rechnungswesen, Registratur, Verkaufsabteilung, Werbung, gewerbliche Steuern

↓

Selbstkosten

\+

Gewinn
in Prozent der Selbstkosten

↓

Rohpreis

\+

Risiko und Provision
in Prozent des Verkaufspreises

↓

Netto-Verkaufspreis ohne MwSt

Kalkulation

Berechnung des Maschinenstundensatzes

Die Kalkulation mit Hilfe des Maschinenstundensatzes hat u.a. den Vorteil, daß die Kosten genauer erfaßt und überwacht werden können. Diese Berechnungsart wird vor allem bei teuren Werkzeugmaschinen und bei der automatisierten Fertigung angewandt. Der Maschinenstundensatz umfaßt nicht die Kosten der Bedienungsperson.

$$\text{Kalkulatorische Abschreibung} = \frac{\text{Wiederbeschaffungskosten in DM}}{\text{Nutzungsdauer in Jahren}}$$

$$\text{Kalkulatorische Zinsen} = \frac{\frac{1}{2} \cdot \text{Wiederbeschaffungskosten in DM} \times \text{Zinssatz}}{100\%}$$

Instandhaltungskosten = Instandhaltungskosten in DM/Jahr
(z. B. Reparaturen und Wartungsdienst)

Energiekosten = Max. Leistungsaufnahme in kW × Nutzungsfaktor × Energiekosten pro kW · h × Maschinenlaufzeit pro Jahr

Anteilige Raumkosten = Raumkosten in DM/(m² × Jahr) × Flächenbedarf der Maschine in m²

Fertigungsgemeinkosten = Kalkulatorische Abschreibung + kalkulatorische Zinsen + Instandhaltungskosten + Energiekosten + anteilige Raumkosten

Netto-Maschinenlaufzeit = Tägliche Arbeitszeit in h × Arbeitstage pro Jahr
 − jährliche Ausfallzeiten (z. B. Wartung, Reparatur, Urlaub)

$$\text{Maschinenstundensatz} = \frac{\text{Fertigungsgemeinkosten}}{\text{Netto-Maschinenlaufzeit}}$$

Beispiel: Wiederbeschaffungskosten eines Bearbeitungszentrums 450000,00 DM, Nutzungsdauer 8 Jahre, Zinssatz 7%, Instandhaltungskosten 10000,00 DM/Jahr, max. Leistungsaufnahme 30 kW, Nutzungsfaktor 75%, Energiekosten 0,35 DM/kW · h, monatlicher Raumkostensatz 12,50 DM/m², Flächenbedarf 30 m², Netto-Maschinenlaufzeit 1600 h/Jahr; Maschinenstundensatz in DM/h = ?

$$\text{Kalkulatorische Abschreibung} = \frac{450000{,}00 \text{ DM}}{8 \text{ Jahre}} = 56250{,}00 \text{ DM/Jahr}$$

$$\text{Kalkulatorische Zinsen} = \frac{450000{,}00 \text{ DM} \cdot 7\%}{2 \cdot 100\%} = 15750{,}00 \text{ DM/Jahr}$$

Instandhaltungskosten = 10000,00 DM/Jahr

$$\text{Energiekosten} = 30 \text{ kW} \cdot 0{,}75 \cdot 0{,}35 \frac{\text{DM}}{\text{kW} \cdot \text{h}} \cdot 1600 \text{ h/Jahr} = 12600{,}00 \text{ DM/Jahr}$$

$$\text{Anteilige Raumkosten} = 12{,}50 \frac{\text{DM}}{\text{m}^2 \cdot \text{Monat}} \cdot 30 \text{ m}^2 \cdot 12 \text{ Monate} = 4500{,}00 \text{ DM/Jahr}$$

Fertigungsgemeinkosten = 99100,00 DM/Jahr

$$\textbf{Maschinenstundensatz} = \frac{99100{,}00 \text{ DM/Jahr}}{1600 \text{ h/Jahr}} = \textbf{61{,}94 DM/h}$$

F

Zahnradberechnungen

Stirnräder mit Geradverzahnung

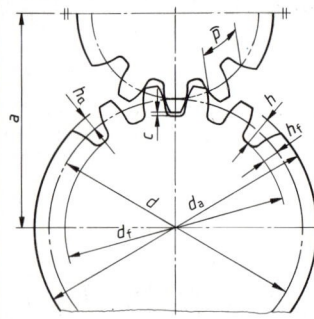

Berechnung außenverzahnter Stirnräder mit Geradverzahnung

Modul	$m = \dfrac{p}{\pi} = \dfrac{d}{z}$
Teilung	$p = \pi \cdot m$
Zähnezahl	$z = \dfrac{d}{m} = \dfrac{d_a - 2 \cdot m}{m}$
Kopfspiel	$c = 0{,}1 \cdot m$ bis $0{,}3 \cdot m$ häufig $c = 0{,}167 \cdot m$
Zahnkopfhöhe	$h_a = m$
Teilkreisdurchmesser	$d = m \cdot z = \dfrac{z \cdot p}{\pi}$
Kopfkreisdurchmesser	$d_a = d + 2 \cdot m = m \cdot (z + 2)$
Fußkreisdurchmesser	$d_f = d - 2 \cdot (m + c)$
Zahnhöhe	$h = 2 \cdot m + c$
Zahnfußhöhe	$h_f = m + c$

- m Modul
- p Teilung
- d Teilkreisdurchmesser
- d_a Kopfkreisdurchmesser *d+2ha*
- d_f Fußkreisdurchmesser *d−2hf*
- z Zähnezahl
- h_a Zahnkopfhöhe *=m*
- h_f Zahnfußhöhe *=ha+c*
- h Zahnhöhe
- c Kopfspiel

S = 0,5 · p = 0,5 · m · π

Ein geradverzahntes Stirnrad mit Modul $m = 1$ mm hat eine Teilung $p = \pi \cdot m = \pi \cdot 1$ mm $= 3{,}142$ mm. Sie wird als Bogenmaß auf dem Teilkreis gemessen.

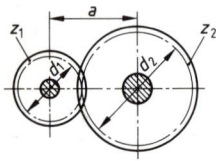

Berechnung innenverzahnter Stirnräder mit Geradverzahnung

Kopfkreisdurchmesser	$d_a = d - 2 \cdot m = m \cdot (z - 2)$
Fußkreisdurchmesser	$d_f = d + 2 \cdot (m + c)$
Zähnezahl	$z = \dfrac{d}{m} = \dfrac{d_a + 2 \cdot m}{m}$

Die weiteren Größen werden gleich wie bei außenverzahnten Stirnrädern berechnet.

- a Achsabstand
- d_1, d_2 Teilkreisdurchmesser
- z_1, z_2 Zähnezahl

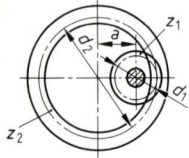

Berechnung des Achsabstandes

Achsabstand mit außenliegendem Gegenrad	$a = \dfrac{d_1 + d_2}{2} = \dfrac{m \cdot (z_1 + z_2)}{2}$
Achsabstand mit innenliegendem Gegenrad	$a = \dfrac{d_2 - d_1}{2} = \dfrac{m \cdot (z_2 - z_1)}{2}$

Beispiel: Innenverzahntes Stirnrad $m = 1{,}5$ mm; $z = 80$; $c = 0{,}167 \cdot m$; $d = ?$; $d_a = ?$; $h = ?$

Lösung:
$d = m \cdot z = 1{,}5$ mm $\cdot 80 =$ **120 mm**
$d_a = d - 2 \cdot m = 120$ mm $- 2 \cdot 1{,}5$ mm $=$ **117 mm**
$h = 2 \cdot m + c = 2 \cdot 1{,}5$ mm $+ 0{,}167 \cdot 1{,}5$ mm $=$ **3,25 mm**

Zahnradberechnungen

Stirnräder mit Schrägverzahnung, Achsen parallel

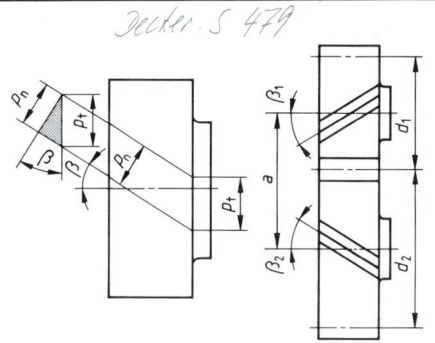

Decker S 479

Berechnung außenverzahnter Stirnräder mit Schrägverzahnung

Bei Stirnrädern mit Schrägverzahnung muß zur Berechnung des Teilkreisdurchmessers statt des Normalmodus m_n der Stirnmodul m_t eingesetzt werden.

Bei parallelen Achsen ist ein Rad rechts-, das andere linkssteigend. Der Schrägungswinkel ist für beide Räder gleich, d.h. $\beta_1 = \beta_2$. In der Regel ist $\beta = 8°$ bis $25°$.

Stirnmodul	$m_t = \dfrac{m_n}{\cos \beta} = \dfrac{p_t}{\pi}$
Stirnteilung	$p_t = \dfrac{p_n}{\cos \beta} = \dfrac{\pi \cdot m_n}{\cos \beta}$
Teilkreisdurchmesser	$d = m_t \cdot z = \dfrac{z \cdot m_n}{\cos \beta}$
Zähnezahl	$z = \dfrac{d}{m_t} = \dfrac{\pi \cdot d}{p_t}$
Normalmodul	$m_n = \dfrac{p_n}{\pi} = m_t \cdot \cos \beta$
Normalteilung	$p_n = \pi \cdot m_n = p_t \cdot \cos \beta$
Kopfkreisdurchmesser	$d_a = d + 2 \cdot m_n$
Achsabstand	$a = \dfrac{d_1 + d_2}{2}$

d, d_1, d_2 Teilkreisdurchmesser
d_a Kopfkreisdurchmesser
β Schrägungswinkel
z Zähnezahl
a Achsabstand
p_n Normalteilung
p_t Stirnteilung
m_n Normalmodul
m_t Stirnmodul

Bei Stirnrädern mit Schrägverzahnung verlaufen die Zähne schraubenförmig auf dem zylindrischen Radkörper. Die Werkzeuge zur Herstellung von Stirnrädern und Schraubenrädern richten sich nach dem Normalmodul.

Zahnhöhe, Zahnkopfhöhe, Zahnfußhöhe und Kopfspiel werden wie bei Stirnrädern mit Geradverzahnung berechnet.

Beispiel: Für die Fertigung eines Stirnrades mit Schrägverzahnung mit 32 Zähnen, Normalmodul $m_n = 1,5$ mm und einem Schrägungswinkel von $\beta = 19,5°$ sind alle notwendigen Maße für ein Kopfspiel von $c = 0,167 \cdot m$ zu berechnen.

Lösung: $m_t = \dfrac{m_n}{\cos \beta} = \dfrac{1,5 \text{ mm}}{\cos 19,5°} = 1,591$ mm

$d_a = d + 2 \cdot m_n = 50,9$ mm $+ 2 \cdot 1,5$ mm
$ = 53,9$ mm

$d = m_t \cdot z = 1,591$ mm $\cdot 32 = 50,9$ mm

$h = 2 \cdot m_n + c = 2 \cdot 1,5$ mm $+ 0,167 \cdot 1,5$ mm
$ = 3,25$ mm

F

Modulreihe

vgl. DIN 780 T1 und T2 (05.77)

Reihe I	0,2	0,25	0,3	0,4	0,5	0,6	0,7	0,8	0,9	1,0	1,25
Teilung	0,628	0,785	0,943	1,257	1,571	1,885	2,199	2,513	2,827	3,142	3,927
Reihe I	1,5	2,0	2,5	3,0	4,0	5,0	6,0	8,0	10,0	12,0	16,0
Teilung	4,712	6,283	7,854	9,425	12,566	15,708	18,850	25,132	31,416	37,699	50,265

Einteilung des Satzes von 8 Modul-Scheibenfräser (bis zu $m = 9$ mm)

Fräser-Nr.	1	2	3	4	5	6	7	8
Zähnezahl	12…13	14…16	17…20	21…25	26…34	35…54	55…134	135…Zahnstange

Für Zahnräder mit $m > 9$ mm wird ein Satz mit 15 Modul-Scheibenfräsern verwendet.

Zahnradberechnungen

Kegelräder mit Geradverzahnung

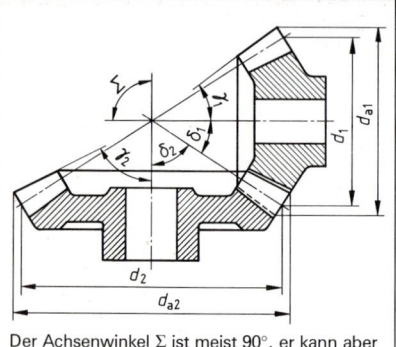

Der Achsenwinkel Σ ist meist 90°, er kann aber auch größer oder kleiner sein.

Berechnung der Kegelräder

Benennung	treibendes Rad	getriebenes Rad
Teilkreis-durchmesser	$d_1 = m \cdot z_1$	$d_2 = m \cdot z_2$
Außen-durchmesser	$d_{a1} = d_1 + 2 \cdot m \cdot \cos\delta_1$	$d_{a2} = d_2 + 2 \cdot m \cdot \cos\delta_2$
Kegelwinkel	$\tan\gamma_1 = \dfrac{z_1 + 2 \cdot \cos\delta_1}{z_2 - 2 \cdot \sin\delta_1}$	$\tan\gamma_2 = \dfrac{z_2 + 2 \cdot \cos\delta_2}{z_1 - 2 \cdot \sin\delta_2}$
Teilkreis-winkel	$\tan\delta_1 = \dfrac{d_1}{d_2} = \dfrac{z_1}{z_2} = \dfrac{1}{i}$	$\tan\delta_2 = \dfrac{d_2}{d_1} = \dfrac{z_2}{z_1} = i$
Achsenwinkel	$\Sigma = \delta_1 + \delta_2$	

Kopfspiel, Zahnhöhe, Zahnkopfhöhe usw. wie bei Stirnrädern

Beispiel: Bei einem Kegelrädergetriebe mit Modul $m = 2$ mm ist $z_1 = 30$ und $z_2 = 120$, Achsenwinkel $\Sigma = 90°$. Die Maße zum Drehen der Kegelräder sind zu berechnen.

Lösung:

Treibendes Rad

$\tan\delta_1 = \dfrac{z_1}{z_2} = \dfrac{30}{120} = 0{,}25;\qquad \delta_1 = 14{,}04°$

$d_1 = m \cdot z_1 = 2\text{ mm} \cdot 30 = \mathbf{60\text{ mm}}$

$d_{a1} = d_1 + 2 \cdot m \cdot \cos\delta_1$
$= 60\text{ mm} + 2 \cdot 2\text{ mm} \cdot \cos 14{,}04° = \mathbf{63{,}88\text{ mm}}$

$\tan\gamma_1 = \dfrac{z_1 + 2\cos\delta_1}{z_2 - 2\sin\delta_1} = \dfrac{30 + 2 \cdot \cos 14{,}04°}{120 - 2 \cdot \sin 14{,}04°} = 0{,}267$

$\gamma_1 = \mathbf{14{,}95°}$

Getriebenes Rad

$\tan\delta_2 = \dfrac{z_2}{z_1} = \dfrac{120}{30} = 4;\qquad \delta_2 = \mathbf{75{,}96°}$

$d_2 = m \cdot z_2 = 2\text{ mm} \cdot 120 = \mathbf{240\text{ mm}}$

$d_{a2} = d_2 + 2 \cdot m \cdot \cos\delta_2$
$= 240\text{ mm} + 2 \cdot 2\text{ mm} \cdot \cos 75{,}96° = \mathbf{240{,}97\text{ mm}}$

$\tan\gamma_2 = \dfrac{z_2 + 2 \cdot \cos\delta_2}{z_1 - 2 \cdot \sin\delta_2} = \dfrac{120 + 2 \cdot \cos 75{,}96°}{30 - 2 \cdot \sin 75{,}96°} = 4{,}294$

$\gamma_2 = \mathbf{76{,}89°}$

Schneckentrieb

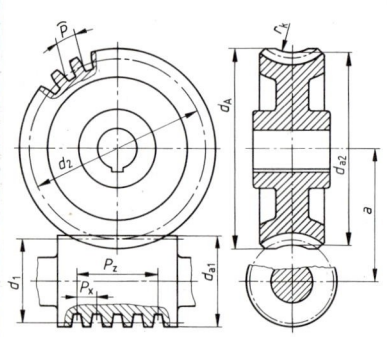

Kopfspiel, Zahnhöhe, Zahnkopfhöhe und Zahnfußhöhe wie bei Stirnrädern

Berechnung des Schneckentriebes

Benennung	Schnecke	Schneckenrad
Teilkreis-durchmesser	$d_1 = $ Nennmaß	$d_2 = m \cdot z_2$
Teilung	$p_x = \pi \cdot m$	$p = \pi \cdot m$
Kopfkreis-durchmesser	$d_{a1} = d_1 + 2 \cdot m$	$d_{a2} = d_2 + 2 \cdot m$
Außen-durchmesser		$d_A \approx d_{a2} + m$
Kopfkehl-halbmesser		$r_k = \dfrac{d_1}{2} - m$
Steigungs-höhe	$p_z = p_x \cdot z_1 = \pi \cdot m \cdot z_1$	
Achsabstand	$a = \dfrac{d_1 + d_2}{2}$	

Beispiel: Bei einem Schneckentrieb mit Modul $m = 2{,}5$ mm soll die Schnecke $z_1 = 2$ Zähne (= 2gängig) und einen Teilkreisdurchmesser $d_1 = 40$ mm, das Schneckenrad $z_2 = 40$ Zähne erhalten. Wie groß werden die übrigen Maße?

Lösung:

Schnecke

$p_z = \pi \cdot z_1 \cdot m = \pi \cdot 2 \cdot 2{,}5\text{ mm} = \mathbf{15{,}708\text{ mm}}$

$d_{a1} = d_1 + 2 \cdot m = 40\text{ mm} + 2 \cdot 2{,}5\text{ mm} = \mathbf{45\text{ mm}}$

$a = \dfrac{d_1 + d_2}{2} = \dfrac{40\text{ mm} + 100\text{ mm}}{2} = \mathbf{70\text{ mm}}$

Schneckenrad

$d_2 = m \cdot z_2 = 2{,}5\text{ mm} \cdot 40 = \mathbf{100\text{ mm}}$

$d_{a2} = d_2 + 2 \cdot m = 100\text{ mm} + 2 \cdot 2{,}5\text{ mm} = \mathbf{105\text{ mm}}$

$d_A \approx d_{a2} + m = 105\text{ mm} + 2{,}5\text{ mm} = \mathbf{107{,}5\text{ mm}}$

$r_k = \dfrac{d_1}{2} - m = \dfrac{40\text{ mm}}{2} - 2{,}5\text{ mm} = \mathbf{17{,}5\text{ mm}}$

Übersetzungen

Riementrieb

Einfache Übersetzung

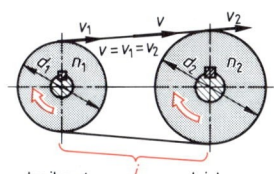

treibend — getrieben

$d_1, d_3, d_5\ldots$ Durchmesser ⎫ treibende
$n_1, n_3, n_5\ldots$ Drehzahlen ⎭ Scheiben
$d_2, d_4, d_6\ldots$ Durchmesser ⎫ getriebene
$n_2, n_4, n_6\ldots$ Drehzahlen ⎭ Scheiben
n_a Anfangsdrehzahl
n_e Enddrehzahl
i Gesamtübersetzungsverhältnis
$i_1, i_2, i_3\ldots$ Einzelübersetzungsverhältnis
v, v_1, v_2 Umfangsgeschwindigkeit

$$v = v_1 = v_2$$

$$n_1 \cdot d_1 = n_2 \cdot d_2$$

Übersetzungsverhältnis

$$i = \frac{d_2}{d_1} = \frac{n_1}{n_2} = \frac{n_a}{n_e}$$

Mehrfache Übersetzung

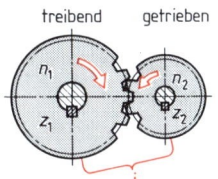

treibend — getrieben

Gesamtübersetzungsverhältnis

$$i = \frac{d_2 \cdot d_4 \cdot d_6 \ldots}{d_1 \cdot d_3 \cdot d_5 \ldots}$$

oder $\quad i = i_1 \cdot i_2 \cdot i_3 \ldots$

Beispiel: $n_1 = 600/\text{min} \cdot n_2 = 400/\text{min}$
$d_1 = 240\text{ mm}; i = ?; d_2 = ?$

$$i = \frac{n_1}{n_2} = \frac{600/\text{min}}{400/\text{min}} = \frac{1{,}5}{1} = \mathbf{1{,}5}$$

$$d_2 = \frac{n_1 \cdot d_1}{n_2} = \frac{600/\text{min} \cdot 240\text{ mm}}{400/\text{min}} = \mathbf{360\text{ mm}}$$

Zahnradtrieb

Einfache Übersetzung

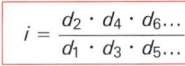

treibend — getrieben

$z_1, z_3, z_5\ldots$ Zähnezahlen ⎫ treibende
$n_1, n_3, n_5\ldots$ Drehzahlen ⎭ Räder
$z_2, z_4, z_6\ldots$ Zähnezahlen ⎫ getriebene
$n_2, n_4, n_6\ldots$ Drehzahlen ⎭ Räder
n_a Anfangsdrehzahl
n_e Enddrehzahl
i Gesamtübersetzungsverhältnis
$i_1, i_2, i_3\ldots$ Einzelübersetzungsverhältnis

$$n_1 \cdot z_1 = n_2 \cdot z_2$$

Übersetzungsverhältnis

$$i = \frac{z_2}{z_1} = \frac{n_1}{n_2} = \frac{n_a}{n_e}$$

Mehrfache Übersetzung

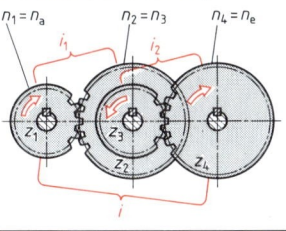

Gesamtübersetzungsverhältnis

$$i = \frac{z_2 \cdot z_4 \cdot z_6 \ldots}{z_1 \cdot z_3 \cdot z_5 \ldots}$$

oder $\quad i = i_1 \cdot i_2 \cdot i_3 \ldots$

Beispiel: $i = 0{,}4; n_1 = 180/\text{min}; z_2 = 24;$
$n_2 = ?; z_1 = ?$

$$n_2 = \frac{n_1}{i} = \frac{180/\text{min}}{0{,}4} = \mathbf{450/\text{min}}$$

$$z_1 = \frac{n_2 \cdot z_2}{n_1} = \frac{450/\text{min} \cdot 24}{180/\text{min}} = \mathbf{60}$$

Schneckentrieb

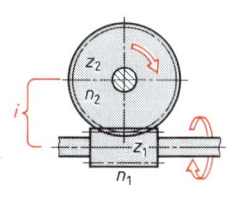

z_1 Zähnezahl (Gangzahl) der Schnecke
n_1 Drehzahl der Schnecke
z_2 Zähnezahl des Schneckenrades
n_2 Drehzahl des Schneckenrades
i Übersetzungsverhältnis

$$n_1 \cdot z_1 = n_2 \cdot z_2$$

Übersetzungsverhältnis

$$i = \frac{n_1}{n_2} = \frac{z_2}{z_1}$$

Beispiel: $i = 25; n_1 = 1500/\text{min}; z_1 = 3;$
$n_2 = ?; z_2 = ?$

$$n_2 = \frac{n_1}{i} = \frac{1500/\text{min}}{25} = \mathbf{60/\text{min}}; \quad z_2 = \frac{n_1 \cdot z_1}{n_2} = \frac{1500/\text{min} \cdot 3}{60/\text{min}} = \mathbf{75}$$

Geschwindigkeiten an Maschinen

Vorschubgeschwindigkeit

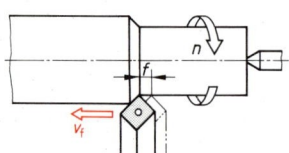

v_f Vorschubgeschwindigkeit
f_z Vorschub je Schneide
z Anzahl der Schneiden, Zähnezahl des Ritzels
f Vorschub
n Drehzahl
P Gewindesteigung
p Zahnteilung

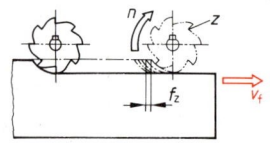

Vorschubgeschwindigkeit (Bohren, Drehen)

$$v_f = n \cdot f$$

Vorschubgeschwindigkeit (Fräsen)

$$v_f = n \cdot f_z \cdot z$$

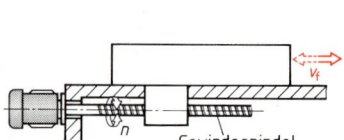

Vorschubgeschwindigkeit (Gewindetrieb)

$$v_f = n \cdot P$$

Vorschubgeschwindigkeit (Zahnstangentrieb)

$$v_f = n \cdot z \cdot p$$

Gewindespindel mit Steigung P

Beispiel: Walzenfräser mit $z = 8$;
$f_z = 0,2$ mm; $n = 45$/min; $v_f = ?$
$v_f = n \cdot f_z \cdot z = 45 \dfrac{1}{\text{min}} \cdot 0,2 \text{ mm} \cdot 8$
$= 72 \dfrac{\text{mm}}{\text{min}}$

Schnittgeschwindigkeit, Umfangsgeschwindigkeit

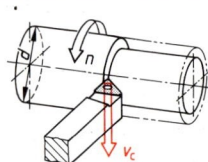

v_c Schnittgeschwindigkeit
v Umfangsgeschwindigkeit
d Durchmesser
n Drehzahl

Schnittgeschwindigkeit

$$v_c = \pi \cdot d \cdot n$$

Umfangsgeschwindigkeit

$$v = \pi \cdot d \cdot n$$

Beispiel: Drehen mit $n = 1200$/min
$d = 35$ mm; $v_c = ?$
$v_c = \pi \cdot d \cdot n = \pi \cdot 0,035 \text{ m} \cdot 1200 \dfrac{1}{\text{min}}$
$= 132 \dfrac{\text{m}}{\text{min}}$

Mittlere Geschwindigkeit bei Kurbeltrieben

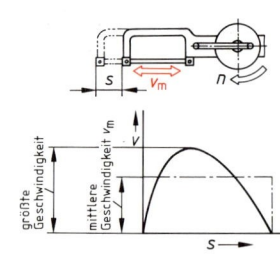

v_m mittlere Geschwindigkeit
n Anzahl der Doppelhübe
s Hublänge

Mittlere Geschwindigkeit

$$v_m = 2 \cdot s \cdot n$$

Beispiel: Maschinenbügelsäge,
$s = 280$ mm; $n = 45$/min;
$v_m = ?$
$v_m = 2 \cdot s \cdot n = 2 \cdot 0,28 \text{ m} \cdot 45 \dfrac{1}{\text{min}}$
$= 25,2 \dfrac{\text{m}}{\text{min}}$

Lastdrehzahlen von Werkzeugmaschinen

vgl. DIN 804 (03.77)

Die Lastdrehzahlen gelten für die Arbeitsspindeln von Werkzeugmaschinen bei Nennbelastung des Antriebsmotors. Sie sind geometrisch gestufte Normzahlen nach DIN 323 Teil 1 (Seite 63). Die Stufensprünge der Reihen betragen $q = 1{,}12;\ 1{,}25;\ 1{,}41;\ 1{,}58$ und $2{,}00$.

Grundreihe R 20	Nennwerte der Lastdrehzahlen in min^{-1}					Grenzwerte der Grundreihe R 20 in min^{-1}			
	Abgeleitete Reihen					bei mech. Abweichung		bei mech. und elektr. Abweichung	
	R 20/2 Beispiel	R 20/3 Beispiel		R 20/4 Beispiel	R 20/6 Beispiel				
$q = 1{,}12$	$q = 1{,}25$	$q = 1{,}41$		$q = 1{,}58$	$q = 2{,}00$	-2%	$+3\%$	-2%	$+6\%$
100						98	103	98	106
112	112	11,2		112	11,2	110	116	110	119
125			125			123	130	123	133
140	140		1400	140	1400	138	145	138	150
160		16				155	163	155	168
180	180		180	180	180	174	183	174	188
200			2000			196	206	196	212
224	224	22,4		224	22,4	219	231	219	237
250			250			246	259	246	266
280	280		2800	280	2800	276	290	276	299
315		31,5				310	326	310	335
355	355		355	355	355	348	365	348	376
400			4000			390	410	390	422
450	450	45		450	45	438	460	438	473
500			500			491	516	491	531
560	560		5600	560	5600	551	579	551	596
630		63				618	650	618	669
710	710		710	710	710	694	729	694	750
800			8000			778	818	778	842
900	900	90		900	90	873	918	873	945
1000		1000				980	1030	980	1060

Die abgeleiteten Reihen werden aus der Grundreihe R 20 gebildet, indem bei der Reihe R 20/2 jeder zweite Wert der Reihe R 20, bei der Reihe R 20/3 jeder dritte Wert der Reihe R 20 verwendet wird usw. Die abgeleiteten Reihen können bei jedem beliebigen Wert der Grundreihe beginnen, wobei die Grundreihe nach oben und unten durch Multiplikation bzw. Division mit 10, 100 usw. fortgesetzt werden kann.

Die Grenzwerte enthalten die zulässigen Abweichungen der Nennwerte. Die mechanische Abweichung gilt für die meist nicht genau einzuhaltenden Übersetzungen, die elektrische Abweichung berücksichtigt den Schlupf von Motoren unterschiedlicher Herkunft und Leistung.

Berechnung der Stufensprünge und der Zwischendrehzahlen

q Stufensprung
n_z größte Drehzahl
n_1 kleinste Drehzahl
z Anzahl der Drehzahlen

Stufensprung

$$q = \sqrt[z-1]{\frac{n_z}{n_1}}$$

Die nächsthöhere Drehzahl erhält man, indem man die vorhergehende Drehzahl mit dem Stufensprung multipliziert.

Zwischendrehzahlen

$$n_2 = n_1 \cdot q$$
$$n_3 = n_2 \cdot q = n_1 \cdot q^2$$
$$n_4 = n_3 \cdot q = n_1 \cdot q^3$$
usw.
$$n_z = n_{z-1} \cdot q = n_1 \cdot q^{z-1}$$

Beispiel: Das Getriebe einer Fräsmaschine soll $z = 8$ Drehzahlen zwischen $n_1 = 56$ min^{-1} und $n_8 = 1400$ min^{-1} erhalten.
a) Wie groß ist der Stufensprung q?
b) Welche Zwischendrehzahlen sind zu wählen?

Lösung: a) $q = \sqrt[z-1]{\dfrac{n_z}{n_1}} = \sqrt[8-1]{\dfrac{1400\ \text{min}^{-1}}{56\ \text{min}^{-1}}} = \sqrt[7]{25} = 1{,}58382 \approx \mathbf{1{,}58}$
(Stufensprung der Reihe R 20/4)

b) Eine Drehzahlreihe nach R 20/4 entsteht aus der erweiterten Grundreihe R 20, indem von den Werten der Grundreihe nur jeder vierte Wert verwendet wird:
56 63 71 80 **90** 100 112 125 **140** 160 180 200 **224** 250 280 315 **355** 400 450 500 **560** 630 710 800 **900** 1000 1120 1250 **1400** min^{-1}

F

Drehzahldiagramm

Bei Werkzeugmaschinen muß oft aus dem Werkstückdurchmesser d und der möglichen Schnittgeschwindigkeit v_c die Drehzahl n bestimmt werden. Dies kann entweder rechnerisch mit Hilfe der Formel $v_c = \pi \cdot d \cdot n$ oder grafisch mittels eines Drehzahldiagrammes oder einer Leitertafel erfolgen, welche die an der Maschine einstellbaren Drehzahlen enthalten. Die Lastdrehzahlen der Arbeitsspindeln sind entweder geometrisch gestuft (Seite 229) oder stufenlos einstellbar.

Drehzahldiagramm mit logarithmisch geteilten Achsen

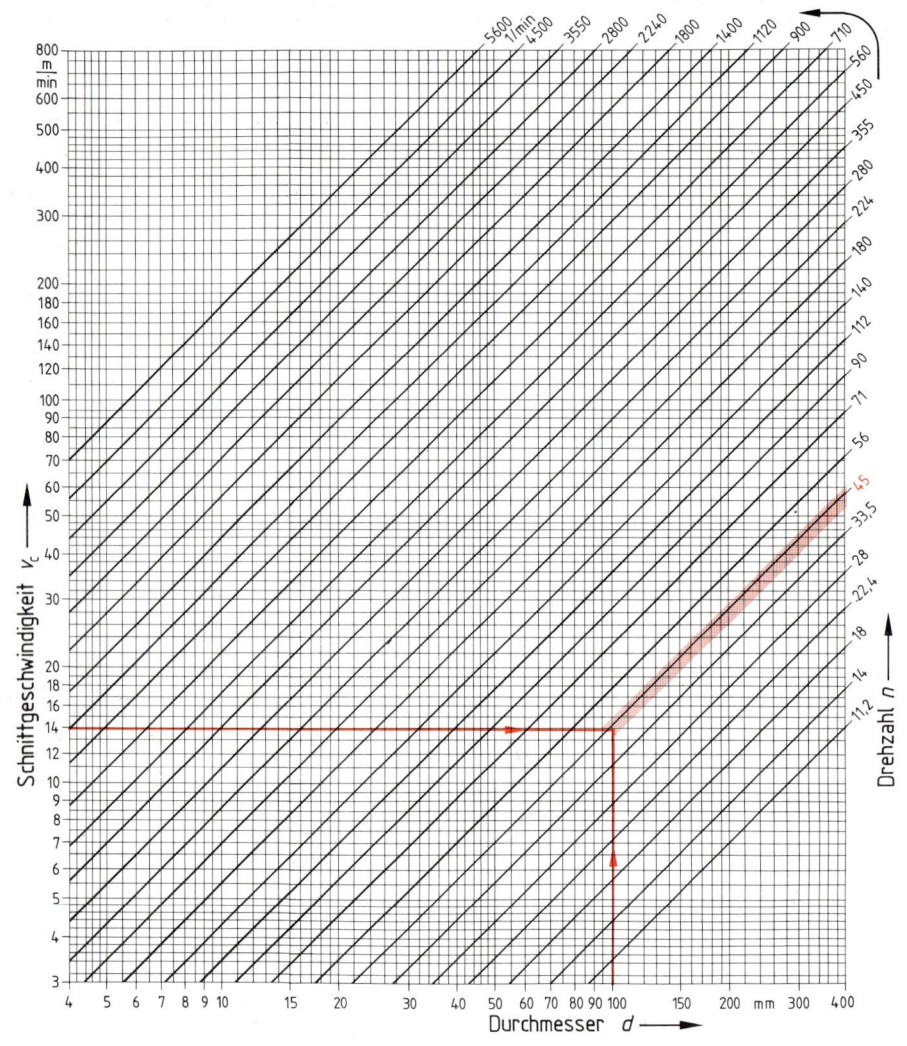

Ablesebeispiel: $d = 100$ mm; $v_c = 14 \frac{m}{min}$; $n = ?$ Abgelesen: **$n \approx 45$ min^{-1}**

Hauptnutzungszeit beim Drehen

Längs-Runddrehen und Quer-Plandrehen

- t_h Hauptnutzungszeit
- d Außendurchmesser
- d_1 Innendurchmesser
- d_m mittlerer Durchmesser
- l Werkstücklänge
- l_a Anlauf
- l_u Überlauf
- L Vorschubweg
- f Vorschub je Umdrehung
- n Drehzahl
- i Anzahl der Schritte
- v_c Schnittgeschwindigkeit

Hauptnutzungszeit
$$t_h = \frac{L \cdot i}{n \cdot f}$$

Längs-Runddrehen		Quer-Plandrehen		
		Vollzylinder		Hohlzylinder
ohne Ansatz	mit Ansatz	ohne Ansatz	mit Ansatz	
$L = l + l_a + l_u$	$L = l + l_a$	$L = \dfrac{d}{2} + l_a$	$L = \dfrac{d - d_1}{2} + l_a$	$L = \dfrac{d - d_1}{2} + l_a + l_u$
$n = \dfrac{v_c}{\pi \cdot d}$		$d_m = \dfrac{d}{2}; \; n = \dfrac{v_c}{\pi \cdot d_m}$	$d_m = \dfrac{d + d_1}{2}; \; n = \dfrac{v_c}{\pi \cdot d_m}$	

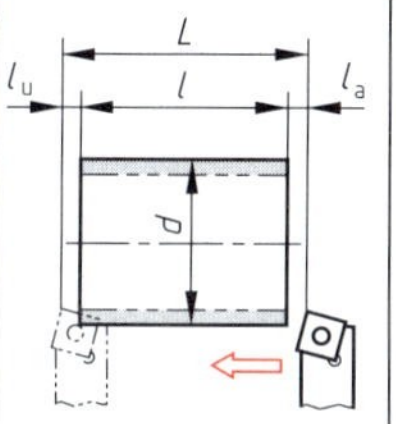

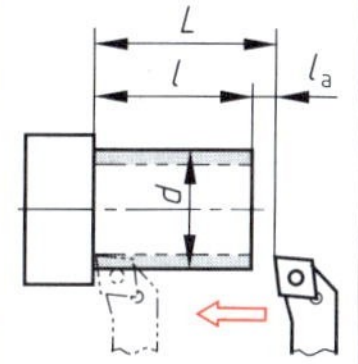

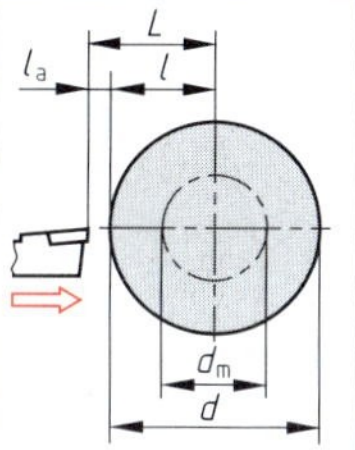

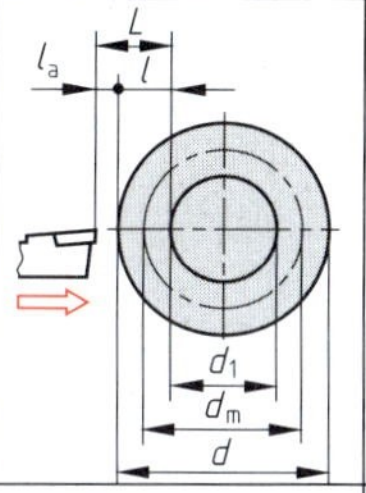

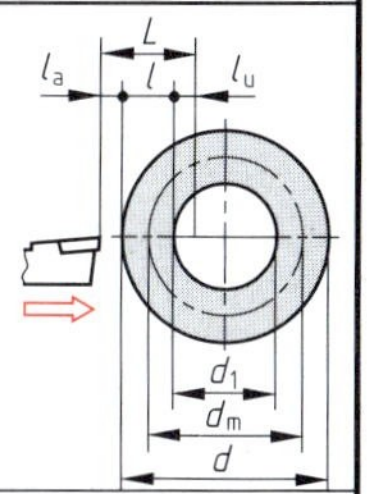

Beispiel: Langdrehen ohne Ansatz, $l = 1240$ mm; $l_a = l_u = 2$ mm; $f = 0{,}6$ mm; $v_c = 120$ m/min; $i = 2$; $d = 160$ mm; $L = ?$; $n = ?$ (für stufenlose Drehzahleinstellung); $t_h = ?$

$L = l + l_a + l_u = 1240$ mm $+ 2$ mm $+ 2$ mm $= \mathbf{1244}$ **mm**

$n = \dfrac{v_c}{\pi \cdot d} = \dfrac{120 \frac{m}{min}}{\pi \cdot 0{,}16 \; m} = \mathbf{238{,}7} \; \dfrac{1}{min}$; $\quad t_h = \dfrac{L \cdot i}{n \cdot f} = \dfrac{1244 \text{ mm} \cdot 2}{238{,}7 \frac{1}{min} \cdot 0{,}6 \text{ mm}} = \mathbf{17{,}4}$ **min**

Gewindedrehen

- t_h Hauptnutzungszeit
- L Gesamtweg des Gewindedrehmeißels
- l Gewindelänge
- l_a Anlauf
- l_u Überlauf
- i Anzahl der Schritte
- P Gewindesteigung
- n Drehzahl
- g Gangzahl
- h Gewindetiefe
- a Schnittiefe
- v_c Schnittgeschwindigkeit

Hauptnutzungszeit
$$t_h = \frac{L \cdot i \cdot g}{P \cdot n}$$

Anzahl der Schritte
$$i = \frac{h}{a}$$

Beispiel: Gewinde M 24; $l = 76$ mm; $l_a = l_u = 2$ mm; $v = 6$ m/min; $a = 0{,}15$ mm; $h = 1{,}84$ mm; $P = 3$ mm; $g = 1$; $L = ?$; $n = ?$; $i = ?$; $t_h = ?$

$L = l + l_a + l_u = 76$ mm $+ 2$ mm $= \mathbf{80}$ **mm**; $\quad n = \dfrac{v_c}{\pi \cdot d} = \dfrac{6 \frac{m}{min}}{\pi \cdot 0{,}024 \; m} \approx \mathbf{80} \; \dfrac{1}{min}$;

$i = \dfrac{h}{a} = \dfrac{1{,}84 \text{ mm}}{0{,}15 \text{ mm}} = 12{,}2 \approx \mathbf{13}$; $\quad t_h = \dfrac{L \cdot i \cdot g}{P \cdot n} = \dfrac{80 \text{ mm} \cdot 13 \cdot 1}{3 \text{ mm} \cdot 80 \frac{1}{min}} = \mathbf{4{,}3}$ **min**

F

Hauptnutzungszeit beim Drehen

Längs-Runddrehen und Quer-Plandrehen mit konstanter Schnittgeschwindigkeit

Wird die Drehzahl der Maschine durch Vorgabe der Grenzdrehzahl n_g begrenzt und ist $d_1 > d_g$, wird mit konstanter Schnittgeschwindigkeit zerspant.

t_h	Hauptnutzungszeit	n_m	mittlere Drehzahl	Übergangsdurchmesser	$d_g = \dfrac{v_c}{\pi \cdot n_g}$
d	Außendurchmesser	n_g	Grenzdrehzahl		
d_1	Innendurchmesser	i	Anzahl der Schnitte		
d_m	mittlerer Durchmesser	a	Spanungstiefe	Hauptnutzungszeit	$t_h = \dfrac{\pi \cdot d_m \cdot L \cdot i}{v_c \cdot f}$
d_g	Übergangsdurchmesser	L	Vorschubweg		
v_c	Schnittgeschwindigkeit	l_a	Anlauf	Spanungstiefe beim Längs-Runddrehen	$a = \dfrac{d - d_1}{2 \cdot i}$
f	Vorschub	l_u	Überlauf		

Längs-Runddrehen		Quer-Plandrehen	
ohne Ansatz	mit Ansatz	Vollzylinder mit Ansatz	Hohlzylinder
$L = l + l_a + l_u$	$L = l + l_a$	$L = \dfrac{d - d_1}{2} + l_a$	$L = \dfrac{d - d_1}{2} + l_a + l_u$
$d_m = d - a \cdot (i+1)$		$d_m = \dfrac{d + d_1}{2} + l_a$	$d_m = \dfrac{d + d_1}{2} + l_a - l_u$

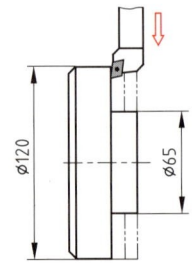

Beispiel: Quer-Plandrehen (siehe Bild); $l_a = 1{,}5$ mm; $v_c = 220$ m/min; $f = 0{,}2$ mm; $i = 2$; $n_g = 3000$/min

Gesucht: d_g; L; d_m; t_h

Lösung:
$$d_g = \frac{v_c}{\pi \cdot n_g} = \frac{220\,000 \,\frac{mm}{min}}{\pi \cdot 3000 \,\frac{1}{min}} = 23{,}3 \text{ mm}; \quad (d_1 > d_g)$$

$$L = \frac{d - d_1}{2} + l_a = \frac{120 \text{ mm} - 65 \text{ mm}}{2} + 1{,}5 \text{ mm} = 29 \text{ mm}$$

$$d_m = \frac{d + d_1}{2} + l_a = \frac{120 \text{ mm} + 65 \text{ mm}}{2} + 1{,}5 \text{ mm} = 94 \text{ mm}$$

$$t_h = \frac{\pi \cdot d_m \cdot L \cdot i}{v_c \cdot f} = \frac{\pi \cdot 94 \text{ mm} \cdot 29 \text{ mm} \cdot 2}{220\,000 \,\frac{mm}{min} \cdot 0{,}2 \text{ mm}} = 0{,}39 \text{ min}$$

Hauptnutzungszeit beim Bohren, Reiben, Senken, Hobeln und Stoßen

Bohren, Reiben, Senken

t_h	Hauptnutzungszeit	l_a	Anlauf	L	Vorschubweg	v_c	Schnittgeschwindigkeit
d	Werkzeugdurchmesser	l_u	Überlauf	f	Vorschub je Umdrehung	i	Anzahl der Schnitte
l	Bohrungstiefe	l_s	Anschnitt	n	Drehzahl	σ	Spitzenwinkel

Anschnitt l_s				
Spitzenwinkel σ	80°	118°	130°	140°
Anschnitt l_s	$0{,}60 \cdot d$	$0{,}30 \cdot d$	$0{,}23 \cdot d$	$0{,}18 \cdot d$

Hauptnutzungszeit $\quad t_h = \dfrac{L \cdot i}{n \cdot f}$

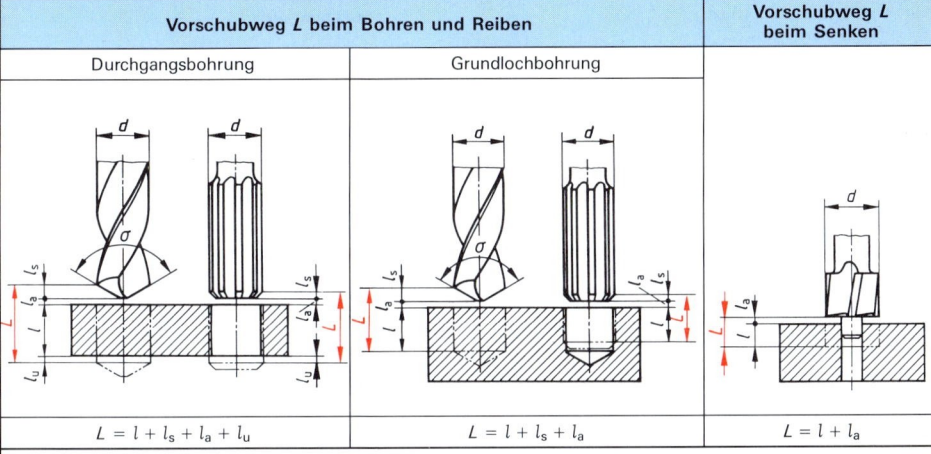

Vorschubweg L beim Bohren und Reiben		Vorschubweg L beim Senken
Durchgangsbohrung	Grundlochbohrung	
$L = l + l_s + l_a + l_u$	$L = l + l_s + l_a$	$L = l + l_a$

Beispiel: Grundlochbohrung mit $d = 30$ mm;
$l = 90$ mm; $f = 0{,}15$ mm;
$n = 450/\text{min}$; $i = 15$; $l_a = 1$ mm;
$\sigma = 130°$; $L = ?$; $t_h = ?$

$L = l + l_s + l_a = 90 \text{ mm} + 0{,}23 \cdot 30 \text{ mm} + 1 \text{ mm} = \mathbf{98 \text{ mm}}$

$t_h = \dfrac{L \cdot i}{n \cdot f} = \dfrac{98 \text{ mm} \cdot 15}{450 \dfrac{1}{\text{min}} \cdot 0{,}15 \text{ mm}} = \mathbf{21{,}78 \text{ min}}$

Hobeln und Stoßen

t_h	Hauptnutzungszeit	b_u	Überlaufbreite
l	Werkstücklänge	n	Doppelhubzahl je Minute
l_a	Anlauf	v_c	Schnitt-, Vorlaufgeschwindigkeit
l_u	Überlauf	v_r	Rücklaufgeschwindigkeit
L	Hublänge	B	Hobel-, Stoßbreite
b	Werkstückbreite	f	Vorschub je Doppelhub
b_a	Anlaufbreite	i	Anzahl der Schnitte

Hauptnutzungszeit

$t_h = \dfrac{B \cdot i}{n \cdot f}$

$t_h = \left(\dfrac{L}{v_c} + \dfrac{L}{v_r} \right) \cdot \dfrac{B \cdot i}{f}$

Hublänge L und Hobelbreite B

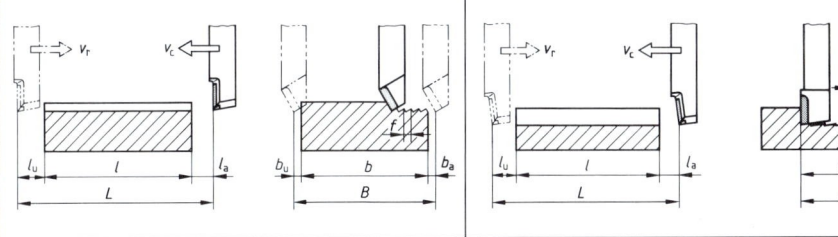

Ohne Ansatz: $L = l + l_a + l_u$; $B = b + b_a + b_u$ $\quad$ **Mit Ansatz:** $L = l + l_a + l_u$; $B = b + b_a$

F

Hauptnutzungszeit beim Fräsen

t_h Hauptnutzungszeit	z Zähnezahl des Fräsers		
l Werkstücklänge	v_f Vorschubgeschwindigkeit		$t_h = \dfrac{L \cdot i}{v_f}$
l_a Anlauf	i Anzahl der Schnitte	Hauptnutzungszeit	
l_u Überlauf	b Werkstückbreite		
l_s Anschnitt	n Drehzahl		$t_h = \dfrac{L \cdot i}{n \cdot f}$
L Vorschubweg	a Spanungstiefe		
f_z Vorschub je Fräserzahn	t Nuttiefe	Vorschub je Umdrehung	$f = f_z \cdot z$
v_c Schnittgeschwindigkeit	f Vorschub je Fräserumdrehung		
d Fräserdurchmesser		Vorschubgeschwindigkeit	$v_f = n \cdot f$

Umfangs-Planfräsen	Stirn-Umfangs-Planfräsen	

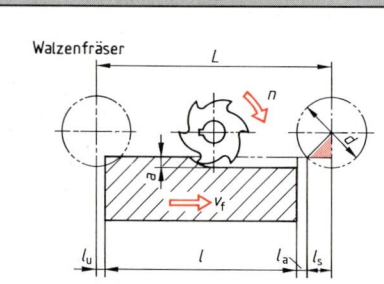 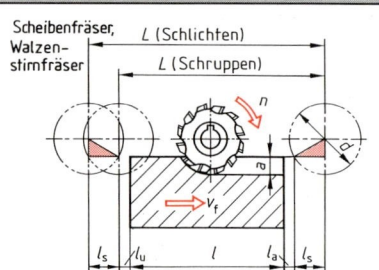

Schruppen oder Schlichten	Schruppen	Schlichten
Fräsweg $L = l + l_s + l_a + l_u$	$L = l + l_s + l_a + l_u$	$L = l + 2 \cdot l_s + l_a + l_u$
Anschnitt $l_s = \sqrt{d \cdot a - a^2}$; $l_a = l_u$	$l_s = \sqrt{d \cdot a - a^2}$; $l_a = l_u$	

Stirn-Planfräsen (mittig)		Nutenfräsen	

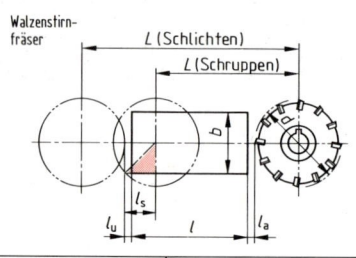 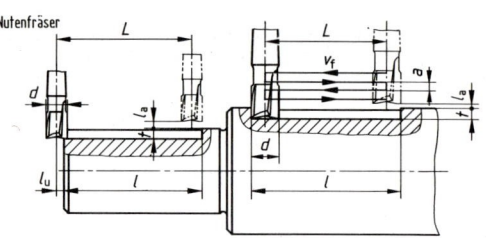

Schruppen	Schlichten	Einseitig offene Nut	Geschlossene Nut
$L = l + \dfrac{d}{2} - l_s + l_a + l_u$	$L = l + d + l_a + l_u$	$L = l - \dfrac{d}{2} + l_u$	$L = l - d$
$l_s = \dfrac{1}{2} \cdot \sqrt{d^2 - b^2}$	—	$i = \dfrac{t + l_a}{a}$	
$l_a = l_u \approx 1{,}5 \text{ mm}$		$l_u = l_a \approx 1{,}5 \text{ mm}$	

Beispiel: Umfangs-Planfräsen, $l = 176$ mm, $l_a = l_u = 1{,}5$ mm, $d = 100$ mm, $z = 8$, $n = 64$ min^{-1}, $f_z = 0{,}1$ mm, $a = 8$ mm, $i = 1$; $L = ?$; $f = ?$; $v_f = ?$; $t_h = ?$

$L = l + l_s + l_a + l_u = 176 \text{ mm} + \sqrt{100 \text{ mm} \cdot 8 \text{ mm} - (8 \text{ mm})^2} + 1{,}5 \text{ mm} + 1{,}5 \text{ mm} = \mathbf{206 \text{ mm}}$

$f = f_z \cdot z = 0{,}1 \text{ mm} \cdot 8 = \mathbf{0{,}8 \text{ mm}}$; $v_f = n \cdot f = 64 \dfrac{1}{\text{min}} \cdot 0{,}8 \text{ mm} = \mathbf{51{,}2 \dfrac{\text{mm}}{\text{min}}}$

$t_h = \dfrac{L \cdot i}{v_f} = \dfrac{206 \text{ mm} \cdot 1}{51{,}2 \dfrac{\text{mm}}{\text{min}}} = \mathbf{4{,}0 \text{ min}}$

Hauptnutzungszeit beim Schleifen

Längs-Rundschleifen

- t_h Hauptnutzungszeit
- d_1 Ausgangsdurchmesser des Werkstücks
- d Fertigdurchmesser des Werkstücks
- l Werkstücklänge
- l_u Überlauf
- L Vorschubweg
- f Vorschub je Umdrehung
- n Drehzahl des Werkstücks
- v_f Vorschubgeschwindigkeit
- i Anzahl der Schnitte
- a Spanungstiefe, Zustellung
- t Schleifzugabe
- b_s Schleifscheibenbreite

[1]) 8 Schnitte zum Ausfeuern

Hauptnutzungszeit $t_h = \dfrac{L \cdot i}{n \cdot f}$

Drehzahl des Werkstücks $n = \dfrac{v_f}{\pi \cdot d_1}$

für Außenrundschleifen

$i = \dfrac{d_1 - d}{2 \cdot a} + 8^{1)}$

Anzahl der Schnitte

für Innenrundschleifen

$i = \dfrac{d - d_1}{2 \cdot a} + 8^{1)}$

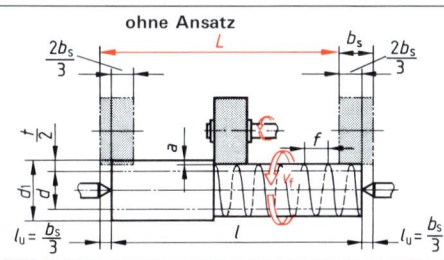

Vorschubweg $L = l - \dfrac{1}{3} \cdot b_s$ Vorschubweg $L = l - \dfrac{2}{3} \cdot b_s$

Vorschub beim Schruppen $f = {}^2/_3 \cdot b_s \ldots {}^3/_4 \cdot b_s;$ Vorschub beim Schlichten $f = {}^1/_4 \cdot b_s \ldots {}^1/_2 \, b_s$

Umfangs-Planschleifen (Flachschleifen)

- t_h Hauptnutzungszeit
- l Werkstücklänge
- l_a Anlauf, Überlauf
- L Schleiflänge
- b Werkstückbreite
- b_u Überlaufbreite
- B Schleifbreite
- f Quervorschub je Hub
- n Hubzahl je Minute

- v_f Vorschubgeschwindigkeit
- i Anzahl der Schnitte
- t Schleifzugabe
- b_s Schleifscheibenbreite
- a Spanungstiefe, Zustellung

Hauptnutzungszeit $t_h = \dfrac{i}{n} \cdot \left(\dfrac{B}{f} + 1\right)$

Hubzahl $n = \dfrac{v_f}{L}$

Anzahl der Schnitte $i = \dfrac{t}{a} + 8^{1)}$

[1]) 8 Schnitte zum Ausfeuern

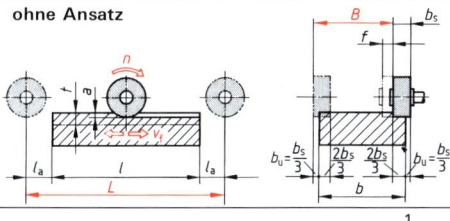 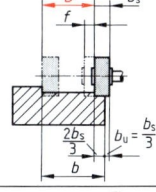

Vorschubweg $L = l + 2\,l_a;$ Schleifbreite $B = b - \dfrac{1}{3} b_s$ Vorschubweg $L = l + 2\,l_a;$ Schleifbreite $B = b - \dfrac{2}{3} b_s$

Quervorschub beim Schruppen $f = {}^2/_3 \cdot b_s \ldots {}^4/_5 \, b_s;$ Quervorschub beim Schlichten $f = {}^1/_2 \, b_s \ldots {}^2/_3 \cdot b_s$

Hauptnutzungszeit beim Abtragen

Funkenerosives Schneiden

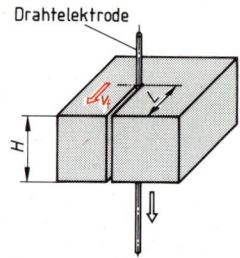

t_h Hauptnutzungszeit
v_f Vorschubgeschwindigkeit
L Vorschubweg, Schnittlänge
H Schnitthöhe
T Formtoleranz

Hauptnutzungszeit $\boxed{t_h = \dfrac{L}{v_f}}$

Beispiel: Werkstoff: Stahl; $H = 30$ mm;
$L = 320$ mm; $T = 30$ µm

Gesucht: v_f; t_h

Lösung: $v_f = \mathbf{1{,}8}$ **mm/min** (nach Tabelle)

$t_h = \dfrac{L}{v_f} = \dfrac{320 \text{ mm}}{1{,}8 \; \frac{\text{mm}}{\text{min}}} = \mathbf{177{,}8}$ **min**

Richtwerte für die Vorschubgeschwindigkeit v_f in mm/min

Schnitt-höhe H in mm	Stahlbearbeitung					Kupferbearbeitung			Hartmetallbearbeitung		
	angestrebte Formtoleranz T in µm										
	60	40	30	20	10	40	20	10	80	20	10
10	9,0	8,5	4,0	3,9	2,1	7,5	3,5	2,0	4,5	0,7	0,6
20	5,1	5,5	2,5	2,5	1,5	4,7	2,4	1,5	3,1	0,3	0,3
30	3,7	4,0	1,8	1,8	1,1	4,0	1,9	1,1	2,3	0,2	0,2
50	2,5	2,5	1,2	1,2	0,8	2,6	1,4	0,7	1,4	0,2	0,2

Die angegebenen Richtwerte sind Durchschnittswerte aus dem Hauptschnitt und allen zur Erzielung der Konturtoleranz erforderlichen Nachschnitten.

Funkenerosives Senken

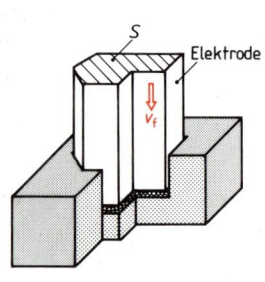

t_h Hauptnutzungszeit
S abtragender Querschnitt der Elektrode
V abzutragendes Volumen
V_W Abtragrate

Hauptnutzungszeit $\boxed{t_h = \dfrac{V}{V_W}}$

Beispiel: Schruppen von Stahl;
Grafitelektrode; $S = 150$ mm²;
$V = 3060$ mm³

Gesucht: V_W; t_h

Lösung: $V_W = \mathbf{31}$ **mm³/min** (nach Tabelle)

$t_h = \dfrac{V}{V_W} = \dfrac{3060 \text{ mm}^3}{31 \; \frac{\text{mm}^3}{\text{min}}} = \mathbf{99}$ **min**

Richtwerte für die Abtragrate V_W in mm³/min

Bear-beiteter Werkstoff	Elektrode	Schruppen						Schlichten			
		Abtragender Querschnitt S in mm²						Angestrebte Rauhtiefe R_z in µm			
		10 bis 50	50 bis 100	100 bis 200	200 bis 300	300 bis 400	400 bis 600	2 bis 3	3 bis 4	4 bis 6	6 bis 8	8 bis 10
Stahl	Grafit	7,0	18	31	62	81	105	—	—	—	2	5
	Kupfer	13,3	22	28	51	85	105	0,1	0,5	1,9	3,8	5
Hartmetall	Kupfer	6,0	15	18	28	30	33	—	0,1	0,5	2,2	5,2

Kräfte und Leistungen beim Zerspanen

Spezifische Schnittkraft

k_c spezifische Schnittkraft
k Tabellenwert für die spezifische Schnittkraft
$k_{c1.1}$ Hauptwert der spezifischen Schnittkraft
m_c Werkstoffkonstante
h Spanungsdicke
C_1 Korrekturfaktor für die Schnittgeschwindigkeit
C_2 Korrekturfaktor für das Fertigungsverfahren

$$k_c = k \cdot C_1 \cdot C_2$$

$$k_c = \frac{k_{c1.1}}{h^{m_c}} \cdot C_1 \cdot C_2$$

Beispiel: Eine Welle aus C 45 wird mit v_c = 75 m/min und h = 0,31 mm überdreht.

Gesucht: Korrekturfaktoren C_1 und C_2; spezifische Schnittkraft k_c

Lösung: Aus den Tabellen: **C_1 = 1,1; C_2 = 1,0**
k = **1990 N/mm²**

$k_c = k \cdot C_1 \cdot C_2$ = 1990 N/mm² · 1,1 · 1,0 = **2189 N/mm²**

oder:

$k_c = \dfrac{k_{c1.1}}{h^{m_c}} \cdot C_1 \cdot C_2 = \dfrac{1450 \,\frac{N}{mm^2}}{0{,}31^{0{,}27}} \cdot 1{,}1 \cdot 1{,}0 =$ **2188 N/mm²**

Korrekturfaktoren

Schnittgeschwindigkeit v_c in m/min	C_1
10 … 30	1,3
31 … 80	1,1
81 … 400	1,0
> 400	0,9

Fertigungsverfahren	C_2
Fräsen	0,8
Drehen	1,0
Bohren	1,2

Richtwerte für die spezifische Schnittkraft

Werkstoff[1]	$k_{c1.1}$ N/mm²	m_c	spezifische Schnittkraft k in N/mm² für die Spanungsdicke h in mm								
			0,08	0,1	0,16	0,2	0,31	0,5	0,8	1,0	1,6
St 50-2	1500	0,3	3200	2995	2600	2430	2130	1845	1605	1500	1305
C 35, C 45	1450	0,27	2870	2700	2380	2240	1990	1750	1540	1450	1275
C 60	1690	0,22	2945	2805	2530	2410	2185	1970	1775	1690	1525
9 S 20	1390	0,18	2190	2105	1935	1855	1715	1575	1445	1390	1275
9 SMn 28	1310	0,18	2065	1985	1820	1750	1615	1485	1365	1310	1205
35 S 20	1420	0,17	2180	2100	1940	1865	1735	1600	1475	1420	1310
16 MnCr 5	1400	0,30	2985	2795	2425	2270	1990	1725	1495	1400	1215
18 CrNi 8	1450	0,27	2870	2700	2380	2240	1990	1750	1540	1450	1275
20 MnCr 5	1465	0,26	2825	2665	2360	2225	1985	1755	1555	1465	1295
34 CrMo 4	1550	0,28	3145	2955	2590	2430	2150	1880	1650	1550	1360
37 MnSi 5	1580	0,25	2970	2810	2500	2365	2115	1880	1670	1580	1405
40 Mn 4	1600	0,26	3085	2910	2575	2430	2170	1915	1695	1600	1415
42 CrMo 4	1565	0,26	3020	2850	2520	2380	2120	1875	1660	1565	1385
50 CrV 4	1585	0,27	3135	2950	2600	2450	2175	1910	1685	1585	1395
X 210 Cr 12	1720	0,26	3315	3130	2770	2615	2330	2060	1825	1720	1520
GG-20	825	0,33	1900	1765	1510	1405	1215	1035	890	825	705
GG-30	900	0,42	2600	2365	1945	1740	1470	1205	990	900	740
CuZn 37	1180	0,15	1725	1665	1555	1500	1405	1310	1220	1180	1100
CuZn 36 Pb 1,5	835	0,15	1220	1180	1100	1065	995	925	865	835	780
CuZn 40 Pb 2	500	0,32	1120	1045	900	835	725	625	535	500	430

Die Richtwerte gelten für Hartmetallwerkzeuge mit den Spanwinkeln:
γ_0 = + 6° für die angegebenen Stähle,
γ_0 = + 2° für die angegebenen Gußeisenwerkstoffe,
γ_0 = + 8° für die angegebenen Kupferlegierungen.

[1] Geänderte Bezeichnungen Seite 117.

Kräfte und Leistungen beim Zerspanen

Drehen

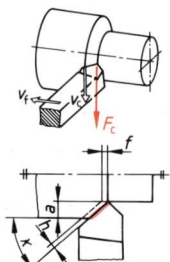

F_c Schnittkraft
A Spanungsquerschnitt
a Schnittiefe
f Vorschub
$\varkappa$ Einstellwinkel
h Spanungsdicke
v_c Schnittgeschwindigkeit
k_c spezifische Schnittkraft (Seite 237)
Q Zeitspanungsvolumen
P_c Schnittleistung

Spanungsquerschnitt
$$A = a \cdot f$$

Schnittkraft
$$F_c = A \cdot k_c$$

Spanungsdicke
$$h = f \cdot \sin \varkappa$$

Zeitspanungsvolumen
$$Q = A \cdot v_c = a \cdot f \cdot v_c$$

Schnittleistung
$$P_c = F_c \cdot v_c = Q \cdot k_c$$

Beispiel: Drehen einer Welle aus 16 MnCr 5 mit $a = 5$ mm, $f = 0{,}32$ mm, $\varkappa = 75°$ und $v_c = 160$ m/min.

Gesucht: h; k_c; A; F_c; P_c

Lösung: $h = f \cdot \sin \varkappa = 0{,}32$ mm $\cdot \sin 75° =$ **0,31 mm**

$k_c = k \cdot C_1 \cdot C_2$; $k = 1990 \; \dfrac{\text{N}}{\text{mm}^2}$ (Seite 237)

$k_c = 1990 \; \dfrac{\text{N}}{\text{mm}^2} \cdot 1{,}0 \cdot 1{,}0 =$ **1990** $\dfrac{\text{N}}{\text{mm}^2}$

$F_c = a \cdot f \cdot k_c = 5$ mm $\cdot 0{,}32$ mm $\cdot 1990 \; \dfrac{\text{N}}{\text{mm}^2} =$ **3184 N**

$P_c = F_c \cdot v_c = \dfrac{3184 \text{ N} \cdot 160 \text{ m}}{60 \text{ s}} = 8490{,}6$ W = **8,49 kW**

Bohren

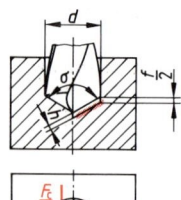

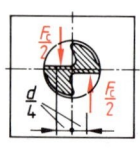

F_c Schnittkraft
A Spanungsquerschnitt
d Bohrerdurchmesser
σ Spitzenwinkel
f Vorschub je Umdrehung
h Spanungsdicke
v_c Schnittgeschwindigkeit
k_c spezifische Schnittkraft (Seite 237)
M_c Schnittmoment
Q Zeitspanungsvolumen
P_c Schnittleistung

Bohrertyp	Spanungsdicke
N; H; W ($\sigma = 118°\ldots130°$)	$h = 0{,}43 \cdot f$

Spanungsquerschnitt
$$A = \dfrac{d \cdot f}{2}$$

Schnittkraft
$$F_c = A \cdot k_c$$

Schnittmoment
$$M_c = \dfrac{F_c \cdot d}{4}$$

Zeitspanungsvolumen
$$Q = \dfrac{A \cdot v_c}{2}$$

Schnittleistung
$$P_c = \dfrac{F_c \cdot v_c}{2} = Q \cdot k_c$$

Beispiel: Werkstoff 37 MnSi 5, Bohrerdurchmesser $d = 16$ mm, $v_c = 12$ m/min, $f = 0{,}18$ mm, Bohrertyp N.

Gesucht: h; k_c; F_c; M_c

Lösung: $h = 0{,}43 \cdot f = 0{,}43 \cdot 0{,}18$ mm = **0,08 mm**

$k_c = k \cdot C_1 \cdot C_2$ (Seite 237)

$= 2970 \; \dfrac{\text{N}}{\text{mm}^2} \cdot 1{,}3 \cdot 1{,}2 =$ **4633** $\dfrac{\text{N}}{\text{mm}^2}$

$A = \dfrac{d \cdot f}{2} = \dfrac{16 \text{ mm} \cdot 0{,}18 \text{ mm}}{2} =$ **1,44 mm²**

$F_c = A \cdot k_c = 1{,}44$ mm $\cdot 4633 \; \dfrac{\text{N}}{\text{mm}^2} =$ **6672 N**

$M_c = \dfrac{F \cdot d}{4} = \dfrac{6672 \text{ N} \cdot 0{,}016 \text{ m}}{4} =$ **26,7 N·m**

Kräfte und Leistungen beim Zerspanen

Stirnfräsen

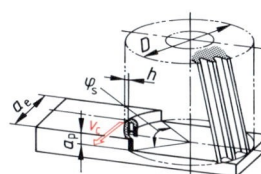

- F_c Schnittkraft
- A Spanungsquerschnitt
- k_c spezifische Schnittkraft (Seite 237)
- a_p Schnittiefe
- a_e Arbeitseingriff (Fräsbreite)
- h Spanungsdicke
- v_c Schnittgeschwindigkeit
- v_f Vorschubgeschwindigkeit
- n Drehzahl
- D Fräserdurchmesser
- z Anzahl der Schneiden
- f Vorschub je Umdrehung
- f_z Vorschub je Schneide
- z_e Zahl der Schneiden im Eingriff
- φ_s Winkel zwischen Fräserein- und Fräseraustritt
- Q Zeitspanungsvolumen
- P_c Schnittleistung

Vorschub

$$f = f_z \cdot z$$

Vorschubgeschwindigkeit

$$v_f = f_z \cdot z \cdot n = f \cdot n$$

Spanungsdicke

$$h \approx 0{,}9 \cdot f_z$$

Eingriffswinkel

$$\sin \frac{\varphi_s}{2} = \frac{a_e}{D}$$

Schneiden im Eingriff

$$z_e = \frac{\varphi_s \cdot z}{360°}$$

Spanungsquerschnitt

$$A = a_p \cdot h \cdot z_e$$

Schnittkraft

$$F_c = A \cdot k_c$$

Zeitspanungsvolumen

$$Q = a_p \cdot a_e \cdot v_f$$

Schnittleistung

$$P_c = F_c \cdot v_c = Q \cdot k_c$$

Beispiel: Werkstoff 16 MnCr 5; $D = 160$ mm; $z = 12$; $a_e = 120$ mm; $a_p = 6$ mm; $f_z = 0{,}2$ mm; $v_c = 85$ m/min

Gesucht: n; v_f; φ_s; z_e; h; A; k_c; F_c; Q; P_c

Lösung:

$$n = \frac{v}{\pi \cdot d} = \frac{85 \frac{m}{min}}{\pi \cdot 0{,}16 \, m} = \mathbf{169/min}$$

$$v_f = f_z \cdot z \cdot n = 0{,}2 \text{ mm} \cdot 12 \cdot 169/\text{min} = \mathbf{405{,}6 \frac{mm}{min}}$$

$$\sin \frac{\varphi_s}{2} = \frac{a_e}{D} = \frac{120 \text{ mm}}{160 \text{ mm}} = 0{,}75; \; \varphi_s = \mathbf{97{,}2°}$$

$$z_e = \frac{\varphi_s \cdot z}{360°} = \frac{97{,}2° \cdot 12}{360°} = \mathbf{3{,}24}$$

$h \approx 0{,}9 \cdot f_z = 0{,}9 \cdot 0{,}2 \text{ mm} = \mathbf{0{,}18 \text{ mm}}$

$A = a_p \cdot h \cdot z_e = 6 \text{ mm} \cdot 0{,}18 \text{ mm} \cdot 3{,}24 = \mathbf{3{,}5 \text{ mm}^2}$

$k_c = k \cdot C_1 \cdot C_2;$
$k = 2348 \text{ N/mm}^2$ (Mittelwert, Seite 237)

$k_c = 2348 \text{ N/mm}^2 \cdot 0{,}8 \cdot 1 = \mathbf{1878{,}4 \frac{N}{mm^2}}$

$F_c = A \cdot k_c = 3{,}5 \text{ mm}^2 \cdot 1878{,}4 \frac{N}{mm^2} = \mathbf{6574{,}4 \text{ N}}$

$Q = a_p \cdot a_e \cdot v_f = 6 \text{ mm} \cdot 120 \text{ mm} \cdot 405{,}6 \frac{mm}{min} = \mathbf{292 \frac{cm^3}{min}}$

$$P_c = F_c \cdot v_c = \frac{6574{,}4 \text{ N} \cdot 85 \text{ m}}{60 \text{ s}} = 9313{,}7 \text{ W} = \mathbf{9{,}3 \text{ kW}}$$

oder:

$$P_c = Q \cdot k_c = \frac{292 \text{ cm}^3 \cdot 187840 \frac{N}{cm^2}}{60 \text{ s}} = 914154{,}7 \frac{N \cdot cm}{s}$$

$= \mathbf{9{,}1 \text{ kW}}$

Werkzeug-Anwendungsgruppen zum Zerspanen vgl. DIN 1836 (01.84)

Werkzeug-Anwendungsgruppen, allgemein		Werkzeug-Anwendungsgruppen für Schruppfräser	
Werkzeug-Anwendungsgruppe	Anwendungsbereich	Werkzeug-Anwendungsgruppe[1]	Form des Spanteilers an der Schneide des Schruppfräsers
N	Zerspanen von Werkstoffen mit normaler Festigkeit und Härte	NF HF	Spanteiler mit flachem Profil
H	Zerspanen von harten, zähharten und/oder kurzspanenden Werkstoffen		
W	Zerspanen von weichen, zähen und/oder langspanenden Werkstoffen	NR HR	Spanteiler mit rundem Profil

Zu bearbeitender Werkstoff		Zugfestigkeit R_m N/mm² bzw. Brinellhärte HB	Werkzeug-Anwendungsgruppe[2]					HF HR
			N	H	W	NF	NR	
Automatenstahl		$R_m = 370 \ldots 600$	●		o	●	●	
		$R_m = 550 \ldots 1000$	●	o		●	●	o
Allgemeiner Baustahl		$R_m = - \ldots 600$	●		o	●	●	
		$R_m = 500 \ldots 900$	●			●	●	
Einsatzstahl	unlegiert	$R_m = - \ldots 600$	●		o	●	●	
	legiert	$R_m = 500 \ldots 800$	●			●	●	
Nichtrostender Stahl, Stahlguß		$R_m = 450 \ldots 950$	●			●	●	
Nitrierstahl	weichgeglüht	$R_m = 700 \ldots 900$	●			●	●	
	vergütet	$R_m = 800 \ldots 1250$	●	o		●	●	●
Stahlguß		$R_m = 400 \ldots 1120$	●					
Vergütungsstahl	normal geglüht	$R_m = 500 \ldots 750$	●			●	●	
	unlegiert, vergütet	$R_m = 700 \ldots 1000$	●			●	●	
	legiert, vergütet	$R_m = 700 \ldots 1000$	●			●	●	
		$R_m = 900 \ldots 1250$	●	o		●	●	●
	legiert, vergütet	$R_m = 900 \ldots 1250$	●	o		●	●	
Werkzeugstahl	unlegiert oder legiert, weichgeglüht	HB = 180 ... 240	●			●	●	
	hochgekohlt und/oder hochlegiert, weichgeglüht	HB = 220 ... 300	o	●		o	o	●
Gußeisen	mit Lamellengraphit	HB = 100 ... 240	●			●	●	
		HB = 230 ... 320	o	●		●	o	●
	mit Kugelgraphit	HB = 100 ... 240	●			●	●	o
		HB = 230 ... 320	o	●		●	o	o
Temperguß		HB = 100 ... 270	●			●	o	
Aluminium-Legierungen, Si ≤ 10%		$R_m = - \ldots 180$	o		●			
Aluminium-Legierungen, Si > 10%		$R_m = 150 \ldots 250$			o			
Kupfer		$R_m = 200 \ldots 400$	o		●			
Kupferlegierungen	mit geringer Festigkeit	$R_m = 200 \ldots 550$	o		●			
	mit mittlerer Festigkeit	$R_m = 250 \ldots 850$	●		o			
	mit spanbrechenden Zusätzen (Pb, Ph, Te)	$R_m = 250 \ldots 500$	o	●				
Magnesium-Legierungen		$R_m = 150 \ldots 300$	●		o			
Titan-Legierungen	mit mittlerer Festigkeit	$R_m = - \ldots 700$	●		o	●	●	
	mit hoher Festigkeit	$R_m = 600 \ldots 1100$	o	●			o	●

[1] Gruppe N für Werkstoffe mit normaler Festigkeit bzw. Härte, Gruppe H für harte bzw. kurzspanende Werkstoffe
[2] ● Regelfall, o Sonderfall

F

Bohren

Spiralbohrer-Begriffe vgl. DIN 1412 (12.66)

Nebenschneide, Querschneide, Hauptschneide, Fase
σ Spitzenwinkel, ψ Querschneidenwinkel, γ_f Seitenspanwinkel

Winkel am Spiralbohrer vgl. DIN 1414 (10.77)

Bohrer-Typ	Anwendungs-beispiele	Seitenspan-winkel γ_f	Spitzen-winkel σ [1]
H	harte, zähharte Werkstoffe	10°…19°	118°
N	allg. Baustähle, weiches Gußeisen, mittelharte NE-Metalle	19°…40°	118°
W	weiche, zähe Werkstoffe	27°…45°	130°

Bezeichnung: Spiralbohrer DIN 338; $d = 8{,}85$ mm; Werkzeugtyp H; Spitzenwinkel 130° (keine Regelausführung); Anschliff B DIN 1412; Mitnehmer (ML); Linksdrall (L); Werkstoffgruppe HSS:
Spiralbohrer DIN 338 − 8,85 H 130 B ML-L-HSS

Richtwerte für das Bohren mit Spiralbohrern aus Schnellarbeitsstahl

Werkstoff	Zugfestigkeit R_m N/mm²	Schnittgeschwindigkeit v_c m/min	Vorschub[2] f in mm je Umdrehung bei Bohrerdurchmesser d in mm							Kühlschmierstoff[3]
			2,5	4	6,3	10	16	25	40	63	
unlegierte Baustähle	< 700	30…35	0,05	0,08	0,12	0,18	0,25	0,32	0,4	0,56	Kühlschmier-Emulsion
unlegierte Baustähle	> 700	20…25									
legierte Stähle	< 1000										
Gußeisen	< 250	15…25	0,08	0,12	0,2	0,28	0,38	0,5	0,63	0,85	trocken (Druckluft)
Gußeisen	> 250	10…20	0,06	0,1	0,16	0,22	0,3	0,4	0,5	0,7	
CuZn-Legier., spröde	–	60…100	0,08	0,12	0,2	0,28	0,38	0,5	0,63	0,85	trocken (Druckluft)
CuZn-Legier., zäh	–	35…60	0,06	0,1	0,16	0,22	0,3	0,4	0,5	0,7	
Al-Legierungen bis 11% Si	–	30…50	0,08	0,12	0,2	0,28	0,38	0,5	0,63	0,85	Kühlschmier-Emulsion
Thermoplaste[4]	–	20…40	0,08	0,12	0,2	0,28	0,38	0,5	0,63	0,85	Wasser, Druckluft
Duroplaste mit organ. Füllstoffen[4]	–	15…25	0,05	0,08	0,12	0,18	0,25	0,32	0,4	0,56	trocken (Druckluft)
Duroplaste mit anorgan. Füllstoffen[4]	–	15…35	0,03	0,05	0,08	0,11	0,15	0,2	0,25	0,36	

Richtwerte für das Bohren mit beschichteten Voll-Hartmetall-Spiralbohrern[5]

Werkstoffgruppe	Zugfestigkeit R_m N/mm² bzw. Härte	Schnittgeschwindigkeit v_c m/min	Vorschub[2] f in mm je Umdrehung bei Bohrerdurchmesser d in mm							Hartmetallsorte HC
			2,5	4	6,3	10	16	25	40	63	
Unlegierte Baustähle	300…500	100	0,08	0,125	0,16	0,25	0,315	0,5	0,63	1,0	P40, P25
	500…800	85	0,063	0,10	0,125	0,20	0,25	0,4	0,5	0,8	P40, P25
Einsatzstähle	350…550	100	0,10	0,16	0,20	0,315	0,40	0,63	0,8	1,25	P40, P25
	550…800	85	0,08	0,125	0,16	0,25	0,315	0,5	0,63	1,0	P40, K40
	900…1200	55	0,04	0,063	0,08	0,125	0,16	0,25	0,315	0,5	P40, K40
Vergütungsstähle	500…700	90	0,08	0,125	0,16	0,255	0,315	0,5	0,63	1,0	P40, K40
	700…850	80	0,08	0,125	0,16	0,255	0,315	0,5	0,63	1,0	P40, K40
	800…1000	75	0,063	0,10	0,125	0,20	0,25	0,4	0,5	0,8	P40, K40
Gußeisen	HB 180…240	140	0,10	0,16	0,20	0,315	0,40	0,63	0,8	1,25	K40, K10
Rein-Al, Al-Legierung	40…130	200	0,125	0,20	0,25	0,40	0,50	0,80	1,0	1,6	P25, K40

[1] Regelausführung; [2] Vorschubgeschwindigkeit Seite 228
[3] Kühlschmierstoffe Seite 154;   [4] Spanende Formung der Kunststoffe Seite 256
[5] Die Werte gelten für Bohrtiefe ≤ 3 · d; bei größeren Bohrtiefen sind die Vorschübe entsprechend kleiner zu wählen; bei Verwendung von Bohrern mit Hartmetall-Wendeplatten ist die angegebene Schnittgeschwindigkeit um ca. 10% kleiner zu wählen.

Reiben und Gewindebohren

Richtwerte für das Reiben mit Maschinenreibahlen aus Schnellarbeitsstahl

Werkstoff	Zugfestigkeit in N/mm² bzw. Härte HB	Schnittgeschwindigkeit v_c m/min	Vorschub f in mm je Umdrehung für Durchmesser d					Bearbeitungszugabe in mm für Durchmesser d bis			
			5	8	12	16	25	10	20	30	50
Unlegierte und legierte Stähle	< 490	10…12	0,10	0,15	0,20	0,25	0,35	0,1	0,15	0,3	0,4
	> 490…690	8…10	0,10	0,15	0,20	0,25	0,35				
Legierte Stähle, Kalt- und Warmarbeitsstähle	> 690…880	6…8	0,10	0,15	0,20	0,25	0,35				
Schnellarbeitsstähle, vergütete Stähle	< 1080	4…6	0,08	0,10	0,15	0,20	0,25				
Gußeisen	< 220 HB	8…10	0,15	0,20	0,25	0,30	0,40	0,2	0,35	0,5	0,7
	> 220 HB	4…6	0,10	0,15	0,20	0,25	0,35				
Kupfer-Zink-Legierung (für Automatenbearbeitung)	–	15…20	0,15	0,20	0,25	0,30	0,40				
Al-Legierungen gering legiert	–	15…20	0,15	0,20	0,25	0,30	0,40				
Duroplaste und Thermoplaste	hart	4…6	0,20	0,25	0,30	0,35	0,45				
	weich	6…10	0,25	0,30	0,35	0,40	0,50				

Richtwerte für das Reiben mit Maschinenreibahlen aus Hartmetall

Werkstoff	Zugfestigkeit in N/mm² bzw. Härte HB	Schnittgeschwindigkeit v_c m/min	Vorschub f in mm je Umdrehung für Durchmesser d			Bearbeitungszugabe in mm für Durchmesser d bis			
			< 10	> 10 bis 25	> 25 bis 40	10	20	30	50
Legierte und unlegierte Stähle	< 980	8…12	0,15…0,20	0,20…0,40	0,30…0,50	0,15	0,25	0,3	0,35
	> 980	6…10	0,12…0,20	0,20…0,30	0,20…0,40				
Gußeisen	< 220 HB	8…15	0,20…0,30	0,30…0,50	0,40…0,70	0,2	0,3	0,4	0,5
	> 220 HB	6…12	0,15…0,25	0,20…0,40	0,30…0,50				
CuZn-Legierungen	–	15…30	0,20…0,30	0,30…0,50	0,40…0,70				
Al, Al-Legierungen gering legiert	–	15…30	0,15…0,25	0,20…0,35	0,30…0,50				
Duroplaste und Thermoplaste	–	10…20	0,15…0,25	0,20…0,35	0,30…0,50				

Richtwerte für maschinelles Gewindebohren (Gewindebohrer aus Schnellarbeitsstahl)

Werkstoff	Zugfestigkeit in N/mm²	Schnittgeschwindigkeit v_c m/min	Werkzeugtyp nach DIN 1836	Spanwinkel γ	Kühlschmierstoff
Unlegierte Stähle	< 700	16	N	10°…12°	Bohrölemulsion, Schneidöl
	> 700	10	H (N)	6°…8°	
Legierte Stähle	< 1000				
Gußeisen	< 250	10	H	5°…6°	Petroleum, Bohrölemulsion, trocken
	> 250	8	H	0°…3°	
CuZn-Legierungen, spröde	–	25	H	2°…4°	Bohröl, Bohrölemulsion
CuZn-Legierungen, zäh	–	16	H	12°…14°	
Al-Legierungen	–	16…20	W, N	16°…22°	Bohrölemulsion

Wendeschneidplatten
vgl. DIN 4987 T1 u. T2 (03.87)

Bezeichnung von Wendeschneidplatten

1. Beispiel: Wendeschneidplatte aus Hartmetall mit Eckenrundungen (DIN 4968) ohne Bohrung

Schneidplatte DIN 4968 – T E G N 16 03 08 T – P20

2. Beispiel: Wendeschneidplatte aus Hartmetall mit Planschneiden (DIN 6590)

Schneidplatte DIN 6590 – S P F N 15 04 ED R – P10

Norm-Nummer ① ② ③ ④ ⑤ ⑥ ⑦ ⑧ ⑨ ⑩

① Grundform									
H, O, P, R, S, T gleichseitig und gleichwinklig	H	O	P	R	S	T		C 80°	D 55°
C, D, E, M, V, W gleichseitig und ungleichwinklig	E 75°	M 86°	V 35°	W 80°	L	A 85°	B 82°	K 55°	
L ungleichseitig und ungleichwinklig									
A, B, K ungleichseitig und ungleichwinklig									

② Normal-Freiwinkel α_n an der Platte	A	B	C	D	E	F	G	N	P	O
	3°	5°	7°	15°	20°	25°	30°	0°	11°	bes. Angaben

③ Toleranzklassen	Zul. Abw. für	A	F	C	H	E	G
	Prüfmaß d	±0,025	±0,013	±0,025	±0,013	±0,025	
	Prüfmaß m	±0,005		±0,013		±0,025	
	Plattendicke s	±0,025		±0,025		±0,025	±0,005... ±0,13
	Zul. Abw. für	J	K	L	M	N	U
	Prüfmaß d	±0,05...±0,15			±0,05...±0,15		±0,008... ±0,25
	Prüfmaß m	±0,005	±0,013	±0,025	±0,08...±0,20		±0,13... ±0,38
	Plattendicke s	±0,025			±0,05... ±0,13	±0,025	±0,13

④ Ausführung der Spanflächen und Befestigungsmerkmale			
N	G	B	
R	W	H	
F	T	C	
A	Q	J	
M	U	X bes. Angaben	

⑤ Plattengröße	Als Schneidenlänge wird bei ungleichseitigen Platten die längere Schneide angegeben, bei runden Platten der Durchmesser.
⑥ Plattendicke	Die Plattendicke wird ohne Dezimalstellen in mm angegeben.

Kennzahl multipliziert mit Faktor 0,1 = Eckenradius r_ε.

⑦ Ausführung der Schneidenecke	1. Kennbuchstaben für den Einstellwinkel χ_r der Hauptschneide			A	D	E	F	P
				45°	60°	75°	85°	90°
	2. Kennbuchstaben für den Freiwinkel α'_n an der Planschneide (Eckenfase)			A	B	C	D	E	F	G	N	P
				3°	5°	7°	15°	20°	25°	30°	0°	11°

⑧ Schneide	F	scharf	E	gerundet	T	gefast	S	gefast und gerundet	K	doppelgefast	P	doppelgefast und gerundet

⑨ Schneidrichtung	R	rechtsschneidend	L	linksschneidend	N	rechts- und linksschneidend

⑩ Schneidstoff	Hartmetall mit Zerspanungs-Anwendungsgruppe oder Schneidkeramik

Klemmhalter für Wendeschneidplatten

Bezeichnung von Klemmhaltern und Kurzklemmhaltern vgl. DIN 4983 (06.87)

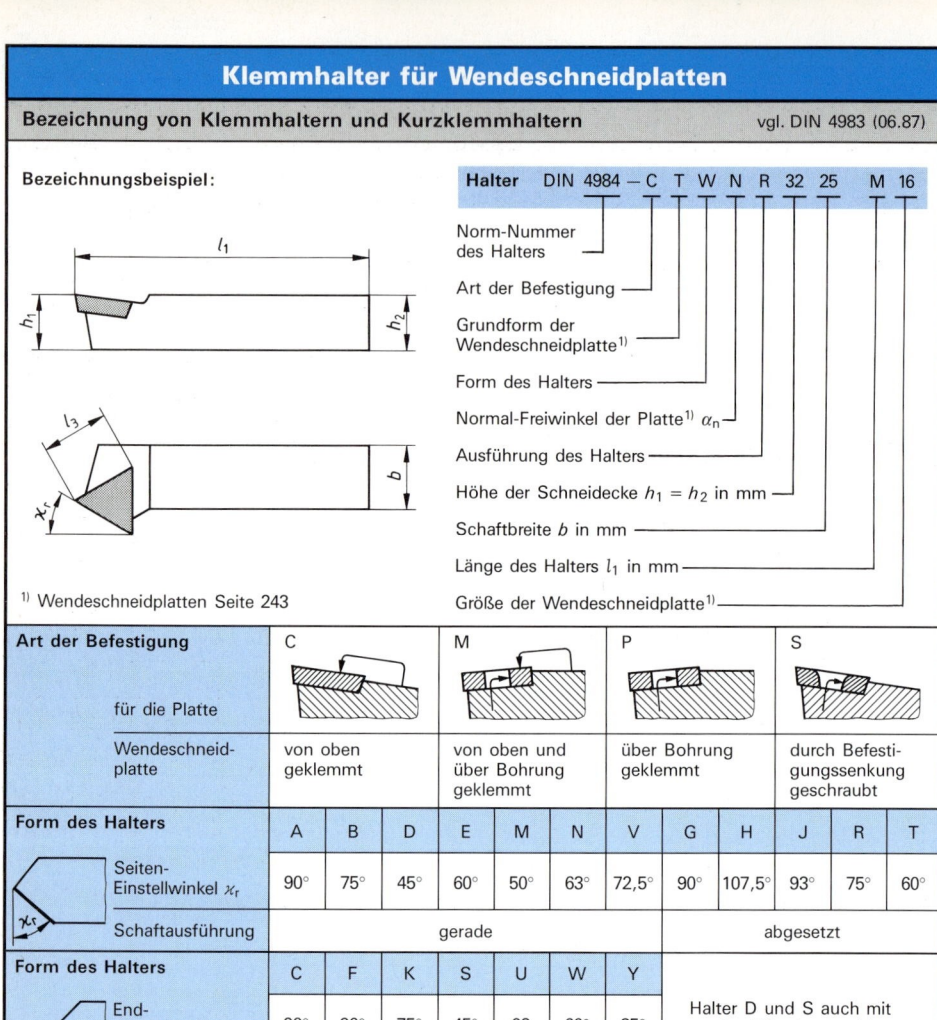

[1] Wendeschneidplatten Seite 243

Art der Befestigung für die Platte	C	M	P	S						
Wendeschneidplatte	von oben geklemmt	von oben und über Bohrung geklemmt	über Bohrung geklemmt	durch Befestigungssenkung geschraubt						
Form des Halters Seiten-Einstellwinkel $\varkappa_r$	A	B	D	E	M	N	V	G	H	J	R	T
	90°	75°	45°	60°	50°	63°	72,5°	90°	107,5°	93°	75°	60°
Schaftausführung	gerade							abgesetzt				
Form des Halters End-Einstellwinkel $\varkappa_r$	C	F	K	S	U	W	Y	Halter D und S auch mit runden Wendeschneidplatten der Grundform R			
	90°	90°	75°	45°	93°	60°	85°				
Schaftausführung	gerade	abgesetzt									
Ausführung des Halters	R rechter Halter			L linker Halter			N neutral (beidseitig)				
Länge des Halters l_1 in mm	A	B	C	D	E	F	G	H	J	K	L	M
	32	40	50	60	70	80	90	100	110	125	140	150
Bei genormten Haltern kann anstelle des Buchstabens ein Mittestrich stehen.	N	P	Q	R	S	T	U	V	W	X		Y
	160	170	180	200	250	300	350	400	450	Sonderlänge		500

Bezeichnung eines Klemmhalters mit Vierkantschaft DIN 4984 für von oben geklemmte (C) dreieckige Wendeschneidplatte (T), Form W mit $\varkappa_r = 60°$ (W), für Normal-Freiwinkel $\alpha_n = 0°$ (N) der Wendeschneidplatte, rechte Ausführung (R), Höhe der Schneidenecke und des Schaftes $h_1 = h_2 = 32$ mm und der Breite $b = 25$ mm (3225), mit der genormten Länge $l_1 = 150$ mm (M), für Schneidenlänge $l_3 = 16,5$ mm (16):
Halter DIN 4984 — CTWNR 3225 M 16

Kegeldrehen

Bezeichnungen am Kegel

vgl. DIN ISO 3040 (04.78)

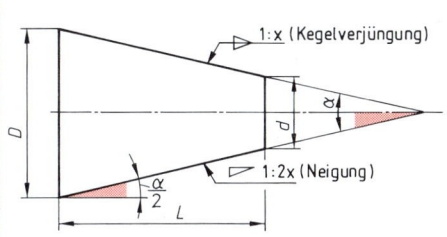

- D großer Kegeldurchmesser
- d kleiner Kegeldurchmesser
- L Kegellänge
- α Kegelwinkel
- $\dfrac{\alpha}{2}$ Kegelerzeugungswinkel (Einstellwinkel)
- C Kegelverjüngung
- $1:x$ Kegelverjüngung
- $\dfrac{C}{2}$ Kegelneigung
- V_R Reitstockverstellung
- $V_{R\,max}$ maximale Reitstockverstellung
- L_w Werkstücklänge

Auf einer Kegellänge von x mm ändert sich der Kegeldurchmesser um 1 mm.

Kegeldrehen durch Einstellen des Oberschlittens

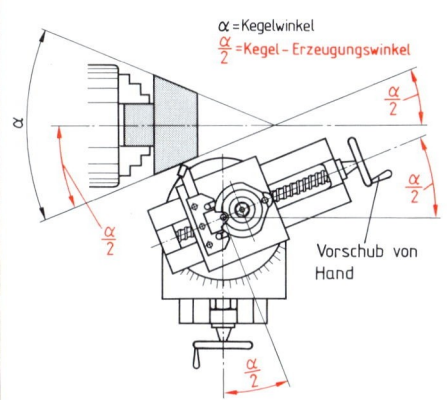

Einstellwinkel

$$\tan\frac{\alpha}{2} = \frac{C}{2}$$

$$\tan\frac{\alpha}{2} = \frac{D-d}{2 \cdot L}$$

Kegelverjüngung

$$C = \frac{D-d}{L}$$

$$C = 1:x$$

Beispiel: $D = 225$ mm, $d = 150$ mm, $L = 100$ mm; $\alpha/2 = ?$

$$\tan\frac{\alpha}{2} = \frac{D-d}{2\cdot L} = \frac{(225-150)\text{ mm}}{2\cdot 100\text{ mm}} = 0{,}375$$

$$\frac{\alpha}{2} = 20{,}556° = 20°\,33'\,22''$$

Kegeldrehen durch Verstellen des Reitstockes

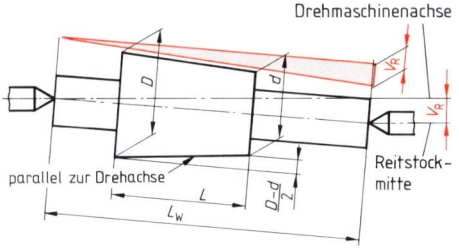

Reitstockverstellung

$$V_R = \frac{C}{2}\cdot L_w$$

$$V_R = \frac{D-d}{2}\cdot \frac{L_w}{L}$$

Maximale Reitstockverstellung

$$V_{R\,max} \leq \frac{L_w}{50}$$

Beispiel: $D = 20$ mm; $d = 18$ mm; $L = 80$ mm; $L_w = 100$ mm; $V_R = ?$; $V_{R\,max} = ?$

$$V_R = \frac{D-d}{2}\cdot\frac{L_w}{L} = \frac{(20-18)\text{ mm}}{2}\cdot\frac{100\text{ mm}}{80\text{ mm}} = \mathbf{1{,}25\text{ mm}}$$

$$V_{R\,max} = \frac{L_w}{50} = \frac{100\text{ mm}}{50} = \mathbf{2\text{ mm}}$$

F

Drehen

Winkel am Drehmeißel

α Freiwinkel β Keilwinkel
γ Spanwinkel ε Eckenwinkel
χ Einstellwinkel λ Neigungswinkel

Rauhtiefe in Abhängigkeit vom Spitzenradius und vom Vorschub

R_{th} theoretische Rauhtiefe
r Spitzenradius
f Vorschub

$$R_{th} \approx \frac{f^2}{8 \cdot r}$$

Beispiel:
$R_{th} = 25\ \mu m;\ r = 1{,}2\ mm;\ f = ?$
$f \approx \sqrt{8 \cdot r \cdot R_{th}} =$
$= \sqrt{8 \cdot 1{,}2\ mm \cdot 0{,}025\ mm} \approx \textbf{0{,}5 mm}$

Spitzen-radius r in mm	Schruppen		Schlichten		Feindrehen	
	R_{th} 100 μm	R_{th} 63 μm	R_{th} 25 μm	R_{th} 16 μm	R_{th} 6,3 μm	R_{th} 4 μm
	Vorschub f in mm je Umdrehung					
0,4	0,57	0,45	0,28	0,2	0,14	0,1
0,8	0,80	0,63	0,4	0,3	0,2	0,16
1,2	1,0	0,8	0,5	0,4	0,25	0,2
1,6	1,13	0,9	0,6	0,45	0,3	0,23
2,4	1,4	1,3	0,7	0,55	0,35	0,28

Richtwerte für das Drehen mit Schnellarbeitsstahl

Werkstoffe	Zugfestigkeit R_m N/mm²	Schnittgeschwindigkeit v_c m/min	Vorschub f mm	Schnitttiefe a mm	Schnellarbeitsstahl	Standzeit min	Frei- ☆ α	Span- ☆ γ	Neigungs- ☆ λ
Allg. Baustähle, Einsatzstähle, Vergütungsstähle, Werkzeugstähle, Stahlguß	< 500	75…60	0,1	0,5	S 10-4-3-10	60	8°	18°	0°…4°
		65…50	0,5	3					
		50…35	1,0	6	S 18-1-2-10				−4°
	500…700	70…50	0,1	0,5	S 10-4-3-10	60	8°	14°	0°…4°
		50…30	0,5	3					
		35…25	1,0	6	S 18-1-2-10				−4°
Automatenstähle	< 700	90…60	0,1	0,5	S 10-4-3-10	240	8°	…20°	0°…4°
		75…50	0,3	3	S 18-1-2-10				
		55…35	0,6	6					
Gußeisen	< 250	40…32	0,1	0,5	S 12-1-4-5	60	8°	0°…6°	0°
		32…23	0,3	3					
		23…15	0,6	6					−4°
Kupferlegierungen	—	150…100	0,3	3	S 10-4-3-10	120	10°	18°…30°	
		120…80	0,6	6					
Al-Legierungen	< 900	180…120	0,6	6	S 10-4-3-10	240		25°…35°	+4°
Duroplaste, Thermoplaste ohne Füllstoffe		250…150	0,2	3	S 14-1-4-5	480		0°	
		400…200	0,2	3					

Richtwerte für das Drehen mit oxidkeramischen Schneidplatten

Werkstoff	Zugfestigkeit R_m N/mm² bzw. Härte	Schnittgeschwindigkeit v_c m/min	Vorschub f in mm			Schnittiefe a in mm			Frei- ☆ α	Span- ☆ γ	Neigungs- ☆ λ
			Schruppen	Schlichten	Feindrehen	Schruppen	Schlichten	Feindrehen			
Einsatzstähle, Vergütungsstähle	< 400	180…900	0,3…0,5	0,2…0,4	0,1…0,2	bis 5	0,5…1	0,3	+5°	0°…+6°	−4°
	> 400…600	150…750									
	> 600…800	120…600									
	53 HRC	50…220									
Gußeisen	100…150 HB	150…1000	0,4…0,6	0,2…0,4	0,1…0,2	bis 5	0,5…1	0,3	+5°	0°…+6°	−4°
	230…300 HB	90…600									
Hartguß	500 HV	20…90							+5°	−6°…−10°	−4°

Drehen

Richtwerte für das Drehen mit Hartmetall-Wendeschneidplatten

Werkstoffe	Brinell-härte HB	Vorschub f mm	Schnittgeschwindigkeit[1] v_c in m/min					
			beschichtetes Hartmetall Zerspanungsbedingungen[2]			unbeschichtetes Hartmetall Zerspanungsbedingungen[2]		
			Hartmetallsorten z.B.			Hartmetallsorten z.B.		
			P15C / K15C	P25C / K25C	P35C / K35C	P10	P40	K10
Allgemeine Baustähle z.B. St 33 ... St 60-2 Automatenstähle	90...230	0,1...0,25 0,3...0,5 0,6...1,5	255 235 185	200 175 145	165 135 100	165 145 120	110 90 80	— — —
Einsatzstähle z.B. C10, Ck10, C15, 16 MnCr 5, 15 CrNi 6	140...370	0,1...0,25 0,3...0,5 0,6...1,5	270 230 200	235 200 170	165 145 115	155 140 115	95 80 70	— — —
Vergütungsstähle z.B. C35, C45, C60 Ck 35, Ck 45, Ck 60	160...260	0,1...0,25 0,3...0,5 0,6...1,5	230 210 175	180 160 135	140 120 100	120 105 90	85 75 65	— — —
34 Cr 4, 42 CrMo 4, 50 CrV 4, 34 CrNiMo 6	230...370	0,1...0,25 0,3...0,5 0,6...1,5	150 125 100	130 105 85	100 90 80	110 90 80	85 75 60	— — —
Nitrierstähle z.B. 34 CrAlMo 5, 34 CrAlNi 7	230...420	0,1...0,25 0,3...0,5 0,6...1,5	165 135 110	135 110 90	110 90 75	115 90 80	80 70 65	— — —
Kaltarbeitsstähle z.B. 100 Cr 6, X 210 Cr 12 60 WCrV 7	220...250	0,1...0,25 0,3...0,5 0,6...1,5	170 130 90	175 105 90	90 80 70	95 85 75	80 55 45	— — —
Warmarbeitsstähle z.B. X 20 Cr 13, X 42 Cr 13	150...230	0,1...0,25 0,3...0,5 0,6...1,5	140 120 105	115 100 90	90 80 70	100 85 75	70 60 50	— — —
Stahlguß z.B. GS-38, GS-52 GS-60, GS-17 CrMo 5 5	140...220	0,1...0,25 0,3...0,5 0,6...1,5	200 160 125	140 120 105	110 90 80	115 95 80	80 70 60	— — —
Gußeisen z.B. GG-10, GG-15, GG-20	≤ 200	0,1...0,25 0,3...0,5 0,6...1,5	220 180 140	200 160 120	140 120 90	— — —	— — —	140 120 100
Aluminiumlegierungen (6...12% Si)	≥ 100	...0,1 0,15...0,3 0,35...0,6	600 500 400	— — —	— — —	— — —	— — —	600 400 250
Kupfer und Kupferlegierungen	≤ 100	...0,1 0,15...0,3 0,35...0,6	— — —	— — —	— — —	— — —	— — —	500 400 200

[2] Zerspanungsbedingungen

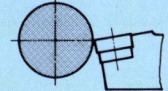

Bedeutung	gute bis sehr gute Zerspanungsbedingungen	leichte Schnittunterbrechungen, dünne Walz- oder Gußhaut, Sandeinschlüsse	ungünstige Zerspanungsbedingungen, größere Schnittunterbrechungen, dicke Walz- oder Gußhaut

[1] Die Richtwerte sind gerundet und beziehen sich auf eine Standzeit von 15 Minuten.

Fräsen

Berechnung von Drehzahl und Vorschubgeschwindigkeit

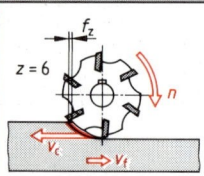

v_c Schnittgeschwindigkeit
v_f Vorschubgeschwindigkeit
d Fräserdurchmesser
n Drehzahl des Fräsers
f_z Vorschub je Fräserzahn
z Zähnezahl des Fräsers

Drehzahl
$$n = \frac{v_c}{\pi \cdot d}$$

Vorschubgeschwindigkeit
$$v_f = n \cdot f_z \cdot z$$

Richtwerte für Schnittgeschwindigkeit v_c in m/min und Vorschub f_z in mm/Fräserzahn

Fräswerkzeug	Art der Bearbeitung		Unl. Stahl R_m bis 700 N/mm²	Legierter Stahl R_m bis 750 N/mm²	Legierter Stahl R_m bis 1000 N/mm²	Gußeisen bis 180 HB	Kupferlegierungen	Leichtmetalle
Walzenfräser	Fräser aus Schnellarbeitsstahl							
	Schruppen	v_c	30…40	25…30	15…20	20…25	60…150	150…210
		f_z	0,1…0,2	0,1…0,15	0,1…0,15	0,1…0,3	0,1…0,25	0,15…0,2
	Schlichten	v_c	30…40	25…30	15…20	20…25	60…150	200…300
		f_z	0,05…0,1	0,05…0,1	0,05…0,1	0,1…0,15	0,1…0,15	0,1…0,15
	Fräser mit Hartmetallschneiden							
	Schruppen	v_c	80…150	80…150	60…120	70…120	150…400	350…800
		f_z	0,1…0,3	0,1…0,3	0,1…0,3	0,2…0,4	0,1…0,2	0,15
	Schlichten	v_c	100…200	100…200	80…150	100…160	150…400	400…1200
		f_z	0,05…0,15	0,05…0,15	0,03…0,1	0,1…0,2	0,05…0,1	0,08
Walzenstirnfräser	Fräser aus Schnellarbeitsstahl							
	Schruppen	v_c	30…40	25…30	15…20	20…25	60…150	150…250
		f_z	0,1…0,2	0,1…0,2	0,1…0,15	0,15…0,3	0,2…0,3	0,2…0,3
	Schlichten	v_c	30…40	25…30	15…20	20…25	60…150	200…300
		f_z	0,05…0,1	0,05…0,1	0,05…0,1	0,1…0,2	0,1…0,2	0,1…0,2
	Fräser mit Hartmetallschneiden							
	Schruppen	v_c	80…150	80…150	60…120	70…120	150…400	350…800
		f_z	0,1…0,3	0,1…0,3	0,1…0,3	0,1…0,3	0,08…0,15	0,1…0,2
	Schlichten	v_c	100…300	100…300	80…150	100…160	150…400	400…1200
		f_z	0,1…0,2	0,1…0,2	0,06…0,15	0,1…0,2	0,05…0,1	0,08…0,15
Fräskopf (Messerkopf)	Schneiden aus Hartmetall							
	Schruppen	v_c	80…150	80…150	60…120	70…120	150…400	350…800
		f_z	0,1…0,3	0,1…0,3	0,1…0,3	0,1…0,3	0,08…0,15	0,1…0,2
	Schlichten	v_c	100…300	100…300	80…150	100…160	150…400	400…1200
		f_z	0,1…0,2	0,1…0,2	0,06…0,15	0,1…0,2	0,05…0,1	0,08…0,15

Fräsen, Hobeln und Stoßen

Richtwerte für Schnittgeschwindigkeit v_c in m/min, **Vorschub** f_z in mm/Fräserzahn und **Vorschubgeschwindigkeit** v_f in mm/min

Fräswerkzeug	Art der Bearbeitung		Stahl R_m bis 700 N/mm²	Stahl R_m bis 750 N/mm²	Stahl R_m bis 1000 N/mm²	Gußeisen bis 180 HB	Kupferlegierungen	Leichtmetalle
Schaftfräser			Fräser aus Schnellarbeitsstahl					
	Schruppen	v_c	30…40	25…30	15…20	20…25	60…150	150…250
		f_z	0,1…0,2	0,1…0,15	0,05…0,1	0,15…0,3	0,2…0,3	0,2…0,3
	Schlichten	v_c	30…40	25…30	15…20	20…25	60…150	150…250
		f_z	0,04…0,1	0,04…0,1	0,02…0,1	0,07…0,2	0,05…0,2	0,04…0,2
			Fräser mit Hartmetallschneiden					
	Schruppen	v_c	80…120	80…120	60…100	80…120	120…300	200…800
		f_z	0,04…0,15	0,04…0,15	0,04…0,1	0,06…0,15	0,08…0,15	0,06…0,1
	Schlichten	v_c	100…150	100…150	80…120	80…120	150…300	1200
		f_z	0,04…0,1	0,04…0,1	0,04…0,1	0,04…0,1	0,06…0,1	0,06…0,1
Scheibenfräser			Fräser aus Schnellarbeitsstahl					
	Schruppen	v_c	30…40	25…30	15…20	20…25	60…150	150…250
		f_z	0,1…0,2	0,1…0,15	0,1…0,15	0,15…0,3	0,2…0,3	0,2…0,3
	Fertigfräsen	v_c	30…40	25…30	15…20	20…25	60…150	150…250
		f_z	0,05…0,1	0,05…0,1	0,05…0,1	0,07…0,2	0,07…0,2	0,07…0,2
			Fräser mit Hartmetallschneiden					
	Schruppen	v_c	100…180	100…160	80…120	80…120	120…300	200…800
		f_z	0,15…0,3	0,15…0,3	0,15…0,3	0,15…0,3	0,15…0,3	0,1…0,2
	Fertigfräsen	v_c	120…250	120…250	100…150	100…160	150…300	300…800
		f_z	0,1…0,2	0,1…0,2	0,1…0,2	0,1…0,2	0,1…0,3	0,1…0,2
Metall-Kreissäge			Kreissägen aus Schnellarbeitsstahl					
	Schnittiefe < 5 mm	v_c	45…50	35…40	25…40	25…45	100…200	200…400
		v_f	80…160	80…160	63…100	80…200	100…1000	–
	Schnittiefe 5…10 mm	v_c	40…45	30…35	20…25	30…35	300…400	300…350
		v_f	63…250	63…200	40…80	80…125	400…800	320…1600
	Schnittiefe 10…15 mm	v_c	35…40	25…30	15…20	20…30	300…350	200…300
		v_f	40…63	40…63	32…63	50…63	80…360	250…1000

Richtwerte für Schnittgeschwindigkeit und Vorschub beim Hobeln und Stoßen

Art der Bearbeitung	Schneidstoff	Schnittgeschwindigkeit v_c in m/min für					Vorschub f je Doppelhub in mm
		Stahl bis 400 N/mm²	Stahl bis 600 N/mm²	Gußeisen	Kupferlegierungen	Leichtmetall	
Schruppen	HSS	15…20	12…16	12…16	20…25	35…40	0,2…4
	Hartmetall	60…80	40…60	30…40	72…95	90…120	0,2…4
Schlichten	HSS	20…25	16…20	14…22	30…40	50…60	0,2…0,5
	Hartmetall	72…100	50…75	40…60	90…120	110…150	0,2…0,5

Teilen mit dem Teilkopf

Direktes Teilen

Beim direkten Teilen wird die Teilkopfspindel mit der Teilscheibe und dem Werkstück direkt um den gewünschten Teilschritt gedreht. Dabei sind Schnecke und Schneckenrad außer Eingriff.

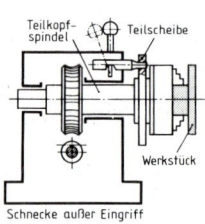

T Teilzahl
α Winkelteilung
n_L Anzahl der Löcher der Teilscheibe
n_l Anzahl der weiterzuschaltenden Lochabstände; Teilschritt

1. **Beispiel:** $n_L = 24$, $T = 8$; $n_l = ?$

$$n_l = \frac{n_L}{T} = \frac{24}{8} = 3$$

2. **Beispiel:** $n_L = 24$, $\alpha = 30°$; $n_l = ?$

$$n_l = \frac{\alpha \cdot n_L}{360°} = \frac{30° \cdot 24}{360°} = 2$$

$$n_l = \frac{n_L}{T}$$

$$n_l = \frac{\alpha \cdot n_L}{360°}$$

Indirektes Teilen

Beim indirekten Teilen wird die Teilkopfspindel durch die Schnecke über das Schneckenrad angetrieben.

T Teilzahl
α Winkelteilung
i Übersetzungsverhältnis des Teilkopfes
n_K Anzahl der Teilkurbelumdrehungen für eine Teilung; Teilschritt

Lochkreise der Lochscheiben

15	16	17	18	19	20	21	23	27
29	31	33	37	39	41	43	47	49

oder

17	19	23	24	25	27	28	29	30
31	33	37	39	41	42	43	47	49
51	53	57	59	61	63			

1. **Beispiel:** $T = 68$, $i = 40$, $n_K = ?$

$$n_K = \frac{i}{T} = \frac{40}{68} = \frac{10}{17}$$

2. **Beispiel:** $\alpha = 37{,}2°$, $i = 40$, $n_K = ?$

$$n_K = \frac{i \cdot \alpha}{360°} = \frac{40 \cdot 37{,}2°}{360°} =$$
$$= \frac{37{,}2}{9} = \frac{186}{9 \cdot 5} = 4\frac{2}{15}$$

$$n_K = \frac{i}{T}$$

$$n_K = \frac{i \cdot \alpha}{360°}$$

Ausgleichsteilen (Differentialteilen)

Beim Ausgleichsteilen wird die Teilkopfspindel wie beim indirekten Teilen über Schnecke und Schneckenrad angetrieben. Gleichzeitig dreht aber die Teilkopfspindel über Wechselräder die Lochscheibe mit.

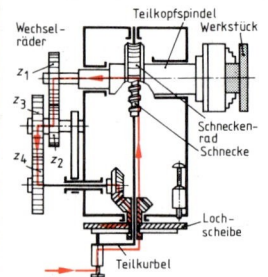

T Teilzahl
T' Hilfsteilzahl
α Winkelteilung
i Übersetzungsverhältnis des Teilkopfes
n_K Anzahl der Teilkurbelumdrehungen für eine Teilung; Teilschritt
z_t Zähnezahlen der treibenden Räder (z_1, z_3)
z_g Zähnezahlen der getriebenen Räder (z_2, z_4)

Zähnezahlen der Wechselräder

24	24	28	32	36	40	44	48
56	64	72	80	84	86	96	100

$$n_K = \frac{i}{T'}$$

$$\frac{z_t}{z_g} = \frac{i}{T'}(T' - T)$$

Wählt man die Hilfsteilzahl T' größer als die Teilzahl T, so müssen Teilkurbel und Lochscheibe die gleiche Drehrichtung haben. Ist dagegen T' kleiner als T, so müssen sich Teilkurbel und Lochscheibe entgegengesetzt drehen. Die erforderliche Drehrichtung erreicht man gegebenenfalls durch ein Zwischenrad.

Beispiel: $i = 40$; $T = 97$; $n_K = ?$; $\frac{z_t}{z_g} = ?$ T' gewählt = 100

Lösung: $n_K = \frac{i}{T'} = \frac{40}{100} = \frac{2}{5} = \frac{8}{20}$

$$\frac{z_t}{z_g} = \frac{i}{T'} \cdot (T' - T) = \frac{40}{100} \cdot (100 - 97) = \frac{2}{5} \cdot 3 = \frac{6}{5} = \frac{48}{40}$$

Wendelnutenfräsen

Wendelnuten sind Schraubenwindungen mit großer Steigung. Sie können auf Universalfräsmaschinen mit Hilfe des Teilkopfes gefräst werden.

Beim Wendelnutenfräsen führt der Frästisch die geradlinige und die Teilkopfspindel die kreisförmige Bewegung aus. Die Drehbewegung wird von der Tischspindel über die Wechsel- und Kegelräder auf die Lochscheibe übertragen. Diese dreht über den eingerasteten Teilstift die Teilkurbel und damit den Schneckentrieb und das Werkstück. Bei scheibenförmigen Fräsern muß der Frästisch zum Fräsen um den Einstellwinkel β geschwenkt werden.

Sind in ein Werkstück mehrere Nuten zu fräsen, so muß dieses nach jeder Nut durch indirektes Teilen weitergedreht werden.

α Steigungswinkel
β Einstellwinkel
P Steigung der Wendel
P_T Steigung der Tischspindel
i Übersetzungsverhältnis des Schneckentriebes
i_1 Übersetzungsverhältnis der Kegelräder
z_t Zähnezahlen der treibenden Räder (z_1, z_3)
z_g Zähnezahlen der getriebenen Räder (z_2, z_4)

Lochkreise der Lochscheiben							
15	16	17	18	19	20	21	23	27
29	31	33	37	39	41	43	47	49
oder
17	19	23	24	25	27	28	29	30
31	33	37	39	41	42	43	47	49
51	53	57	59	61	63			

Zähnezahlen der Wechselräder						
24	24	28	32	36	40	44	48
56	64	72	80	84	86	96	100

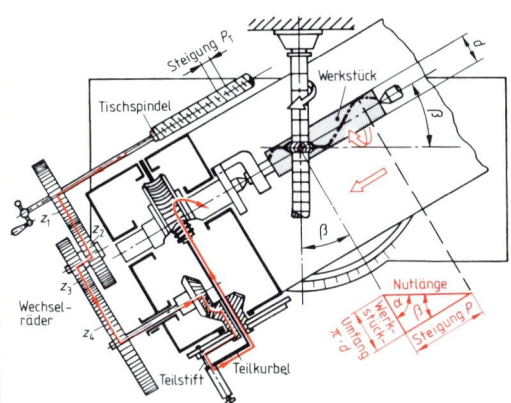

Steigung der Wendel: $P = \pi \cdot d \cdot \tan\alpha$

Steigungswinkel: $\tan\alpha = \dfrac{P}{\pi \cdot d}$

Einstellwinkel: $\tan\beta = \dfrac{\pi \cdot d}{P}$

$\beta = 90° - \alpha$

Wechselräder: $\dfrac{z_t}{z_g} = \dfrac{P_T \cdot i \cdot i_1}{P}$

1. Beispiel: Ein schrägverzahnter Fräser soll einen Schrägungswinkel (= Einstellwinkel) $\beta = 25°$ und 9 Zähne erhalten.
$d = 80$ mm; $i = 40$; $i_1 = 1$; $P_T = 6$ mm.

Gesucht: Steigung P; Wechselräder z_t/z_g und Teilkurbelumdrehungen n_K.

Lösung: $\alpha = 90° - \beta = 90° - 25° = \mathbf{65°}$
$P = \pi \cdot d \cdot \tan\alpha = \pi \cdot 80\text{ mm} \cdot \tan 65°$
$= 539 \text{ mm} \approx \mathbf{540 \text{ mm}}$

$\dfrac{z_t}{z_g} = \dfrac{P_T \cdot i \cdot i_1}{P} = \dfrac{6\text{ mm} \cdot 40 \cdot 1}{540\text{ mm}} = \dfrac{240}{540}$
$= \dfrac{4}{9} = \mathbf{\dfrac{32}{72}}$

$n_K = \dfrac{i}{T} = \dfrac{40}{9} = 4\dfrac{4}{9} = \mathbf{4\dfrac{12}{27}}$

2. Beispiel: Ein Werkstück mit einem Durchmesser $d = 120$ mm soll 6 Wendelnuten mit $P = 200$ mm erhalten.
$i = 40$; $i_1 = 2$; $P_T = 4$ mm.

Gesucht: Einstellwinkel β; Wechselräder z_t/z_g; Teilkurbelumdrehungen n_K.

Lösung: $\tan\alpha = \dfrac{P}{\pi \cdot d} = \dfrac{200\text{ mm}}{\pi \cdot 120\text{ mm}} = 0{,}5305$;
$\alpha = \mathbf{27{,}95°}$

$\beta = 90° - \alpha = 90° - 27{,}95° = \mathbf{62{,}05°}$

$\dfrac{z_t}{z_g} = \dfrac{P_T \cdot i \cdot i_1}{P} = \dfrac{4\text{ mm} \cdot 40 \cdot 2}{200\text{ mm}} = \mathbf{\dfrac{64}{40}}$

$n_K = \dfrac{i}{T} = \dfrac{40}{6} = 6\dfrac{4}{6} = \mathbf{6\dfrac{16}{24}}$

Schleifen

- v_c Schnittgeschwindigkeit
- v_f Vorschubgeschwindigkeit
- d_s Durchmesser der Schleifscheibe
- n_s Drehzahl der Schleifscheibe
- d_1 Durchmesser des Werkstücks
- n Drehzahl des Werkstücks
- L Vorschubweg
- n_H Hubzahl
- q Geschwindigkeitsverhältnis

Längs-Rundschleifen

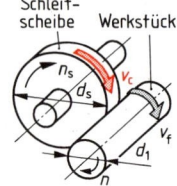

Schnittgeschwindigkeit

$$v_c = \pi \cdot d_s \cdot n_s$$

Geschwindigkeitsverhältnis

$$q = \frac{v_c}{v_f}$$

Vorschubgeschwindigkeit beim Längsrundschleifen

$$v_f = \pi \cdot d_1 \cdot n$$

Planschleifen

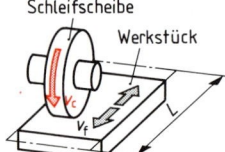

Vorschubgeschwindigkeit beim Planschleifen

$$v_f = L \cdot n_H$$

Schnittgeschwindigkeit v_c, Vorschubgeschwindigkeit v_f, Geschwindigkeitsverhältnis q

Werkstoff	Planschleifen						Längsrundschleifen					
	Umfangsschleifen			Seitenschleifen			Außenrundschleifen			Innenrundschleifen		
	v_c m/s	v_f m/min	q	v_c m/s	v_f m/min	q	v_c m/s	v_f m/min	q	v_c m/s	v_f m/min	q
Stahl	30	10…35	80	25	6…25	50	30…35	10	125	25	19…23	80
Gußeisen			65		6…30	40	25	11	100		23	65
Hartmetall	10	4	115	8	4	115	8	4	100	8	8	60
Al-Legierungen	18	15…40	30	18	20…45	20	18	24…30	50	16	30…40	30
Cu-Legierungen	25		50			30	25…35	16	80	25	25	50

Verwendungseinschränkungen (VE) für Schleifscheiben   vgl. DSA[1] 103 T3 (03.83)

VE 1	Nicht zulässig für Freihand- und handgeführtes Schleifen	VE 4	Zulässig nur für geschlossenen Arbeitsbereich (mit besonderen Schutzvorrichtungen)
VE 2	Nicht zulässig für Freihandtrennschleifen	VE 5	Nicht zulässig ohne besondere Absaugung
VE 3	Nicht zulässig für Naßschleifen	VE 6	Nicht zulässig für Seitenschleifen

Allgemeine Höchstumfangsgeschwindigkeit v_c

Maschinenart	Anwendung	Schleifverfahren	v_c in m/s für Bindung		
			V	B, BF | R, RF, E	Mg[3]
ortsfeste Schleifmaschinen	zwangsweise Führung	Umfangsschleifen	35	50[2]	35	25
		Seitenschleifen	30	35	30	20
Handschleifmaschinen	Freihandschleifen	Umfangsschleifen	30	45[2]	30	20
		Seitenschleifen	25	30	25	15
Trennschleifmaschinen	Freihandschleifen	Umfangsschleifen	—	45	30	—

Erhöhte Umfangsgeschwindigkeiten

Künstlich gebundene Schleifkörper, die mit einer erhöhten Umfangsgeschwindigkeit betrieben werden sollen, bedürfen einer Zulassung des DSA. Sie sind mit einer Zulassungsnummer und durch einen Farbstreifen gekennzeichnet. Schleifkörper mit Magnesitbindung haben einen weißen Farbstreifen.

Farbstreifen	blau	gelb	rot	grün
v_c max in m/s	50	63	80	100

Farbstreifen	grün + blau	grün + gelb	grün + rot
v_c max in m/s	125	140	160

[1] DSA Deutscher Schleifscheiben-Ausschuß;   [2] für $d \leq 500$ mm und $b \leq 75$ mm;   [3] für $d < 1$ m

Schleifen

Schleifmittel

vgl. DIN 69 100 (07.88), DIN 69 101 T1 (12.85)

Zeichen	Schleifmittel	Chem. Zusammensetzung	Härte nach Mohs	Härte nach Knoop	Anwendungsgebiete
SL	Schmirgel	$Al_2O_3 + SiO_2 + Fe_2O_3$	8	–	Belag von Schleifpapier, Bearbeiten und Polieren von Stahl, Gußeisen, Holz
A	Elektrokorund	Al_2O_3	≈ 9	1635...2080	Zähe Werkstoffe, ungehärteter Stahl, Schweißnähte, gehärteter Stahl, Titan
C	Siliciumkarbid	SiC	9,6	2480	Harte Werkstoffe: HM, GG, HSS, Keramik, Glas; weiche Werkstoffe: Kupfer, Aluminium, Kunststoffe
B	Bornitrid	BN	–	4700	HSS-Stahl, Warm- und Kaltarbeitsstähle
D	Diamant	C	10	7000	Präzisionsschleifen von zähharten Werkstoffen wie HM, GG, Glas, Keramik; Abrichten von Schleifscheiben

Körnung

grob	4 5 6 7 8 10 12 14 16 20 22 24
mittel	30 36 46 54 60
fein	70 80 90 100 120 150 180 220
sehr fein	230 240 280 320 360 400 500 600 800 1000 1200

Körnung bei Diamant (D) und Bornitrid (B) in µm:
Von D (B) 46 (fein) bis D (B) 1181 (grob)

Härtegrad

äußerst weich	A	B	C	D	Tief- und Seitenschleifen harter Werkstoffe
sehr weich	E	F	G	–	
weich	H	I	Jot	K	herkömmliches Metallschleifen
mittel	L	M	N	O	
hart	P	Q	R	S	Außenrundschleifen weicher Werkstoffe
sehr hart	T	U	V	W	
äußerst hart	X	Y	Z	–	

Gefüge

Kennziffer	0 1 2 3 4 5 6 7 8 9 10 11 12 13 14 usw.
Gefüge	←— geschlossen (dicht) offen (porös) —→

Bindung

Zeichen	Bindungsart	Eigenschaften	Anwendungsgebiete
V	Keramische Bindung	porös, spröde, unempfindlich gegen Wasser, Öl, Wärme	Vor- und Feinschleifen von Stählen mit Korund und Siliciumkarbid
B / BF	Kunstharzbindung, faserstoffverstärkt	dicht oder porös, elastisch, ölbeständig, kühler Schliff	Vor- oder Trennschleifen, Profilschleifen mit Diamant und Bornitrid, Hochdruckschleifen
M	Metallbindung	dicht oder porös, zäh, unempfindlich gegen Druck und Wärme	Profil- und Werkzeugschleifen mit Diamant oder Bornitrid, Naßschliff
G	Galvanische Bindung	hohe Griffigkeit durch herausragende Körner	Innenschleifen von Hartmetall, Handschliff
R / RF	Gummibindung, faserstoffverstärkt	elastisch, kühler Schliff, empfindlich gegen Öl u. Wärme	Trennschleifen
E	Schellackbindung	temperaturempfindlich, zähelastisch, stoßunempfindlich	Sägen- und Formschliff, Regelscheibe beim spitzenlosen Schleifen
Mg	Magnesitbindung	weich, elastisch, wasserempfindlich	Trockenschliff, Messerschliff

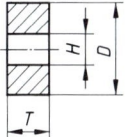

Bezeichnung einer geraden Schleifscheibe DIN 69120 Form 1, Randform A, Außendurchmesser D = 300 mm, Breite T = 20 mm, Bohrung H = 127 mm; Schleifmittel Elektrokorund (A), Körnung 60, Härtegrad K, Gefüge 5, Bindung keramisch (V), Höchstumfangs-Geschwindigkeit 50 m/s:

Schleifscheibe DIN 69120–1 A–300 x 20 x 127–A 60 L–5 V–50

Schleifen

Auswahl der Schleifscheiben

Längsrundschleifen

Werkstoff	Schleif-mittel	Schleifscheibendurchmesser in mm					
		bis 350		über 350 bis 450		über 450 bis 600	
		Körnung	Härte	Körnung	Härte	Körnung	Härte
Stahl ungehärtet	A	60	L…M	50	L…M	46	L…M
Stahl gehärtet	A	60	K…L	50	K…L	46	K…L
Schnellarbeitsstahl gehärtet	A	60	H…J	50	H…J	46	H…J
Hartmetall	C	80	H	60	H	—	—
Gußeisen	A, C	60	J	50	J	46	J

Innenrundschleifen

Werkstoff	Schleif-mittel	Schleifscheibendurchmesser in mm							
		bis 16		über 16 bis 36		über 36 bis 80		über 80 bis 125	
		Körnung	Härte	Körnung	Härte	Körnung	Härte	Körnung	Härte
Stahl ungehärtet	A	80	M	60	L	46	K	46	J
Stahl vergütet	A	80	K…L	60	J…K	46	H…J	46	H
Hartmetall, Stahl gehärtet	D	D 100	—	D 150	—	D 200	—	D 250	—
Gußeisen	C	80	K	50	J	46	H	36	H

Umfangs-Planschleifen

Werkstoff	Schleif-mittel	Schleifscheibendurchmesser in mm						Segmente	
		bis 200		bis 200		über 200 bis 350			
		Flachscheiben		Topfscheiben					
		Körnung	Härte	Körnung	Härte	Körnung	Härte	Körnung	Härte
Stahl ungehärtet	A	46	J…K	46	J…K	36	J…K	24	J…K
Stahl gehärtet	A	46	H…J	36	H…J	30	H…J	30	J
Schnellarbeitsstahl gehärtet	A	46	G…H	46	G…J	36	H	30	H
Hartmetall	C	60	H	60	H	50	H	46	H
Gußeisen	A, C	46	J	46	J	36	J	30	J

Werkzeugschleifen

Schleifscheiben	Werkzeugstahl			Schnellarbeitsstahl			Hartmetall		
	Schleif-mittel	Körnung	Härte	Schleif-mittel	Körnung	Härte	Schleif-mittel	Körnung	Härte
Werkzeugschleifkörper nach DIN 69149 bis ⌀ 200 mm	A	46…80	K…L	A	46…80	J…K	C	70…100	J
Flachscheibe bis ⌀ 500 mm für Umfangsschleifen	A	36…60	M…O	A	36…60	L…M	C	Vorschliff 36 | J…K Fertigschliff 80…100 | H…J	
Topfscheiben und Schleifzylinder für Stirnschleifen bis ⌀ 350 mm	A	30…46	L…M	A	30…46	K…L	C	Feinschliff 240 | H…J	

Abgraten und Putzen

Werkstoff	Schleif-mittel	Schleifscheibendurchmesser in mm							
		bis 200				über 200 bis 400			
		v_c = 30 m/s		v_c = 45 m/s		v_c = 30 m/s		v_c = 45 m/s	
		Körnung	Härte	Körnung	Härte	Körnung	Härte	Körnung	Härte
Stahl und Stahlguß	A	20	Q	16	R	20	Q	16	R
Schweißnähte	A	24	P	20	Q	24	P	20	Q
Gußeisen (GG), CuZn-Leg.	C	24	P	—	—	20	Q	—	—
CuSn-Legierungen	C	20	N…P	—	—	24	P	—	—
Leichtmetalle	A, C	36	O	—	—	36	N	—	—

Honen

Schnittgeschwindigkeit und Bearbeitungszugaben

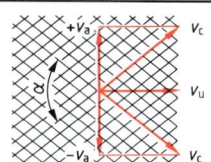

v_c Schnittgeschwindigkeit
v_a Axialgeschwindigkeit
v_u Umfangsgeschwindigkeit
α Überschneidungswinkel der Bearbeitungsspuren

Schnittgeschwindigkeit

$$v_c = \sqrt{v_a^2 + v_u^2}$$

Überschneidungswinkel

$$\tan \frac{\alpha}{2} = \frac{v_a}{v_u}$$

Werkstoff	Umfangsgeschwindigkeit v_u in m/min		Axialgeschwindigkeit v_a in m/min		Bearbeitungszugaben in mm für Bohrungsdurchmesser in mm		
	Vorhonen	Fertighonen	Vorhonen	Fertighonen	2...15	15...100	100...500
Stahl, ungehärtet	18...22	20...25	9...12	10...13	0,02...0,05	0,03...0,08	0,06...0,3
Stahl, gehärtet	14...22	15...24	5...9	6...10	0,01...0,03	0,02...0,05	0,03...0,1
legierte Stähle	23...25	25...28	10...12	11...13			
Gußeisen	23...28	25...30	10...12	11...13	0,02...0,05	0,03...0,08	0,06...0,3
Aluminium-Legierungen	22...24	24...26	9...12	10...13			

Honen mit Diamantkorn; v_u bis 40 m/min und v_a bis 25 m/min; $\alpha = 60...90°$

Spezifischer Anpreßdruck von Honwerkzeugen

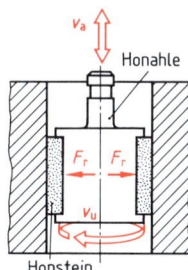

$p_{spez.}$ spezifischer Anpreßdruck
A Anlagefläche der Honsteine
F_r radiale Zustellkraft

Spezifischer Anpreßdruck

$$p_{spez} = \frac{F_r}{A}$$

Honverfahren	Spezifischer Anpreßdruck $p_{spez.}$ in N/cm²			
	keramische Honsteine	kunststoffgebundene Honsteine	Diamant-Honleisten	Bornitrid-Honleisten
Vorhonen	50...250	200...400	300...700	200...400
Fertighonen	20...100	40...250	100...300	100...200

Auswahl der Honsteine

Werkstoff	Zugfestigkeit R_m N/mm²	Verfahren[1]	Erreichbare Rauhtiefe R_z μm	Honsteine aus Korund und SiC				Honsteine aus Diamant und CBN[2]	
				Honmittel	Körnung	Härte	Bindung	Gefüge	Schleifstoff	Werkstoff
Stahl	< 500	V F P	8...12 2...5 0,5...1,5	A	70 400 1200	R R M	B	1 5 2	Natürlicher Diamant	Stahl, Hartmetall
	500...700	V F P	5...10 2...3 0,5...2	A	80 400 700	R O N	B	3 5 3	Synthetischer Diamant	Gußeisen, nitrierter Stahl, NE-Metalle, Glas und Keramik
Gußeisen	—	V F	5...8 2...4	C	80 220	M K	V	3 7		
NE-Metalle	—	V F P	6...10 2...3 0,5...1	A A C	80 400 1000	O O N	V	3 1 5	CBN	gehärteter Stahl

[1] V = Vorhonen; F = Fertighonen; P = Polieren
[2] CBN Kubisches Bornitrid

Spanende Formung der Kunststoffe

vgl. VDI 2003 (01.76)

Gruppe	Werkstoff Kurzzeichen	Werkstoff Bezeichnung	Schneidstoff	Drehen Schnittgeschwindigkeit v_c m/min	Drehen Freiwinkel α Grad	Drehen Spanwinkel γ Grad	Drehen Einstellwinkel $\varkappa$ Grad	Fräsen Schnittgeschwindigkeit v_c m/min	Fräsen Freiwinkel α Grad	Fräsen Spanwinkel γ Grad
Duroplaste	PF, EP MF, UF Hp, Hgw	Preß- und Schichtstoffe mit organischen Füllstoffen	SS HM	≤ 80 ≤ 400	5…10 5…10	15…25 10…15	45…60 45…60	≤ 80 ≤ 1000	≤ 15 ≤ 10	15…25 5…15
Duroplaste	PF, EP MF, UF Hp, Hgw	Preß- und Schichtstoffe mit anorganischen Füllstoffen	HM Diamant	≤ 40 —	5…11 —	0…12 —	45…60 —	≤ 1000 ≤ 1500	≤ 10 —	5…15 —
Thermoplaste	PA PE, PP	Polyamid Polyolefine	SS	200…500	5…10	0…10	45…60	≤ 1000	5…15	≤ 15
Thermoplaste	PC	Polycarbonat	SS	200…300	5…10	0…5	45…60	≤ 1000	5…10	≤ 10
Thermoplaste	PMMA	Polymethylmethacrylat	SS	200…300	5…10	0…4	≈ 15	≤ 2000	2…10	1…5
Thermoplaste	POM	Polyoximethylen	SS	200…500	5…10	0…5	45…60	≤ 400	5…10	≤ 10
Thermoplaste	PS, ABS SAN, SB	Polystyrol und Styrol-Copolymere	SS	50…60[1)]	5…10	0…2	≈ 15	≤ 2000[1)]	2…10	1…5
Thermoplaste	PTFE	Polytetrafluorethylen	SS	100…300	10…15	15…20	9…11	≤ 1000	≤ 10	≤ 15
Thermoplaste	PVC	Polyvinylchlorid	SS	200…500	5…10	0…5	45…60	≤ 1000	5…10	≤ 15

Drehen: Der Vorschub kann bis zu 0,5 mm, bei Polystyrol und seinen Copolymeren bis zu 0,2 mm gewählt werden. Die Spanabnahme erfolgt möglichst in einem Schnitt. Eine Spitzenrundung von mindestens 0,5 mm und eine Breitschlichtschneide verbessern die Oberflächengüte.

Fräsen: Bevorzugt wird Stirnfräsen mit Fräswerkzeugen geringer Schneidenzahl. Der Vorschub kann bis zu 0,5 mm/Zahn betragen.

[1)] Kühlschmierung erforderlich.

Gruppe	Werkstoff Kurzzeichen	Werkstoff Bezeichnung	Schneidstoff	Bohren Schnittgeschwindigkeit v_c m/min	Bohren Spitzenwinkel σ Grad	Sägen Kreissäge Schnittgeschwindigkeit v_c m/min	Sägen Kreissäge Spanwinkel γ Grad	Sägen Bandsäge Schnittgeschwindigkeit v_c m/min	Sägen Bandsäge Spanwinkel γ Grad
Duroplaste	PF, EP MF, UF Hp, Hgw	Preß- und Schichtstoffe mit organischen Füllstoffen	SS HM	30…40 100…120	100…120 100…120	≤ 3000 ≤ 5000	5…8 3…6	≤ 2000 —	5…8 —
Duroplaste	PF, EP MF, UF Hp, Hgw	Preß- und Schichtstoffe mit anorganischen Füllstoffen	HM Diamant	20…40 ≤ 1500	80…100 Hohlbohrer	— ≤ 2000	— —	— ≤ 3000	— —
Thermoplaste	PA PE, PP	Polyamid Polyolefine	SS	50…100	60…90	≤ 3000	5…8	≤ 3000	0…8
Thermoplaste	PC	Polycarbonat	SS	50…120	60…90	≤ 3000	5…8	≤ 3000	0…8
Thermoplaste	PMMA	Polymethylmethacrylat	SS	20…60	60…90	≤ 3000	5…8	≤ 3000	0…8
Thermoplaste	POM	Polyoximethylen	SS	50…100	60…90	≤ 3000	5…8	≤ 3000	0…8
Thermoplaste	PS, ABS SAN, SB	Polystyrol und Styrol-Copolymere	SS	20…80	60…90	≤ 3000	5…8	≤ 3000	0…8
Thermoplaste	PTFE	Polytetrafluorethylen	SS	100…300	130	≤ 3000	5…8	≤ 3000	0…8
Thermoplaste	PVC	Polyvinylchlorid	SS	30…80	80…110	≤ 3000	5…8	≤ 3000	0…8

Bohren: Der Seitenspanwinkel der Spiralbohrer beträgt 12 bis 16°. Für dünnwandige Teile werden Hohlbohrer (Kronenbohrer) verwendet.

Sägen: Verwendet werden feingezahnte Sägen mit genügendem Freischnitt (geschränkt oder hinterschliffen). Für Duroplaste mit anorganischen Füllstoffen wird Trennschleifen mit Diamant angewandt.

Spanloses Formen

Schneidkraft, Schneidarbeit

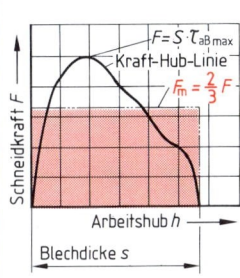

- F Schneidkraft
- S Scherfläche
- $R_{m\,max}$ maximale Zugfestigkeit
- $\tau_{aB\,max}$ maximale Scherfestigkeit
- W Schneidarbeit
- s Blechdicke

Beispiel: $S = 236\,\text{mm}^2$; $s = 2{,}5\,\text{mm}$
$R_{m\,max} = 510\,\text{N/mm}^2$

Gesucht: $\tau_{aB\,max}$; F; W

Lösung: $\tau_{aB\,max} = 0{,}8 \cdot R_{m\,max}$
$= 0{,}8 \cdot 510\,\text{N/mm}^2 = \mathbf{408\,N/mm^2}$
$F = S \cdot \tau_{aB\,max} = 236\,\text{mm}^2 \cdot 408\,\text{N/mm}^2$
$= 96288\,\text{N} = \mathbf{96{,}288\,kN}$
$W = \dfrac{2}{3} \cdot F \cdot s = \dfrac{2}{3} \cdot 96{,}288\,\text{kN} \cdot 2{,}5\,\text{mm}$
$\approx 160\,\text{kN} \cdot \text{mm} = \mathbf{160\,N \cdot m}$

Schneidkraft

$$F = S \cdot \tau_{aB\,max}$$

Max. Scherfestigkeit

$$\tau_{aB\,max} \approx 0{,}8 \cdot R_{m\,max}$$

Schneidarbeit

$$W = \dfrac{2}{3} \cdot F \cdot s$$

Exzenter- und Kurbelpressen

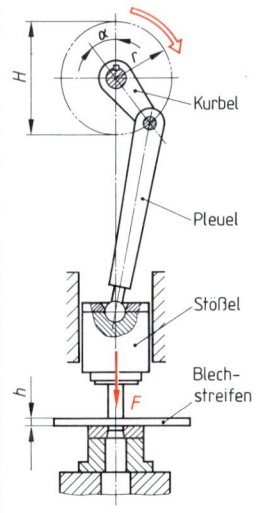

In der Regel sind die Pressenantriebe so ausgelegt, daß die Nenn-Preßkraft im Kurbelwinkelbereich $\alpha = 30°$ wirken kann.

Im Dauerhub arbeiten die Maschinen ohne Unterbrechung. Im Einzelhub werden die Pressen nach jedem Hub stillgesetzt. Bei Pressen mit einstellbarem Hub ist die zulässige Preßkraft kleiner als die Nenn-Preßkraft.

- F Schneidkraft, Umformkraft
- F_n Nenn-Preßkraft
- F_{zul} zul. Preßkraft bei einstellbarem Hub
- H Hub, maximaler Hub bei einstellb. Hub
- H_e eingestellter Hub
- h Arbeitsweg
- α Kurbelwinkel
- W Schneidarbeit, Umformarbeit
- W_D Arbeitsvermögen im Dauerhub
- W_E Arbeitsvermögen im Einzelhub

Beispiel: Exzenterpresse mit festem Hub; $F_n = 250\,\text{kN}$; $H = 30\,\text{mm}$;
$F = 207\,\text{kN}$; $s = 4\,\text{mm}$

Gesucht: W; W_D. Ist die Presse im Dauerhub einsetzbar?

Lösung: $W = \dfrac{2}{3} \cdot F \cdot s = \dfrac{2}{3} \cdot 207\,\text{kN} \cdot 4\,\text{mm} = 552\,\text{kN} \cdot \text{mm} = \mathbf{552\,N \cdot m}$

$W_D = \dfrac{F_n \cdot H}{15} = \dfrac{250\,\text{kN} \cdot 30\,\text{mm}}{15} = 500\,\text{kN} \cdot \text{mm} = \mathbf{500\,N \cdot m}$

$F < F_n$ aber $W > W_D$, die Presse ist für dieses Werkstück im Dauerhub nicht einsetzbar.

Arbeitsvermögen im Dauerhub

$$W_D = \dfrac{F_n \cdot H}{15}$$

Arbeitsvermögen im Einzelhub

$$W_E = 2 \cdot W_D$$

Einsatzbedingungen

fester Hub

$F \leq F_n$
$W \leq W_D$ oder
$W \leq W_E$

einstellbarer Hub

$F \leq F_{zul}$
$F_{zul} = \dfrac{F_n \cdot H}{4 \cdot \sqrt{H_e \cdot h - h^2}}$
$W \leq W_D$ oder
$W \leq W_E$

Trennen durch Scherschneiden

Schneidstempel- und Schneidplattenmaße

vgl. VDI 3368 (05.82)

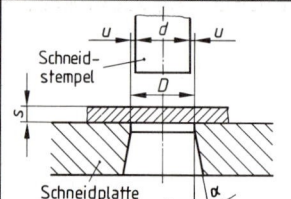

- d Schneidstempelmaße
- D Schneidplattenmaße
- u Schneidspalt
- s Blechdicke
- α Freiwinkel

Verfahren	Lochen	Ausschneiden
Form des Werkstücks		
Für das Sollmaß ist maßgebend:	Maß des Schneidstempels d	Maß der Schneidplatte D
Maß des Gegenwerkzeugs	Schneidplatte $D = d + 2 \cdot u$	Schneidstempel $d = D - 2 \cdot u$

Schneidspalt u in Abhängigkeit vom Werkstoff und der Blechdicke

Blechdicke s	Schneidplattendurchbruch mit Freiwinkel α				Schneidplattendurchbruch ohne Freiwinkel α			
	Schneidspalt u für eine Scherfestigkeit τ_{aB} in N/mm²				Schneidspalt u für eine Scherfestigkeit τ_{aB} in N/mm²			
mm	bis 250	251...400	401...600	über 600	bis 250	251...400	401...600	über 600
0,4...0,6	0,01	0,015	0,02	0,025	0,015	0,02	0,025	0,03
0,7...0,8	0,015	0,02	0,03	0,04	0,025	0,03	0,04	0,05
0,9...1	0,02	0,03	0,04	0,05	0,03	0,04	0,05	0,05
1,5...2	0,03	0,04...0,05	0,05...0,07	0,07...0,09	0,05	0,06...0,08	0,08...0,10	0,09...0,12
2,5...3	0,04	0,06...0,07	0,09...0,10	0,11...0,13	0,08	0,1...0,12	0,13...0,15	0,15...0,18
3,5...4	0,05...0,06	0,08...0,09	0,11...0,13	0,15...0,17	0,10...0,12	0,14...0,16	0,18...0,20	0,21...0,24

Stegbreite, Randbreite, Seitenschneiderabfall für metallische Werkstoffe   vgl. VDI 3367 (07.70)

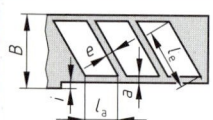

eckige Werkstücke
- a Randbreite
- e Stegbreite
- l_a Randlänge
- l_e Steglänge
- B Streifenbreite
- i Seitenschneiderabfall

Eckige Werkstücke:
Bei der Ermittlung von Steg- und Randbreite wird das jeweils größere Maß der Steg- oder Randlänge benützt.

Runde Werkstücke:
Für die Steg- und Randbreite gelten dieselben Werte, die für $l_e = l_a = 10$ mm angegeben sind.

Beispiel: $s = 2,5$ mm; $l_e = 22,5$ mm; $l_a = 10$ mm
Lösung: Aus Tabelle abgelesen: $e = a = 2,0$ mm; $i = 3,5$ mm

Streifenbreite B	Steglänge l_e Randlänge l_a mm	Stegbreite e Randbreite a	Werkstoffdicke s in mm								
			0,1	0,3	0,5	0,75	1,0	1,25	1,5	1,75	2,0	2,5	3,0
bis 100 mm	bis 10 oder runde Werkstücke	e a	0,8 1,0	0,8 0,9	0,8 0,9	0,9	1,0	1,2	1,3	1,5	1,6	1,9	2,1
	11... 50	e a	1,6 1,9	1,2 1,5	0,9 1,0	1,0	1,1	1,4	1,4	1,6	1,7	2,0	2,3
	51...100	e a	1,8 2,2	1,4 1,7	1,0 1,2	1,2	1,3	1,6	1,6	1,8	1,9	2,2	2,5
	über 100	e a	2,0 2,4	1,6 1,9	1,2 1,5	1,4	1,5	1,8	1,8	2,0	2,1	2,4	2,7
	Seitenschneiderabfall i				1,5		1,8	2,2	2,5	3,0	3,5	4,5
über 100 mm bis 200 mm	bis 10 oder runde Werkstücke	e a	0,9 1,2	1,0 1,1	1,0 1,1	1,0	1,1	1,3	1,4	1,6	1,7	2,0	2,3
	11... 50	e a	1,8 2,2	1,4 1,7	1,0 1,2	1,2	1,3	1,6	1,6	1,8	1,9	2,2	2,5
	51...100	e a	2,0 2,4	1,6 1,9	1,2 1,5	1,4	1,5	1,8	1,8	2,0	2,1	2,4	2,7
	101...200	e a	2,2 2,7	1,8 2,2	1,4 1,7	1,6	1,7	2,0	2,0	2,2	2,3	2,6	2,9
	Seitenschneiderabfall i				1,5		1,8	2,0	2,5	3,0	3,5	4,0	5,0

Trennen durch Scherschneiden

Lage des Einspannzapfens bei Stempelformen mit bekanntem Schwerpunkt

$U_1, U_2, U_3 \ldots$ Umfänge der einzelnen Stempel
$a_1, a_2, a_3 \ldots$ Abstände der Stempelschwerpunkte von der Bezugskante
x Abstand des Kräftemittelpunktes S von der Bezugskante

$$x = \frac{U_1 \cdot a_1 + U_2 \cdot a_2 + U_3 \cdot a_3 + \ldots}{U_1 + U_2 + U_3 + \ldots}$$

Beispiel: Gesucht ist die Lage des Einspannzapfens (Abstand x).

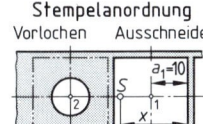

Werkstück — Stempelanordnung (Vorlochen, Ausschneiden) — gewählte Bezugskante

Lösung: Als Bezugskante wird die äußere Fläche des Ausschneidstempels gewählt.

$U_1 = 4 \cdot 20 \text{ mm} = 80 \text{ mm};\ a_1 = 10 \text{ mm}$
$U_2 = \pi \cdot 10 \text{ mm} = 31{,}4 \text{ mm};\ a_2 = 31 \text{ mm}$

$$x = \frac{U_1 \cdot a_1 + U_2 \cdot a_2}{U_1 + U_2}$$
$$= \frac{80 \text{ mm} \cdot 10 \text{ mm} + 31{,}4 \text{ mm} \cdot 31 \text{ mm}}{80 \text{ mm} + 31{,}4 \text{ mm}} \approx 16 \text{ mm}$$

Lage des Einspannzapfens bei Stempelformen mit unbekanntem Schwerpunkt

Der Kräftemittelpunkt entspricht dem Linienschwerpunkt[1] aller Schneidkanten.

$l_1, l_2, l_3 \ldots$ Schneidkantenlängen
$a_1, a_2, a_3 \ldots$ Abstände der Linienschwerpunkte von den Bezugskanten
x Abstand des Kräftemittelpunktes von der Bezugskante

$$x = \frac{l_1 \cdot a_1 + l_2 \cdot a_2 + l_3 \cdot a_3 + \ldots}{l_1 + l_2 + l_3 + \ldots}$$

Beispiel: Für das Werkstück ist die Lage des Einspannzapfens am Schneidwerkzeug zu berechnen.

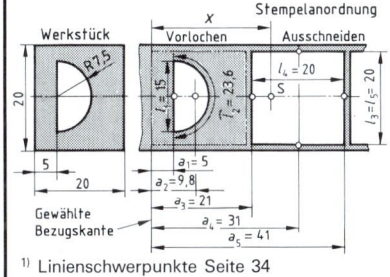

Lösung:

$$l_2 = \frac{\pi \cdot 15 \text{ mm}}{2} = 23{,}6 \text{ mm};$$

$$a_2 = \frac{2 \cdot r}{\pi} + 5 \text{ mm} = \frac{2 \cdot 7{,}5 \text{ mm}}{\pi} + 5 \text{ mm} = 9{,}8 \text{ mm}$$

$$x = \frac{l_1 \cdot a_1 + l_2 \cdot a_2 + l_3 \cdot a_3 + 2 \cdot l_4 \cdot a_4 + l_5 \cdot a_5}{l_1 + l_2 + l_3 + 2 \cdot l_4 + l_5}$$

$$= \frac{(15 \cdot 5 + 23{,}6 \cdot 9{,}8 + 20 \cdot 21 + 2 \cdot 20 \cdot 31 + 20 \cdot 41) \text{ mm}^2}{(15 + 23{,}6 + 20 + 40 + 20) \text{ mm}} = 23{,}5 \text{ mm}$$

[1] Linienschwerpunkte Seite 34

Streifenausnutzung

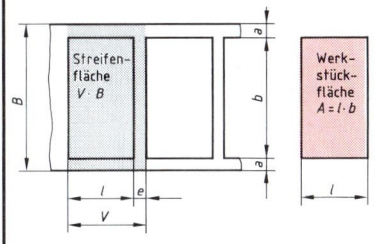

l Werkstücklänge
b Werkstückbreite
B Streifenbreite
a Randbreite
e Stegbreite
V Streifenvorschub
A Fläche eines Werkstücks (einschl. Lochungen)
R Anzahl der Reihen
η Ausnutzungsgrad

Streifenbreite: $B = b + 2 \cdot a$

Streifenvorschub: $V = l + e$

Ausnutzungsgrad: $\eta = \dfrac{R \cdot A}{V \cdot B}$

Biegeumformen

Kleinster zulässiger Biegeradius für Biegeteile aus NE-Metallen
Biegewinkel 90°   vgl. AWF 5975 (11.56)

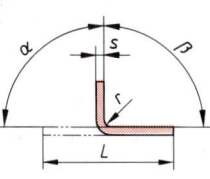

- s Blechdicke
- r Biegeradius
- α Biegewinkel
- β Öffnungswinkel

Werkstoff	Kleinster zulässiger Biegeradius r in mm für Blechdicke s in mm										
	0,3	0,4	0,5	0,6	0,8	1,0	1,2	1,5	2,0	2,5	3,0	4,0
CuZn 37 F 60	0,75	1,0	1,25	1,5	2,0	2,5	3,0	3,8	5	6,3	7,5	10
Al 99,5 F 10	—	—	—	0,6	1	1	1,6	1,6	2,5	2,5	4	—
AlCuMg 1	1	1	1,6	1,6	2,5	2,5	4	4	6	6	10	10
AlCuMg F 46	—	—	—	2,5	4	4	6	6	10	10	16	—
AlMg 5 F 25	0,6	0,6	1	1	1,6	1,6	2,5	2,5	4	4	6	—
AlMg 7 F 31	—	—	—	1,6	2,5	2,5	4	4	6	6	10	10
AlMgSi F 30	1	1	1,6	1,6	2,5	2,5	4	4	6	6	10	10

Kleinster zulässiger Biegeradius für das Kaltbiegen von Stahl
vgl. DIN 6935 (10.75)

Mindestzugfestigkeit R_m in N/mm² über … bis	Kleinster Biegeradius[1] r für Blechdickenbereich s (über … bis) in mm												
	0 …1	1 …1,5	1,5 …2,5	2,5 …3	3 …4	4 …5	5 …6	6 …7	7 …8	8 …10	10 …12	12 …14	14 …16	16 …18	18 …20
bis 390	1	1,6	2,5	3	5	6	8	10	12	16	20	25	28	36	40
390…490	1,2	2	3	4	5	8	10	12	16	20	25	28	32	40	45
490…640	1,6	2,5	4	5	6	8	10	12	16	20	25	32	36	45	50

[1] Werte gelten für Biegewinkel $\alpha \leq 120°$ und Biegen quer zur Walzrichtung. Beim Biegen längs zur Walzrichtung und Biegewinkeln $\alpha > 120°$ ist der Wert der nächsthöheren Blechdicke zu wählen.

Ausgleichswerte v für Biegewinkel $\alpha = 90°$
vgl. AWF 5975 und Beiblatt 2 zu DIN 6935 (02.83)

Biegeradius r in mm	Ausgleichswert v je Biegestelle in mm für Blechdicke s in mm											
	0,4	0,6	0,8	1	1,5	2	2,5	3	3,5	4	4,5	5	6	8	10
1	1,0	1,3	1,7	1,9	—	—	—	—	—	—	—	—	—	—	—
1,6	1,3	1,6	1,8	2,1	2,9	—	—	—	—	—	—	—	—	—	—
2,5	1,6	2,0	2,2	2,4	3,2	4,0	4,8	—	—	—	—	—	—	—	—
4	—	2,5	2,8	3,0	3,7	4,5	5,2	6,0	6,9	—	—	—	—	—	—
6	—	—	3,4	3,8	4,5	5,2	5,9	6,7	7,5	8,3	9,0	9,9	—	—	—
10	—	—	—	5,5	6,1	6,7	7,4	8,1	8,9	9,6	10,4	11,2	12,7	—	—
16	—	—	—	8,1	8,7	9,3	9,9	10,5	11,2	11,9	12,6	13,3	14,8	17,8	21,0
20	—	—	—	9,8	10,4	11,0	11,6	12,2	12,8	13,4	14,1	14,9	16,3	19,3	22,3
25	—	—	—	11,9	12,6	13,2	13,8	14,4	15,0	15,6	16,2	16,8	18,2	21,1	24,1
32	—	—	—	15,0	15,6	16,2	16,8	17,4	18,0	18,6	19,2	19,8	21,0	23,8	26,7
40	—	—	—	18,4	19,0	19,6	20,2	20,8	21,4	22,0	22,6	23,2	24,5	26,9	29,7
50	—	—	—	22,7	23,3	23,9	24,5	25,1	25,7	26,3	26,9	27,5	28,8	31,2	33,6

Zuschnittsermittlung für 90°-Biegeteile
vgl. DIN 6935 (10.75)

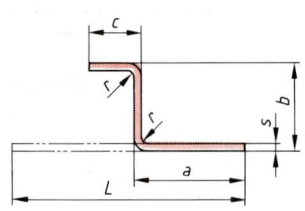

- L gestreckte Länge[1]
- a, b, c Längen der Schenkel
- s Dicke
- r Biegeradius
- n Anzahl der Biegestellen
- v Ausgleichswert

Gestreckte Länge

$$L = a + b + c + \ldots - n \cdot v$$

Beispiel: $a = 25$ mm; $b = 20$ mm; $c = 15$ mm; $n = 2$; $s = 2$ mm; $r = 4$ mm; Werkstoff: St 37-2; $v = ?$; $L = ?$

$v = $ **4,5 mm** (vgl. Tabelle)

$L = a + b + c - n \cdot v = (25 + 20 + 15 - 2 \cdot 4{,}5 \text{ mm}) = $ **51 mm**

[1] Die berechneten gestreckten Längen sind auf volle mm aufzurunden

Biegeumformen

Zuschnittsermittlung für Teile mit beliebigem Biegewinkel vgl. DIN 6935 (10.75)

- L gestreckte Länge
- a, b Länge der Schenkel
- v Ausgleichswert
- s Blechdicke
- r Biegeradius
- β Öffnungswinkel

Gestreckte Länge

$$L = a + b - v$$

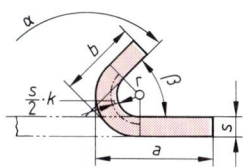

Ausgleichswert für $\beta = 0° \ldots 90°$

$$v = 2(r+s) - \pi \cdot \left(\frac{180° - \beta}{180°}\right) \cdot \left(r + \frac{s}{2} \cdot k\right)$$

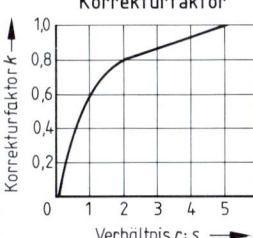

Ausgleichswert für $\beta > 90° \ldots 165°$

$$v = 2(r+s) \cdot \tan\frac{180° - \beta}{2} - \pi \cdot \left(\frac{180° - \beta}{180°}\right) \cdot \left(r + \frac{s}{2} \cdot k\right)$$

für $\beta > 165° \ldots 180°$; $v \approx 0$ (vernachlässigbar klein)

$$k = 0{,}65 + 0{,}5 \cdot \log\frac{r}{s}$$

Beispiel: Biegeteil mit Öffnungswinkel $\beta = 60°$; $k = ?$; $v = ?$; $L = ?$

$$\frac{r}{s} = \frac{6\,\text{mm}}{5\,\text{mm}} = 1{,}2;\quad k = 0{,}7 \text{ (aus Diagramm)}$$

Korrekturfaktor

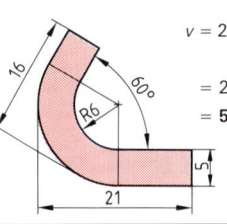

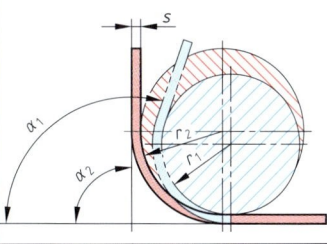

$$v = 2(r+s) - \pi \cdot \left(\frac{180° - \beta}{180°}\right) \cdot \left(r + \frac{s}{2} \cdot k\right)$$

$$= 2(6+5)\,\text{mm} - \pi \cdot \left(\frac{180° - 60°}{180°}\right) \cdot \left(6 + \frac{5}{2} \cdot 0{,}7\right)\,\text{mm}$$

$$= 5{,}77\,\text{mm}$$

$$L = a + b - v = 16\,\text{mm} + 21\,\text{mm} - 5{,}77\,\text{mm} \approx 32\,\text{mm}$$

Rückfederung beim Biegen vgl. VDI 3389 (12.73)

- α_1 Winkel am Werkzeug (vor Rückfederung)
- α_2 Biegewinkel (Winkel am Werkstück)
- r_1 Radius am Werkzeug
- r_2 Biegeradius (am Werkstück)
- k_R Rückfederungsfaktor
- s Blechdicke

Radius am Werkzeug

$$r_1 = k_R \cdot (r_2 + 0{,}5 \cdot s) - 0{,}5 \cdot s$$

Winkel am Werkzeug

$$\alpha_1 = \frac{\alpha_2}{k_R}$$

Werkstoff der Biegeteile	Rückfederungsfaktor k_R für das Verhältnis $r_2 : s$										
	1	1,6	2,5	4	6,3	10	16	25	40	63	100
USt 1404	0,99	0,99	0,99	0,98	0,97	0,97	0,96	0,94	0,91	0,87	0,83
USt 1203	0,99	0,99	0,99	0,97	0,96	0,96	0,93	0,90	0,85	0,77	0,66
X12 CrNi 18 8	0,99	0,98	0,97	0,95	0,93	0,89	0,84	0,76	0,63	—	—
E-Cu F 20	0,98	0,97	0,97	0,96	0,95	0,93	0,90	0,85	0,79	0,72	0,6
CuZn 33 F 29	0,97	0,97	0,96	0,95	0,94	0,93	0,89	0,86	0,83	0,77	0,73
CuNi 18 Zn 20	—	—	—	0,97	0,96	0,95	0,92	0,87	0,82	0,72	—
Al 99 W	0,99	0,99	0,99	0,99	0,98	0,98	0,97	0,97	0,96	0,95	0,93
AlCuMg 1	0,98	0,98	0,98	0,98	0,97	0,97	0,96	0,95	0,93	0,91	0,87
AlMgSi 1 W	0,98	0,98	0,97	0,96	0,95	0,93	0,90	0,86	0,82	0,76	0,72

Tiefziehen

Berechnung der Zuschnittdurchmesser

Ziehteil[1]	Zuschnittdurchmesser D	Ziehteil[1]	Zuschnittdurchmesser D
	Ohne Rand d_2 $$D = \sqrt{d_1^2 + 4 \cdot d_1 \cdot h}$$		Ohne Rand d_2 $$D = \sqrt{2 \cdot d_1^2 + 4 \cdot d_1 \cdot h}$$
	Mit Rand d_2 $$D = \sqrt{d_2^2 + 4 \cdot d_1 \cdot h}$$		Mit Rand d_2 $$D = \sqrt{2 \cdot d_1^2 + 4 \cdot d_1 \cdot h + (d_2^2 - d_1^2)}$$
	Ohne Rand d_3 $$D = \sqrt{d_2^2 + 4 \cdot (d_1 \cdot h_1 + d_2 \cdot h_2)}$$		Ohne Rand d_2 $$D = \sqrt{d_1^2 + 4 \cdot h_1^2 + 4 \cdot d_1 \cdot h_2}$$
	Mit Rand d_3 $$D = \sqrt{d_3^2 + 4 \cdot (d_1 \cdot h_1 + d_2 \cdot h_2)}$$		Mit Rand d_2 $$D = \sqrt{d_1^2 + 4 \cdot h_1^2 + 4 \cdot d_1 \cdot h_2 + (d_2^2 - d_1^2)}$$
	Ohne Rand d_4 $$D = \sqrt{d_1^2 + 4 \cdot d_2 \cdot l}$$		Ohne Rand d_3 $$D = \sqrt{d_2^2 + 4 \cdot h_1^2 + 4 \cdot d_2 \cdot h_2}$$
	Mit Rand d_4 $$D = \sqrt{d_1^2 + 4 \cdot d_2 \cdot l + (d_4^2 - d_3^2)}$$		Mit Rand d_3 $$D = \sqrt{d_2^2 + 4 \cdot h_1^2 + 4 \cdot d_2 \cdot h_2 + (d_3^2 - d_2^2)}$$
	Ohne Rand d_4 $$D = \sqrt{d_1^2 + 4 \cdot d_2 \cdot l + 4 \cdot d_3 \cdot h}$$		Ohne Rand d_2 $$D = \sqrt{2 \cdot d_1^2} = 1{,}414 \cdot d$$
	Mit Rand d_4 $$D = \sqrt{d_1^2 + 4 \cdot d_2 \cdot l + 4 \cdot d_3 \cdot h + (d_4^2 - d_3^2)}$$		Mit Rand d_2 $$D = \sqrt{d_1^2 + d_2^2}$$
	Ohne Rand d_3 $$D = \sqrt{d_1^2 + 2 \cdot \pi \cdot (d_1 + r) \cdot r + 4 \cdot d_2 \cdot h}$$		Ohne Rand d_2 $$D = \sqrt{d_1^2 + 4 \cdot h^2}$$
	Mit Rand d_3 $$D = \sqrt{d_1^2 + 2 \cdot \pi \cdot (d_1 + r) \cdot r + 4 \cdot d_2 \cdot h + (d_3^2 - d_2^2)}$$		Mit Rand d_2 $$D = \sqrt{d_2^2 + 4 \cdot h^2}$$

[1] ⌀-Maße sind jeweils Innenmaße

Ziehspalt und Radien am Ziehring und Ziehstempel

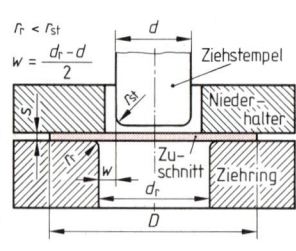

- w Ziehspalt
- s Blechdicke
- k Werkstoffaktor
- r_r Radius am Ziehring
- r_{st} Radius am Ziehstempel
- D Zuschnittdurchmesser
- d Stempeldurchmesser
- d_r Ziehringdurchmesser

$$w = s + k \cdot \sqrt{10 \cdot s} \quad \text{in mm}$$

$$r_r = 0{,}035 \cdot [50 + (D - d)] \cdot \sqrt{s} \quad \text{in mm}$$

Bei jedem Weiterzug ist der Radius am Ziehring um 20...40% zu verkleinern.

$$r_{st} = (4...5) \cdot s$$

Werkstoffaktor k	
Stahl	0,07
Aluminium	0,02
Sonstige NE-Metalle	0,04

Tiefziehen

Ziehstufen und Ziehverhältnis

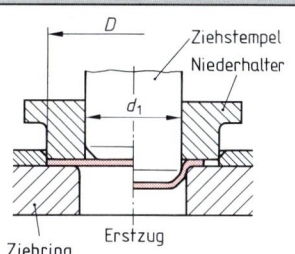

Erstzug

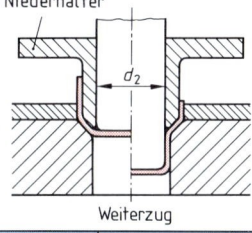

Weiterzug

D Zuschnittdurchmesser
d_1 Stempeldurchmesser beim 1. Zug
d_2 Stempeldurchmesser beim 2. Zug
β_1 Ziehverhältnis für 1. Zug
β_2 Ziehverhältnis für 2. Zug
s Blechdicke

Ziehverhältnis

1. Zug
$$\beta_1 = \frac{D}{d_1}$$

2. Zug
$$\beta_2 = \frac{d_1}{d_2}$$

Beispiel:
Napf ohne Rand aus RR St 14 ohne Zwischenglühen mit $d = 50$ mm; $h = 60$ mm; $D = ?$; $\beta_1 = ?$; $\beta_2 = ?$; $d_1 = ?$; $d_2 = ?$

$D = \sqrt{d^2 + 4 \cdot d \cdot h} = \sqrt{(50 \text{ mm})^2 + 4 \cdot 50 \text{ mm} \cdot 60 \text{ mm}} \approx \mathbf{120 \text{ mm}}$

$\beta_1 = 2{,}0$; $\beta_2 = 1{,}3$ nach Tabelle

$d_1 = \dfrac{D}{\beta_1} = \dfrac{120 \text{ mm}}{2{,}0} = \mathbf{60 \text{ mm}}$

$d_2 = \dfrac{d_1}{\beta_2} = \dfrac{60 \text{ mm}}{1{,}3} = \mathbf{46 \text{ mm}}$

Da der 2. Zug nur bis ⌀ 50 mm ausgeführt wird, ist die Sicherheit vorhanden, daß der Ziehvorgang einwandfrei verläuft.

Werkstoff	β_1 max.	β_2 max. ohne Zwischenglühen	β_2 max. mit Zwischenglühen	Werkstoff	β_1 max.	β_2 max. ohne Zwischenglühen	β_2 max. mit Zwischenglühen	Werkstoff	β_1 max.	β_2 max. ohne Zwischenglühen	β_2 max. mit Zwischenglühen
St 10	1,7	1,2	1,5	Cu	2,1	1,3	1,9	Al 99,5 w	2,1	1,6	2,0
St 12	1,8	1,2	1,6	CuZn 37 w	2,1	1,4	2,0	AlMg 1 w	1,85	1,3	1,75
St 13	1,9	1,25	1,65	CuZn 37 h	1,9	1,2	1,7	AlCuMg 1 w	2,0	1,5	1,8
St 14	2,0	1,3	1,7	CuSn 6 w	1,5	—	—	AlCuMg 1 ka	1,8	1,3	1,5

[1] Die Werte gelten bis $d_1 : s = 300$; sie wurden ermittelt für $d_1 = 100$ mm und $s = 1$ mm. Für andere Blechdicken und Stempeldurchmesser ändern sich die Werte geringfügig.

Tiefziehkraft, Niederhalterkraft

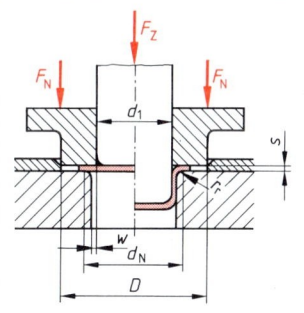

F_Z Tiefziehkraft
d_1 Stempeldurchmesser
s Blechdicke
R_m Zugfestigkeit
β Ziehverhältnis
β_{max} höchstmögliches Ziehverhältnis
F_N Niederhalterkraft
D Zuschnittdurchmesser
d_N Auflagedurchmesser des Niederhalters
p Niederhalterdruck
r_r Radius am Ziehring
w Ziehspalt

$$F_Z = \pi \cdot (d_1 + s) \cdot s \cdot R_m \cdot 1{,}2 \cdot \frac{\beta - 1}{\beta_{max} - 1}$$

$$F_N = \frac{\pi}{4} \cdot (D^2 - d_N^2) \cdot p$$

$$d_N = d_1 + 2 \cdot (r_r + w)$$

Niederhalterdruck p in N/mm²	
Stahl	2,5
Kupferlegierungen	2,0...2,4
Aluminiumlegierungen	1,2...1,5

Beispiel:
$D = 210$ mm; $d_1 = 140$ mm; $s = 1$ mm; $R_m = 380$ N/mm²; $d_N = 160$ mm; $p = 25$ bar; $\beta_{max} = 1{,}9$; $F_Z = ?$; $F_N = ?$;

$F_Z = \pi \cdot (d_1 + s) \cdot s \cdot R_m \cdot 1{,}2 \dfrac{\beta - 1}{\beta_{max} - 1} = \pi \cdot (140 \text{ mm} + 1 \text{ mm}) \cdot 1 \text{ mm} \cdot 380 \dfrac{\text{N}}{\text{mm}^2} \cdot 1{,}2 \dfrac{1{,}5 - 1}{1{,}9 - 1} = \mathbf{112\,218 \text{ N}}$

$F_N = \dfrac{\pi}{4} \cdot (D^2 - d_N^2) \cdot p = \dfrac{\pi}{4} \cdot (210^2 \text{ mm}^2 - 160^2 \text{ mm}^2) \cdot 2{,}50 \dfrac{\text{N}}{\text{mm}^2} = \mathbf{36\,325 \text{ N}}$

Kunststoffverarbeitung

Verarbeitungsdaten, Zuordnung der Toleranzgruppen

Kurz-zeichen	Spritzgießen Temperatur in °C Masse	Spritzgießen Temperatur in °C Werkzeug	Spritzdruck in bar	Extrudieren Verarbeitungs-temperatur in °C	Schwindung in %	Allgemein-toleranzen	Toleranzgruppen für Maße mit direkt eingetragenen Abmaßen Reihe 1	Toleranzgruppen für Maße mit direkt eingetragenen Abmaßen Reihe 2
PE	160...300	20... 70	500	190...230	1,5...3,5	150	140	130
PP	170...300	20...100	1200	235...270	1,3...2 [1] / 0,8...1,8 [2]	150	140	130
PVC, hart	170...210 [3]	30... 60	1000...1800	170...190	0,2...0,5	130	120	110
PVC, weich	170...200 [3]	20... 60	300	150...200	1 ...2,5	—	—	—
PS	180...250	30... 60	—	180...220	0,3...0,7	130	120	110
SB	180...250	20... 70	—	180...220	0,4...0,7	130	120	110
SAN	200...260	40... 80	—	180...200	0,5...0,6	130	120	110
ABS	200...240	40... 85	800...1800	180...220	0,4...0,7	130	120	110
PMMA	200...250	50... 90	400...1200	180...250	0,3...0,8	130	120	110
PA	210...290	80...120	700...1200	230...275	1 ...2	130	120	110
POM	180...230 [3]	50...120	800...1700	180...220	1 ...3,5	140	130	120
PC	280...320 [3]	80...120	> 800	290...240	0,7...0,8	130	120	110
PF [4]	90...110 [3]	170...190	800...2500	—	0,5...0,9 [1] / 0,7...1,5 [2]	140	130	120
MF [5]	95...110 [3]	160...180	1500...2500	—	0,6...1,2 [1] / 0,6...1,7 [2]	130	120	110
UF [4]	95...110	150...160	1500...2500	—	—	140	130	120

[1] in Flußrichtung; [2] quer zur Flußrichtung; [3] mit Schnecken-Spritzgießmaschine; [4] mit organischen Füllstoffen; [5] mit anorganischen Füllstoffen

Toleranzen für Kunststoff-Formteile

vgl. DIN 16901 (11.82)

Toleranz-gruppe aus obiger Tabelle	Kenn-buch-stabe [1]	Nennmaßbereich über...bis in mm 0...1	1...3	3...6	6...10	10...15	15...22	22...30	30...40	40...53	53...70	70...90	90...120	120...160
		Allgemeintoleranzen												
150	A	±0,23	±0,25	±0,27	±0,30	±0,34	±0,38	±0,43	±0,49	±0,57	±0,68	±0,81	±0,97	±1,20
150	B	±0,13	±0,15	±0,17	±0,20	±0,24	±0,28	±0,33	±0,39	±0,47	±0,58	±0,71	±0,87	±1,10
140	A	±0,20	±0,21	±0,22	±0,24	±0,27	±0,30	±0,34	±0,38	±0,43	±0,50	±0,60	±0,70	±0,85
140	B	±0,10	±0,11	±0,12	±0,14	±0,17	±0,20	±0,24	±0,28	±0,33	±0,40	±0,50	±0,60	±0,75
130	A	±0,18	±0,19	±0,20	±0,21	±0,23	±0,25	±0,27	±0,30	±0,34	±0,38	±0,44	±0,51	±0,60
130	B	±0,08	±0,09	±0,10	±0,11	±0,13	±0,15	±0,17	±0,20	±0,24	±0,28	±0,34	±0,41	±0,50
		Toleranzen für Maße mit direkt eingetragenen Abmaßen												
140	A	0,40	0,42	0,44	0,48	0,54	0,60	0,68	0,76	0,86	1,00	1,20	1,40	1,70
140	B	0,20	0,22	0,24	0,28	0,34	0,40	0,48	0,56	0,66	0,80	1,00	1,20	1,50
130	A	0,36	0,38	0,40	0,42	0,46	0,50	0,54	0,60	0,68	0,76	0,88	1,02	1,20
130	B	0,16	0,18	0,20	0,22	0,26	0,30	0,34	0,40	0,48	0,56	0,68	0,82	1,00
120	A	0,32	0,34	0,36	0,38	0,40	0,42	0,46	0,50	0,54	0,60	0,68	0,78	0,90
120	B	0,12	0,14	0,16	0,18	0,20	0,22	0,26	0,30	0,34	0,40	0,48	0,58	0,70
110	A	0,18	0,20	0,22	0,24	0,26	0,28	0,30	0,32	0,36	0,40	0,44	0,50	0,58
110	B	0,08	0,10	0,12	0,14	0,16	0,18	0,20	0,22	0,26	0,30	0,34	0,40	0,48

[1] A für nicht werkzeuggebundene Maße; [2] B für werkzeuggebundene Maße

Schweißen

Schweißverfahren
vgl. DIN 1910 T1 (08.77), T3 (09.77), T4 (08.79), T5 (09.80)

Kurz-zeichen	Kenn-zahl	Benennung	Kurz-zeichen	Kenn-zahl	Benennung
G	3	Gasschmelzschweißen	RP	21	Punktschweißen
E	111	Lichtbogenhandschweißen	RR	22	Rollennahtschweißen
UP	12	Unterpulverschweißen	RA	24	Abbrennstumpfschweißen
LA	751	Laserstrahlschweißen	RPS	25	Preßstumpfschweißen
MSG	13	Metall-Schutzgasschweißen	HS	—	Heizelement-Stumpfschweißen
MSGG	73	Elektrogasschweißen	HB	—	Heizelement-Schwenkbiegeschw.
MSGP	—	Plasma-Metallschutzgasschw.	HM	—	Heizwendelschweißen
MIG	131	Metall-Inertgasschweißen	HH	—	Heizkeilschweißen
MAG	135	Metall-Aktivgasschweißen	HI	—	Wärmeimpulsschweißen
WSG	14	Wolfram-Schutzgasschweißen	HK	—	Wärmekontaktschweißen
WIG	141	Wolfram-Inertgasschweißen	WF	—	Warmgas-Fächelschweißen
WP	15	Wolfram-Plasmaschweißen	WZ	—	Warmgas-Ziehschweißen
WHG	149	Wolfram-Wasserstoffschweißen	LI	—	Lichtstrahlschweißen
MAGC	—	CO_2-Schweißen	US	—	Ultraschallschweißen
MAGM	—	Mischgasschweißen	FR	—	Reibschweißen
FR	42	Reibschweißen	HF	—	Hochfrequenzschweißen

Schweißpositionen
vgl. DIN 1912 T2 (09.77), E DIN ISO 6947 (07.90)

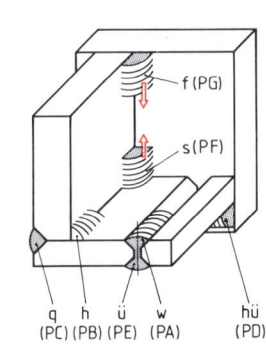

q h ü w hü
(PC) (PB) (PE) (PA) (PD)

Kurzzeichen DIN 1912	Kurzzeichen ISO 6947	Benennung	Hauptpositionen, Beschreibung
w	PA	Wannenposition	Nahtmittellinie senkrecht, waagrechtes Arbeiten, Decklage oben
h	PB	Horizontalposition	horizontales Arbeiten, Decklage oben
s	PF	Steigposition	steigendes Arbeiten
f	PG	Fallposition	fallendes Arbeiten
q	PC	Querposition	Nahtmittellinie horizontal, waagrechtes Arbeiten
ü	PE	Überkopfposition	horizontales Arbeiten, Nahtmittellinie senkrecht, Decklage unten
hü	PD	Horizontal-Überkopfposition	horizontales Arbeiten, Überkopf, Decklage unten

Allgemeintoleranzen für Schweißkonstruktionen
vgl. DIN EN ISO 13920 (11.96), Ersatz für DIN 8570

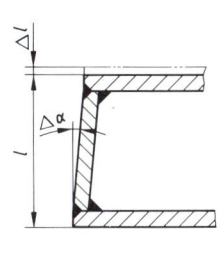

	Zulässige Abweichungen							
	für Längenmaße Δl in mm Nennmaßbereich l					für Winkelmaße $\Delta \alpha$ in ° und ' Nennmaßbereich l [1]		
Genauigkeitsgrad	über 30 bis 120	über 120 bis 400	über 400 bis 1000	über 1000 bis 2000	über 2000 bis 4000	bis 400	über 400 bis 1000	über 1000
A	±1	±1	±1	±2	±3	±4	±20'	±15'	±10'
B	±1	±2	±2	±3	±4	±6	±45'	±30'	±20'
C	±1	±3	±4	±6	±8	±11	±1°	±45'	±30'

[1] Länge des längeren Schenkels

Schweißen

Nahtvorbereitung

vgl. DIN 8551 T1 (11.76)

Benennung, Sinnbild	Werkstückdicke t in mm	Nahtvorbereitung Fugenform	Maße Spalt b in mm	Maße Winkel α in °	Schweißverfahren[1]	Ausführung, Bemerkungen
Bördelnaht ⋏	0…2		—	—	G, E, WIG, MIG, MAG	einseitig geschweißt, Dünnblechschweißung, kein Zusatzwerkstoff
I-Naht ‖	0…4		≈ t	—	G, E, WIG	einseitig geschweißt, wenig Zusatzwerkstoff, keine Nahtvorbereitung
			0…t	—	MIG, MAG	
V-Naht V	3…10		0…3	60	G	einseitig oder beidseitig geschweißt, Verbindung verschiedener Werkstückdicken, bei dynamischer Beanspruchung Wurzel gegengeschweißt
	3…40		0…3	60	E, WIG	
				40…60	MIG, MAG	
DV-Naht X	über 10		0…3	60	E, WIG	beidseitig geschweißt, weniger Zusatzwerkstoff als bei V-Naht, geringer Verzug bei wechselseitigem Schweißen
			0…3	40…60	MIG, MAG	
Y-Naht Y	über 10		0…3	60	E, WIG	beidseitig geschweißt, Steghöhe c = 2…4 mm, weniger Zusatzwerkstoff als bei V-Nähten
			0…3	40…60	MIG, MAG	
HV-Naht ⌵	3 bis 40		0…4	40…60	E, WIG, MIG, MAG	einseitig oder beidseitig geschweißt, häufig kombiniert mit Kehlnaht beim T-Stoß
DHV-Naht K	über 10		0…4	40…60	E, WIG, MIG, MAG	beidseitig geschweißt, häufig kombiniert mit Kehlnaht beim T-Stoß

[1] Schweißverfahren: E Lichtbogenhandschweißen   G Gasschmelzschweißen
MAG Metall-Aktivgasschweißen   MIG Metall-Inertgasschweißen
WIG Wolfram-Inertgasschweißen

Druckgasflaschen, Gasverbrauch

Druckgasflaschen

Gasart	Kenn-farbe	Anschluß-gewinde	$V^{1)}$	$p_F{}^{2)}$	Füll-menge	Gasart	Kenn-farbe	Anschluß-gewinde	$V^{1)}$	$p_F{}^{2)}$	Füll-menge
Sauerstoff	blau	R 3/4	10	200	2 m³	Helium	grau	W21,80 x 1/14	10	200	2 m³
			40	150	6 m³				50	200	10 m³
			50	200	10 m³	Mischgase (Schutzgase)	grau	W21,80 x 1/14	10	200	2 m³
Acetylen	gelb	Spannbügel	10	18	2 kg				20	200	4 m³
			40	19	8 kg				50	200	10 m³
			50	19	10 kg	Kohlendioxid	grau	W21,80 x 1/14	10	58	7,5 kg
Wasserstoff	rot	W21,80 x 1/14	10	200	2 m³				50	58	20 kg
			50	200	10 m³	Stickstoff	grün	W24,32 x 1/14	10	200	2 m³
Propan	rot	W21,80 x 1/14	10	8,3	4,25 kg				40	150	6 m³
			50	8,3	21 kg				50	200	10 m³
Argon	grau	W21,80 x 1/14	10	200	2 m³	[1) Volumen in l]					
			50	200	10 m³	[2) Fülldruck in bar]					

Gasverbrauch

V Volumen der Gasflasche
ΔV Gasverbrauch
Δm Verbrauchte Gasmasse
K Umrechnungszahl
p_1 Flaschendruck vor dem Schweißen
p_2 Flaschendruck nach dem Schweißen
t_1 Flaschentemperatur vor dem Schweißen
t_2 Flaschentemperatur nach dem Schweißen
m_1 Gasmasse vor dem Schweißen
m_2 Gasmasse nach dem Schweißen

Maximale Acetylenentnahme bei Stahlflaschen mit $V = 40\ l$ und $V = 50\ l$

Schweiß-betrieb	Gasentnahme in Liter/h bei 15 °C und 1 bar
kurzzeitig	1000
Einschicht-betrieb	500
Dauerbetrieb	350

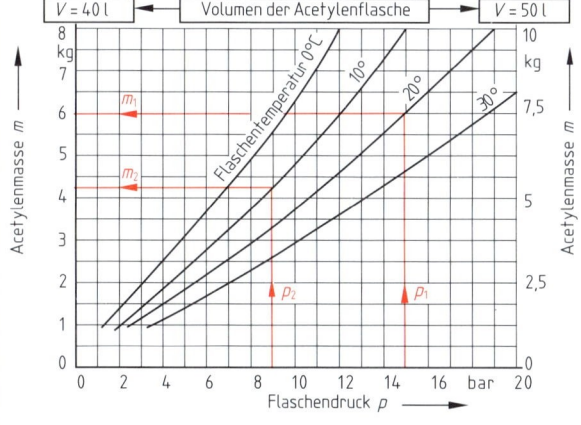

Gasverbrauch (ohne Acetylen) bei konstanter Temperatur

$$\Delta V = \frac{V \cdot (p_1 - p_2)}{p_{amb}}$$

Acetylenverbrauch bei 15 °C und 1 bar

$$\Delta V = K \cdot \Delta m$$

Verbrauchte Gasmasse

$$\Delta m = m_1 - m_2$$

Umrechnungszahl

$$K = 910\ \frac{l}{kg}$$

Über die Umrechnungszahl wird die Gasmasse (kg) in den Acetylenverbrauch (l) umgerechnet.

1. Beispiel: Sauerstoffflasche $V = 50\ l$, $p_1 = 150$ bar, $p_2 = 80$ bar, $p_{amb} = 1$ bar
Gesucht: ΔV
Lösung: $\Delta V = \dfrac{V(p_1 - p_2)}{p_{amb}} = \dfrac{50\ l\ (150 - 80)\ bar}{1\ bar} = 3500\ l$

2. Beispiel: Acetylenflasche $V = 40\ l$, $p_1 = 15$ bar, $p_2 = 9$ bar, $t_1 = 20$ °C, $t_2 = 10$ °C
Gesucht: m_1; m_2; Δm; ΔV
Lösung: Aus Schaubild: $m_1 = 6$ kg, $m_2 = 4,3$ kg
$\Delta m = m_1 - m_2 = 6\ kg - 4,3\ kg = 1,7\ kg$
$\Delta V = K \cdot \Delta m = 910\ \dfrac{l}{kg} \cdot 1,7\ kg = 1547\ l$

Gasschweißen

Gasschweißstäbe für das Verbindungsschweißen von Stählen
vgl. DIN 8554 T1 (05.86)

Einteilung und Eignung

Stahlart	Grundwerkstoffe DIN	Stahlsorte	G I	G II	G III	G IV	G V	G VI
Unlegierte Baustähle[1]	EN 10025	St 37-2, USt 37-2, St 44-2 St 37-3, St 44-3, St 52-3		●	● ●	● ●		
Stahlrohre	1626 1629	St 37-0, St 44-0, St 52-0	●	●	●	●		
Rohre	17 175	St 35.8 St 45.8			● ●	● ●		
Blech, Band[1]	EN 10028	H I, H II				●	●	
Blech, Band[1] Rohre	EN 10028 17 175	15 Mo 3, 17 Mn 4 13 CrMo 4 4 10 CrMo 9 10				●	●[2]	●[2]

[1] Geänderte Bezeichnungen Seite 117...123   [2] bei Mehrlagenschweißung   ● gut geeignet

Kennzeichnung und Schweißverhalten

Schweißstabklasse	G I	G II	G III	G IV	G V	G VI
Einprägung	I	II	III	IV	V	VI
Farbkennzeichnung	—	grau	gold	rot	gelb	grün
Fließverhalten	dünn-fließend	weniger dünnfließend	zähfließend			
Spritzer	viel	wenig	keine			
Poreneignung	ja	ja	gering	nein		

Maße: Nenndurchmesser: 1,6; 2; 2,5; 3; 4; 5 mm   Länge: 1000 mm
Bezeichnung: Schweißstab der Klasse G III, Nenndurchmesser 2 mm: **Schweißstab DIN 8554−G III −2**

Richtwerte für das Gasschmelzschweißen

Werkstoff: unlegierter Baustahl   Betriebsüberdruck: Sauerstoff: 2,5 bar
Schweißposition: w (PA)   Acetylen: 0,03...0,8 bar

Nahtform	Nahtplanung Nahtdicke a mm	Spalt s mm	R[1]	Einstellwerte Brennergröße	Stab-⌀ mm	Verbrauchswerte Sauerstoff l/h	Acetylen l/h	Leistungswerte Abschmelzleistung kg/h	Schweißzeit min/m
	0,8 1	0 0	NL NL	0,5... 1 0,5... 1	1,5 2	90 100	80 90	0,17 0,19	8,5 7,6
	1,5 2 3	1,5 2 2,5	NL NL NL	1 ... 2 1 ... 2 2 ... 4	2 2 2,5	150 165 260	135 150 235	0,25 0,25 0,36	10 11,5 12,3
	4 6	2...4 2...4	NR NR	2 ... 4 4 ... 6	3 4	320 520	300 490	0,33 0,68	15 22
	8 10	2...4 2...4	NR NR	6 ... 9 9 ...14	5 6	840 1300	800 1250	0,95 1,2	28 35

[1] R Schweißrichtung: NL Nachlinksschweißen; NR Nachrechtsschweißen

Schutzgasschweißen

Schutzgase zum Lichtbogenschweißen u. Schneiden vgl. DIN EN 439 (10.94), Ersatz für DIN 32526

Kurzbezeichnung		Zusammensetzung in Volumen-%				Gasgruppe, Wirkung	Anwendung
Gruppe	Kennzahl	CO_2	O_2	Ar	He	H_2		
R	1			Rest[1]		> 0…15	Mischgase, reduzierend	WIG, Plasmaschweißen
R	2			Rest[1]		>15…35		
I	1			100			inerte Gase, inerte Mischgase	MIG, WIG, Plasmaschweißen, Wurzelschutz
I	2				100			
I	3			Rest	>0…95			
M1	1	> 0… 5		Rest[1]		>0… 5	Mischgase, schwach oxidierend	MAG
M1	2	> 0… 5		Rest[1]				
M1	3		> 0… 3	Rest[1]				
M2	1	> 5…25		Rest[1]				
M2	2		> 3…10	Rest[1]				
M2	3	> 0… 5	> 3…10	Rest[1]				
M3	1	>25…50		Rest[1]				
M3	2		>10…15	Rest[1]				
M3	3	> 5…50	> 8…15	Rest[1]				
C	1	100					stark oxidierend	
C	2	Rest	> 0…30					

[1] Argon kann bis zu 95% durch Helium ersetzt werden.
Bezeichnungsbeispiel: Mischgas mit 30% Helium, Rest Argon: **Schutzgas EN 439 - I3**

Drahtelektroden und Schweißgut zum Metall-Schutzgasschweißen von unlegierten Stählen und Feinkornbaustählen vgl. DIN EN 440 (11.94), Ersatz für DIN 8559 T1

Bezeichnungsbeispiel (Schweißgut):   **EN 440 - G 46 3 M G3Si1**

EN 440 - Norm-Nummer
G - Kurzzeichen für Metall-Schutzgasschweißen

Kennziffer für die mechanischen Eigenschaften des Schweißgutes			
Kennziffer	Mindeststreckgrenze N/mm^2	Zugfestigkeit N/mm^2	Mindestbruchdehnung A_5 in %
35	355	440…570	22
38	380	470…600	20
42	420	500…640	20
46	460	530…680	20
50	500	560…720	18

Kennzeichen für die Kerbschlagarbeit des Schweißgutes	
Kennbuchstabe/ Kennziffer	Mindestkerbschlagarbeit 47 J bei °C
Z	keine Anforderungen
A	+ 20
0	0
2	− 20
3	− 30
4	− 40
5	− 50
6	− 60

Kennzeichen für Schutzgase		
Kennzeichen	Verwendetes Gas nach DIN EN 439	
M	Mischgas M2, jedoch ohne Helium	
C	Reines Kohlendioxid C1	

Chemische Zusammensetzung der Drahtelektroden			
Kurzzeichen	Hauptlegierungselemente	Kurzzeichen	Hauptlegierungselemente
G0	Jede vereinbarte Zusammensetzung	G3Ni1	0,5…0,9% Si, 1,0…1,6% Mn, 0,08…1,5% Ni
G2Si1	0,5…0,8% Si, 0,9…1,3% Mn	G2Ni2	0,4…0,8% Si, 0,8…1,4% Mn, 2,1…2,7% Ni
G3Si1	0,7…1,0% Si, 1,3…1,6% Mn	G2Mo	0,3…0,7% Si, 0,9…1,3% Mn, 0,4…0,6% Mo
G3Si2	1,0…1,3% Si, 1,3…1,6% Mn	G4Mo	0,5…0,8% Si, 1,7…2,1% Mn, 0,4…0,6% Mo
G2Ti	0,4…0,8% Si, 0,9…1,4% Mn, 0,05…0,25% Ti	G2Al	0,3…0,5% Si, 0,9…1,3% Mn, 0,35…0,75% Al

Bezeichnungsbeispiel: Drahtelektrode mit 0,8% Si und 1,5% Mn: **EN 440 - G3Si1**

Schutzgasschweißen

Nahtform	Nahtplanung			Einstellwerte				Leistungswerte	
	Naht-dicke a mm	Draht-durch-messer mm	Lagen-zahl	Span-nung V	Strom A	Draht-[1] vorschub-geschw. m/min	Schutz-gas l/min	Schweiß-zusatz g/m	Haupt-nutzungs-zeit min/m

Richtwerte für das MAG-Schweißen

Werkstoff: unlegierter Baustahl
Schweißposition: h (PB)
Schweißzusatz: Drahtelektrode DIN 8559 — SG2
Schutzgas DIN 32526 — M21

Nahtform	a	d	Lagen	V	A	m/min	l/min	g/m	min/m
	2	0,8	1	20	105	7	10	45	1,5
	3	1,0	1	22,5	215	11		90	1,4
	4	1,0	1	23	220	11		140	2,1
	5	1,0	1	30	300	10	15	215	2,6
	6	1,0	1					300	3,5
	7	1,2	3	30	300	10	15	390	4,6
	8	1,2	3					545	6,4
	10	1,2	4					805	9,5

Richtwerte für das MIG-Schweißen

Werkstoffe: Aluminium, Aluminiumlegierungen
Schweißposition: w (PA)
Schweißzusatz DIN 1732 — S — AlMg 5
Schutzgas DIN 32526 — I1

Nahtform	a	d	Lagen	V	A	m/min	l/min	g/m	min/m
	4	1,2	1	23	180	3	12	30	2,9
	5	1,6	1	25	200	4	18	77	3,3
	6	1,6	1	26	230	7	18	147	3,9
	5	1,6	1	22	160	6	18	126	4,2
	6	1,6	2	22	170	6	18	147	4,6
	8	1,6	2	26	220	7	18	183	5,0
	10	1,6	1	26	220	6	20	190	5,4
		1,6	2	24	200	6	20		
		1,6	1 G[2]	26	230	7	20		
	12	2,4	1	27	260	4	25	345	7,6
		2,4	2	27	280	4	25		

Richtwerte für das WIG-Schweißen

Werkstoffe: Aluminiumlegierungen, nicht aushärtbar
Schweißposition: w (PA)
Schweißzusatz DIN 1732 — SG — AlMg5
Schutzgas DIN 32526 — I1

Nahtform	a	d	Lagen	V	A	m/min	l/min	g/m	min/m
	1	3	1	—	75	0,3	5	19	3,8
	1,5	3	1	—	90	0,2	5	22	4,3
	2	3	1	—	110	0,2	6	28	4,8
	3	3	1	—	125	0,2	6	28	5,9
	4	3	1	—	160	0,2	8	38	6,7
	5	3	1	—	185	0,1	10	47	7,1
	6	3	1	—	210	0,1	10	47	12
	5	4	1. Lage 2. Lage	—	165	0,1 0,2	12	105	13
	6	4	1. Lage 2. Lage	—	185	0,1 0,2	12	190	16

[1] Beim MIG-Schweißen: Schweißgeschwindigkeit [2] G Gegenlage

Thermisches Trennen, Schweißzusätze

Richtwerte für das Brennschneiden

Werkstoff: unlegierter Baustahl; Brenngas: Acetylen

Werk-stück-dicke mm	Schneid-düse mm	Schnitt-fugen-breite mm	Sauerstoffdruck Schneiden bar	Sauerstoffdruck Heizen bar	Acetylen-druck bar	Gesamt-sauerstoff-verbrauch m^3/h	Acetylen-verbrauch m^3/h	Schneidgeschwindigkeit Qualitäts-schnitt mm/min	Schneidgeschwindigkeit Trenn-schnitt mm/min
5	3…10	1,5	2,0	2,0	0,2	1,67	0,27	690	840
8			2,5			1,92	0,32	640	780
10			3,0			2,14	0,34	600	740
10	10…25	1,8	2,5	2,5	0,2	2,46	0,36	620	750
15			3,0			2,67	0,37	520	690
20			3,5			2,98	0,38	450	640
25	25…40	2,0	4,0	2,5	0,2	3,20	0,40	410	600
30			4,3			3,42	0,42	380	570
35			4,5			3,54	0,44	360	550

Richtwerte für das Plasmaschneiden

Blech-dicke mm	Werkstoff: hochlegierte Baustähle; Schneidtechnik: Argon-Wasserstoff							Werkstoff: Aluminium; Schneidtechnik: Argon-Wasserstoff					
	Stromstärke Qualitäts-schnitt A	Stromstärke Trenn-schnitt A	Schneidge-schwindigkeit Qualitäts-schnitt m/min	Schneidge-schwindigkeit Trenn-schnitt m/min	Verbrauchswerte Argon m^3/h	Verbrauchswerte Wasserstoff m^3/h	Verbrauchswerte Stickstoff m^3/h	Stromstärke Qualitäts-schnitt A	Stromstärke Trenn-schnitt A	Schneidge-schwindigkeit Qualitäts-schnitt m/min	Schneidge-schwindigkeit Trenn-schnitt m/min	Verbrauchswerte Argon m^3/h	Verbrauchswerte Wasserstoff m^3/h
4	70	120	1,4	2,4	0,6	—	1,2	70	120	3,6	6,0	1,2	0,5
5			1,1	2,0	0,6	—	1,2			1,9	5,0		
10			0,65	0,95	1,2	0,24	—			1,1	1,6		
15	70	120	0,35	0,6	1,2	0,24	—	70	120	0,6	1,3	1,2	0,5
20			0,25	0,45	1,2	0,24	—			0,35	0,75		
25			0,35	0,35	1,5	0,48	—			0,2	0,5		

Die Werte gelten für eine Lichtbogenleistung von ca. 12 kW und 1,2 mm Durchmesser der Schneiddüse.

Schweißzusatzwerkstoffe für Aluminium

vgl. DIN 1732 (06.88)

Kurzzeichen[1]	Werk-stoff-nummer	Schmelz-bereich °C	Al99,8	E-Al	Al99,5	Al99	AlMn1	AlMnCu	AlMnMg1	AlMg1	AlMg3	AlMg5	AlMg4Mn	AlMgSi1	AlMgSiCu	AlZn4,5Mg1	G-AlSi11	G-AlSi9Mg	G-AlSi7Mg	G-AlSi5Mg	G-AlSi8Cu3	G-AlMg5	G-AlMg5Si	G-AlMg3	G-AlMg3Si
SG-Al99,8 (EL-Al99,8)	3.0286	658	●	●	○																				
SG-Al99,5 (EL-Al99,5)	3.0259	347…658		○	●	●																			
SG-Al99,5Ti (EL-Al99,5Ti)	3.0805	647…658	○		●	●																			
SG-AlMn1 (EL-AlMn1)	3.0516	648…657					●	●		○															
SG-AlMg3	3.3536	610…642								●	●													●	●
SG-AlMg5	3.3556	575…633									●	●	●	●									●	●	●
SG-AlMg4,5Mn	3.3548	574…638									○	●	●	●									●	●	
SG-AlSi5 (EL-AlSi5)	3.2245	573…625												●	●					○	○				
SG-AlSi12 (EL-AlSi12)	3.2585	570…610															●	●	●	●	○				○

Folgende Werkstoffe sind für das Gasschmelzschweißen geeignet: SG-Al99,8; SG-Al99,5; SG-Al99,5Ti; SG-AlMn1; SG-AlMg3; SG-AlSi5; SG-AlSi12.

[1] Schweißzusätze mit der Kennzeichnung SG werden mit metallisch blanker Oberfläche verwendet. Umhüllte Stabelektroden werden mit EL gekennzeichnet (Kurzzeichen in Klammern).

● gut geeignet   ○ möglich

Lichtbogenschweißen

Umhüllte Stabelektroden für unlegierte Stähle und Feinkornbaustähle
vgl. DIN EN 499 (01.95), Ersatz für DIN 1913 T1

Bezeichnungsbeispiel: EN 499 - E 46 3 1Ni B 5 4 H5

- Norm-Nummer: EN 499
- Kurzzeichen für umhüllte Stabelektrode: E

Kennziffer für die mechanischen Eigenschaften des Schweißgutes

Kennziffer	Mindeststreckgrenze N/mm^2	Zugfestigkeit N/mm^2	Mindestbruchdehnung A_5 in %
35	355	440...570	22
38	380	470...600	20
42	420	500...640	20
46	460	530...680	20
50	500	560...720	18

Kennzeichen für die Kerbschlagarbeit des Schweißgutes

Kennbuchstabe/ Kennziffer	Mindestkerbschlagarbeit 47 J bei °C
Z	keine Anforderungen
A	+ 20
0	0
2	− 20
3	− 30
4	− 40
5	− 50
6	− 60

Hinweis: Ist eine Elektrode für eine bestimmte Temperatur geeignet, ist sie auch für jede höhere Temperatur verwendbar.

Kurzzeichen für die chemische Zusammensetzung des Schweißgutes

Legierungskurzzeichen	Chemische Zusammensetzung in %		
	Mn	Mo	Ni
Kein Kurzz.	2,0	—	—
Mo	1,4	0,3...0,6	—
MnMo	>1,4...2,0	0,3...0,6	—
1Ni	1,4	—	0,6...1,2
2Ni	1,4	—	1,8...2,6
3Ni	1,4	—	>2,6...3,8
Mn1Ni	>1,4...2,0	—	0,6...1,2
1NiMo	1,4	—	0,6...1,2
Z	Vereinbarte Zusammensetzung		

Kennzeichen für den Wasserstoffgehalt

Kennzeichen	Wasserstoffgehalt in ml/100 g Schweißgut
H 5	5
H10	10
H15	15

Kennziffer für die Schweißposition

Kennziffer	Schweißposition
1	Alle Positionen
2	Alle Positionen, außer Fallnaht
3	Stumpfnaht in Wannenposition, Kehlnaht in Wannen- u. Horizontalposition
4	Stumpf- u. Kehlnaht in Wannenposition
5	Für Fallnaht und wie Ziffer 3

Kennziffer für Ausbringung und Stromart

Kennziffer	Ausbringung %	Stromart
1	> 105	Wechsel u. Gleichstrom
2	> 105	Gleichstrom
3	> 105 ≤ 125	Wechsel- u. Gleichstrom
4	> 105 ≤ 125	Gleichstrom
5	> 125 ≤ 160	Wechsel- u. Gleichstrom
6	> 125 ≤ 160	Gleichstrom
7	> 160	Wechsel- u. Gleichstrom
8	> 160	Gleichstrom

Kurzzeichen für den Umhüllungstyp

Kurzzeichen	Art der Umhüllung
A	saureumhüllt
C	zelluloseumhüllt
R	rutilumhüllt
RR	dick-rutilumhüllt
RC	rutilzellulose-umhüllt
RA	rutilsauer-umhüllt
RB	rutilbasisch-umhüllt
B	basisch-umhüllt

Bezeichnungsbeispiel: Umhüllte Stabelektrode, deren Schweißgut eine Mindeststreckgrenze von 420 N/mm^2 und eine Mindestkerbschlagarbeit von 47 J bei +20 °C erreicht; dick rutilumhüllt; verschweißbar an Gleich- und Wechselstrom; Ausbringung > 105 %; für alle Schweißpositionen, außer für Fallnähte, geeignet: **EN 499 - E 42 A RR 12**.

Abmessungen umhüllter Stabelektroden
vgl. DIN EN 20544 (12.91)

Durchmesser d in mm	Länge l in mm			Durchmesser d in mm	Länge l in mm			Durchmesser d in mm	Länge l in mm		
2,0	225	250	300	350	3,2	300	350	400	450	5,0	350	400	450
2,5	—	250	300	350	4,0	—	350	4500	450	6,0	350	400	450

Lichtbogenschweißen

Umhüllungstypen der Stabelektroden

Kurz-zeichen	Schweißtechnische Eigenschaften, Anwendungsbereiche	Kurz-zeichen	Schweißtechnische Eigenschaften, Anwendungsbereiche
A	feiner Tropfenübergang, flache, glatte Schweißnähte, begrenzter Einsatz in Zwangslagen	RR	vielseitig anwendbar, feinschuppige Nähte, gutes Wiederzünden
C	optimale Eignung zur Fallnahtschweißung	RA	hohe Abschmelzleistung, glatte Nähte
R	Dünnblechschweißung, alle Schweißpositionen außer Fallnaht	RB	gute Kerbschlagzähigkeit, rißsicher, alle Schweißpositionen außer Fallnaht
RC	auch für Fallpositionen geeignet, mitteltropfig	B	beste Kerbschlagzähigkeit, rißsicher

Neue und alte Bezeichnungen bei Stabelektroden (Beispiele)

Bezeichnung nach DIN EN 499	bisher DIN 1913 T1	Bezeichnung nach DIN EN 499	bisher DIN 1913 T1	Bezeichnung nach DIN EN 499	bisher DIN 1913 T1
E 35 Z A 12	E 43 00 A 2	E 42 2 RB 12	E 51 43 RR(B) 7	E 38 5 B 73 H10	E 51 55 B(R) 12 160
E 38 0 RC 11	E 43 22 R(C) 3	E 38 2 RA 12	E 43 33 AR 7	E 42 6 B 42 H10	E 51 55 B 10
E 42 0 RC 11	E 51 32 R(C) 3	E 38 2 RA 73	E 51 43 AR 11 160	E 38 6 B 42 H10	E 53 55 B 10
E 38 A R 12	E 43 21 R 3	E 38 2 RA 73	E 43 43 AR 11 160	E 42 3 B 42 H10	E 51 54 B 10
E 46 0 RR 12	E 51 32 RR 5	E 38 0 RR 53	E 51 22 RR 11 160	E 46 3 B 83 H10	E 51 43 B 12 160
E 42 0 RC 11	E 51 22 RR(C) 6	E 42 0 RR 73	E 51 32 RR 11 160	E 42 4 B 32 H10	E Y42 53 Mn B
E 42 0 RR 12	E 51 22 RR 6	E 38 0 RR 73	E 51 32 RR 11 160	E 50 6 B 34 H10	E Y46 54 Mn B
E 42 A RR 12	E 51 21 RR 6	E 42 2 B 15 H10	E 51 43 B 9	E 42 6 B 42 H 5	E SY42 76 Mn B H5
E 42 0 RR 12	E 51 32 RR 6	E 38 2 B 12 H10	E 51 43 B(R) 10	E 42 6 B 32 H5	E SY 42 76 Mn B
E 38 2 RB 12	E 43 43 RR(B) 7	E 42 4 B 32 H10	E 51 54 B(R) 10	E 46 6 1 Ni B 42 H5	E SY42 76 1 Ni B H5

Nahtplanung für V-Nähte

Nahtdicke a mm	Spalt s mm	Anzahl und Art der Lagen[1]	Elektrodenabmessungen $d \times l$ mm	spez. Elektrodenbedarf z_s Stück/m	Nahtmasse je Lagenart m_s g/m	gesamt m g/m
4	1	1 W 1 D	3,2 × 450 4 × 450	3 2	75 80	155
5	1,5	1 W 1 D	3,2 × 450 4 × 450	4 2,9	100 110	210
6	2	1 W 2 D	3,2 × 450 4 × 450	4 4,7	100 185	285
8	2	1 W 1 F 1 D	3,2 × 450 4 × 450 5 × 450	4 3,7 3,5	100 145 215	460
10	2	1 W 1 F 1 D	3,2 × 450 4 × 450 5 × 450	4 4 6,2	100 195 380	675

Nahtplanung für Kehlnähte

Nahtdicke a mm	Spalt s mm	Anzahl und Art der Lagen[1]	Elektrodenabmessungen $d \times l$ mm	spez. Elektrodenbedarf z_s Stück/m	Nahtmasse je Lagenart m_s g/m	gesamt m g/m
3	—	1	3,2 × 450	3,2	80	80
4	—	1	4 × 450	3,6	140	140
5	—	3	3,2 × 450	8,6	215	215
6	—	3	4 × 450	8	310	310
8	—	1 W 2 D	4 × 450 5 × 450	3 7	120 430	550
10	—	1 W 4 D	4 × 450 5 × 450	3 12,3	120 745	865
12	—	1 W 4 D	4 × 450 5 × 450	3 18,5	120 1125	1245

[1] W Wurzellage; F Füllage; D Decklage

Lichtbogenschweißen

Elektrodenbedarf

Für die Wurzel-, Füll- und Decklagen werden in der Regel verschiedene Elektrodendurchmesser verwendet. Der Elektrodenbedarf ist deshalb für jede Nahtart gesondert zu ermitteln.

- Z Elektrodenbedarf
- z_s spezifischer Elektrodenbedarf
- L Nahtlänge
- l Nennlänge der Elektroden
- α Öffnungswinkel
- K_E Faktor für den Elektrodentyp
- K_L Faktor für die Elektrodenlänge
- K_W Faktor für den Öffnungswinkel

Elektrodenbedarf

$$Z = K_E \cdot K_L \cdot K_W \cdot z_s \cdot L$$

Beispiel: Kehlnaht; $a = 10$ mm; $L = 2{,}4$ m; $\alpha = 90°$; Ausbringung 100%; $l = 350$ mm

Gesucht: Nahtplanung; Elektrodenbedarf

Lösung: Nahtplanung (Seite 273): 1 Wurzellage mit Elektrodendurchmesser 4 mm, 4 Decklagen mit Elektrodendurchmesser 5 mm
Elektrodenbedarf: $Z = K_E \cdot K_L \cdot K_W \cdot z_s \cdot L$; $K_E = 1$; $K_L = 1{,}3$; $K_W = 1$
Spezifischer Elektrodenbedarf (Seite 273):
$z_s = 3$ Stück/m für Elektrodenabmessungen 4×450 mm;
$z_s = 12{,}3$ Stück/m für Elektrodenabmessungen 5×450 mm;
Wurzellage: $Z = 1 \cdot 1{,}3 \cdot 1 \cdot 3 \,\frac{\text{Stück}}{\text{m}} \cdot 2{,}4 \text{ m} = 7{,}2 \approx$ **8 Stück**
Decklagen: $Z = 1 \cdot 2{,}3 \cdot 1 \cdot 12{,}3 \,\frac{\text{Stück}}{\text{m}} \cdot 2{,}4 \text{ m} = 29{,}5 \approx$ **30 Stück**

Faktor für den Elektrodentyp

Faktor	Ausbringung in %			
	100	120	140	160
K_E	1	0,8	0,7	0,65

Faktor für die Elektrodenlänge

Faktor	Nennlänge l in mm			
	300	350	400	450
K_L	1,6	1,3	1,1	1

Faktor für den Öffnungswinkel

Faktor	Öffnungswinkel α			
	V-Nähte		Kehlnähte	
	50°	60°/70°	60°	90°
K_W	0,9	1	1,2	0,6	1

Hauptnutzungszeit

Für die Wurzel-, Füll- und Decklagen werden in der Regel verschiedene Elektrodendurchmesser verwendet. Die Hauptnutzungszeit ist deshalb für jede Lagenart gesondert zu ermitteln.

- t_h Hauptnutzungszeit
- m_s Nahtmasse je Lagenart
- p Abschmelzleistung
- L Nahtlänge
- α Öffnungswinkel
- K_W Faktor für den Öffnungswinkel
- K_P Faktor für die Schweißposition

Hauptnutzungszeit

$$t_h = K_W \cdot K_P \cdot \frac{m_s}{p} \cdot L$$

Beispiel: Kehlnaht; $a = 6$ mm; $L = 2{,}4$ m; $\alpha = 90$; Schweißposition h (PB); Elektrodentyp E42 0 RR12

Gesucht: Hauptnutzungszeit t_h

Lösung: $t_h = K_W \cdot K_P \cdot \frac{m_s}{p} \cdot L$;
$m_s = 310$ g/m, Elektrodendurchmesser $d = 4$ mm (Seite 273);
Abschmelzleistung $p = 29$ g/min (Tabelle unten)

$t_h = 1 \cdot 1 \cdot \dfrac{310\,\frac{\text{g}}{\text{m}}}{29\,\frac{\text{g}}{\text{min}}} \cdot 2{,}4 \text{ m} =$ **25,7 min**

Faktor für die Schweißposition

Faktor	V-Nähte Schweißposition			
	w PA	f PG	ü PE	s PF	q PC
K_P	1	1,1	1,9	1,5	1,2

Faktor	Kehlnähte Schweißposition			
	w PA	f PG	ü PE	s PF	h PB
K_P	1	1,2	1,7	1,4	1

Abschmelzleistung p von Stabelektroden in g/min (Richtwerte)

Elektroden- durchmesser in mm	Elektrodentyp								
	E420 RC11	E420 RR12	E38 2RA12	E38 2RB12	E42 0 RR6	E42 6 B42H10	E42 4 B32H10	E38 0 RR73
3,2	20	21	27	19	22	23	23	32
4,0	25	29	39	26	29	32	32	46
5,0	32	38	44	36	38	43	43	72

Kleben

Verarbeitung, Eigenschaften und Anwendung von Klebstoffen

Klebstoff Grundstoff	Kompo-nenten	Abbindung[1] Tempe-ratur °C	Druck N/cm²	Eigenschaften[3] Festig-keit[2]	Verform-barkeit	Alterungs-beständig-keit	Grenz-temperatur ca. °C	Vorzugsweise Verwendung
Epoxidharz	2	20	—	◐	●	◐	55	Metalle, Duroplaste, Keramik
	1	150	—	●	●	◐	120	Metalle, Keramik
Epoxid-Polyaminoamid	2	20	—	◐	◐	●	55	Metalle, Duroplaste, PVC
	1	150	5	●	●	◐	80	Metalle
Epoxid-Polyamid	1	175	10…30	●	◐	●	80	Aluminium, Titan, Stahl
Phenolharz	1	150	80	●	◯	◐	250	Metalle, Holz, Duroplaste
PVC	1	180	—	◔	●	●	20	Dünnbleche
Polyurethan	2	20	—	◯	●	◔	55	Metalle, Holz, Schaumstoffe
Methyl-methacrylat	2	20	—	●	●	◯	80	Metalle, Kunststoffe, Keramik
	1	120	—	●	●	●	100	Metalle, Glas
Polychloroprene	1	20	< 100	◔	●	◐		Kontaktkleber, Metalle, Plaste
Zyanacrylat	1	20	—	●	◐	◯	80	Schnellbinder, Metalle, Gummi
Schmelzkleber	1	120	2	◔	●	◐		Werkstoffe aller Art

[1] Die genauen Verarbeitungsvorschriften richten sich nach der Klebstoffzusammensetzung und sind den Vorschriften des Herstellers zu entnehmen.
[2] Festigkeitswerte Schaubild unten;   [3] Vergleichende Anhaltswerte: ● sehr gut;   ◐ gut;   ◯ mittel;   ◔ gering

Vorbehandlung von Fügeteilen für Klebeverbindungen
vgl. VDI 2229 (06.79)

Werkstoff	Behandlungsfolge[1] für niedrige Beanspruchung	mittlere Beanspruchung	hohe Beanspruchung
Al-Legierungen	1-2-3-4	1-6-5-3-4	1-2-7-8-3-4
Mg-Legierungen	1-2-3-4	1-6-2-3-4	1-7-2-9-3-4
Ti-Legierungen	1-2-3-4	1-6-2-3-4	1-2-10-3-4
Cu, Cu-Legierungen	1-2-3-4	1-6-2-3-4	1-7-2-3-4
Stähle	1-2-3-4	1-6-2-3-4	1-7-2-3-4
Stahl, verzinkt		1-2-3-4	1-2-3-4
Stahl, phosphatiert		1-2-3-4	1-6-2-3-4
Übrige Metalle	1-2-3-4	1-6-2-3-4	1-7-2-3-4

Erläuterung der Beanspruchungsarten für Klebeverbindungen:
niedrig: Zugscherfestigkeit bis 5 N/mm²; trockene Umgebung; für Feinmechanik, Elektrotechnik, Modellbau
mittel: Zugscherfestigkeit bis 10 N/mm²; feuchte Luft, Kontakt mit Öl; für Maschinen- und Fahrzeugbau
hoch: Zugscherfestigkeit über 10 N/mm²; direkte Berührung mit Flüssigkeiten; für Flugzeug-, Schiff- und Behälterbau

[1] Erläuterung der Kennziffern für Behandlungsfolgen
1 Reinigen von Schmutz, Zunder, Rost, Farbresten
2 Entfetten mit organischen Lösungsmitteln oder wäßrigen Reinigungsmitteln
3 Spülen mit klarem Wasser, Nachspülen mit entsalztem oder destilliertem Wasser
4 Trocknen in Warmluft bis 65 °C
5 Entfetten unter gleichzeitigem chemischen Angriff der Oberfläche (Beiz-Entfetten)
6 mechanisches Aufrauhen durch Schleifen (Körnung 100 bis 150) oder Bürsten
7 mechanisches Aufrauhen durch Strahlen
8 Beizen 30 min, bei 60 °C in wäßriger Lösung von 27,5% Schwefelsäure und 7,5% Natriumdichromat
9 Beizen 1 min bei 20 °C in einer Lösung von 20% Salpetersäure und 15% Kaliumdichromat in Wasser
10 Beizen 3 min bei 20 °C in 15%iger Flußsäure

Prüfen von Klebeverbindungen

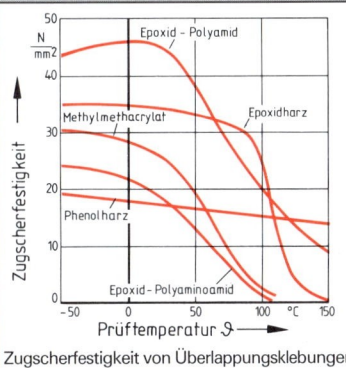

Zugscherfestigkeit von Überlappungsklebungen

Norm-Nr.	Inhalt
DIN 53282	**Winkelschälversuch**: Bestimmung des Widerstandes von Klebeverbindungen gegen abschälende Kräfte
DIN EN 1465	**Zugscherversuch**: Bestimmung der Zugscherfestigkeit hochfester Überlappungsklebungen
DIN 53284	**Zeitstandversuch**: Bestimmung der Zeitstand- und Dauerfestigkeit von einschnittig überlappten Klebungen
DIN EN ISO 9664	**Ermüdungsprüfung**: Bestimmung der Ermüdungseigenschaften von Strukturklebungen
DIN 53288	**Zugversuch**: Bestimmung des Widerstandes von Klebungen bei Beanspruchungen senkrecht zur Klebefläche
DIN 1464	**Rollenschälversuch**: Bestimmung des Widerstandes gegen abschälende Kräfte
DIN 54452	**Druckscherversuch**: Bestimmung der Scherfestigkeit vorwiegend anaerober Klebstoffe

Lote und Flußmittel

Hartlote für Schwermetalle, silberhaltig
vgl. DIN 8513 T2 (10.79) und DIN 8513 T3 (07.86)

Gruppe	Lotwerkstoff Kurzzeichen	Werkstoff-Nr.	Schmelzbereich[1] °C	Arbeitstemperatur °C	Lötstoß[2]	Lotzufuhr[3]	Grundwerkstoffe
AgCuCdZn	L-Ag50Cd	2.5143	620…640	640	S	a, e	Edelmetalle, Stähle, Kupferlegierungen
	L-Ag45Cd	2.5146	620…635	620	S	a, e	
	L-Ag40Cd	2.5141	595…630	610	S	a, e	Stähle, Temperguß, Kupfer, Kupferlegierungen, Nickel, Nickellegierungen
	L-Ag20Cd	2.1215	605…765	750	S, F	a, e	
AgCuZn (Sn)	L-Ag45Sn	2.5158	640…680	670	S	a, e	Stähle, Temperguß, Kupfer, Kupferlegierungen, Nickel, Nickellegierungen
	L-Ag44	2.5147	675…735	730	S	a, e	
	L-Ag34Sn	2.5157	630…730	710	S	a, e	
	L-Ag25	2.1216	700…800	780	S	a, e	
Silbergehalt unter 20%	L-Ag12	2.1207	800…830	830	S	a, e	Stähle, Temperguß, Kupfer, Kupferlegierungen, Nickel, Nickellegierungen
	L-Ag5	2.1205	820…870	860	S, F	a, e	
	L-Ag15P	2.1210	650…800	710	S, F	a, e	Kupfer und nickelfreie Kupferlegierungen. **Nicht** geeignet für Fe- oder Ni-haltige Grundwerkstoffe
	L-Ag5P	2.1466	650…810	710	S, F	a, e	
	L-Ag2P	2.1467	650…810	710	S, F	a, e	
Sonder-Hartlote	L-Ag56InNi	2.5162	620…730	730	S	a, e	Chrom, Chrom-Nickel-Stähle
	L-Ag50CdNi	2.5160	645…690	660	S	a, e	Cu-Legierungen, Hartmetall auf Stahl
	L-Ag49	2.5156	625…705	690	S	a, e	Hartmetall auf Stahl, Wolfram- und Molybdän-Werkstoffe

Hartlote für Schwermetalle, Kupferbasislote
vgl. DIN 8513 T1 (10.79)

Lotwerkstoff Kurzzeichen	Werkstoff-Nr.	Schmelzbereich[1] °C	Arbeitstemperatur °C	Lötstoß[2]	Lotzufuhr[3]	Grundwerkstoffe
L-SFCu	2.0091	1083	1100	S	e	Stähle
L-CuSn6	2.1021	910…1040	1040	S	e	Eisen- und Nickelwerkstoffe
L-CuSn12	2.1055	825…990	990	S	e	
L-CuNi10Zn42	2.0711	890…920	910	S, F	a, e	Stähle, Temperguß, Ni, Ni-Legierungen
				F	a	Gußeisen
L-CuZn46	2.0413	880…890	890	S	e	St, GT, Cu, Cu-Legierungen
L-CuZn40	2.0367	890…900	900	S, F	a, e	St, GT, Cu, Ni, Cu- und Ni-Legierungen
L-ZnCu42	2.2310	835…845	845	S	e	CuNiZn-Legierungen
L-CuP7	2.1463	710…820	720	S	a, e	Cu, Fe- und Ni-freie Cu-Legierungen

Hartlote, Nickelbasislote zum Hochtemperaturlöten
vgl. DIN 8513 T5 (02.83)

Kurzzeichen	Werkstoff-Nr.	Schmelzbereich °C	Arbeitstemp.	Lötstoß	Lotzufuhr	Grundwerkstoffe
L-Ni1	2.4140	980…1040	[4]	[4]	[4]	Nickel, Cobalt, Nickel- und Cobaltlegierungen, unlegierte und legierte Stähle
L-Ni3	2.4143	980…1040				
L-Ni5	2.4148	1080…1135				
L-Ni7	2.4150	890				

Hartlote, Aluminiumbasislote
vgl. DIN 8513 T4 (02.81)

Kurzzeichen	Werkstoff-Nr.	Schmelzbereich °C	Arbeitstemp. °C	Lötstoß	Lotzufuhr	Grundwerkstoffe
L-AlSi7,5	3.2280	575…615	610	S	a, e	Aluminium und Al-Legierungen der Typen AlMn, AlMgMn, G-AlSi bedingt für Al-Legierungen der Typen AlMg, AlMgSi bis zu 2% Mg-Gehalt
L-AlSi10	3.2282	575…595	600	S	a, e	
L-AlSi12	3.2285	575…590	595	S	a, e	

[1] Unterer Wert ist Solidustemperatur, oberer Wert Liquidustemperatur
[2] S geeignet für Spaltlöten, F geeignet für Fugenlöten
[3] a Lot angesetzt, e Lot eingelegt
[4] Spaltgeometrie und Lötzyklus für das Hochtemperaturlöten sind von den Lotherstellern anzugeben

Lote und Flußmittel

Weichlote
vgl. DIN EN 29453 (02.94), Ersatz für DIN 1707

Legierungs-gruppe[1]	Legie-rungs-Nr.[2]	Legierungs-kurzzeichen	Kurzzeichen DIN 1707	Schmelz-temperatur[3] °C	Hinweise für die Verwendung[4]
Zinn-Blei	1	S-Sn63Pb37	L-Sn63Pb	183	Feinwerktechnik
	1a	S-Sn63Pb37E	L-Sn63Pb	183	Elektronik, gedruckte Schaltungen
	2	S-Sn60Pb40	L-Sn60Pb	183…190	gedruckte Schaltungen, Edelstahl
	3	S-Pb50Sn50	L-Sn50Pb	183…215	Elektroindustrie, Verzinnung
	5	S-Pb60Sn40	L-PbSn40	183…235	Feinblechpackungen, Metallwaren
	7	S-Pb70Sn30	—	183…255	Klempnerarbeiten, Zink, Zinklegierungen
	10	S-Pb98Sn2	L-PbSn2	320…325	Kühlerbau
Zinn-Blei mit Antimon	11	S-Sn63Pb37Sb	—	183	Feinwerktechnik
	12	S-Sn60Pb40Sb	L-Sn60Pb(Sb)	183…190	Feinwerktechnik, Elektroindustrie
	14	S-Pb58Sn40Sb2	L-PbSn40Sb	185…231	Kühlerbau, Schmierlot
	16	S-Pb74Sn25Sb1	L-PbSn25Sb	185…263	Schmierlot, Bleilötungen
Zinn-Blei-Wismuth	19	S-Sn69Pb38Bi2	—	180…185	Feinlötungen
	21	S-Bi57Sn43	—	138	Niedertemperaturlot, Schmelzsicherungen
Zinn-Blei-Cadmium	22	S-Sn50Pb32Cd18	L-SnPbCd18	145	Thermosicherungen, Kabellötungen
Zinn-Blei-Kupfer	24	S-Sn97Cu3	L-SnPbCu3	230…250	Elektrogerätebau, Feinwerktechnik
	25	S-Sn60Pb38Cu2	L-Sn60Cu	183…190	
	26	S-Sn50Pb49Cu1	L-Sn50PbCu	183…215	
Zinn-Blei-Silber	28	S-Sn96Ag4	—	221	Kupferrohrinstallation, Edelstahl
	31	S-Sn60Pb36Ag4	L-Sn60PbAg	178…180	Elektrogeräte, gedruckte Schaltungen
	33	S-Pb95Ag5	L-PbAg5	304…365	für hohe Betriebstemperaturen
	34	S-Pb93Sn5Ag2	—	296…301	Elektromotore, Elektrotechnik

[1] Cadmium- und zinkhaltige Weichlote sowie Weichlote für Aluminium sind in DIN EN 29453 nicht mehr enthalten
[2] Ersatz für Werkstoffnummern nach DIN 1707
[3] Unterer Wert Solidustemperatur, oberer Wert Liquidustemperatur
[4] Nicht in DIN EN 29453 enthalten

Flußmittel zum Weichlöten
vgl. DIN EN 29454-1 (02.94), Ersatz für DIN 8511 T2

	Kennzeichnung nach den Hauptbestandteilen			Einteilung nach der Wirkung			
Flußmittel-typ	Flußmittelbasis	Flußmittelaktivator	Flußmittel-art	Typ-Kurzzeichen DIN EN	DIN 8511	Wirkung der Rückstände	
1 Harz	1 Kolophonium 2 ohne Kolophonium	1 ohne Aktivator 2 mit Halogen aktiviert 3 ohne Halogene aktiviert	A flüssig	3.2.2… 3.1.1…	F-SW11 F-SW12	stark korrodierend	
2 orga-nisch	1 wasserlöslich 2 nicht wasserlöslich			3.2.1… 3.1.1…	F-SW13 F-SW21	bedingt korrodierend	
3 anor-ganisch	1 Salze 2 Säuren 3 alkalisch	1 mit Ammoniumchlorid 2 ohne Ammoniumchlorid 1 Phosphorsäure 2 andere Säuren 1 Amine und/oder Ammoniak	B fest C Paste	2.1.3… 2.1.2… 1.2.2… 1.1.1… 1.2.3…	F-SW23 F-SW25 F-SW28 F-SW31 F-SW33	nicht korrodierend	

Bezeichnung eines Flußmittels vom Typ Harz (1), Basis ohne Kolophonium (2), mit Halogen aktiviert (2), geliefert in Pastenform (C): **Flußmittel ISO 9454-1.2.2.C**

Flußmittel zum Hartlöten
vgl. DIN 8511 T1 (07.85)

Flußmittel-typ	Wirktemperatur °C	Hinweise für die Verwendung
F-SH1	550… 800	Rückstände wirken korrosiv, sie müssen abgewaschen oder abgebeizt werden
F-SH2	750…1100	Rückstände wenig korrosiv, Entfernen mechanisch oder durch Abbeizen
F-SH3	1000…1250	Rückstände nicht korrosiv, Entfernen mechanisch oder durch Abbeizen
F-SH4	600…1000	Rückstände wirken korrosiv, sie müssen abgewaschen oder abgebeizt werden
F-LH1	—	Für Leichtmetalle, Entfernen der Rückstände mit verdünnter Salpetersäure
F-LH2	—	Für Leichtmetalle, Rückstände nur zusammen mit Feuchtigkeit korrosiv

Schall und Lärm

Schalltechnische Begriffe

Begriff	Erläuterung
Schall	Schall entsteht durch mechanische Schwingungen. Er breitet sich in gasförmigen, flüssigen und festen Körpern aus.
Frequenz	Anzahl der Schwingungen pro Sekunde. Einheit: 1 Hertz = 1 Hz = 1/s. Die Tonhöhe steigt mit der Frequenz. Frequenzbereich des menschlichen Hörens: 16 Hz…20 000 Hz
Schallpegel	Ein Maß für die Stärke des Schalls (Schallenergie)
Lärm	Unerwünschte, belästigende oder schmerzhafte Schallwellen; Schädigung ist abhängig von der Stärke, Dauer, Frequenz und Regelmäßigkeit der Einwirkung; 85…90 dB (A) gelten als gehörgefährdend.
Dezibel (dB)	Genormte Einheit für den Schallpegel dargestellt auf logarithmischer Skale
dB (A)	Da das menschliche Ohr verschieden hohe Töne (Frequenzen) des gleichen Schallpegels verschieden stark empfindet, muß der Lärm mit Filtern bei bestimmten Frequenzen entsprechend gedämpft werden. Die Frequenzbewertungskurve mit Filter A berücksichtigt dies und gibt den subjektiven Gehöreindruck an. Ein Unterschied von 10 dB (A) entspricht etwa einer Verdoppelung (oder Halbierung) der empfundenen Lautstärke.

Schallpegel

Schallart	dB (A)	Schallart	dB (A)	Schallart	dB (A)
Beginn der Hörempfindlichkeit	4	Normales Sprechen in 1 m Abstand	70	Beat- und Rockmusik	105
Atemgeräusche in 30 cm Abstand	10	Lautes Sprechen in 1 m Abstand	80	Werkzeugmaschinen	75…90
Leises Blätterrauschen	20	Rasenmäher, Staubsauger	85	Schwere Stanzen	95…110
Flüstern	30	Lkw in 5 m Entfernung, Motorrad	90	Gußputzereien	95…115
Zerreißen von Papier	40	Motorenprüfstand	90…110	Richtarbeiten	110
Leise Unterhaltung	50…60	Autohupe in 5 m Entfernung	100	Schmerzschwelle	ab 120

Lärmschutzverordnung

Unfallverhütungsvorschrift für lärmerzeugende Betriebe	Arbeitsstättenverordnung	
— Kennzeichnungspflicht für Lärmbereiche ab 90 dB (A).	Lärmgrenzwerte für:	max. dB (A)
— Ab 85 dB (A) müssen Schallschutzmittel zur Verfügung stehen und ab 90 dB (A) müssen diese benutzt werden.	überwiegend geistige Tätigkeit	55
— Steigt durch Lärm Unfallgefahr, so müssen entsprechende Maßnahmen getroffen werden.	einfache, überwiegend mechanisierte Tätigkeiten	70
— Regelmäßige Vorsorgeuntersuchungen sind Pflicht.	alle sonstigen Tätigkeiten (Wert darf bis 5 dB überschritten werden)	85
— Neue Arbeitseinrichtungen müssen dem fortschrittlichsten Stand der Lärmminderung entsprechen.	in Pausen-, Bereitschafts- und Sanitätsräumen	55

Gesundheitsschädlicher Lärm

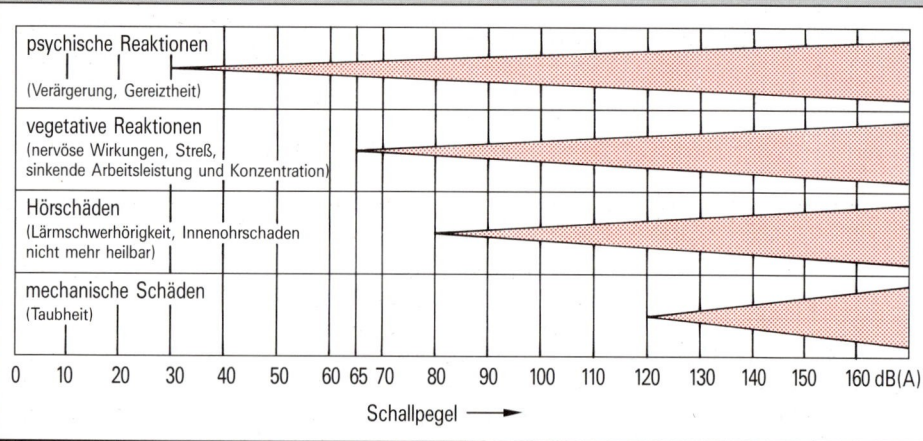

psychische Reaktionen (Verärgerung, Gereiztheit)

vegetative Reaktionen (nervöse Wirkungen, Streß, sinkende Arbeitsleistung und Konzentration)

Hörschäden (Lärmschwerhörigkeit, Innenohrschaden nicht mehr heilbar)

mechanische Schäden (Taubheit)

Schallpegel ⟶

Steuern und Regeln

Grundbegriffe der Steuerungs- und Regelungstechnik

Grundbegriffe der Steuerungs- und Regelungstechnik	280
Aufgabenbezogene Kennbuchstaben und Bildzeichen	280
Lösungsbezogene Bildzeichen für Geräte	281
Stetige Regler	282
Unstetige Regler	283
Regelstrecken	283
Binäre Verknüpfungen, Kippglieder	284
Schaltalgebra	285

Elektrotechnische Schaltungsunterlagen

Elektrotechnische Schaltzeichen	286
Kennzeichnung von Betriebsmitteln	288
Kennzeichnung von Leitern und Anschlüssen	288
Sicherungen und Leitungsquerschnitte	288
Schaltpläne	289
Stromlaufpläne	289
Stern-Dreieck-Schaltung	290
Schutzmaßnahmen	291

Funktionspläne und Funktionsdiagramme

Funktionspläne	292
Funktionsdiagramme	294

Pneumatik und Hydraulik

Schaltzeichen	296
Schaltpläne	298
Elektropneumatische Steuerungen	299
Elektrohydraulische Steuerungen	300
Druckflüssigkeiten in der Hydraulik	301
Pneumatikzylinder	302
Berechnungen zur Hydraulik und Pneumatik	303

Speicherprogrammierte Steuerungen

Kontaktplan	305
Anweisungsliste	306
Operationen zur Signalverarbeitung	306
Einfache Beispiele	307

NC-Technik

Koordinatensysteme	309
Bildzeichen für den Maschinenbau	310
Bildzeichen für NC-Maschinen	311
Koordinatenberechnungen	312
Programmaufbau	313
Bearbeitungszyklen	316

Grundbegriffe der Steuerungs- und Regelungstechnik

Grundbegriffe
vgl. DIN 19226 (05.68)

Steuern
Beim Steuern wird die Ausgangsgröße, z. B. die Temperatur in einem Härteofen, von der Eingangsgröße, z. B. der Öffnung des Brenngasventils, beeinflußt. Die Ausgangsgröße wirkt auf die Eingangsgröße nicht zurück. Die Steuerung hat einen offenen Wirkungsweg.

Regeln
Beim Regeln wird die Regelgröße, z. B. die Isttemperatur in einem Härteofen, fortlaufend erfaßt, mit der Soll-Temperatur als Führungsgröße verglichen und bei Abweichungen an die Führungsgröße angeglichen. Die Regelung hat einen geschlossenen Wirkungsablauf, bei dem die Regelgröße im Wirkungsweg des Regelkreises fortlaufend sich selbst beeinflußt.

Beispiel: Härteofen

Schemadarstellung

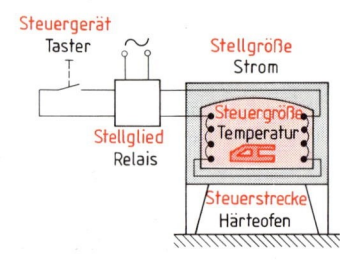

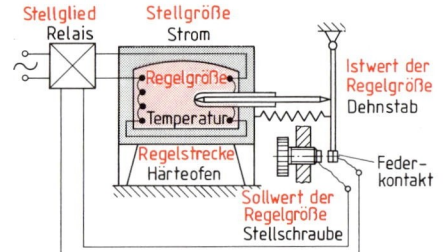

Wirkungsplan

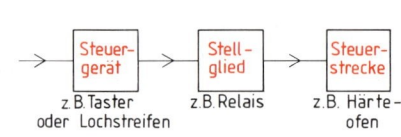

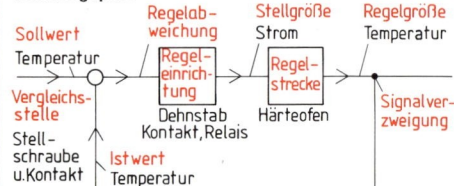

Aufgabenbezogene Kennbuchstaben und Bildzeichen
vgl. DIN 19227 T1 (10.93)

Kennbuchstaben

Erstbuchstabe		Ergänzungsbuchstabe
D Dichte	M Feuchte	D Differenz
E Elektrische Größen	P Druck	
F Durchfluß, Durchsatz	Q Qualitätsgrößen	F Verhältnis
G Abstand, Stellung, Länge	R Strahlungsgrößen	
H Handeingabe, Handeingriff	S Geschwindigkeit, Drehzahl	J Meßstellenabfrage
K Zeit	T Temperatur	
L Stand (z. B. Füllstand)	W Gewichtskraft, Masse	Q Summe, Integral

Folgebuchstabe

A Störungsmeldung
C selbsttätige Regelung
H oberer Grenzwert
I Anzeige
L unterer Grenzwert
R Registrierung

Beispiel: Differenzdruckregelung mit Anzeige

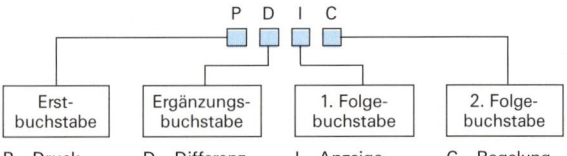

Grundbegriffe der Steuerungs- und Regelungstechnik

Bildzeichen

Ausgabe- und Bedienort		Meßort, Stellort		Einwirkung auf die Strecke	
oder	vor Ort, allgemein	—	Bezugslinie		Stellantrieb, allgemein
	Prozeßleitwarte	—o—	Meßort, Fühler		Stellantrieb; bei Ausfall der Hilfsenergie wird die Stellung für minimalen Massenstrom oder Energiefluß eingestellt.
	örtlicher Leitstand	▽	Stellglied, Stellort		
	vor Ort, realisiert mit einem Prozeßleitsystem	**Beispiele:**			
	vor Ort, realisiert mit einem Prozeßrechner	Durchflußregelung; Registrierung der Regelgröße und Störungsmeldung bei Erreichen des unteren Grenzwertes in der Prozeßleitwarte; Meßstelle 570		Temperaturregelung; Registrierung und Bedienung im örtlichen Leitstand; Meßstelle 310	

Lösungsbezogene Bildzeichen für Geräte
vgl. DIN 19227 T2 (02.91)

Sinnbild	Erläuterung	Sinnbild	Erläuterung	Sinnbild	Erläuterung
Aufnehmer		**Regler**		**Bediengeräte**	
oder (T)	Aufnehmer für Temperatur, allgemein	PID	PID-Regler	(M)	Einsteller, allgemein
P	Aufnehmer für Druck	PD	Zweipunktregler mit schaltendem Ausgang		Schaltgerät, allgemein
L	Aufnehmer für Stand mit Schwimmer	**Anpasser**		**Stellgeräte**	
W	Aufnehmer für Gewichtskraft, Waage, anzeigend	E	Signal- oder Meßumformer mit elektrischem Signalausgang		Motor-Stellantrieb
Ausgeber		P/A	Meßumformer für Druck mit pneumatischem Signalausgang		Ventilstellglied mit Magnetantrieb
	Basissymbol, Anzeiger allgemein	#	Signalspeicher, digital	**Signalkennzeichen**	
6	Schreiber, analog, Anzahl der Kanäle als Ziffer			E	Signal, elektrisch
				A	Signal, pneumatisch
	Bildschirm			∩	Analogsignal
				#	Digitalsignal

Beispiel: Temperaturregelung

281

Grundbegriffe der Steuerungs- und Regelungstechnik

Stetige Regler

vgl. DIN 19225 (12.81)

Reglerart	Beispiel, Beschreibung	Übergangsverhalten	Blockdarstellung
Proportional-Regler (P-Regler)		ideal / real	x Eingangsgröße / y Ausgangsgröße
Integral-Regler (I-Regler)			
Proportional-integral wirkender Regler (PI-Regler)			
Differenzierend wirkender Regler (D-Regler)	D-Regeleinrichtungen kommen nur zusammen mit P- oder PI-Regeleinrichtungen vor, da reines D-Verhalten bei konstanter Regeldifferenz keine Stellgröße und damit keine Regelung liefert.		
Proportional-differenzierend wirkender Regler (PD-Regler)	PD-Regler entstehen durch die Parallelschaltung eines P-Reglers mit einem D-Glied. Der D-Anteil ändert die Ausgangsgröße proportional zur Änderungsgeschwindigkeit der Eingangsgröße. Der P-Anteil ändert die Ausgangsgröße proportional zur Eingangsgröße. PD-Regler wirken schnell.		
Proportional-integral-differenzierend wirkender Regler (PID-Regler)	PID-Regler entstehen durch die Parallelschaltung eines P-, eines I- und eines D-Reglers. Am Anfang reagiert der D-Anteil mit einer großen Steuersignaländerung, danach wird diese Veränderung etwa bis zum Anteil des D-Gliedes verringert, um anschließend durch den Einfluß des I-Gliedes linear anzusteigen.		

Grundbegriffe der Steuerungs- und Regelungstechnik

Unstetige Regler
vgl. DIN 19225 (12.81)

Reglerart	Beispiel	Übergangsverhalten bzw. Kennlinie	Blockdarstellung
Zweipunkt-Regler	230 V, Heizwicklung, Wärme, Bimetall, Kontakte, Sollwerteinsteller, Sprungschalter	x Eingangsgröße, y Ausgangsgröße	Schaltdifferenz
Dreipunkt-regler	Dreipunktregler haben 3 Schaltzustände. Deshalb kann das Ausgangssignal 3 Werte annehmen.		

Regelstrecken

Regelstrecken mit Ausgleich (P-Strecken)

Regelstrecke	Beispiel	Übergangsverhalten	Anwendungsbeispiele
Strecken ohne Verzögerung	Drehzahl n_1 ≙ Eingangsgröße x; Drehzahl n_2 ≙ Ausgangsgröße y		Drehzahlen bei Getrieben, Druck und Volumenstrom in Rohrnetzen für Flüssigkeiten
Strecken mit Verzögerung erster Ordnung	P_1, P_0		Gasdruck in einem Behälter
Strecken mit Verzögerung zweiter Ordnung	1, 2, P_1, P_2, P_0		Gasdruck in hintereinandergeschalteten Behältern, Temperaturregelstrecken

Regelstrecken ohne Ausgleich (I-Strecken)

Regelstrecke	Beispiel	Übergangsverhalten	Anwendungsbeispiele
Strecken ohne Verzögerung	Weg s ≙ Ausgangsgröße y; Drehzahl n ≙ Eingangsgröße x		Vorschubantriebe, Flüssigkeitsstand in Behältern bei konstantem Zu- oder Abfluß

Grundbegriffe der Steuerungs- und Regelungstechnik

Binäre Verknüpfungen

Schaltzeichen	Funktionstabelle	mechanisch	pneumatisch/hydraulisch	elektrisch mit Relais
UND-Glied $a,b \rightarrow [\&] \rightarrow x$ Schreibweise: $x = a \wedge b$ Sprechweise: x gleich a und b	$a\ b\ x$ 0 0 0 0 1 0 1 0 0 1 1 1		aktiv / passiv	
ODER-Glied $a,b \rightarrow [\geq 1] \rightarrow x$ Schreibweise: $x = a \vee b$ Sprechweise: x gleich a oder b	$a\ b\ x$ 0 0 0 0 1 1 1 0 1 1 1 1		aktiv / passiv	
NICHT-Glied $a \rightarrow [1] \rightarrow x$ Schreibweise: $x = \bar{a}$ Sprechweise: x gleich nicht a	$a\ x$ 0 1 1 0			

Kippglieder

RS-Kippglied		Setzen / Rücksetzen	Setzen / Rücksetzen	
$\begin{array}{c} S \rightarrow [S\ Q] \rightarrow Q \\ R \rightarrow [R\ \bar{Q}] \rightarrow \bar{Q} \end{array}$ R reset (engl.), zurücksetzen S set (engl.), setzen	$S\ R\ Q\ \bar{Q}$ 0 0 * * 0 1 0 1 1 0 1 0 1 1 * * * wie vorhergehender Zustand oder unbestimmt			

Schaltalgebra

Mathematische Zeichen und Sinnbilder

vgl. DIN 66000 (11.85)

Sinnbild	Benennung	Beispiel	Sprechweise	Sinnbild	Benennung	Beispiel	Sprechweise
——	Negation	$\overline{a}$ $\overline{a \vee b}$	nicht a nicht (a oder b)	$\vee$	Adjunktion, ODER-Verknüpfung Disjunktion	$a \vee b$	a oder b
				$\overline{\wedge}$	NAND-Verknüpfung (NICHT-UND)	$a \overline{\wedge} b$	a nand b
$\wedge$	Konjunktion, UND-Verknüpfung	$a \wedge b$	a und b	$\overline{\vee}$	NOR-Verknüpfung (NICHT-ODER)	$a \overline{\vee} b$	a nor b

Rechenregeln für die UND-Verknüpfung mit 2 oder mehr Variablen

Regel	mit Schaltzeichen	pneumatisch/hydraulisch	elektrisch (mit Relais)
Vertauschungsgesetz (Kommutativ-Gesetz) $a \wedge b = b \wedge a$ Die Variablen einer UND-Verknüpfung dürfen beliebig vertauscht werden.			
Verbindungsgesetz (Assoziativ-Gesetz) $a \wedge b \wedge c = (a \wedge b) \wedge c =$ $= a \wedge (b \wedge c) = (a \wedge c) \wedge b$ Die Variablen einer UND-Verknüpfung können beliebig zusammengefaßt werden.			

Rechenregeln für die ODER-Verknüpfung mit 2 oder mehr Variablen

Vertauschungsgesetz (Kommutativ-Gesetz) $a \vee b = b \vee a$ Die Variablen einer ODER-Verknüpfung dürfen beliebig vertauscht werden.			
Verbindungsgesetz (Assoziativ-Gesetz) $a \vee b \vee c = (a \vee b) \vee c =$ $= a \vee (b \vee c) = (a \vee b) \vee c$ Die Variablen einer ODER-Verknüpfung dürfen in Gruppen zusammengefaßt werden.			

Beispiel für die Negation einer UND-Verknüpfung

NEGATION einer UND-Verknüpfung $\overline{a \wedge b} = \overline{a} \vee \overline{b}$ Die Negation einer UND-Verknüpfung ist gleich der ODER-Verknüpfung der negierten Variablen.			

Elektrotechnische Schaltzeichen

vgl. DIN 40 900 (03.88)

Bildzeichen	Bezeichnung, Erläuterung	Bildzeichen	Bezeichnung, Erläuterung	Bildzeichen	Bezeichnung, Erläuterung
Allgemeine Schaltzeichen		**Leiter, Verbinder und Anschlüsse**		**Geräte und Maschinen**	
	Widerstand, allgemein		Leiter, allgemein		Meßgerät, Maschine
	Kondensator		Leiter, beweglich		Meßgerät, aufzeichnend
	Induktivität, Spule, wahlweise Darstellung		Leiter, geschirmt		Transformator
	Dauermagnet		Schutzleiter PE		Ventil
	Lampe, allgemein, wahlweise Darstellung		Neutralleiter N		**Kennbuchstaben für Maschinen und Geräte:**
	Klingel, Wecker		Neutralleiter mit Schutzfunktion PEN	V A U M I G	Spannung Strom Motor Generator
	Sicherung		Abzweig, wahlweise Darstellung		
	Galvanisches Element		Doppelabzweig, wahlweise Darstellung	a) b)	**Beispiele:** a) Spannungsmesser
	Umsetzer, Umformer		Buchse mit Stecker	c) d)	b) Gleichstrommotor c) Einphasen-Wechselstrommotor d) Drehstrommotor
	Begrenzungslinie, Gehäuse		Masseanschluß Erdung Schutzleiteranschluß		
Kennzeichen		**Spannungen, Stromarten**		**Halbleiterbauelemente**	
	Veränderbarkeit		Gleichstrom	a) b)	a) Halbleiterdiode, allgemein
a) b) c)	a) allgemein b) einstellbar c) geregelt		Wechselstrom Wechselstrom mit hoher Frequenz	c) d)	b) Fotodiode c) PNP-Transistor d) NPN-Transistor
	Funktion	**Schaltungsarten**		**Installationen in Gebäuden**	
a) b)	a) gestuft b) stetig	a) b)	a) Reihenschaltung b) Parallelschaltung		Abzweigdose
	Wirkung		Sternschaltung		Schutzkontakt-Steckdose
a) b)	a) thermisch b) Strahlung		Dreieckschaltung Stern-Dreieck-Schaltung		Schalter, allgemein
	Beispiele: Spule, veränderbar		**Beispiele:** Gleich- oder Wechselstrom (Allstrom)		Ausschalter, zweipolig Serienschalter
	Widerstand, 5stufig verstellbar		Dreiadrige Leitung mit Abzweigung		Taster Leuchtenauslaß
	Wechselrichter, geregelt	3/N/PE~ 5×4	Drehstromleitung mit 3 Außenleiter 1 Neutralleiter 1 Schutzleiter Querschnitt 5×4 mm²		Elektroherd Zähler

Elektrotechnische Schaltzeichen

vgl. DIN 40900 (03.88)

Bildzeichen	Bezeichnung, Erläuterung	Bildzeichen	Bezeichnung, Erläuterung	Bildzeichen	Bezeichnung, Erläuterung	Funktionstabelle
	Kontakte		**Sensoren** (Blockdarstellung)		**Binäre Elemente**	
	Schließer Einschaltglied		Kapazitiver Sensor, reagiert bei Annäherung aller Stoffe		Grundsinnbild Eingänge links / Ausgänge rechts ODER	E1 E2 A1 / 0 0 0 / 1 0 1 / 0 1 1 / 1 1 1
	Öffner Ausschaltglied		Induktiver Sensor, reagiert bei Annäherung von Metallen			
	Wechsler Umschaltglied		Magnetischer Sensor, reagiert bei Annäherung eines Magneten (Reedschalter)		UND	E1 E2 A1 / 0 0 0 / 1 0 0 / 0 1 0 / 1 1 1
	Betätigungsarten					
	von Hand, allgemein		Optischer Sensor, reagiert auf Reflexion von Licht (Infrarotstrahlung)		NOT	E1 A1 / 0 1 / 1 0
	durch Drücken					
	durch Ziehen		**Beispiele für Schalter**			
	durch Rolle		Schließer mit Handbetätigung		NOR	E1 E2 A1 / 0 0 1 / 1 0 0 / 0 1 0 / 1 1 0
	durch Annähern					
	durch Berühren		Stellschalter mit 1 Schließer und 1 Öffner			
	durch Druckenergie				NAND	E1 E2 A1 / 0 0 1 / 1 0 1 / 0 1 1 / 1 1 0
	durch Bimetall (thermisch)		Öffner, betätigt durch Rolle			
	Schaltverhalten		Schließer, schließt verzögert bei Betätigung		RS-Kipp-Element	S R A1 A2 / 1 0 1 0 / 0 1 0 1 / 0 0 * * / 1 1 □ □
	Raste, verhindert selbsttätige Rückkehr					
	Verzögerte Wirkung (Verzögerung bei Bewegung nach rechts)		Schließer, öffnet verzögert bei Entlastung		* Zustand unverändert □ Zustand unbestimmt	
	Kennzeichen für Darstellung im betätigten Zustand		Öffner, dargestellt im betätigten Zustand		T-Kipp-Element Bei jeder Änderung von 0 nach 1 am Eingang T ändert sich der Zustand von A1 in seine Umkehrung ($0 \rightarrow 1$ oder $1 \rightarrow 0$).	
	Elektromagnetische Antriebe		Schließer, dargestellt im betätigten Zustand			
	elektromechanisch, allgemein		magnetisch betätigter Näherungsschalter mit Schließkontakt		Einschalt-Verzögerung Bei Anliegen eines Signals an E1 nimmt A1 nach der Zeit t_1 den Wert 1 an	
	mit Ansprechverzögerung					
	mit Rückfallverzögerung		elektromagnetisch betätigtes Ventil		Ausschalt-Verzögerung Beim Wegfall des Signals an E1 nimmt A1 nach der Zeit t_2 den Wert 0 an	
	mit Ansprech- und Rückfallverzögerung					

Kennzeichnung von Betriebsmitteln in Schaltungsunterlagen vgl. DIN 40 719 T2 (06.78)

Die Kennzeichnung der Betriebsmittel in Schaltungsunterlagen erfolgt in 4 Kennzeichnungsblöcken, denen zur Identifizierung Vorzeichen vorangestellt werden.

Beispiel: = B4 + C5 — S2E : 3

Kennzeichnungsblock 1	Kennzeichnungsblock 2	Kennzeichnungsblock 3	Kennzeichnungsblock 4
Anlage	**Ort**	**Art, Zählnummer, Funktion**	**Anschluß**
= Vorzeichen	+ Vorzeichen	— Vorzeichen	: Vorzeichen
B4 Laufkran Nr. 4	C5 Halle C, Straße 5	S2 Signalglied Nr. 2 E Funktion: EIN	3 Klemme Nr. 3

In vielen Schaltplänen sind an den Betriebsmitteln nur Angaben im Kennzeichnungsblock 3 (Art, Zählnummer, Funktion). Das Vorzeichen — kann dann weggelassen werden. **Beispiel:** K1 ≙ Relais Nr. 1

Kennbuchstaben für die Art eines Betriebsmittels im Kennzeichnungsblock 3 (Art, Zählnummer, Funktion)

Kennbuchstabe	Art des Betriebsmittels	Beispiel	Kennbuchstabe	Art des Betriebsmittels	Beispiel
B	Umsetzer	Sensor	M	Motor	Drehstrommotor
C	Kapazität	Kondensator	N	Verstärker, Regler	Spannungsregler, Stromverstärker
F	Schutzeinrichtung	Sicherung, Überstromauslöser	Q	Starkstrom-Schaltgerät	Stern-Dreieck-Schalter
H	Meldeeinrichtung	Signalleuchte, Hupe	R	Widerstand	Anlasser
K	Schütz, Relais	Leistungsschütz, Zeitrelais	S	Schalter, Wähler	Schalter, Taster, Grenztaster
L	Induktivität	Drosselspule	Y	elektromechanische Einrichtung	Magnetventil, Kupplung

Kennzeichnung von Leitern u. Betriebsmittelanschlüssen vgl. DIN EN 60445 (09.91) u. DIN 40705 (02.80)

Besondere Leiter				Betriebsmittelanschlüsse		
Art des Leiters	Kennzeichnung Kurzzeichen	Farbe	Beispiel	Anschluß für	Kennzeichnung	Beispiele
Außenleiter 1 Außenleiter 2 Außenleiter 3	L 1 L 2 L 3	schwarz[1]	L1 — schwarz L2 — braun L3 — schwarz N — hellblau PE — grün-gelb L- — schwarz L+ — schwarz	Außenleiter 1	U	
Neutralleiter	N	hellblau		Außenleiter 2	V	
Schutzleiter	PE	grün-gelb		Außenleiter 3	W	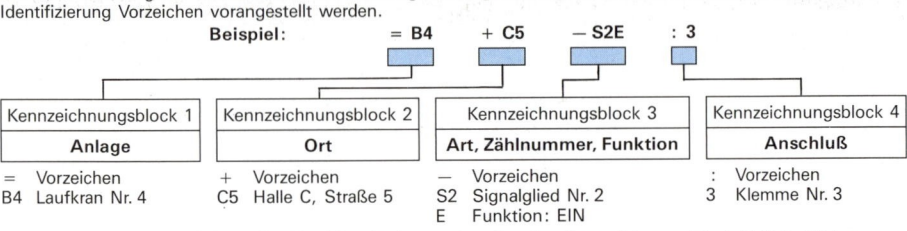
Neutralleiter mit Schutzfunktion	PEN	grün-gelb		Neutralleiter	N	
Positiv Negativ	L + L —	schwarz[1]		Schutzleiter PE, PEN	⏚	
				Bauelemente	1; 2; 1.2	

[1]) Farbe nicht festgelegt. Empfohlen wird schwarz, für Unterscheidung braun. Nicht verwendet werden darf grün-gelb.

Sicherungen und Leitungsquerschnitte vgl. DIN VDE 0100 T430 (11.91) und DIN 49515 (12.83)

Nennstrom der Sicherung I_n in A	Kennfarbe der Sicherung	Mindestquerschnitt in mm² für CU-Leitungen bei Verlegeart[1]						Nennstrom der Sicherung I_n in A	Kennfarbe der Sicherung	Mindestquerschnitt in mm² für CU-Leitungen bei Verlegeart[1]						
		A		B1		B2	C			A		B1		B2		C
		und Anzahl der Adern								und Anzahl der Adern						
		2	3	2	3	2	3			2	3	2	3	2	3	
13 (10)	rot	1,5	1,5	1,5	1,5	1,5	1,5	35	schwarz	6	6	6	6	6	4	4
16	grau	1,5	2,5	1,5	1,5	1,5	1,5	50	weiß	10	16	10	10	10	10	10
20	blau	2,5	2,5	2,5	2,5	1,5	2,5	63	kupfer	16	25	16	16	16	10	10
25	gelb	4	4	2,5	4	4	2,5	80	silber	25	35	16	25	25	16	16

[1]) A: In wärmedämmenden Wänden; B1: Einzeldrähte in Installationsrohren oder -kanälen in oder auf Mauerwerk B2: Kabel in Installationsrohren oder -kanälen in oder auf Mauerwerk; C: Kabel in oder auf Mauerwerk Für alle Verlegearten gilt: Umgebungstemperatur max. 25 °C; zulässige Erwärmung der Leitung (Betriebstemperatur) max. 70 °C

Elektrotechnische Schaltungsunterlagen

Schaltpläne
vgl. DIN 40719 T1...T11

Schaltungsunterlagen sind Schaltpläne, Diagramme, Tabellen und Beschreibungen.
Schaltpläne zeigen die Arbeitsweise, die Verbindung oder die räumliche Anordnung von elektrischen Einrichtungen. Die Betriebsmittel werden im stromlosen Zustand und in der Grundstellung durch Schaltzeichen dargestellt.

Art	Zweck	Darstellungsart	Anwendung	Beispiel: Steuerung eines Motors
Übersichts-schaltplan	Zeigt die Gliederung und die Arbeitsweise einer elektrischen Einrichtung	Meist einpolig mit Schaltkurzzeichen oder Blockschaltbildern	Leicht faßliche Darstellung umfangreicher Anlagen	
Installationsplan	Darstellung der Anordnung und äußeren Verdrahtung von Betriebsmitteln.	Nicht maßstäbliche, doch lagerichtige Darstellung in Bauzeichnungen, meist einpolig.	Elektroinstallation in Gebäuden	
Stromlaufplan	Übersichtliche Darstellung des Zusammenwirkens der Betriebsmittel mit allen Einzelheiten	Meist aufgelöste Darstellung. Teile einzelner Betriebsmittel werden getrennt voneinander dargestellt. Die räumliche Lage der Betriebsmittel bleibt unberücksichtigt.	Häufig angewendete Darstellungsart für Steuerungen. Die einzelnen Stromwege sind übersichtlich und dennoch vollständig zu erkennen.	

Gestaltung von Stromlaufplänen
vgl. DIN 40719 T3 (04.79)

Stromwege und Aufteilung der Stromkreise

- Jedes elektrische Betriebsmittel erhält einen senkrechten Stromweg ohne Rücksicht auf die räumliche Anordnung der Elemente.
- Die Stromwege werden von links nach rechts durchnumeriert.
- Der **Steuerstromkreis** enthält die Geräte für die Signaleingabe und die Signalverarbeitung.
- Der **Hauptstromkreis** enthält die für die Betätigung der Arbeitsglieder erforderlichen Stellglieder.
- Die räumliche Zusammengehörigkeit von z.B. Relaisspule und Relaiskontakt wird nicht dargestellt.

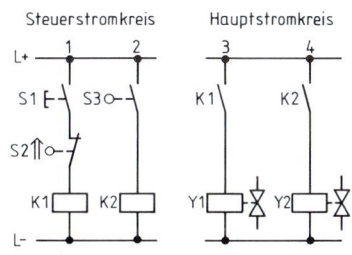

Kennzeichnung der Betriebsmittel und Schaltgliedertabelle

- Kontakte und die zugehörige Schütz- oder Relaisspule werden mit der gleichen Kennziffer bezeichnet.
  Beispiel: Stromwege 5, 6, 7 und 8
  Zur Relaisspule K3 gehören 2 Schließer und 1 Öffner, die alle mit K3 bezeichnet werden. Sie dienen zur Selbsthaltung der Relaisspule und zum Schalten der Ventile Y11 und Y13.
- Alle Kontakte eines Schützes oder Relais werden in eine Schaltgliedertabelle unter dem Stromweg der jeweiligen Spule eingetragen.
  Die Tabelle gibt Auskunft, in welchem Stromweg ein Kontakt des Relais oder Schützes zu finden ist.

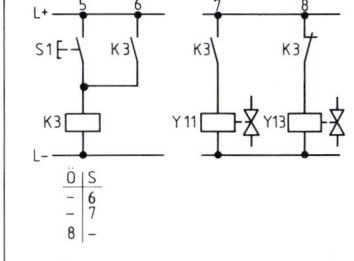

Elektrotechnische Schaltungsunterlagen

Stern-Dreieckschaltung beim Dreiphasen-Wechselstrom (Drehstrom)

Sternschaltung Y

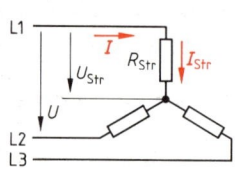

I	Leiterstrom
U	Leiterspannung
I_{Str}	Strangstrom
U_{Str}	Strangspannung
R_{Str}	Strangwiderstand
$\sqrt{3}$	Verkettungsfaktor
P	Wirkleistung
$\cos\varphi$	Leistungsfaktor bei induktivem Lastanteil

Sternschaltung Y

Leiterstrom: $I = I_{Str}$

Leiterspannung: $U = \sqrt{3} \cdot U_{Str}$

Dreieckschaltung △

Leiterstrom: $I = \sqrt{3} \cdot I_{Str}$

Leiterspannung: $U = U_{Str}$

Dreieckschaltung △

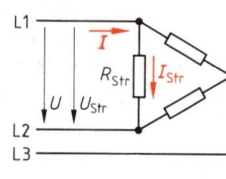

Beispiel:
Glühofen, $R_{Str} = 22\,\Omega$;
$U = 400\,V$;
$P = ?$ bei Dreieckschaltung

$I_{Str} = \dfrac{U_{Str}}{R_{Str}} = \dfrac{400\,V}{22\,\Omega} = 18{,}18\,A$

$I = \sqrt{3} \cdot I_{Str} = \sqrt{3} \cdot 18{,}18\,A$
$\quad = 31{,}5\,A$

$P = \sqrt{3} \cdot U \cdot I$
$\quad = \sqrt{3} \cdot 400\,V \cdot 31{,}5\,A = 21\,824\,W = \mathbf{21{,}8\,kW}$

Stern- oder Dreieckschaltung

Strangstrom: $I_{Str} = \dfrac{U_{Str}}{R_{Str}}$

Leistung: $P = \sqrt{3} \cdot U \cdot I$

$P = \sqrt{3} \cdot U \cdot I \cdot \cos\varphi$

Schaltung an den Anschlußklemmen eines Drehstrommotors

Sternschaltung $U_{Str} = 230\,V^{1)}$ $U_{Str} = 400\,V^{1)}$ **Dreieckschaltung**

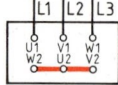
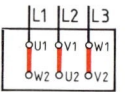

[1] Nach DIN IEC 38 (05.87) beträgt die Nennspannung 230/400 V. In Ländern, in denen bisher 220/380 V genormt waren, ist innerhalb einer Übergangszeit bis zum Jahre 2003 die Normspannung 230/400 V + 6% / − 10% einzuhalten.

Stromlaufplan für die handbetätigte Stern-Dreieckschaltung eines Drehstrommotors mit Schützen

K1	Schütz für Netzanschluß
K2	Schütz für Dreieckschaltung
K3	Schütz für Sternschaltung
S1A	Taster AUS
S2	Taster Sternschaltung
S3	Taster Dreieckschaltung
F1	Sicherung Steuerteil
F2	Sicherung Leistungsteil

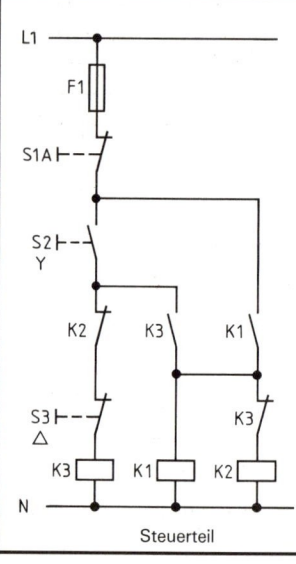

Steuerteil

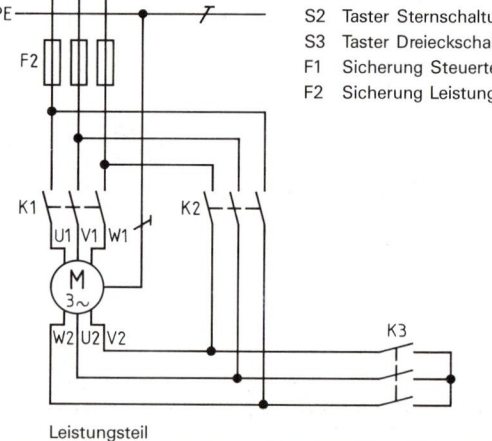

Leistungsteil

Schutzmaßnahmen gegen gefährliche Körperströme

Übersicht über Schutzmaßnahmen
vgl. DIN VDE 0100 T 410 (11.83)

Schutzmaßnahme	Zweck	Erläuterung, Beispiele
Schutz gegen **direktes Berühren**	Verhindert ein Berühren spannungsführender Teile einer Anlage	Isolierung aller spannungsführenden Teile, Abdeckung mit Gittern, Schutz durch Hindernisse (Absperrungen), Schutz durch Abstand, z.B. bei Freileitungen.
Schutz bei **indirektem Berühren**	Verhindert eine Gefährdung des Menschen im **Fehlerfall**	Im Fehlerfall können normalerweise spannungslose Teile, z.B. Gehäuse, unter Spannung stehen. Der erforderliche Schutz richtet sich nach der **Netzform**, der **maximalen Berührungsspannung** und der **Umgebung**. Nach der Schutzart werden die Geräte in Schutzklassen (I, II, III) eingeteilt.
Zusätzlicher Schutz bei **direktem Berühren**	**Zusätzlicher** Schutz für Fälle, bei denen die anderen Schutzmaßnahmen versagen	Durch einen Fehlerstrom- oder Differenzstrom-Schutzschalter mit einem Nennfehlerstrom unter 30 mA wird die Anlage abgeschaltet. Damit wird eine tödliche Stromwirkung auch z.B. bei Unterbrechung des Schutzleiters, bei Isolationsschaden oder Wassereinwirkung weitgehend ausgeschlossen.

Berührungsspannungen und Schutzmaßnahmen
vgl. DIN VDE 0100 T 410 (11.83)

Maximale Berührungsspannung in Volt		Erforderliche Schutzmaßnahme	Geräteschutzklassen		Beispiele für Geräte und Anlagen
Wechselspannung	Gleichspannung		Schutzklasse	Sinnbild	
25	60	Basisisolierung	—	—	Fernsprecheinrichtungen, Steuerungen, Schweißanlagen, Faßleuchten
50[1]	120	Basisisolierung, **zusätzlich** Schutzkleinspannung oder Funktionskleinspannung	III		
über 50	über 120	Basisisolierung **und** Schutzleiter	I	⏚	Elektrogeräte mit elektr. leitenden, berührbaren Teilen (Körper)
		Basisisolierung **und** Schutzisolierung	II	▣	Elektrogeräte mit Isoliergehäuse, z.B. Haushaltgeräte, Leuchten
		Schutzklasse I oder II und **zusätzlicher** Schutz bei direktem Berühren	—	—	Fehlerstrom-Schutzeinrichtung für gefährliche Umgebung, z.B. Baderaum, Waschraum, Landwirtschaft

[1] Bei außergewöhnlichen Umgebungsbedingungen gelten niedrigere Werte: z.B. 6 V für medizinische Geräte, 12 V für Geräte, die in Badewannen eingesetzt werden, 25 V für elektromotorische Spielzeuge und landwirtschaftliche Betriebsstätten.

Beispiele für Schutzmaßnahmen im TN-S-Netz[2] 3/N/PE ~ 50 Hz 400 V[3]

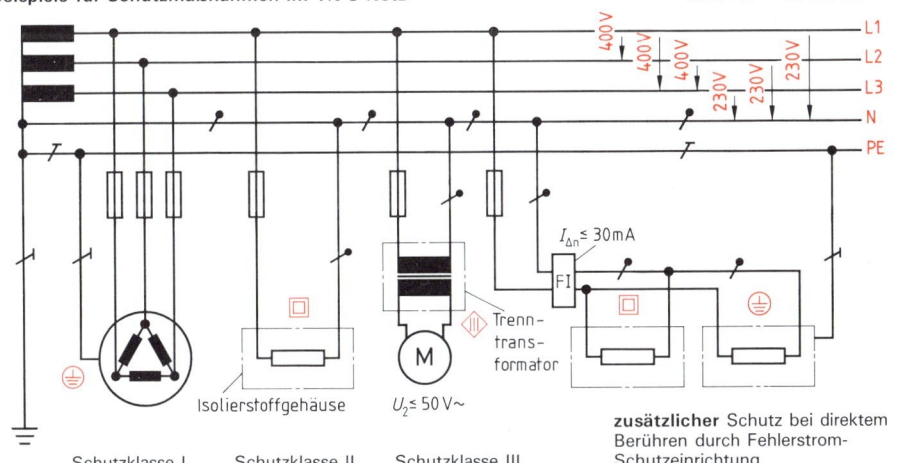

Schutzklasse I   Schutzklasse II   Schutzklasse III   zusätzlicher Schutz bei direktem Berühren durch Fehlerstrom-Schutzeinrichtung

[2] Drehstrom-Netz mit direkter Erdung eines Punktes (T), Verbindung der Körper der elektrischen Anlage, z.B. Gehäuse, mit dem Betriebserder (N) und getrennte Führung von Neutralleiter und Schutzleiter (S).

[3] Das Drehstromnetz enthält 3 Leiter (3-Phasen-Wechselstrom), einen Neutralleiter (N) und einen Schutzleiter (PE). Die Frequenz des Wechselstromes ist 50 Hertz, die Leiterspannung 400 V (vgl. Anmerkung [1] Seite 290).

Funktionspläne

vgl. DIN 40 719 T6 (02.92)

Der Funktionsplan stellt prozeßorientierte Steuerungsabläufe dar und ist sowohl für Verknüpfungs- als auch Ablaufsteuerungen geeignet. Er macht jedoch keine Aussage über die Art der verwendeten Geräte, der Leitungsführungen oder den Einbauort der Betriebsmittel.

Grafische Sinnbilder

Sinnbild	Erklärung	Sinnbild	Erklärung
Schritte		**Befehle/Aktionen**	
▢*	Schritt, allgemein * zugeordnetes Kurzzeichen z. B. Schrittnummer	Grundsymbol	
▣	Anfangsschritt	|a| b |c|	Feld a Befehlsart/Aktion Feld b Befehlsbeschreibung Feld c laufende Befehlsnummer Rückmeldung
▢•	Schritt, gesetzt		
Übergänge		Befehlsarten für Feld a des Grundsymbols	
─┼─*	Übergangssymbol * Übergangsbedingung	S gespeichert (stored) D verzögert (delayed) L zeitbegrenzt (limited) P pulsförmig (pulse shaped)	C bedingt (conditional) F freigabebedingt N nicht gespeichert nicht bedingt
Wirkverbindungen		Rückmeldungen für Feld c	

a) b)	Wirkverbindung
	a) Ablauf von oben nach unten
	b) Ablauf von unten nach oben
		A Befehl ausgeben
		R Befehlswirkung ist erreicht
		     (response control)
			X Störungsmeldung
			     Befehlswirkung
			     nicht erreicht

Grundformen von Schrittketten		**Beispiele**	
Ablaufkette (sequentieller Betrieb)		Gespeicherter Befehl	
▢─c─▢─d─▢	Eine Ablaufkette besteht aus einer Reihe von Schritten, die nacheinander gesetzt werden. Schritt und Übergang folgen abwechselnd. Im Beispiel sind die Übergangsbedingungen mit c und d bezeichnet.	k ▢ 8 |S|Ventil AUF|1R| ┼ 8.1R ▢ 9 ┆ ┼ α ▢ 12 |S|Ventil ZU|2R|	a) Signal k löst Schritt 8 aus. b) Das Magnetventil wird geöffnet und bleibt in geöffneter Stellung. c) Schritt 9 wird durch das Setzen von Schritt 8 vorbereitet und durch die Übergangsbedingung „Ventil offen" (1R) freigegeben. d) Schritt 9 wird ausgelöst und Schritt 8 gelöscht. e) Das Magnetventil bleibt geöffnet, bis Schritt 12 erreicht ist. f) Schritt 12 enthält für das Magnetventil den entgegengesetzten S-Befehl und schließt das Ventil (Rücksetzen).
Ablaufauswahl (Alternativ-Betrieb)			
▢ ┬c̄.d̄ ┬c.d̄ ▢ ▢	Bei der Ablaufauswahl verzweigt eine Schrittkette in mehrere Abläufe.		
Gleichzeitige Abläufe (Parallel-Betrieb)		Verzögerter Befehl	

▢
══╦══
▢ ▢
══╩══
▢
	Eine Schrittkette verzweigt sich in mehrere Abläufe, die gleichzeitig ausgelöst werden, aber unabhängig voneinander ablaufen.
	
	Erst wenn alle Zweige durchlaufen sind, wird der nächste Einzelschritt ausgeführt.
		┼ p
		▢ 13 |S|Pumpe EIN|
		  13.1A |D_c|Ventil AUF
		              Wartezeit t = 2s|
		▢ 14
			Eine Pumpe wird auf ein Signal p hin eingeschaltet.
			2 Sekunden, nachdem der Druck aufgebaut ist, wird ein zugehöriges Ventil geöffnet.
			Beide Aktionen werden auf das Signal 1A hin beendet. Schritt 14 wird ausgelöst.

Funktionspläne

vgl. DIN 40 719 T6 (02.92)

Beispiel: Hubeinrichtung

Werkstücke sollen durch einen Hubzylinder angehoben und anschließend durch einen Verschiebezylinder auf eine Rollenbahn geschoben werden.

Durch die Betätigung des Hauptventils und des Starttasters fährt Zylinder 1.0 aus, hebt das Werkstück an und betätigt in der Endstellung den Grenztaster S2. Dadurch fährt Zylinder 2.0 aus, schiebt das Werkstück auf die Rollenbahn und betätigt S4. Zylinder 1.0 fährt in seine Ausgangsstellung zurück, betätigt S1 und bewirkt dadurch die Rückstellung von Zylinder 2.0.

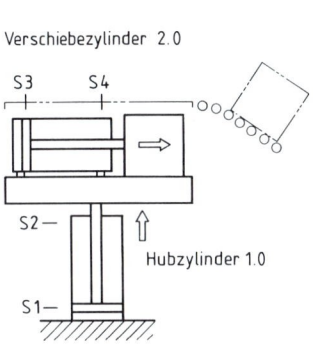

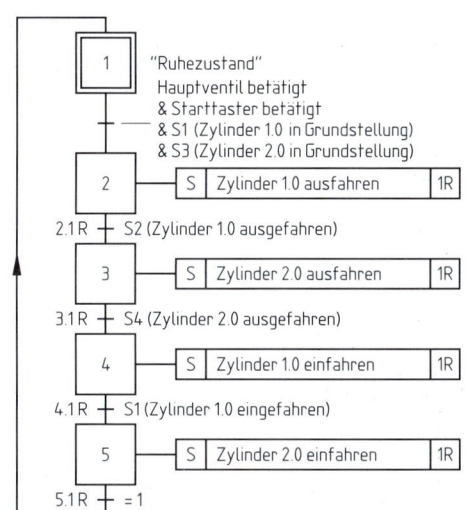

Beispiel: Rührwerksteuerung

Farbe soll in einen Rührwerksbehälter einlaufen, dort umgerührt und danach wieder abgepumpt werden. Durch Öffnen des Ventils Y1 läuft die Farbe bis zu einer Füllstandsmarke ein. Anschließend wird der Motor M1 eingeschaltet und die Farbe 2 Minuten umgerührt. Nach dem Abschalten des Rührwerkmotors M1 und dem Einschalten des Pumpenmotors M2 (Laufzeit mindestens 10 s) wird der Behälter leergepumpt. Abschaltkriterium für den Pumpenmotor M2 ist das Absinken der Motorantriebsleistung unter 0,5 kW (Behälter ist leer).

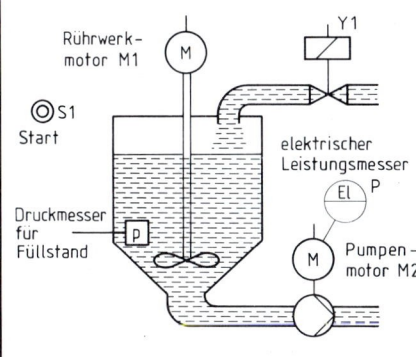

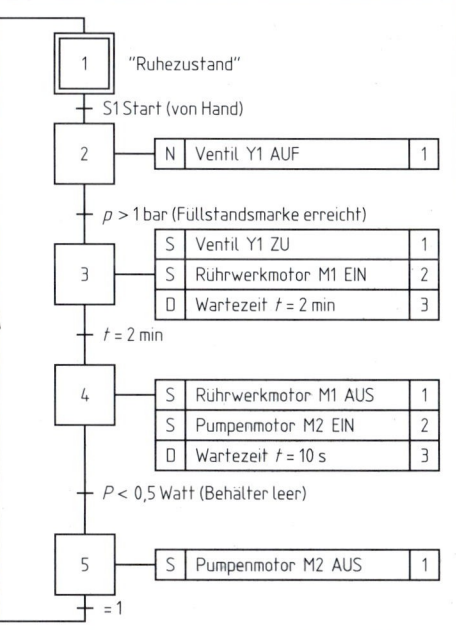

Funktionsdiagramme

In Funktionsdiagrammen werden die Zustände und Zustandsänderungen von Arbeitsmaschinen und Fertigungsanlagen grafisch dargestellt. Man unterteilt sie in Weg- und Zustandsdiagramme.
Wegdiagramme stellen die Wege eines Arbeitsgliedes durch Bildzeichen dar.
Zustandsdiagramme stellen die Funktionsfolgen einer oder mehrerer Arbeitseinheiten und die steuerungstechnische Verknüpfung der zugehörigen Bauglieder in zwei Koordinaten dar. In der senkrechten Achse wird der Zustand der Bauglieder, auf der waagrechten Koordinate die Zeit und/oder die Schritte des Steuerungsablaufes aufgetragen.

Wege und Bewegungen		Signalglieder		Signalverknüpfungen	
Arbeitswege und Arbeitsbewegungen		**Signalglieder muskelkraftbetätigt**		Signallinie	Die Signallinie beginnt am Signalglied (Signalausgang) und endet an der Stelle, wo abhängig von diesem Signal eine Änderung des Zustands eingeleitet wird. Der dünn ausgezogene Pfeil zeigt in die Wirkungsrichtung.
	Geradlinige Bewegung		EIN		
	Schwenkbewegung		AUS		
	Drehbewegung EIN		EIN / AUS		
	Weg in 2 Koordinaten		TIPPEN		
Leerwege und Leerbewegungen			AUTOMATIK EIN		
	Geradlinige Bewegung		ZWEIHAND-EINRÜCKUNG	Signalverzweigung	Die Verzweigungsstelle wird mit einem Punkt markiert.
	Schwenkbewegung		WAHLSCHALTER		
	Drehbewegung EIN		GEFAHREN-ABSCHALTUNG		
	Weg in 2 Koordinaten				
Funktionslinien		**Signalglieder mechanisch betätigt**		UND-Bedingung:	Die Vereinigungsstelle der Signallinien wird mit einem dicken Schrägstrich markiert.
	Ruhe- oder Ausgangsstellung der Bauglieder		Grenztaster, in Endlage betätigt		
	Für alle von der Ruhe- oder Ausgangsstellung abweichenden Zustände		Grenztaster, über längere Wegstrecke betätigt	ODER-Bedingung:	Die Vereinigungsstelle der Signallinien wird mit einem Punkt markiert.
Wegbegrenzungen und Bewegungsabgrenzungen bei Funktionslinien		**Signalglieder pneumatisch bzw. hydraulisch betätigt**			
	Wegbegrenzung allgemein	p 6bar	Druckschalter mit Einstellwert, z.B. 6 bar	NICHT-Bedingung:	Das Signalglied mit der NICHT-Bedingung wird an der Signallinie plaziert.
	Wegbegrenzung über Signalglied	t 2s	Zeitglied mit Einstellwert, z.B. 2 s		
		Allgemeiner Signalausgang		Signal zu anderer Maschine gehend	
	Wegbegrenzung durch einstellbaren mechanischen Festanschlag		Dicker Schrägstrich auf der Funktionslinie		
	Wegbegrenzung über Wegmeßsteuerung		Der durch den Querstrich gekennzeichnete Zustand ist Voraussetzung für die Einleitung weiterer Funktionen	Signal von anderer Maschine kommend	

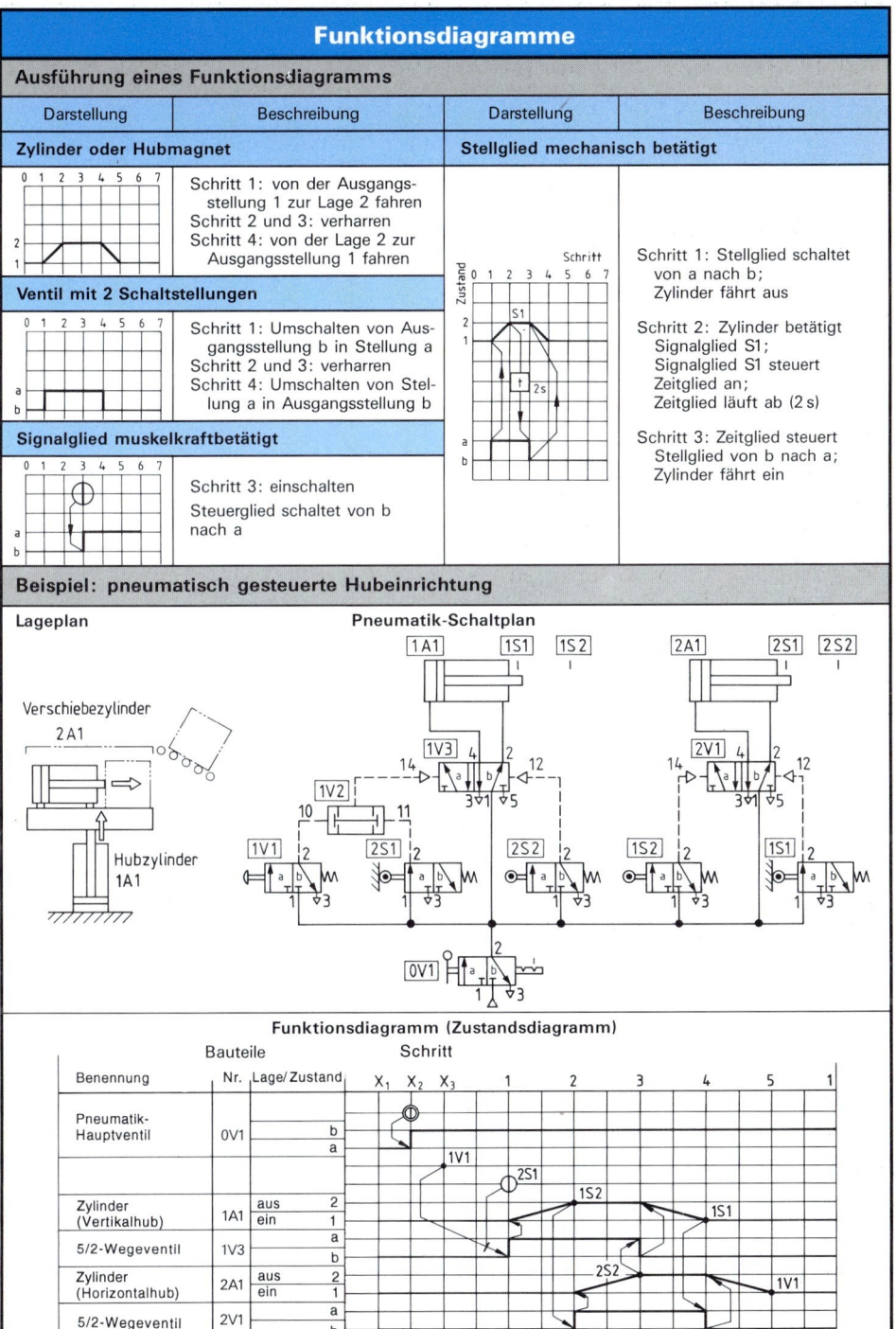

Schaltzeichen der Pneumatik und Hydraulik
vgl. DIN ISO 1219-1 (03.96)

Funktionssinnbilder

▶	Hydrostrom
▷	Druckluftstrom
↓↑↓	Strömungsrichtung
( )	Drehrichtung
∕	Verstellbarkeit

Energieumformung

Pumpen, Kompressoren

	Konstantpumpe mit 1 Stromrichtung
	Verstellpumpe mit 2 Stromrichtungen
	Kompressor mit konstantem Verdrängungsvolumen

Motoren

1) 2)	Konstantmotor mit 1 Stromrichtung
	Verstellmotor mit 2 Stromrichtungen
	Schwenkmotor
M	Elektromotor

Zylinder

	einfachwirkender Zylinder Rückhub durch eingebaute Feder
	doppeltwirkender Zylinder mit einseitiger Kolbenstange
	doppeltwirkender Zylinder mit beidseitig einstellbarer Endlagendämpfung

Energieübertragung

1) 2)	Druckquelle
———	Arbeitsleitung
– – –	Steuerleitung
- - - -	Abfluß- oder Leckleitung
┼ ┼	Leitungsverbindung
┼	Leitungskreuzung
	Entlüftung ohne Anschluß
	Entlüftung mit Anschluß
	Geräuschdämpfer
	Behälter
	Druckbehälter
	Hydrospeicher
	Filter oder Sieb
	Wasserabscheider
	Lufttrockner
	Öler
	Aufbereitungseinheit

1) hydraulisch
2) pneumatisch

Sperrventile

	Rückschlagventil unbelastet
	Rückschlagventil federbelastet
	Wechselventil
	Schnellentlüftungsventil
	Drosselrückschlagventil
	Zweidruckventil

Druckventile

	Druckbegrenzungsventil
	Folgeventil
	Druckreduzierventil, direktwirkend

Stromventile

	Drosselventil nicht verstellbar
	Drosselventil verstellbar
	Stromregelventil mit veränderlichem Ausgangsstrom
	Stromregelventil mit veränderlichem Ausgangsstrom und Entlastungsöffnung

Schaltzeichen der Pneumatik und Hydraulik   vgl. DIN ISO 1219-1 (03.96)

Wegeventile		Bauarten (Auswahl)		Betätigungsarten	
Grundsinnbilder		2/-Wegeventile		Betätigung durch Muskelkraft	
Anzahl der Rechtecke ≙ Anzahl der Schaltstellungen			2/2-Wegeventil Sperr-Ruhestellung		allgemein
	Grundsinnbild für 2-Stellungs-Wegeventil				durch Druckknopf
					durch Hebel
	Grundsinnbild für 3-Stellungs-Wegeventil		2/2-Wegeventil Durchfluß-Ruhestellung		durch Pedal
				Mechanische Betätigung	
	Anschlüsse an Ventile werden mit kurzen Strichen markiert.	3/-Wegeventile			durch Taster
					durch Feder
Durchflußwege			3/2-Wegeventil Sperr-Ruhestellung		durch Rolle
	ein Durchflußweg				durch Rolle, nur in einer Richtung arbeitend
	zwei gesperrte Anschlüsse		3/2-Wegeventil Durchfluß-Ruhestellung		
				Druckbetätigung	
	zwei Durchflußwege		3/3-Wegeventil Sperr-Mittelstellung	1) 2)	direkt
	zwei Durchflußwege und ein gesperrter Anschluß	4/-Wegeventile			indirekt über Vorsteuerventil
				Elektrische Betätigung	
	zwei Durchflußwege mit Verbindung zueinander		4/2-Wegeventil		durch Elektromagnet
			4/3-Wegeventil Sperr-Mittelstellung		durch Elektromotor
				Kombinierte Betätigung	
	ein Durchflußweg in Nebenschlußschaltung und zwei gesperrten Anschlüssen		4/3-Wegeventil Schwimm-Mittelstellung		durch Elektromagnet und Vorsteuerventil
Kurzbezeichnung		5/-Wegeventile			durch Elektromagnet oder Vorsteuerventil
Die erste Zahl gibt die Anzahl der gesteuerten Anschlüsse und die zweite Zahl die Anzahl der Schaltstellungen an.			5/2-Wegeventil		durch Elektromagnet oder Handbetätigung
	Beispiel: 3/2-Wegeventil 2 Schaltstellungen (a und b) 3 Anschlüsse (1...3)		5/3-Wegeventil Sperr-Mittelstellung	Mechanische Bestandteile	
				oder	Raste Sie hält eine vorgegebene Stellung aufrecht

297

Schaltpläne der Pneumatik und Hydraulik

vgl. DIN ISO 1219-2 (11.96)

Aufbau eines Schaltplanes

- Die Steuerung wird untergliedert in Schaltkreise mit zusammenhängenden Steuerfunktionen.
- Baugruppen, wie z.B. Drosselrückschlagventil, werden durch eine strichpunktartige Linie umgrenzt.

Anordnung der Bauteile

- Die räumliche Anordnung der Bauteile in der Anlage wird nicht berücksichtigt.
- Bauteile eines Schaltkreises werden von unten nach oben in Richtung des Energieflusses und von links nach rechts angeordnet:
  - Energiequellen: unten links,
  - Steuerungselemente in fortlaufender Reihenfolge: aufwärts von links nach rechts,
  - Antriebe: oben von links nach rechts.
- Hydraulikbauteile werden in der Ausgangsstellung der Anlage dargestellt.
  Pneumatikbauteile werden in der Ausgangsstellung der Anlage mit Druckbeaufschlagung dargestellt.
- Gleichartige Bauglieder oder Baugruppen sollten innerhalb eines Schaltkreises in gleicher Höhe dargestellt werden.
- Geräte, die durch Antriebe betätigt werden, z.B. Grenztaster oder impulsbetätigte Ventile, werden an ihrer Betätigungsstelle durch einen kleinen Markierungsstrich und ihren Kennzeichnungsschlüssel dargestellt.
  Bei einseitig arbeitenden Rollenhebelventilen ist ein Richtungspfeil an den Markierungsstrich anzufügen.

Kennzeichnung der Bauteile

Beispiel eines Kennzeichnungsschlüssels:

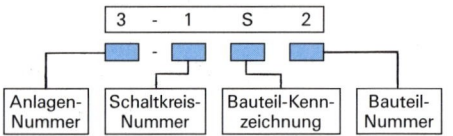

Anlagen-Nummer — Schaltkreis-Nummer — Bauteil-Kennzeichnung — Bauteil-Nummer

- Der Kennzeichnungsschlüssel wird mit einem Rahmen versehen.
- Besteht ein Schaltplan aus mehreren Anlagen, muß die Anlagennummer, beginnend mit der Ziffer 1, angewandt werden.
- Schaltkreise erhalten eine Schaltkreis-Nummer. Vorzugsweise ist bei allen Versorgungsgliedern, z.B. Aufbaubereitungseinheit oder Hauptventil, mit der Ziffer 0 zu beginnen.
- Die Bauteil-Kennzeichnung besteht aus einem Buchstaben für:

Pumpen und Kompressoren	P
Antriebe	A
Antriebsmotoren	M
Signalaufnehmer	S
Ventile	V
jedes andere Bauteil	Z

  oder ein anderer noch nicht belegter Buchstabe
- Alle Bauteile innerhalb eines Schaltkreises erhalten eine fortlaufende Bauteil-Nummerierung, beginnend mit der Ziffer 1.

Bauteile eines Schaltkreises

Antriebsglieder	Motoren, Zylinder, Ventile
Stellglieder	Ventile zur Steuerung der Antriebsglieder
Steuerglieder	Ventile zur Signalverknüpfung
Signalglieder	Bauteile zur Auslösung eines Schaltschrittes
Versorgungsglieder	Aufbereitungseinheit, Hauptventil

Bezeichnung der Anschlüsse an Ventile

Zufluß, Druckanschluß	1	Abfluß, Entlüftung	3, 5, 7
Arbeitsanschlüsse	2, 4, 6	Steueranschlüsse	12, 14, 16

Beispiel: Pneumatikschaltplan mit zwei Zylindern (Hubeinrichtung)

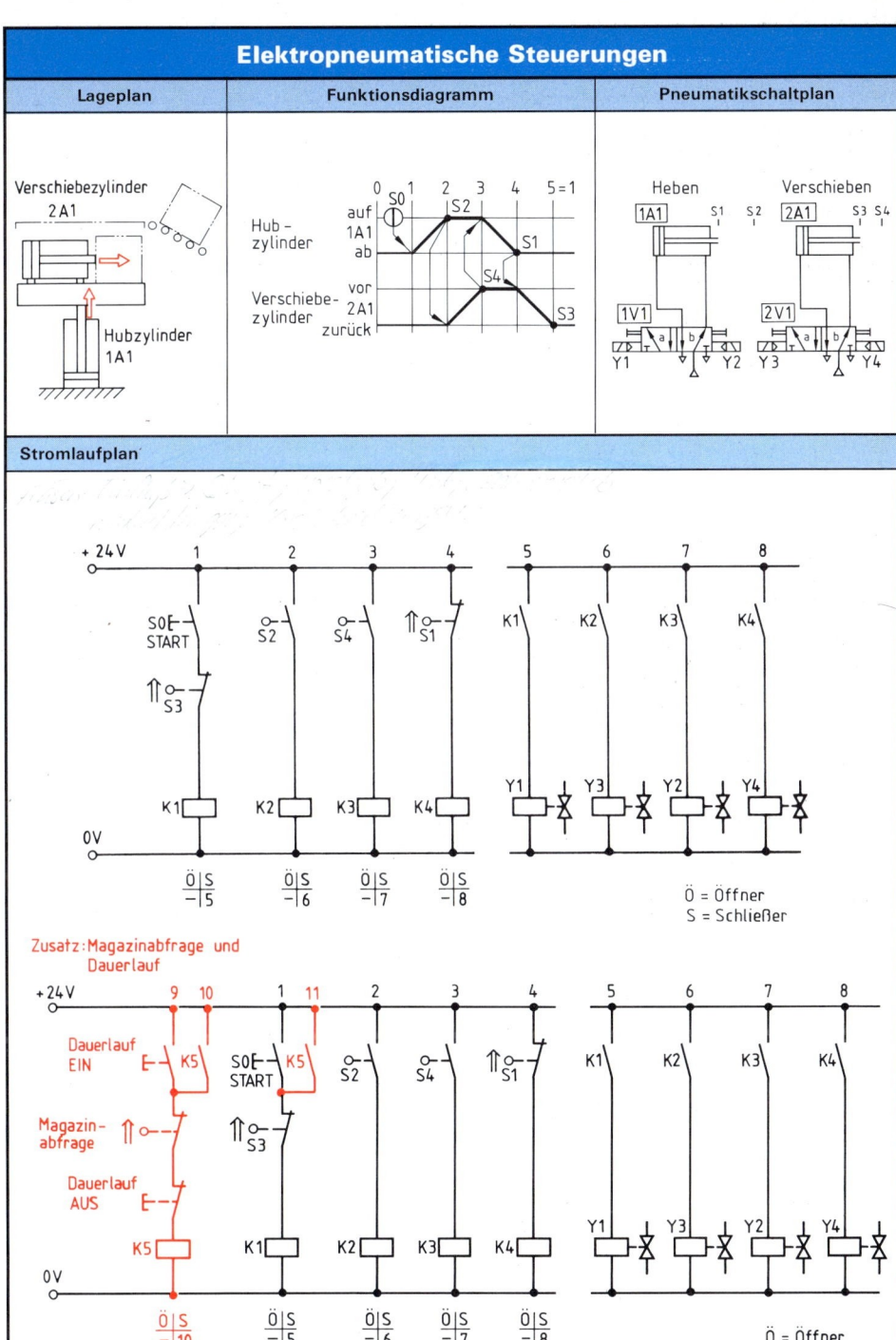

Elektrohydraulische Steuerungen

Beispiel: Elektrohydraulisch gesteuerte Vorschubeinheit

Der Hydraulikzylinder fährt im Eilgang (EV) vor, wird durch den Schalter S6 auf Arbeitsvorschub (AV) umgesteuert und in der vorderen Endlage durch den Schalter S7 auf Eilrücklauf (ER) geschaltet. Die Geschwindigkeit des Arbeitsvorschubs wird durch das einstellbare Stromregelventil (1V4) bestimmt. Die elektrische Steuerung ist so aufgebaut, daß die einzelnen Bewegungen des Zylinders zum Einrichten durch Tastschalter (S1, S3, S9) einzeln ausgelöst oder im Automatikbetrieb wegabhängig gefahren werden können.

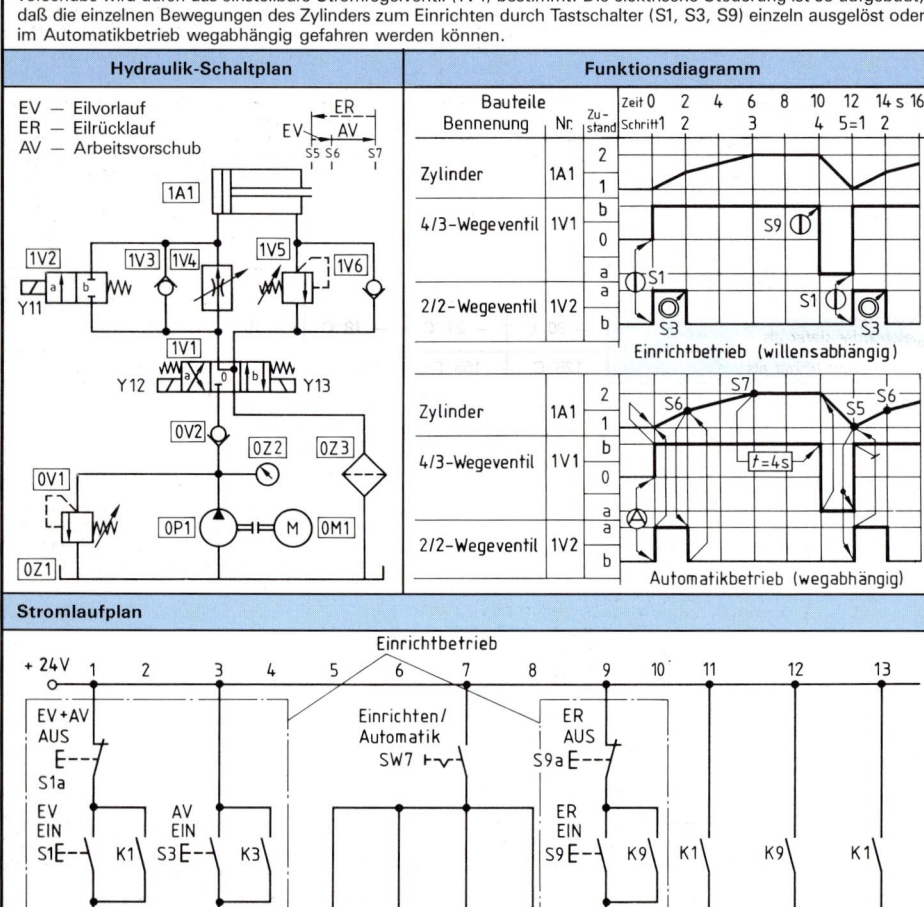

Druckflüssigkeiten in der Hydraulik

Hydrauliköle
vgl. DIN 51524 (06.85)

Hydrauliköle HL (DIN 51524 T1) sind Druckflüssigkeiten mit Wirkstoffen zur Erhöhung des Korrosionsschutzes und der Alterungsbeständigkeit.

Hydrauliköle HLP (DIN 51524 T2) enthalten zusätzliche Wirkstoffe, welche den Verschleiß im Mischreibungsgebiet mindern. Sie werden in Hydraulikanlagen mit Hydropumpen und Hydromotoren verwendet, die mit mehr als 200 bar betrieben werden.

Eigenschaften der Hydrauliköle

Eigenschaften		Hydrauliköle					
		HL 10 / HLP 10	HL 22 / HLP 22	HL 32 / HLP 32	HL 46 / HLP 46	HL 68 / HLP 68	HL 100 / HLP 100
Kinematische Viskosität in mm²/s	bei −20 °C	600	−	−	−	−	−
	bei 0 °C	90	300	420	780	1400	2560
	bei 40 °C	10	22	32	46	68	100
	bei 100 °C	2,4	4,1	5,0	6,1	7,8	9,9
Pourpoint[1] gleich oder tiefer als		−30 °C	−21 °C	−18 °C	−15 °C	−12 °C	−12 °C
Flammpunkt höher als		125 °C	165 °C	175 °C	185 °C	195 °C	205 °C

Bezeichnung eines Hydrauliköles HLP vom Typ HLP 46: **Hydrauliköl DIN 51524 — HLP 46**

Viskositäts-Temperatur-Verhalten von Hydraulikölen nach DIN 51524

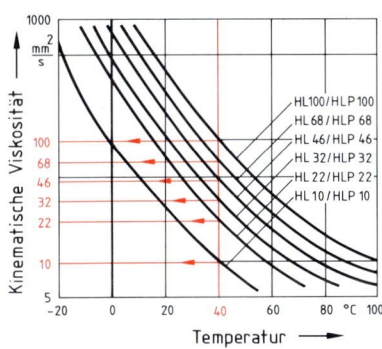

[1] Der Pourpoint (DIN 51597) ist die Temperatur, bei der das Hydrauliköl unter Schwerkrafteinfluß gerade noch fließt. Der Pourpoint ersetzt den um etwa 3 K niedrigeren Stockpunkt.

Schwerentflammbare Hydraulikflüssigkeiten

Bezeichnung	ISO-Viskositätsklassen	Eignung für Temperaturen in °C	Eigenschaften	Verwendung
HFAE DIN 24320 (12.86)	(nicht festgelegt)	+5 ... +55	Öl-in-Wasser-Emulsionen. Üblicher Ölanteil 2...3%. Kleine Viskosität, geringe Schmierfähigkeit.	Grubenausbau
HFAS	(nicht festgelegt)	+5 ... +55	Lösungen von Flüssigkeitskonzentraten in Wasser. Eigenschaften wie bei HFAE	Grubenausbau
HFC	15, 22, 32, 46, 68, 100	−20 ... +60	Wässerige Monomer- und/oder Polymerlösungen. Verschleißschutz besser als bei HFA	Bergbau, Druckgußmaschinen, Schweißautomaten, Stahlindustrie, Schmiedepressen
HFD	15, 22, 32, 46, 68, 100	−20 ... +150	Wasserfreie synthetische Flüssigkeiten. Gut alterungsbeständig, schmierfähig, großer Temperaturbereich möglich.	Hydraulische Anlagen mit hohen Betriebstemperaturen

Pneumatikzylinder

Abmessungen und Kolbenkräfte

Zylinderdurchmesser in mm		12	16	20	25	32	40	50	63	80	100	125	160	200
Kolbenstangendurchmesser in mm		6	8	8	10	12	16	20	20	25	25	32	40	40
Anschlußgewinde		M5	M5	$G^1/_8$	$G^1/_8$	$G^1/_8$	$G^1/_4$	$G^1/_2$	$G^3/_8$	$G^3/_8$	$G^1/_2$	$G^1/_2$	$G^3/_4$	$G^3/_4$
Druckkraft[1] bei $p_e = 6$ bar in N	einfachwirk. Zyl.[2]	50	96	151	241	375	644	968	1560	2530	4010	—	—	—
	doppeltwirk. Zyl.	58	106	164	259	422	665	1040	1650	2660	4150	6480	10600	16600
Zugkraft[1] bei $p_e = 6$ bar in N	doppeltwirk. Zyl.	54	79	137	216	364	560	870	1480	2400	3890	6060	9960	15900
Hublängen in mm	einfachwirk. Zyl.	10, 25, 50					25, 50, 80, 100					—		
	doppeltwirk. Zyl.	bis 160	bis 200	bis 320	10, 25, 50, 80, 100, 160, 200, 250, 320, 400, 500									

[1] bei einem Zylinderwirkungsgrad $\eta = 0{,}88$ [2] dabei wurde die Rückzugskraft der Feder berücksichtigt

Luftverbrauch

Berechnung

Q Luftverbrauch für einfachwirkenden Zylinder
p_e Überdruck im Zylinder
p_{amb} Luftdruck
s Kolbenhub
n Hubzahl
A Kolbenfläche
q spezifischer Luftverbrauch je cm Kolbenhub

Luftverbrauch eines einfachwirkenden Zylinders

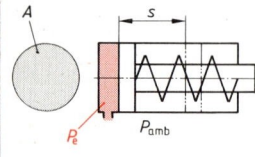

$$Q = A \cdot s \cdot n \cdot \frac{p_e + p_{amb}}{p_{amb}}$$

Beispiel: Einfachwirkender Zylinder mit $d = 50$ mm, $s = 100$ mm, $p_e = 6$ bar, $n = 120$ min, $p_{amb} = 1$ bar. Luftverbrauch Q in l/min?

$$Q = A \cdot s \cdot n \cdot \frac{p_e + p_{amb}}{p_{amb}}$$
$$= \frac{\pi \cdot (5 \text{ cm})^2}{4} \cdot 10 \text{ cm} \cdot 120 \frac{1}{\text{min}} \cdot \frac{(6+1) \text{ bar}}{1 \text{ bar}}$$
$$= 164\,934 \frac{\text{cm}^3}{\text{min}} \approx \mathbf{165 \frac{l}{min}}$$

Bei doppeltwirkenden Zylindern ist der Luftverbrauch etwa doppelt so groß wie bei einfachwirkenden Zylindern.

Ermittlung aus Diagrammen

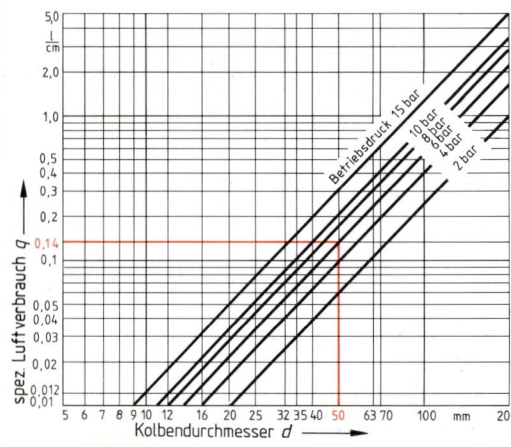

Einfachwirkender Zylinder
Luftverbrauch $\boxed{Q = q \cdot s \cdot n}$

Doppeltwirkender Zylinder
Luftverbrauch $\boxed{Q = 2 \cdot q \cdot s \cdot n}$

Beispiel: Der Luftverbrauch des oben genannten einfachwirkenden Zylinders mit $d = 50$ mm soll aus dem Diagramm ermittelt werden.

Nach Diagramm ist $q = 0{,}14$ l/cm Kolbenhub.
$Q = q \cdot s \cdot n = 0{,}14$ l/cm $\cdot 10$ cm $\cdot 120$/min
$= \mathbf{168 \text{ l/min}}$

Berechnungen zur Hydraulik und Pneumatik

Kolbenkräfte

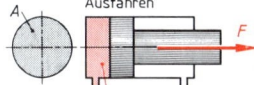

p_e Überdruck
A wirksame Kolbenfläche
F wirksame Kolbenkraft
d_1 Kolbendurchmesser
η Wirkungsgrad des Zylinders
d_2 Kolbenstangendurchmesser

Wirksame Kolbenkraft

$$F = p_e \cdot A \cdot \eta$$

Beispiel: Hydrozylinder mit $d_1 = 100$ mm, $d_2 = 70$ mm, $\eta = 0{,}85$ und $p_e = 60$ bar. Wirksame Kolbenkräfte?

Ausfahren: $F = p_e \cdot A \cdot \eta = 600 \dfrac{\text{N}}{\text{cm}^2} \cdot \dfrac{\pi \cdot (10\,\text{cm})^2}{4} \cdot 0{,}85$
$= \mathbf{40\,055\ N}$

Einfahren: $F = p_e \cdot A \cdot \eta$
$= 600 \dfrac{\text{N}}{\text{cm}^2} \cdot \dfrac{\pi \cdot [(10\,\text{cm})^2 - (7\,\text{cm})^2]}{4} \cdot 0{,}85$
$= \mathbf{20\,428\ N}$

Hydraulische Presse

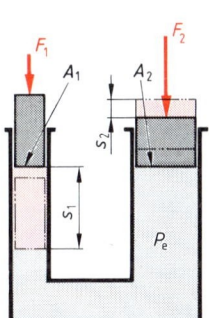

Druck breitet sich in abgeschlossenen Flüssigkeiten oder Gasen nach allen Richtungen gleichmäßig aus.

F_1 Kraft am Druckkolben
A_1 Fläche des Druckkolbens
s_1 Weg des Druckkolbens
i hydraulisches Übersetzungsverhältnis
F_2 Kraft am Arbeitskolben
A_2 Fläche des Arbeitskolbens
s_2 Weg des Arbeitskolbens

Verhältnis: Kräfte, Flächen, Wege

$$\dfrac{F_2}{F_1} = \dfrac{A_2}{A_1} = \dfrac{s_1}{s_2}$$

Übersetzungsverhältnis

$$i = \dfrac{F_1}{F_2}$$

oder

$$i = \dfrac{A_1}{A_2} = \dfrac{s_2}{s_1}$$

Beispiel: $F_1 = 200$ N; $A_1 = 5\,\text{cm}^2$; $A_2 = 500\,\text{cm}^2$; $s_2 = 30$ mm; $F_2 = ?$; $s_1 = ?$; $i = ?$

$F_2 = \dfrac{F_1 \cdot A_2}{A_1} = \dfrac{200\,\text{N} \cdot 500\,\text{cm}^2}{5\,\text{cm}^2} = 20\,000\,\text{N} = \mathbf{20\,kN}$

$s_1 = \dfrac{s_2 \cdot A_2}{A_1} = \dfrac{30\,\text{mm} \cdot 500\,\text{cm}^2}{5\,\text{cm}^2} = \mathbf{3\,000\ mm}$

$i = \dfrac{F_1}{F_2} = \dfrac{200\,\text{N}}{20\,000\,\text{N}} = \mathbf{\dfrac{1}{100}}$

Druckübersetzer

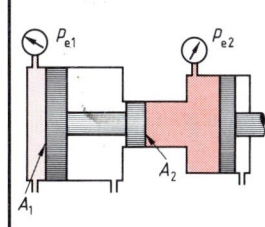

A_1, A_2 Kolbenflächen
p_{e1} Überdruck an der Kolbenfläche A_1
p_{e2} Überdruck an der Kolbenfläche A_2
η Wirkungsgrad des Druckübersetzers

Überdruck p_{e2}

$$p_{e2} = p_{e1} \cdot \dfrac{A_1}{A_2} \cdot \eta$$

Beispiel: Druckübersetzer mit
$A_1 = 200\,\text{cm}^2$; $A_2 = 5\,\text{cm}^2$; $\eta = 0{,}88$;
$p_{e1} = 7$ bar $= 70\,\text{N/cm}^2$; $p_{e2} = ?$

$p_{e2} = p_{e1} \cdot \dfrac{A_1}{A_2} \cdot \eta = 70\,\text{N/cm}^2 \cdot \dfrac{200\,\text{cm}^2}{5\,\text{cm}^2} \cdot 0{,}88$
$= 2\,464\,\text{N/cm}^2 = \mathbf{246{,}4\ bar}$

Berechnungen zur Hydraulik

Durchflußgeschwindigkeiten

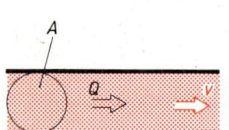

Q, Q_1, Q_2 Volumenströme
A, A_1, A_2 Querschnittsflächen
v, v_1, v_2 Durchflußgeschwindigkeiten

Volumenstrom

$$Q = A \cdot v$$

Kontinuitätsgleichung

In einer Rohrleitung mit wechselnden Querschnittsflächen fließt in der Zeit t durch jeden Querschnitt der gleiche Volumenstrom Q.

$$Q_1 = Q_2$$

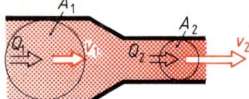

Beispiel: Rohrleitung mit $A_1 = 19{,}6 \text{ cm}^2$; $A_2 = 8{,}04 \text{ cm}^2$ und $Q = 120$ l/min; $v_1 = ?$; $v_2 = ?$

$$\frac{v_1}{v_2} = \frac{A_2}{A_1}$$

$$v_1 = \frac{Q}{A_1} = \frac{120\,000 \text{ cm}^3/\text{min}}{19{,}6 \text{ cm}^2} = 6162 \frac{\text{cm}}{\text{min}} = 1{,}02 \frac{\text{m}}{\text{s}}$$

$$v_2 = \frac{v_1 \cdot A_1}{A_2} = \frac{1{,}02 \text{ m/s} \cdot 19{,}6 \text{ cm}^2}{8{,}04 \text{ cm}^2} = 2{,}49 \frac{\text{m}}{\text{s}}$$

Kolbengeschwindigkeiten

Q Volumenstrom v Kolbengeschwindigkeit
A wirksame Kolbenfläche

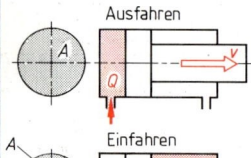

Ausfahren

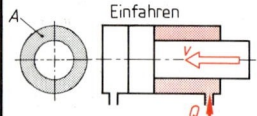

Einfahren

Kolbengeschwindigkeit

$$v = \frac{Q}{A}$$

Beispiel: Hydrozylinder mit Kolbendurchmesser $d_1 = 50$ mm, Kolbenstangendurchmesser $d_2 = 32$ mm und $Q = 12$ l/min. Kolbengeschwindigkeiten?

Ausfahren: $v = \dfrac{Q}{A} = \dfrac{12\,000 \text{ cm}^3/\text{min}}{\dfrac{\pi \cdot (5 \text{ cm})^2}{4}} = 611 \dfrac{\text{cm}}{\text{min}} =$

$= 6{,}11 \dfrac{\text{m}}{\text{min}}$

Einfahren: $v = \dfrac{Q}{A} = \dfrac{12\,000 \text{ cm}^3/\text{min}}{\dfrac{\pi \cdot (5 \text{ cm})^2}{4} - \dfrac{\pi \cdot (3{,}2 \text{ cm})^2}{4}} =$

$= 1035 \dfrac{\text{cm}}{\text{min}} = 10{,}35 \dfrac{\text{m}}{\text{min}}$

Leistung von Pumpen

P_1 zugeführte Leistung p_e Überdruck
P_2 abgegebene Leistung η Wirkungsgrad der Pumpe
Q Volumenstrom

Abgegebene Leistung

$$P_2 = Q \cdot p_e$$

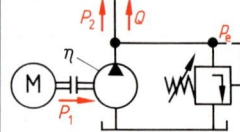

Als Zahlenwertgleichung mit P in kW, Q in l/min, p_e in bar

$$P_2 = \frac{Q \cdot p_e}{600}$$

Zugeführte Leistung

$$P_1 = \frac{P_2}{\eta}$$

Beispiel: Pumpe mit $Q = 40$ l/min; $p_e = 125$ bar; $\eta = 0{,}84$
$P_1 = ?$; $P_2 = ?$

$$P_2 = \frac{Q \cdot p_e}{600} = \frac{40 \cdot 125}{600} \text{ kW} = \mathbf{8{,}333 \text{ kW}}$$

$$P_1 = \frac{P_2}{\eta} = \frac{8{,}333}{0{,}84} \text{ kW} = \mathbf{9{,}920 \text{ kW}}$$

Speicherprogrammierte Steuerungen

Speicherprogrammierte Steuerungen (SPS) verarbeiten binäre Eingangssignale. Sie steuern mit den Ausgangssignalen Abläufe (Ablaufsteuerungen) und überwachen Prozesse (Verknüpfungssteuerungen). Die Programmierung kann durch **Anweisungsliste** (AWL), **Kontaktplan** (KOP) oder **Funktionsplan** (FUP) erfolgen.

SPS-Programmierung durch Kontaktplan (KOP)

vgl. DIN 19239 (05.83)

Kontaktsymbole

Eingänge

Die Kontaktsymbole stellen nicht die an die SPS angeschlossenen Signalgeber, wie Öffner oder Schließer, dar, sondern geben nur an, wie das Eingangssignal weiterverarbeitet wird. Eingänge werden mit dem Buchstaben E und einer angehängten Ordnungszahl gekennzeichnet.

─┤ ├─	Symbol für einen Eingang, der das Eingangssignal nicht umkehrt. Signalgeber kann ein betätigter Schließer oder ein unbetätigter Öffner sein.
─┤/├─	Symbol für einen Eingang, der das Eingangssignal umkehrt. Signalgeber kann ein unbetätigter Schließer oder ein betätigter Öffner sein.

Ausgänge

Das Symbol für den Signalausgang beendet einen Signalweg und wird an der rechten Seite des Kontaktplanes gezeichnet. Ausgänge werden mit dem Buchstaben A und einer Ordnungszahl gekennzeichnet.

─( )─	Allgemeines Kontaktsymbol für einen Ausgang, das bei Ansteuerung mit einem 1-Signal ein 1-Signal ausgibt.
─(/)─	Kontaktsymbol für einen negierten Ausgang
─(S)─	Kontaktsymbol für „Ausgang setzen"
─(R)─	Kontaktsymbol für „Ausgang rücksetzen"

Ansteuerung von Ausgängen

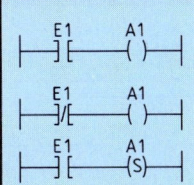

Setzen und Löschen eines Ausgangs, z.B. durch Schließer

Setzen und Löschen eines Ausgangs, z.B. durch Öffner

Ausgang speichernd setzen

Verknüpfung von Eingängen

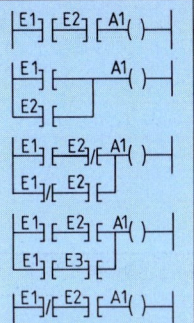

UND-Verknüpfung

ODER-Verknüpfung

ODER-Verknüpfung exklusiv

UND-ODER-Verknüpfung

Verzweigung

Merkmale bei Ablaufsteuerungen

Das Weiterschalten von einem Schritt zum folgenden Schritt ist abhängig von Weiterschaltbedingungen.

Aufbau

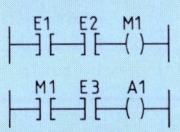

Der Kontaktplan wird gegliedert in Steuerteil und Leistungsteil.

Im Steuerteil wird der Zusammenhang zwischen den Schrittmerkern und den Schrittbedingungen hergestellt.

Im Leistungsteil werden die Ausgänge angesteuert.

Setzen von Merkern

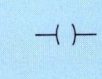

Für jeden Schritt einer Ablaufsteuerung muß ein Schrittmerker aufgebaut werden. Merker werden behandelt wie Ein- oder Ausgänge.

Selbsthaltung von Schritten

Nach der kurzzeitigen Betätigung eines Signalgebers wird in einer ODER-Verknüpfung das Ausgangssignal auf den Ausgang selbst zurückgeführt und bewirkt dadurch eine Selbsthaltung des Schrittes.

305

Speicherprogrammierte Steuerungen

SPS-Programmierung durch Anweisungsliste (AWL)

vgl. DIN 19239 (05.83)

Aufbau einer Steueranweisung

```
    Operationsteil      Operandenteil
         |                    |
         L                   E 10
```

- Signalverarbeitung oder Programmorganisation
- Operandenkennzeichen
- Parameter

Beispiel: L E10 ≙ Lade Eingang 10

Kennzeichen von Operanden

dt.	engl.	Operand	dt.	engl.	Operand
E	I	Eingang	T	T	Zeitglied
A	O	Ausgang	Z	C	Zähler
M	M	Merker	P	P	Programm-Baustein
K	K	Konstante	F	F	Funktions-Baustein

Operationen zur Programmorganisation

dt.	engl.	Operation	dt.	engl.	Operation
L	L	Laden	BA	CM	Baustein-Aufruf
(	(	Klammer auf	BAB	CMC	Baust.-Aufruf, bed.
)	)	Klammer zu	BE	EM	Baustein-Ende
NOP	NOP	Nulloperation	"	"	Kommentar-Anfang
SPB	JC	Sprung bedingt	"	"	Kommentar-Ende
SP	JP	Sprung unbedingt	PE	EP	Programmende

Operationen zur Signalverarbeitung

Benennung	Operation Zeichen dt.	engl.	math.	Beispiel Anweisungsliste (AWL)	Funktionsplan[1] (FUP)	Kontaktplan[2] (KOP)
UND	U	A	&	U E10 U E11 = A1	E10, E11 → & → A1	⊣E10⊢⊣E11⊢(A1)
ODER	O	O	/	O E10 O E11 = A1	E10, E11 → ≥1 → A1	E10, E11 parallel → (A1)
NICHT/ Negation	N	N		N E10	E10 →◯	am Eingang: ⊣/E10⊢
				N A1	→◯→ A1	am Ausgang: ---(/) A1
Exklusiv-ODER	XO	XO		XO E10 XO E11 = A1	E10, E11 → =1 → A1	(E10·/E11)+(/E10·E11) → (A1)
Zuweisung	=	=	=	= A1	→ A1	---( ) A1
Setzen	S	S		S A1	S → A1	---(S) A1
Rücksetzen	R	R		R M1	R → M1	---(R) M1

[1] Funktionspläne vgl. Seite 292.
[2] Kontaktpläne vgl. Seite 305.

Speicherprogrammierte Steuerungen

Einfache Beispiele zur Programmierung

Funktion	Anweisungs-liste (AWL)	Funktionsplan (FUP)	Kontaktplan (KOP)
UND mit 3 Eingängen	U E11 U E12 UN E13 = A10		
ODER mit 3 Eingängen	U E11 O E12 O E13 = A10		
UND vor ODER	U E11 U E12 O U E13 U E14 = A10		
ODER vor UND mit Zwischenmerker	U E11 O E12 = M1 U E13 O E14 U M1 = A10		
RS-Speicher, dominierend setzend	U E11 S A10 U E12 R A10		
Einschalt-verzögerung	U E11 = T1 U T1 = A10		
Ausschalt-verzögerung	U E11 = T1 U T1 = A10		
Selbsthaltung, EIN (E12) dominierend	U E12 O A10 UN E11 = A10		

Speicherprogrammierte Steuerungen

Beispiel: mit SPS gesteuerte Hubeinrichtung

Lageplan	Funktionsdiagramm (vereinfacht)	Belegungsliste		
		Bezeichnung	Signalglieder Magnetventile	Eingänge Ausgänge
		Starttaster S0	S0	E1.0
		Grenztaster S1 Zyl. 1A1 eingefahren	S1	E1.1
Schaltplan		Grenztaster S2 Zyl. 1A1 ausgefahren	S2	E1.2
		Grenztaster S3 Zyl. 2A1 eingefahren	S3	E1.3
		Grenztaster S4 Zyl. 2A1 ausgefahren	S4	E1.4
		Magnetventil Y1 Zyl. 1A1: ausfahren	Y1	A1.1
		Magnetventil Y2 Zyl. 1A1: einfahren	Y2	A1.2
		Magnetventil Y3 Zyl. 2A1: ausfahren	Y3	A1.3
		Magnetventil Y4 Zyl. 2A1: einfahren	Y4	A1.4

Kontaktplan (KOP)

Anweisungsliste (AWL)

```
U   E1.0   "Starttaster S0 betätigt
U   E1.1   "Grenztaster S1 betätigt
U   E1.3   "Grenztaster S3 betätigt
S   A1.1   "Setze Elektromagnet Y1
U   A1.3   "Elektromagnet Y3 betätigt
R   A1.1   "Setze Elektromagnet Y1 zurück

U   E1.2   "Grenztaster S2 betätigt
U   A1.1   "Elektromagnet Y1 betätigt
S   A1.3   "Setze Elektromagnet Y3
U   A1.2   "Elektromagnet Y2 betätigt
R   A1.3   "Setze Elektromagnet Y3 zurück

U   E1.4   "Grenztaster S4 betätigt
U   A1.3   "Elektromagnet Y3 betätigt
S   A1.2   "Setze Elektromagnet Y2
U   A1.4   "Elektromagnet Y4 betätigt
R   A1.2   "Setze Elektromagnet Y2 zurück

U   E1.1   "Grenztaster S1 betätigt
U   A1.2   "Elektromagnet Y2 betätigt
S   A1.4   "Setze Elektromagnet Y4
U   A1.1   "Elektromagnet Y1 betätigt
R   A1.4   "Setze Elektromagnet Y4 zurück
PE         "Programmende
```

Koordinatensysteme bei NC-Maschinen

vgl. DIN 66217 (12.75)

Die Koordinatenachsen und die Drehungen um die Koordinatenachsen sind auf das aufgespannte Werkstück bezogen.

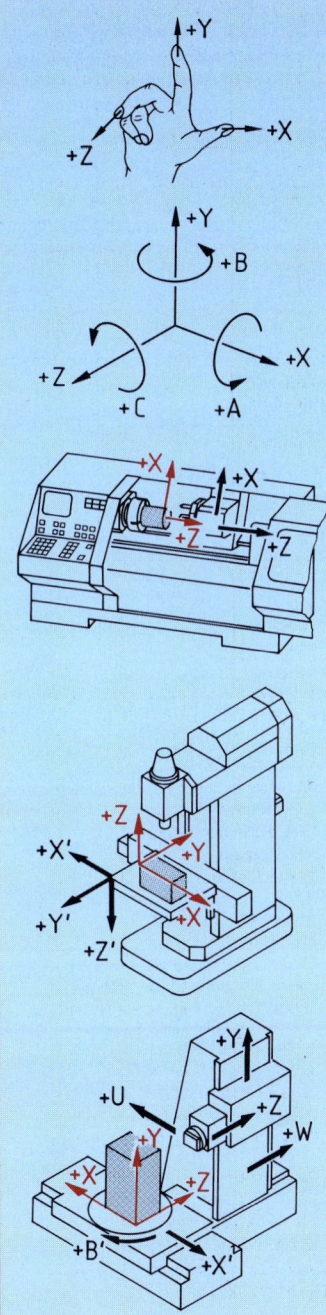

Koordinatenachsen

Die Koordinatenachsen X, Y und Z stehen senkrecht aufeinander. Die Zuordnung kann durch Daumen, Zeigefinger und Mittelfinger der rechten Hand dargestellt werden. Die positive Richtung ergibt dabei immer eine Vergrößerung der Koordinatenwerte am Werkstück.

Z-Achse: Die Z-Achse liegt in der Richtung der Arbeitsspindel oder senkrecht zur Aufspannfläche des Werkstücks.

X-Achse: Die X-Achse verläuft meist horizontal und liegt parallel zur Aufspannfläche des Werkstücks. Sie bildet die Hauptachse in der Positionierebene. Bei Maschinen mit sich drehenden Werkstücken gilt:

Die positive Richtung der X-Achse verläuft senkrecht von der Werkstückachse in Richtung des Werkzeugträgers.

Y-Achse: Die Y-Achse steht senkrecht zur XZ-Ebene.

Zusätzliche Achsen: Sind zu den Koordinatenachsen X, Y und Z weitere dazu parallele Achsen vorhanden, so werden diese mit U (parallel zu X), V (parallel zu Y) und W (parallel zu Z) bezeichnet. Die Hauptachsen X, Y und Z liegen der Hauptspindel am nächsten.

Drehungen um die Koordinatenachsen

Die Drehungen A, B und C werden den Koordinatenachsen zugeordnet.

A Drehung um die X-Achse oder um eine dazu parallele Achse.
B Drehung um die Y-Achse oder um eine dazu parallele Achse.
C Drehung um die Z-Achse oder um eine dazu parallele Achse.

Die Drehrichtung wird durch einen Pfeil dargestellt. Der Drehwinkel wächst, wenn in der positiven Koordinatenrichtung gesehen die Drehung im Uhrzeigersinn erfolgt. Dies kann durch ein + Zeichen verdeutlicht werden, das vor die Bezeichnung für die Drehbewegung gesetzt wird, z.B. + B = 270°.

Nullpunkt des Koordinatensystems

Der Nullpunkt des Koordinatensystems kann in der Regel beliebig und für jede Koordinatenachse getrennt gewählt werden. Meist nimmt man jedoch dafür einen geeigneten Bezugspunkt an der Maschine, wie z.B. die Vorderkante des Frästisches oder die Mitte der Arbeitsspindel bei Drehmaschinen.

Bewegungsrichtungen an der Maschine

Bewegungen in positiver Richtung führen zu größeren Koordinatenwerten. Damit ergibt sich:

a) Wird der Werkzeugträger bewegt, so sind Bewegungsrichtung und Richtung der Koordinatenachsen gleichgerichtet. Die positiven Bewegungsrichtungen werden wie die positiven Achsrichtungen mit + X, + Y und + Z bezeichnet.

b) Wird der Werkstückträger bewegt, so sind Bewegungsrichtung und Koordinatenrichtung einander entgegengerichtet. Die positiven Bewegungsrichtungen werden dann mit + X', + Y' und + Z' bezeichnet.

Die Programmierung erfolgt unabhängig davon, ob sich bei der Bearbeitung das Werkstück oder das Werkzeug bewegt, weil das Koordinatensystem auf das Werkstück bezogen ist. Der Programmierer stellt sich vor, daß sich das Werkzeug relativ zum Koordinatensystem des als stillstehend gedachten Werkstücks bewegt.

Bildzeichen für den Maschinenbau

Bildzeichen für Werkzeugmaschinen

vgl. DIN 24900 T 10 (11.87)

Bildzeichen	Bezeichnung	Bildzeichen	Bezeichnung	Bildzeichen	Bezeichnung	Bildzeichen	Bezeichnung
Allg. Betätigungen		**Trennen**		**Werkzeughandhabung**		**Werkstückhandhabung**	
	Vorschub, allgemein		Bohren		Drehendes Werkzeug, allgemein		Werkstück zentrieren
	Schneller Vorschub, Eilgang		Gewindebohren		Werkzeug einsetzen		Werkstück-Vereinzelung, Werkstück-Einlaufsperre
	Einrichten		Reiben, allgemein		Werkzeug ausstoßen		Werkstück-Auslaufsperre schließen
	Positionieren		Innenräumen		Werkzeug klemmen		Werkstück-Greifvorrichtung
Trennen			Außenräumen		Werkzeug lösen		Werkstück-Senkrechtförderer
	Plandrehen		Fräsen		Werkzeugmagazin, zentralgeführt		Werkstück-weiterschieben
	Längsdrehen		Fräsen im Gleichlauf		Werkzeugmagazin, Kettensystem		Werkstücktransport
	Innendrehen, Ausdrehen		Fräsen im Gegenlauf		Werkzeug-Wechselarm, einarmig		Spannzange
	Außendrehen		Schleifen, allgemein	**Werkstückhandhabung**			Material-, Stangenvorschub bis zum Anschlag
	Spindel		Planschleifen		Werkstück		
	Spindelumdrehung, Spindeldrehzahl		Innenrundschleifen		Werkstück-Fertigteil		Längsspannen
	Drehfutter, Spannfutter		Außenrundschleifen		Werkstück-Handhabungseinrichtung		Spannen in vorbestimmter Lage
	Planscheibe		Läppen		Werkstückhalter, Werkstückbefestigung	**Werkstoffabfall**	
	Spindelstock		Innenhonen		Werkstück einsetzen		Späne, Werkstoffabfall
	Nachformen		Außenhonen		Werkstück auswerfen		Werkstoffabfall-Transport, Spänetransport
	Gewinde herstellen						

Bildzeichen für numerisch gesteuerte Werkzeugmaschinen

Grundbildzeichen
vgl. DIN 55 003 T3 (08.81)

Bildzeichen	Bezeichnung	Bildzeichen	Bezeichnung	Bildzeichen	Bezeichnung
	Richtungsweisender Pfeil		Korrektur (Verschiebung)		**Speicher** Bildzeichen für Daten, Komponenten oder Werkzeuge
	Programm mit Maschinenfunktionen Zur Anzeige der Funktionsweise des Systems		**Satz** Für Funktionen, die mit einem Programm-Satz in Zusammenhang stehen		**Wechsel** Zur Darstellung von Wechselfunktionen, z.B. Werkzeugwechsel
	Datenträger Z.B. zur Kennzeichnung von Lochstreifen, Magnetband, Magnetplatte		**Bezugspunkt** (Ursprung) Für Funktionen, die sich auf den Bezugspunkt beziehen		**Programm ohne Maschinenfunktionen** Zur Anzeige der Funktionsweise des Systems
	Funktionspfeil Er wird grundsätzlich bei Bildzeichen verwendet, die Maschinenfunktionen darstellen		**Ändern** Zur Darstellung von Änderungsfunktionen, z.B. Einfügen oder Ändern von Programmteilen		In der NC-Steuerungstechnik werden die Grundbildzeichen wiederholt und kombiniert angewendet. Sie bilden die Grundlage der angewandten Bildzeichen.

Angewandte Bildzeichen
vgl. DIN 55 003 T3 (08.81)

Bildzeichen	Bezeichnung	Bildzeichen	Bezeichnung	Bildzeichen	Bezeichnung
	Band-Vorlauf ohne Lesen der Daten; ohne Maschinenfunktionen		Programm-Anfang		Daten im Speicher ändern
	Band-Rücklauf ohne Lesen der Daten; ohne Maschinenfunktionen		Programm ändern		**Werkzeug-Korrektur** für nicht drehendes Werkzeug
	Vorwärts kontinuierlich alle Daten lesen; ohne Maschinenfunktionen		Unterprogramm		**Werkzeug-Längenkorrektur** für drehendes Werkzeug
	Vorwärts kontinuierlich alle Daten lesen; mit Maschinenfunktionen		Programm-Ende		**Kontur wieder anfahren** z.B. nach dem Auswechseln eines beschädigten Werkzeuges
	Vorwärts satzweise alle Daten lesen; mit Maschinenfunktionen		Dateneingabe in einen Speicher		**Absolute Maßangaben** Koordinaten-Maß-Befehl, z.B. Bezugsmaße
	Satznummern-Suche rückwärts; ohne Maschinenfunktionen		Datenausgabe aus einem Speicher		Inkrementale Maßangaben
	Handeingabe		Programm-Speicher		Nullpunkt-Verschiebung
	Referenzpunkt Schlittenposition bezogen auf einen bekannten Bezugspunkt		**Koordinaten-Nullpunkt** Ursprung des Maschinen-Koordinaten-Systems		Werkstück-Nullpunkt

Anwendungsbeispiele für Koordinatenberechnungen

Lehrsatz des Pythagoras

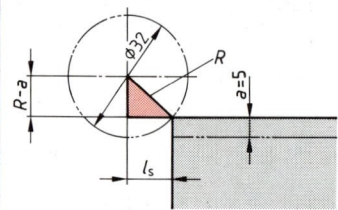

Beispiel: Wie groß muß der Anschnitt l_s des Fräsers mindestens sein?

$$c^2 = a^2 + b^2$$
$$R^2 = l_s^2 + (R-a)^2$$
$$l_s = \sqrt{R^2 - (R-a)^2}$$
$$\boldsymbol{l_s} = \sqrt{16^2 - (16-5)^2} \text{ mm} = \boldsymbol{11{,}62 \text{ mm}}$$

Strahlensatz

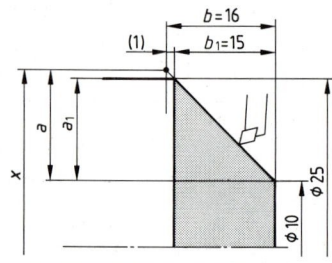

Beispiel: Um eine Gratbildung zu vermeiden, wird bei einem Drehteil in der Z-Achse 1 mm über den Konturenendpunkt hinausgefahren. Der Überfahrweg liegt in Verlängerung der Werkstückkontur. Welche X-Koordinate muß programmiert werden?

$$\frac{a_1}{a} = \frac{b_1}{b}$$
$$a = \frac{a_1 \cdot b}{b_1}$$
$$a = \frac{7{,}5 \text{ mm} \cdot 16 \text{ mm}}{15 \text{ mm}} = 8 \text{ mm}$$
$$\boldsymbol{x} = 10 \text{ mm} + 2 \cdot 8 \text{ mm} = \boldsymbol{26 \text{ mm}}$$

Winkelfunktionen

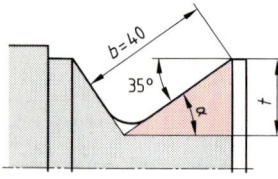

Beispiel: Wie tief wäre die nicht ausgerundete Rille am Umfang der Welle, wenn die Anlagefläche 40 mm breit sein soll?

$$\sin \alpha = \frac{\text{Gegenkathete}}{\text{Hypotenuse}} = \frac{t}{b}$$
$$t = b \cdot \sin \alpha = 40 \text{ mm} \cdot \sin 35°$$
$$\boldsymbol{t} = 40 \text{ mm} \cdot 0{,}5736 = \boldsymbol{22{,}94 \text{ mm}}$$

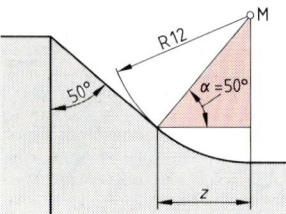

Beispiel: Wie groß ist das Maß z am gerundeten Wellenübergang?

$$\cos \alpha = \frac{\text{Ankathete}}{\text{Hypotenuse}} = \frac{z}{R}$$
$$z = R \cdot \cos \alpha = 12 \text{ mm} \cdot \cos 50°$$
$$\boldsymbol{z} = 12 \text{ mm} \cdot 0{,}6428 = \boldsymbol{7{,}71 \text{ mm}}$$

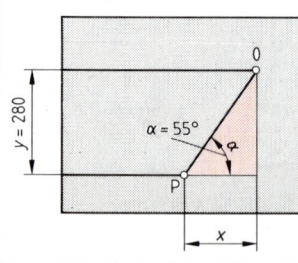

Beispiel: Für den Punkt P ist das Koordinatenmaß x zu berechnen.

$$\tan \alpha = \frac{\text{Gegenkathete}}{\text{Ankathete}} = \frac{y}{x}$$
$$x = \frac{y}{\tan \alpha} = \frac{280 \text{ mm}}{\tan 55°}$$
$$\boldsymbol{x} = \frac{280 \text{ mm}}{1{,}4281} = \boldsymbol{196{,}06 \text{ mm}}$$

Programmaufbau bei NC-Maschinen

Adreßbuchstaben
vgl. DIN 66025 T1 (01.83)

Buchstabe	Bedeutung	Buchstabe	Bedeutung	Buchstabe	Bedeutung
A	Drehbewegung um X-Achse	K	Interpolationsparameter oder Gewindesteigung parallel zur Z-Achse	S	Spindeldrehzahl
B	Drehbewegung um Y-Achse			T	Werkzeug
C	Drehbewegung um Z-Achse			U	zweite Bewegung parallel zur X-Achse
D	Werkzeugkorrekturspeicher	L	(frei verfügbar)		
E	Zweiter Vorschub	M	Zusatzfunktion	V	zweite Bewegung parallel zur Y-Achse
F	Vorschub	N	Satz-Nummer		
G	Wegbedingung	O	(frei verfügbar)	W	zweite Bewegung parallel zur Z-Achse
H	(frei verfügbar)	P	dritte Bewegung parallel zur X-Achse		
I	Interpolationsparameter oder Gewindesteigung parallel zur X-Achse	Q	dritte Bewegung parallel zur Y-Achse	X	Bewegung in Richtung der X-Achse
		R	dritte Bewegung parallel zur Z-Achse oder Bewegung im Eilgang in Richtung der Z-Achse	Y	Bewegung in Richtung der Y-Achse
J	Interpolationsparameter oder Gewindesteigung parallel zur Y-Achse			Z	Bewegung in Richtung der Z-Achse

Abdruckbare Sonderzeichen

Zeichen	Bedeutung
%	Programmanfang; unbedingter Stopp beim Programm-Rücksetzen
(	Anmerkungsbeginn
)	Anmerkungsende
+	plus
,	Komma
−	minus
.	Dezimalpunkt
/	Satzunterdrückung
:	Hauptsatz; bedingter Stopp beim Programm-Rücksetzen

Nichtabdruckbare Zeichen

Zeichen	Bedeutung
HT	Horizontal-Tabulator
LF/NL	Satzende, auch Zeilenvorschub (Line Feed) oder Zeilenvorschub mit Wagenrücklauf (New Line)
CR	Wagenrücklauf (Carriage Return)
SP	Zwischenraum (Space)
DEL	Löschen (Delete)
NUL	Leerzeichen (Null)
BS	Rückwärtsschritt (Backspace)

Die nichtabdruckbaren Zeichen werden von der Steuerung ignoriert (Ausnahme: LF/NL).

Aufbau des Steuerprogramms
vgl. DIN 66025 T1 (01.83)

NC-Programm	Ein NC-Programm besteht aus dem Zeichen für den Programmanfang (%), einer Folge von Sätzen und dem Programmende (M02 oder M30).
NC-Satz	Ein NC-Satz besteht aus mehreren Wörtern, die eine geometrische, technologische oder programmtechnische Information enthalten können und dem nichtabdruckbaren Zeichen für das Satzende (LF). Die Reihenfolge der Wörter ist festgelegt. Innerhalb eines Satzes können Wörter wiederholt werden (Ausnahme: Satz-Nr., Koordinaten, Interpolationsparameter und Parameter für die Gewindesteigung).
NC-Wort	Ein NC-Wort besteht aus einem Adreßbuchstaben und einer Ziffernfolge mit oder ohne Vorzeichen. Wörter, deren Wirkung sich in den nachfolgenden Sätzen nicht ändert, brauchen nur einmal angegeben werden.

Reihenfolge der Wörter eines Satzes

Satz-Nr.	Weginformationen				Schaltinformationen			
	Wegbedingung	Koordinatenachsen	Interpolationsparameter	Vorschub	Spindeldrehzahl	Werkzeug, Korrekturspeicher	Zusatzfunktion
N	G	X, Y, Z U, V, W, P, Q, R, A, B, C	I, J, K	F, E	S	T, D	M

Programmaufbau bei NC-Maschinen

Auswahl der wichtigsten Wegbedingungen

vgl. DIN 66025 T2 (09.88)

Wegbe-dingung	wirksam gespei-chert[1]	wirksam satz-weise[2]	Bedeutung	Wegbe-dingung	wirksam gespei-chert[1]	wirksam satz-weise[2]	Bedeutung
G00	●		Positionieren im Eilgang	G53	●		Aufheben der Verschiebung
G01	●		Geraden-Interpolation	G54...	●		Verschiebung 1...
G02	●		Kreis-Interpolation ↷	G59	●		...Verschiebung 6
G03	●		Kreis-Interpolation ↶	G74		●	Referenzpunkt anfahren
G04		●	Verweilzeit, zeitl. vorbestimmt	G80	●		Arbeitszyklus aufheben
G09		●	Genauhalt	G81...	●		Arbeitszyklus 1...
G17	●		Ebenenauswahl XY	G89	●		... Arbeitszyklus 9
G18	●		Ebenenauswahl ZX	G90	●		absolute Maßangaben
G19	●		Ebenenauswahl YZ	G91	●		inkrementale Maßangaben
G33	●		Gewindeschneiden, Steig. konst.	G92		●	Speicher setzen
G40	●		Aufheben der Werkzeug-korrektur	G94	●		Vorschubgeschw. in mm/min
				G95	●		Vorschub in mm
G41	●		Werkzeugbahnkorrektur, links	G96	●		Konst. Schnittgeschwindigkeit
G42	●		Werkzeugbahnkorrektur, rechts	G97	●		Spindeldrehzahl in 1/min

[1] Wegbedingungen, die so lange wirksam bleiben, bis sie durch eine artgleiche Bedingung überschrieben werden.
[2] Wegbedingungen, die nur in dem Satz wirksam sind, in dem sie programmiert sind.

Klassifizierung der Zusatzfunktionen

vgl. DIN 66025 T2 (09.88)

Klasse	Anwendungsbereich	Klasse	Anwendungsbereich
0	Universelle Zusatzfunktionen (für alle Klassen)	6	Maschinen mit Mehrfachschlitten, mehreren Spindeln und zugeordneter Handhabungs-ausrüstung
1	Fräsmaschinen, Bohrmaschinen, Lehrenbohrwerke, Bearbeitungszentren	7	Stanz- und Nibbelmaschinen
2	Drehmaschinen und -bearbeitungszentren	8[3]	Ständig frei verfügbar
3[3]	Schleifmaschinen, Meßmaschinen	9[3]	Für Erweiterungen vorbehalten
4	Maschinen zum Brenn-, Laser-, Wasserstrahl-Schneiden, Drahterodieren		
5[3]	Optimierung, Adaptive Steuerung (AC)		[3] Eine Festlegung in dieser Klasse wurde zum Stand der Normung (09.88) als nicht sinnvoll angesehen.

Zusatzfunktionen

vgl. DIN 66025 T2 (09.88)

Zusatz-funktion	wirksam sofort[4]	wirksam später[5]	wirksam gespei-chert[6]	wirksam satz-weise[7]	Bedeutung	Zusatz-funktion	wirksam sofort[4]	wirksam später[5]	wirksam gespei-chert[6]	wirksam satz-weise[7]	Bedeutung

Universelle Zusatzfunktionen (Klasse 0)

Zusatz-funktion	sofort[4]	später[5]	gespei-chert[6]	satz-weise[7]	Bedeutung	Zusatz-funktion	sofort[4]	später[5]	gespei-chert[6]	satz-weise[7]	Bedeutung
M00	●			●	Programmierter Halt	M48		●	●		Überlagerungen wirksam
M01	●			●	Wahlweiser Halt						
M02	●			●	Programmende	M49	●		●		Überlagerungen unwirksam
M06				●	Werkzeugwechsel						
M10			●		Klemmen	M60		●		●	Werkstückwechsel
M11			●		Lösen						
M30	●			●	Programmende mit Rücksetzen						

[4] [5] [6] [7] Erläuterung: nachfolgende Seite

Programmaufbau bei NC-Maschinen

Zusatzfunktionen
vgl. DIN 66025 T2 (09.88)

Zusatz-funktion	sofort[4]	später[5]	gespei-chert[6]	satz-weise[7]	Bedeutung	Zusatz-funktion	sofort[4]	später[5]	gespei-chert[6]	satz-weise[7]	Bedeutung
Zusatzfunktionen für Fräs- und Bohrmaschinen, Lehrenbohrwerke, Bearbeitungszentren (Klasse 1)											
M03	●		●		Spindel im Uhrzeigersinn	M34	●		●		Spanndruck normal
						M35	●		●		Spanndruck red.
M04	●		●		Spindel im Gegen-uhrzeigersinn	M40	●		●		Automatische Getriebeschaltung
M05		●	●		Spindel Halt	M41...	●		●		Getriebestufe 1...
M07	●		●		Kühlschmierg. 2 Ein	M45	●		●		...Getriebestufe 5
M08	●		●		Kühlschmierg. 1 Ein	M50	●		●		Kühlschmierg. 3 Ein
M09		●	●		Kühlschmierg. Aus	M51	●		●		Kühlschmierg. 4 Ein
M19		●	●		Definierter Spindelhalt	M71... M78	●		●		Indexpositionen des Drehtisches
Zusatzfunktionen für Drehmaschinen und Dreh-Bearbeitungszentren (Klasse 2)											
M03	●		●		Spindel im Uhrzeigersinn	M54	●		●		Reitstockpinole zurück
M04	●		●		Spindel im Gegen-uhrzeigersinn	M55	●		●		Reitstockpinole vor
M05		●	●		Spindel Halt	M56	●		●		Reitstock mit-schleppen Aus
M07	●		●		Kühlschmierg. 2 Ein	M57	●		●		Reitstock mit-schleppen Ein
M08	●		●		Kühlschmierg. 1 Ein	M58	●		●		Konstante Spindel-drehzahl Aus
M09		●	●		Kühlschmierg. Aus						
M19		●	●		Definierter Spindelhalt	M59	●		●		Konstante Spindel-drehzahl Ein
M34	●		●		Spanndruck normal	M80	●		●		Lünette 1 öffnen
M35	●		●		Spanndruck red.	M81	●		●		Lünette 1 schließen
M40	●		●		Automatische Getriebeschaltung	M82	●		●		Lünette 2 öffnen
						M83	●		●		Lünette 2 schließen
M41...	●		●		Getriebestufe 1...	M84	●		●		Lünette mit-schleppen Aus
M45	●		●		...Getriebestufe 5						
M50	●		●		Kühlschmierg. 3 Ein	M85	●		●		Lünette mit-schleppen Ein
M51	●		●		Kühlschmierg. 4 Ein						
Zusatzfunktionen für Maschinen mit Mehrfach-Schlitten, mehreren Spindeln und Handhabungsausrüstung (Klasse 6)											
M12		●		●	Synchronisation	M89	●		●		Statusanzeige „Ruhestellung" für alle Systeme
M70	●			●	Unbedingter Start aller Systeme						
M71...	●			●	Unbedingter Start des Systems 1...	M90		●		●	Bedingter Start, Abfrage aller Systeme
M79	●			●	...Unbedingter Start des Systems 9	M91...		●		●	Bedingter Start, Abfrage von System 1...
M87	●			●	Status-Anzeige „Bearbeitung"	M99		●		●	...Bedingter Start, Abfrage von System 9
M88		●		●	Status-Anzeige „Ruhestellung"						

[4] Die Zusatzfunktion wird zusammen mit den übrigen Angaben des Satzes wirksam.
[5] Die Zusatzfunktion wird nach der Ausführung der übrigen Angaben des Satzes wirksam.
[6] Zusatzfunktionen, die so lange wirksam bleiben, bis sie durch eine artgleiche Bedingung überschrieben werden.
[7] Zusatzfunktionen, die nur in dem Satz wirksam sind, in dem sie programmiert sind.

Programmaufbau bei NC-Maschinen

Nicht genormte Drehzyklen[1]

Zyklus	Parameter	Bild
G81 Abspanzyklus längs, Zustellung in X	X Fertigdurchmesser Z Längskoordinate von Punkt B H Längskoordinate von Punkt C R Start- und Endposition, Anfangsdurchmesser D Zustellung pro Schnitt P Bearbeitungszugabe in X Q Bearbeitungszugabe in Z	
G82 Abspanzyklus längs, mit auslaufendem Radius, Zustellung in X	X Fertigdurchmesser Z Längskoordinate von Punkt B H Längskoordinate von Punkt C I Abstand des Kreismittelpunktes in X-Richtung K Abstand des Kreismittelpunktes in Z-Richtung D Zustellung pro Schnitt R Start- und Endposition, Anfangsdurchmesser P Bearbeitungszugabe in X Q Bearbeitungszugabe in Z	
G83 Gewindezyklus längs, Zustellung in X	X Gewinde-Außendurchmesser Z Längskoordinate von Punkt B F Gewindesteigung P D Anzahl der Schnitte H Gewindetiefe S Längskoordinate des Start- und Endpunktes S nach Diagramm	
G84 Bohrzyklus mit Spanentleerung	Z Bohrtiefe, bezogen auf den Werkstücknullpunkt D Erste Bohrtiefe = 2 × Bohrerdurchmesser (inkremental, bezogen auf die Startposition) H Anzahl der Spanentleerungen $= \dfrac{\text{Restbohrtiefe}}{\text{Bohrerdurchmesser}}$ F Vorschub	Die Startposition S entspricht der Endposition E und ist für diesen Zyklus 0,5 × Bohrerdurchmesser

[1] Je nach Steuerungstyp können die Zyklen andere Parameter enthalten.

Programmaufbau bei NC-Maschinen

Nicht genormte Fräszyklen[1)]

Zyklus	Parameter	Bild
G85 Teilkreis- Bohrzyklus	R Radius des Teilkreises Z Bohrtiefe (bezogen auf den Werkstücknullpunkt) I Startwinkel (bezogen auf die X-Achse) J Anzahl der Bohrungen	Startposition S = Endposition E
G86 Taschen- fräszyklus	X Länge der Tasche Y Breite der Tasche Z Tiefe der Tasche (bezogen auf den Werkstücknullpunkt) D Einzelschnittiefe I Drehwinkel um M (bezogen auf die X-Achse)	Startposition S = Endposition E
G87 Kreistaschen- Fräszyklus	R Kreistaschenradius Z Tiefe der Tasche (bezogen auf den Werkstücknullpunkt) D Einzelschnittiefe	Startposition S = Endposition E
G88 Nuten- fräszyklus	X Nutlänge Y Nutbreite Z Nuttiefe (bezogen auf den Werkstücknullpunkt) D Einzelschnittiefe I Drehwinkel um M (bezogen auf die X-Achse) Fräserdurchmesser: max. 0,90 × Nutenbreite min. 0,55 × Nutenbreite	Startposition S = Endposition E
G89 Teilkreis- Gewindebohr- zyklus	R Radius des Teilkreises I Startwinkel (bezogen auf die X-Achse) J Anzahl der Gewinde Z Nutzbare Gewindetiefe, bezogen auf den Werkstücknullpunkt F Gewindesteigung P Wird ein Einzelgewinde gefertigt, ist der Zahlenwert bei den Adressen R und I mit 0 und bei J mit 1 anzugeben.	Startposition S = Endposition E

[1)] Je nach Steuerungstyp können die Zyklen andere Parameter enthalten.

Programmaufbau bei NC-Maschinen

Interpolationsarten

vgl. DIN 66025 T1 (01.83)

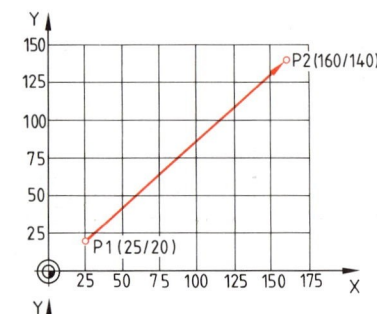

Geraden-Interpolation

Ein Geraden-Abschnitt wird in einem Satz programmiert. Der Satz enthält die Wegbedingung G01 und die absolut oder inkremental angegebenen Koordinaten des Endpunktes des Geraden-Abschnittes.

Beispiel: Absolute Programmierung

Satz-Nr.	Weginformation		
	Wegbedingung	Koordinaten-Achsen	
N	G	X	Y
N10	G90		
N20	G01	X 160	Y 140

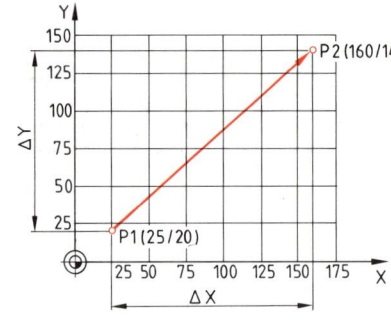

Beispiel: Inkrementale Programmierung

Satz-Nr.	Weginformation		
	Wegbedingung	Koordinaten-Achsen	
N	G	X	Y
N10	G91		
N20	G01	X 135	Y 120

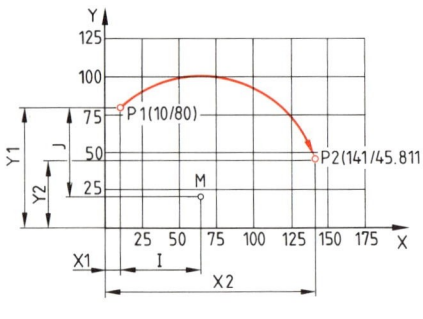

Kreis-Interpolation

Ein Kreisbogen wird in einem Satz programmiert. Der Satz für die Kreis-Interpolation enthält:

a) das Wort G02 bzw. G03 für die Kreis-Interpolation,
b) die Koordinaten des Kreisbogen-Endpunktes,
c) die beiden Interpolationsparameter.

Mit den Interpolationsparametern I, J und K werden die inkrementalen Koordinatenmaße des Kreismittelpunktes, bezogen auf den Anfangspunkt des Kreisbogens, programmiert.

I Koordinate des Kreismittelpunktes in X-Richtung
J Koordinate des Kreismittelpunktes in Y-Richtung
K Koordinate des Kreismittelpunktes in Z-Richtung

Beispiel: Absolute Programmierung

Satz-Nr.	Weginformation				
	Wegbe-dingung	Koordinaten-Achsen		Interpolations-Parameter	
N	G	X	Y	I	J
N10	G90				
N20	G02	X 141	Y 45.811	I 54.734	J-58.345

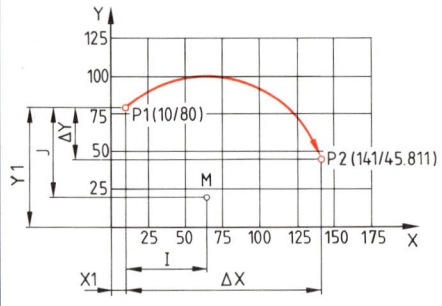

Beispiel: Inkrementale Programmierung

Satz-Nr.	Weginformation				
	Wegbe-dingung	Koordinaten-Achsen		Interpolations-Parameter	
N	G	X	Y	I	J
N10	G91				
N20	G02	X 131	Y-34.189	I 54.734	J-58.345

Kreisbögen können außer durch die Koordinaten des Kreismittelpunktes auch durch den Radius programmiert werden.

Informationstechnik

Grundlagen

D2 < D1 NEIN / JA	Zahlensysteme 320
	ASCII-Zeichensatz 321
	Sinnbilder für Informationsverarbeitung 322
	Struktogramme 322
	Programmablaufplan 323

Programmiersprachen

10 LET A$ = "BASIC"	Elementar-BASIC 324
	BASIC-Erweiterungen 326
	PASCAL 327

Betriebssystem MS-DOS 330

Sachwortverzeichnis 331

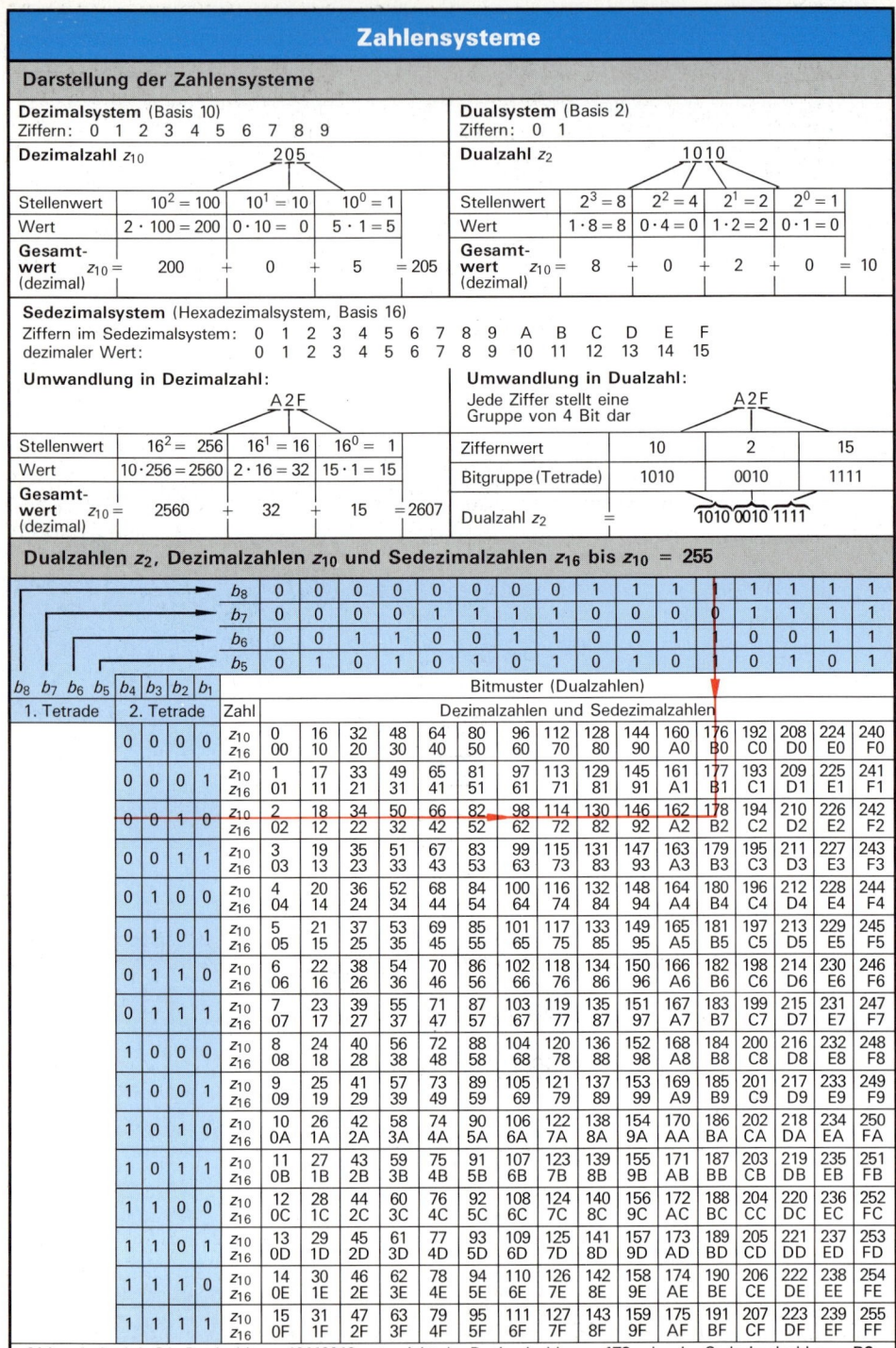

ASCII-Zeichensatz[1]

7-Bit-Code (deutsche Referenzversion mit Umlauten)

vgl. DIN 66003 (06.74)

Code z_{10}	z_{16}	Zeichen	Code z_{10}	z_{16}	Zeichen	Code z_{10}	z_{16}	Zeichen	Code z_{10}	z_{16}	Zeichen	Code z_{10}	z_{16}	Zeichen	Code z_{10}	z_{16}	Zeichen	Code z_{10}	z_{16}	Zeichen	Code z_{10}	z_{16}	Zeichen
0	0	NUL	16	10	DLE	32	20	SP	48	30	0	64	40	§	80	50	P	96	60	\`	112	70	p
1	1	SOH	17	11	DC1	33	21	!	49	31	1	65	41	A	81	51	Q	97	61	a	113	71	q
2	2	STX	18	12	DC2	34	22	"	50	32	2	66	42	B	82	52	R	98	62	b	114	72	r
3	3	ETX	19	13	DC3	35	23	#	51	33	3	67	43	C	83	53	S	99	63	c	115	73	s
4	4	EOT	20	14	DC4	36	24	$	52	34	4	68	44	D	84	54	T	100	64	d	116	74	t
5	5	ENQ	21	15	NAK	37	25	%	53	35	5	69	45	E	85	55	U	101	65	e	117	75	u
6	6	ACK	22	16	SYN	38	26	&	54	36	6	70	46	F	86	56	V	102	66	f	118	76	v
7	7	BEL	23	17	ETB	39	27	'	55	37	7	71	47	G	87	57	W	103	67	g	119	77	w
8	8	BS	24	18	CAN	40	28	(	56	38	8	72	48	H	88	58	X	104	68	h	120	78	x
9	9	HT	25	19	EM	41	29	)	57	39	9	73	49	I	89	59	Y	105	69	i	121	79	y
10	A	LF	26	1A	SUB	42	2A	*	58	3A	:	74	4A	J	90	5A	Z	106	6A	j	122	7A	z
11	B	VT	27	1B	ESC	43	2B	+	59	3B	;	75	4B	K	91	5B	Ä	107	6B	k	123	7B	ä
12	C	FF	28	1C	FS	44	2C	,	60	3C	<	76	4C	L	92	5C	Ö	108	6C	l	124	7C	ö
13	D	CR	29	1D	QS	45	2D	-	61	3D	=	77	4D	M	93	5D	Ü	109	6D	m	125	7D	ü
14	E	SO	30	1E	RS	46	2E	.	62	3E	>	78	4E	N	94	5E	^	110	6E	n	126	7E	ß
15	F	SI	31	1F	US	47	2F	/	63	3F	?	79	4F	O	95	5F	_	111	6F	o	127	7F	DEL

Bedeutung der Steuerzeichen

Code z_{10}	Zeichen	Benennung	Code z_{10}	Zeichen	Benennung
0	NUL	Nil (NULL)	17	DC1	Gerätesteuerung 1 (DEVICE CONTROL 1)
1	SOH	Anfang des Kopfes (START OF HEADING)	18	DC2	Gerätesteuerung 2 (DEVICE CONTROL 2)
2	STX	Anfang des Textes (START OF TEXT)	19	DC3	Gerätesteuerung 3 (DEVICE CONTROL 3)
3	ETX	Ende des Textes (END OF TEXT)	20	DC4	Gerätesteuerung 4 (DEVICE CONTROL 4)
4	EOT	Ende der Übertragung (END OF TRANSMISSION)	21	NAK	Negative Rückmeldung (NEGATIVE ACKNOWLEDGE)
5	ENQ	Stationsaufforderung (ENQUIRY)	22	SYN	Synchronisierung (SYNCHRONOUS IDLE)
6	ACK	Positive Rückmeldung (ACKNOWLEDGE)	23	ETB	Ende der Übertragung (END OF TRANSMISSION BLOCK)
7	BEL	Klingel (BELL)	24	CAN	Ungültig (CANCEL)
8	BS	Rückwärtsschritt (BACKSPACE)	25	EM	Ende der Aufzeichnung (END OF MEDIUM)
9	HT	Horizontal-Tabulator (HORIZONTAL TABULATION)	26	SUB	Substitution (SUBSTITUTE CHARACTER)
10	LF	Zeilenvorschub (LINE FEED)	27	ESC	Code-Umschaltung (ESCAPE)
11	VT	Vertikal-Tabulator (VERTICAL TABULATION)	28	FS	Hauptgruppen-Trennung (FILE SEPERATOR)
12	FF	Formularvorschub (FORM FEED)	29	GS	Gruppen-Trennung (GROUP SEPERATOR)
13	CR	Wagenrücklauf (CARRIAGE RETURN)	30	RS	Untergruppen-Trennung (RECORD SEPERATOR)
14	SO	Dauerumschaltung (SHIFT-OUT)	31	US	Teilgruppen-Trennung (UNIT SEPERATOR)
15	SI	Rückschaltung (SHIFT-IN)	32	SP	Zwischenraum (SPACE)
16	DLE	Übertragungs-Umschaltung (DATA LINK ESCAPE)	127	DEL	Löschen (DELETE)

Bedeutung der Sonderzeichen (internationale Referenzversion)

Code z_{10}	Zeichen	Benennung	Code z_{10}	Zeichen	Benennung	Code z_{10}	Zeichen	Benennung
32		Zwischenraum	43	+	plus	64	@	kommerzielles à
33	!	Ausrufungszeichen	44	,	Komma	91	[	eckige Klammer auf
34	"	Anführungszeichen	45	—	minus, Bindestrich	92	\	inverser Schrägstrich
35	#	Nummernzeichen	46	.	Punkt	93	]	eckige Klammer zu
36	○	Währungszeichen	47	/	Schrägstrich	94	^	Aufwärtspfeil, Zirkumflex
37	%	Prozent	58	:	Doppelpunkt	95	_	Unterstreichung
38	&	kommerzielles Und	59	;	Semikolon (Strichpunkt)	96	\`	Gravis
39	'	Apostroph	60	<	kleiner als	123	{	geschweifte Klammer auf
40	(	runde Klammer auf	61	=	gleich	124			senkrechter Strich
41	)	runde Klammer zu	62	>	größer als	125	}	geschweifte Klammer zu
42	*	Stern	63	?	Fragezeichen	126	~	Überstreichung, Tilde

Die Steuerzeichen (0...32 und 127 dezimal) sind am Bildschirm und Drucker nicht darstellbar; sie dienen zur Befehlsübermittlung des Systems.
Die Zeichen 128 bis 255 (dezimal) sind entweder ebenso codiert wie die Zeichen 0...127 oder sie werden für Sonderzeichen genutzt (Kursivzeichen, Grafik-Sinnbilder, selbstdefinierter Zeichensatz). Der eingeschränkte ASCII-Zeichensatz enthält nur die Zeichen 0...95 (dezimal); er erlaubt nur Großschreibung.

[1] AMERICAN STANDARD CODE FOR INFORMATION INTERCHANGE (Amerikanischer Standardcode für Informationsaustausch)

Sinnbilder für Informationsverarbeitung

Sinnbilder für Informationsverarbeitung
vgl. DIN 66001 (12.83)

Sinnbild	Benennung, Bemerkung	Sinnbild	Benennung, Bemerkung	Sinnbild	Benennung, Bemerkung
	Verarbeitung, z.B. Addition, Subtraktion; Verarbeitungseinheit, z.B. Mensch, Rechner		Daten allgemein; Datenträger, allgemein		Daten im Zentralspeicher; Zentralspeicher
	Manuelle Verarbeitung, z.B. Lesen, Schreiben; Manuelle Verarbeitungsstelle		Maschinell zu verarbeitende Daten; Datenträger für maschinell zu verarbeitende Daten		Optische oder akustische Daten, z.B. Bild, Ton; Optische oder akustische Ausgabeeinheit, z.B. Bildschirm, Lautsprecher
	Verzweigung, z.B. bei Entscheidung; Auswahleinheit, z.B. Schalter		Manuell zu verarbeitende Daten; Manuelle Ablage, z.B. Kartei, Archiv		Manuelle optische oder akustische Daten; Eingabeeinheit, z.B. Tastatur, Mikrofon
	Schleifenanfang, Beginn eines sich wiederholenden Programmteiles		Daten auf Schriftstück, z.B. Beleg; Ein-/Ausgabeeinheit für Schriftstück, z.B. Belegleser, Drucker		Verarbeitungsfolge Zugriffsweg; Datenübertragungsweg
	Schleifenende, Ende eines sich wiederholenden Programmteiles		Daten auf Karte, z.B. Lochkarte; Lochkarteneinheit Leser, Stanzer		Grenzstelle zur Umwelt, z.B. Anfang; Verbindungsstelle, verbindet Darstellungsteile
‖	Synchronisierung bei paralleler Verarbeitung; Synchronisiereinheit		Daten auf Lochstreifen; Lochstreifeneinheit Leser, Stanzer		Verfeinerung, entspricht Ausschnittvergrößerung; Bemerkung zur Anfügung erläuternder Texte
▷	Sprung mit Rückkehr		Daten oder Gerät: Speicher mit **nur** sequentiellem Zugriff, z.B. Magnetband		Darstellung von Verbindungslinien
▷	Sprung ohne Rückkehr				Wirkungsrichtung
▷|	Unterbrechung von außen		Daten oder Gerät: Speicher auch mit direktem Zugriff, z.B. Diskette oder Festplatte		Anschluß an Sinnbild
▷⫤	Steuerung von außen				Auffächerung

Sinnbilder für Struktogramme (nach Nassi-Shneiderman)
vgl. DIN 66261 (11.85)

Folgeblock

Anweisung 1
Anweisung 2
Anweisung 3
Anweisung 4

Wiederholungsblock mit Anfangsbedingung

Anfangsbedingung Wiederhole, solange...	
	Anweisung 1
	Anweisung 2
	Anweisung 3

Wiederholungsblock mit Schlußbedingung

Anweisung 1
Anweisung 2
Anweisung 3
Endbedingung Wenn...dann wiederhole

Alternative Einfache Alternative

Bedingung	
erfüllt	nicht erfüllt
Anweisung	keine Anweisung (leer)

Alternative Bedingte Verarbeitung

Bedingung	
erfüllt	nicht erfüllt
Anweisung	Anweisung

Alternative Mehrfache Alternative

Bedingung		
Bedingung 1	Bedingung 2	Bedingung 3
Anweisung	Anweisung	Anweisung

Sinnbilder für Informationsverarbeitung

Programmablaufplan und Struktogramm

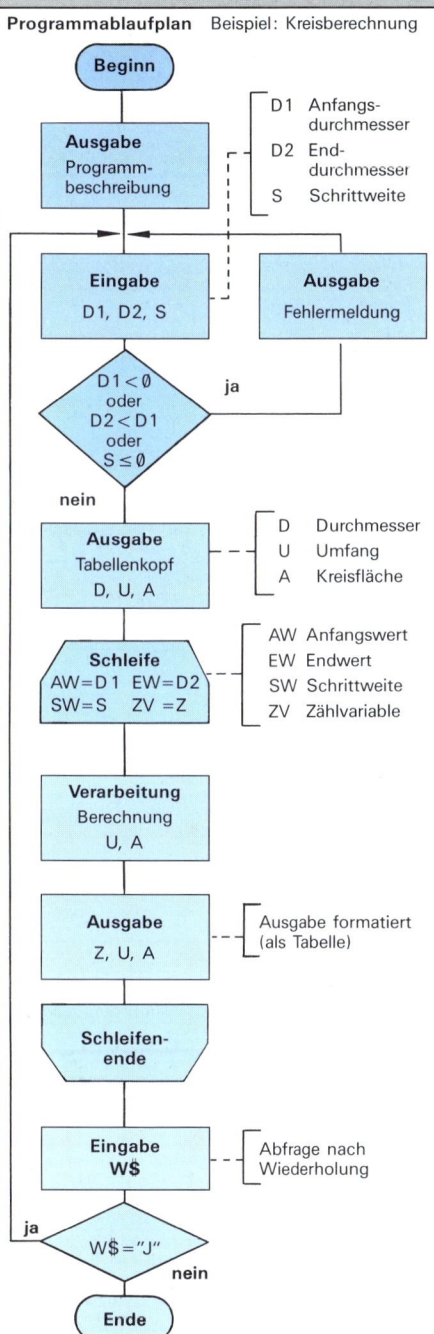

Programmablaufplan Beispiel: Kreisberechnung

Struktogramm Beispiel: Kreisberechnung

Programm: Kreisberechnung
Beginn Kreisberechnung
Ausgabe Programmbeschreibung
Wertzuweisung P = 3.1415927
Eingabe D1, D2, S
D1 < 0 oder D2 < D1 oder S ≤ 0 — ja: Fehlermeldung / nein
Wiederhole bis D1 ≥ 0 und D2 ≥ D1 und S > 0
Ausgabe Tabellenkopf
Wiederhole für Z = D1 bis D2 Schritt S
Verarbeitung U = Z∗P, A = Z^2∗P/4
Ausgabe Z, U, A
Eingabe W$
Wiederhole bis W$ <> "J"
Ende Kreisberechnung
Programmende

BASIC-Programm zum Beispiel Kreisberechnung

```
  10 REM     PROGRAMM KREISBERECHNUNG ****
  20 REM     PROGRAMMBESCHREIBUNG
  30 PRINT   "DIESES PROGRAMM BERECHNET"
  40 PRINT   "UMFANG UND FLAECHE VON KREISEN"
  50 PRINT
  60 LET     P = 3.1415927
 100 REM     EINGABE VON WERTEN **********
 110 PRINT   "DURCHMESSER-ANFANGSWERT: ";
 120 INPUT   D1
 130 PRINT   "DURCHMESSER-ENDWERT: ";
 140 INPUT   D2
 150 PRINT   "SCHRITTWEITE: ";
 160 INPUT   S
 170 PRINT
 200 REM     VERARBEITUNG UND AUSGABE *****
 210 IF D1 < 0 THEN 1000
 220 IF D2 < D1 THEN 1000
 230 IF S < = 0 THEN 1000
 240 PRINT   "D", "U", "A"
 250 PRINT
 260 FOR Z = D1 TO D2 STEP S
 270   LET U = Z ∗ P
 280   LET A = Z^2 ∗ P/4
 290   PRINT Z, U, A
 300 NEXT Z
 310 PRINT
 400 REM     ABSCHLUSS ******************
 410 PRINT   "WEITERE BERECHNUNG? (J/N) ";
 420 INPUT   W$
 430 IF W$ < > "J" THEN END
 440 GOTO 100
 450 END
1000 REM     FEHLERMELDUNG **************
1010 PRINT   "UNZULAESSIGE EINGABE"
1020 PRINT
1030 GOTO 100
```

Programmiersprache Elementar-BASIC[1]

vgl. DIN 66284 (05.88)

Sprachaufbau

- Ein BASIC-Programm besteht aus einzelnen Zeilen.
- Jede Zeile kann mit einer Zeilennummer von 0 bis 9999 beginnen. Um spätere Einfügungen zu ermöglichen, sollte ein Stufensprung, z. B. 10, 20, 30, verwendet werden.
- Die Anweisungen in den einzelnen Zeilen werden in der Reihenfolge der Zeilennummern abgearbeitet, sofern nicht durch eine Steueranweisung (GOTO, GOSUB, IF...THEN) davon abgewichen wird.
- Das Programmende wird mit der Anweisung END gekennzeichnet.

BASIC-Schreibweise	Bezeichnung	Erläuterung, Beispiel

Variable und Konstante

BASIC-Schreibweise	Bezeichnung	Erläuterung, Beispiel
A A1 A2	Numerische Variable	Der Variablenname besteht aus einem Großbuchstaben (A...Z), wahlweise gefolgt von einer Zahl (0...9). A, A1 und A2 sind unterschiedliche Variable.
A(1) B(2,5)	Indizierte numerische Variable	Indizierte Variable sind ein- oder zweidimensionale Reihungen von Zahlenwerten. B(2,5) ist aus einem Feld B in der Reihe 2 das Element Nr. 5. Die Festlegung der Feldgröße erfolgt durch DIM. (Feld B: Reihe × Spalte 1..10)
A$ B$	Zeichenkettenvariable	Zeichenketten (Strings) bestehen aus 0 bis 18 Zeichen (A...Z, Leerzeichen, Sonderzeichen wie ! , # ^), begrenzt durch Anführungszeichen ("). Beispiel: A$ = "LAENGE = 3,5 M"
3 +3 −3	Ganzzahl	Zahlenwerte ohne Dezimalpunkt werden als Ganzzahlen verarbeitet. Der zulässige Bereich ist rechnerabhängig, meist von −32768 bis +32767.
.3 −.3 3. 1.2E−2	Realzahl	Dezimalzahlen (Realzahlen) werden ohne vorangehende und folgende Nullen dargestellt. Beispiele: .3 ≙ 0,3; −.3 ≙ −0,3; 3. ≙ 3,0. Bei Exponentialschreibweise bedeutet E "mal 10 hoch". Beispiel: $1.2E-2 = 1{,}2 \cdot 10^{-2}$

Operatoren (Rechenanweisungen)

BASIC-Schreibweise	Bezeichnung	Erläuterung, Beispiel
+ −	Summenoperator	Zeichen für Addition und Subtraktion von Zahlen und Zeichenketten. Beispiele: X = A + B; Y = A − B; X$ = A$ + B$
* /	Multiplikationsoperator	Zeichen für Multiplikation und Division. Beispiel: $2*5+2 \triangleq 2 \cdot 5+2 = 12$; $10/(3+2) \triangleq 10 : (3+2) = 2$
^ ↑	Exponentialoperator	Zeichen für Potenzieren. Beispiele: $10\hat{\ }2 \triangleq 10^2=100$; $-5\hat{\ }2 \triangleq -(5^2)=-25$; $(5*3+4)\hat{\ }2-6 \triangleq (5 \cdot 3+4)^2-6 = 355$; $125\hat{\ }(1/3) \triangleq 125^{1/3} = \sqrt[3]{125} = 5$
= > < >= <= <>	Vergleichsoperatoren	Relationen: "gleich"; "größer als"; "kleiner als"; "größer oder gleich"; "kleiner oder gleich"; "ungleich"

Funktionen

BASIC-Schreibweise	mathem. Schreibweise	Bezeichnung	Erläuterung, Beispiel
ABS(X)	$\|x\|$	Absolutbetrag	Negative Werte werden in positive umgewandelt. $ABS(-.2) \triangleq \|-0{,}2\| = 0{,}2$
INT(X)	$[x]$	Ganzzahl	Liefert nächstkleinere ganze Zahl. Beispiel: $INT(3.2) \triangleq 3$; $INT(-3.2) \triangleq -4$
SGN(X)	$\mathrm{sign}(x)$	Vorzeichen	Für X < 0 ist SGN(X) = −1; für X = 0 ist SGN(X) = 0; für X > 0 ist SGN(X) = +1
RND	−	"Zufallszahl"	RND liefert eine Zahl zwischen 0 und 1 aus einer vorbestimmten Reihe.
SQR(X)	$\sqrt{x}$	Quadratwurzel	Beispiel: $SQR(12\hat{\ }2-5\hat{\ }2) \triangleq \sqrt{12^2-5^2} = 10{,}9087$
EXP(X)	e^x	Exponentialfunktion	Exponentialfunktion der Zahl e. $e = 2{,}71828...$ Beispiel: $EXP(1.2) \triangleq e^{1{,}2} = 3{,}320117$
LOG(X)	$\ln x$	natürlicher Logarithmus	Logarithmus mit der Basis e; Umkehrfunktion von EXP(X). Beispiel: $LOG(1.2) \triangleq \ln 1{,}2 = 0{,}1823215$
SIN(X) COS(X) TAN(X) ATN(X)	$\sin x$ $\cos x$ $\tan x$ $\arctan x$	Sinus Cosinus Tangens Arcustangens	$SIN(2) \triangleq \sin 2 = 0{,}9092975$; $COS(2) \triangleq \cos 2 = -0{,}4161469$; $TAN(2) \triangleq \tan 2 = -2{,}18504$; $ATN(2) \triangleq \arctan 2 = 1{,}107149$. Winkelangaben erfolgen in Radiant (rad). 1 rad = 180/π; 1° = π · rad/180; π = 3,141592653...; sin 30° = SIN(30 * 3.141592653/180) = 0,5
FNA(X)	−	benutzerdefinierte Funktion	Der Benutzer kann beliebige Funktionen einmal definieren und später mit variablen Werten abrufen. Beispiel für Definiton: DEF FNB(X) = (X^2−X−1)^3. Beispiel für Aufruf: $FNB(-4) \triangleq ((-4)^2-(-4)-1)^3 = 6859$

[1] Elementar-BASIC ist ein minimaler Sprachumfang für die Programmiersprache BASIC. Eine Erweiterung von Elementar-BASIC ist als ISO-Norm in Vorbereitung.
Beispiel für ein Programm in Elementar-BASIC Seite 323.

Programmiersprache Elementar-BASIC

vgl. DIN 66284 (05.88)

Anweisung	Erläuterung	Programmbeispiel	Ergebnis
Einfache Anweisung, Deklarationen			
REM	Anweisung, den folgenden Inhalt einer Programmzeile zu ignorieren	10 REM PROGRAMM ... 20	Kommentar, ohne Einfluß auf den Ablauf des Programms
LET	Wertzuweisung für Variable. Die Variablenart wird durch den Bezeichner festgelegt.	10 LET A = 10 20 LET A$ = "BASIC" 30 LET A(2,5) = 12	Variable A erhält den Wert 10 Variable A$ enthält "BASIC". Im Feld A, Reihe 2, Spalte 5 wird der Wert 12 gespeichert
DIM OPTION BASE	Mit DIM wird ein Feld für indizierte Variable bestimmt. OPTION zusammen mit BASE legt die Untergrenze der Reihung auf 0 oder 1 fest.	10 OPTION BASE 1 20 DIM X(30,8)	Untergrenze 1 für alle Indizes Dimensionieren der Feldgröße aus 30 Reihen mit je 8 Spalten von X(1,1) bis X(30,8)
INPUT	Aufforderung zur Dateneingabe über die Tastatur. Am Bildschirm erscheint ein Fragezeichen. Falscheingaben, z.B. Buchstaben für numerische Variable, führen zu einer erneuten Eingabeaufforderung.	30 INPUT A 40 INPUT A$ 50 INPUT A(2,5) 60 INPUT A, B, C$	Eingabe A (Zahlenwert) Eingabe A$ (Zeichenkette) Eingabe A(2,5) (Feldvariable) Eingabe mehrerer Variabler, durch Kommas getrennt
READ DATA RESTORE	READ veranlaßt den Computer, aus einer DATA-Liste des Programms Werte einzulesen. Mit jeder READ-Anweisung wird der nächste Wert aus der DATA-Liste übernommen. RESTORE bewirkt den Neubeginn des Einlesens beim 1. Wert von DATA.	10 FOR Z = 3 TO 5 20 READ A 30 PRINT A^Z 40 NEXT Z 50 RESTORE 60 DATA 7, 5, 2, 6, 12, 9	Schleife, von Z = 3 bis Z = 5 A = 7 (1. Wert von DATA) Ausgabe 343 (7^3) Z=Z+1, Rücksprung zu Zeile 10 Rücksetzen von DATA auf 7 Liste mit Daten
PRINT TAB(X) ; ,	Ausgabe von Werten auf Bildschirm oder Drucker mit anschließender Zeilenschaltung. TAB(X) bewirkt Ausgabe ab Bildschirmspalte X. Ein Strichpunkt unterdrückt die Zeilenschaltung. Mehrere Werte können, durch Kommas getrennt, als Tabelle ausgegeben werden.	10 LET A = 5 20 LET B = 8 30 PRINT A * B 40 PRINT A, B 50 PRINT A; 60 PRINT TAB(10); A/B 70 PRINT	Wertzuweisung: A = 5 Wertzuweisung: B = 8 Ausgabe: 40 (+Zeilenschaltung) Ausgabe: 5 8 (positioniert) Ausgabe: 5 (ohne Zeilensch.) Ausgabe: .625 (ab Pos. 10) nur Zeilenschaltung
RANDO- MIZE	Bewirkt, daß der Ursprung für die Erzeugung der Zufallszahlen RND veränderlich wird.	10 RANDOMIZE X 20 FOR Z = 1 TO 100 30 LET A(Z) = RND 40 NEXT Z	Der Ausgangswert für die Berechnung der Zufallszahl wird abhängig von X verschoben.
Steueranweisungen			
GOTO	Programmfortsetzung bei einer bestimmten Zeilennummer. Die Sprungadresse kann höher oder niedriger als die aktuelle Zeilennummer sein.	10 GOTO 100 20 .... 100 ...	Das Programm wird bei der Zeile 100 fortgesetzt. Die Zeilen zwischen 10 und 100 werden übersprungen.
ON X GOTO	Abhängig vom Wert der Variablen X erfolgt Sprung zu verschiedenen Zeilen.	10 INPUT X 20 ON X GOTO 50, 80, 200	Eingabe von X (1, 2 oder 3) Sprung zu Zeile 50, 80 oder 200
GOSUB RETURN	Aufforderung zum Sprung in ein Unterprogramm. Durch RETURN erfolgt der Rücksprung zu der auf GOSUB folgenden Anweisung.	10 GOSUB 1000 20 ... 1000 REM UP 1 2000 RETURN	Sprung zu Zeile 1000 Ausführung Anweisung 1000... Rücksprung zu Zeile 20
IF... THEN...	Ist die auf IF folgende Bedingung erfüllt, so wird die darauf folgende Anweisung ausgeführt, andernfalls die Anweisung der nächsten Zeile.	10 PRINT "ZAHL 1...100" 20 INPUT X 30 IF X < > 55 THEN 20 40 PRINT "55 WAR GUT"	Eingabeanweisung: 1...100 Eingabeaufforderung für X Falls X nicht 55 Rücksprung Erfolgsmeldung
FOR... NEXT... STEP	Die zwischen FOR... und NEXT... enthaltenen Anweisungen werden so lange wiederholt, bis die Zählvariable den angegebenen Wert überschreitet. STEP bestimmt die Schrittweite für die Zu- oder Abnahme der Zählvariablen.	10 FOR Z = 1 TO 5 20 PRINT Z 30 NEXT Z 10 FOR Z=A TO B STEP .1 20 PRINT Z^2 30 NEXT Z	Z = 1 bis 5, Schrittweite 1 Ausgabe 1 2 3 4 5 Z = Z+1; Sprung zu Zeile 10 Z von A bis B um 0,1 abnehmend Ausgabe: A^2 $(A + 0{,}1)^2$...B^2 Z=Z + −0,1; Sprung zu Zeile 10
STOP	Unterbricht den Programmablauf	10 IF A < = 0 THEN STOP	Wenn A < = 0 ist, Programmstopp
END	Programmende	1000 END	Programmende

Programmiersprache BASIC Erweiterungen[1]

Anweisung	Erläuterung	Programmbeispiel	Ergebnis
Anweisungen zur Programmhandhabung			
CONT	Setzt Programmlauf nach STOP fort	CONT	Programmablauf wird fortgesetzt
DELETE	Löscht Programmzeilen oder ganze Programme im Arbeitsspeicher	DELETE 100-200 DELETE	Löscht Zeile 100 bis einschl. 200 Löscht gesamtes Programm
LIST	Listet Programm auf Bildschirm	LIST −200	Listet Zeilen bis 200
LOAD	Lädt Programm von Diskette. Im RAM-Speicher vorhandene Programme und Variable werden gelöscht.	LOAD "A:TABELLE"	Lädt aus Laufwerk A das Programm TABELLE.
RUN	Kommando zum Start eines Programms	RUN RUN "A:TABELLE"	Programmstart aus RAM-Speicher Lädt aus Laufwerk A das Programm TABELLE und startet es
SAVE	Speichert ein BASIC-Programm	SAVE "A:TABELLE"	Speichert Programm TABELLE in Laufwerk A
Steueranweisungen			
CALL X	Sprung in Unterprogramm außerhalb BASIC, Beginn bei RAM-Speicherstelle X	30 CALL 516	Programmablauf ab Speicherstelle 516 des RAM-Speichers
CLEAR	Setzt numerische Variable auf Wert 0 und Zeichenketten auf " " (leer)	10 LET A = 30 100 CLEAR	Wertzuweisung A = 30 Wert gelöscht: A = 0
CLS	Löscht den Bildschirm	10 PRINT "BASIC" 20 CLS	Wort BASIC wird geschrieben Bildschirm wird gelöscht
ON ERROR GOTO RESUME	Bewirkt beim Auftreten eines Ablauffehlers den Sprung zu einer Programmzeile Bewirkt Rücksprung	10 ON ERROR GOTO 1000 20 .... 1000 PRINT "FEHLER" 1010 RESUME	Festlegung der Fehlerroutine: Sprung zu Zeile 1000 Ausgabe der Fehlermeldung Rücksprung zu Fehlerzeile
ELSE	Wahlweise Erweiterung bei IF...THEN für Verzweigung	30 IF A = 0 THEN 50 ELSE 100	Ist A=0 dann Sprung zu Zeile 50, andernfalls zu Zeile 100
Anweisungen zur Bearbeitung von Zeichenketten und Dateien			
CHR$	Gibt das ASCII-Zeichen zu einer Codenummer aus	10 PRINT CHR$(67)	Auf dem Bildschirm wird C ausgegeben
LEN	Gibt die Anzahl der Zeichen einer Zeichenkette aus	10 LET A$ = "BASIC" 20 PRINT LEN(A$)	Wertzuweisung Ausgabe: 5
LEFT$ RIGH$ MID$	Liefert den linken, rechten oder mittleren Teil einer Zeichenkette. Die Ziffern geben die Anzahl der Zeichen, bei MID$ den Beginn und die Zeichenzahl des Teilstrings an.	10 LET A$ = "BASIC" 20 PRINT LEFT$(A$,2) 30 PRINT RIGHT$(A$,2) 40 PRINT MID$(A$,3,2)	Wertzuweisung Ausgabe: BA (2 Zeichen links) Ausgabe: IC (2 Zeichen rechts) Ausgabe: SI (2 Zeichen, beginnend mit dem 3. Zeichen)
STR$	Erzeugt eine Zeichenkette aus einer numerischen Variablen. Die 1. Stelle ist reserviert für das Vorzeichen.	10 LET A$ = STR$(4.5) 20 PRINT A$ 30 PRINT LEFT$(A$,2)	Umwandlung A$ = " 4.5" Ausgabe: 4.5 Ausgabe: 4 (1. Stelle leer)
VAL	Wandelt eine Zeichenkette in eine numerische Variable um. Ist das 1. Zeichen der Kette keine Zahl, so liefert VAL den Wert 0.	10 LET A$ = "5 ZE" 20 LET B$ = "ZE 5" 30 PRINT VAL(A$) 40 PRINT VAL(B$)	Wertzuweisung A$ Wertzuweisung B$ Ausgabe: 5 Ausgabe: 0
OPEN	Öffnet Dateien für die Ein- und Ausgabe von Daten	10 OPEN "A:TABELLE1" FOR INPUT AS #1 20 OPEN "A:TABELLE2" FOR OUTPUT AS #2	Öffnen der Datei A:TABELLE1 für Dateneinlesen Öffnen der Datei A:TABELLE2 für Datenspeicherung
INPUT OUTPUT	Kennwort für Eingabedatei Kennwort für Ausgabedatei	30 IF EOF(#1) THEN 110 40 INPUT #1,A$ 50 PRINT A$	Sprung bei Dateiende zu Zeile 110 Einlesen von A$ aus Datei #1 Ausgabe von A$ am Bildschirm
EOF	Funktion Dateiende	60 PRINT "WAHL (J/N)" 70 INPUT W$	Abfrage zur Auswahl Eingabe des Auswahlzeichens
INPUT # WRITE #	Liest aus Dateien ein Schreibt in Dateien	80 IF W$ <> "J" THEN 100 90 WRITE #2,A$ 100 GOTO 30	Falls Wahl ungleich "J" Sprung zu Zeile 100 Eintrag von A$ in Datei #2 Rücksprung zu Zeile 30
CLOSE	Schließt Dateien	110 CLOSE #1, #2	Schließen der Dateien

[1] Aufgrund der vielfältigen Dialekte sind Unterschiede in den Anweisungen und ihrer Ausführung möglich.

Programmiersprache PASCAL[1)]

vgl. DIN 66256 (01.85)

Programmstruktur

Bezeichnung	Beispiel	Erläuterung
Programm-kopf	program Suche (Input, Output);	Bestandteile sind das Wort **program**, der Bezeichner für den Programmnamen und die Programmparameter, z. B. die Datei
Deklarations-teil	const Zeichen = 'A'; typ Name = string[20]; var P, Q, T : integer; Wert : real; function Kurve (P, Q) : real;	Im Deklarationsteil müssen die im Programm verwendeten Sprungmarken (**label**), Konstanten (**const**), Typen (**typ**), Variablen (**var**), Prozeduren (**procedure**) und Funktionen (**function**) vereinbart werden. Jede Deklaration darf höchstens einmal und nur in obiger Reihenfolge vorkommen.

Anweisungs-teil	begin
	  T := 0;
	  while .... do
	    begin
	     ..... ;
	    end;
	end.
		Der Anweisungsteil steht zwischen den Sprachsymbolen **begin** und **end**. Er enthält die Anweisungen für den Programmablauf. Diese werden der Reihe nach abgearbeitet. Zur Verbesserung der Übersicht werden Anweisungen blockweise eingerückt.
		Das Ende des Programms wird mit einem **Punkt** (.) gekennzeichnet.

Standardfunktionen

PASCAL-Schreibweise	mathem. Schreibweise	Bezeichnung	Erläuterung, Beispiel	
Sqr(x)	x^2	x hoch zwei	$(a + b)^2 = \text{Sqr}(a + b)$	Winkelangaben erfolgen in Radiant (rad)
Sqrt(x)	$\sqrt{x}$	Quadratwurzel	$\sqrt{a^2 + b^2} = \text{Sqrt}(\text{Sqr}(a) + \text{Sqr}(b))$	
Sin(x)	sin x	Sinus	sin 2 = Sin(2) = 0,9093	$1 \text{ rad} = \dfrac{180}{\pi}$ $1° = \dfrac{\pi}{180}$ rad
Cos(x)	cos x	Cosinus	cos 2 = Cos(2) = −0,4161	= 0,0174532
Arctan(x)	arctan x	Arcustangens	arctan 2 = Arctan(2) = 1,1071	
Abs(x)	|x|	Absolutwert	|−3,5| = Abs(−3.5) = 3.5	
Trunc(x)	[x]	Ganzzahl	Gibt den ganzzahligen Anteil von x. Trunc(3.2) = 3; Trunc(−3.2) = −3	
Round(x)	—	Rundung	Rundung auf Ganzzahl. Round(3.5) = 4; Round(−3.5) = −4	
Ord(x)	—	Codierung	Umwandlung eines ASCII-Zeichens in seine Codenummer. Ord('A') = 65	
Chr(x)	—	Decodierung	Umwandlung eines Wertes in sein ASCII-Zeichen. Chr(65) = 'A'	
Pred(x)	—	Vorwert	Gibt den x vorhergehenden Wert aus, falls dieser existiert.	
Odd(x)	—	Geradzahl	Odd(x) ist True, wenn x eine ungerade Zahl ist, False, wenn x gerade.	

Operatoren (Rechenanweisungen)

Operator	Wirkung	Typ des Operanden	Typ des Ergebnisses	Erläuterung, Beispiel
+	Addition	Int., Real	Int., Real	Integer, wenn beide Summanden vom Typ Integer sind. 3+5 = 8
	Mengen-vereinigung	Set	Set	In der vereinten Menge sind alle Elemente der Teilmengen enthalten. [1, 3, 7] + [1, 3, 5] = [1, 3, 5, 7]
−	Subtraktion	Int., Real	Int., Real	Integer, wenn beide Operatoren vom Typ Integer sind. 8 − 5 = 3
	Mengen-differenz	Set	Set	In der Differenz einer Menge fehlen alle Elemente, die in beiden Teilmengen enthalten sind. [1, 3, 7] − [1, 3, 5] = [5, 7]
*	Multipli-kation	Integer Real	Integer Real	Das Ergebnis ist vom Typ Integer, wenn beide Multiplikatoren vom Typ Integer sind, sonst Typ Real. 3∗5 = 15 3.0∗5 = 15.0
	Schnitt einer Menge	Set	Set	Im Durchschnitt einer Menge sind nur die Elemente enthalten, die in beiden Teilmengen sind. [1, 3, 7] ∗ [1, 3, 5] = [1, 3]
/	Division	Int. Real	Real	Das Ergebnis ist immer vom Typ Real. 15/5 = 3.0 123/4 = 30.75
div	Division	Integer	Integer	Ausgegeben wird stets ein ganzzahliges Ergebnis. 123 div 4 = 30
mod	Modulo	Integer	Integer	Ausgegeben wird der ganzzahlige Rest einer Division. 17 mod 5 = 2
or	ODER	Boolean	Boolean	True (1), wenn Fall 1 ODER Fall 2 erfüllt ist, sonst False (0)
and	UND	Boolean	Boolean	True (1), wenn Fall 1 UND Fall 2 erfüllt ist, sonst False (0)
not	NICHT			Umkehr des logischen Wertes; notTrue = False, notFalse = True
in	enthalten	Set		True, wenn linker Operand Mengenelement ist; 3 in [1,4,7] ist False

Vergleichsoperatoren

Operator	Erläuterung
= <> > < >= <=	gleich, ungleich, größer als, kleiner als, größer gleich, kleiner gleich Verglichen werden Zahlen, Zeichenketten oder Mengen, das Ergebnis ist True oder False.

[1)] Neben der Standardversion von PASCAL nach DIN 66256 gibt es noch weitere Dialekte mit ähnlichem Aufbau.

Programmiersprache PASCAL

vgl. DIN 66256 (01.85)

Bezeichnung	Beispiel	Erläuterung

Elementare Sprachelemente

Bezeichnung	Beispiel	Erläuterung
Sonderzeichen	+ − * / = . , ; : { } < > [ ]	Sonderzeichen dienen für mathematische und logische Operationen sowie zur Kennzeichnung besonderer Programmteile.
Reservierte Wörter	and, array, begin, case, const, . . . while, with	Reservierte Wörter sind **Schlüsselwörter**, die vom Benutzer nicht verändert werden können. PASCAL enthält über 30 Reservierte Wörter.
Standardbezeichner	Arctan, Char, Eof, Ln, Pos, . . . Val, Write	Vordefinierte Bezeichner für Funktionen, Unterprogramme und Variable, die vom Benutzer verändert werden können. Der Vorrat ist von der PASCAL-Version abhängig.
Begrenzer, Trenner	Leerzeichen (SPACE) Zeilenschaltung (LF)	Mehrere Sprachelemente innerhalb einer Anweisung müssen durch einen Begrenzer getrennt werden. Hierzu dienen Leerzeichen und Zeilenschaltung.

Benutzerdefinierte Sprachelemente

Bezeichnung	Beispiel	Erläuterung
Kommentar	{ Kommentar } (*Kommentar*) { Kommentare können über mehrere Zeilen gehen }	Kommentare dienen zur Erläuterung des Programmes und wirken wie Leerzeichen und Zeilenschaltung als Begrenzer von Sprachelementen. Kommentare stehen zwischen { } oder zwischen (* *).
Bezeichner	A, Name, Pos_1, A1, funktion, Das_erste_Zeichen_einer_Zeile **Nicht** zulässig sind z. B. Pos 1, Pos., 1 Pos	Bezeichner dienen zur Benennung von Daten und Prozeduren. Das erste Zeichen muß ein Buchstabe sein. Reservierte Wörter, Sonderzeichen und Leerzeichen dürfen nicht verwendet werden. Groß- und Kleinschreibung wird nicht unterschieden: Art, art und ART ist derselbe Bezeichner. Meist werden nur die ersten 16 Zeichen eines Bezeichners identifiziert.
Zahlen	1 + 100 −99 0.2 1.2E-3	Zahlen in PASCAL sind ganzzahlig (Typ Integer) oder gebrochen (Typ Real). Das Vorzeichen + kann weggelassen werden.
Zeichenkette (String)	'PASCAL' '1, 2, 3 . . .'	Ein String ist eine Variable oder Konstante, die aus ASCII-Zeichen besteht. Zur Unterscheidung von Anweisungen wird sie in Apostrophen gesetzt.
Sprungmarke	label 231,	Mit Sprungmarken (label 0…9999) versehene Anweisungen können mit der Sprunganweisung goto gefunden werden, z. B. goto 231.

Skalare Datentypen

Bezeichnung	Beispiel	Erläuterung
Integer	30 100 −32065	Die Werte des Typs Integer sind Ganzzahlen, meist von −32768 bis 32767 oder 2^{-3} bis $2^{31}-1$
Real	2.301 1.34E-12	Werte des Typs Real sind Gleitkommazahlen. Sie dürfen nicht als Index verwendet werden. 1.34E-12 = $1{,}34 \cdot 10^{-12}$
Boolean	False True	Ein Boolescher Wert kann einen der beiden logischen Werte **False** (falsch ≙ 0) oder **True** (richtig ≙ 1) annehmen.
Char	0…9, A…z, , . − /	Alphanumerische Werte, die mit dem ASCII-Code gespeichert werden
Aufzählung	typ Richtung = (vo, ru, li, re);	Die Datentypen Aufzählung und Bereich enthalten eine Anzahl Variablen. Ihnen zugeordnet sind in der Reihenfolge der Aufzählung die Zahlenwerte 0, 1, 2 usw. Mit ihrer Hilfe ist die Überprüfung von Daten und deren Sortierung erheblich vereinfacht.
Bereich	typ Kleinbuchst = ('a'.'z');	

Strukturierte Datentypen

Bezeichnung	Beispiel	Erläuterung
Array	type A = array [1..10] of Real;	A ist eine Variable für eine Real-Zahlenreihe A[1]...A[10]. Damit kann auf die einzelnen Werte durch indizierte Ausdrücke zugegriffen werden: A[1], A[2], ..., A[10].

Record	type Datum =
	record Name = string[20];
	    Jahr : 1900..2000;
	    Monat : 1..12;
	    Tag : 1..31;
	end;
	var X,Y, Z : Datum;
		Der Datensatz Datum besteht aus den Feldern Name, Jahr, Monat und Tag. Die Variablen X, Y und Z wurden dem Typ Datum zugeordnet.
		Damit lassen sich die Geburtsdaten der Personen X, Y und Z speichern, z. B. X.Name := Maier; X.Jahr := 1956; X.Monat := 5; X.Tag := 24;. Ebenso lassen sich z. B. Daten leicht auffinden, z. B. aller Personen, die im Jahr 1956 geboren sind.

Set	type Groß = set of 'A'.'Z';	Mit dem Datentyp Set werden Mengen definiert, die dann entsprechend den Regeln der Mengenlehre verglichen werden können.

File	type
	Ware = string [80];
	Lagerliste = file of record;
	record Name : Ware;
	    Nr. : 1..1000;
	    Zahl : integer;
	end;
	var X : Lagerliste;
		Ein File enthält eine geordnete Folge von Datensätzen desselben Typs. Ein File kann im Speicher des Rechners oder auf einem Datenträger (z. B. Diskette) enthalten sein. Jedesmal, wenn ein Lese- oder Schreibvorgang stattfindet, rückt ein Zeiger (Pointer) zum nächsten Datensatz vor.
		Im Beispiel ist die Variable X als ein Record der Lagerliste festgelegt, der aus dem max. 80 Zeichen langen Warennamen, der Nr. (1...1000) und der Anzahl besteht.

Programmiersprache PASCAL

vgl. DIN 66256 (01.85)

Anweisungen

Jede Anweisung muß mit einem Strichpunkt (;) abgeschlossen werden.
Mehrere zusammenhängende Anweisungen werden mit den Sprachsymbolen **begin** und **end** zu einem Anweisungsblock zusammengefaßt. Anweisungsblöcke können aneinandergereiht oder ineinander geschachtelt werden, wenn sie jeweils mit begin und end eingeklammert sind.
Standardprozeduren, Standardfunktionen sowie im Deklarationsteil selbst definierte Funktionen und Prozeduren können an beliebigen Programmstellen aufgerufen werden. Sie werden dann mit den jeweils aktuellen Werten der Variablen abgearbeitet.

Anweisung	Erläuterung	Programmbeispiel	Ergebnis
Einfache Anweisungen			
:=	Wertzuweisung; der linken Variablen wird der rechte Wert zugewiesen.	Preis := Ek + Sp;	Die Variable Preis erhält den Wert der Summe von Ek + Sp
goto...	Fortsetzung des Programmes von dem Punkt an, der mit label... gekennzeichnet ist.	goto 15;	Fortsetzung des Programmes bei der Zeile mit label 15.
begin... end	Die zwischen begin und end stehenden Anweisungen werden zu einer Verbundanweisung zusammengefaßt.	begin z := y; y := x; x := z; end;	Der Wertetausch von x und y wird mit der Hilfsvariablen z durchgeführt.
Bedingte Anweisungen			
if...then... else...	Falls die nach if folgende Bedingung erfüllt ist, wird die nach then folgende Anweisung durchgeführt. Andernfalls wird die nach else, oder falls else fehlt, die nächste Anweisung durchgeführt.	if (Eingabe <=0) or (Eingabe > 100) then begin write('Eingabe 1..100'); readln(Eingabe); end;	Es erfolgt die Abfrage einer Variablen "Eingabe". Ist sie 0 oder kleiner oder ist sie größer als 100, so erfolgt Angabe write... und Aufforderung zu Eingabe (read).
case...of	Stimmt der nach case folgende Ausdruck mit einem der nach of folgenden Werte überein, so wird die dahinter folgende Anweisung ausgeführt.	case Vorzeichen of '+' : x := a; '−' : x := b; end;	Ist "Vorzeichen" +, so wird x = a, ist "Vorzeichen" −, so wird x = b, andernfalls bleibt x unverändert.
Wiederholungsanweisungen			
repeat... until...	Die nach repeat folgenden Anweisungen werden so lange wiederholt, bis die nach until folgende Bedingung true ist (Kontrolle am Schleifenende).	repeat readln(Aufgaben,Zeile); writeln('Beenden?'); read(Zeichen); until Zeichen in ('j','J');	Aus der Datei Aufgaben wird jeweils eine Zeile eingelesen. Folgt auf Frage "Beenden?" kein "j" oder "J", so wird die nächste Zeile gelesen.
while... do...	Solange die Bedingung nach while erfüllt ist (true), wird die nach do folgende Anweisung durchgeführt (Kontrolle am Schleifenanfang).	while Zahl > 0 do begin readln(Zahl); Wurzel := Sqrt(Zahl); writeln(Wurzel); end;	Nach Eingabe einer Zahl wird daraus die Wurzel berechnet und ausgegeben, sofern die Zahl nicht kleiner als Null ist.
for...to...	Die nach for folgende Zählvariable wird bei jeder Wiederholung um 1 erhöht oder verringert bis der Endwert nach to oder downto erreicht ist.	for I := 1 to 100 do for K := 1 to 3 do readln(Aufgabe [I, K];	Für 100 verschiedene Aufgaben wird an jeweils 3 Zeilen bestehender Text von der Tastatur eingelesen.
Anweisungen für Dateiverarbeitung (Dateizugriff)			
text	Typenbezeichner für Deklarierung von Textdateien	typ Bericht: text;	Die Datei Bericht wird als Textdatei deklariert.
rewrite	Eröffnen einer Diskettendatei	rewrite (Umsatz);	Datei "Umsatz" wird eröffnet.
reset	Wiedereröffnen einer Diskettendatei	reset(Zahlen);	Die bestehende Datei Zahlen wird eröffnet. Sie kann damit gelesen oder überschrieben werden.
read	Einlesen von Werten aus Datei	read(Zahlen,a,b,c);	Von der Datei Zahlen werden die Werte a, b und c eingelesen.
write	Schreiben von Werten in eine Datei	write(Zahlen,a,b,c);	In der Datei Zahlen werden die Werte a, b und c geschrieben.
readln	Einlesen einer Zeile aus Textdatei	readln(Bericht,Zeile_1);	Aus der Textdatei Bericht wird Zeile_1 eingelesen.
writeln	Schreiben einer Zeile in Textdatei	writeln(Bericht,Zeile_2);	In die Textdatei Bericht wird Inhalt von Zeile_2 geschrieben.
eoln	Zeichen für Zeilenende, wird bei der Anweisung writeln gesetzt	while not eoln do...	Die auf do folgende Anweisung wird bis Zeilenende ausgeführt.
eof	Zeichen für Dateiende	while not eof do...	Die auf do folgende Anweisung wird bis Dateiende ausgeführt.

Betriebssystem MS-DOS

Befehle

DOS-Befehl	Zweck	Beispiel	Erläuterung
ASSIGN	Leitet die Diskettenoperationen auf ein anderes Laufwerk um	ASSIGN A=C B=C	Alle Diskettenoperationen, die die Laufwerke A und B ansprechen, werden auf die Festplatte C umgeleitet
CD (CHDIR)	Wechselt in ein Unterverzeichnis	CD SIM	Wechselt in das Unterverzeichnis mit dem Namen SIM
CHKDSK	Überprüft Festplatten oder Disketten	CHKDSK C:	Überprüft die Festplatte und identifiziert vorhandene Fehler
COMP	Überprüft Dateien auf Gleichheit	COMP A:PR.BAS B:KA.BAS	Vergleicht die Datei PR.BAS auf der Diskette im Laufwerk A mit der Datei KA.BAS auf der Diskette im Laufwerk B
COPY	Kopiert Dateien	COPY A:P1.PAS B:P2.PAS	Kopiert das Programm P1.PAS von der Diskette in Laufwerk A auf die Diskette im Laufwerk B und vergibt dort den neuen Dateinamen P2.PAS
		COPY A:*.* B:	Kopiert alle Dateien auf der Diskette im Laufwerk A auf die Diskette im Laufwerk B
DATE	Setzt das Datum	DATE 12-08-90	Setzt das Datum auf den 12.8.1990
DEL	Löscht Dateien	DEL A:*.*	Löscht alle Dateien auf der Diskette im Laufwerk A
		DEL C:*.BAS	Löscht alle Dateien mit der Namenserweiterung .BAS von der Festplatte
DIR	Listet das Inhaltsverzeichnis auf	DIR A:PROG2.PAS	Listet den Verzeichniseintrag der Datei mit dem Namen PROG2.PAS im Diskettenlaufwerk A auf
		DIR A:/P	Listet das Inhaltsverzeichnis des Laufwerks A seitenweise auf
		DIR B:/W	Listet das Inhaltsverzeichnis der Diskette im Laufwerk B in breitem Format auf
		DIR C:\SIM*.BAS	Listet das Inhaltsverzeichnis aller Dateien mit der Namenserweiterung .BAS im Unterverzeichnis SIM von der Festplatte auf
DISKCOMP	Vergleicht Disketten	DISKCOMP A: B:	Vergleicht den Inhalt der Diskette im Laufwerk A mit dem Inhalt der Diskette im Laufwerk B
FORMAT	Formatiert Disketten	FORMAT A:/S	Formatiert die Diskette im Laufwerk A und überträgt gleichzeitig das Betriebssystem auf die Diskette
LABEL	Gibt einem Datenträger einen Namen	LABEL A:CTGMET	Gibt der Diskette im Laufwerk A den Namen CTGMET
MD (MKDIR)	Erstellt ein Unterverzeichnis	MD C:\SIM	Erstellt auf der Festplatte ein Unterverzeichnis mit dem Namen SIM
PRINT	Druckt Inhalte von Dateien aus	PRINT A:PROG6.PAS	Druckt den Inhalt der Datei PROG6.PAS auf dem Drucker aus
RD (RMDIR)	Löscht ein Unterverzeichnis	RD C:\SIM	Löscht das Unterverzeichnis mit dem Namen SIM (zuvor müssen jedoch alle Dateien im Unterverzeichnis gelöscht sein)
RENAME	Benennt Dateien um	RENAME B:X.BAS Y.BAS	Benennt die Datei X.BAS im Laufwerk B um in Y.BAS
TYPE	Zeigt Dateiinhalte an	TYPE C:ELLIPSE.ECF	Listet den Inhalt der Datei ELLIPSE.ECF von der Festplatte auf dem Bildschirm auf
VOL	Ausgabe des Datenträgernamens	VOL A:	Gibt den Namen der Diskette im Laufwerk A aus

Sachwortverzeichnis

A

Abfallbestimmungsverordnung 168
−gesetz 168
−schlüssel 168
Abgraten 254
Abmaße 94
Abscherung 46
Abschreibung, kalkulatorische 223
ABS-Copolymere 151
Acetylen, Stoffwerte 56
Adreßbuchstaben 313
Allgemeintoleranzen 104
Aluminiumdraht 135
−lote 276
−profile 148
−rohre 141
Aluminiumlegierungen . 128, 129
−, Aushärten 159
Aminoplast-Formmassen ... 153
Anlaßfarben .... 128 B
Ankathete 12
Anpasser 281
Anreißmaße bei Profilen 142...147
Anschnitt bei Bohrern 233
Anweisungsliste 306
Arbeit, Anwendungsbeispiele. 40
−, elektrische 25, 53
−, mechanische 25, 39
Arbeitsstättenverordnung... 278
Arbeitsstoffe, gefährliche .. 128 D
ASCII-Zeichensatz 321
Assoziativ-Gesetz 285
Auflagebolzen 203
Auflagerkraft 38
Aufnahmebolzen 203
Aufnehmer 281
Auftragszeit nach REFA ... 220
Auftrieb 41
Ausführungszeit nach REFA. 220
Ausgeber 281
Ausgleichsteilen 250
Ausgleichswert beim Biegen 260
Aushärten von
 Aluminiumlegierungen.. 119, 159
Ausschneiden 258
Austenit .... 128 A
Austenitisches Gußeisen.... 114
Automatenstähle 119
−, Wärmebehandlung 159
AWF, Richtlinien 8
Axiallager 212
−Pendelrollenlager 212
−Rillenkugellager 212, 213
−Wellendichtringe 218
−Zylinderrollenlager 212

B

BASIC 324
Basiseinheiten 23
−größen 23
Baustahl, Auswahl 116

Baustähle, unlegiert 117
Beanspruchung auf
 Abscherung 46
 − Biegung 47
 − Druck 45
 − Knickung 46
 − Verdrehung 47
 − Zug 45
Beanspruchungsarten 43
Bearbeitungszyklen 316, 317
Bediengeräte 281
Belastungsfälle 43
Belegungsliste 308
−zeit nach REFA 221
Bemaßung .... 73...79
Berührungsspannung 291
Beschleunigung 37
Beständigkeit der Metalle .. 167
Betriebsmittel, elektrische.... 288
−system 330
Bewegung, beschleunigte ... 37
−, gleichförmige 37
−, kreisförmige 37
Biegeradius 260
−versuch, technologischer .. 162
−umformen 260, 261
Biegung 47
−, Belastungsfälle 47
Bildzeichen, Maschinenbau .. 310
−, aufgabenbezogene 281
−, lösungsbezogene für Geräte 281
−, NC-Werkzeugmaschinen .. 311
Binäre Elemente 287
− Verknüpfungen 284
Bindung von Schleifscheiben. 253
Bleche, Abmessungen 135
−, Werkstoffe 124
Blechschrauben 182
Blei-Zinn-Legierungen
 für Gleitlager 132
Bogenmaße, Bemaßung..... 75
Blindniete 199
Bohrbuchsen 201
−schrauben 182
− und Fräszeiten 316, 317
Bohren, Richtwerte 241
Bohrertypen 241
Bolzen 194, 196
Brennprobe bei Kunststoffen . 150
Brinellprüfung 163
Bruchrechnung 18
Buchsen für Gleitlager 211
Bundbohrbuchsen 201

C

CFK 130
Chemie 54, 55
Chemikalien der Metalltechnik 55
Copolymere 149
Cosinus .... 12...15
−satz 13
Cotangens 12, 16, 17

D

Darstellung
 in Zeichnungen .... 67...90
Darstellung von Dichtungen . 82
 − Federn 89
 − Gewinden 84
 − Schraubenverbindungen ... 84
 − Wälzlagern 82, 83
 − Zahnrädern 81
Dauerfestigkeit 161
−schwingversuch 161
Dezibel 278
Dezimale Vorsätze 23
Dezimalzahlen 320
Dichte, Werte 106, 107
−zahl 106, 107
Dichtelemente 218
Dichtungen, Darstellung.... 82
Differentialteilen 250
Dimetrische Projektion 66
DIN EN-Normen 7, 8
 − ISO-Normen 7, 8
 − Normen .... 6...8
 − Normenheft 8
 − VDE 8
Direktes Teilen 250
DOS-Betriebssystem 330
Drähte, Abmessungen 135
D-Regler 282
Dreipunkt-Regler 283
Drehen, Hauptnutzungszeit . 231
−, Richtwerte .... 245...247
Drehmeißel 246
Drehmoment bei Hebeln 38
−, Zahnradtrieben 38
Drehzahldiagramm 230
Drehzyklen 316
Dreieck, Berechnung 13
Dreiphasen-Wechselstrom,
 Schaltungen 290
Dreisatz 21
Druck, absoluter 42
−, Berechnung 42
−, hydrostatischer 42
Druckbehälterstähle 123
Druckfedern 207
−festigkeit 45, 161
−gasflaschen 267
−stücke 202
−übersetzer 303
−versuch 161
DSA 8
Dualzahlen 320
Durchflußgeschwindigkeit.. 304
Durchgangslöcher, Schrauben 175
Durchmesser, Bemaßung ... 74

E

Ebene, schiefe 40
Edelstahl, Definition 109
Einheiten im Meßwesen .. 23...25
−, abgeleitete 23
Einheitskreis 12

331

Einsatzstähle 119
–, Wärmebehandlung 157
Einspannzapfen 205
–, Lage 259
Eisen-Kohlenstoff-
  Diagramm............. 128A
Eisen und Stahl, Einteilung .. 109
Elastizitätsmodul 46, 160
Elektrizität, Einheiten 25
Elektrochemische
  Spannungsreihe der Metalle 167
Elektrohydraulische
  Steuerungen 300
–pneumatische Steuerungen.. 299
Elektrotechnik........... 52, 53
Elektrotechnische
  Schaltzeichen........... 286
Elemente, chemische........ 54
Ellipse, Berechnung 29
–, Konstruktion 59
Energie 39
–, kinetische 39
–, potentielle 39
EN-Normen 7, 8
Entsorgung 168
Erholungszeit nach REFA ... 220
Erichson-Probe............ 162
Eutektikum 128A
Eutektoid 128A
Evolvente 61
Euklid, Lehrsatz 30
Extrudieren 264
Exzenter- und Kurbelpressen 257

F

Fächerscheiben 192
Faktoren der Zahlen....... 10, 11
Faltversuch 162
Fasen, Bemaßung........... 74
Federkraft 36, 207, 208
Federn, Berechnung 207, 208
– Darstellung 89
Federrate von Druckfedern .. 207
Federringe 192
Federstahl, patentiert....... 123
–, warmgewalzt 122
Federweg von Druckfedern .. 207
Feingewinde 172
Feinkornbaustähle.......... 120
Feinstbleche 124
Feinzink-Legierungen 127
Ferrit................... 128A
Fertigungskosten 222
–löhne 222
–technik .... 219...278
Feste Stoffe, Stoffwerte. 106, 107
Festigkeitsklassen, Muttern . 186
–, Schrauben 175
Festigkeitslehre............. 43
–werte 44
Festschmierstoffe 156
Flächenberechnung ..... 27...30
–momente, Berechnung 48
–pressung 45
Flachstahl 137, 138
Flammhärtung, Stähle für ... 120
Flaschenzug 40
Fliehkraft 38

Flüssige Stoffe, Stoffwerte .. 106
Flußmittel 277
Formelzeichen 22
Form- und Lagetolerierung . 102
Fräsen, Hauptnutzungszeit ... 234
–, Richtwerte.......... 248, 249
Fräszyklen 317
Freistiche 86
Füll- und Verstärkungsstoffe 149
Funktionsdiagramme ... 294, 295
–linien 294
–pläne 292, 293

G

Gase, Stoffwerte 106
–, Stoffwerte gefährlicher 56
Gasgleichung, allgemeine ... 42
Gasschweißen 268
Gebotsschilder 128D
–zeichen................ 128C
Gefahrensymbole 128D
Gefährliche Stoffe 56
Gefahrstoffverordnung 128D
Gefriertemperaturen........ 106
Gefüge................. 128A
– von Schleifscheiben 253
Gegenkathete 12
Gemeinkosten 222
Geradeninterpolation 317
Gesamtlauftoleranzen 103
Geschwindigkeit
  an Maschinen 228
Gestreckte Längen 26
Gewichte, Bleche 135
–, Drähte 135
–, Flachstahl 137, 138
–, Formstahl .... 142...147
–, Rohre .... 139...141
–, Stabstahl 137, 138
Gewichtskraft 36
Gewinde .... 170...175
–, ausländische............ 171
–auslauf 184
–, Bemaßung 76
–, Darstellung 84
–bohren 242
–drehen 231
–freistich 184
–furchende Schrauben 178
–, mehrgängige 170
–stifte 181, 202
GFK 130
Gießereitechnik 113
Gleichungen, Umformen 20
Gleitlager, Buchsen 211
–, Werkstoffe für 132
Glühfarben 128B
Grenzabmaße 94
–maße 94
–spannung 44
Griechisches Alphabet 62
Grundabmaß 94
–, Lage 95
Grundrechnungsarten 18
Grundstähle, Definition 109
Grundtoleranz 94, 95
Grundtoleranzgrad 94
Grundzeit nach REFA 220
Gußeisen, austenitisches 114
– mit Kugelgraphit 114
– mit Lamellengraphit 114
Gußteile, Toleranzen 113

H

Härteangaben in Zeichnungen 93
Härtegrad
  von Schleifscheiben 253
Härteprüfung 163
– für Kunststoffe 166
Härteskalen, Vergleich...... 165
Hartgewebe............... 153
Hartlote 276
Hartmatte 153
Hartmetalle 134
–, Schneidplatten 243
Hartpapier 153
Hauptnenner.............. 18
Hauptnutzungszeit .... 231...235
–, Abtragen 236
–, Bohren, Senken, Reiben ... 233
–, Drehen 232
–, Fräsen................ 234
–, Hobeln und Stoßen 233
– nach REFA 221
–, Schleifen.............. 235
–, Schweißen 274
Hebel 38
Heizwert, spezifischer 51
Herstellkosten 222
Hexadezimalzahl 320
Hobeln und Stoßen,
  Richtwerte.............. 249
Höchstmaß 94
Hochtemperaturlote 276
Höhensatz 30
Hohlprofile............... 140
–zylinder................. 31
Honen, Richtwerte 255
Hörschäden 278
Hydraulik, Berechnungen 303, 304
–, Druckflüssigkeiten 301
–öle 301
–, Schaltpläne 298
–, Schaltzeichen 296, 297
Hydraulische Presse........ 303
Hydrostatischer Druck 42
Hyperbel 61
Hypotenuse 12, 30

I

Indirektes Teilen 250
Informations-
  verarbeitung .... 319...330
–, Sinnbilder für 322
Inkreiskonstruktion 60
Interpolationsarten 318
I-Regler 282
ISO-Passungen .... 94...100
Isometrische Projektion 66
Istmaß 94
Istwert bei Regelungen 280
I-Träger, breite 146
–, mittelbreite 145
–, schmale 145

K

Kabinett-Projektion 66
Kalkulation 222, 223
Kaltarbeitsstähle 121
–, Wärmebehandlung 157
Kathete 12, 30
Kavalier-Projektion 66

Kegel, Berechnung 31
—bezeichnungen 245
—drehen 245
—pfannen 204
—räder 226
—rollenlager 212, 214
—stifte 195
—stumpf, Berechnung 32
— von Werkzeugen 200
Keil als schiefe Ebene 40
Keile 197
Keilriemen 209
—scheiben 209
—wellenverbindungen 199
Kennbuchstaben,
aufgabenbezogene 280
Kennzeichnung
von Betriebsmitteln 288
Keramische Werkstoffe 130
Kerbnägel 196
—schlagversuch 162
—stifte 196
—wirkung 49
Kippglieder 284
Klammerrechnung 18
Kleben 275
Klebstoffe für Metalle 275
Klemmhalter 244
Knickung 46
Kohlendioxid, Stoffwerte 56
Kohlenmonoxid, Stoffwerte . 56
Kolbengeschwindigkeiten .. 304
Kombinierte Bemaßung 79
Kommunikation,
technische .... 57...104
Kommutativ-Gesetz 285
Kontaktplan 305
Koordinatenbemaßung ... 78, 79
—berechnungen 312
—systeme bei NC-Maschinen . 309
Körnung von Schleifscheiben 253
Körperberechnung ..... 31...33
Körperstrom 291
Korrosion 167
Korrosionsschutz 167
Kosten 222, 223
Kraft, Auflager- 38
—, Beschleunigungs- 36
—, Feder- 36
—, Flieh- 38
—, Gewichts- 36
—, Reibungs- 41
—, Zerlegung 36
—, Zusammensetzung 36
Kreisberechnung 29
—, Abschnitt 29
—, Ausschnitt 29
—fläche, Tabellen 10, 11
—, Ring 29
—, Ringausschnitt 29
—, Vollkreis 10, 11
Kreisbewegung 37
Kreisinterpolation 317
Kreissäge, Richtwerte 249
Kreismittelpunkt,
Konstruktion 60
Kreuzgriffe 203
Kronenmuttern 189
Kubikwurzel 10, 11
Kugel, Bemaßung 74
—, Berechnung 32
—, Abschnitt 32
—, Ausschnitt 32
Kugeleindruckversuch 166
Kugelknöpfe 202

Kugellager 213
Kugelscheiben 204
Kühlschmierstoffe 154
Kunststoffe .... 149...153
—, Brennverhalten 150
—, Duroplaste 153
—, Erkennen 150
—, Kurzzeichen 149
—, spanende Formung 256
—, Thermoplaste 152
—, Verarbeitung 264
—, Werkstoffprüfung 166
—, Unterscheidungsmerkmale.. 150
Kunststoff-Formteile,
Toleranzen 264
Kupferdraht 135
—rohr 141
Kupferlegierungen 126, 127
— für Gleitlager 132
Kupferlote 276

L

Lagerauswahl (Wälzlager) ... 215
Lagerdruck 45
Lagetoleranzen 103
Längenänderung
bei Erwärmung 50
Längenausdehnungs-
koeffizient 106, 107
—berechnungen 26
—, gestreckte 26
Lärm, gesundheitsschädlicher . 278
—schutzverordnung 278
Lastdrehzahlen 229
Lauftoleranzen 103
Ledeburit 128A
Leistung, elektrische 53, 290
—, mechanische 39
Leiterspannung 290
—strom 290
—widerstand 52
Leitungsquerschnitte,
elektrische 288
Lichtkanten
in Zeichnungen 68
Linien in Zeichnungen 64, 65
Linienarten 64
Linksgewinde 170
Linsensenkschrauben 180
Lochen von Blech 258
Lochkreise beim Teilen 250
— beim Wendelnutfräsen 251
Lote 276
Löten, Sinnbilder .... 87...89
Luftdruck 42
—verbrauch bei Zylindern 302

M

Magnesium-Legierungen ... 127
MAK-Werte 56
Maschinenstundensatz 223
Masse, Berechnung der 33
—, flächenbezogene 33
—, längenbezogene 33
Maßeinheiten .... 23...25
—eintragung .... 73...79
—hilfslinien 73
—linien 73
—stäbe 63
—zahlen, Eintrag in Zeichnungen 73
Mathematik .... 9...34

Mathematische Zeichen 22
Mechanik, Einheiten 24
M-Funktionen .... 314...316
Metrische Kegel 200
Metrisches ISO-Gewinde ... 172
— ISO-Trapezgewinde 174
Mindesteinschraubtiefe 175
Mindestmaß 94
Mischungsrechnung 21
Mittenrauhwerte, erreichbare . 91
Mittlere Geschwindigkeit ... 228
Modelle, Farbkennzeichnung .. 113
Modulreihe für Zahnräder ... 225
Molekularphysik, Einheiten.. 25
Molekülgruppen 54
Morsekegel 200
MS-DOS 330
Muttern .... 186...189
—, Bezeichnung 186
—, Festigkeitsklassen 186

N

Nadellager 212
Nahtlose Präzisions-
stahlrohre 139
Nasenkeile 197
Naturwissenschaftliche
Grundlagen .... 35...56
NC-Technik .... 309...318
NEGATION 284, 285
Neigung, Bemaßung 75
NE-Metalle .... 125...129
Nennmaß 94
Netto-Verkaufspreis 222
Nichteisenmetalle ..... 125...129
—, Bezeichnung 125
NICHT-Glied 284
Nichtrostende Stähle 122
Niederhaltekraft beim Ziehen 263
Nitrierstähle 120
—, Wärmebehandlung 159
Normenverzeichnis .... 6...8
Normschrift 62
Normteile .... 169...218
Normzahlen 63
Normzahlreihen 63
Nuten, Bemaßung 75
Nutensteine 204
Nutmuttern 189, 215
—, Sicherungsbleche für .. 189, 215

O

Oberflächenangaben 92, 93
—schutz 167
Oberschlittenverstellung 245
ODER-Glied 284
—Verknüpfung 285
O-Ringe 218
Ortstoleranzen 103
Oxidkeramik 134

P

Papierformate 80
Parabel 61
Parallelbemaßung 78
—schaltung 52

Parallelogramm 27
PASCAL 327
Paßfedern 197, 198
—scheiben 217
—schrauben 179
Passungen . . . . 94…101
Passungsauswahl 101
PD-Regler 282
Pendelkugellager 212
—rollenlager 212
Periodensystem
   der Elemente 54
Perlit . . . . 128 A
Phenoplast-Formmassen 153
pH-Wert 54
PI-Regler 282
PID-Regler 282
Platten für Säulengestelle 205
Pneumatik, Berechnungen 303
—, Schaltpläne 298, 299
—, Schaltzeichen 296, 297
—, Zylinder 302
Polyamid 151
—ethylen 151, 152
—mere 149
—methylmethacrylat 151
—oxymethylen 151
—propylen 151, 152
—styrol 151
—tetrafluorethylen 151
—vinylchlorid 151
Potenzieren 19
P-Regler 282
Primzahlen 10, 11
Prisma, Berechnung 31
Profile aus Al-Legierungen . . 148
Programmablaufplan 323
Programmaufbau
   bei NC-Maschinen . . . . 313…318
Programmiersprachen 324
Projektionen 66
Projektionsarten 66
—methoden 65, 67
Prozentrechnung 20
Pyramide, Berechnung 31
—nstumpf, Berechnung 32
Pythagoras, Lehrsatz 30, 312

Q

Quadrat, Bemaßung 74
—, Berechnung 27
—stahl 137, 138
—wurzel 10, 11
Qualitätsstähle,
   Definition 109

R

Räderwinde 40
Radiallager 212
Radius, Bemaßung 74
Radizieren 19
Randbreite beim Schneiden . . 258
Rändel 85
Rauheit von Oberflächen . . 91…93
Rauhtiefe beim Drehen 246
Rauhtiefen, erreichbare 91

Raumausdehnungs-
   koeffizient 106
Raute, Berechnung 27
Rechteck, Bemaßung 74
—, Berechnung 27
REFA, Auftragszeit 220
—, Belegungszeit 221
Regeln, Begriff 280
Regelgröße 280
—strecke 280, 283
Regelungstechnik . . . . . 280…284
Regler 281
—arten 282, 283
Reiben, Richtwerte 242
Reibung 41
Reibungsmoment in Lagern . . 41
—zahlen 41
Reihenschaltung 52
Reitstockverstellung 245
Rettungszeichen . . . . 128 C
Rhomboid, Berechnung 27
Richtungstoleranzen 103
Riemen 209, 210
—scheiben 209, 210
—trieb 227
Rillenkugellager 212, 213
—richtung bei Oberflächen-
   angaben 92
Ringmuttern,
   Ringschrauben 189
Rockwellprüfung 164
Rohlängen von Schmiede-
   und Preßstücken 26
Rohpreis 222
Rohre . . . . 139…141
—, Stähle 123, 139, 140
Rolle, feste 40
—, lose 40
Rollenlager 214
Rhombus, Berechnung 27
Römische Ziffern 62
RS-Kippglied 284
Rückfederung beim Biegen . . 261
Rundstahl 137, 138
—, polierter 138
Rundungshalbmesser 63
Rüstzeit, nach REFA 221

S

SAE-Viskositätsklasse 156
Sägengewinde 174
Sauerstoff, Stoffwerte 56
Säulengestelle 206
Schall 278
—pegel 278
Schaltalgebra 285
Schaltinformationen 313
Schaltpläne, elektrische 289
—, hydraulische 298
—, pneumatische 298
Schaltzeichen,
   elektrotechnische 286
— der Hydraulik 296, 297
— der Pneumatik 296, 297
Schaltungsunterlagen,
   elektrotechnische 288
Scheiben . . . . 190…192
—federn 198
Scherfestigkeit 161
—schneiden 258, 259
—versuch 161

Schichtpreßstoffe 153
Schiefe Ebene 40
Schleifen, Richtwerte 252
Schleifmittel 253
—scheiben, Auswahl 254
Schlüsselweiten, Bemaßung . . 74
—, Maße 193
Schlußrechnung 21
Schmalkeilriemen 209
Schmelztemperaturen . . 106, 107
—wärme 106, 107
Schmierfette 156
—stoffe 155
Schneckentrieb 226, 227
Schneidarbeit 257
Schneiden, Kräfte 46
Schneidkraft 257
—plattenmaße 258
—spalt 258
—stempel 205, 258
—stoffe 134
Schnellarbeitsstähle 121
—, Wärmebehandlung 157
Schnittdarstellungen . . . . 69…72
Schnittkraft, spezifische 237
— beim Bohren 238
— beim Drehen 238
— beim Fräsen 239
Schnittgeschwindigkeit 228
Schnittwerte,
   für Kunststoffe 256
Schrägkugellager 212, 213
Schraube, Arbeit an der 40
Schrauben, Bezeichnung 175
—, Dremoment beim Anziehen 183
—, Durchgangslöcher 175
—, Einschraubtiefen 175
—, Festigkeitsklassen 175
—, Übersicht 176, 177
—, Vorspannkraft 183
Schraubenlinie 61
Schraubenverbindungen,
   Darstellung 84
Schriftfeld 80
Schriftzeichen 62
Schulterkugellager 212
Schutzgasschweißen . . 269, 270
Schutzmaßnahmen 291
Schutzklassen 291
Schwebeprobe
   bei Kunststoffen 150
Schweißen . . . . 265…274
—, Allgemeintoleranzen 265
—, Elektrodenbedarf 274
—, Stabelektroden 272, 273
—, Gasverbrauch 267
—, Nahtvorbereitung 266
—, Positionen 265
—, Verfahren 265
—, von Aluminium 271
Schweißsinnbilder . . . . . . 87…89
Schweißzusätze 269, 271
Schwerpunkt, Flächen- 34
—, Linien- 34
Schwindmaße 113
Schwindung 50
Sechseck, Berechnung 28
—, Konstruktion 60
Sechskantmuttern 188
— für Stahlkonstruktionen . . . 188
— mit Klemmteil 188
—, Hutmuttern 188
—, Schweißmuttern 189

334

Sechskantschrauben 177
– für Stahlkonstruktionen..... 178
– mit Dünnschaft............ 178
–, Paßschrauben 179
Sechskantstahl............. 138
Sedezimalzahlen 320
Seitenschneiderabfall 258
Selbstkosten............... 222
Senkschrauben
  mit Innensechskant 179
– mit Kreuzschlitz 180
– mit Schlitz 180
Senkungen 185
Sicherheitsfarben........... 128B
–kennzeichnung............ 128C
–schilder 128D
–zahlen 44
Sicherungsbleche....... 189, 215
–ringe..................... 216
–scheiben 216
Sicherungen, elektrische 288
Siedetemperaturen..... 106, 107
SI-Einheiten .... 23...25
Signalkennzeichen 281
Signalverknüpfungen 294
Sinnbilder für Federn 89
– Informationsverarbeitung ... 322
– Oberflächenangaben..... 92, 93
– Rillenrichtung bei
  Oberflächenangaben 92
– Schweißen und Löten ... 87...89
Sinnbildliche Darstellung
  von Freistichen............ 86
– Gewindefreistichen 84
Sintermetalle............... 131
Sinus .... 12...15
–satz...................... 13
Sollwert 280
Sonderabfälle 168
–kosten 222
–zeichen, abdruckbare 313
Spannscheiben 192
–stifte..................... 195
Spannung, zulässige 44
Spannungsreihe,
  elektro-chemische.......... 167
Speicherprogrammierte
  Steuerungen .... 305...308
Spielpassung 94
Spiralbohrer 241
Spirale 60
Spitzenradius beim Drehen .. 246
Spitzenwinkel beim Bohrer .. 233
Spritzgießen, Druck 264
–, Temperatur 264
SPS .... 305...308
Stabelektroden .... 272...274
Stahlblech 124, 135
–draht..................... 135
–guß...................... 115
–profile .... 136, 142...147
– –, Übersicht 136
–rohre 139, 140
–, Stab- 137, 138
–, T- 147
–, I- 145, 146
–, U- 142
–, L- 143, 144, 147
–, Z- 142
Stähle, Bezeichnungs-
  systeme .... 110...112
Stähle für Flammhärtung..... 120
–, Normung .... 110...112

Stahlrohre, Stähle 123, 139
Steckbohrbuchsen 201
Stegbreite beim Schneiden .. 258
Steigende Bemaßung 78
Steilkegelschäfte........... 200
Stelleinrichtungen 280
–glied..................... 280
–geräte.................... 281
–größe.................... 280
Stern-Dreieck-Schaltung 290
–griffe 203
Stetige Regler 282
Steuergerät 280
–strecke 280
Steuern, Begriff 280
Steuerungstechnik .... 279...318
Steuerzeichen.............. 321
Stifte .... 194...196
Stiftschrauben 181
Stirnräder, Berechnung . 224, 225
Stoffwerte 106, 107
Stoßen, Richtwerte 249
Strahlensatz 13, 312
Strangstrom 290
Streifenausnutzung 259
Stromlaufpläne 289
Stufensprung 229
Struktogramme 322
Stückliste 80
Stützscheiben.............. 217
Styrol/Acrylnitril Copolymer... 151
–/Butadien Copolymer 151
Symbole für gefährliche
  Arbeitsstoffe 128D
Synchronriemen 210
–scheiben 210

T

Tangens.............. 12, 16, 17
Tangente 59
Teilen mit dem Teilkopf 250
Teilung von Längen 26
Teilungen, Bemaßung 76
Tellerfedern 208
Temperatur 50
Temperguß................ 115
Thermisches Trennen 271
Thermodynamik, Einheiten .. 25
Thermoplaste 151
– für Gleitlager 133
Tiefziehen 262, 263
Tiefziehkraft 263
Tiefungsversuch 162
Titanlegierungen 127
TN-S-Netz 291
T-Nuten 204
Toleranz 94
–angaben in Zeichnungen ... 77
–felder 94, 95
–klassen .... 96...100
–zonen 102, 103
Toleriertes Maß 94
Tonnenlager 212
Torsion 47
Transformator 53
Trapez, Berechnung 27
–gewinde 174
TRGS 56
Trigonometrische
  Funktionen 12
T-Stahl.................... 147
T-Träger, Doppel- ... 136, 145, 146

U

Überdruck 42
Übergangspassung 94
–verhalten von Reglern 282
Übermaßpassung 94
Übersetzungen............. 227
Umfangsgeschwindigkeit... 228
Umformen von Gleichungen 20
Umkreis, Konstruktion 60
UND-Glied 284
–Verknüpfungen............ 285
Unfallverhütungs-
  vorschriften 278
Unregelmäßiges Vieleck ... 28
Unstetige Regler 283
U-Stahl 142

V

VDI-Richtlinien 8
Verbindungsgesetz 285
Verbotsschilder............ 128D
–zeichen................... 128C
Verbundwerkstoffe 130
– für Gleitlager 133
Verdrehung 47
Vergrößerungsmaßstäbe ... 63
Verjüngung, Bemaßung 75
Vergütungsstähle 118
–, Wärmebehandlung 158
Verkaufspreis 222
Verkleinerungsmaßstäbe ... 63
Vertauschungsgesetz...... 285
Verteilzeit nach REFA 220
Vickersprüfung 164
Vieleck, Berechnung 28
–, Konstruktion 60
Vierkantprisma, Berechnung . 31
–stahl.............. 137, 138
Viskositätsklassifikation 155
Volumenänderung
  bei Temperaturänderung 50
Volumenberechnungen .. 31...33
Vorschubgeschwindigkeit .. 228
Vorsätze, dezimale 23
Vorzeichenregeln........... 18

W

Wälzlager .... 212...215
–, Darstellung 82, 83
–passungen 101
Warmarbeitsstähle 121
–, Wärmebehandlung 157
Wärmebehandlung 157
– von Stahl 128A
Wärmedurchgangszahlen..... 51
– durch Verbrennen 51
–kapazität, spezifische ... 106, 107
–leitfähigkeit 106, 107
–leitzahl 106, 107
–menge bei Temperatur-
  änderung 50
–strom 51
–technik 50
–übertragung, Einheiten 25

Warmgewalzte Stahlprofile . 136
Warnschilder .... 128 D
−zeichen .... 128 C
Wasserhärte 54
−stoff, Stoffwerte 56
Wechselräder beim Teilen ... 250
− beim Wendelnutenfräsen . 251
Wegbedingungen 314
−informationen 313
Weichlote 277
Weißblech 124
Wellendichtringe 218
−enden 217
Wendelnutenfräsen 251
Wendeschneidplatten 243
Werkstoffe .... 105...168
Werkstoffkosten 222
Werkstoffnummern 108
−, NE-Metalle 125
Werkstoffprüfung 160
−technik .... 105...168
Werkstückkanten 83
Werkzeug-
  Anwendungsgruppen 240
−kegel 200
−schleifen 254
−stähle 121
−vierkante 193
Whitworth-Gewinde 173
−Rohrgewinde 173
Widerstand, spezifischer. 106, 107
Widerstände, Schaltung 52
Widerstandsmomente 48
− von Formstählen ...... 142...147

Wiederaufbereitung
  von Abfällen 168
Winde 40
Winkelarten 13
−funktionen 12, 312
− −, Tabellen .... 14...17
−stahl 143, 144, 147
−summe im Dreieck 13
Wirkungsgrad 39
−plan 280
Würfel, Berechnung 31

Z

Zahlensysteme 320
Zahnradberechnung ... 224...226
−trieb 227
Zahnräder, Darstellung 81
Zahnradtriebe, Drehmoment . 38
Zahnriemen 210
Zahnscheiben 192
Zehnerpotenzen 20
Zeichen, nicht abdruckbare ... 313
Zeichenblätter 80
Zeichnungen im Metallbau . 90
Zeichnungsbegriffe 66
Zeichnungsvereinfachung .. 79
Zementit .... 128 A
Zentrierbohrungen 85
−, Zeichnungsangabe 84
Zerspanungsgruppen
  für Schneidstoffe 134

Ziehring, Maße 262
−spalt, Maße 262
−stempel 262
−stufen 262
−verhältnis 262
Zinnblech 124, 135
Zinsrechnung 20
Z-Stahl 142
Zugfestigkeit 160
−proben 160
−spannung 45, 160
−versuch 160
−versuch für Kunststoffe 166
Zündgrenze bei Gasen 56
−temperatur 56, 106
Zusatzfunktionen 314
Zusatzschilder (Sicherheit) . 128 D
Zuschnittsdurchmesser 262
−ermittlung beim
  Tiefziehen 260, 261
Zustandsgleichung
  von Gasen 42
Zweipunktregler 283
Zwischendrehzahlen 229
Zwölfeck, Konstruktion 60
Zyklen, NC 316, 317
Zykloide 61
Zylinder, Berechnung 31
Zylinderrollenlager 212, 214
Zylinderschrauben
  mit Innensechskant 179
− mit Schlitz 180
Zylinderstifte 194, 195